氟药与氟代制药技术

Fluoropharmaceuticals and Fluorinated Pharmaceutical Technology

吴范宏 ——— 主编

化学工业出版社

·北京·

内容简介

《氟药与氟代制药技术》全书共9章，分别介绍了心血管系统氟药（第1章）、胃肠道系统氟药（第2章）、中枢神经系统氟药（第3章）、抗感染性氟药（第4章）、内分泌-皮肤性疾病氟药（第5章）、外周神经系统氟药（第6章）、氟显影剂（第7章）、抗肿瘤氟药（第8章）共8大类型、300多种氟代药物品种，针对每一个具体药物，又分别从名称、化学结构式、性状、制法、用途和生产厂家等方面做了简明扼要的介绍，并重点突出原料药生产工艺；第9章则综合概述了绿色氟代制药技术的研究进展，给读者一个概貌总结。

《氟药与氟代制药技术》可供制药与化工行业从事药品生产、设计和研发的技术人员参考，也可作为高等院校、研究院所及企业的药物化学、制药工程、有机化学及相关专业的人员参考使用。

图书在版编目（CIP）数据

氟药与氟代制药技术 / 吴范宏主编. —北京：化学工业出版社，2022.11

ISBN 978-7-122-42170-8

Ⅰ. ①氟…　Ⅱ. ①吴…　Ⅲ. ①氟化物-药物-生产工艺　Ⅳ. ①TQ460.6

中国版本图书馆CIP数据核字（2022）第172043号

责任编辑：褚红喜　宋林青　　文字编辑：朱　允

责任校对：宋　玮　　装帧设计：刘丽华

出版发行：化学工业出版社（北京市东城区青年湖南街13号　邮政编码100011）

印　　装：河北鑫兆源印刷有限公司

787mm×1092mm　1/16　印张28½　字数599千字　2022年12月北京第1版第1次印刷

购书咨询：010-64518888　　售后服务：010-64518899

网　　址：http://www.cip.com.cn

凡购买本书，如有缺损质量问题，本社销售中心负责调换。

定　　价：198.00元

《氟药与氟代制药技术》编写组

主　编：吴范宏

编　者：汪忠华　吴范宏　刘振江　吴晶晶

李金亮　刘　超　黄金文　廉　翔

前·言

随着有机氟化学的发展和对氟原子的独特属性更深入的了解，氟代技术在药物设计和研发中也得到越来越广泛的应用。由于氟代药物具有高效、广谱和低毒等特点，故其现广泛地应用于各种临床治疗。目前约20%的小分子药物是氟代药物，年销售额超过400亿美元，包括畅销药如阿托伐他汀钙（立普妥®）等。批准的氟代药物的数量在过去50年稳步增长，注册批准的氟代药物品种有300多种。值得注意的是，2018—2020年美国食品药品管理局（FDA）批准的119个新分子实体药物中，氟代药物有46个，占小分子药物的39%。因此，面向广大医药领域的药物研发人员、有机氟化学研究人员，出版一本新颖、简明、实用的氟药与氟代制药技术手册是十分必要并具有重要意义的。

本书收载的氟药，根据药物的作用方式不同共分八大类，包括心血管系统氟药、胃肠道系统氟药、中枢神经系统氟药、抗感染性氟药、内分泌-皮肤性疾病氟药、外周神经系统氟药、氟显影剂和抗肿瘤氟药等，共计300多种氟代药物品种。针对每一个具体药物，分别从名称、结构式、性状、制法、用途和生产厂家等方面做了简明扼要的介绍，并重点突出原料药生产工艺。本书的最后一章概述了绿色氟代制药技术的研究进展。

本书由上海应用技术大学、上海绿色氟代制药工程技术研究中心部分团队成员共同编写，由吴范宏任主编。具体编写分工如下：第1章由汪忠华、吴范宏编写；第2章由刘振江、吴范宏编写；第3章由吴晶晶、吴范宏编写；第4章由李金亮、吴范宏编写；第5章由刘超、吴范宏编写；第6章由吴晶晶、吴范宏编写；第7章由吴范宏编写；第8章由黄金文、吴范宏编写；第9章由廉翔、吴晶晶编写。倪壮、李中原、王祥聪、任洁、付晓艺、马占虎、严美玉、崔旭辉、张兰玲、张莫轩、聂辉、唐慧、薛康燕、刘福力、许超、孙冉、吴纪红、岳喜妍、王霞、胡朝明、吴中山、杨茂成、郑程和叶斌斌等在本书编写过程中做了大量资料收集和整理工作。全书由吴范宏统稿并定稿。

本书可供制药与化工行业从事药品生产、设计和研发的技术人员参考，也可作为高等院校、研究院所及企业的药物化学、制药工程、有机化学及相关专业人员的参考书。

由于笔者水平有限，书中疏漏之处在所难免；另外，因不断有氟代新药获批上市，本书难免存在遗漏，恳请广大专家和读者指正。

编者

2022 年 7 月

目 · 录

第 1 章 心血管系统氟药

第2章 胃肠道系统氟药

第3章 中枢神经系统氟药

第4章 抗感染性氟药

第5章 内分泌-皮肤性疾病氟药

第6章 外周神经系统氟药

第7章 氟显影剂

第8章 抗肿瘤氟药

第9章　绿色氟代制药技术的研究进展

第1章
心血管系统氟药

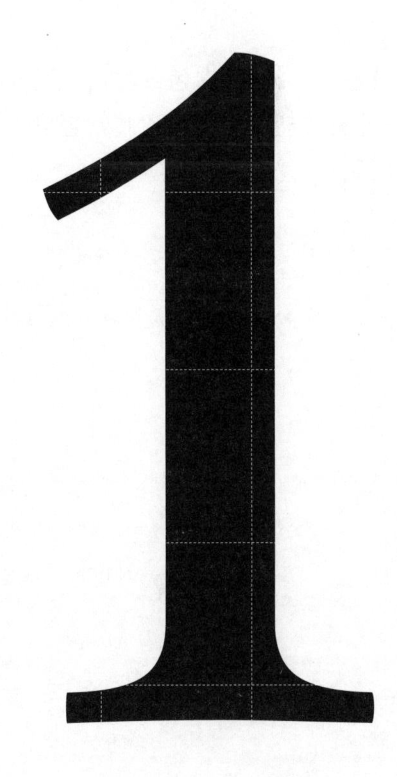

01001

阿托伐他汀钙 Atorvastatin Calcium [134523-03-8]

【名　　称】(3*R*,5*R*)-7-(-2-(4-氟苯基)-5-异丙基-3-苯基-4-(苯基氨基甲酰基)-1*H*-吡咯-1-基)-3,5-二羟基庚酸钙；阿伐他汀钙；阿托他汀钙；立普妥®。

Calcium (3*R*,5*R*)-7-[2-(4-fluorophenyl)-5-isopropyl-3-phenyl-4-(phenylcarbamoyl)-1*H*-pyrrol-1-yl]-3,5-dihydroxyheptanoate;Lipitor®。

【结 构 式】

分子式：$C_{66}H_{68}CaF_2N_4O_{10}$

分子量：1155.36

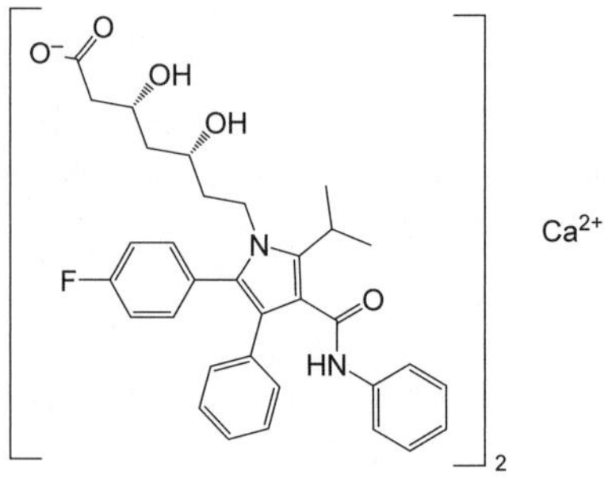

Ca^{2+}

【性　　状】白色或类白色结晶性粉末，不溶于 pH≤4 的水溶液，微溶于水、pH 为 7.4 的磷酸盐缓冲液、乙腈，轻度溶于乙醇，易溶于甲醇。

【制　　法】

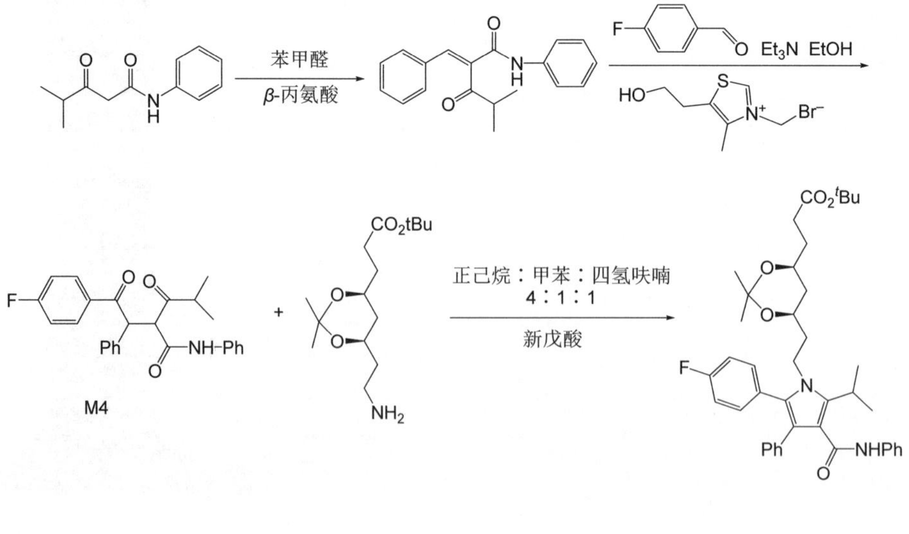

苯甲醛

β-丙氨酸

Et_3N EtOH

正己烷：甲苯：四氢呋喃

4：1：1

新戊酸

M4

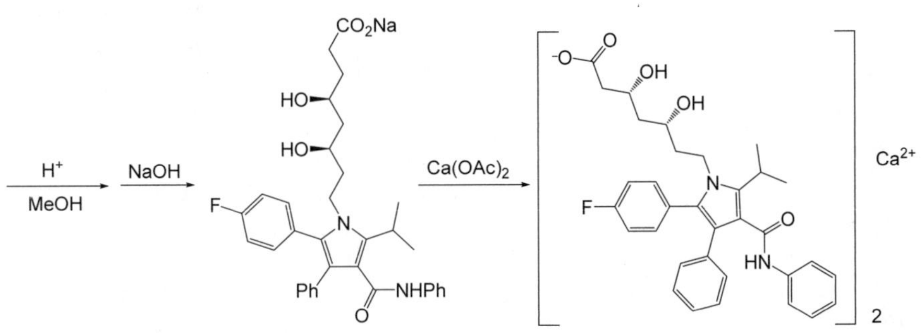

【用　　途】 人体内大部分内源性胆固醇由肝脏合成，羟甲戊二酰辅酶 A(HMG-CoA)还原酶是肝细胞合成胆固醇过程中的限速酶，若该限速酶被抑制则能减少内源性胆固醇的合成。阿托伐他汀钙属他汀类药物，本身及其代谢产物的化学结构与 HMG-CoA 还原酶相似，且与 HMG-CoA 还原酶的亲和力高，对该酶有竞争性抑制作用，因此能妨碍内源性胆固醇的合成，从而有效治疗高脂血症。

【生产厂家】 辉瑞制药有限公司、浙江海森药业股份有限公司、浙江乐普药业股份有限公司、浙江宏元药业股份有限公司、石家庄制药集团华盛制药有限公司、天津嘉林科医有限公司。

【参考资料】

[1] He J Y, Tang M, Zang L. Progress of inhibitors of 3-hydroxy-3-methylglutary coenzyme A reductase against hypertension[J].Chin J Clin Rehabil, 2003, 7 (30): 4130-4131.

[2] Zou Y C, Hu D Y. The clinical application of statins and it's perspectives[J]. Adv Cardiovasc Dis, 2001, 22(5): 261-264.

[3] 王正林，应俊，林圣超，等. 阿托伐他汀钙的合成研究进展[J].中国现代应用药学，2011，28(5): 423-428.

01002

匹伐他汀钙 Pitavastatin Calcium [147526-32-7]

【名　　称】 (+)-双{(3*R*,5*S*,6*E*)-7-[2-环丙基-4-(4-氟代苯基)喹啉-3-基]-3,5-二羟基-6-庚烯酸}钙盐 (2∶1); 伊伐他汀; 利维乐®; NK-104; NKS-104。

(+)-bis{(3*R*,5*S*,6*E*)-7-[2-cyclopropyl-4-(4-fluorophenyl)quinoline-3-yl]-3,5-dihydroxy-6-heptanoic acid} calcium salt;Itavastatin;Livalo®;NK-104;NKS-104。

【结 构 式】

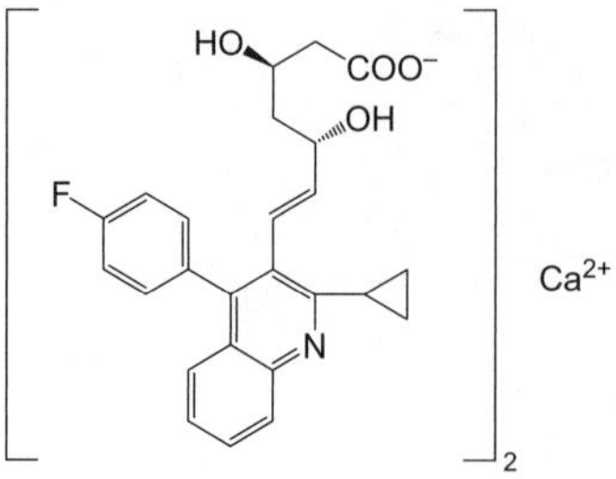

分子式：$C_{50}H_{46}CaF_2N_2O_8$
分子量：880.98

【制　　法】

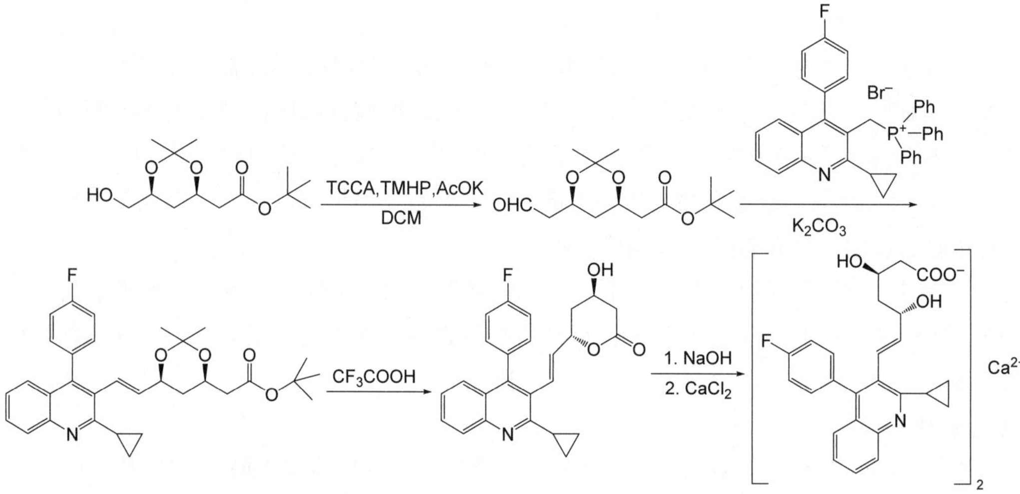

【用　　途】 本品主要通过抑制一种叫作HMG-CoA还原酶的肝脏酶来降低肝脏合成胆固醇的能力，以此改善升高后的血胆固醇水平，主要用于治疗高胆固醇血症和家族性高胆固醇血症患者。其降脂效果非常好，是迄今为止最强效的降脂药物。

【生产厂家】 Kowa Company,Ltd.Nagoya Factory、上虞京新药业有限公司、徐州万邦金桥制药有限公司、山东齐都药业有限公司。

【参考资料】

[1] Fujikawa Y, Suzuki M, Iwasaki H, et al. Quinolinetype mevalonolactones: EP0304063[P] 1989.
[2] Saito Y, Kitahara M, Sakashita M, et al. Inhibitor of atherosclerotic intimal thickening: US6162798[P]. 2000.
[3] 张志敏, 方正, 李长春. 匹伐他汀钙的合成方法研究进展[J]. 合成化学, 2007(05): 536-542.

01003

西立伐他汀 Cerivastatin [145599-86-6]

【名　　称】 (+)-(3*R*,5*S*,6*E*)-7-[4-(4-氟苯基)-2,6-二异丙基-5-(甲氧甲基)吡啶-3-基]-3,5-

二羟基-6-庚烯酸；色伐他汀；拜斯停®。

(+)-(3*R*,5*S*,6*E*)-7-[4-(4-fluorophenyl)-2,6-diisopropyl-5-(methoxymethyl)pyridin-3-yl]-3,5-dihydroxyhept-6-enoic acid;Lipobay®。

【结 构 式】

分子式：$C_{26}H_{34}FNO_5$

分子量：**459.55**

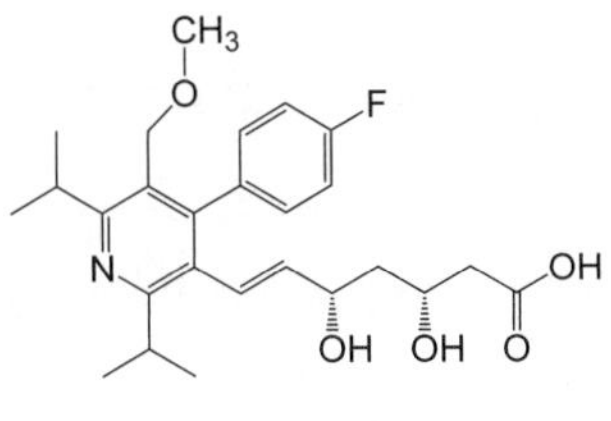

【制 法】

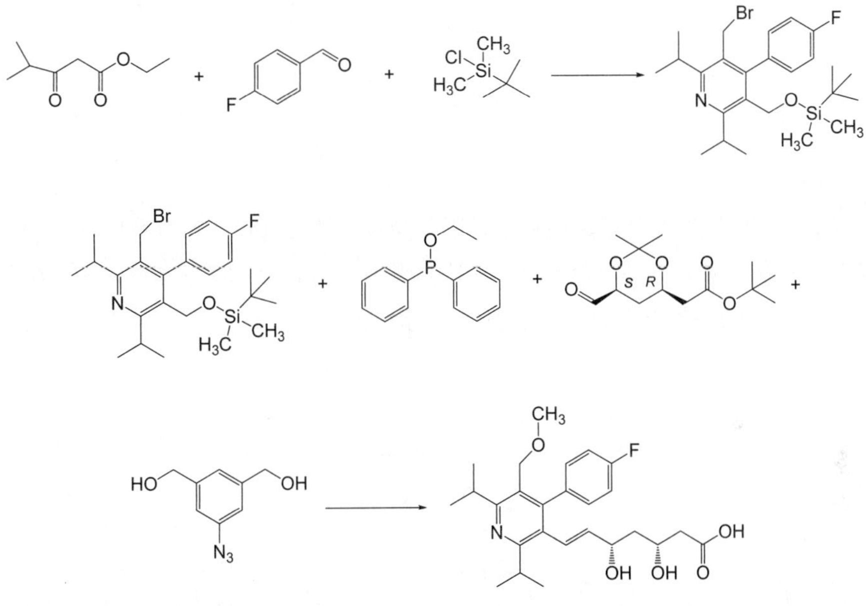

【性 状】 西立伐他汀是一种单一对映体的非前体的吡啶衍生物，是可吸收的全合成白色粉末。易溶于水，其片剂易崩解，在体外几分钟内完全溶解。

【用 途】 西立伐他汀是新一代他汀类调脂药，它不仅能降低血清总胆固醇（TC）水平，而且还能降低血清甘油三酯（TG）水平，其作用比洛伐他汀、普伐他汀、辛伐他汀和氟伐他汀强，而剂量仅为它们的 1%～5%，口服 0.3～0.4mg/d 可使血清低密度脂蛋白胆固醇（LDLC）降低 33%～35%，0.4mg/d 可使 TG 下降 37%，并可减少冠心病临床事件和降低冠心病死亡率。

【生产厂家】 德国拜耳制药公司、LGM Pharma。

【参考资料】

陆锐，陆宗良. 调脂新药西立伐他汀[J]. 中国新药杂志，2000，9(06)：417-421.

01004

氟伐他汀 Fluvastatin [93957-54-1]

【名　　称】(3*R*,5*S*,*E*)-7-[3-(4-氟苯基)-1-(1-甲基乙基)-1*H*-吲哚-2-基]-3,5-二羟基-6-庚烯酸；来适可®。

(3*R*,5*S*,*E*)-7-[3-(4-fluorophenyl)-1-isopropyl-1*H*-indol-2-yl]-3,5-dihydroxyhept-6-enoic acid; Lescol®。

【结 构 式】

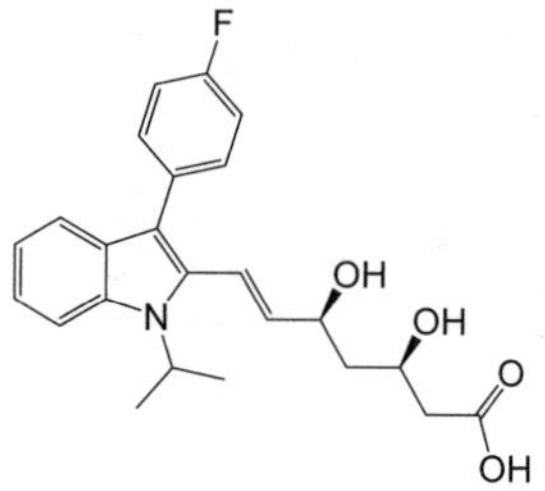

分子式：$C_{24}H_{26}FNO_4$

分子量：411.47

【制　　法】以化合物 2 为起始原料，通过两步反应得 *N*-(4-氟苯甲酰甲基)-*N*-(1-甲基乙基)苯胺(5)；5 在 $ZnCl_2$ 存在下环化得 3-(4′-氟苯基)-1-(1′-甲基乙基)吲哚(6)；6 与 7 发生 Vilsmeier-Haauc 反应得 8；8 经缩合、还原、水解得 1。

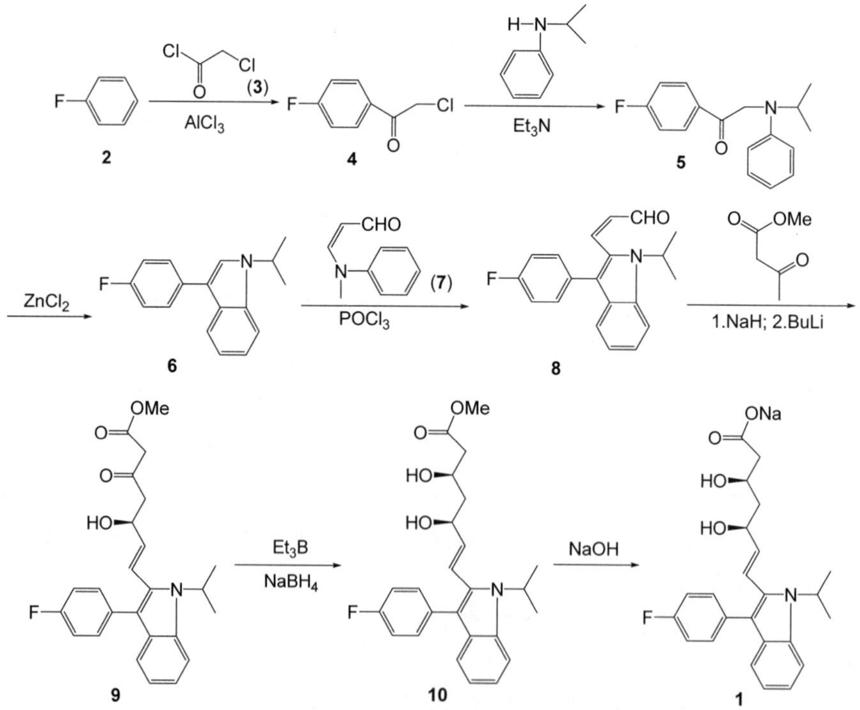

【性　　状】 本品为胶囊剂，内容物为白色至黄色粉末。

【用　　途】 氟伐他汀是第一个全化学合成的降胆固醇药物，为 HMG-CoA 还原酶抑制剂，可将 HMG-CoA 转化为 3-甲基-3,5-二羟戊酸。与已上市的天然或半合成 HMG-CoA 还原酶抑制剂洛伐他汀、新伐他汀和普伐他汀相比，氟伐他汀具有结构比较简单、作用具有选择性和不良反应发生率低等优点，是一种优良的降血脂药。

【生产厂家】 北京诺华制药有限公司、浙江海正药业股份有限公司、深圳信立泰药业股份有限公司。

【参考资料】

[1] 章飞凤. 氟伐他汀的研究进展[J]. 中国实用医药, 2007, 2(34): 139-141.

[2] 李玉龙, 刘菊. 氟伐他汀钠的合成工艺研究[J], 药物资讯, 2012, 1: 1-5.

01005

瑞舒伐他汀钙 Rosuvastatin Calcium [147098-20-2]

【名　　称】 (3*R*,5*S*,6*E*)-7-[4-(4-氟苯基)-6-异丙基-2-(*N*-甲基-*N*-甲磺酰胺基)-5-嘧啶]-3,5-二羟基-6-庚烯酸钙(2∶1)；钙瑞旨®；可定®；止宁®。

(3*R*,5*S*,6*E*)-7-[4-(4-fluorophenyl)-6-isopropyl-2-[methyl(methylsulfonyl)amino]pyrimidin-5-yl]-3,5-dihydroxyhept-6-enoic acid hemicalcium salt(2∶1); Crestor®。

【结 构 式】

分子式：$C_{44}H_{54}CaF_2N_6O_{12}S_2$

分子量：1001.14

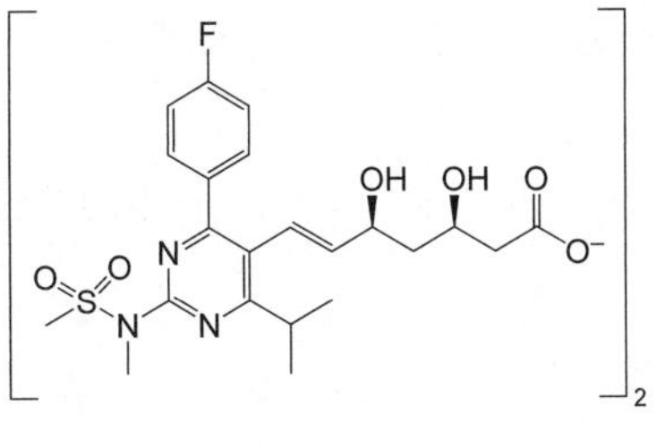

【制　　法】

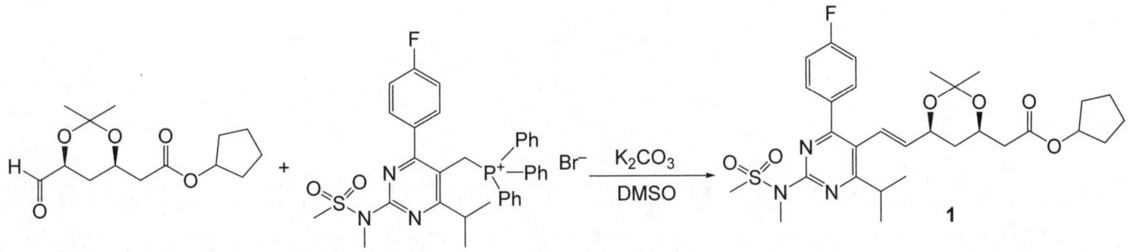

K_2CO_3 / DMSO

1

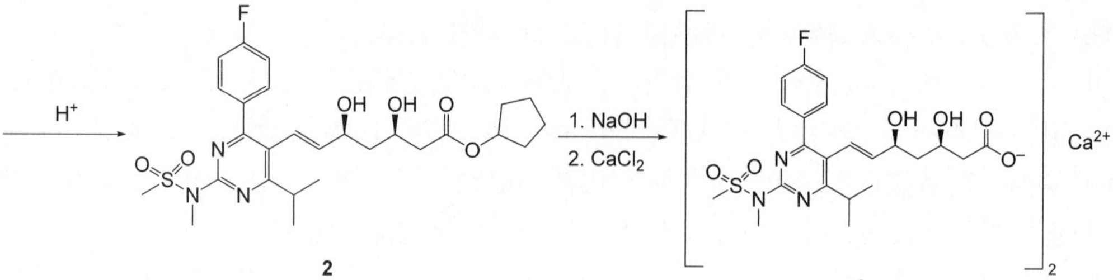

【用　　途】 瑞舒伐他汀钙是一种选择性 3-羟基-3-甲基戊二酰辅酶 A(HMG-CoA)还原酶抑制剂，通过抑制 HMG-CoA 还原酶，减少肝细胞合成及储存胆固醇，从而降低血中总胆固醇(TC)和低密度脂蛋白胆固醇(LDL-C)水平。

【生产厂家】 IPR Pharmaceuticals,INC.、山东新时代药业有限公司、山东朗诺制药有限公司、浙江海正药业股份有限公司、上虞京新药业有限公司。

【参考资料】

[1] 蔡伟, 张国英, 赵文镜, 等. 瑞舒伐他汀钙的合成[J]. 药学与临床研究, 2005, 13(004): 9-10.
[2] 刘阳春, 李浪. 瑞舒伐他汀在心血管疾病中的应用进展[J]. 中国循环杂志, 2014, 29(08): 658-660.
[3] 李泽标, 邹林, 林燕峰, 等. 瑞舒伐他汀钙的合成工艺改进[J]. 精细化工中间体, 2016, 46(06): 50-52, 55.

01006

依折麦布 Ezetimibe [163222-33-1]

【名　　称】 (3*R*,4*S*)-1-(4-氟苯基)-3-((*S*)-3-(4-氟苯基)-3-羟丙基)-4-(4-羟基苯基)氮杂丁-2-酮。

(3*R*,4*S*)-1-(4-fluorophenyl)-3-((*S*)-3-(4-fluorophenyl)-3-hydroxypropyl)-4-(4-hydroxyphenyl)azetidin-2-one

【结 构 式】

分子式： $C_{24}H_{21}F_2NO_3$
分子量： 409.43

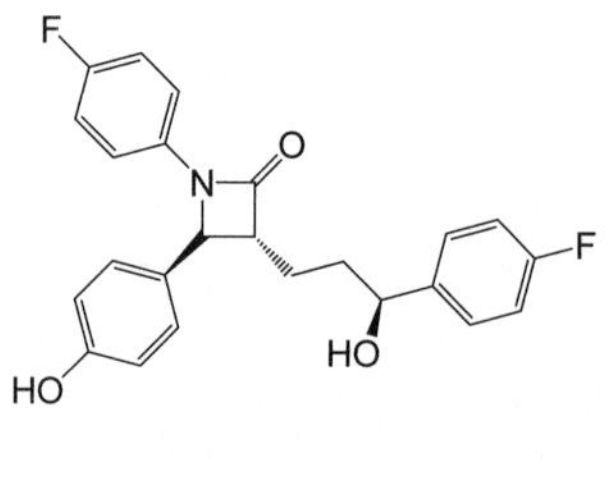

【制　　法】 以化合物 1、化合物 3、氟苯(4)为起始原料。化合物 1 与对氟苯胺反应得到重要中间体 4-[[(4-氟苯基)亚胺]甲基]苯酚(2)。化合物 3 与化合物 4 在 $AlCl_3$ 条件下经

过酰基化生成化合物 5，5 再和(*S*)-4-苯基唑烷酮反应生成化合物 6，6 被硼烷还原生成 3-[1-氧代-5-(4-氟苯基)-5(*S*)-羟戊基]-4(*S*)-苯基-2-唑烷酮(7)，7 先用三甲基氯硅烷保护再和中间体 8 反应生成化合物 9，9 在 TBAF 存在下发生分子内酰化成环、水解得到目标产物依折麦布。

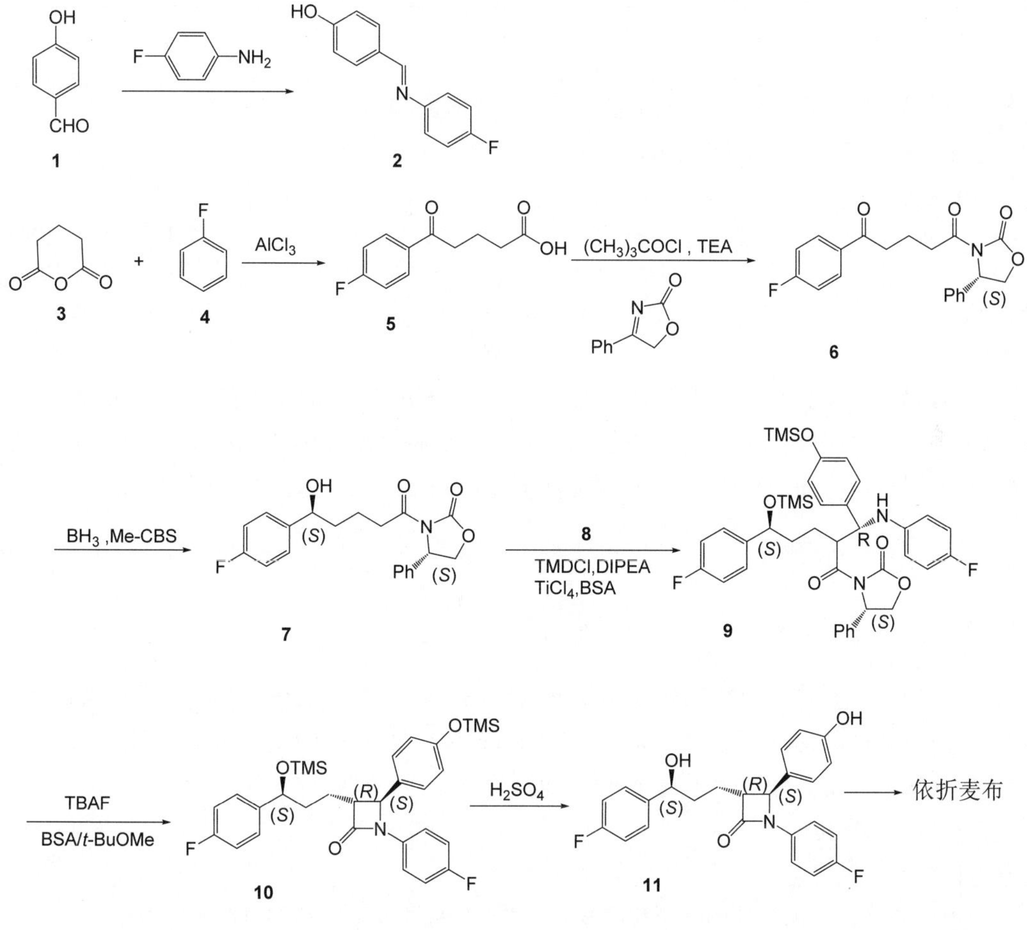

【用　　途】 依折麦布是一类新型的选择性胆固醇吸收抑制剂，通过与小肠刷状缘膜小囊泡上膜蛋白结合，抑制小肠对饮食中和经胆汁输送到肠道中的胆固醇的吸收，降低血清和肝脏中的胆固醇含量。

【生产厂家】 新加坡 SCHERING-PLOUGH(SINGAPORE)PTELTD。

【参考资料】

[1] Thiruvengadam T K, Chiu J S, Fu X Y, et al.Process for the synthesis of azetidinones: US20060135755[P]. 2006-06-22.

[2] 贺凯,王光杰,王润芝,等.依折麦布的合成工艺改进[J].化学与生物工程,2018,35(06):42-47.

01007

三氟柳 Triflusal [322-79-2]

【名　　称】 2-乙酰氧基-4-三氟甲基苯甲酸；三氟醋柳酸。

2-acetoxy-4-trifluoromethyl benzoic acid。

【结 构 式】

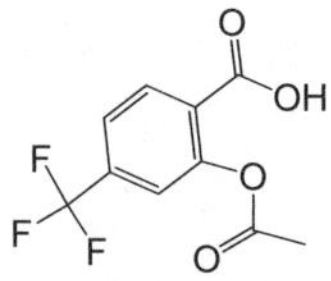

分子式：$C_{10}H_7F_3O_4$

分子量：248.16

【制　　法】 在500mL三颈瓶内加入计量的4-三氟甲基水杨酸、乙酸酐和催化剂，并在搅拌下升温至50℃，且在此温度下反应30min，后将温度降至0℃，向反应液中滴加冰水，并使温度维持在20℃以下，剧烈搅拌至晶体完全析出，过滤、干燥得产品。

乙酸酐

催化剂，溶剂

【用　　途】 三氟柳是一种结构与水杨酸类似的抗血小板聚集药物，不可逆地抑血小板COX，同时其代谢物3-羟基-4-三氟苯甲酸(HTB)是cAMP磷酸二酯酶抑制剂，也具有抗血小板聚集活性。其疗效优于阿司匹林，而副作用比阿司匹林小。

【生产厂家】 Uriach。

【参考资料】

[1] 夏杨，张洪恩. 三氟柳抗血小板活化作用及机制研究[J]. 安徽医药, 2008, 12(10): 897-898.
[2] 曲东峰. 三氟柳和阿司匹林在脑梗死预防方面的比较[J]. 国外医学: 脑血管疾病分册, 2004, 12 (5): 363.
[3] 吕晓燕，周亚球，徐奎，等. 三氟柳的合成工艺研究[J]. 安徽医药, 2011, 15(05): 553-555.

01008

氟伐他汀钠 Fluvastatin Sodium [93957-55-2]

【名　　称】 (3*R*,5*S*,*E*)-(+/−)-7-[3-(4-氟苯基)-1-(1-甲基乙基)-1-*H*-吲哚-2-基]-3,5-二羟基

庚-6-烯酸钠。

Sodium (3*R*,5*S*,*E*)-7-[3-(4-fluorophenyl)-1-isopropyl-1*H*-indol-2-yl]-3,5-dihydroxyhept-6-enoate。

【结 构 式】

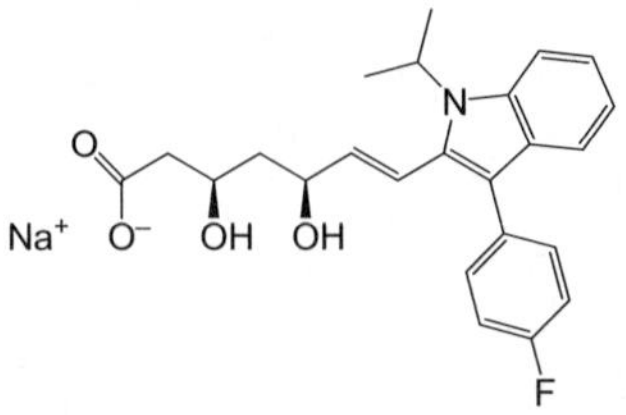

分子式：$C_{24}H_{25}FNNaO_4$
分子量：433.45

【性　　状】 类白色结晶粉末，熔点：194～197℃，沸点：681.8℃(760mmHg[1])。

【制　　法】 氟苯与无水三氯化铝置于反应瓶中，75℃滴加氯乙酰氯，控制内温不超过80℃。同温搅拌 1h，降温至 50℃，加入氟苯，将反应液转到 3mol/L 盐酸中，分出氟苯层，依次用 3mol/L 盐酸和水洗涤，无水硫酸钠干燥，过滤，滤液浓缩，剩余油状物 4-氯乙酰基氟苯(**2**)。

将 *N*-异丙基苯胺加至上述所得 **2** 的 DMF 溶液中，100℃搅拌 10h。冷却后加水，抽滤，滤饼水洗后用 95%乙醇重结晶，得 *N*-(4-氟苯甲酰甲基)-*N*-异丙基苯胺(**3**)。

将无水氯化锌和无水乙醇(2.1L)置于反应瓶中，搅拌加热至 70℃，加入化合物 **3**，加热回流反应 3h 后降温到 0℃，加入 1mol/L 盐酸，搅拌 0.5h。用二氯甲烷萃取，有机层水洗至中性，浓缩至干。剩余物用 95% 乙醇重结晶，得 3-(4-氟苯基)-1-异丙基-1*H*-吲哚(**4**)。取三氯氧磷和乙腈置于反应瓶中，−5℃滴加 3-(*N*-甲基苯基氨基)丙烯醛的乙腈溶液，温度保持在 5～7℃，搅拌 10min。加入化合物 **4**，回流反应 3h。冷至室温，缓慢加入水，搅拌 1.5h，抽滤。滤饼水洗，干燥得粗品。用甲苯重结晶，得土黄色固体(*E*)-3-[3-(4-氟苯基)-1-异丙基-1*H*-吲哚-2-基]丙烯醛(**5**)。

氮气保护下将 60%NaH 和无水 THF 置于反应瓶中，0℃滴加乙酰乙酸甲酯，搅拌20min，滴加正丁基锂的正己烷溶液，搅拌 20min 后滴加化合物 **5** 的无水 THF 溶液，反应 1h。反应液转至含浓盐酸的冰水中，乙酸乙酯萃取，萃取相用饱和盐水洗至中性，无水硫酸钠干燥，过滤，滤液浓缩，剩余油状物用无水乙醇重结晶，得橙黄色固体(±)-(*E*)-7-[3-(4-氟苯基)-1-异丙基-1*H*-吲哚-2-基]-5-羟基-3-氧代庚-6-烯酸甲酯(**6**)。

将化合物 **6** 溶于甲醇-THF(1∶4)混合液中，氮气保护下室温滴加 1.0mol/L 三乙基硼的 THF 溶液(60mL，60mmol)，搅拌 30min。冷至−78℃，加入 $NaBH_4$，搅拌 2.5h，升温到 0℃，将反应液转入 2mol/L 盐酸中，用乙酸乙酯萃取，萃取相用饱和盐水洗涤，加入 30% H_2O_2(5mL)，室温搅拌 2h，依次用水、10%亚硫酸钠溶液和水洗，无水硫酸钠干燥，过滤，滤液浓缩，剩余物用乙酸乙酯重结晶，得淡黄色固体(3*R*,5*S*,*E*)-(±)-7-[3-(4-氟苯基)-1-异丙基-1*H*-吲哚-2-基]-3,5-二羟基-6-庚烯酸甲酯(**7**)。

取 1mol / L 氢氧化钠溶液和化合物 **7** 加至乙醇中，室温搅拌反应 2h。减压浓缩，剩

[1] 1mmHg=133.3Pa。

余物用异丙醇重结晶，得类白色固体氟伐他汀钠(1)。

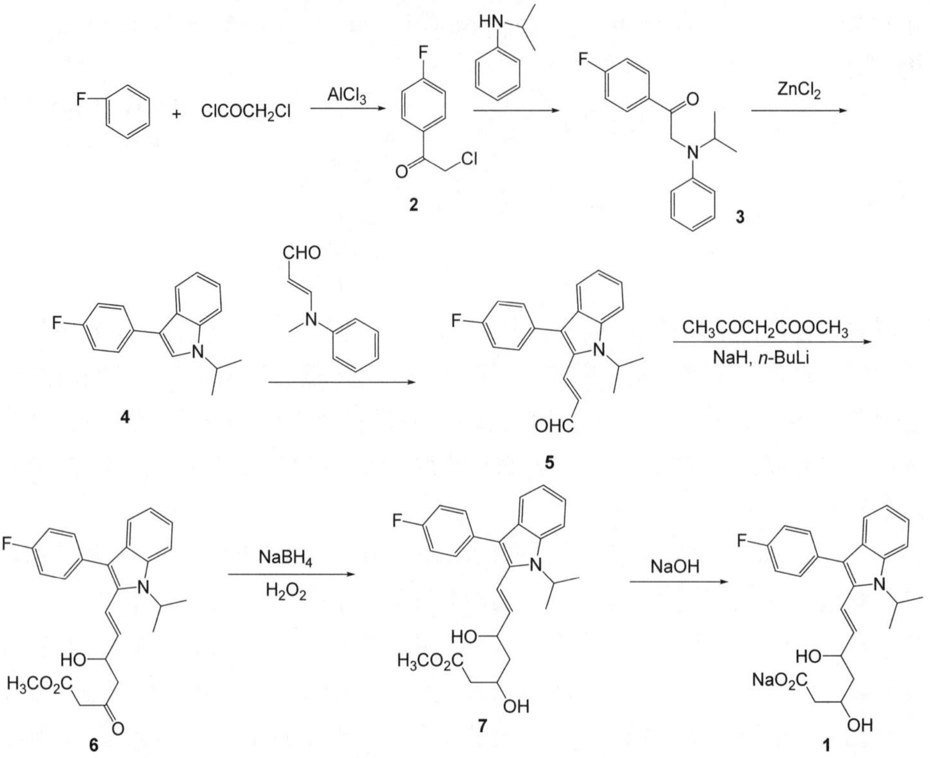

【用　　途】 本品是常用的降血脂药物，降血脂效果非常好，市面上销售的商品名称为来适可®。氟伐他汀钠也是一个全合成的降胆固醇药物，属于羟甲基戊二酰辅酶A(HMG-CoA)还原酶抑制剂，主要在肝脏中起作用，可将HMG-CoA转化为3-甲基-3,5-二羟戊酸，具有抑制内源性胆固醇合成、降低肝细胞内胆固醇含量、刺激低密度脂蛋白(LDL)受体的合成、提高LDL微粒的摄取、降低血浆总胆固醇浓度的作用，能明显降低总胆固醇、低密度脂蛋白胆固醇、甘油三酯，升高高密度脂蛋白胆固醇。

【生产厂家】 瑞士诺华制药、浙江海正药业股份有限公司、深圳信立泰药业股份有限公司。

【参考资料】

蔡正艳, 宁奇, 周伟澄. 氟伐他汀钠的合成[J]. 中国医药工业杂志, 2007(02): 73-75.

01009

氟司喹南 Flosequinan　　[76568-02-0]

【名　　称】 7-氟-1-甲基-3-(甲基亚磺酰基)-4(1*H*)喹诺酮。

7-fluoro-1-methyl-3-(methylsulfinyl)-4(1*H*)-quinolinone。

【结 构 式】

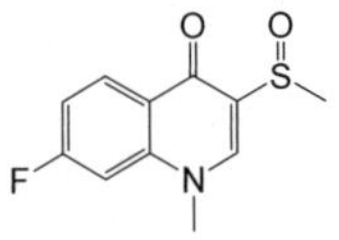

分子式：$C_{11}H_{10}FNO_2S$
分子量：239.27

【性　　状】结晶，熔点226～228℃。

【制　　法】

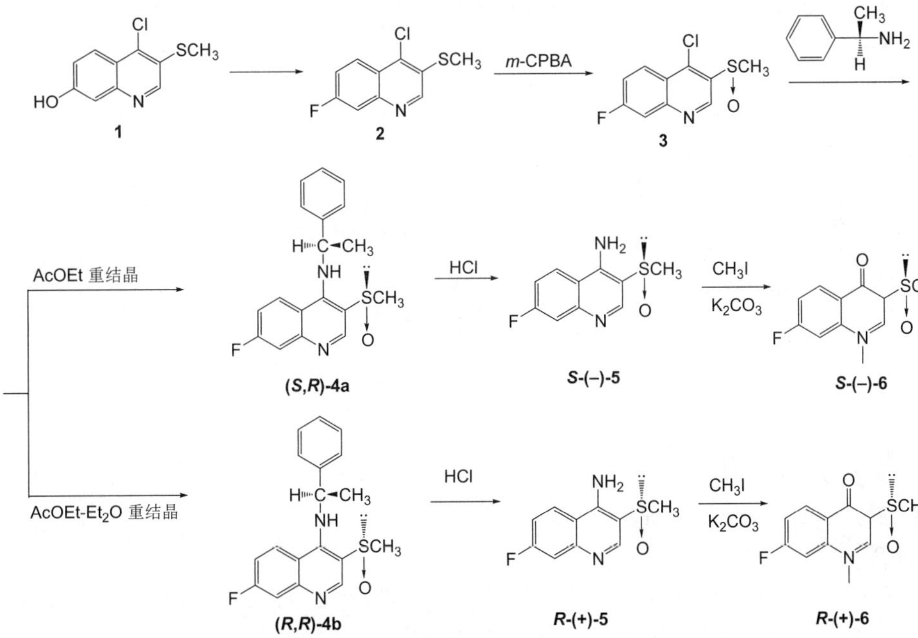

【用　　途】本品为无抗菌作用的氟喹诺酮类药物，可以直接扩张静脉和动脉，从而降低前负荷和后负荷。对磷酸肌醇有抑制作用，可使细胞内储存的钙流动。也有一些正性肌力作用。用于对利尿剂不起作用的充血性心力衰竭者，不能耐受血管紧张素转化酶(ACE)抑制剂者，或对治疗方案中有ACE抑制剂而不能治愈者。

【生产厂家】英国布茨公司。

【参考资料】

氟司喹南——ACE抑制剂研究(FACET)[J]. 岭南心血管病杂志, 1999, 5(02): 3-5.

01010

利多氟嗪 Lidoflazine [3416-26-0]

【名　　称】4-[4,4-双(对氟苯基)丁基]-1-哌嗪乙酰-2',6'-二甲苯胺；利多福心；立得安®。Calnium; Corflazine; Ordiflazine; 4-(4,4-bis(4-fluorophenyl)butyl)-1-piperazineaceto-2',6'-xylidide。

【结 构 式】

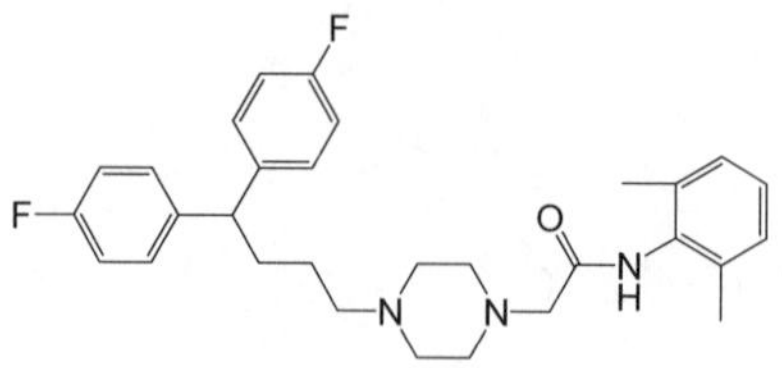

分子式：$C_{30}H_{35}F_2N_3O$
分子量：491.62

【性　　状】 密度 1.161g/cm³，熔点 158～162℃，沸点 632.6℃(760mmHg)。
【制　　法】

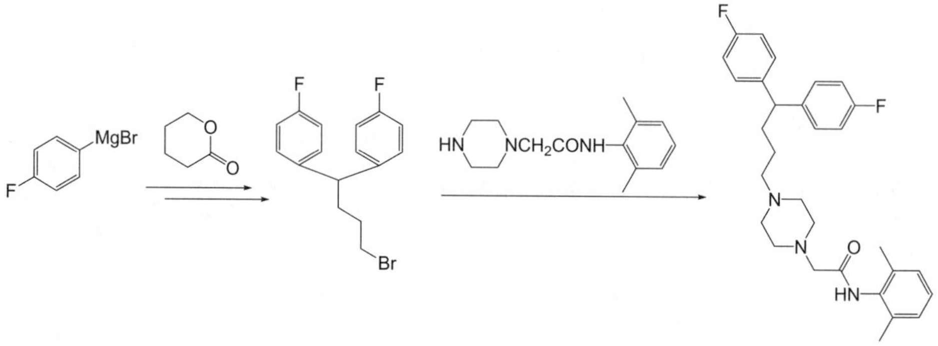

【用　　途】 治疗心力衰竭。
【生产厂家】 英国葛兰素史克公司。
【参考资料】

[1] Chiarini A, Rampa A, Budriesi R,et al. 1,4-Dihydropyridines bearing a pharmacophoric fragment of lidoflazine. Bioorg Med Chem, 1996. 4(10): 1629-1635.

[2] Chen G, Xia H G, Cai Y, et al. Synthesis and SAR study of diphenylbutylpiperidines as cell autophagy inducers. Bioorganic & Medicinal Chemistry Letters, 2011, 21(1): 234-239.

01011

盐酸苯氟雷司 Benfluorex Hydrochloride [23642-66-2]

【名　　称】 1-(3-三氟甲基苯基)-2-[(2-苯甲酰氧基乙基)氨基]丙烷盐酸盐。
1-(3-trifluoromethylphenyl)-2-[2-(benzoyloxyethyl)amino]propane hydrochloride。
【结 构 式】

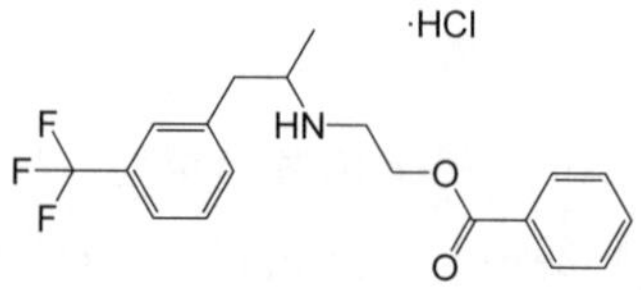

分子式：$C_{19}H_{21}ClF_3NO_2$
分子量：387.82

【性　　状】 相对密度 1.183，熔点 158～159℃。

【制　　法】

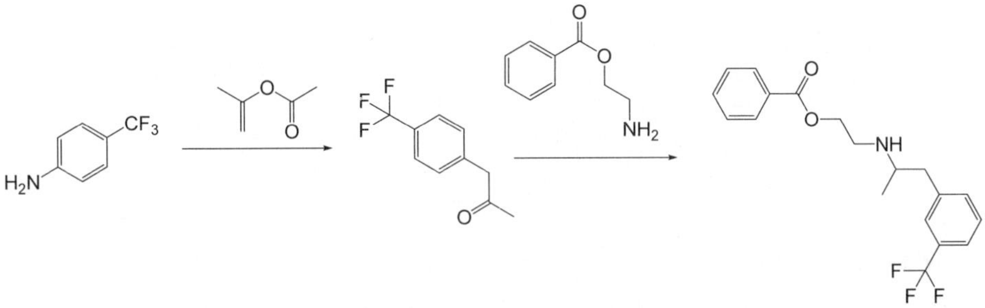

【用　　途】 治疗 2 型糖尿病、高脂血症。

【生产厂家】 英国阿斯利康公司。

【参考资料】

[1] 许永男，杨祯云，郭旭. 苯甲酸-2-({1-甲基-2-[3-(三氟甲基)-苯基]乙基}氨基)乙酯盐酸盐的制备方法: CN101880238[P]. 2010-11-10.

[2] Ding C R, Pan Y Y, Yin X, et al. Synthesis and fungicidal activity of novel oxathiapiprolin derivatives. Youji Huaxue, 2019, 39(7): 2062-2069.

01012

硫酸氟司洛尔 Flestolol Sulfate [88844-73-9]

【名　　称】 2-氟苯甲酸　2-羟基-3-(1-脲基-2-甲基异丙氨基)丙酯;氟心安®。

2-fluorobenzoic acid　2-hydroxy-3-(1-urea-2-methyl isopropylamino) propyl ester。

【结 构 式】

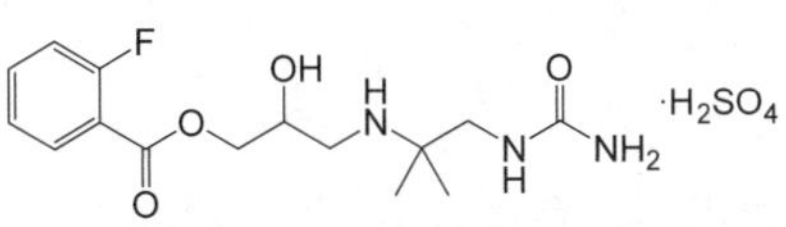

分子式： $C_{15}H_{22}FN_3O_4 \cdot H_2SO_4$

分子量： 425.43

【制　　法】 向三口瓶中加入 280.3g (3.78mol) 环氧丙烷和 2.5L 乙醚，冷却至−10℃后再加 385g (3.8mol)三乙胺。向反应液中滴加 600g(3.78mol)邻氟苯甲酰氯和 0.5L 乙醚的混合溶液，同时控制反应液温度在−5～5℃。1h 后加完，并室温继续反应 2h。接着将反应悬浮液过滤，母液用 0.5L 水洗涤后，浓缩回收乙醚，于 1L 甲苯中溶解、过滤、浓缩后，经过 15cm 韦氏分馏柱精馏(0.5～1.1mmHg)，舍弃第一馏分(～20g; bp 25～70℃)，收集第二馏分，得到中间体邻氟苯甲酸-2,3-环氧丙酯(713g, 96.2%)。

将 15g(0.0765mol)邻氟苯甲酸-2,3-环氧丙酯和 10.03g（0.0765mol）1,1-二甲基-2-脲基乙胺溶于 45mL DMF 中，先在 60℃反应 6h，再在室温继续搅拌 12h，减压去除 DMF，溶解于 8g 浓硫酸和 45mL 无水乙醇的混合冷溶剂(−10℃)中，冷却析晶后过滤得 21.2g (65%)产物。95%乙醇重结晶 2 次可以得到 14g(43%)氟司洛尔。

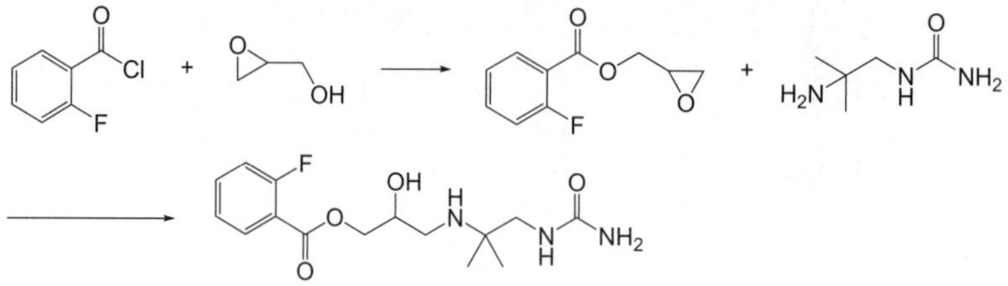

【用　　途】 治疗心律失常、缺血性心脏病。

【生产厂家】 American Custom Chemicals Corporation。

【参考资料】

[1] Murthy V S, Hwang T F, Rosen L B, et al.Controlled β-receptor blockade with flestolol: a novel ultrashort-acting β-blocker[J]. Journal of Cardiovascular Pharmacology, 1987, 9(1): 72-78.

[2] Kam S T, Matier W L, Mai K X, et al. [(Arylcarbonyl)oxy]propanolamines. 1. Novel β-blockers with ultrashort duration of action [J]. Journal of Medicinal Chemistry, 1984, 27: 1007-1016.

01013

奈必洛尔 Nebivolol　　[99200-09-6]

【名　　称】 双[2-(6-氟苯并二氢吡喃-2-基)-2-羟基乙基]胺；莱必伍罗；奈必洛尔-D4。(*R*)-1-((*R*)-6-fluorochroman-2-yl)-2-[[(*R*)-2-((*S*)-6-fluorochroman-2-yl)-2-hydroxyethyl]amino] ethan-1-ol。

【结 构 式】

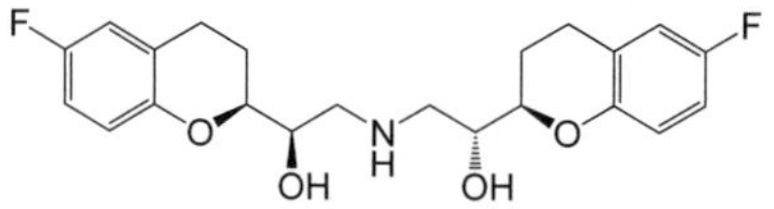

分子式： $C_{22}H_{25}F_2NO_4$

分子量： 405.43

【性　　状】 沸点(600.5±55.0)℃，密度(1.309±0.06)g/cm^3。

【制　　法】

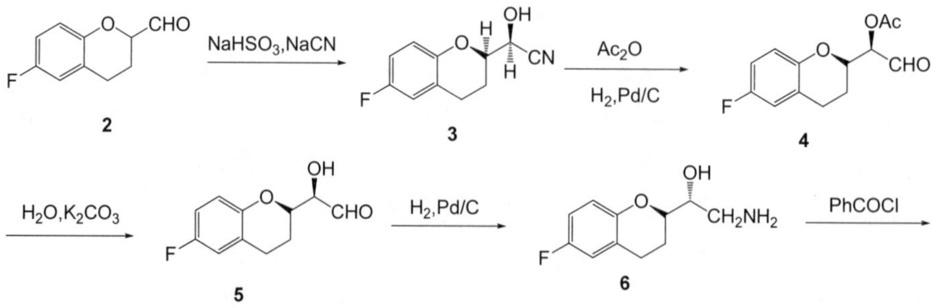

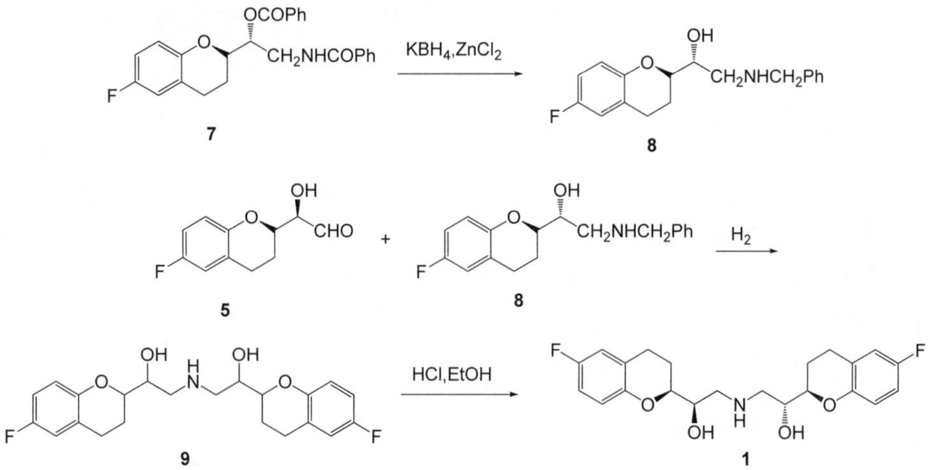

【用　　途】 抗肾上腺素药，用于治疗高血压、心绞痛、心肌梗死、心律失常、充血性心力衰竭。

【生产厂家】 强生公司。

【参考资料】

陈鹏, 陈钢, 张开元, 等. 盐酸奈必洛尔的合成[J]. 中国医药工业杂志, 2006(05): 289-292.

01014

酮色林 Ketanserin　　[74050-98-9]

【名　　称】 3-[2-[4-(4-氟苯甲酰基)-1-哌啶基]乙基]-2,4-(1*H*,3*H*)-喹唑啉二酮；凯他色林；凯坦色林；酮舍林；氟哌喹酮。

3-[2-[4-(4-fluorobenzoyl)piperidin-1-yl]ethyl]-2,4-(1*H*,3*H*)-quinazoline-2,4-dione。

【结 构 式】

分子式： $C_{22}H_{22}FN_3O_3$

分子量： 395.43

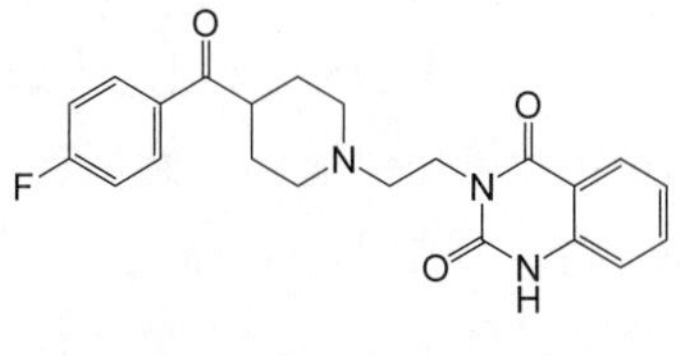

【性　　状】 熔点 227～235℃；密度(1.280±0.06)g/cm^3；储存条件：2～8℃。

【制　　法】

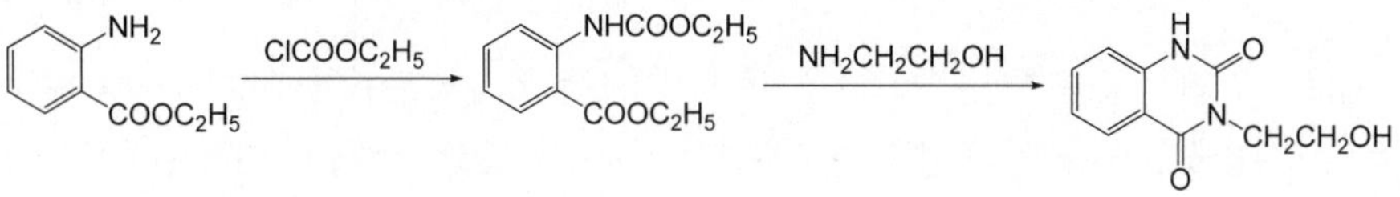

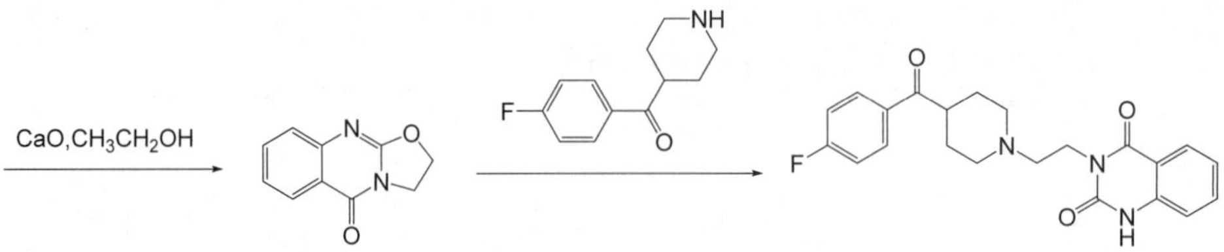

【用　　途】 用于治疗高血压症。

【生产厂家】 比利时杨森(Janssen)制药公司。

【参考资料】

付彦君, 王敏伟. 酮色林临床应用进展[J]. 河北医药, 2009, 31(20): 2788-2789.

01015

全氟戊烷 Perflenapent [678-26-2]

【名　　称】 十二氟戊烷。

1,1,1,2,2,3,3,4,4,5,5,5-dodecafluoropentane; Dodecafluoropentane; FC 4112; FC 87; Fluorinert FC 87; Fluorinert PF 5050; Flutec PP 50; NVX 108; PF 5050; PFC 41-12; Perfluoro-*n*-pentane; Perfluoropentane。

【结 构 式】

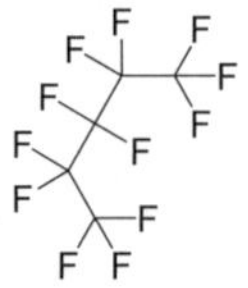

分子式： C_5F_{12}
分子量： 288.03

【性　　状】 无色液体，熔点−100℃，沸点 29.2℃，密度 1.62g/cm^3(20℃)。

【制　　法】 将六氟丙烯(C_3F_6)和氟氯化铝催化剂[*m*(六氟丙烯)∶*m*(氟氯化铝)=(7～8)∶1]加入镍质高压釜中，同时通入四氟乙烯[*n*(C_2F_4)∶*n*(C_3F_6)=1.02∶1]，同时控制反应温度−20～20℃，反应压力最高 0.5MPa，得到的 2-C_5F_{10} 中顺式和反式比例约为 7。将得到的 2-C_5F_{10} 和溶剂加入镍质高压釜，并开动搅拌。然后连续通入一定量的 F_2 和溶剂，同时控制一定的反应温度和反应压力。其中 F_2 的物质的量至少是 2-C_5F_{10} 的 2 倍，反应温度最好是−20～25℃，反应压力最好是常压 0.5MPa(绝对压力，以下均指绝对压力)。

$$F_2C{=}CF_2 + F_3CFC{=}CF_2 \xrightarrow{\text{催化剂}} F_3CFC{=}CFCF_2CF_3\ (2\text{-}C_5F_{10})$$

$$F_3CFC{=}CFCF_2CF_3 + F_2 \longrightarrow CF_3CF_2CF_2CF_2CF_3\ (n\text{-}C_5F_{12})$$

【用　　途】 全氟戊烷主要用于超声波诊断中的造影剂与治疗心血管疾病。它和 C_6F_{14} 及其他氢氟烃组成的液体还可用于清洁脱脂、气溶胶成分及调色粉的调料等。其已终止临床试验。

【生产厂家】 索娜斯药品股份有限公司(Sonus Pharmaceuticals)。

【参考资料】

胡立纲. 全氟正戊烷的开发研究[J]. 杭州化工, 2002(03): 12-13.

01016

盐酸氟索洛尔 Flusoxolol Hydrochloride [84057-96-5]

【名　　称】 (2*S*)-1-[4-[2-[2-(4-氟苯基)乙氧基]乙氧基]苯氧基]-3-(异丙基氨基)-2-丙醇。(2*S*)-1-[4-[2-[2-(4-fluorophenyl) ethoxy] ethoxy]phenoxy]-3-[(1-methylethyl)amino]-2-propanol。

【结 构 式】

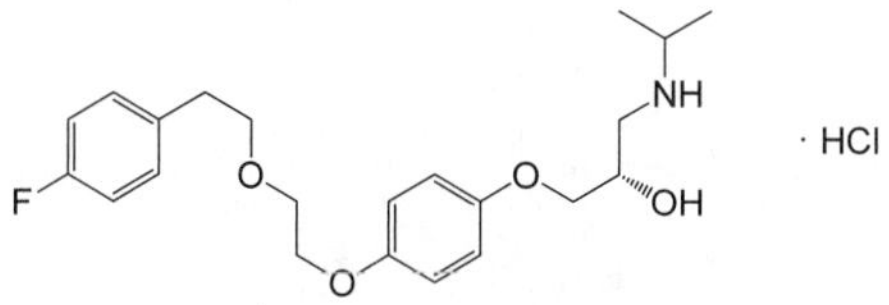

分子式： $C_{22}H_{30}FNO_4 \cdot HCl$

分子量： 427.94

【性　　状】 白色结晶性粉末，沸点(526.2±50.0)℃，密度(1.125±0.06)g/cm³(20℃)。

【制　　法】

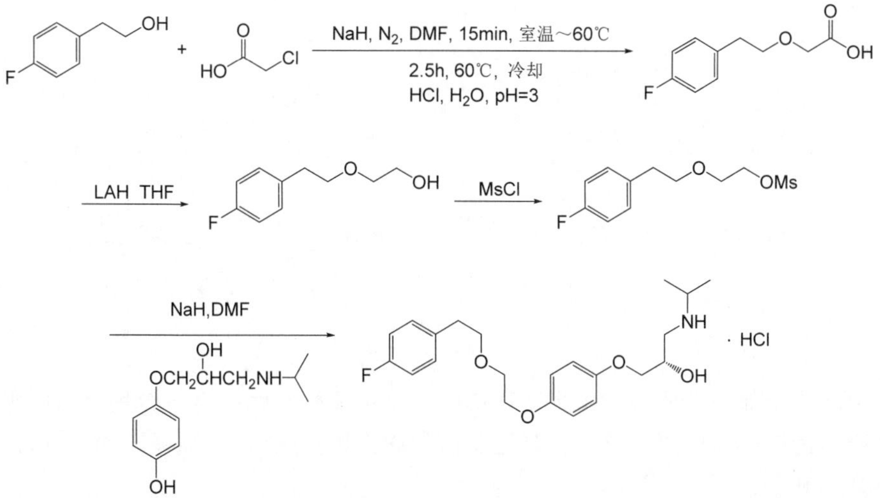

NaH, N_2, DMF, 15min, 室温～60℃; 2.5h, 60℃, 冷却; HCl, H_2O, pH=3

LAH THF

MsCl

NaH,DMF

$OCH_2CH(OH)CH_2NH$

【用　　途】 用于治疗缺血性心脏病。已终止临床试验。

【生产厂家】 瑞士罗氏公司。

【参考资料】

[1] Mistry, S N, Baker J G, Fischer P M, et al. Synthesis and *in vitro* and *in vivo* characterization of highly β_1-selective β-adrenoceptor partial agonists[J]. Journal of Medicinal Chemistry, 2013, 56: 3852-3865.

[2] Machin P J, Hurst D N, Bradshaw R M, et al. β_1-Selective adrenoceptor antagonists. 2. 4-Ether-linked phenoxypropanolamines[J]. Journal of Medicinal Chemistry, 1983, 26(11): 1570-1576.

01017

氢氟噻嗪 Hydroflumethiazide [135-09-1]

【名　　称】 6-(三氟甲基)-3,4-二氢-2*H*-苯并[*e*][1,2,4]噻二嗪-7-磺酰胺　1,1-二氧化物。1,1-dioxo-6-(trifluoromethyl)-3,4-dihydro-2*H*-1,2,4-benzothiadiazine-7-sulfonamide。

【结 构 式】

分子式： $C_8H_8F_3N_3O_4S_2$

分子量： 331.29

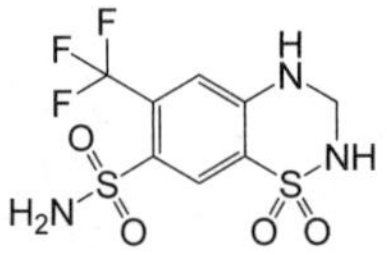

【性　　状】 熔点 272～273℃；沸点(531.6±60.0)℃；密度 1.5955g/cm^3;储存条件为冰箱；酸度系数(pK_a)为 8.9,8.2(25℃)；水中溶解度为 329.9mg/L(室温)。

【制　　法】

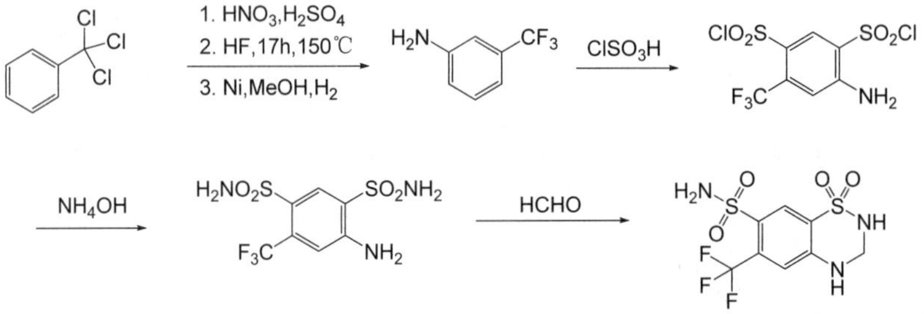

1. HNO_3,H_2SO_4
2. HF,17h,150℃
3. Ni,MeOH,H_2

$ClSO_3H$

NH_4OH

HCHO

【用　　途】 本品为利尿药，用于治疗水肿、原发性高血压。该药还有降压作用，能增强其他降压药的降压作用。此外，其还有抗利尿作用，减少尿崩症患者的尿量，但疗效不及垂体后叶素。

【生产厂家】 厦尔公司(Shire PLC)。

【参考资料】

张彧. 急性中毒[M]. 西安：第四军医大学出版社, 2008: 167.

01018

苄氟噻嗪 Bendroflumethiazide [73-48-3]

【名　　称】 3-苄基-3,4-二氢-6-(三氟甲基)-2*H*-1,2,4-苯并噻二嗪-7-磺酰胺 1,1-二氧化物。3-benzyl-1,1-dioxo-6-(trifluoromethyl)-3,4-dihydro-2*H*-1,2,4-benzothiadiazine-7-sulfonamide。

【结 构 式】

分子式： $C_{15}H_{14}F_3N_3O_4S_2$
分子量： 421.41

【性　　状】 白色固体，密度 1.528g/cm³，熔点 205～207℃，沸点 602.1℃ (760mmHg)，闪点 317.9℃，折射率 1.583，储存条件为通风低温干燥。

【制　　法】

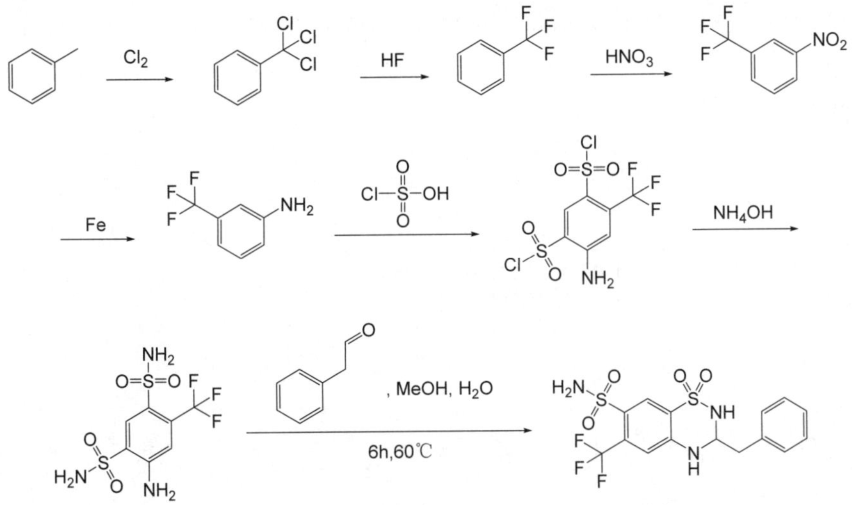

【用　　途】 ①治疗充血性心力衰竭、肝硬化腹水、肾病综合征、急慢性肾炎水肿、慢性肾衰竭早期以及肾上腺皮质激素和雌激素治疗所致的水钠潴留。②治疗原发性高血压。③治疗中枢性或肾性尿崩症。④治疗肾石症(主要用于预防含钙盐成分形成的结石)。

【生产厂家】 华润双鹤药业股份有限公司、百时美施贵宝。

【参考资料】

[1] Kashid B B, Gugwad V M, Dongare B B, et al. Efficient synthesis of pharmaceutically important intermediates via Knoevenagel, aldol type condensation by using aqueous extract of Acacia concinna

pods as a green chemistry catalyst approach[J]. Pharma Chemica,2017, 9(22): 50-71.
[2] Holdrege C T, Babel R B, Cheney L C. Synthesis of trifluoromethylated compounds possessing diuretic activity[J]. Journal of the American Chemical Society, 1959, 81: 4807-4810.

01019

氟卡尼 Flecainide [54143-55-4]

【名 称】 *N*-(2-哌啶基甲基)-2,5-双(2,2,2-三氟乙氧基)苯甲酰胺；消旋氟卡胺异构体。*N*-(2-piperidinylmethyl)-2,5-bis(2,2,2-trifluoroethoxy)benzamide。

【结 构 式】

分子式： $C_{17}H_{20}F_6N_2O_3$
分子量： 414.34

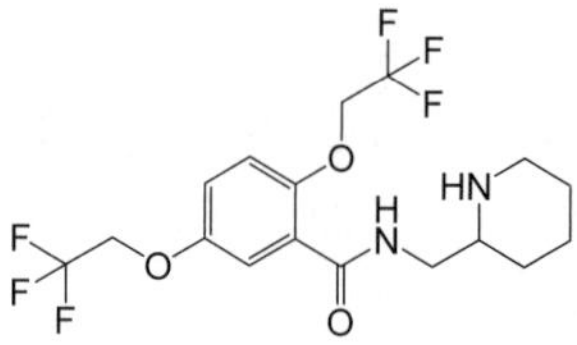

【性 状】 白色结晶，密度 1.286g/cm^3，熔点 105～107℃，沸点 434.9℃ (760mmHg)，闪点 216.8℃。

【制 法】

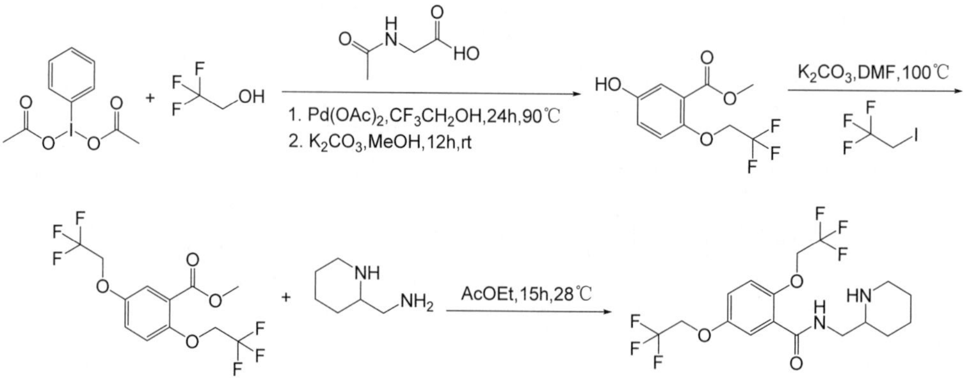

1. $Pd(OAc)_2$,CF_3CH_2OH,24h,90℃
2. K_2CO_3,MeOH,12h,rt

K_2CO_3,DMF,100℃

AcOEt,15h,28℃

【用 途】 治疗室性心律失常，包括室上性期前收缩、室上性心动过速、心房扑动、心房颤动及预激综合征合并室上性心动过速。

【生产厂家】 安沃勤(Alvogen)。

【参考资料】

Yang L, Li S, Cai L, et al. Palladium-catalyzed C—H trifluoroethoxylation of *N*-sulfonylbenzamides[J]. Organic Letters, 2017, 19(10):2746-2749.

01020

盐酸氟桂利嗪 Flunarizine Hydrochloride [30484-77-6]

【名　　称】 (*E*)-1-[双(4-氟苯基)甲基]-4-(3-苯基-2-丙烯基)哌嗪二盐酸盐；盐酸氟桂嗪。(*E*)-1-(bis(4-fluorophenyl)methyl)-4-(3-phenylprop-2-enyl)piperazine dihydrochloride。

【结 构 式】

分子式： $C_{26}H_{26}F_2N_2 \cdot 2HCl$

分子量： 477.42

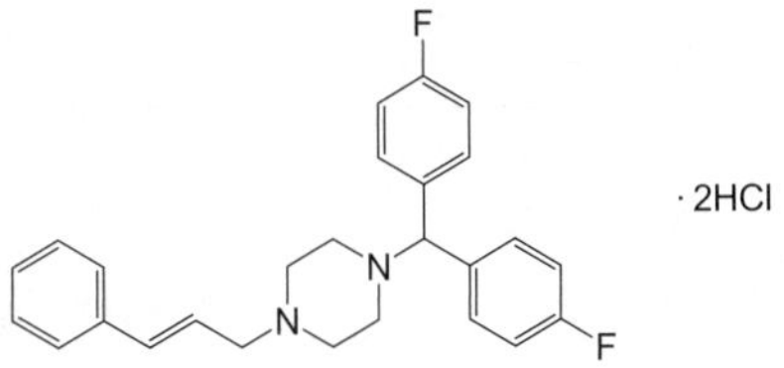

·2HCl

【性　　状】 白色至微黄色粉末。

【制　　法】

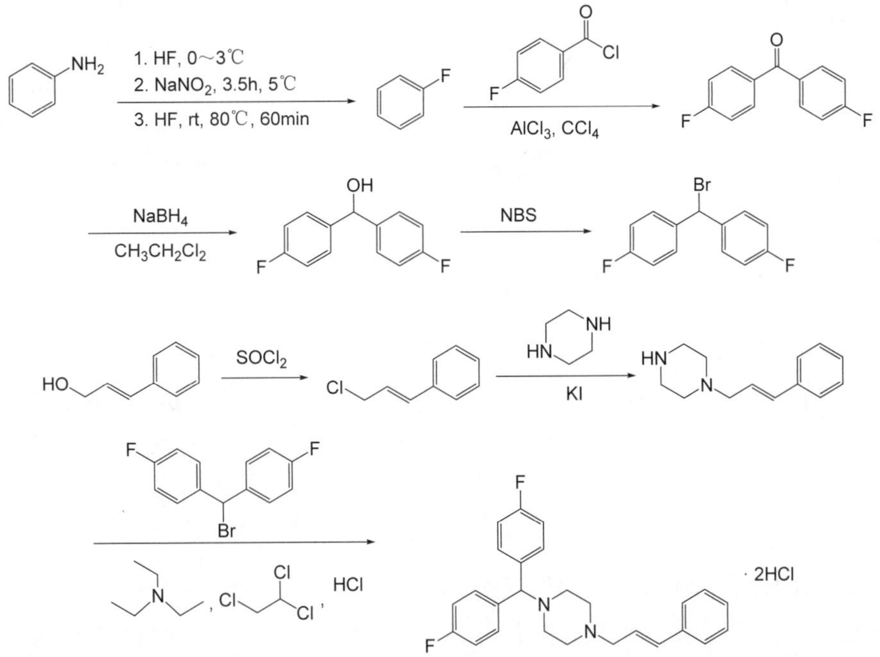

1. HF, 0～3℃
2. $NaNO_2$, 3.5h, 5℃
3. HF, rt, 80℃, 60min

$AlCl_3$, CCl_4

$NaBH_4$

$CH_3CH_2Cl_2$

NBS

$SOCl_2$

KI

HCl

·2HCl

【用　　途】 治疗脑动脉硬化，脑血栓，脑栓塞，高血压所致的脑循环障碍，脑出血，蛛网膜所致的脑循环障碍，蛛网膜下腔出血，头部外伤及其后遗症，脑循环障碍所致的精神神经症状。

【生产厂家】 杨森(Janssen)制药、山东信谊制药有限公司、山西振东安特生物制药有限公司、威海迪素制药有限公司、仁和堂药业有限公司、河南蓝图制药有限公司。

【参考资料】

[1] 冷闻辉, 于明, 朱颖,等. 盐酸氟桂利嗪胶囊治疗月经期偏头痛的临床疗效观察[J]. 脑与神经疾病杂志, 2011(02): 107-109.

[2] 王立升, 李敬芬, 周天明. 氟桂利嗪的合成工艺研究[J]. 中国医药工业杂志, 1987, 28(10): 438-440.

[3] 洪广宁, 高飞. 一种氟苯的制备方法: CN110283039[P]. 2019-9-27.

01021

艾沙利酮 Esaxerenone [1632006-28-0]

【名　　称】 (*S*)-1-(2-羟乙基)-4-甲基-*N*-[4-(甲基磺酰基)苯基]-5-[2-(三氟甲基)苯基]-1*H*-吡咯-3-甲酰胺。

1-(2-hydroxyethyl)-4-methyl-*N*-[4-(methylsulfonyl)phenyl]-5-[2-(trifluoromethyl)phenyl]-1*H*-pyrrole-3-carboxamide。

【结 构 式】

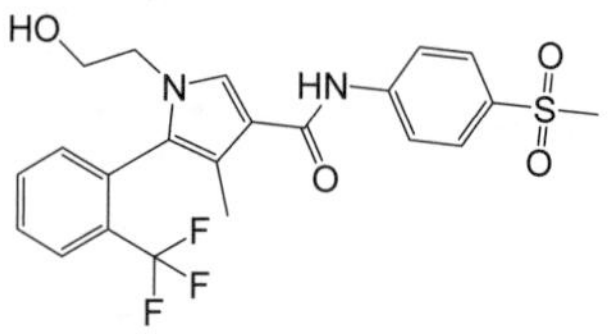

分子式：$C_{22}H_{21}F_3N_2O_4S$

分子量：466.47

【性　　状】 密度(1.35±0.1)g/cm^3，沸点(581.3±50.0)℃。

【制　　法】

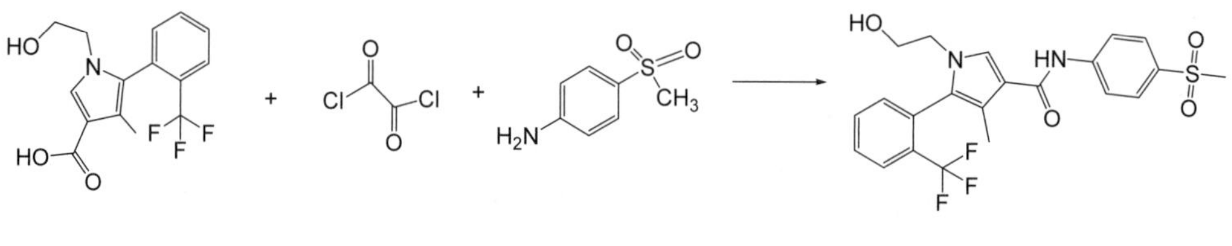

【用　　途】 治疗高血压等心脑血管疾病。

【生产厂家】 上海陶术生物科技有限公司。

【参考资料】

Yamada M, Takei M,Suzuki E,et al. Pharmacokinetics, distribution, and disposition of esaxerenone, a novel, highly potent and selective non-steroidal mineralocorticoid receptor antagonist, in rats and monkeys[J]. Xenobiotica, 2017, 47(12): 1090-1103.

01022

利奥西呱 Riociguat [625115-55-1]

【名　　称】 *N*-[4,6-二氨基-2-[1-[(2-氟苯基)甲基]-1*H*-吡唑并[3,4-*b*]吡啶-3-基]-5-嘧啶基]-*N*-甲基氨基甲酸甲酯；磺达肝癸钠中间体Ⅰ(A-8)。

N-[4,6-diamino-2-[1-[(2-fluorophenyl)methyl]-1*H*-pyrazolo[3,4-*b*]pyridin-3-yl]-5-pyrimidinyl]-*N*-methylcarbamic acid methyl ester。

【结 构 式】

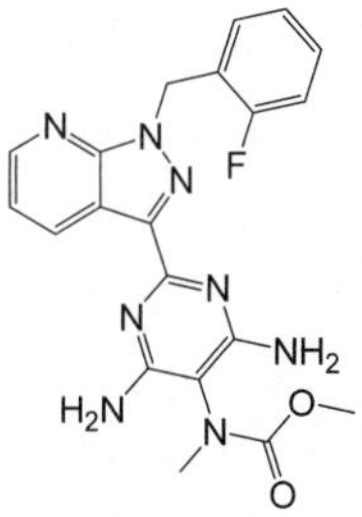

分子式：$C_{20}H_{19}FN_8O_2$

分子量：422.42

【性　　状】 沸点(567.2±50.0)℃。

【制　　法】 化合物1和2直接关环得到吡唑环3，3和4再关环得到吡啶环5，5上的乙酯经氨气酰胺化后用三氟乙酸酐脱水得到氰基，后者用甲醇钠和氯化铵处理得到6。6上的两个氮原子作为双亲核试剂，与化合物7中的两个氰基作为亲电试剂直接关环得到嘧啶环8。8中嘧啶上5位的氨基具有较强的亲核性，直接与氯甲酸甲酯反应后再甲基化，得到利奥西呱9。

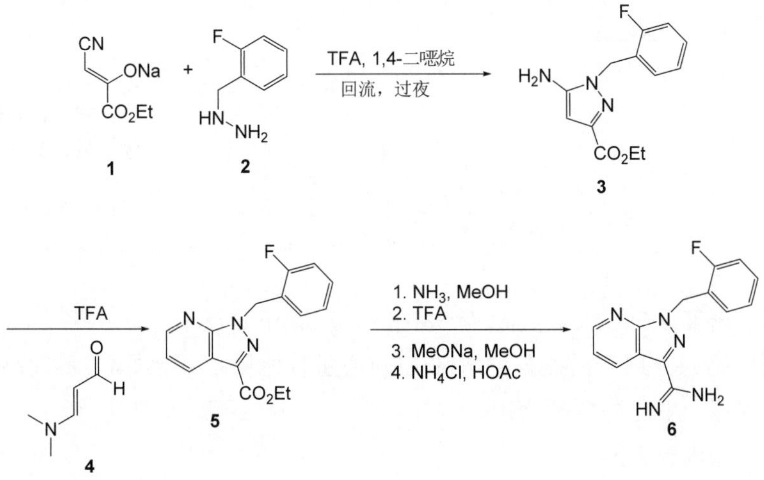

TFA, 1,4-二噁烷
回流，过夜

TFA

1. NH_3, MeOH
2. TFA
3. MeONa, MeOH
4. NH_4Cl, HOAc

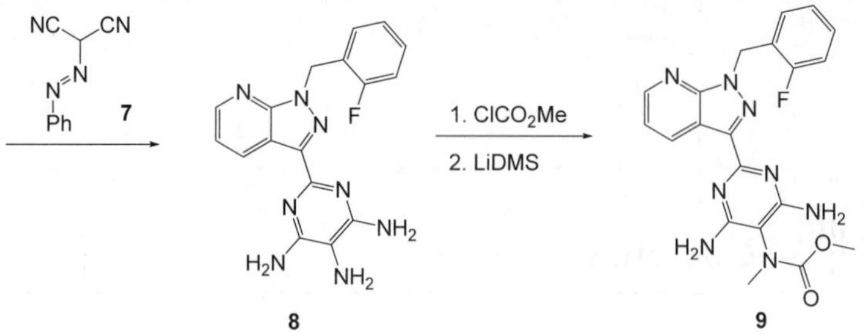

【用　　途】 治疗慢性血栓栓塞性肺动脉高压。

【生产厂家】 德国拜耳医药。

【参考资料】

[1] Fantin G, Ferrarini S, Medici A, et al. Regioselective microbial oxidation of bile acids [J]. Tetrahedron, 1998, 54(9): 1937-1942.

[2] Ferris J P, Orgel L E. The reactions of bromomalononitrile with bases [J]. J Org Chem, 1965, 30(7): 2365-2367.

[3] Branum S T, Colburn R W, Dax S L, et al. Sulfonamides as TRPM8 modulators: WO 2009012430 [P]. 2009-01-22.

01023

泊利噻嗪 Polythiazide [346-18-9]

【名　　称】 6-氯-3-(((2,2,2-三氟乙基)硫基)甲基)-3,4-二氢-2*H*-苯并[1,2,4]噻二嗪-7-磺酰胺 1,1-二氧化物；多噻嗪。

6-chloro-3-(((2,2,2-trifluoroethyl)thio)methyl)-3,4-dihydro-2*H*-benzo[*e*][1,2,4]thiadiazine-7-sulfonamide 1,1-dioxide。

【结 构 式】

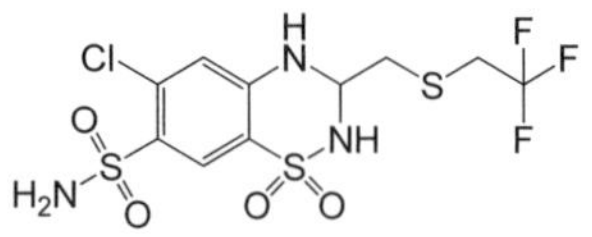

分子式： $C_{11}H_{13}ClF_3N_3O_4S_3$

分子量： 439.88

【性　　状】 密度 1.598g/cm^3，沸点 580.1℃ (760mmHg)。

【用　　途】 临床上用于治疗各种水肿(以对心脏性水肿疗效较好)、各期高血压及尿崩症。治疗高血压一般与降压药合用。

【生产厂家】 国内暂无。

【参考资料】
[1] Szyfter K, Langer J. Application of uracil-bonded silica gel to the separation of adenine and its derivatives, and to poly(A)-containing RNA[J]. Journal of Chromatography (1979), 175, (1): 189-193.
[2] Tokhadze K G, Tkhorzhevskaya N A. IR studies of hydrogen bonded complexes formed by C□H donors in cryogenic solutions[J]. Journal of Molecular Liquids, 1986, 32(1): 11-23.

01024

丁非洛尔 Butofilolol [64552-17-6]

【名　　称】 1-(2-(3-(叔丁氨基)-2-羟丙氧基)-5-氟苯基)-1-丁酮；布托费罗醇。
1-(2-(3-(*tert*-butylamino) - 2-hydroxypropoxy)- 5-fluorophenyl)-1-butanone。
【结 构 式】

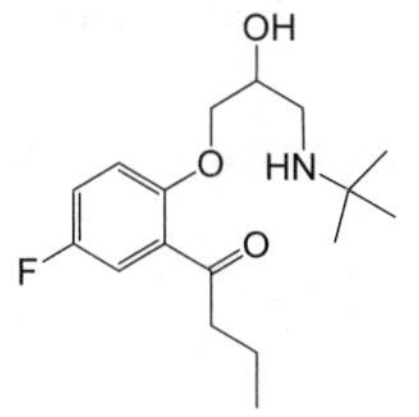

OH
O　HN
F　O

分子式：$C_{17}H_{26}FNO_3$
分子量：311.39

【性　　状】 熔点 88～89℃。
【用　　途】 抗高血压药，用于治疗高血压。
【生产厂家】 国内暂无。
【参考资料】
[1] Mallion J M,Benedetti C,Bittel R,et al. Changes in sweating during exertion. Effects of beta-blocker treatment.[J]. Archives des Maladies du Coeur et des Vaisseaux,1984,77(11): 1256-1260.
[2] Jeanniot J P,Houin G,Ledudal P, et al. Comparison of gas chromatographic—electron-capture detection and high-performance liquid chromatography for the determination of butofilolol in biological fluids[J]. Journal of chromatography B:Biomedical Sciences and Applications, 1983, 278(2): 301-309.

01025

米贝拉地尔二盐酸盐 Mibefradil Dihydrochloride [116666-63-8]

【名　　称】 2-甲氧基乙酸 2-(1*S*,2*S*)-2-(2-((3-(2-1*H*-苯并咪唑基)丙基)甲基氨基)乙

基)-6-氟-1-异丙基-1,2,3,4-四氢萘酯二盐酸盐。

(1*S*,2*S*)-2-(2-((3-(1*H*-benzo[*d*]imidazol-2-yl)propyl)methyl amino)ethyl)-6-fluoro-1-isopropyl-1,2,3,4-tetrahydronaphthalen-2-yl 2-methoxyacetate dihydrochloride。

【结 构 式】

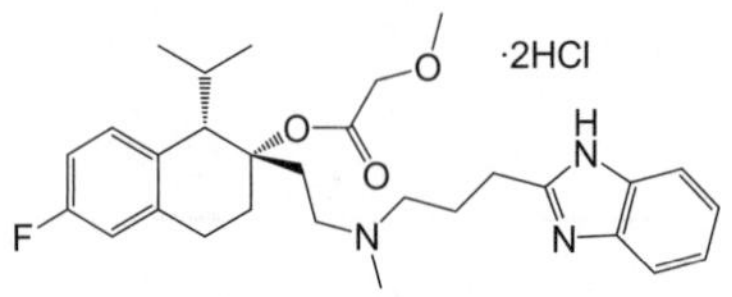

分子式: $C_{29}H_{40}Cl_2FN_3O_3$
分子量: 568.55

【性　　状】 熔点 128℃，沸点 647.6℃ (760mmHg)。

【用　　途】 对轻、中度高血压有一定治疗效果。

【生产厂家】 瑞士罗氏公司。

【参考资料】

[1] Ying D, Mengya S, Peilin L, et al. Mibefradil reduces hepatic glucose output in HepG2 cells via Ca^{2+}/calmodulin-dependent protein kinase Ⅱ-dependent Akt/forkhead box O1signaling[J]. European journal of pharmacology, 2021, 907(15): 17496.

[2] 姚杰, 邢珍, 滕金亮, 等. 米贝拉地尔对糖尿病神经病理性疼痛模型大鼠痛阈的影响[J]. 中国临床药理学杂志, 2020, 36(02): 177-180.

01026

拉罗匹仑 Laropiprant [571170-77-9]

【名　　称】 (*R*)-2-(4-(4-氯苄基)-7-氟-5-(甲基磺酰基)-1,2,3,4-四氢环戊烷并[*b*]吲哚-3-基)乙酸。

(*R*)-2-(4-(4-chlorobenzyl)-7-fluoro-5-(methylsulfonyl)-1,2,3,4-tetrahydro-cyclopenta[*b*] indol-3-yl) acetic acid。

【结 构 式】

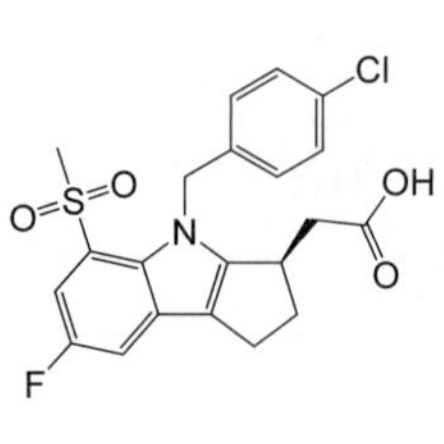

分子式: $C_{21}H_{19}ClFNO_4S$
分子量: 435.9

【性　　状】 密度 1.486 g/cm³，熔点 175℃。

【制　　法】

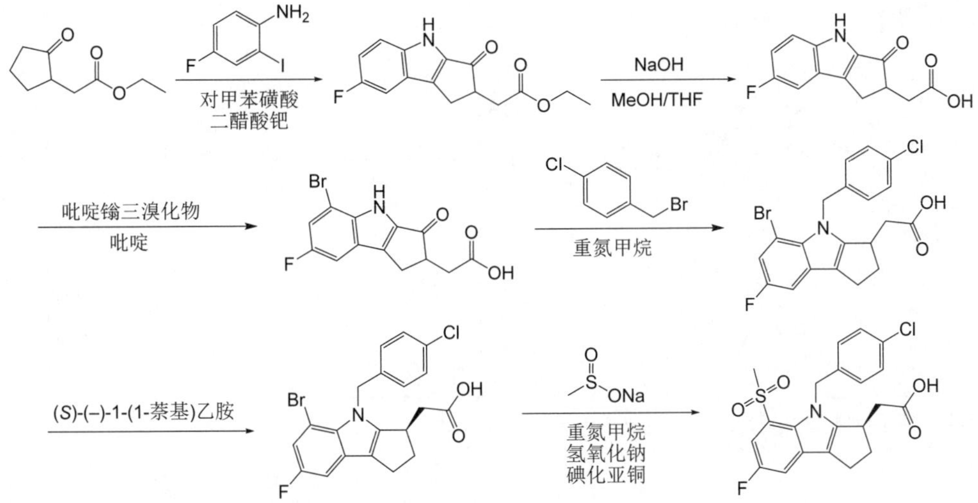

对甲苯磺酸
二醋酸钯

NaOH
MeOH/THF

吡啶鎓三溴化物
吡啶

重氮甲烷

(*S*)-(−)-1-(1-萘基)乙胺

重氮甲烷
氢氧化钠
碘化亚铜

【用　　途】与烟酸合用可降低血液胆固醇。

【生产厂家】国家药品监督管理局(NMPA)上查无生产药企。

【参考资料】

Kang C, Waters M G, Metters K M, et al. Method of treating atherosclerosis, dyslipidemias and related conditions and pharmaceutical compositions: EP1624871 A1[P]. 2006.

01027

洛美他派 Lomitapide　[182431-12-5]

【名　　称】*N*-(2,2,2-三氟乙基)-9-(4-[4-[4'-(三氟甲基)[1,1'-联苯]-2-甲酰氨基]哌啶-1-基]丁基)-9*H*-芴-9-甲酰胺。

N-(2,2,2-trifluoroethyl)-9-(4-[4-[4'-(trifluoromethyl)[1,1'-biphenyl]-2-carboxamido]piperidin-1-yl]butyl)-9*H*-fluorene-9-carboxamide。

【结 构 式】

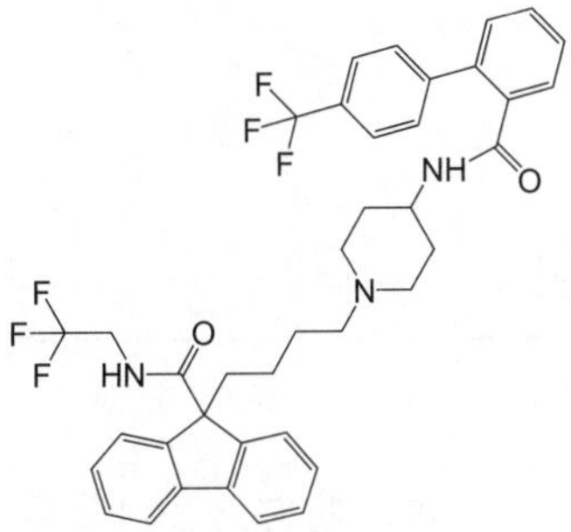

分子式： $C_{39}H_{37}F_6N_3O_2$

分子量： 693.72

【性　　状】 白色到米色粉末。

【制　　法】

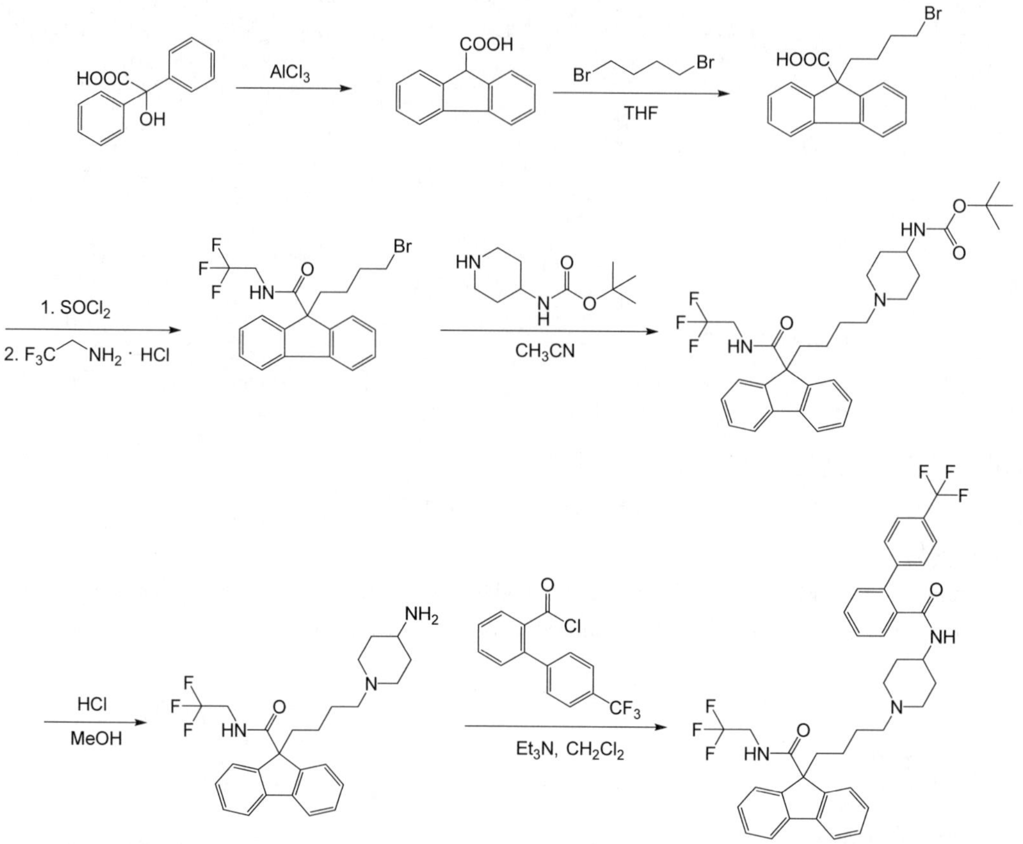

【用　　途】 用于治疗家族性高胆固醇血症。

【生产厂家】 国家药品监督管理局(NMPA)上查无生产药企。

【参考资料】

[1] 杜鑫明, 易岩, 韩明,等. 甲磺酸洛美他派的合成[J]. 中国医药工业杂志, 2014, 45(009):804-807.

[2] Won J I, Zhang J, Tecson K M, et al. Balancing low-density lipoprotein cholesterol reduction and hepatotoxicity with lomitapide mesylate and mipomersen in patients with homozygous familial hypercholesterolemia[J]. Reviews in Cardiovascular Medicine, 2017, 18(21): 21-28.

01028

普拉格雷 Prasugrel [150322-43-3]

【名　　称】 2-[2-(乙酰氧基)-6,7-二氢噻吩并[3,2-*c*]吡啶-5(4*H*)-基]-1-环丙基-2-(2-氟苯

基)乙酮。

2-[2-(acetoxy)-6,7-dihydrothieno[3,2-*c*]pyridin-5(4*H*)-yl]-1-cyclopropyl-2-(2-fluorophenyl) ethanone。

【结 构 式】

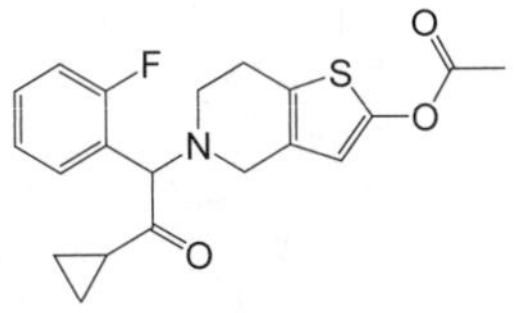

分子式：$C_{20}H_{20}FNO_3S$

分子量：373.44

【性　　状】 白色晶状固体，熔点 120～122℃，不溶于水，易溶于乙酸乙酯，微溶于乙醚。

【制　　法】 以邻氟苄基环丙基酮为起始原料，经过氯代、与 2-甲氧基-4,5,6,7-四氢噻吩并[3, 2-*c*]吡啶盐酸盐的取代、脱甲基和酯化得到普拉格雷。

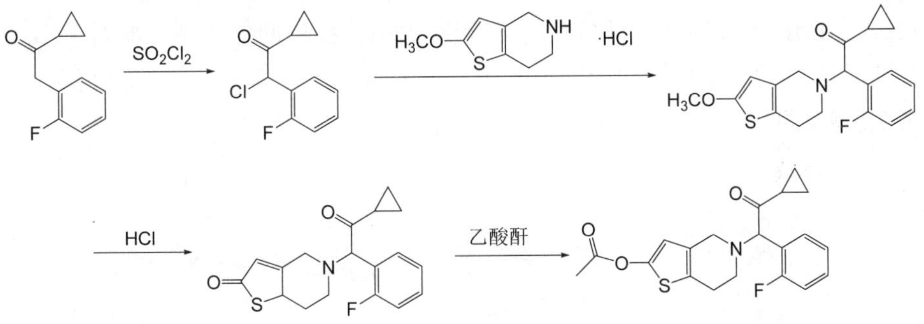

SO_2Cl_2　H_3CO　NH　·HCl　H_3CO　HCl　乙酸酐

【用　　途】 用于治疗心力衰竭、脑卒中、不稳定心绞痛等心脑血管疾病，有急性冠状动脉综合征需要进行经皮冠脉介入术的患者。

【生产厂家】 Daiichi Sankyo。

【参考资料】

[1] Ataka K, Miyata H, Kohno M, et al. 2-Silyloxy-tetra-hydrothienopyridine, salt thereof and process for preparing the same: US 5874581[P]. 1999-02-23.

[2] Asai F, Ogawa T, Naganuma H, et al. Tetrahydrothienopyridine derivative acid addition salts: WO 2002004461[P]. 2002- 01-17.

01029

替格瑞洛 Ticagrelor [274693-27-5]

【名　　称】 (1*S*,2*S*,3*R*,5*S*)-3-[7-{[(1R,2S)-2-(3,4-二氟苯基)环丙基]氨基}-5-(丙硫基)-3*H*-[1,2,3]-三唑并[4,5-*d*]嘧啶-3-基]-5-(2-羟乙氧基)-1,2-环戊二醇。

(1*S*,2*S*,3*R*,5*S*)-3-[7-{[(1*R*,2*S*)-2-(3,4-difluorophenyl)cyclopropyl]amino}-5-(propylthio)-3*H*-[1,2,3]-triazolo[4,5-*d*]pyrimidin-3-yl]-5-(2-hydroxyethoxy)-1,2-cyclopentanediol。

【结 构 式】

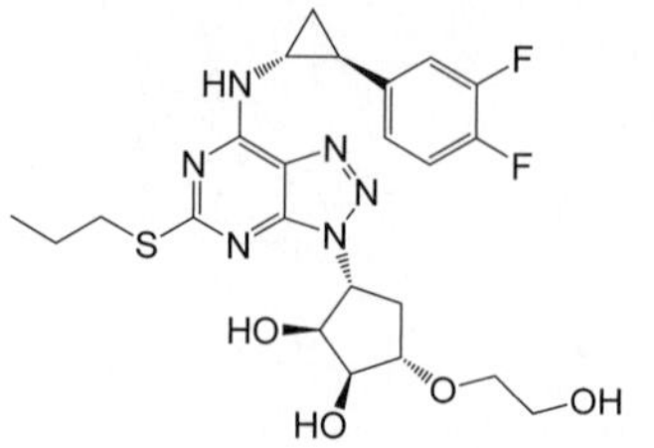

分子式： $C_{23}H_{28}F_2N_6O_4S$

分子量： 522.57

【性　　状】 白色固体。

【制　　法】 以原料 4, 6-二氯-2-(丙巯基)-5-氨基嘧啶和 2-[[(*3aR, 4S, 6R, 6aS*)-6-氨基四氢-2, 2-二甲基-4*H*-环戊并-1,3-二噁茂-4-基]氧基]乙醇在高温密封条件下反应得到中间体 3，再经过亚硝酸钠、冰醋酸环合成三氮唑得中间体 4，中间体 4 再与原料 (*1R, 2S*) -2-(3, 4-二氟苯基)环丙胺反应消除一分子盐酸得到中间体 5，经甲醇盐酸水解得到目标产物替格瑞洛粗品。

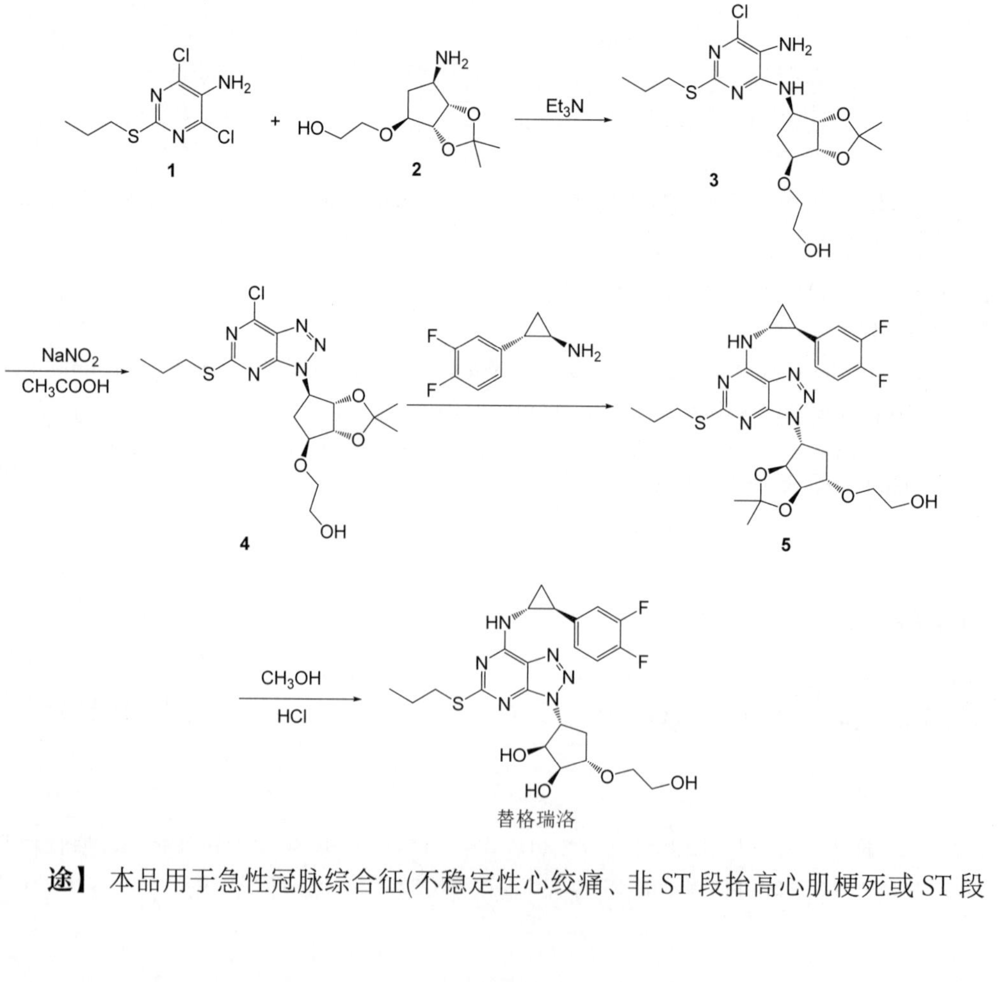

Et_3N

1　2　3

$NaNO_2$

CH_3COOH

4　5

CH_3OH

HCl

替格瑞洛

【用　　途】 本品用于急性冠脉综合征(不稳定性心绞痛、非 ST 段抬高心肌梗死或 ST 段抬高心肌梗死)患者，包括接受药物治疗和经皮冠状动脉介入(PCI)治疗的患者，降低血栓性心血管事件的发生率。与氯吡格雷相比，本品可以降低心血管死亡、心肌梗死或卒中复合终点的发生率，两个治疗组之间的差异来源于心血管疾病死亡和心肌梗死，而在卒中方面无差异。

【生产厂家】 美国阿斯利康(AstraZeneca)公司、深圳信立泰药业股份有限公司、惠州信立泰药业有限公司、石药集团欧意药业有限公司。

【参考资料】

[1] 许学农. 替卡格雷的制备方法: CN103288836A[P]. 2013-06-27.

[2] Ulf L, Mattias M, Tibor M, et al. Novel triazolo pyrimidine compounds: WO 2001 092263[P]. 2001-12-06.

01030

沃拉帕沙 Vorapaxar [618385-01-6]

【名　　称】 [(1*R*,3*aR*,4*aR*,6*R*,8*aR*,9*S*,9*aS*)-9-[(1*E*)-2-[5-(3-氟苯基)-2-吡啶基]乙烯基]十二氢-1-甲基-3-氧代萘并[2,3-*c*]呋喃-6-基]氨基甲酸乙酯。

[(1*R*,3*aR*,4*aR*,6*R*,8*aR*,9*S*,9*aS*)-9-[(1*E*)-2-[5-(3-fluorophenyl)-2-pyridyl]vinyl]dodecahydro-1-methyl-3-oxanaphtho[2,3-*c*] furan-6-yl] ethyl carbamate。

【结 构 式】

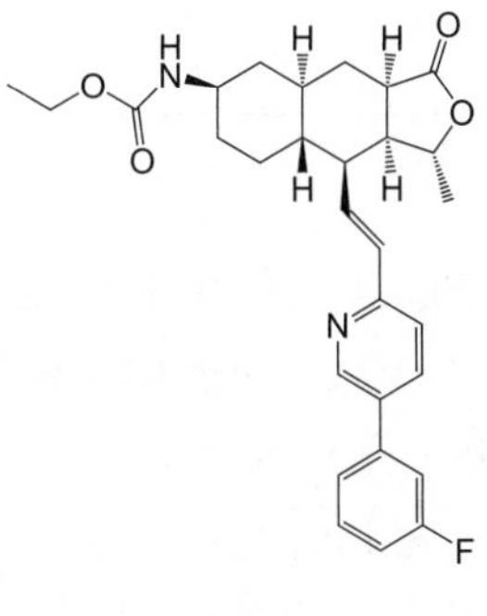

分子式： $C_{29}H_{33}FN_2O_4$

分子量： 492.58

【性　　状】 密度(676.0±55.0)℃ (760mmHg)。

【制　　法】

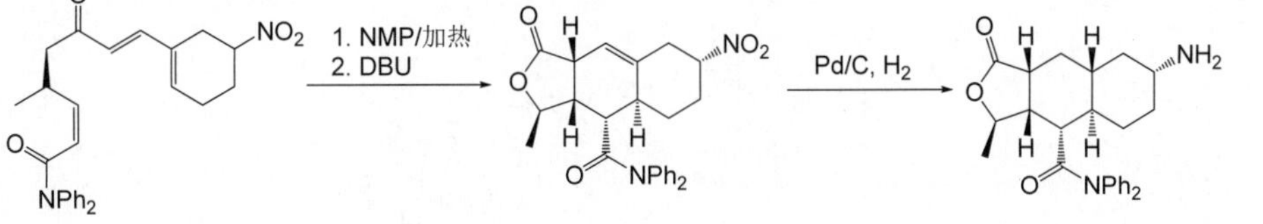

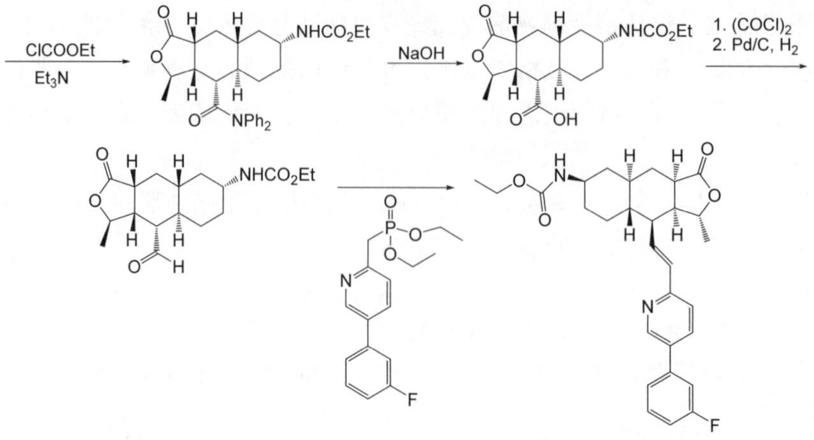

【用　　途】 沃拉帕沙是一种三环形肝素衍生选择性抑制剂蛋白酶活性受体(PAR-1)，用于降低心肌梗死(MI)或周围动脉疾病(PAD)患者的血栓心血管事件发生率。通过抑制PAR-1，血栓受体表达在血小板上，涡流防止血栓相关的血小板聚集。

【生产厂家】 Schering-Plough、上海源叶生物科技有限公司。

【参考资料】

[1] Khoufache K, Berri F, Nacken W, et al. PAR1 contributes to influenza A virus pathogenicity in mice[J]. J Clin Invest, 2013, 123(1): 206-214.

[2] Kehinde O, Kunle R. Vorapaxar: a novel agent to be considered in the secondary prevention of myocardial infarction[J]. J Pharm Bioallied Sci, 2016, 8(2): 98-105.

01031

坎格雷洛 Cangrelor [163706-06-7]

【名　　称】 (二氯(((((2*R*,3*S*,4*R*,5*R*)-3,4-二羟基-5-(6-((2-(甲硫基)乙基)氨基)-2-((3,3,3-三氟丙基)硫基)-9*H*-嘌呤-9-基)四氢呋喃-2-基)氧基)(羟基)磷酰基)氧基(羟基)磷酰)甲基)膦酸。(dichloro(((((2*R*,3*S*,4*R*,5*R*)-3,4-dihydroxy-5-(6-((2-(methylthio)ethyl)amino)-2-((3,3,3-trifluoropropyl)thio)-9*H*-purin-9-yl)tetrahydrofuran-2-yl)oxy)(hydroxy)phosphoryl)oxy)(hydroxy)phosphoryl)methyl)phosphonic acid。

【结 构 式】

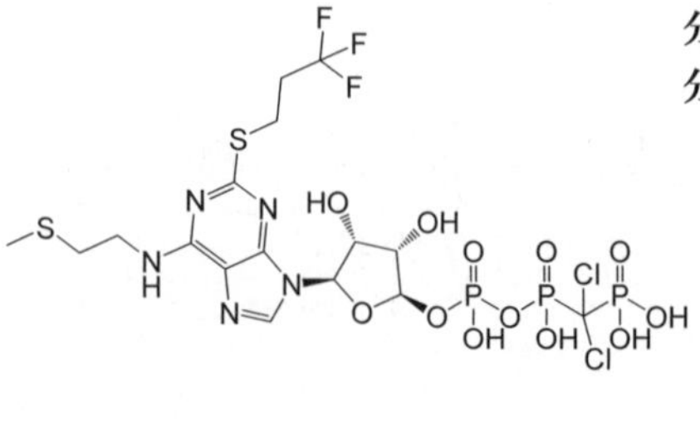

分子式： $C_{17}H_{25}Cl_2F_3N_5O_{12}P_3S_2$

分子量： 776.36

【性　　状】 沸点：979.0℃(760mmHg)。

【制　　法】

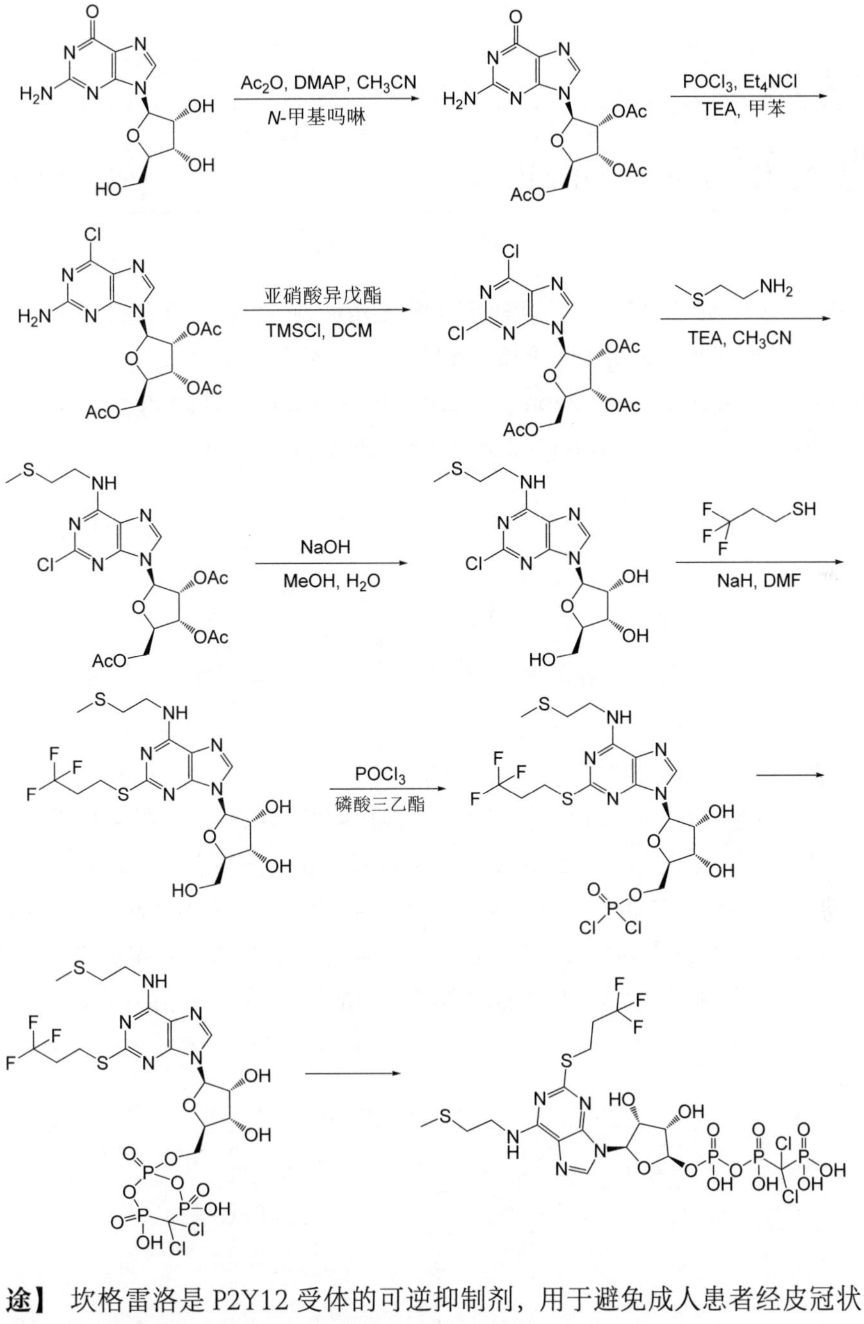

Ac$_2$O, DMAP, CH$_3$CN
N-甲基吗啉

POCl$_3$, Et$_4$NCl
TEA, 甲苯

亚硝酸异戊酯
TMSCl, DCM

TEA, CH$_3$CN

NaOH
MeOH, H$_2$O

NaH, DMF

POCl$_3$
磷酸三乙酯

【用　　途】 坎格雷洛是P2Y12受体的可逆抑制剂，用于避免成人患者经皮冠状动脉介入治疗(PCI)过程中因凝血造成的冠状动脉堵塞风险。

【生产厂家】 阿斯利康制药有限公司、武汉鼎信通药业有限公司。

【参考资料】

[1] Sato T, Ishido R. Manufacture of purine nucleosides by fusion method: JP 40017596 [P]. 1965-08-10.

[2] Gerster J F, Jones J W, Robins R K. Purine nucleosides. Ⅳ. The synthesis of 6-halogenated 9-*β*-D-ribofuranosylpurines from inosine and guanosine [J]. J Org Chem, 1963, 28(4): 945-948.

01032

福他替尼 Fostamatinib [901119-35-5]

【名　　称】 6-[[5-氟-2-[(3,4,5-三甲氧基苯基)氨基]-4-嘧啶基]氨基]-2,2-二甲基-4-[(磷酰氧基)甲基]-2*H*-吡啶并[3,2-*b*]-1,4-噁嗪-3(4*H*)-酮。

6-[[5-fluoro-2-[(3,4,5-trimethoxyphenyl)amino]-4-pyrimidinyl]amino]-2,2-dimethyl-4-[(phophoryloxy)methyl]-2*H*-pyrido[3,2-*b*]-1,4-oxazine-3 (4*H*)-one。

【结 构 式】

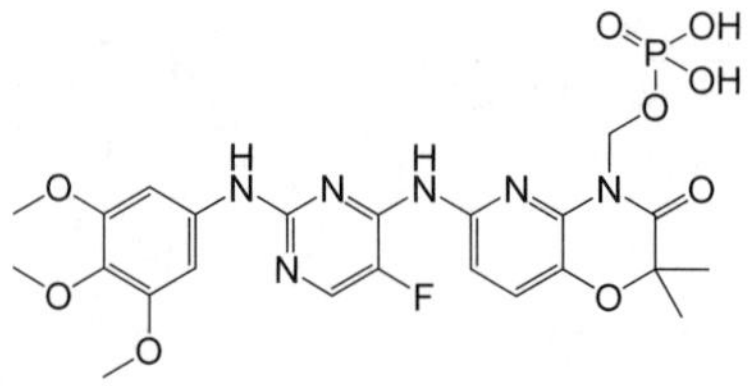

分子式: $C_{23}H_{26}FN_6O_9P$
分子量: 580.46

【性　　状】 沸点(814.2±75.0)℃(760mmHg)。

【制　　法】 福他替尼的合成以三氯氧磷、5-氟尿嘧啶为原料，主要通过 5 个步骤，产生 4 个中间体。首先，通过三氯氧磷将 5-氟尿嘧啶氯化，产生 2,4-二氯-5-氟嘧啶，再与杂环化合物 3 中的伯氨基偶联，合成仲胺衍生物 **4**。3, 4, 5-三甲氧基苯胺与 **4** 进一步通过仲氨基偶联获得关键中间体 **6**。**7** 与 **6** 进一步通过仲氨基偶联获得关键中间体 **8**。随后以二氯甲烷为溶剂，中间体 **8** 上的磷酸酯基中的丁基被三氟乙酸脱除，生成磷酸衍生物 **9**。

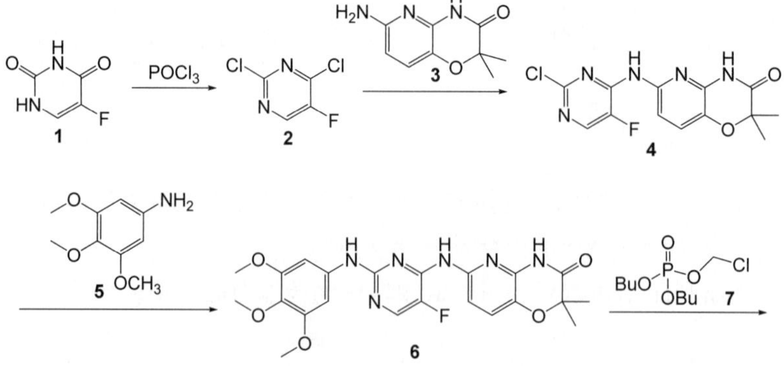

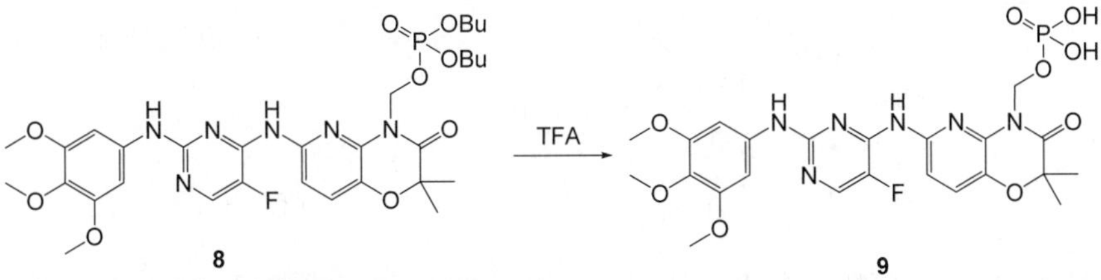

【用　　途】福他替尼是脾脏酪氨酸激酶(SYK)抑制剂的活性代谢产物 R406 的前体药物，具有多种医学治疗作用,由美国 Rigel 制药公司开发，用于血小板减少症的治疗，特别是对此前治疗方案缓解不佳的成年慢性免疫性血小板减少症(ITP)患者。

【生产厂家】 美国 Rigel 制药公司、上海脉铂医药科技有限公司

【参考资料】

Braselmann S, Taylor V,Zhao H,et al. R406, an orally available spleen tyrosine kinase inhibitor blocks fc receptor signaling and reduces immune complex-mediated inflammation[J]. J Pharmacol Exp Ther, 2006, 319(3): 998-1008.

01033

托瑞司他 Tolrestat　　[82964-04-3]

【名　　称】 *N*-[[6-甲氧基-5-(三氟甲基)萘-1-基]硫代甲基]-*N*-甲基甘氨酸。

N-[[6-methoxy-5-(trifluoromethyl)naphthalen-1-yl]thioxomethyl]-*N*-methylglycine。

【结 构 式】

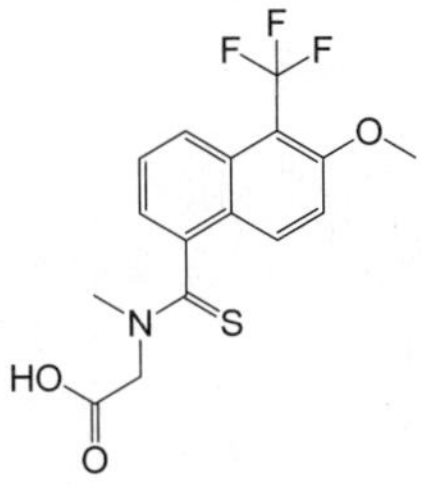

分子式：$C_{16}H_{14}F_3NO_3S$

分子量：357.35

【性　　状】 白色固体。熔点 164～165℃，密度(1.399±0.06)g/cm^3。

【制　　法】化合物 1 与三氟碘甲烷在铜粉作用下发生取代反应得到 2，2 经水解得到 3，再经氯化、和 *N*-甲基甘氨酸甲酯盐酸盐在吡啶中缩合、五硫化二磷硫化和碱性条件下水解后酸化，最终得目标产物托瑞司他(4)。

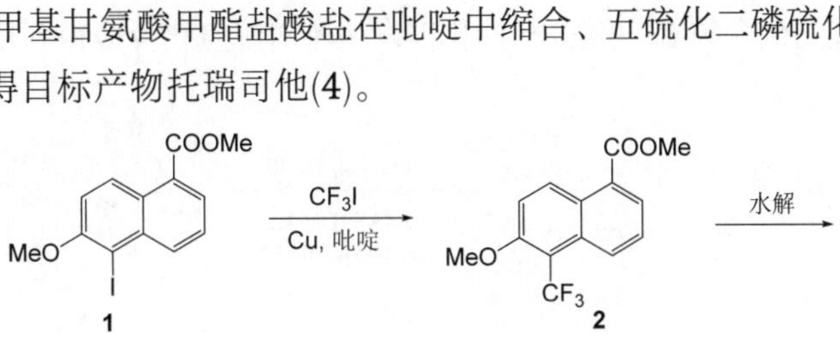

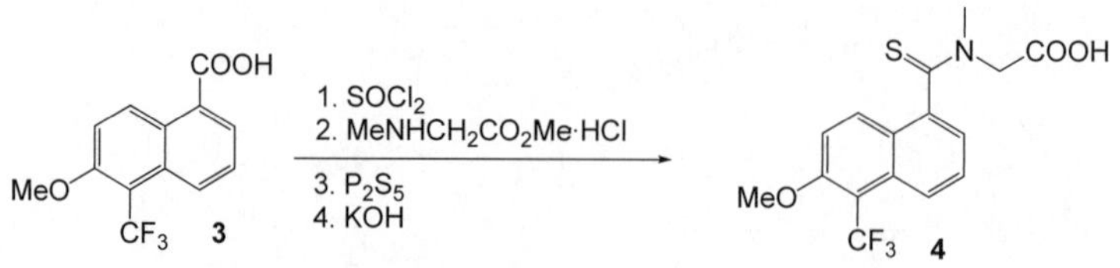

【用　　途】醛糖还原酶抑制剂，毒性低。用于治疗和预防糖尿病并发症，如糖尿病性神经病、肾病、白内障、视网膜病等。

【生产厂家】Wyeth-Ayerst 公司。

【参考资料】

[1] 王汉清. 托瑞司他合成路线图解[J]. 中国医药工业杂志, 1995(04): 188-189.

[2] Sestanj K, Bellini F, Fung S, et al. *N*-[[5-(trifluoromethyl)-6-methoxy-1-naphthalenyl]thioxomethyl]-*N*-methylglycine (Tolrestat), a potent, orally active aldose reductase inhibitor [J]. Journal of Medicinal Chemistry, 1984, 27(3): 255-256

01034

西他列汀 Sitagliptin [486460-32-6]

【名　　称】7-[(3*R*)-3-氨基-1-氧代-4-(2,4,5-三氟苯基)丁基]-5,6,7,8-四氢-3-(三氟甲基)-1,2,4-三唑并[4,3-*a*]吡嗪。

(3*R*)-3-amino-1-[3-(trifluoromethyl)-5,6,7,8-tetrahydro-1,2,4-triazolo[4,3-*a*]pyrazin-7-yl]-4-(2,4,5-trifluorophenyl)butan-1-one。

【结 构 式】

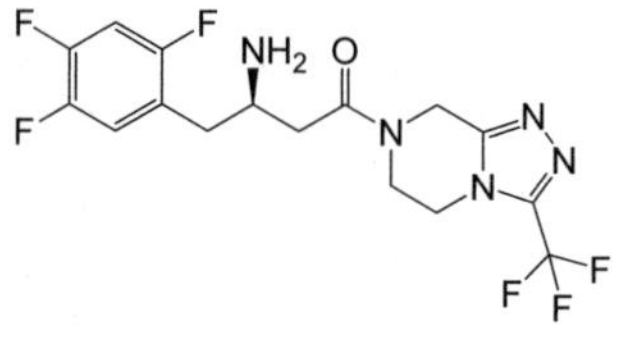

分子式：$C_{16}H_{15}F_6N_5O$

分子量：407.31

【性　　状】白色固体。熔点 114.1～115.7℃，沸点(529.9±60.0)℃，密度(1.61±0.1)g/cm³。

【制　　法】1 和 2 发生亲核取代得到化合物 3，3 和 4 反应得到化合物 5，5 和羟胺发生还原胺化生成相应的化合物 6，再在 Ru 催化下发生不对称氢化反应得到目标产物西他列汀。

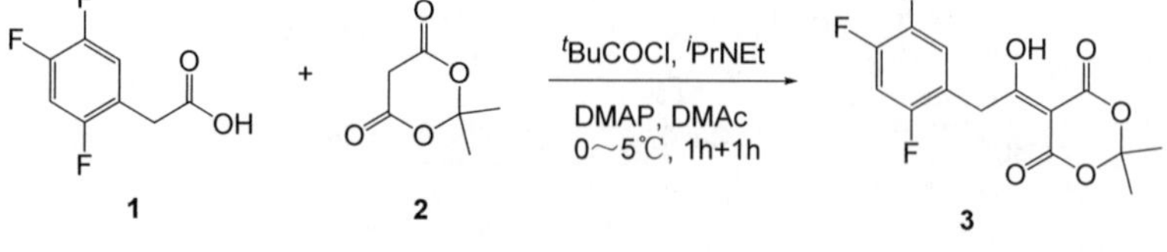

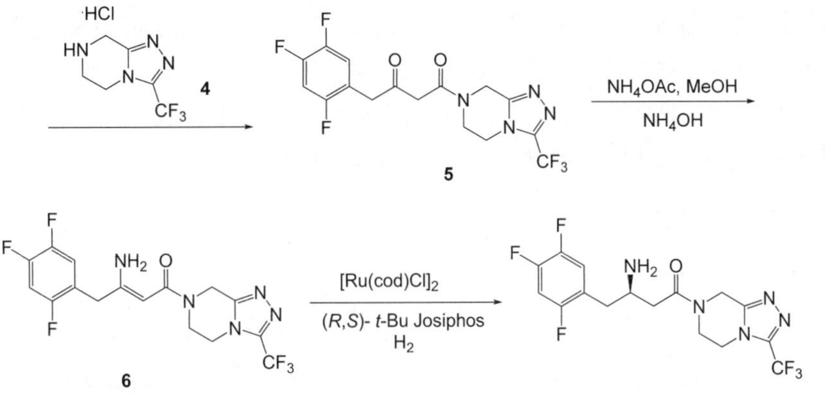

4

5

NH_4OAc, MeOH

NH_4OH

6

$[Ru(cod)Cl]_2$

(*R*,*S*)- *t*-Bu Josiphos

H_2

【用　　途】 西他列汀是一个口服有效、市场前景良好的药物，单用或与二甲双胍、吡格列酮合用都有显著的降血糖作用，且服用安全、耐受性好、不良反应少。

【生产厂家】 美国默克公司、浙江医药股份有限公司新昌制药厂、南京正大天晴制药有限公司、通化东宝药业股份有限公司、广东东阳光药业有限公司。

【参考资料】

[1] 竺伟, 樊钱永, 阮洪亮. 一种合成西他列汀的新方法: CN102757431A [P]. 2012.

[2] Xiao Y, Armstrong J D, Krska S W, et al. Process for the preparation of chiral *p*- amino acid derivatives by asymmetric hydrogenation: WO 2004085378[P]. 2004-10-07.

[3] Wenslow R M, Armstrong J D, Chen A M, et al. Novel crystal forms of a dihydrogen phosphate salt of a trizolopyrazine dipetidyl prtidaseⅣinhibitor: WO2005020920[P]. 2005-03-10.

01035

吉格列汀 Gemigliptin　　[911637-19-9]

【名　　称】 (*S*)-1-(2-氨基-4-(2,4-双(三氟甲基)-5,8-二氢吡啶并[3,4-*d*]嘧啶-7(6*H*)-基)-4-氧代丁基)-5,5-二氟哌啶-2-酮。

(*S*)-1-(2-amino-4-(2,4-bis(trifluoromethyl)-5,8-dihydropyrido[3,4-*d*]pyrimidin-7(6*H*)-yl)-4-oxobutyl)-5,5-difluoropyridin-2-one。

【结 构 式】

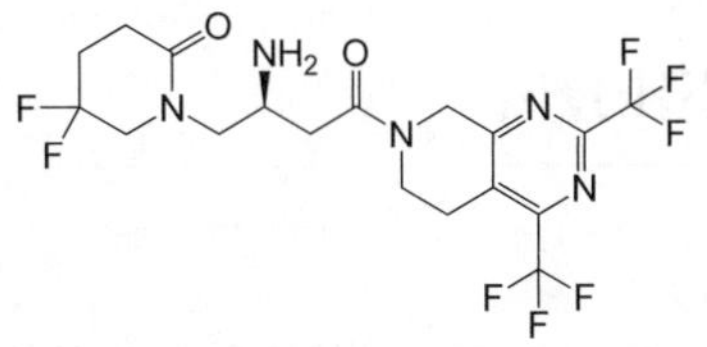

分子式： $C_{18}H_{19}F_8N_5O_2$

分子量： 489.36

【性　　状】 白色固体。熔点 114.1～115.7℃，沸点(539.1±50.0)℃，密度(1.54±0.1)g/cm³。

【制　　法】化合物 1 经 DAST 脱氧氟化得到 2，2 经三步开环再酸化得到 3，3 和 4 在 $NaBH(OAc)_3$ 作用下发生还原缩合得到化合物 5，再脱叔丁基保护得到关键中间体 6。7 与 8 在乙醇溶剂中加热酰胺化得到 9，脱 Boc 后酸化得到 10，10 与 6 在 EDC[1-(3-二甲氨基丙基)-3-乙基碳二亚胺盐酸盐]中缩合后得到最终目标产物。

【用　　途】可用于晚期糖基化终末产物 (AGE) 相关的糖尿病并发症的研究。

【生产厂家】国家药品监督管理局(NMPA)上查无生产药企。

【参考资料】

Ewing W R, Becker M R, Manetta V E, et al. Design and structure-activity relationships of potent and selective inhibitors of blood coagulation factor Xa [J]. Journal of Medicinal Chemistry, 1999, 42(18): 3557-3571.

01036

卡格列净 Canagliflozin　　[842133-18-0]

【名　　称】(*1S*)-1,5-脱水-1-*C*-[3-[[5-(4-氟苯基)-2-噻吩基]甲基]-4-甲基苯基]-D-葡萄糖醇。

(*1S*)-1,5-dehydrogenation-1-*C*-[3-[[5-(4-fluorophenyl)-2-thiophenyl]methyl]-4-methylphenyl]-D-glucitol。

【结 构 式】

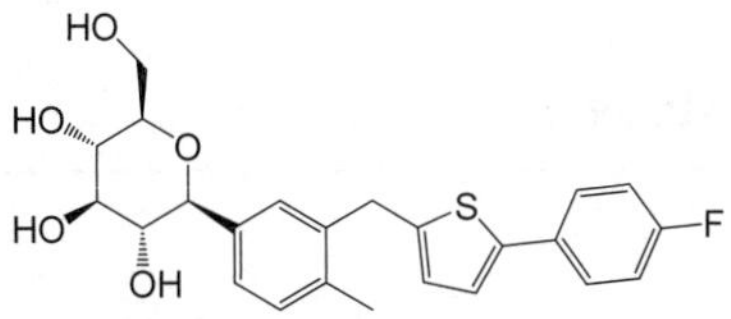

分子式：$C_{24}H_{25}FO_5S$

分子量：444.52

【性　　状】 白色固体。熔点 114.1～115.7℃，沸点(642.9±55.0)℃，密度 1.346g/cm³。

【制　　法】 对溴氟苯(1)与联硼酸频那醇酯(B_2Pin_2)反应后与 3 偶联得到 4，5 在 $AlCl_3$ 调节下与 4 反应得到中间体 6，将化合物 6 与正丁基锂作用生成相应有机锂化合物，与二溴化锌和溴化锂发生金属交换得到相应活泼有机锌化合物，再与中间体 7 作用，高选择性地得到 *β*-异构体 8，它在碱的作用下脱去保护基，得到目标产物卡格列净。

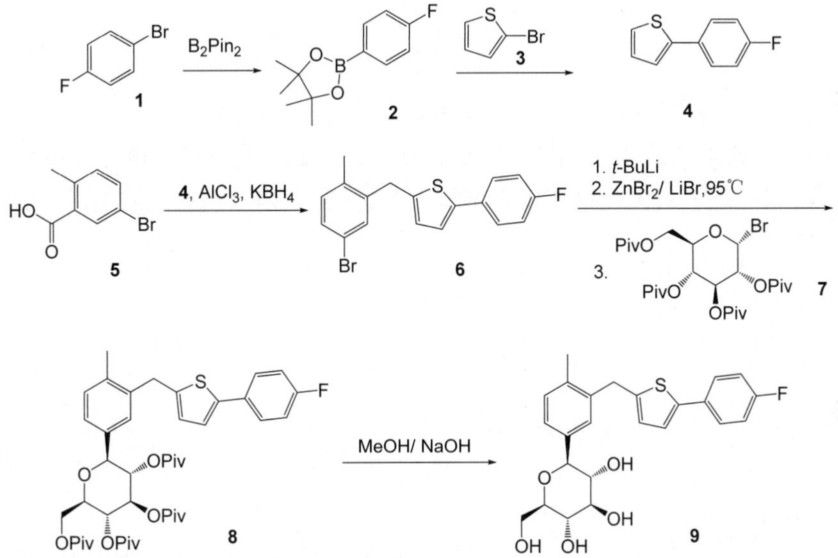

B_2Pin_2

3

$4, AlCl_3, KBH_4$

1. *t*-BuLi
2. $ZnBr_2$/ LiBr,95℃
3.

MeOH/ NaOH

【用　　途】 卡格列净为日服一次的口服糖尿病治疗药物，属于选择性钠-葡萄糖共转运体 2(SGLT2)抑制剂的一类新药，通过阻断肾脏对血糖的重吸收及增加尿液中血糖的排泄，来降低机体血糖水平。与非糖尿病患者群相比，2 型糖尿病患者的肾脏能够重吸收大量的葡萄糖进入血液，这可能会提高血糖水平。

【生产厂家】 Mitsubishi Tanabe Pharma、四川科伦药业股份有限公司、常州恒邦药业有限公司、正大天晴药业集团股份有限公司。

【参考资料】

[1] 赵俊, 宗在伟, 杜有国, 等.一种高纯度卡格列净化合物及其制备方法: CN103694230 A[P]. 2014.

[2] 张少平, 李培申, 漆定超, 等. 2-(4-氟苯基)-5-[(5-溴-2-甲基苯基)甲基]噻吩的制备方法: CN111205265A [P]. 2020.

01037

伊格列净 Ipragliflozin [761423-87-4]

【名　　称】 (1*S*)-1,5-脱水-1-*C*-[3-[(1-苯并噻吩-2-基)甲基]-4-氟苯基]-D-葡糖醇。
(1*S*)-1,5-dehydrated-1-*C*-[3-[(1-benzothiophen-2-yl)methyl]-4-fluorophenyl]-D-glucitol。

【结 构 式】

分子式：$C_{21}H_{21}FO_5S$
分子量：404.45

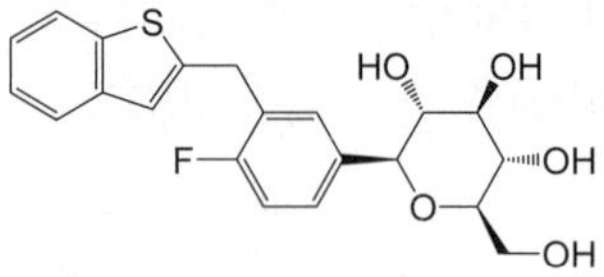

【性　　状】 白色固体。沸点(628.8±55.0)℃，密度 1.452g/cm^3。

【制　　法】 化合物 1 用正丁基锂攫氢后，在三乙基硅烷和三氟化硼乙醚的作用下与化合物 2 反应得到 3，3 和化合物 4 反应制得化合物 5，再用三氯化硼脱苄基，最终得到目标产物伊格列净。

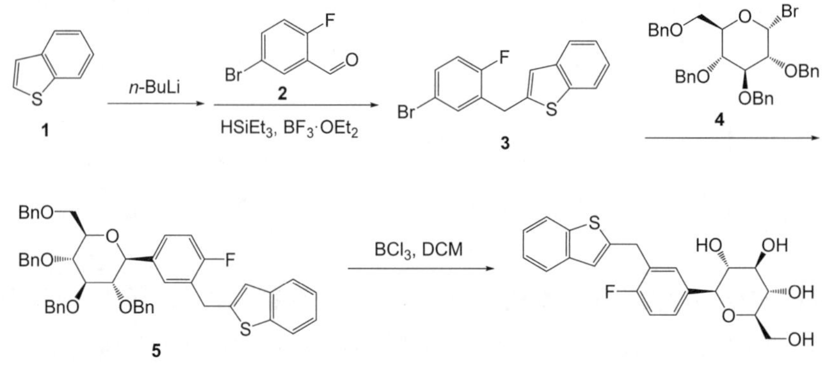

【用　　途】 具有抗糖尿病活性。

【原研药厂】 安斯泰来(Astellas)、日本寿制药公司(Kotobuki Pharma)以及默沙东(Merck Sharp&Dohme, MSD)联合开发。

【生产厂家】 国家药品监督管理局(NMPA)上查无生产药企。

【参考资料】

吴学平, 海威. 一种合成伊格列净的方法: CN108276396A[P]. 2018.

01038

奥格列汀 Omarigliptin [1226781-44-7]

【名　　称】 $(2R,3S,5R)$-2-(2,5-二氟苯基)-5-(2-(甲基磺酰基)吡咯并[3,4-*c*]吡唑-5$(2H,4H,6H)$-基)四氢-2*H*-吡喃-3-胺。

$(2R,3S,5R)$-2-(2,5-difluorophenyl)-5-(2-(methylsulfonyl)pyrrolo[3,4-*c*]pyrazol-5$(2H,4H,6H)$-yl)tetrahydro-2*H*-pyran-3-amine。

【结 构 式】

分子式： $C_{17}H_{20}F_2N_4O_3S$

分子量： 398.43

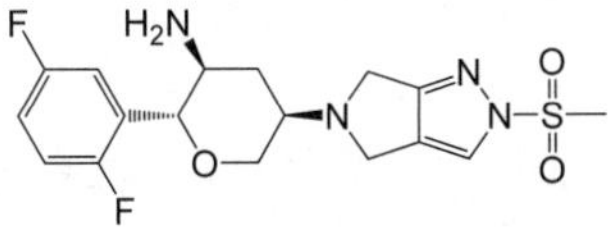

【性　　状】 白色固体。沸点(529.4±60.0)℃，密度(1.61±0.1)g/cm^3。

【制　　法】 以化合物 1 为起始原料，Boc 保护后与盐酸羟胺酰胺化反应得到 2，2 与 3 催化偶联得到 4,4 在手性 Rh 催化下环化为 5，再经两步转化为 6，将化合物 6 和 7 混合后进行脱 Boc 保护反应，得到化合物 8 和 9 的混合溶液，再与还原剂发生还原胺化反应直接得到目标产物 10。

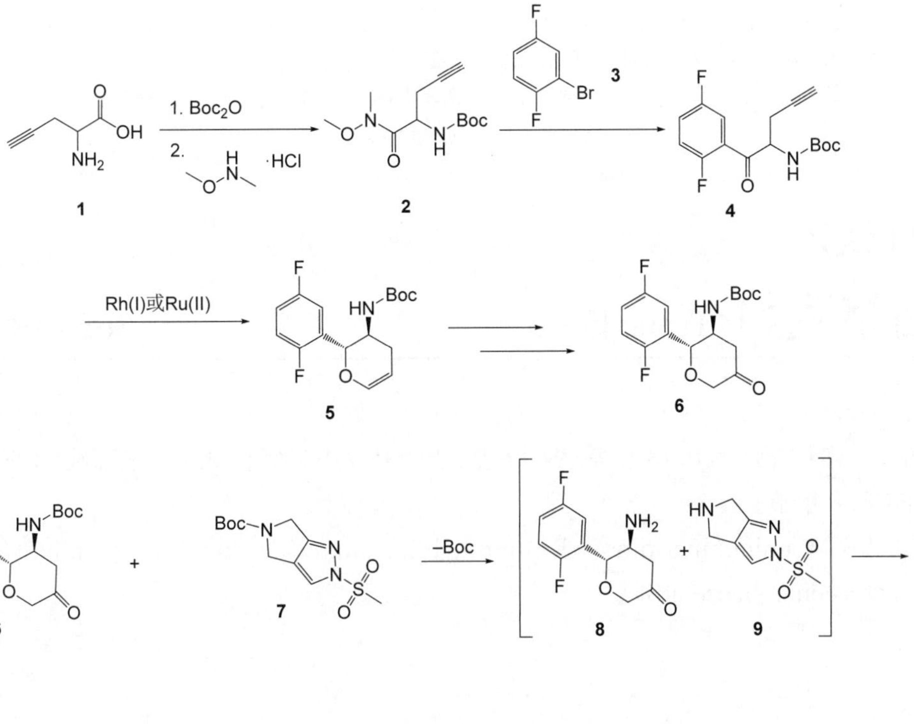

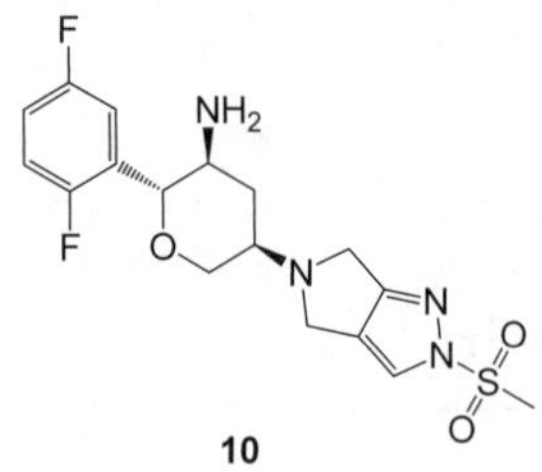

【用　　途】 奥格列汀是一种超长效二肽基肽酶-4(DPP-4)抑制剂类口服降糖药，每周口服一次，可产生持续的 DPP-4 抑制作用，具有全新的降血糖机制，同时具有不增加体重、不会引起低血糖反应、不会引起水肿等优越性。其作用机制是通过抑制体内 DPP-4 对胰高血糖素样肽-1(GLP-1)的降解作用，延长 GLP-1 的作用时间，从而提高血液中内源性 GLP-1 和 GIP 的浓度，并最终改善血糖控制。

【生产厂家】 Lerck & Co Ino。

【参考资料】

[1] 刘飞孟，宓鹏程，陶安进,等. 一种手性氨基吡喃酮类化合物的合成方法: CN106316888A [P]. 2017.

[2] Chung J, Scott J P, Anderson C, et al. Evolution of a manufacturing route to omarigliptin, a long-acting DPP-4 inhibitor for the treatment of type 2 diabetes[J]. Organic Process Research & Development, 2015,19(11):1760-1768.

[3] Zacuto M J, Tomita D, Pirzada Z, et al. Chemoselectivity of the Ru-catalyzed cycloisomerization reaction for the synthesis of dihydropyrans; application to the synthesis of L-forosamine[J]. Organic Letters, 2010, 12(4): 684-687.

[4] Ak A, Mb A, Gtvb A, et al. Tertiary-butoxycarbonyl (Boc)——a strategic group for *N*-protection/deprotection in the synthesis of various natural/unnatural *N*-unprotected aminoacid cyanomethyl esters [J]. Tetrahedron Letters, 2018, 59(48): 4267-4271.

[5] 沈竞康，陈越磊，李游，等. 一种制备手性四氢吡喃衍生物的方法: CN107652291A [P]. 2020.

01039

曲格列汀 Trelagliptin [865759-25-7]

【名　　称】 (*S*)-2-((6-(3-氨基哌啶-1-基)-3-甲基-2,4-二氧代-3,4-二氢嘧啶-1(2*H*)-基)甲基)-4-氟苯甲腈。

(*S*)-2-((6-(3-aminopiperidin-1-yl)-3-methyl-2,4-dioxo-3,4-dihydropyrimidin-1(2*H*)-yl)methyl)-4-fluorobenzonitrile。

【结 构 式】

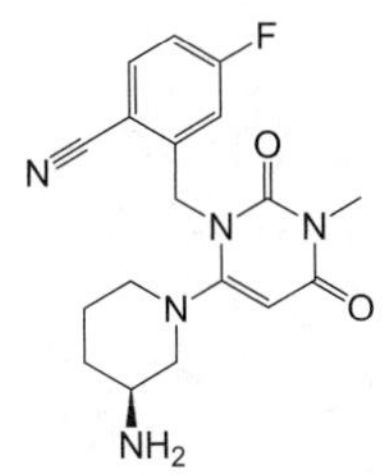

分子式：$C_{18}H_{20}FN_5O_2$
分子量：357.38

【性　　状】 白色固体。沸点(519.0±60.0)℃，密度(1.38±0.1)g/cm^3。

【制　　法】 以 2-溴-5-氟甲苯（1）为原料，用无毒的亚铁氰化钾[$K_4Fe(CN)_6$]作为氰化试剂，在钯催化下向分子中引入氰基得到化合物 2，然后溴化后得到化合物 3，3 与 4 发生亲核取代得到化合物 5,5 与 6 发生亲核取代后和三氟乙酸成盐纯化得到化合物 7，再用碳酸钠去酸得到曲格列汀。

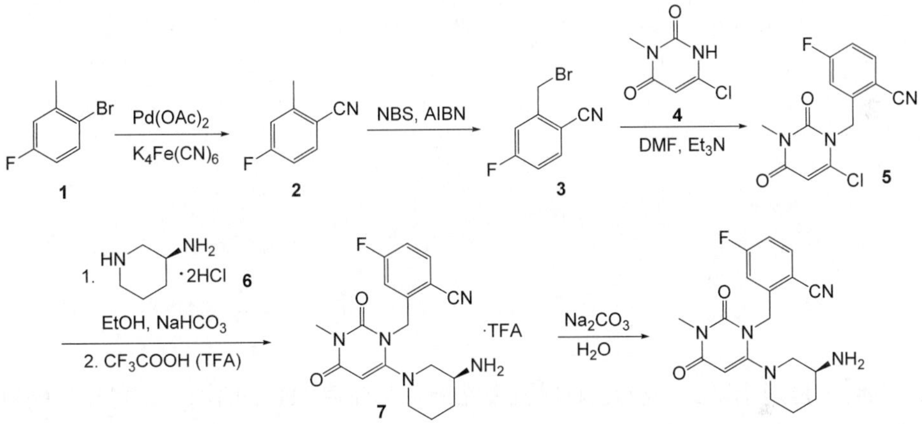

【用　　途】 曲格列汀具有良好的安全性和耐受性，每周给药 1 次便可有效控制血糖水平，改善患者的用药依从性。其用于 2 型糖尿病的治疗。

【生产厂家】 日本武田制药。

【参考资料】

[1] 江洁滢，游莉，邓思思，等. 琥珀酸曲格列汀的合成[J]. 中国新药杂志, 2015, 24(16): 1876-1878.
[2] 何俊,马猛,单瑞平，等. 一种琥珀酸曲格列汀的制备方法: CN111349075A [P]. 2020.

01040

尼替西农 Nitisinone [104206-65-7]

【名　　称】 2-(2-硝基-4-三氟甲基苯甲酰基)-1,3-环己二酮。

2-(2-nitro-4-trifluoromethylbenzoyl)-1,3-cyclohexanedione。

【结 构 式】

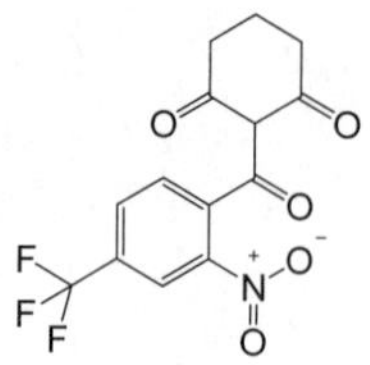

分子式：$C_{14}H_{10}F_3NO_5$
分子量：329.23

【性　　状】 白色固体，熔点 129～131℃。

【制　　法】 尼替西农的制备方法多是以 2-硝基-4-三氟甲基苯胺(1)为起始物料，在酸性条件下将氨基转换为氰基获得化合物 2-硝基-4-三氟甲基苯甲腈(2)，然后在硫酸作用下氰基水解生成相应的羧基化合物 2-硝基-4-三氟甲基苯甲酸(3)，3 再与甲醇酯化反应获得 2-硝基-4-三氟甲基苯甲酸甲酯(4)，最后 4 与 1,3-环己二酮发生缩合反应得到尼替西农(5)。

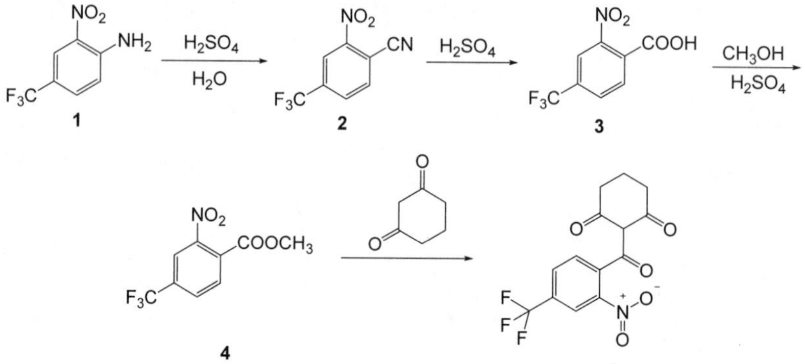

【用　　途】 适用于罕见的小儿 1 型遗传性酪氨基血症(HT-1)的治疗。可作为酪氨酸和苯丙氨酸饮食限制的辅助药物。

【生产厂家】 Sweden Orphan、LABORATOIRES K.A.B.S. INC.。

【参考资料】

[1] Nishimura Y, Kawai T. Method of preparing 4-trifluoromethly-2-nitrobenzoic acid and novel isomer: US4845279A[P]. 1989-07-04.

[2] Su Y H, Shi J P, Lu J X, et al. Preparative method for carboxylic acids: US2017369412 A1[P]. 2017-12-28.

01041

雷马曲班 Ramatroban [116649-85-5]

【名　　称】 (*R*)-3-(3-((4-氟苯基)磺酰氨基)-1,2,3,4-四氢-9*H*-咔唑-9-基)丙酸。

(*R*)-3-(3-((4-fluorophenyl)sulfonamido)-1,2,3,4-tetrahydro-9*H*-carbazol-9-yl)propanoic acid。

【结 构 式】

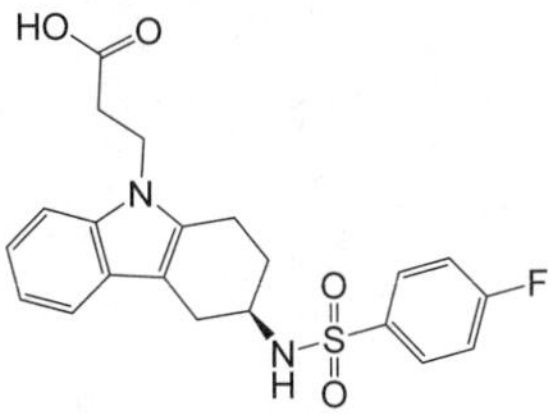

分子式：$C_{21}H_{21}FN_2O_4S$

分子量：416.47

【性 状】 结晶固体，密度 1.43g/cm^3。

【制 法】

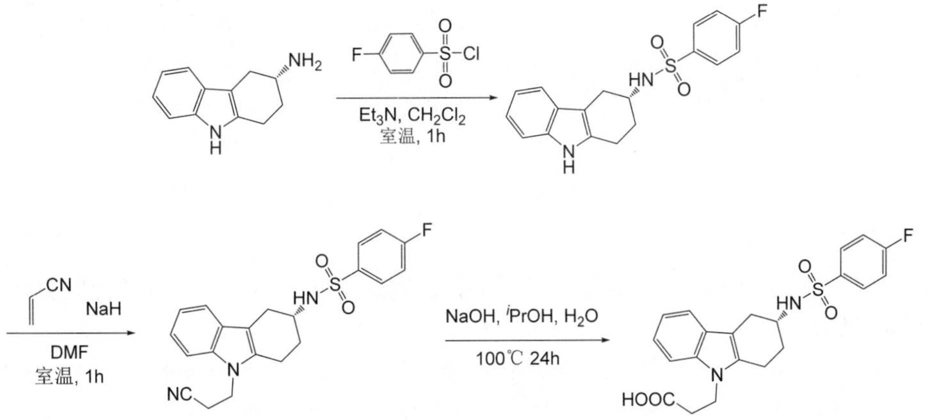

【用 途】 一种选择性血栓素 A2 (TxA2，IC_{50}=14nmol/L)拮抗剂。雷马曲班还通过抑制 PGD2 结合从而拮抗 CRTH2 (IC_{50}=113nmol/L)。

【生产厂家】 国家药品监督管理局(NMPA)上查无生产药企。

【参考资料】

Busto E, Gotor-Fernandez V, Gotor V. Asymmetric chemoenzymatic synthesis of ramatroban using lipases and oxidoreductases[J]. The Journal of Organic Chemistry, 2012, 77 (10): 4842-4848.

01042

洛美利嗪 Lomerizine [101477-55-8]

【名 称】 1-(双(4-氟苯基)甲基)-4-(2,3,4-三甲氧基苄基)哌嗪。

1-(bis(4-fluorophenyl)methyl)-4-(2,3,4-trimethoxybenzyl)piperazine。

【结 构 式】

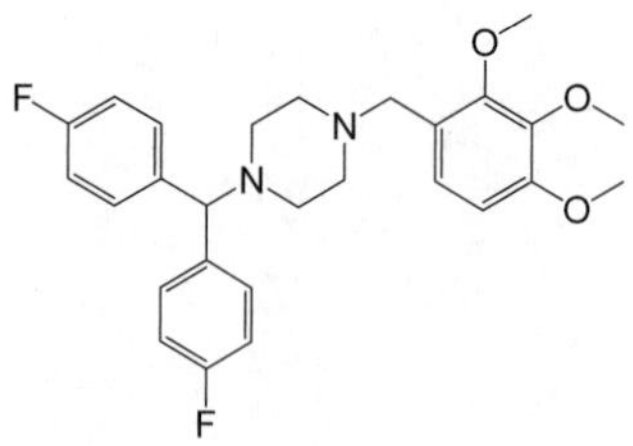

分子式：$C_{27}H_{30}F_2N_2O_3$
分子量：468.54

【性　　状】 类白色颗粒或粉末。

【制　　法】

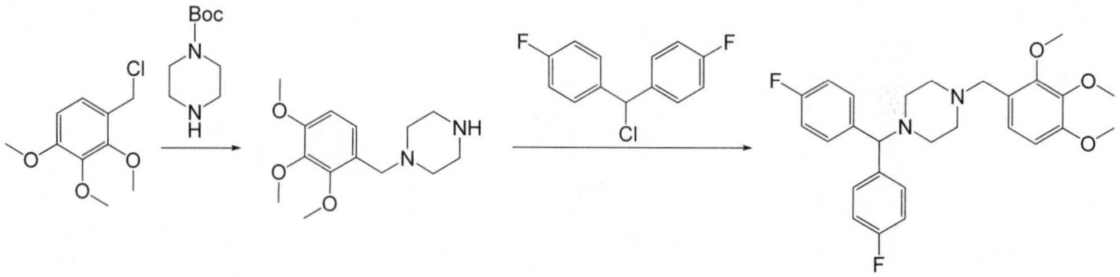

【用　　途】 用作脑血管扩张药。

【生产厂家】 Merck Sharp & Dohme、南京长澳制药有限公司、山东辰龙药业有限公司。

【参考资料】

[1] 张乐波，孙守飞，张百坤，等，一种盐酸洛美利嗪的合成方法: CN109666008 A[P]. 2019-4-23.

[2] Masakazu I,Shunsuke K, Masamichi O,et al. Inhibitory effect of lomerizine, a prophylactic drug for migraines, on serotonin-induced contraction of the basilar artery[J]. Journal of Pharmacological Sciences, 2019, 111(2): 221-225.

第 2 章
胃肠道系统氟药

02001

西沙必利 Cisapride [81098-60-4]

【名　　称】(+/−)-顺-4-氨基-5-氯-*N*-[1-[3-(4-氟苯氧基)丙基]-3-甲氧基-4-哌啶基]-2-甲氧基苯甲酰胺。

(+/−)-*cis*-4-amino-5-chloro-*N*-[1-[3-(4-fluorophenoxy)propyl]-3-metoxy-4-piperidinyl]-2-metoxybenzamide。

【结 构 式】

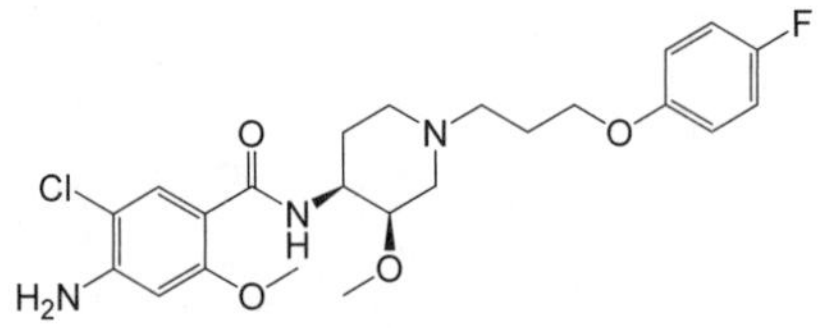

分子式：$C_{23}H_{29}ClFN_3O_4$

分子量：465.95

【性　　状】白色至略米色粉末，熔点 107～111℃，沸点 605.4℃ (760mmHg)，密度 1.29g/cm^3。

【制　　法】以 *N*-乙氧羰基-4-哌啶酮(1)为原料，在甲醇溶剂、二乙酸碘苯和氢氧化钾的作用下得到中间体 2，2 在溶剂四氢呋喃、氢化钾、碘甲烷的条件下反应得到中间体 3，3 在溶剂四氢呋喃、硫酸作用下，反应得到中间体 4，4 在 Pd/C、氢气、苄胺、醋酸硼氢化钠作用下得中间体 5，5 与 2-甲氧基-4-氨基-5-氯苯甲酸、氯甲酸乙酯、三乙胺在二氯甲烷溶剂中反应生成中间体 6，6 在二氯甲烷、氢氧化钾条件下生成中间体 7，7 在溶剂 *N,N*-二甲基甲酰胺中，与 1-(3-氯丙氧基)-4-氟苯、碘化钾、三乙胺(TEA)反应得到产物西沙必利(8)。

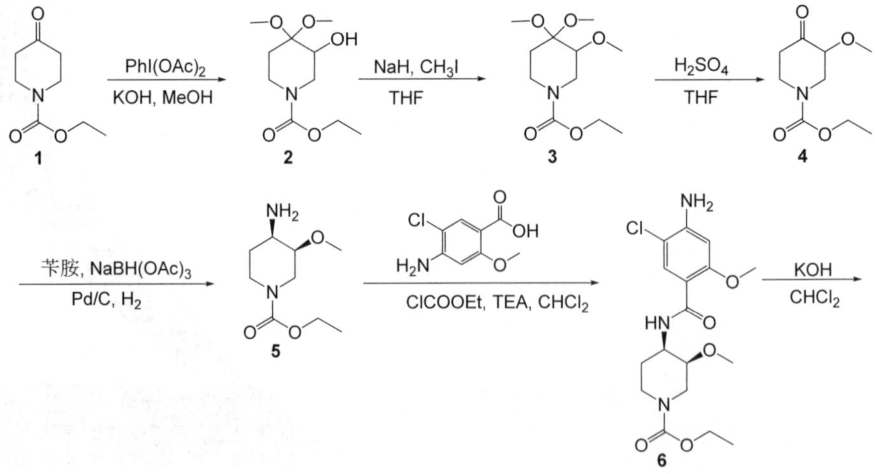

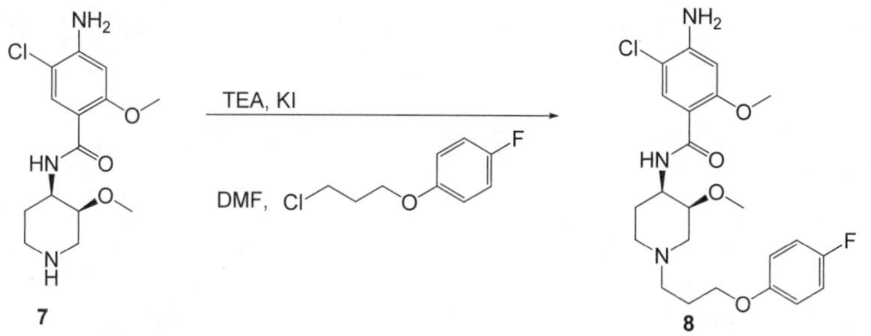

【用　　途】 胃肠动力药，能加强并协调胃肠道运动，防止食物的滞留及反流，有止吐效果。还有强安定作用，可作为精神病的治疗。用于胃轻瘫、胃-食道反流、上消化道不适、慢性便秘、假性肠梗阻等。

【生产厂家】 上虞京新药业有限公司。

【参考资料】

[1] Mc K R M, Armstrong S R, Beattie D T, et al. A multivalent approach to the design and discovery of orally efficacious 5-HT_4 receptor agonists[J]. J Med Chem, 2009, 52(17):5330-5343.

[2] Jessen F E. 1-(1,2-Disubstituted piperidinyl)-4-substituted piperazine derivatives: CN1438220[P]. 2003-08-27.

[3] Van Daele G. Novel *N*-(3-hydroxy-4-piperidiny)benzamide derivatives: 4962115 [P]. 1990-10-09.

02002

兰索拉唑 Lansoprazole　　[103577-45-3]

【名　　称】 (+/−)-2-[[[3-甲基-4-(2,2,2-三氟乙氧基)-2-吡啶基]甲基]亚硫酰基]-1*H*-苯并咪唑。(+/−)-2-[[[3-methyl-4-(2,2,2-trifluoroethoxy)-2-pyridyl]methyl]sulfinyl]-1*H*-benzimidazole。

【结 构 式】

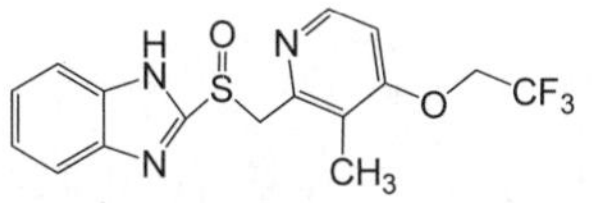

分子式： $C_{16}H_{14}F_3N_3O_2S$

分子量： 369.37

【性　　状】 白色或类白色结晶粉末，熔点 166℃，易溶于二甲基甲酰胺，可溶于甲醇，难溶于乙醇，极难溶于乙醚，几乎不溶于水，沸点 555.8℃ (760mmHg)，密度 1.5g/cm^3。

【制　　法】以 2,3-二甲基吡啶(1)为原料，在冰醋酸中经过氧化氢氧化后得到中间体 2,3-二甲基吡啶-*N*-氧化物(2)，将混酸加入 2 中，加热硝化得到中间体 2,3-二甲基-4-硝基-吡啶-*N*-氧化物(3)，3 在三氟乙醇中反应得中间体 2,3-二甲基-4-(2,2,2-三氟乙氧基)吡啶-*N*-氧化物(4)，4 在乙酸酐作用下得到中间体 2-羟甲基-3-甲基-4-(2,2,2-三氟乙氧基)吡啶(5)，5 在二氯亚砜作用下得到中间体 6，6 与 2-巯基苯并咪唑反应得到中间体 2-[3-甲基-

4-(2,2,2-三氟乙氧基)-吡啶基]-硫醚-1*H*-苯并咪唑(7)，最后经缩合得到产物兰索拉唑(8)。

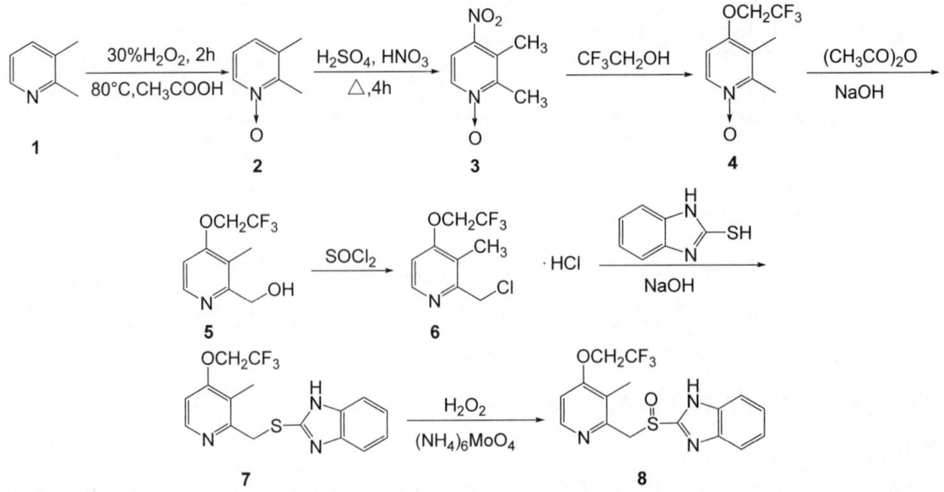

【用　　途】 用于治疗胃溃疡、十二指肠溃疡、反流性食管炎、卓-艾(Zollinger-Ellison)综合征(胃泌素瘤)。

【生产厂家】 南京海润医药有限公司、辽宁腾飞药业有限公司、江苏吴中医药集团有限公司苏州制药厂、重庆莱美药业股份有限公司。

【参考资料】

[1] Forsberg H, Spaziano T. Use of Lanthanide(Ⅲ) ions as catalysts for the reactions of amines with nitriles[J]. J Org Chem, 1987, 52(6): 1017-1021.

[2] Kato M, Toyoshima, Y, Iwano N Production of 2-(2-pyridylmethylsulfinyl) benzimidazole compounds: EP 0302720 [P]. 1992-11-11.

02003

地塞米松 Dexamethasone [50-02-2]

【名　　称】 (11*β*,16*α*)-9-氟-11,17,21-三羟基-16-甲基孕甾-1,4-二烯-3,20-二酮。(11*β*,16*α*)-9-fluoro-11,17,21-trihydroxy-16-methylpregna-1,4-diene-3,20-dione。

【结 构 式】

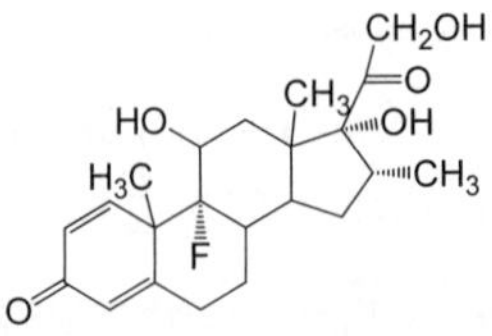

分子式： $C_{22}H_{29}FO_5$

分子量： 392.46

【性　　状】 白色粉末，熔点 255～264℃，密度 1.32g/cm^3,沸点 568.2℃。

【制　　法】以中间体 1 为原料，然后氟化得到中间体 2，用碱作为催化剂进行水解反应，反应完全后用醋酸中和得到产物地塞米松(3)。

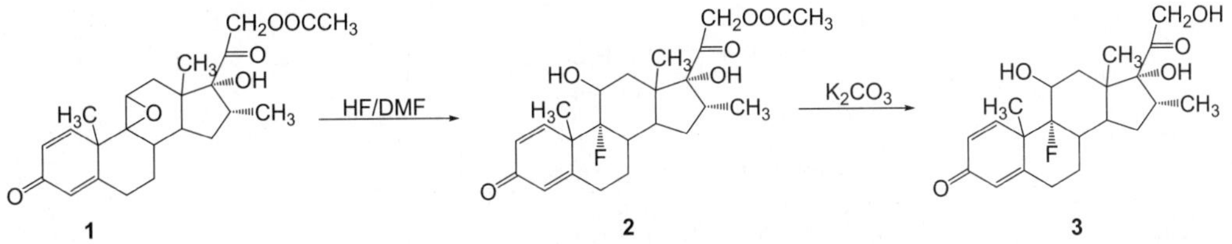

【用　　途】用于治疗过敏性疾病，过敏性休克，溃疡性结肠炎，各种炎症性疾病，风湿性疾病，肾脏疾病，神经疾病，慢性呼吸系统疾病，内分泌疾病，眼部疾病，皮肤性疾病，血液病。

【生产厂家】西安国康瑞金制药有限公司、上海新华联制药有限公司、天津天药药业股份有限公司、浙江仙琚制药股份有限公司、广西万德药业有限公司、扬州制药有限公司、桂林澳林制药有限责任公司。

【参考资料】

[1] Chemerda J M, Fisher J F, Tull R J. Synthesis of steroid phosphates: US 2939873[P]. 1960-06-07.

[2] Joao V. Process for the preparation of mineral oxy-acid esters of 9alpha-fluoro-16-methyl-prednisolone: US 3564028[P]. 1971-02-16.

02004

氟膦丙胺 Lesogaberan [344413-67-8]

【名　　称】*P*-[(2*R*)-3-氨基-2-氟丙基]膦酸。

P-[(2*R*)-3-amino-2-fluoropropyl]phosphinic acid。

【结 构 式】

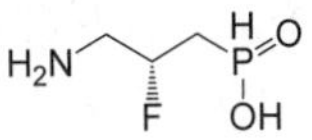

分子式：$C_3H_9FNO_2P$

分子量：141.08

【制　　法】以 D-丝氨酸或 L-丝氨酸(1)为起始原料，立体特异性转化得到中间体氟氨基酸衍生物(2)；2 经过酯基还原，除去苄基，得到中间体 3；氨基被 Boc 保护，得到中间体 4，然后用碘原子取代羟基，得到中间体 5，最后通入适量的双(三甲基硅基)磷灰石处理烷基碘化物 5 得到目标产物(6)。

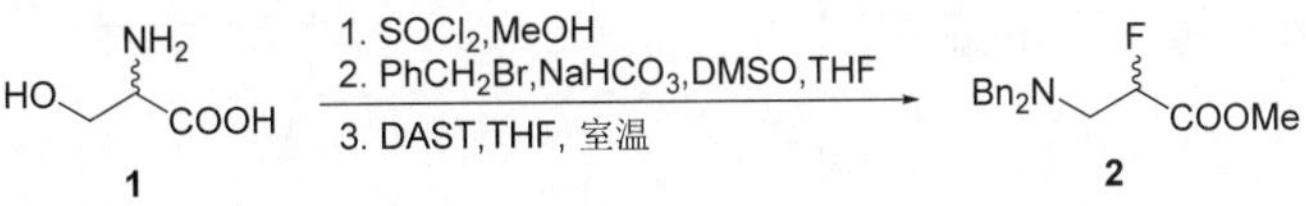

1. $LiBH_4$,THF,−15°C,之后室温,17h
2. NH_4Cl,0°C
3. H_2,$Pd(OH)_2C$,EtOH,室温,6h

3

$(Boc)_2O$,K_2CO_3,H_2O,室温
二噁烷,17h

4

PPh_3,I_2,咪唑,CH_2Cl_2,0℃
室温,17h

5

1. $HP(OTMS)_2$,10e.q.,CH_2Cl_2,室温,18h
2. MeOH/H_2O
3. DOWEX 50WX-8-200,H^+

6

【用　　途】 氟膦丙胺能抑制短暂的下食管括约肌松弛，这是治疗胃食管最重要的机制，因此，本品可用于治疗胃食管反流病，临床Ⅱ期试验已结束。

【生产厂家】 Astrazeneca Plc、BOC siciences、上海珞珐生化科技有限公司。

【参考资料】

Alstermark C, Amink, Dinn S R, et al. Synthesis and pharmacological evaluation of novel γ-aminobutyric acid type B (GABAB) receptor agonists as gastroesophageal reflux inhibitors[J]. J Med Chem, 2008, 51(14): 4315-4320.

02005

替加氟 Tegafur　　[17902-23-7]

【名　　称】 1-(四氢-2-呋喃基)-5-氟-2,4(1*H*,3*H*)-嘧啶二酮。

1-(tetrahydro-2-furyl)-5-fluoro-2,4(1*H*,3*H*)-pyrimidinedione;Gimeracil;Oteracil Potassium。

【结 构 式】

分子式： $C_8H_9FN_2O_3$
分子量： 200.17

【性　　状】 白色结晶性粉末，熔点 164～165℃，易溶于热水、乙醇、二甲基甲酰胺，不溶于醚、苯，无臭，味苦。

【制　　法】 以 5-氟尿嘧啶（该原料合成方法如下）为起始原料，在惰性气体压力控制及路易斯酸类催化剂作用下，使 5-氟尿嘧啶、2,3-二氢呋喃在疏质子极性溶剂中发生取代反应，制得替加氟。

$FCH_2COOC_2H_5$
KOC_2H_5

$\cdot H_2SO_4$

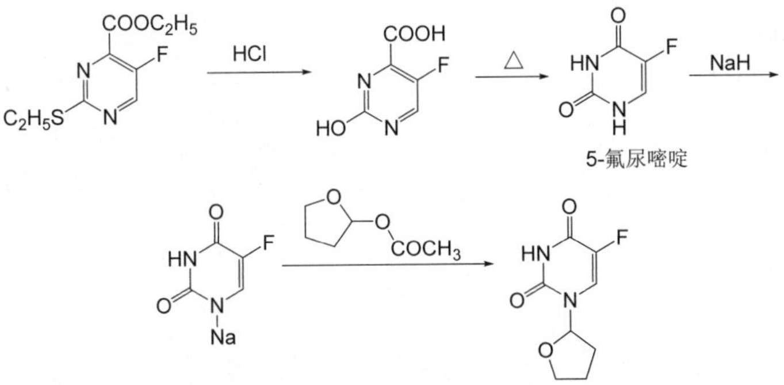

【用　　途】 对消化系癌(如胃癌、结肠癌、直肠癌、胰腺癌)有一定疗效，对乳腺癌和肝癌亦有效。

【生产厂家】 江苏恒瑞医药股份有限公司、齐鲁天和惠世制药有限公司、通化茂祥制药有限公司。

【参考资料】

[1] Ota K, Taguchi T, Kimura K. Anticancer drug tegafur synthesis process: DE 2709838[P] 1977-05-02.

[2] Shuto S, Itoth H, Sakai A. Anticancer drug tegafur research: DE 2723450[P] 1997-03-23.

02006

依来卡托 Elexacaftor [2216712-66-0]

【名　　称】 *N*-[(1,3-二甲基-1*H*-吡唑-4-基)磺酰基]-6-[3-(3,3,3-三氟-2,2-二甲基丙氧基)-1*H*-吡唑-1-基]-2-[(4*S*)-2,2,4-三甲基-1-吡咯烷-基]吡啶-3-甲酰胺。

N-[(1,3-dimethyl-1*H*-pyrazol-4-yl)sulfonyl]-6-[3-(3,3,3-trifluoro-2,2-dimethylpropoxy)-1*H*-pyrazol-1-yl]-2-[(4*S*)-2,2,4-trimethyl-1-pyrrolidinyl]pyridine-3-carboxamide。

【结 构 式】

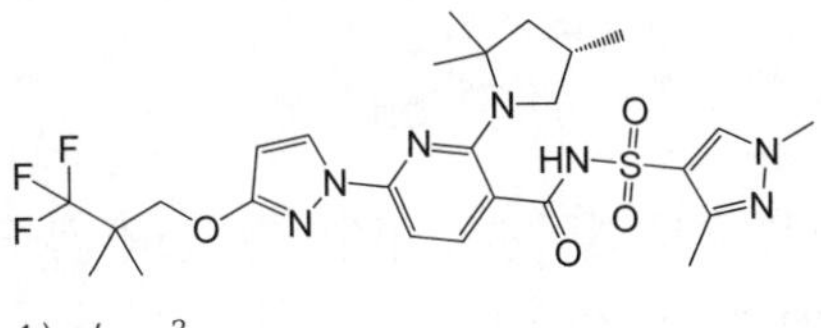

分子式：$C_{26}H_{34}F_3N_7O_4S$

分子量：597.65

【性　　状】 密度(1.38±0.1)g/cm³。

【制　　法】

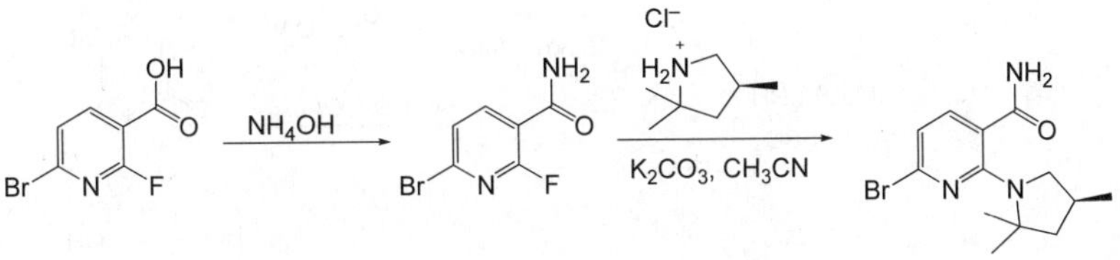

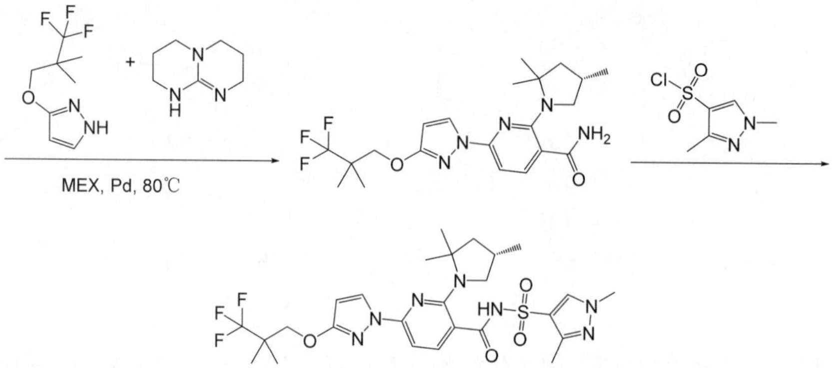

【用　　途】本品是一种下一代囊性纤维化跨膜电导调节剂(cystic fibrosis transmembrane conductance regulator,CFTR)。

【生产厂家】无

【参考资料】

Orlovskaya V, Krasikova R. Tetrabutylammonium tosylate as inert phase-transfer catalyst: the key to high efficiency SN_2 radiofluorinations [J]. Applied Radiation and Isotopes, 2020, 163: 109195.

02007

去氧氟尿苷 Doxifluridine [3094-09-5]

【名　　称】1-(5-脱氧-*β*-D-呋喃核糖基)-5-氟尿嘧啶。

1-(5-deoxy-*β*-D-ribofuranosyl)-5-fluorouracil。

【结 构 式】

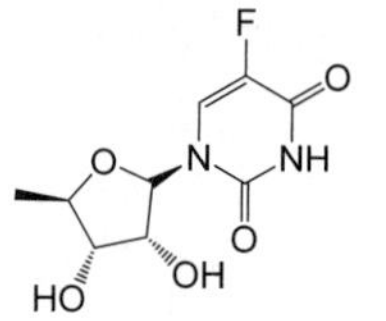

分子式：$C_9H_{11}FN_2O_5$

分子量：246.19

【性　　状】白色结晶，无臭。易溶于水、甲醇，几乎不溶于氯仿和乙醚。沸点 150～151℃，熔点 148℃，密度为 1.375g/cm^3。

【制　　法】

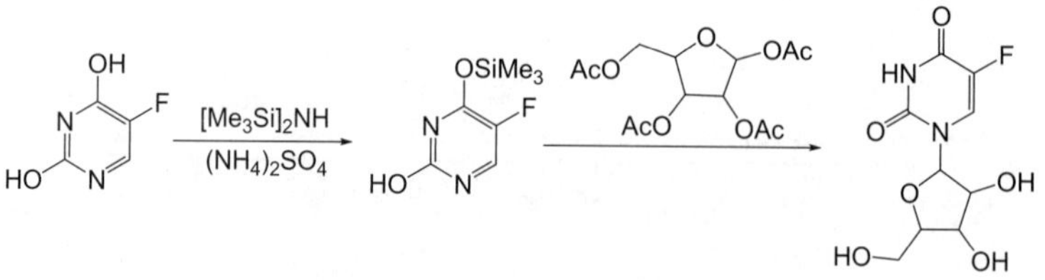

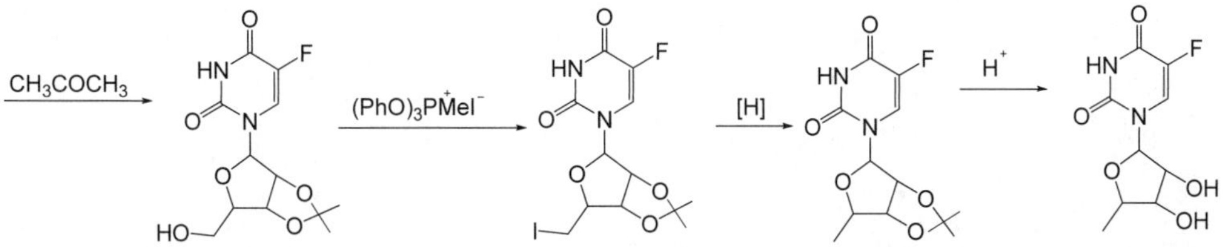

【用　　途】 抗肿瘤药氟尿嘧啶（5-FU）的前体药物，在肿瘤组织内受嘧啶核苷磷酸化酶的作用，转化成游离氟尿嘧啶，从而抑制肿瘤细胞 DNA、RNA 的生物合成，显示其抗肿瘤作用。由于这种酶的活性在肿瘤组织中较正常组织高，故本品在肿瘤内转化为 5-FU 的速度快而对肿瘤有选择性作用。其用于乳癌、胃癌、直肠癌的治疗，毒性低。

【生产厂家】 浙江国邦药业有限公司、淄博万杰制药有限公司。

【参考资料】

Scott J W, Gregg J J. An im provedsythesis of 5'-deoxy-5-fluororidine [J]. Journal of Carbohydrates Nucleosides, 1981, 8(3): 171-187.

02008

盐酸瑞普拉生 Revaprazan Hydrochloride [178307-42-1]

【名　　称】 2-(4-氟苯氨基)-4-(1-甲基-1,2,3,4-四氢异喹啉-2-基)-5,6-二甲基嘧啶盐酸盐；盐酸瑞伐拉赞；盐酸洛氟普啶；盐酸雷瓦拉沙。

2-(4-fluoroaniline)-4-(1-methyl-1,2,3,4-tetrahydroisoquinoline-2-yl)-5,6-dimethylpyrimidine hydrochloride。

【结 构 式】

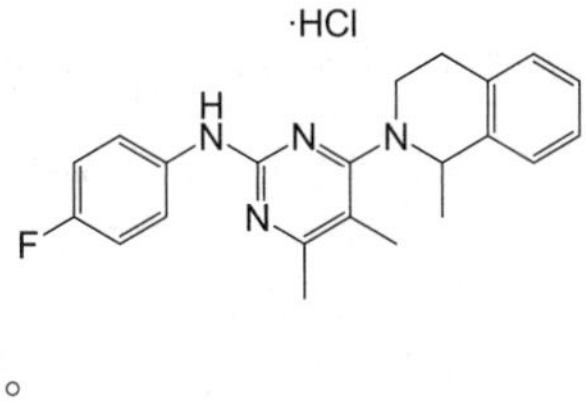

分子式： $C_{22}H_{24}ClFN_4$

分子量： 398.90

【性　　状】 熔点 205～208℃。

【制　　法】 对氟苯胺(1)与氨基腈在酸性条件下反应制得 2，然后 2 与 2-甲基乙酰乙酸乙酯在 DMF 中加热关环，生成化合物 3；3 经 $POCl_3$ 氯代得到 4；最后 4 与 1-甲基四氢异喹啉在乙二醇中反应，经浓盐酸成盐制得成品盐酸瑞普拉生。

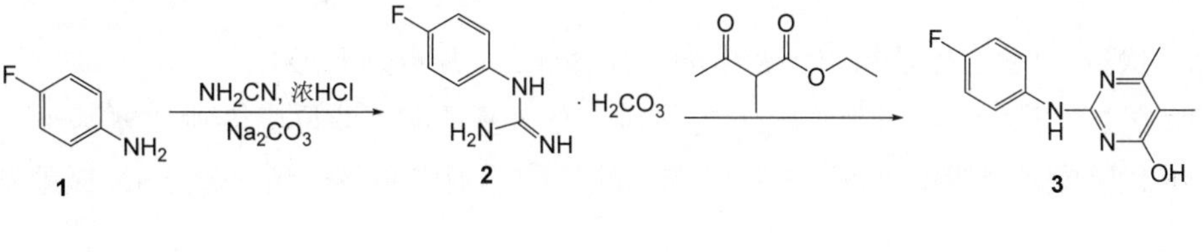

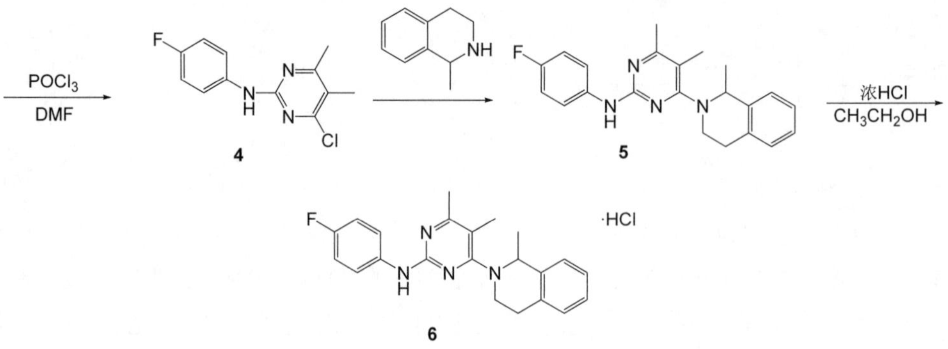

【用　　途】 盐酸瑞普拉生是新一代可逆质子泵抑制剂，也是全球唯一上市的钾竞争性酸泵抑制剂或酸泵拮抗剂，用于治疗十二指肠溃疡和胃炎，急性胃炎和胃癌病灶的改善慢性胃炎，短期治疗消化性溃疡。此外，治疗胃溃疡的适应证已完成Ⅲ期临床研究；治疗胃食管反流病、功能性消化不良以及根治幽门螺杆菌(HP)的适应证已进入Ⅱ期临床研究。

【生产厂家】 南京东默医药技术有限公司、湖北扬信医药科技有限公司。

【参考资料】

[1] Yeo M, Kwak M S, Kim D K, et al. The novel acid pump antagonists for anti-secretory actions with their peculiar applications beyond acid suppression[J]. J Clin Biochem Nutr, 2006, 38(1): 1-8.
[2] Lee J W, Chae J S, Kim C S, et al. Quinazoline derivatives: WO 9414795[P]. 1994-07-07.

02009

沃诺拉赞 Vonoprazan [881681-00-1]

【名　　称】 1-[5-(2-氟苯基)-1-(吡啶-3-基)磺酰基]-1*H*-吡咯-3-基]-*N*-甲基甲胺。
1-[5-(2-fluorophenyl)-1-[(pyridin-3-yl)sulfonyl]-1*H*-pyrrol-3-yl]-*N*-methylmethanamine。

【结 构 式】

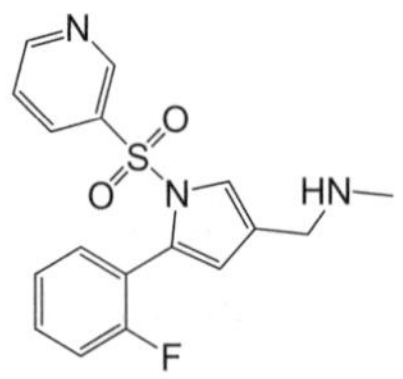

分子式：$C_{17}H_{16}FN_3O_2S$
分子量：345.39

【性　　状】 白色固体性粉末，密度为 1.31g/cm^3，沸点为 530℃。

【制　　法】 以 2-溴-2-氟苯乙酮(1)为原料，与氰基乙酸乙酯反应得到 2-氰基-4-(2-氟苯基)-4-氧代丁酸乙酯(2)，然后在氯化氢的乙酸乙酯溶液中闭环得到 2-氯-5-(2-氟苯基)-1*H*-

吡咯-3-羧酸乙酯，再在 Pd/C 和 H_2 作用下脱氯得到 5-(2-氟苯基)-1*H*-吡咯-3-羧酸乙酯(3)，最后经二异丁基氢化铝(DIBAH)还原、在氢化钠作用下得到中间体(4)，硼氢化钠还原醛基后与甲胺反应得终产品。

1. HCl, EtOAc, THF
2. H_2, Pd/C, EtOH

1. DIBAH, THF
2. NMO, TPAP, MeOH

3-PySO_2Cl, NaH
15-冠醚-5,THF

1. CH_3NH_2, MeOH
2. NaBH
3. 富马酸, MeOH

【用　　途】 治疗十二指肠溃疡、胃溃疡和反流性食管炎，低剂量阿司匹林引起的胃溃疡或复发性十二指肠溃疡，根除幽门螺杆菌，辅助治疗胃 MALT 淋巴瘤、特发性血小板减少性紫癜、早期胃癌、幽门螺杆菌感染性胃炎等疾病。

【生产厂家】 上海毕得医药科技股份有限公司、江苏艾康生物医药研发有限公司。

【参考资料】

[1] Kondo M,Kawamoto M, Hasuoka A, et al. High-throughput screening of potassium-competitive acid blockers [J]. Journal of Biomolecular Screening, 2012, 17(2): 177-182.

[2] Takashi I, Syunsuke U, Tetsuya E, et al. Randomized controlled trial comparing the effects of vonoprazan plus rebamipide and esomeprazole plus rebamipide on gastric ulcer healing induced by endoscopic submucosal dissection[J]. Internal Medicine, 2019, 58(2): 159-166.

[3] Kajino M, Nishida H. Pyrrole compounds: WO 2008108380[P]. 2007-02-28.

02010

特戈拉赞 Tegoprazan [942195-55-3]

【名　　称】 7-[[(4*S*)-5,7-二氟-3,4-二氢-2*H*-1-苯并吡喃-4-基]氧基]-*N*,*N*,2-三甲基-1*H*-

苯并咪唑-5-甲酰胺；替戈拉生。

7-[[(4*S*)-5,7-difluoro-3,4-dihydro-2*H*-1-chromen-4-yl]oxy]-*N*,*N*,2-trimethyl-1*H*-benzimidazole-5-carboxamide。

【结 构 式】

分子式： $C_{20}H_{19}F_2N_3O_3$

分子量： 387.38

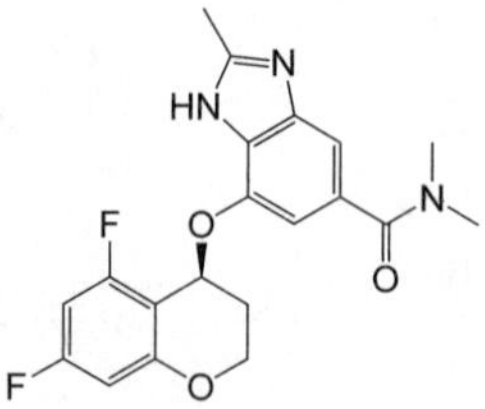

【性　　状】 密度为 1.37g/cm^3，沸点为 596℃。

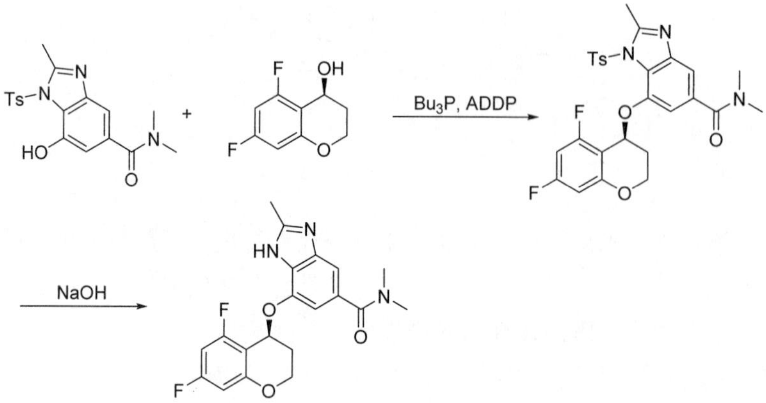

Bu$_3$P, ADDP

NaOH

【用　　途】 本品是一种竞争性钾离子酸阻滞剂(P-CAB)和氢离子/钾离子交换 ATP 酶(H^+/K^+-ATPase)抑制剂，起效快，可长时间控制胃液 pH 值，是一种全新的用于治疗胃食管反流病及糜烂性食管炎的药物。

【制　　法】 以 4-羟基-*N*, *N*, 2-三甲基-1-[(4-甲苯基)磺酰基]-1*H*-苯并咪唑-6-甲酰胺和(*S*)-5, 7-二氟-3, 4-二氢-2*H*-色原烯-4-醇在三丁基膦/ADDP 作用下发生缩合反应，制备得到(−)-4-[((4*S*)-5,7-二氟-3,4-2*H*-色原烯-4-基)氧基]-*N*,*N*,2-三甲基-1-[(4-甲苯基)磺酰基]-1*H*-苯基咪唑-6-甲酰胺中间体，后者在碱作用下脱除保护基完成特戈拉赞的制备。

【生产厂家】 湖北杨信医药科技有限公司、江苏艾康医药研发有限公司。

【参考资料】

Takahashi N, Take Y T. A Novel potassium-competitive acid blocker to control gastric acid secretion and motility[J]. Journal of Pharmacology & Experimental Therapeutics, 2018, 364(2): 275.

02011

泮托拉唑 Pantoprazole [102625-70-7]

【名　　称】 5-二氟甲氧基-2-[((3,4-二甲氧基-2-吡啶基)甲基)亚硫酰基]-1*H*-苯并咪唑；潘托拉唑；潘托拉唑。

5-difluoromethoxy-2-[((3,4-dimethoxypyridin-2-yl)methyl)sulfinyl]-1*H*-benzo[*d*] imidazole。

【结 构 式】

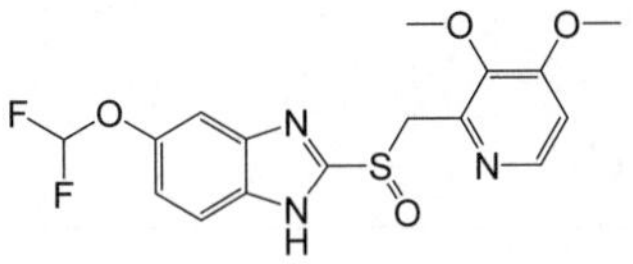

分子式：$C_{16}H_{15}F_2N_3O_4S$

分子量：383.37

【性　　状】 类白色固体，熔点 139～140℃(分解)，沸点(586.9±60.0)℃，密度(1.51±0.1)g/cm^3。

【制　　法】 化合物 1 与二氟溴乙酸乙酯反应制得 2，Pd/C 催化氢化后得到 3，3 与 CS_2 反应后得到中间体 4，4 和 5 亲核取代后得到化合物 6，最后被氧化后得到目标产物泮托拉唑(7)。

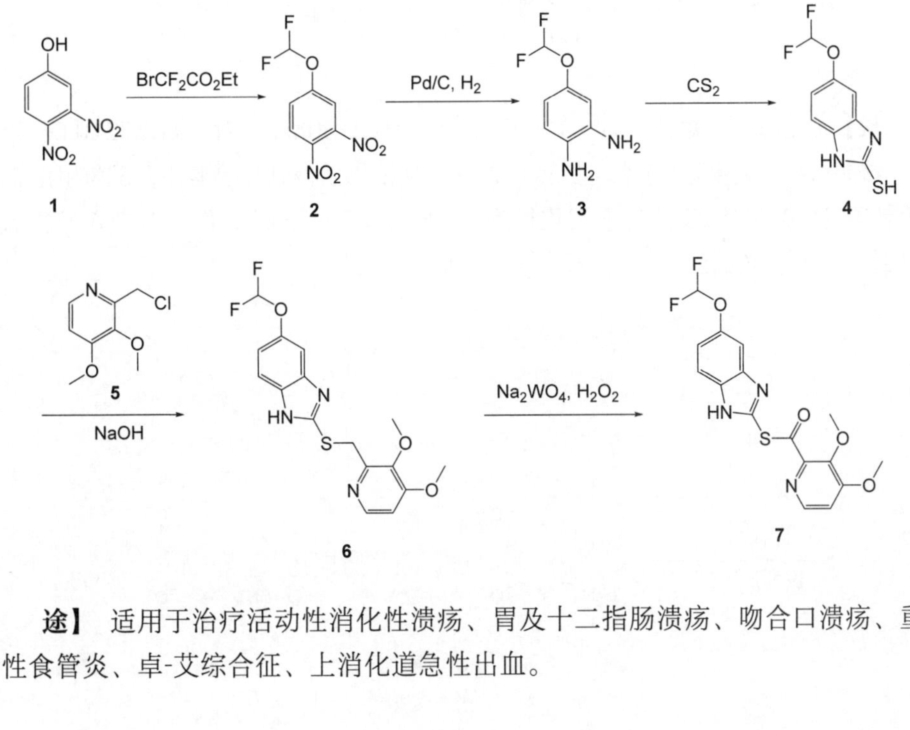

$BrCF_2CO_2Et$　Pd/C, H_2　CS_2　NaOH　Na_2WO_4, H_2O_2

【用　　途】 适用于治疗活动性消化性溃疡、胃及十二指肠溃疡、吻合口溃疡、重度反流食性食管炎、卓-艾综合征、上消化道急性出血。

【生产厂家】 奈科明制药公司、上海爱的发制药有限公司、湖南恒生制药股份有限公司、福安药业集团湖北人民制药有限公司。

【参考资料】

[1] 王庆河, 程卯生. 手性泮托拉唑盐及其制备方法: CN1369491A [P]. 2002-09-18.

[2] Kohl B, Sturm E, Senn-Bilfinger J, et al. (H^+, K^+)-ATPase inhibiting 2-[(2-pyridylmethyl)sulfinyl] benzimidazoles. 4. A novel series of dimethoxypyridyl-substituted inhibitors with enhanced selectivity. The selection of pantoprazole as a clinical candidate [J]. Journal of Medicinal Chemistry, 1992, 35(6): 1049-1057.

[3] Kohl B, Sturm E, Rainer G. Fluoroalkoxy substituted benzimidazoles useful as gastric acid secretion inhibitors: US 475879[P]. 1988-07-19.

02012

莫沙必利 Mosapride [112885-41-3]

【名　　称】 4-氨基-5-氯-2-乙氧基-*N*-[[4-(4-氟苄基)-2-吗啉基]甲基]苯甲酰胺,莫沙比利。4-amino-5-chloro-2-ethoxy-*N*-[[4-(4-fluorobenzyl)-2-morpholinyl]methyl]benzamide。

【结 构 式】

分子式: $C_{21}H_{25}ClFN_3O_3$

分子量: 421.89

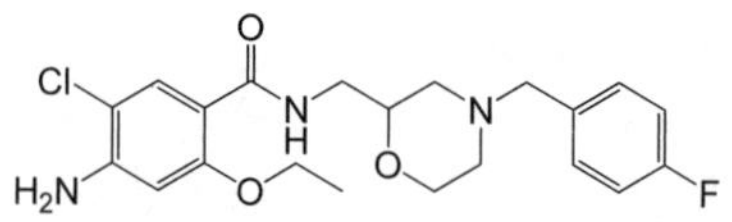

【性　　状】 白色固体, 熔点 151～153℃, 沸点(549.2±50.0)℃, 密度(1.272±0.06) g/cm^3。

【制　　法】 从 2-氯甲苯(1)经 3 步转化为 2, 再氯化后得到化合物 3, 3 与甲醇钠亲核取代后制得 4, 4 在 Pd/C 催化下氢化得到 5, 5 再在 TBHP 和 I_2 作用下与 6 发生氧化酰胺化得到目标莫沙必利。

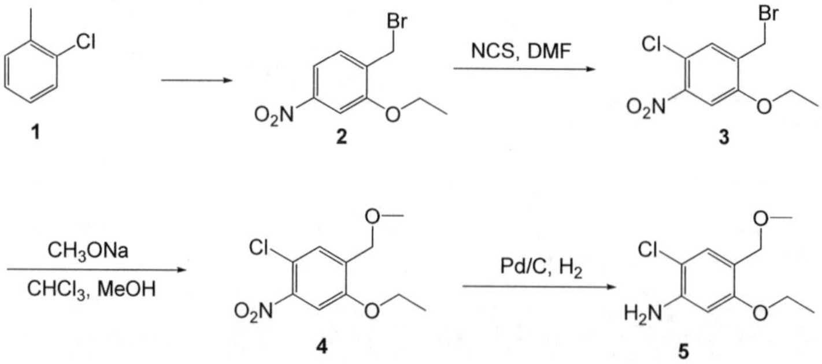

NCS, DMF

CH_3ONa

$CHCl_3$, MeOH

Pd/C, H_2

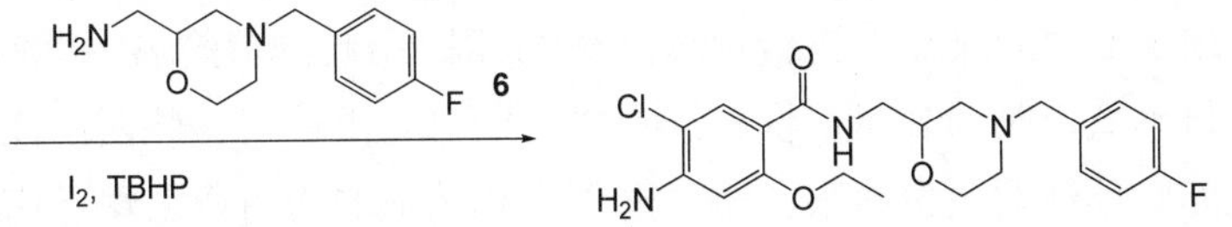

$\xrightarrow[\text{I}_2\text{, TBHP}]{\text{6}}$

【用　　途】 临床上主要用于慢性胃炎、功能性消化不良、反流性食管炎及手术伴随的一系列胃肠道症状的缓解。

【生产厂家】 日本住友制药、上海新黄河制药有限公司、湖南华纳大药厂手性药物有限公司、江苏豪森药业集团有限公司、鲁南贝特制药有限公司。

【参考资料】

[1] 刘辉, 龚博文, 冯成亮. 一种莫沙必利的新制备方法: CN113214181A [P]. 2021-08-06.

[2] Vukics K, Fischer J, Levai, S, et al. Process for the synthesis of a benzamide derivative: WO 2003106440 [P]. 2003-12-24.

02013

右兰索拉唑 Dexlansoprazole [138530-94-6]

【名　　称】 2-[[3-甲基-4-(2,2,2-三氟乙氧基)吡啶-2-基]甲基亚磺酰基]-1*H*-苯并咪唑; 右旋兰索拉唑; (*R*)-兰索拉唑。

2-[[3-methyl-4-(2,2,2-trifluoroethoxy)pyridin-2-yl]methanesulfinyl]-1*H*-benzimidazole。

【结 构 式】

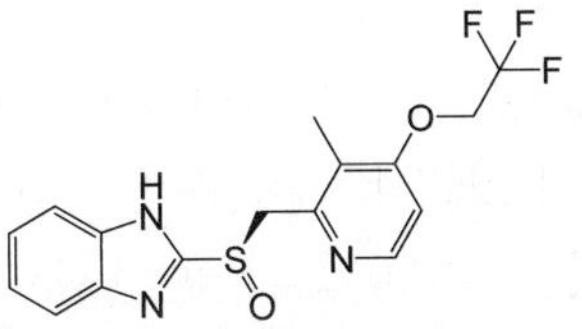

分子式： $C_{16}H_{14}F_3N_3O_2S$

分子量： 369.36

【性　　状】 白色固体。熔点 66～68℃，沸点(555.8±60.0)℃，密度(1.50±0.1)g/cm³。

【制　　法】 化合物 1 经不对称氧化处理后得到 2，2 用丙酮处理后和 2,2,2-三氟乙醇发生亲核取代反应，再经乙腈提取、酸化水洗后得到目标产物右兰索拉唑。

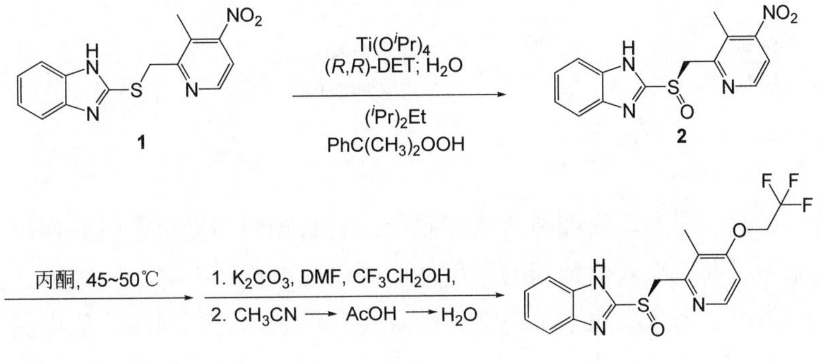

1 $\xrightarrow[(^iPr)_2Et;\ PhC(CH_3)_2OOH]{Ti(O^iPr)_4;\ (R,R)\text{-DET};\ H_2O}$ 2

$\xrightarrow{\text{丙酮, 45～50℃}}$ $\xrightarrow[\text{2. } CH_3CN \rightarrow AcOH \rightarrow H_2O]{\text{1. } K_2CO_3\text{, DMF, } CF_3CH_2OH\text{,}}$

【用　　途】 用于治疗非糜烂性胃食管返流病(GERD)引起的胃灼热、糜烂性食管炎。

【生产厂家】 日本武田制药公司、悦康药业集团股份有限公司、陕西汉江药业集团股份有限公司、江苏联环药业股份有限公司、海南中和药业股份有限公司、南京海润医药有限公司。

【参考资料】

[1] Raju M N, Kumar N U, Reddy B S, et al. An efficient synthesis of dexlansoprazole employing asymmetric oxidation strategy [J]. Tetrahedron Letters, 2011, 52(42): 5464-5466.

[2] Kolla N K, Manne N, Gangula S, et al. Dexlansoprazole process and polymorphs: US20110028518 A1 [P]. 2010-12-29.

[3] Kohl B, Senn-Bilfinger J. Separation of enantiomers: DE 4035455A[P]. 1990-11-08.

02014

芬氟拉明 Fenfluramine [458-24-2]

【名　　称】 *N*-乙基-1-(3-(三氟甲基)苯基)丙-2-胺；氟苯丙胺。
Pondimin; *N*-ethyl-1-(3-(trifluoromethyl)phenyl)propan-2-amine。

【结 构 式】

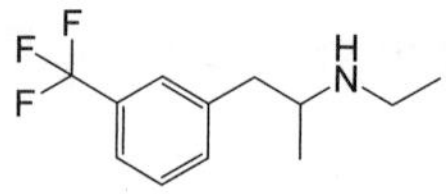

分子式：$C_{12}H_{16}F_3N$
分子量：231.26

【性　　状】 白色结晶性粉末，熔点 156.2～160.0℃，沸点 243.1℃，密度 1.078g/cm^3。

【制　　法】 化合物 1 转化为格氏试剂后与氯丙烯反应得到化合物 2，在强碱中处理后得到 3，3 环氧化后和乙胺反应得到中间体 4，再经两步转化得到目标产物芬氟拉明。

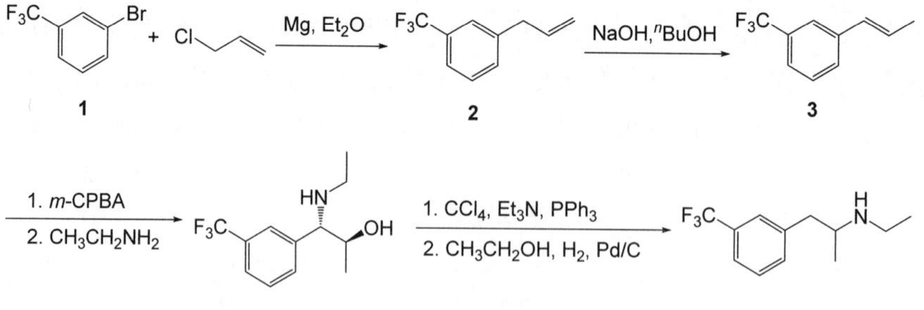

Mg, Et_2O; NaOH, ^{n}BuOH; 1. *m*-CPBA 2. $CH_3CH_2NH_2$; 1. CCl_4, Et_3N, PPh_3 2. CH_3CH_2OH, H_2, Pd/C

【用　　途】 芬氟拉明为苯丙胺类食欲抑制药，具有较弱的兴奋中枢的作用，可使血压下降；亦能加强周围组织对葡萄糖的利用从而降低血糖；还有降低胆固醇、三酰甘油、血浆总脂质的作用。临床上用于单纯性肥胖及伴有糖尿病、高血压、焦虑症、心血管疾病的肥胖患者；对治疗孤独症亦有一定疗效。1997 年因为有报告指出芬氟拉明导致心脏病而被禁止使用。

【生产厂家】 法国施维雅公司。

【参考资料】

[1] 张京芳，吕宪祥，刘志民. 芬氟拉明的一般药理及毒理作用[J]. 中国药物依赖性杂志，2002, 11(004): 316-318.

[2] 杨景勋. 芬氟拉明和右芬氟拉明的下市及其不良反应[J]. 药物不良反应杂志, 1999 (01): 14-17.

[3] Claudio Meliadò. Παρηιάj, un hapax presunto[J]. Zeitschrift für Papyrologie und Epigraphik, 2004, 150, 59-61.

02015

右芬氟拉明 Dexfenfluramine [3239-44-9]

【名　　称】 (*S*)-*N*-乙基-1-(3-(三氟甲基)苯基)-2-丙胺；右旋芬氟拉明。

(*S*)-*N*-ethyl-1-(3-(trifluoromethyl)phenyl)propan-2-amine。

【结 构 式】

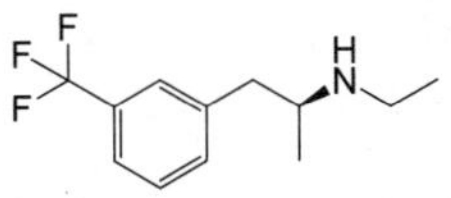

分子式： $C_{12}H_{16}F_3N$

分子量： 231.26

【性　　状】 白色结晶，沸点 243.1℃，密度 1.078g/cm³。

【制　　法】 化合物 1 与具手性的 1,2-环氧丙烷在 CuBr 催化下得到 2，2 与 3 在吡啶中磺化得到 4，化合物 4 在 DMSO 中与 NaN_3 生成手性的化合物 5，5 与 6 反应得到目标产物右芬氟拉明。

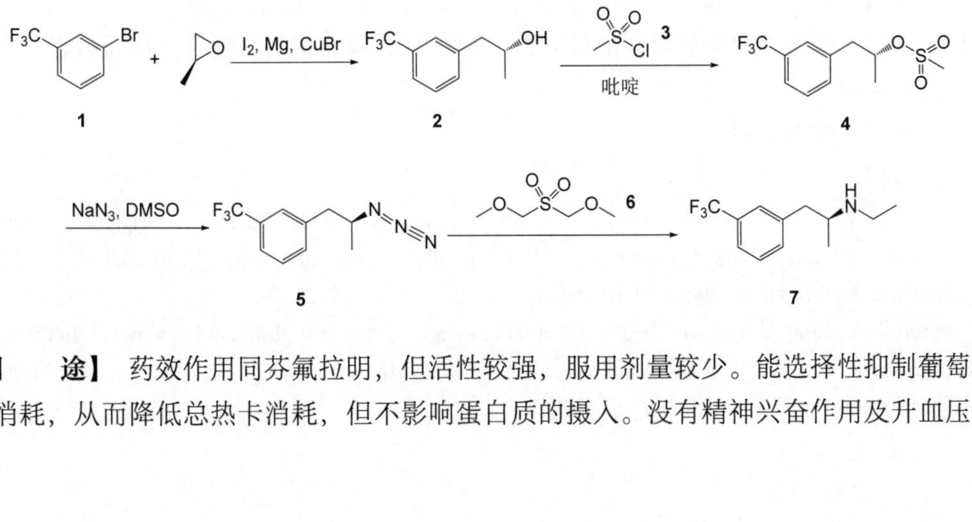

I_2, Mg, CuBr

吡啶

NaN_3, DMSO

【用　　途】 药效作用同芬氟拉明，但活性较强，服用剂量较少。能选择性抑制葡萄糖的消耗，从而降低总热卡消耗，但不影响蛋白质的摄入。没有精神兴奋作用及升血压作用，亦无成瘾性。临床适用于各种肥胖症。

【生产厂家】 法国施维雅公司。

【参考资料】

[1] 杨景勋. 芬氟拉明和右芬氟拉明的下市及其不良反应[J]. 药物不良反应杂志,1999(01): 14-17.

[2] Sasson Y, Kitson F, Webster O W, et al. Fluoride anion catalyzed halogen dance in polyhalomethanes[J]. Bulletin de la Societe Chimique de France, 1993, 130, 450-458.

02016

地洛他派 Dirlotapide [481658-94-0]

【名　　称】 (*S*)-*N*-(2-(苄基(甲基)氨基)-2-氧代-1-苯基乙基)-1-甲基-5-(4'-(三氟甲基)-[1,1'-联苯]-2-基甲酰氨基)-1*H*-吲哚-2-甲酰胺。

(*S*)-*N*-(2-(benzyl(methyl)amino)-2-oxo-1-phenylethyl)-1-methyl-5-(4'-(trifluoromethyl)-[1,1'-biphenyl]-2-ylcarboxamido)-1*H*-indole-2-carboxamide。

【结 构 式】

分子式： $C_{40}H_{33}F_3N_4O_3$

分子量： 674.71

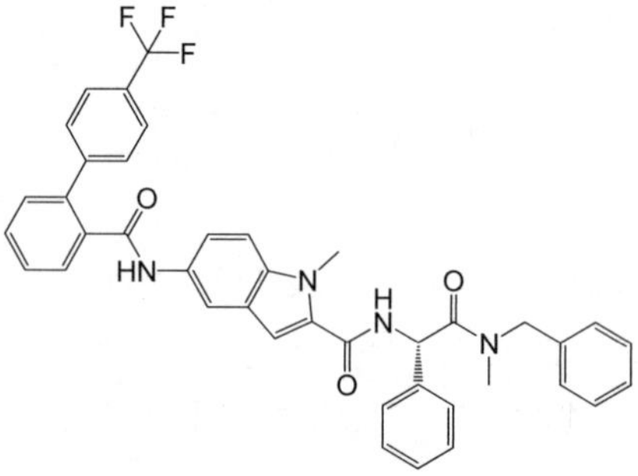

【性　　状】 米白色固体，沸点(821.2±65.0)℃，密度(1.25±0.1)g/cm^3。

【用　　途】 作为治疗狗肥胖症的处方药，通过减少食欲和脂肪吸收，从而引起体重减轻，禁止人用。

【生产厂家】 辉瑞公司。

【参考资料】

[1] Kirk C A, Boucher J F, Sunderland S J, et al. Influence of dirlotapide, a microsomal triglyceride transfer protein inhibitor, on the digestibility of a dry expanded diet in adult dogs [J]. Journal of Veterinary Pharmacology & Therapeutics, 2010, 30(s1): 66-72.

[2] Wren J A, King V L, Campbell S L, et al. Biologic activity of dirlotapide, a novel microsomal triglyceride transfer protein inhibitor, for weight loss in obese dogs [J]. Journal of Veterinary Pharmacology & Therapeutics, 2010, 30(s1): 33-42.

02017

特罗司他乙酯 Telotristat Ethyl [1033805-22-9]

【名　　称】 (2*S*)-2-氨基-3-[4-[2-氨基-6-[[(1*R*)-1-[4-氯-2-(3-甲基吡唑-1-基)苯基]-2,2,2-三氟乙基]氧基]嘧啶-4-基]苯基]丙酸乙酯。

(2*S*)-2-amino-3-[4-[2-amino-6-[[(1R)-1-[4-chloro-2-(3-methylpyrazol-1-yl)phenyl]-2,2,2-trifluoroethyl]oxy]pyrimidin-4-yl]phenyl]propionic acid ethyl ester。

【结 构 式】

Cl
NH_2
N N
N N
F
F F O
NH_2
O
O

分子式： $C_{27}H_{26}ClF_3N_6O_3$

分子量： 574.99

【性　　状】 沸点(704.7±70.0)℃，密度 1.42g/cm^3。

【制　　法】 用 2-溴-4-氯苯甲酸(1)为原料，经甲醇酯化、(三氟甲基)三甲基硅烷取代，脱去硅基后，用(*S*)-2-甲基-CBS-噁唑硼烷还原羰基，用碘化亚铜与 3-甲基吡唑反应，再与(*S*)-3-[4-(2-氨基-6-氯嘧啶-4-基)苯基]-2-[(叔丁氧羰基)氨基]丙酸(2)缩合，得到中间体 3，再用乙醇酯化，即得特罗司他乙酯。

HO Br Cl O 1
Cl S Cl (O)
CH_3OH
O Br Cl O
Si F F F
TBAF
Cl Br O Si O F F F

CH_3OH,HCl
45~50°C,12h
O F F F Br Cl
N B O H
O O BH , THF
OH F F F Br Cl
\+ HN N

H N
N H
CuI/K_3CO_3
甲苯
F F F OH Cl N N
\+
Cl N N NH_2
O O N H O OH
2

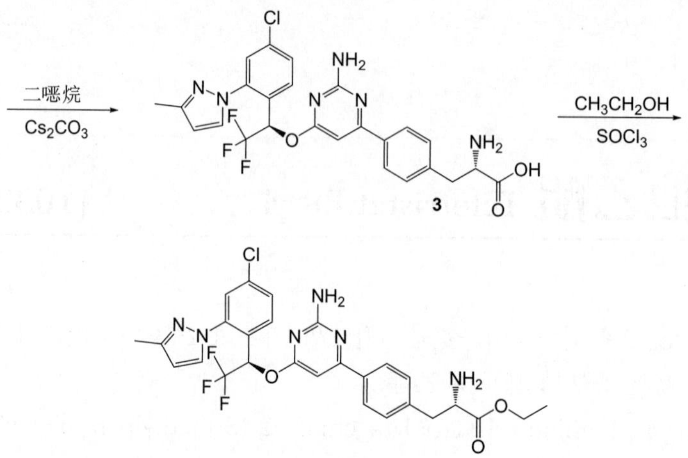

二噁烷

Cs_2CO_3

3

CH_3CH_2OH

$SOCl_3$

【用　　途】 用于治疗类癌综合征引起的腹泻。

【参考资料】

David W, Ramon B M. Amorphous from of telotristat etiprate: EP 3363798A1[P]. 2018-08-22.

第3章
中枢神经系统氟药

03001

氟哌啶醇 Haloperidol [52-86-8]

【名　　称】 1-(4-氟苯基)-4-[4-(4-氯苯基)-4-羟基-1-哌啶基]-1-丁酮。

1-(4-fluorophenyl)-4-[4-(4-chlorophenyl)-4-hydroxyl-1-piperidine]-1-butanone。

【结 构 式】

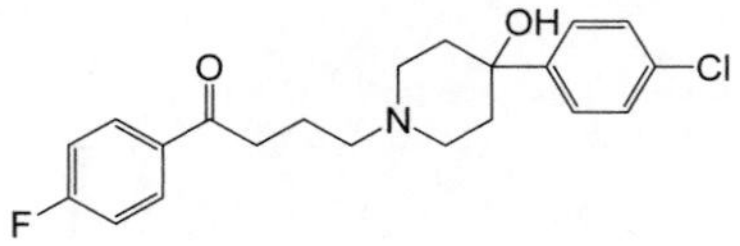

分子式：$C_{21}H_{23}ClFNO_2$

分子量：375.87

【性　　状】 白色结晶性粉末，熔点 148～149.4℃。

【制　　法】

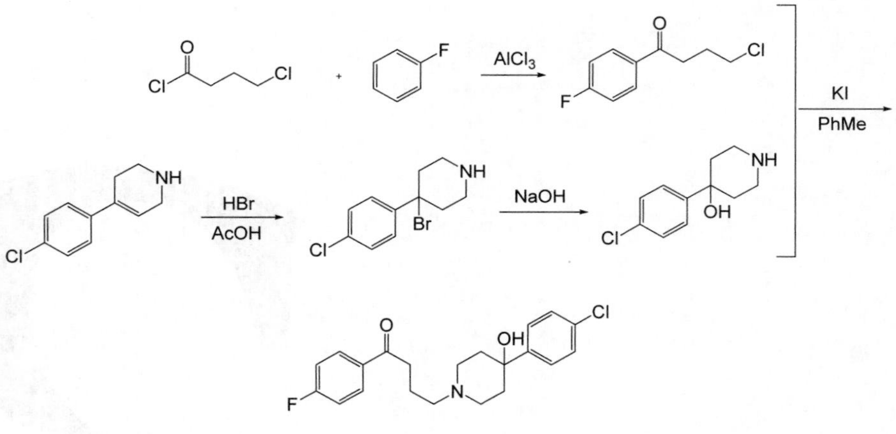

【用　　途】 抗精神病药。

【生产厂家】 上海旭东海普南通药业有限公司、济南金达药化有限公司、宁波大红鹰药业股份有限公司。

【参考资料】

[1] Janssen P A J, Westeringh C, Jageneau A H M, et al. Chemistry and pharmacology of CNS depressants related to 4-(4-hydroxy-4-phenylpiperidino) butyrophenone Part-Ⅰ-Synthesis and screening data in mice[J]. Journal of Medicinal & Pharmaceutical Chemistry, 1959, 1: 281-297.

[2] Tim J F, Barrie K David A S, et al. Structure-kinetic profiling of haloperidol analogues at the human dopamine D2 receptor[J]. J Med Chem, 2019, 62(21): 9488-9520.

03002

氟哌啶醇癸酸酯 Haloperidol Decanoate [74050-97-8]

【名　　称】 1-(4-氟苯基)-4-[4-(4-氯苯基)-4-羟基-1-哌啶基]-1-丁酮癸酸酯。

1-(4-fluorophenyl)-4-[4-(4-chlorophenyl)-4-hydroxy-1-piperidinyl]-1-butanone decanoate。

【结 构 式】

分子式： $C_{31}H_{41}ClFNO_3$

分子量： 530.12

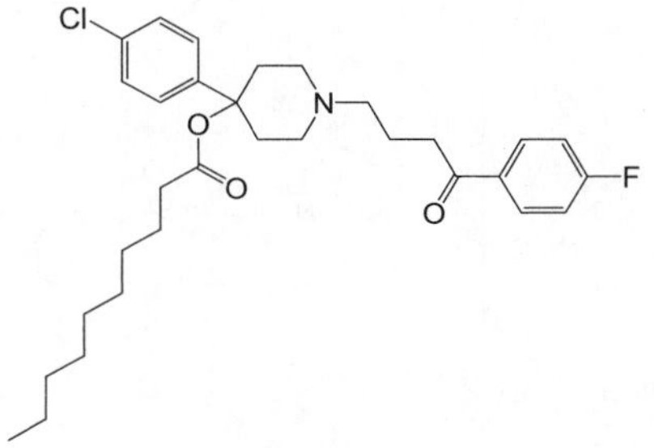

【性　　状】 淡琥珀色稍带黏性的液体。

【制　　法】

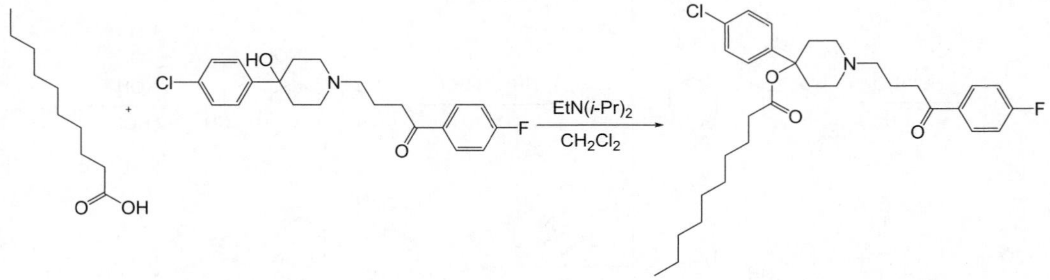

EtN(*i*-Pr)$_2$

CH_2Cl_2

【用　　途】 抗精神病药。

【生产厂家】 江苏恒瑞医药股份有限公司、北京百灵威科技有限公司。

【参考资料】

Salama I, Löeber S, Hübner H, et al. Synthesis and binding profile of haloperidol-based bivalent ligands targeting dopamine D_2-like receptors[J]. Bioorganic & Medicinal Chemistry Letters, 2014, 24: 3753-3756.

03003

利培酮 Risperidone [106266-06-2]

【名　　称】 3-[2-[4-(6-氟-1,2-苯并异噁唑-3-基)-1-哌啶基]乙基]-6,7,8,9-四氢-2-甲基-4*H*-吡啶并[1,2-a]嘧啶-4-酮。

3-[2-[4-(6-fluoro-1,2-benzisoxazol-3-yl)-1-piperidinyl]ethyl]-6,7,8,9-tetrahydro-2-methyl-4*H*-pyrido[1,2-a]pyrimidin-4-one。

【结 构 式】

分子式：$C_{23}H_{27}FN_4O_2$

分子量：410.48

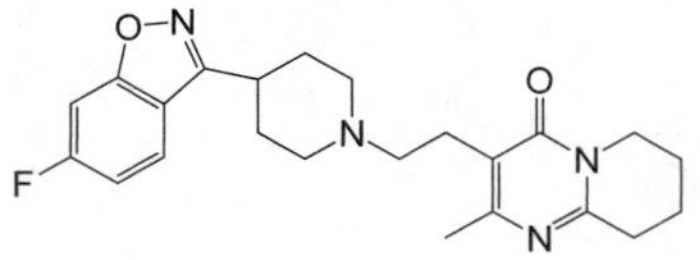

【性　　状】 白色固体，熔点 170.0℃。

【制　　法】

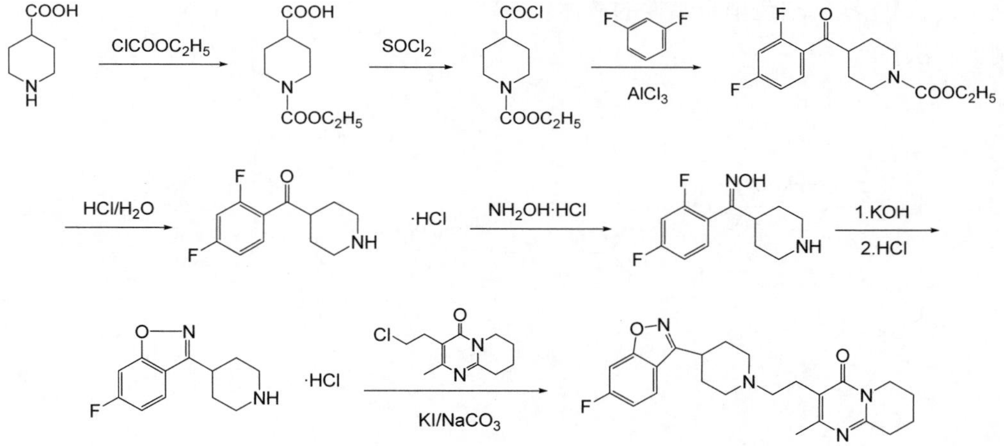

ClCOOC$_2$H$_5$; SOCl$_2$; AlCl$_3$; HCl/H$_2$O ; ·HCl ; NH$_2$OH·HCl ; 1.KOH 2.HCl ; ·HCl ; KI/NaCO$_3$

【用　　途】 抗精神病药。

【生产厂家】 北京天衡药物研究院南阳天衡制药厂、无锡积大制药有限公司、天津药物研究院药业有限责任公司。

【参考资料】

[1] 管宜河，于小红，王希娟. 抗精神病药利培酮的合成[J]. 化工生产与技术，2008(01), 17-19, 65.

[2] 陆学华，潘莉，唐承卓,等. 利培酮的合成[J]. 中国药物化学杂志，2007, 17(2):3.

03004

氟托西泮 Flutoprazepam [25967-29-7]

【名　　称】 7-氯-1-(环丙基甲基)-5-(2-氟苯基)-1,3-二氢-2*H*-1,4-苯并二氮杂䓬-2-酮。7-chloro-1-(cyclopropylmethyl)-5-(2-fluorophenyl)-1,3-dihydro-2*H*-1,4-benzodiazepin-2-one。

【结 构 式】

分子式： $C_{19}H_{16}ClFN_2O$

分子量： 342.80

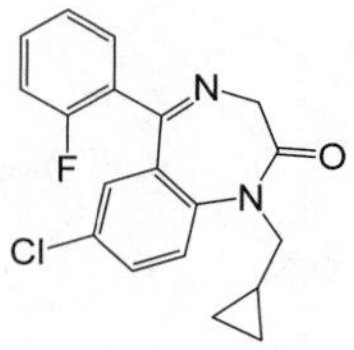

【性　　状】 固体，熔点 118～122℃

【制　　法】

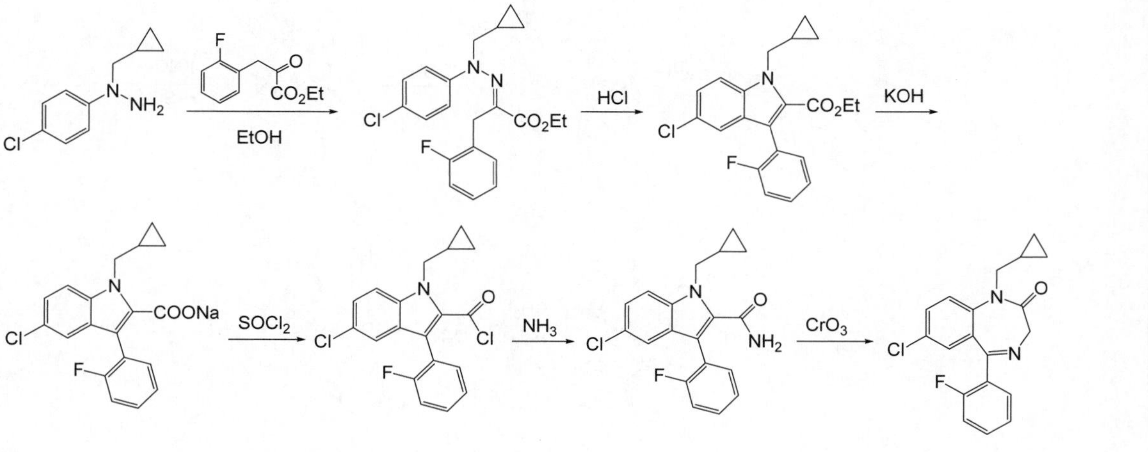

【用　　途】 镇静药。

【生产厂家】 安徽省润生医药股份有限公司。

【参考资料】

Moriyama H, Yamamoto H, Inaba S,et al. Process for producing benzodiazepine derivatives:US3817984A [P]. 1974-06-18.

03005

氟硝西泮 Flunitrazepam [1622-62-4]

【名　　称】 5-(2-氟苯基)-1-甲基-7-硝基-3*H*-1,4-苯并二氮杂䓬-2(1*H*)-酮。

5-(2-fluorophenyl)-1-methyl-7-nitro-3*H*-1,4-benzodiazepin-2(1*H*)-one。

【结 构 式】

分子式： $C_{16}H_{12}FN_3O_3$

分子量： 313.28

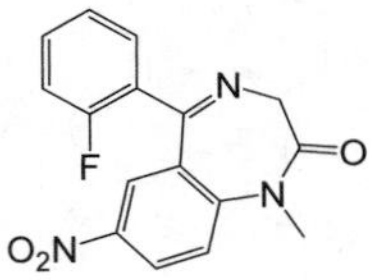

【性　　状】 淡黄色结晶性固体，熔点 170～172℃。

【制　　法】

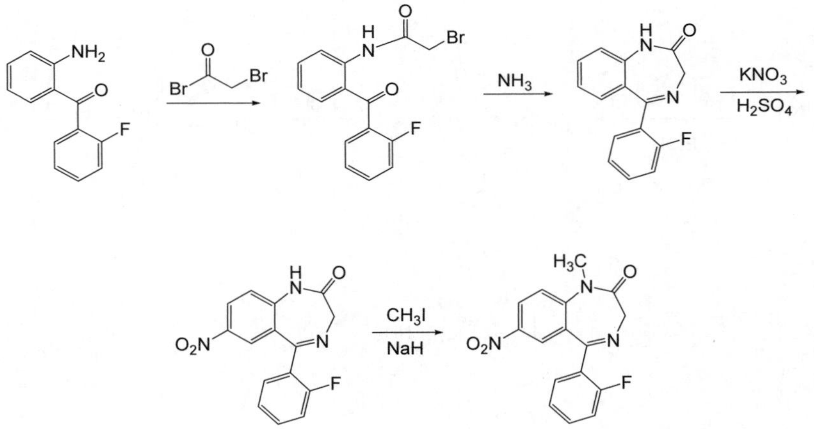

【用　　途】 镇静催眠药。

【生产厂家】 国内暂无。

【参考资料】

Jean-Marie A. Flunitrazepam hypnotic prepn. and purificn. by 7-nitration of 5-*ortho*-fluorophenyl-1, 3-dihydro-2*H*-1, 4-benzodiazepine-2-one and methylation of the prod:FR2529203A1[P]. 1982-06-24.

03006

普罗加比 Progabide [62666-20-0]

【名　　称】 4-[[(4-氯苯基)(5-氟-2-羟基苯基)甲亚基]氨基]丁酰胺。
4-[[(4-chlorophenyl)(5-fluoro-2-hydroxyphenyl)methylene]amino]butanamide。

【结 构 式】

分子式： $C_{17}H_{16}ClFN_2O_2$
分子量： 334.77

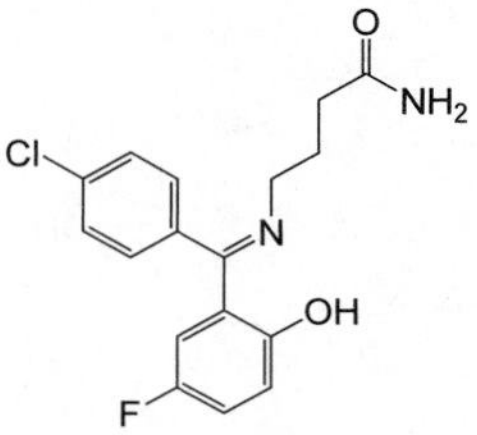

【性　　状】 固体，熔点 133～135℃。

【制　　法】

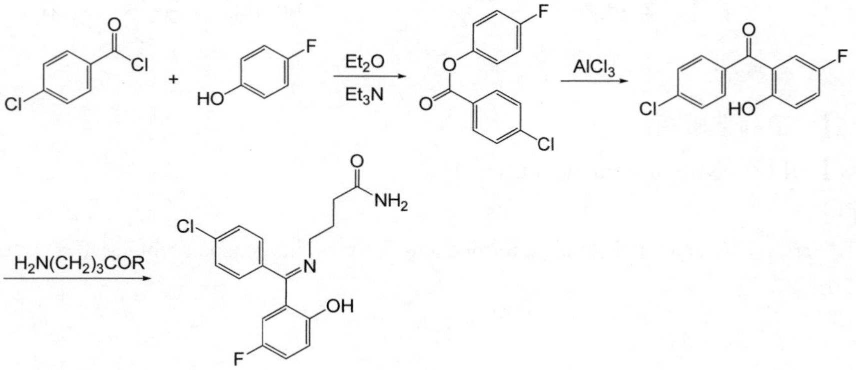

Et_2O, Et_3N; $AlCl_3$; $H_2N(CH_2)_3COR$

【用　　途】 抗癫痫药。

【生产厂家】 国内暂无。

【参考资料】

Kaplan J P, Raizon B M, Desarmenien M, et al. New anticonvulsants: schiff bases of γ-aminobutyric acid and γ-aminobutyramide[J]. J Med Chem, 1980, 23, 702-704.

03007

氟他唑仑 Flutazolam [27060-91-9]

【名　　称】 10-氯-11*b*-(2-氟苯基)-2,3,7,11*b*-四氢-7-(2-羟乙基)噁唑并[3,2-*d*][1,4]苯并二氮杂䓬-6(5*H*)-酮。
10-chloro-11*b*-(2-fluorophenyl)-2,3,7,11*b*-tetrahydro-7-(2-hydroxyethyl)oxazolo[3,2-*d*][1,4]benzodiazepin-6(5*H*)-one。

【结 构 式】

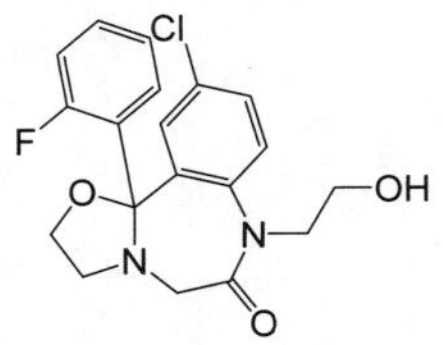

分子式：$C_{19}H_{18}ClFN_2O_3$
分子量：376.81

【性　　状】 白色固体，熔点 150～151℃

【制　　法】

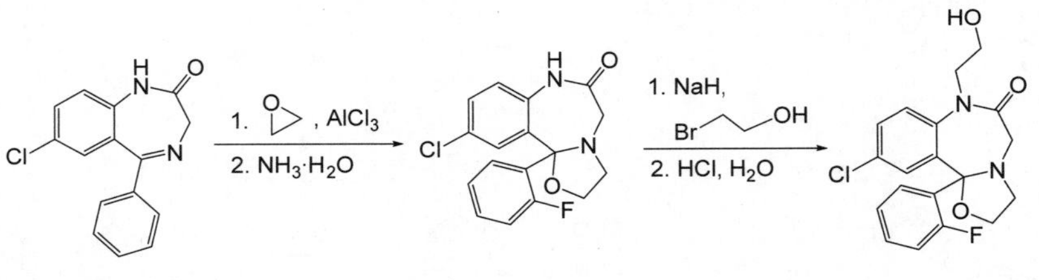

1. 环氧乙烷, $AlCl_3$; 2. $NH_3 \cdot H_2O$

1. NaH, Br/\/OH; 2. HCl, H_2O

【用　　途】 镇静催眠药。

【生产厂家】 日本 Mitsul Pharmaceutials Inc。

【参考资料】

Derieg M E, Earley J V, Fryer R I, et al. Intermediates for tricyclic benzodiazepines: U.S. Patent 3, 965, 151[P]. 1976-6-22.

03008

氟西泮 Flurazepam [17617-23-1]

【名　　称】 7-氯-1-(2-二乙氨基乙基)-5-(2-氟苯基)-1,3-二氢-1,4-苯并二氮杂-2-酮。

7-chloro-1-(2-(diethylamino)ethyl)-5-(2-fluorophenyl)-1,3-dihydro-2*H*-benzo[*e*][1,4]diazepin-2-one。

【结 构 式】

分子式： $C_{21}H_{23}ClFN_3O$

分子量： 387.88

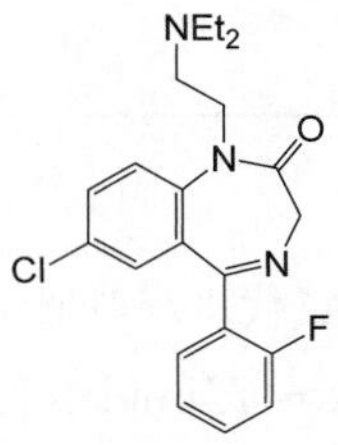

NEt_2
N
O
N
Cl
F

【性　　状】 类白色至微黄色结晶性粉末，熔点 86～88℃。

【制　　法】

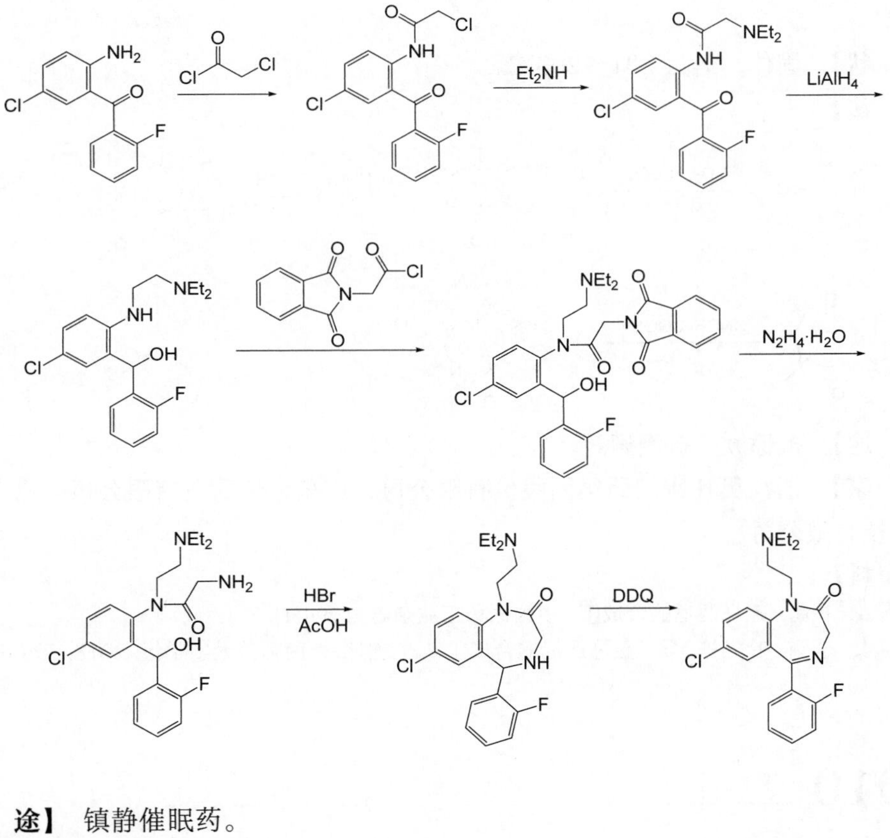

NH_2
Cl
O
F
O
Cl
Cl
O
Cl
NH
Cl
O
F
Et_2NH
O
NEt_2
NH
Cl
O
F
$LiAlH_4$

NEt_2
NH
Cl
OH
F
O
O
N
O
Cl
O
NEt_2
O
N
O
N
O
Cl
OH
F
$N_2H_4\cdot H_2O$

NEt_2
NH_2
N
O
Cl
OH
F
HBr
AcOH
Et_2N
N
O
Cl
NH
F
DDQ
NEt_2
N
O
Cl
N
F

【用　　途】 镇静催眠药。

【生产厂家】 北京益民药业有限公司。

【参考资料】

Fryer R, Sternbach L H. Process for the preparation of 1, 3-dihydro-2*H*-1, 4-benzodiazepin-2-ones: U.S. Patent 3,567,710[P]. 1971-3-2.

03009

氟马西尼 Flumazenil [78755-81-4]

【名　　称】8-氟-5,6-二氢-5-甲基-6-氧代-4*H*-咪唑并[1,5-*a*][1,4]苯并二氮杂草-3-甲酸乙酯。ethyl 8-fluoro-5,6-dihydro-5-methyl-6-oxo-4*H*-imidazo[1,5-*a*][1,4]benzodiazepine-3-carboxylate。

【结 构 式】

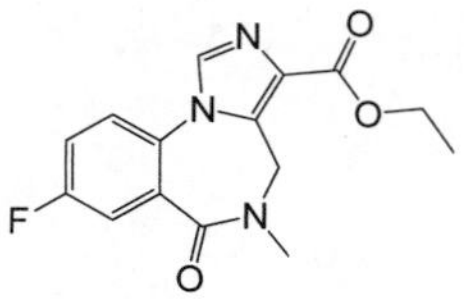

分子式：$C_{15}H_{14}FN_3O_3$
分子量：303.29

【性　　状】固体，熔点 201～203℃。

【制　　法】

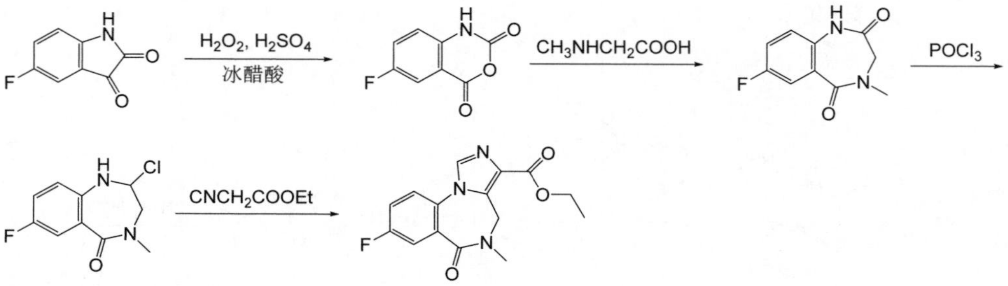

H_2O_2, H_2SO_4 / 冰醋酸；CH_3NHCH_2COOH；$POCl_3$；$CNCH_2COOEt$

【用　　途】抗惊厥、抗癫痫药。

【生产厂家】浙江奥托康制药集团股份有限公司、广东世信药业有限公司、嘉实(湖南)医药科技有限公司。

【参考资料】

[1] 彭震云，祁超. 氟马西尼的合成[J]. 中国医药工业杂志，1994(1): 3-4.

[2] 范卫永，李刚，叶光栋，等. 氟马西尼的合成工艺改进[J]. 赣南师范大学学报，2018, 39(06): 57-59.

03010

氟洛克生 Fluparoxan [105182-45-4]

【名　　称】5-氟-2,3,3*a*β, 9*a*α-四氢-1*H*-[1,4]苯并二噁英[2,3-*c*]吡咯。

5-fluoro-2,3,3*aβ*,9*aα*-tetrahydro-1*H*-[1,4]benzodioxino[2,3-*c*]pyrrole。

【结 构 式】

分子式：$C_{10}H_{10}FNO_2$

分子量：195.19

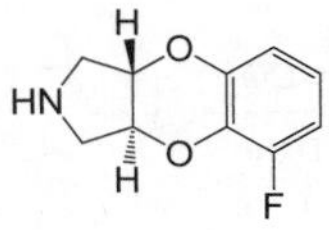

【性　　状】 液体，沸点282.4℃(760mmHg)。

【制　　法】

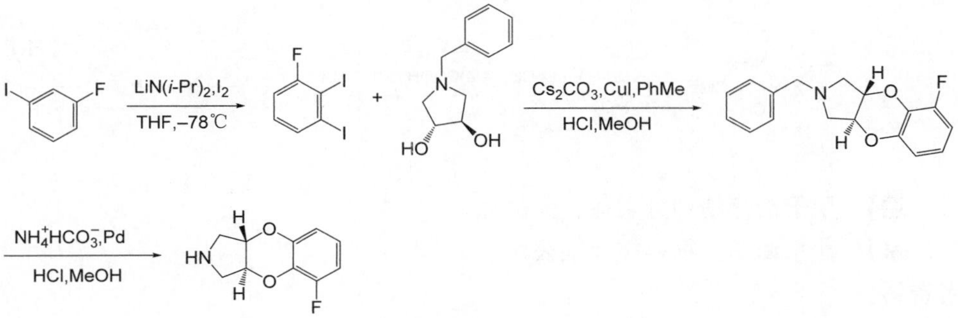

【用　　途】 治疗重度抑郁症。

【生产厂家】 国内暂无。

【参考资料】

Gibbs A A, Ward S E, Pennicott L E . Neurodevelopmental disorders: WO2013038200A3[P]. 2013-03-21.

03011

氟利色林 Volinanserin [139290-65-6]

【名　　称】 (+)-*α*-(2,3-二甲氧基苯基)-1-[2-(4-氟苯基)乙基]-4-哌啶甲醇。

(+)-*α*-(2,3-dimethoxyphenyl)-1-[2-(4-fluorophenyl)ethyl]-4-piperidinemethanol。

【结 构 式】

分子式：$C_{22}H_{28}FNO_3$

分子量：373.46

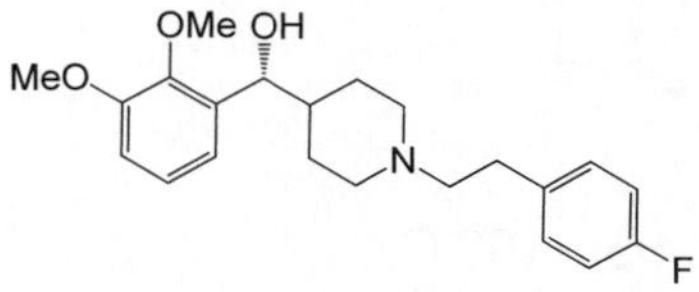

【性　　状】 固体，熔点 89～91℃。

【制　　法】

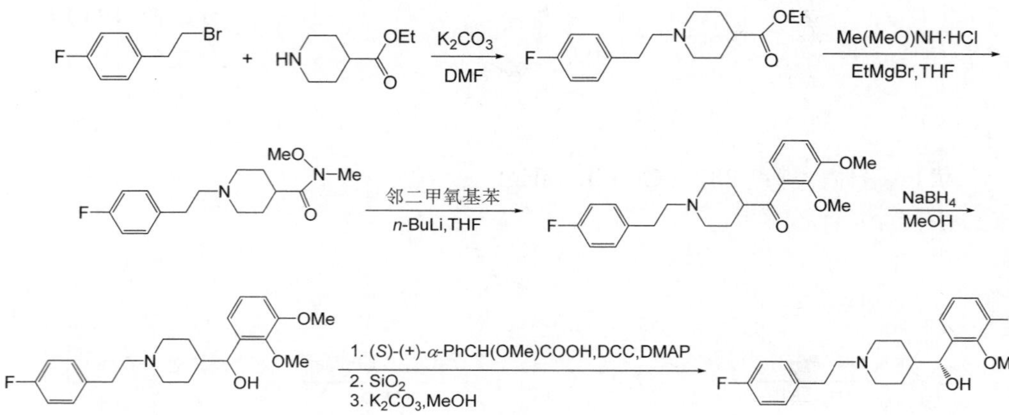

【用　　途】 用于治疗精神分裂症、失眠症。

【生产厂家】 北京谨明生物科技有限公司。

【参考资料】

Huang Y Y, Mahmood K, Mathis C A. An efficient synthesis of the precursors of [11C] MDL 100907 labeled in two specific positions[J]. J Labelled Cpd Radiopharm, 1999, 42(10): 949-957.

03012

舍吲哚 Sertindole [106516-24-9]

【名　　称】 1-[2-[4-[5-氯-1-(4-氟苯基)-1*H*-吲哚-3-基]-1-哌啶基]乙基]-2-咪唑啉酮。1-[2-[4-[5-chloro-1-(4-fluorophenyl)-1*H*-indol-3-yl]-1-piperidinyl]ethyl]-2-imidazolidinone。

【结 构 式】

分子式：$C_{24}H_{26}ClFN_4O$

分子量：440.94

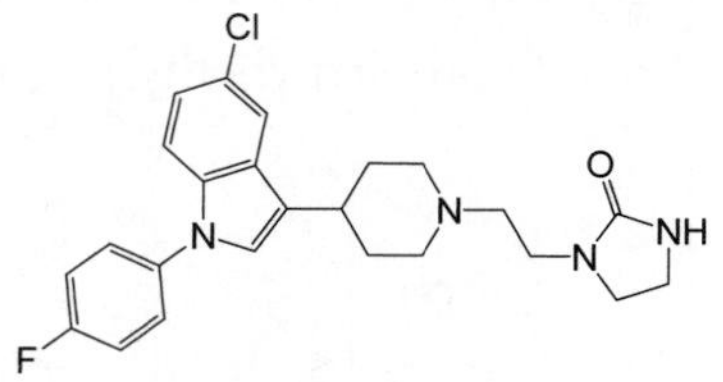

【性　　状】 白色固体，熔点 95～100℃。

【制　　法】

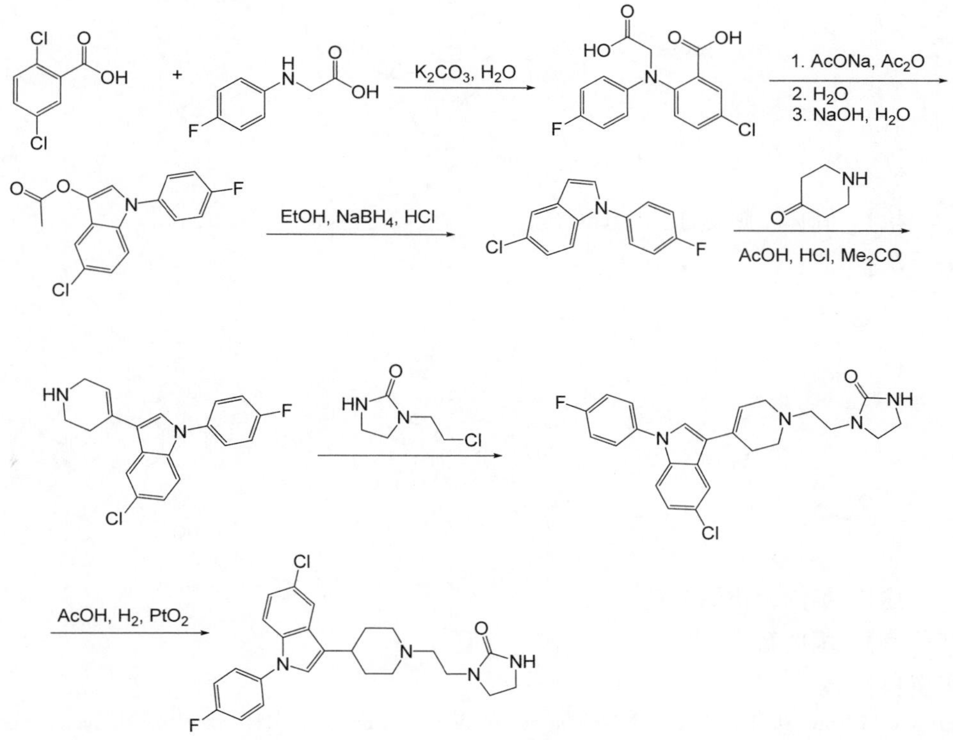

K_2CO_3, H_2O

1. $AcONa, Ac_2O$
2. H_2O
3. $NaOH, H_2O$

$EtOH, NaBH_4, HCl$

$AcOH, HCl, Me_2CO$

$AcOH, H_2, PtO_2$

【用　　途】 用于治疗精神分裂症。

【生产厂家】 医恩医疗系统研发(上海)有限公司、上海润栖医药科技有限公司。

【参考资料】

Bech S, Michael A H, Lundbeck A S D. Method of manufacturing sertindole: WO 9851685A1[P]. 1998-11-19.

03013

度氟西泮 Doxefazepam [40762-15-0]

【名　　称】 1,3-二氢-7-氯-5-邻氟苯基-3-羟基-1-(2-羟基乙基)-2*H*-1,4-苯并二氮杂草-2-酮。

1,3-dihydro-7-chloro-5-(*o*-fluorophenyl)-3-hydroxy-1-(2-hydroxyethyl)-2*H*-1,4-benzodiazepin-2-one。

【结 构 式】

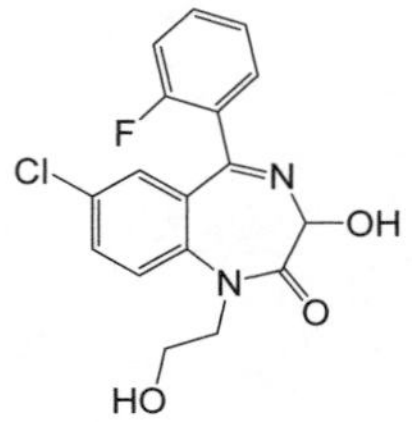

分子式：$C_{17}H_{14}ClFN_2O_3$
分子量：348.76

【性　　状】 固体，熔点 138～140℃。

【制　　法】

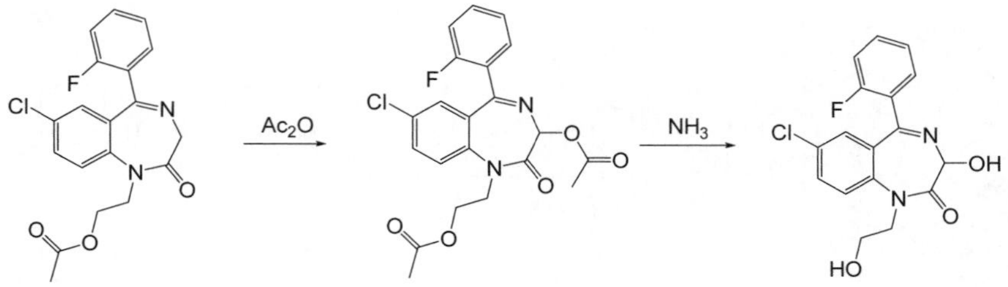

【用　　途】 镇静、抗惊厥药。

【生产厂家】 国内暂无。

【参考资料】

Tamagnone G F, Maria R, Marchi F. New series of benzodiazepines. 1-Hydroxyalkyl derivatives of 1, 3-dihydro-2*H*-1, 4-benzodiazepin-2-ones[J]. Arzneimittel-forschung, 1975, 25(5): 720-722.

03014

帕罗西汀 Paroxetine [61869-08-7]

【名　　称】 (3*S*,4*R*)-3-[(2*H*-1,3-苯并二噁唑-5-基氧基)甲基]-4-(4-氟苯基)哌啶。(3*S*,4*R*)-3-[(2*H*-1,3-benzodioxol-5-yloxy)methyl]-4-(4-fluorophenyl) piperidin。

【结 构 式】

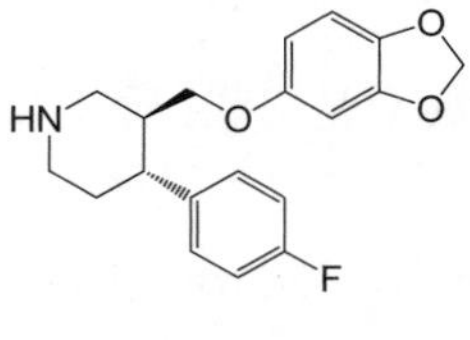

分子式：$C_{19}H_{20}FNO_3$
分子量：329.37

【性　　状】 白色固体，熔点 114～116℃。

【制　　法】

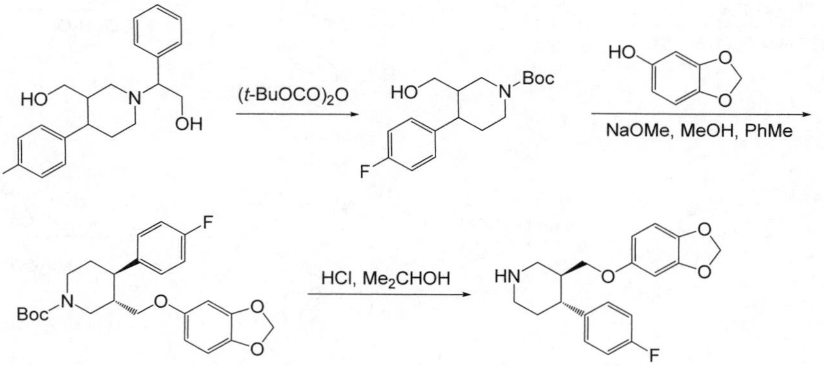

【用　　途】 抗抑郁药。

【生产厂家】 吉林省东盟制药有限公司、石家庄龙泽制药股份有限公司、万全万特制药江苏有限公司、惠州信立泰药业有限公司。

【参考资料】

Sugi K, Itaya N. Preparation of piperidine derivative as intermediates for the preparation of paroxetine: EP812827A1[P]. 1997-12-17.

03015

西酞普兰 Citalopram [59729-33-8]

【名　　称】 1-[3-(二甲氨基)丙基]-1-(4-氟苯基)-1,3-二氢-5-异苯并呋喃甲腈。

1-[3-(dimethylamno)propyl]-1-(4-fluorophenyl)-1,3-dihydro-5-isobenaofurancarbonitrile。

【结 构 式】

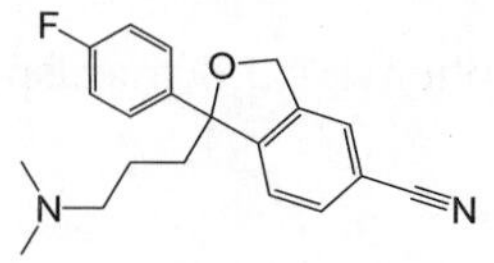

分子式： $C_{20}H_{21}FN_2O$

分子量： 324.39

【性　　状】 油状物，沸点 175～181℃(0.03mmHg)。

【制　　法】

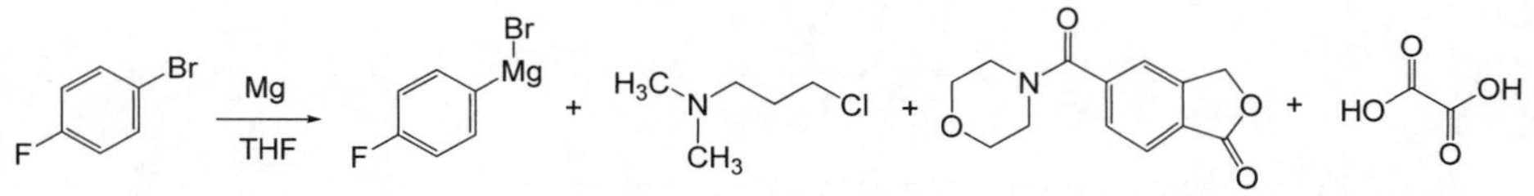

Mg,THF,NaOH
$Et_3N,MeSO_2Cl, Me_2CO$
HO OH
O O N
O
H₃C—N CH₃ F

$AlH(i\text{-}Bu)_2,PhMe$
K_2CO_3,H_2O

O
O
H_3C-N CH_3 F

$NaOH,H_2NOH \cdot HCl$

HO N
O
H_3C-N CH_3 F

HO OH
Me_2CO

HO OH
HO N
O
H_3C-N H_3C F

$SOCl_2$

F
O
N
N

【用　　途】 抗抑郁药。

【生产厂家】 无锡积大制药有限公司、万全万特制药(厦门)有限公司、山东华颐康制药有限公司。

【参考资料】

Petresen H A H. Method for the preparation of citalopram: WO 9930548A2[P]. 1999-06-24.

03016

氟司必林 Fluspirilene [1841-19-6]

【名　　称】 8-(4,4-双(4-氟苯基)丁基)-1-苯基-1,3,8-三氮杂螺[4.5]癸-4-酮。
8-(4,4-bis(4-fluorophenyl)butyl)-1-phenyl-1,3,8-triazaspiro[4.5]decan-4-one。

【结 构 式】

分子式：$C_{29}H_{31}F_2N_3O$

分子量：475.57

O
HN N
N
F
F

【性　　状】 白色或类白色粉末，熔点 187.5～190℃。

【制　　法】

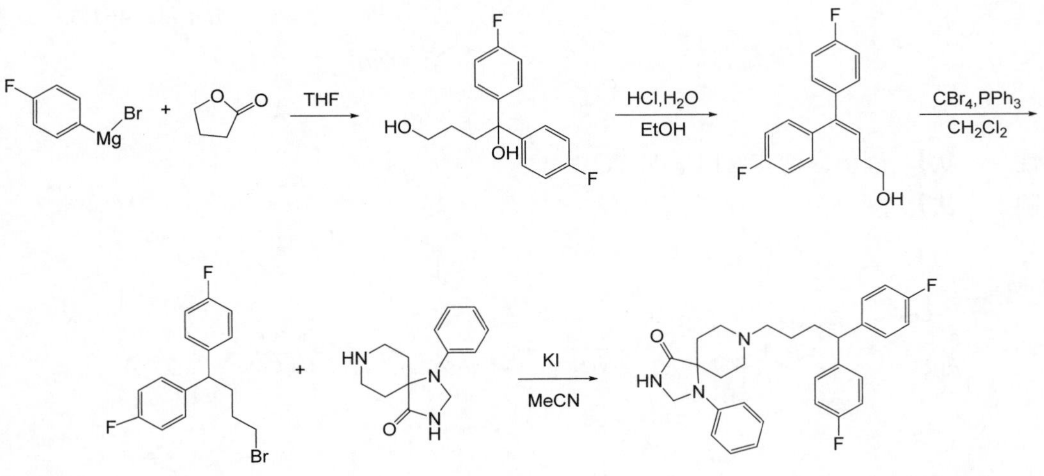

【用　　途】 抗精神分裂症药。

【生产厂家】 西格玛奥德里奇(上海)贸易有限公司、北京百灵威科技有限公司。

【参考资料】

Yuan J Y, Yuan C Y, Chen G, et al. Preparation of diphenylbutylpiperidine compounds as autophagy inducers: WO2011143444A2[P]. 2011-11-17.

03017

盐酸氟桂利嗪 Flunarizine Hydrochloride [30484-77-6]

详见第 1 章 01020。

03018

匹莫齐特 Pimozide [2062-78-4]

【名　　称】 1-[1-[4,4-二(4-氟苯基)丁基]-4-哌啶基]-1,3-二氢-2*H*-苯并咪唑-2-酮。

1-[1-[4,4-bis(4-fluorophenyl)butyl]-4-piperidinyl]-1,3-dihydro-2*H*-benzimidazol-2-one。

【结 构 式】

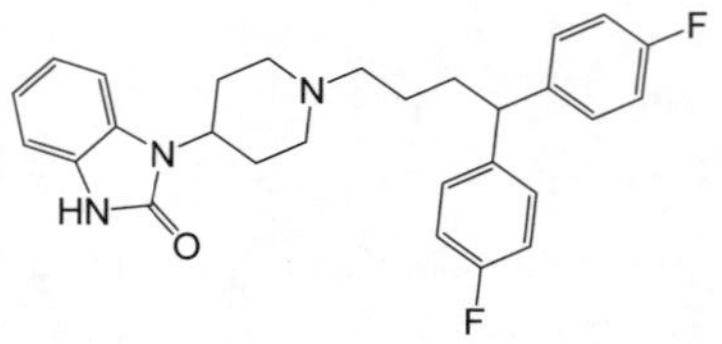

分子式：$C_{28}H_{29}F_2N_3O$
分子量：461.55

【性　　状】 固体，熔点 214～218℃。

【制　　法】

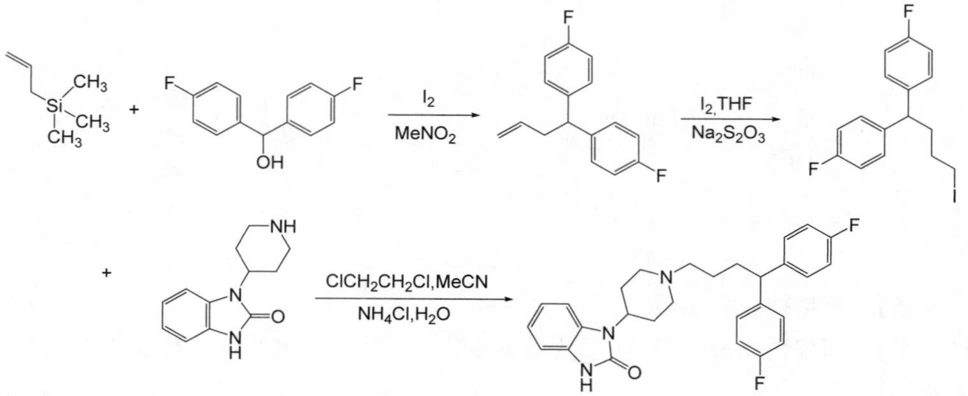

【用　　途】 用于急、慢性精神分裂症的治疗。

【生产厂家】 北京百灵威科技有限公司。

【参考资料】

Saito M, Tsuji N, Kobayashi Y, et al. Direct dehydroxylative coupling reaction of alcohols with organosilanes through Si–X bond activation by halogen bonding[J]. Organic letters, 2015, 17(12): 3000-3003.

03019

氟奋乃静 Fluphenazine [69-23-8]

【名　　称】 1-(2-羟乙基)-4-[3-(2-三氟甲基-10-吩噻嗪基)丙基]哌嗪。
1-(2-hydroxyethyl)-4-[3-(2-trifluoromethyl-10-phenothiazinyl)propyl]piperazine。

【结 构 式】

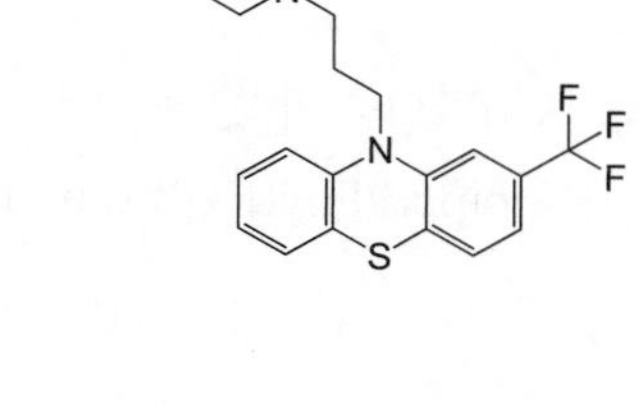

分子式：$C_{22}H_{26}F_3N_3OS$
分子量：437.52

【性　　状】 固体，熔点 268～274℃。

【制　　法】

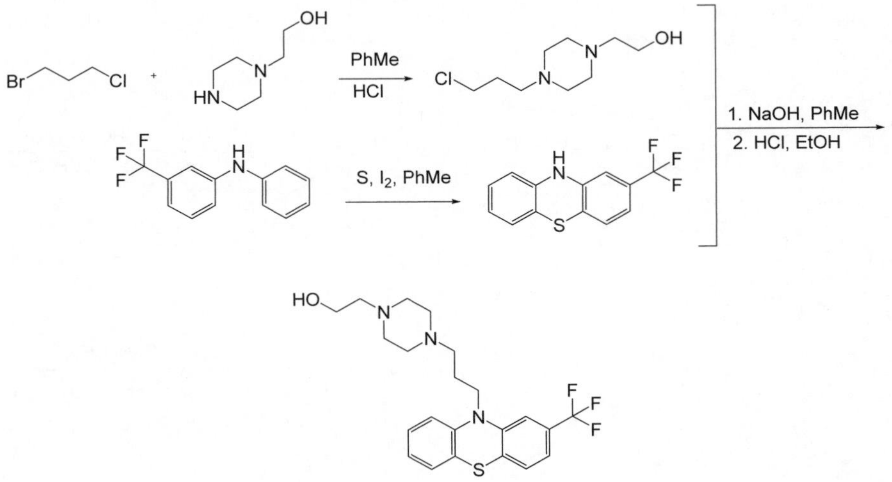

【用　　途】 抗精神病药。

【生产厂家】 铁岭天德制药有限公司、上海中西三维药业有限公司。

【参考资料】

严家庆，陈荣，张智红. 一种氟奋乃静盐酸盐的制备方法: CN105153062A[P]. 2015.

03020

癸氟奋乃静 Fluphenazine Decanoate [5002-47-1]

【名　　称】 2-[4-[3-[2-(三氟甲基)-10*H*-吩噻嗪-10-基]丙基]-1-哌嗪基]乙基癸酸酯。

2-[4-[3-[2-(trifluoromethyl)phenothiazin-10-yl]propyl]piperazin-1-yl]ethyl decanoate。

【结 构 式】

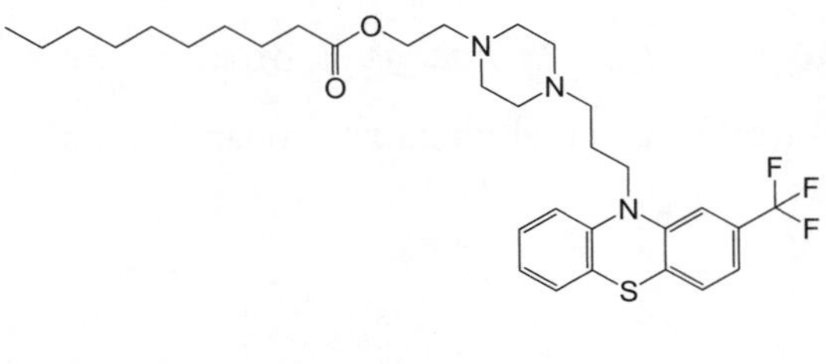

分子式：$C_{32}H_{44}F_3N_3O_2S$

分子量：591.77

【性　　状】 淡黄色或黄棕色黏稠液体，熔点 658.1℃。

【制　　法】

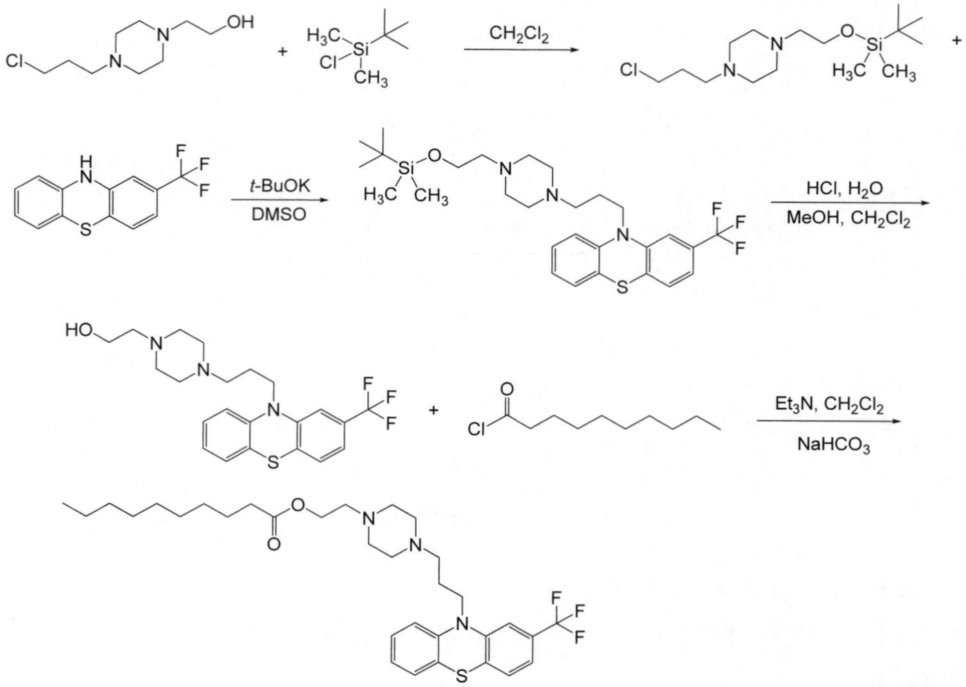

【用　　途】 主要用于治疗急、慢性精神分裂症。

【生产厂家】 上海中西三维药业有限公司。

【参考资料】

Sivakumar B V, Rao K E, Patel G B, et al. An improved process for the preparation of fluphenazine: IN 2014MU02033A[P]. 2014-6-24.

03021

氟西汀 Fluoxetine [54910-89-3]

【名　　称】 *N*-甲基-3-苯基-3-(对三氟甲基苯氧基)丙胺。

N-methyl-3-phenyl-3-(4-(trifluoromethyl)phenoxy)propan-1-amine。

【结 构 式】

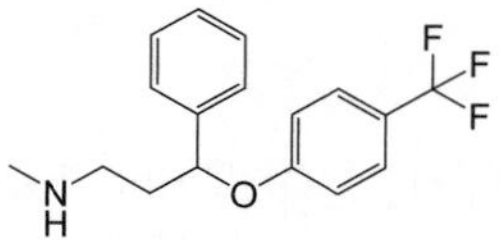

分子式：$C_{17}H_{18}F_3NO$

分子量：309.33

【性　　状】 白色至类白色结晶性粉末，熔点 158℃。

【制　　法】

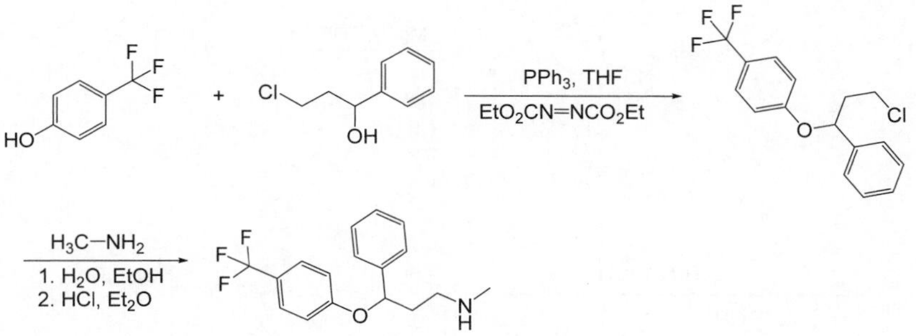

【用　　途】 抗抑郁药。

【生产厂家】 浙江普洛家园药业有限公司、山东科源制药股份有限公司、江苏苏中药业集团股份有限公司、常州四药制药有限公司。

【参考资料】

Srebnik M, Ramachandran P V, Brown H C. Chiral synthesis via organoboranes. 18. Selective reductions. 43. Diisopinocampheylchloroborane as an excellent chiral reducing reagent for the synthesis of halo alcohols of high enantiomeric purity. A highly enantioselective synthesis of both optical isomers of Tomoxetine, Fluoxetine, and Nisoxetine[J]. The Journal of Organic Chemistry, 1988, 53(13): 2916-2920.

03022

马来酸氟伏沙明 Fluvoxamine Maleate [61718-82-9]

【名　　称】 (*E*)-5-甲氧基-1-(4-三氟甲苯基)-1-戊酮-*O*-(2-氨基乙基)肟马来酸盐。
(*E*)-5-methoxy-1-[4-trifluoromethylphenyl]-pentan-1-one-*O*-(2-aminoethyl) oxime maleate。

【结 构 式】

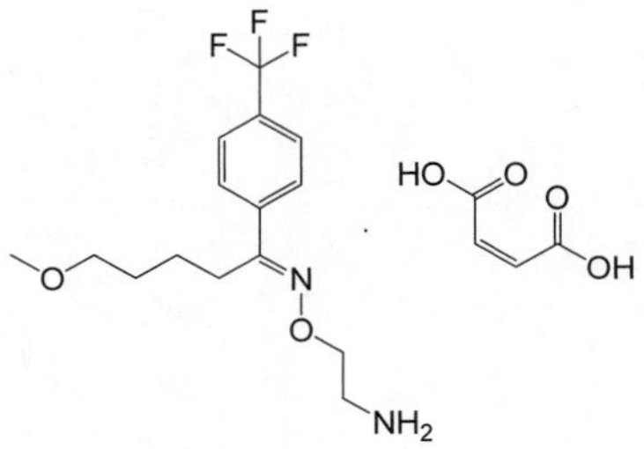

分子式： $C_{19}H_{25}F_3N_2O_6$

分子量： 434.41

【性　　状】 固体，熔点 120～121℃。

【制　　法】

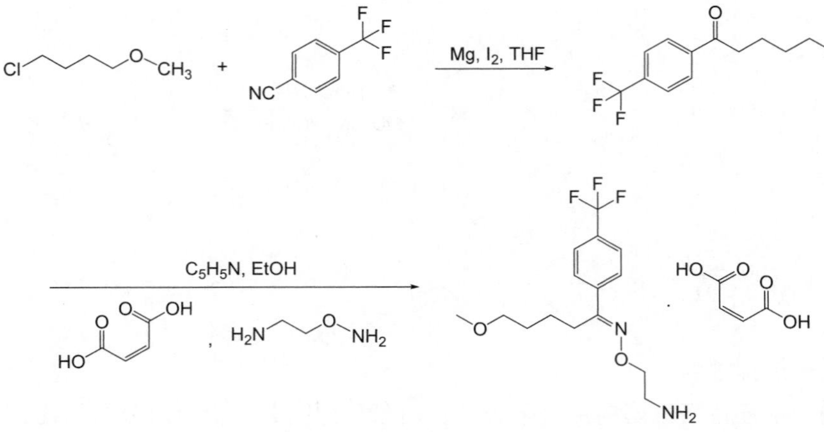

【用　　途】 用于抑郁症及相关症状的治疗，以及强迫症的治疗。

【生产厂家】 广州南沙龙沙有限公司、桂林华信制药有限公司、珠海保税区丽珠合成制药有限公司。

【参考资料】

Tao L, Rong S, Hu Y Z . Improved method for synthesis of fluvoxamine[J] Journal of Zhejiang University, 2003, 32(5):441-442.

03023

癸酸氟哌噻吨 Flupentixol Decanoate [30909-51-4]

【名　　称】 2-[4-[3-[2-(三氟甲基)-9*H*-硫杂蒽-9-亚基]丙基]-1-哌嗪基]乙基癸酸酯。

2-[4-[3-[2-(trifluoromethyl)-9*H*-thioxanthen-9-ylidene]propyl]-1-piperazinyl]ethyl decanoate。

【结 构 式】

分子式：$C_{33}H_{43}F_3N_2O_2S$

分子量：588.77

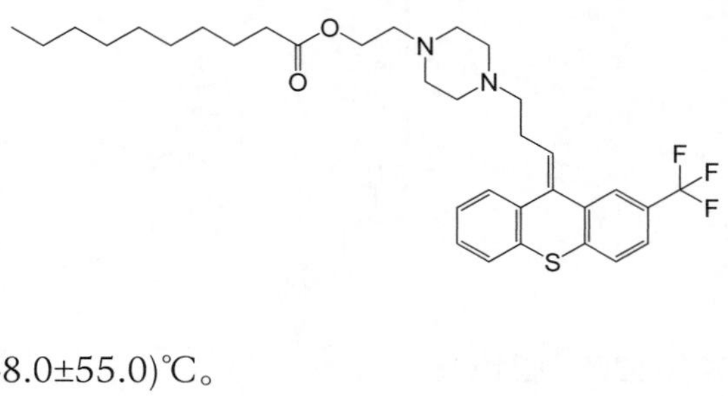

【性　　状】 沸点(648.0±55.0)℃。

【制 法】

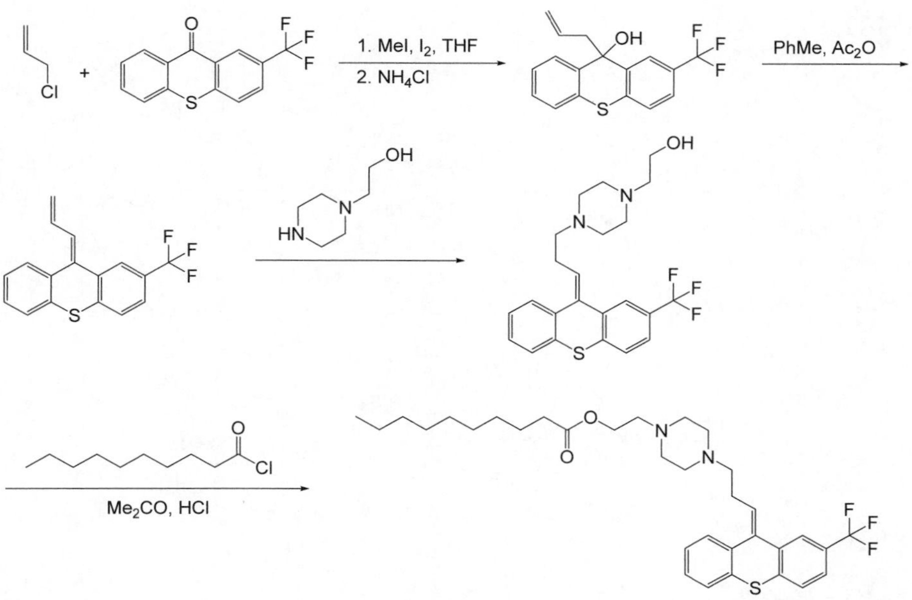

1. MeI, I_2, THF
2. NH_4Cl

PhMe, Ac_2O

Me_2CO, HCl

【用 途】 用于治疗精神分裂症。

【生产厂家】 国内暂无。

【参考资料】

Villani F, Nardi A, Salvi A, et al. Process for the preparation of *Z*-flupentixol by fractional crystallization of *p*-chlorobenzoate salts: WO2005037820A1[P]. 2005-04-28.

03024

夸西泮 Quazepam [36735-22-5]

【名 称】 7-氯-5-(2-氟苯基)-1-(2,2,2-三氟乙基)-1,3-二氢-2*H*-苯并[*e*][1,4]二氮杂䓬-2-硫酮。7-chloro-5-(2-fluorophenyl)-1-(2,2,2-trifluoroethyl)-1,3-dihydro-2*H*-benzo[*e*][1,4]diazepine-2-thione。

【结 构 式】

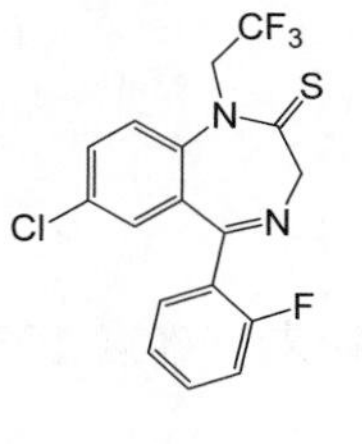

分子式： $C_{17}H_{11}ClF_4N_2S$
分子量： 386.79

【性　　状】 白色固体，熔点 138～139℃。

【制　　法】

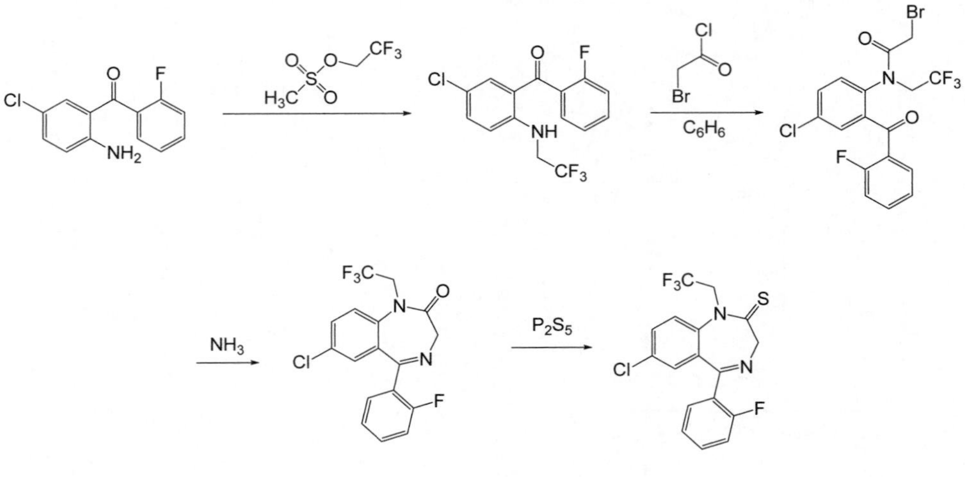

【用　　途】 镇静药。

【生产厂家】 国内暂无。

【参考资料】

Hoshi M, Kita H, Ikeda S, et al. Process for preparation of oxoquazepam: JP2007254392A[P]. 2007.

03025

五氟利多 Penfluridol　　[26864-56-2]

【名　　称】 1-[4,4-双(4-氟苯基)丁基]-4-[4-氯-3-(三氟甲基)苯基]-4-哌啶醇。

1-[4,4-bis(*p*-fluorophenyl)butyl]-4-(4-chloro-*α*, *α*, *α*-trifluoro-*m*-tolyl)-4- piperidinol。

【结 构 式】

分子式： $C_{28}H_{27}ClF_5NO$

分子量： 523.97

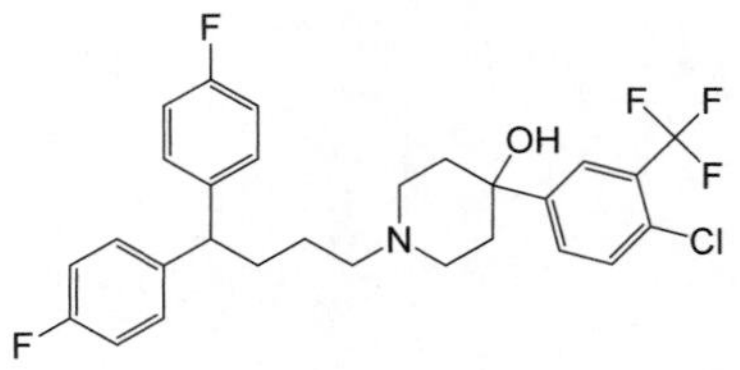

【性　　状】 白色或类白色结晶性粉末，熔点 105～107℃。

【制　　法】

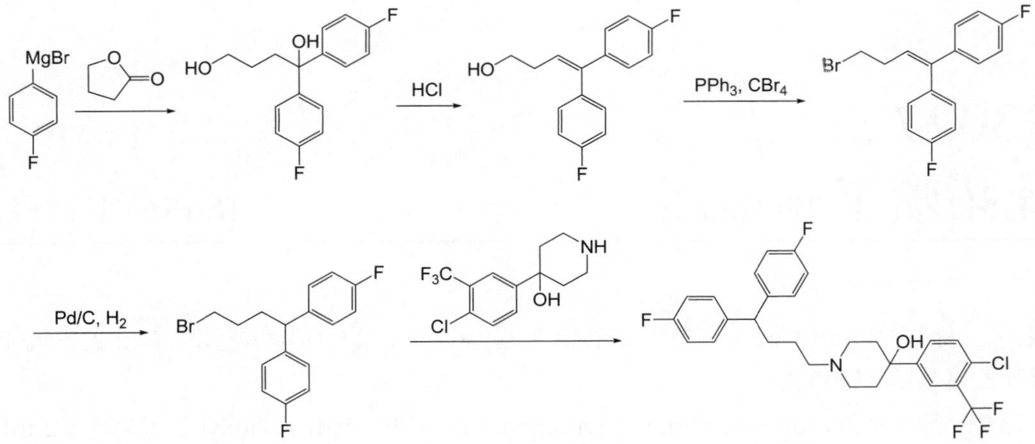

【用　　途】 抗精神失常药。

【生产厂家】 江苏恩华赛德药业有限责任公司、湖南中南制药有限责任公司。

【参考资料】

Fyfe T J, Kellam B, Sykes D A, et al. Structure–kinetic profiling of haloperidol analogues at the human dopamine D_2 receptor[J]. Journal of Medicinal Chemistry, 2019, 62(21): 9488-9520.

03026

三氟哌多 Trifluperidol [749-13-3]

【名　　称】 1-(4-氟苯基)-4- [4-羟基-4- [3-(三氟甲基)苯基]哌啶-1-基]丁-1-酮。

1-(4-fluorophenyl)-4-(4-hydroxy-4-(3-(trifluoromethyl)phenyl)piperidin-1-yl)butan-1-one。

【结 构 式】

分子式：$C_{22}H_{23}F_4NO_2$

分子量：409.42

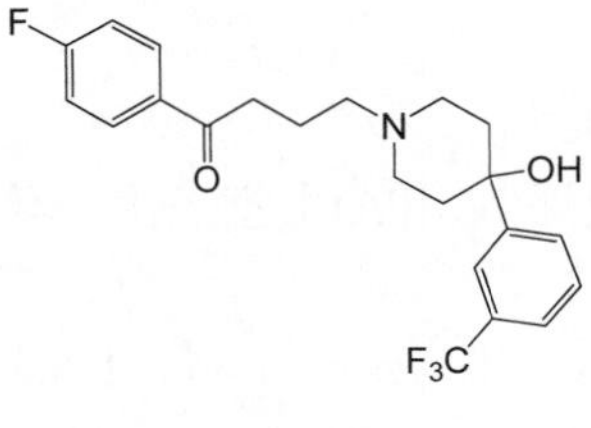

【性　　状】 固体，熔点 99～101℃。

【用　　途】 抗精神分裂症药。

【生产厂家】 比利时 Janssen Pharmaceutical Ltd。

【参考资料】

Yamamoto H, Nakao M, Sasajima K, et al. Phenylbutanol derivatives: U.S. Patent 3,936,468[P]. 1976-2-3.

03027

比拓喷丁 Bitopertin [845614-11-1]

【名 称】(*S*)-[4-(3-氟-5-三氟甲基吡啶-2-基)哌嗪-1-基][5-(甲磺酰基)-2-(2,2,2-三氟-1-甲基乙氧基)苯基]甲酮。

[4-(3-fluoro-5-trifluoromethylpyridin-2-yl)piperazin-1-yl][5-methylsulfonyl-2-[((*S*)-2,2,2-trifluoro-1-methylethyl)oxy]phenyl]methanone。

【结 构 式】

分子式：$C_{21}H_{20}F_7N_3O_4S$

分子量：543.46

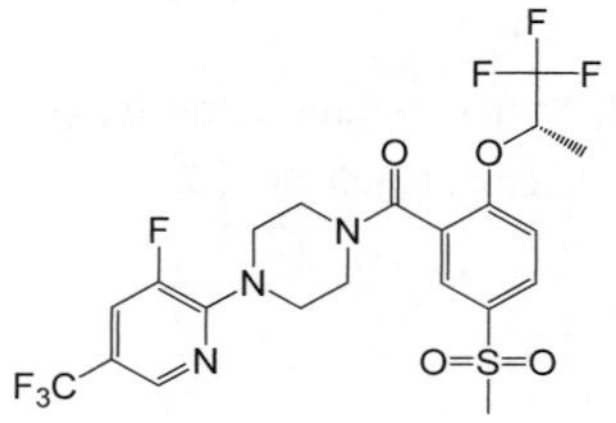

【制 法】

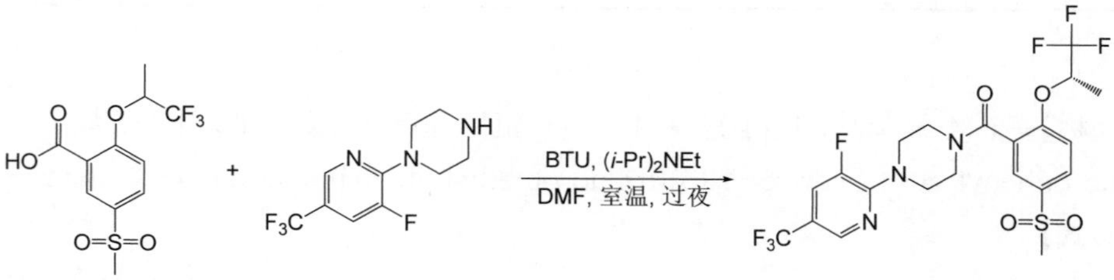

BTU, (*i*-Pr)$_2$NEt

DMF, 室温, 过夜

【用 途】甘氨酸再摄取抑制剂。

【生产厂家】国家药品监督管理局(NMPA)上查无生产药企。

【参考资料】

Pinard E, Alanine A, Alberati D, et al. Selective GlyT1 inhibitors: discovery of [4-(3-fluoro-5-trifluoromethylpyridin-2-yl)piperazin-1-yl][5-methanesulfonyl-2-((S)-2,2,2-trifluoro-1-methylethoxy)phenyl] methanone (RG1678), a promising novel medicine to treat schizophrenia[J]. Journal of medicinal chemistry, 2010, 53(12): 4603-4614.

03028

贝氟沙通 Befloxatone [134564-82-2]

【名　　称】 (*R*)-5-(甲氧基甲基)-3-(4-((*R*)-4,4,4-三氟-3-羟基丁氧基)苯基)噁唑烷-2-酮。(*R*)-5-(methoxymethyl)-3-(4-((*R*)-4,4,4-trifluoro-3-hydroxybutoxy)phenyl)oxazolidin-2-one。

【结 构 式】

分子式： $C_{15}H_{18}F_3NO_5$
分子量： 349.31

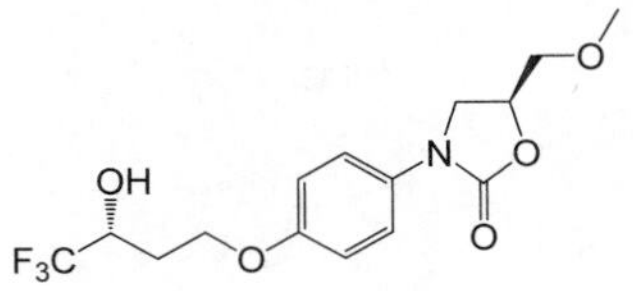

【性　　状】 固体，熔点 101℃。

【制　　法】

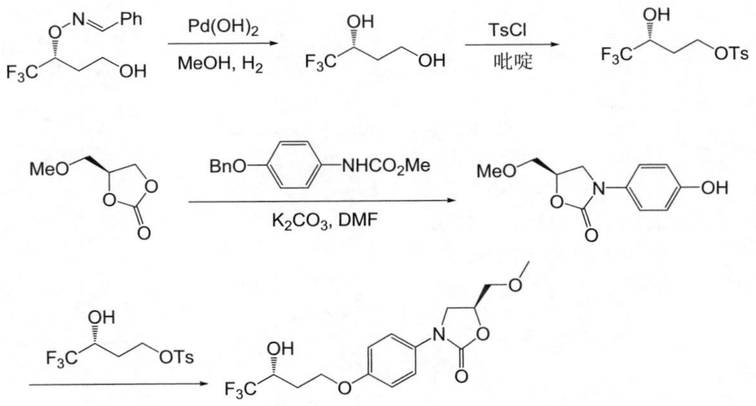

Pd(OH)$_2$ / MeOH, H_2

TsCl / 吡啶

$BnO-C_6H_4-NHCO_2Me$ / K_2CO_3, DMF

【用　　途】 抗抑郁症药。

【生产厂家】 浙江珲达生物科技有限公司。

【参考资料】

Shibatomi K, Narayama A, Abe Y, et al. Practical synthesis of 4,4,4-trifluorocrotonaldehyde: a versatile precursor for the enantioselective formation of trifluoromethylated stereogenic centers via organocatalytic 1,4-additions[J]. Chemical Communications, 2012, 48(59): 7380-7382.

03029

盐酸三氟拉嗪 Trifluoperazine Hydrochloride [440-17-5]

【名　　称】 10-[3-(4-甲基-1-哌嗪基)丙基]-2-(三氟甲基)-10*H*-吩噻嗪二盐酸盐。10-[3-(4-methyl-1-piperazinyl)propyl]-2-(trifluoromethyl)-10*H*-phenothiazine dihydrochloride。

【结 构 式】

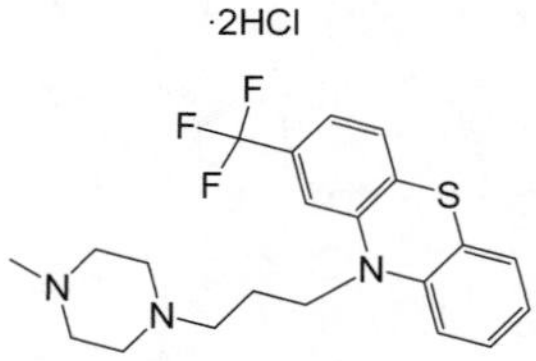

分子式： $C_{21}H_{26}Cl_2F_3N_3S$
分子量： 480.42

·2HCl

【性　　状】 固体，熔点 243℃。

【制　　法】

CF_3 + $Cl(H_2C)_3N$ NCH_3

2 COOH COOH

CF_3 · 2 COOH COOH

CF_3

HCl

CF_3 · 2HCl

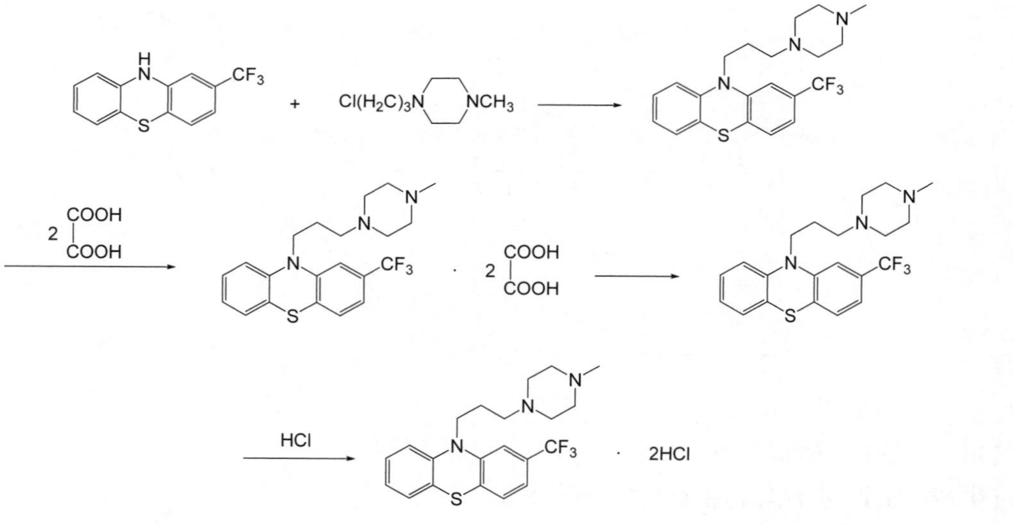

【用　　途】 用于治疗各型精神分裂症。

【生产厂家】 上海中西三维药业有限公司、太仓制药厂。

【参考资料】

倪明前. 一种盐酸三氟拉嗪的制备方法: CN, CN102690245 A[P].2012-09-26.

03030

三氟丙嗪 Trifluopromazine [146-54-3]

【名　　称】 *N,N*-二甲基-3-(2-(三氟甲基)-10*H*-吩噻嗪-10-基)丙胺。

N,N-dimethyl-3-(2-(trifluoromethyl)-10*H*-phenothiazin-10-yl)propan-1-amine。

【结 构 式】

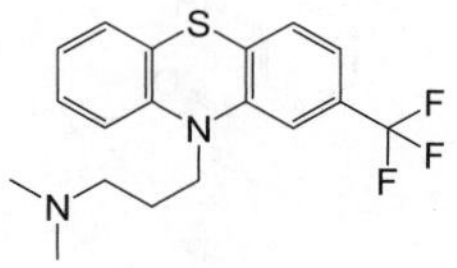

分子式： $C_{18}H_{19}F_3N_2S$

分子量： 352.42

【性　　状】 白色或微黄色的结晶性粉末，熔点 25℃。

【制　　法】

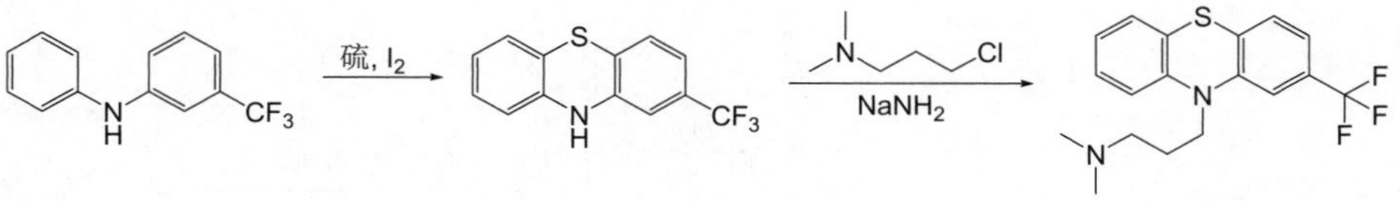

【用　　途】 治疗精神分裂症药。

【生产厂家】 国内暂无。

【参考资料】

Yale H L, Sowinski F, Bernstein J. 10-(3-Dimethylaminopropyl)-2-(trifluoromethyl)-phenothiazine hydrochloride (VESPRIN1) and related compounds. I[J]. Journal of the American Chemical Society, 1957, 79(16): 4375-4379.

03031

哈拉西泮 Halazepam [23092-17-3]

【名　　称】 7-氯-5-苯基-1-(2,2,2-三氟乙基)-1,3-二氢-2*H*-苯并[*e*][1,4]二氮杂䓬-2-酮。

7-chloro-5-phenyl-1-(2,2,2-trifluoroethyl)-1,3-dihydro-2*H*-benzo[*e*][1,4]diazepin-2-one。

【结 构 式】

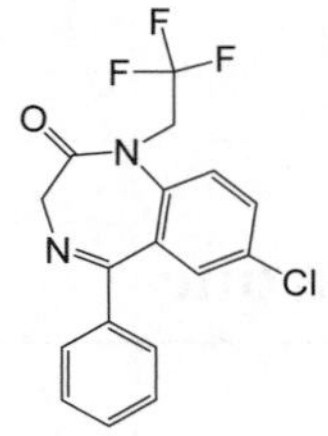

分子式：$C_{17}H_{12}ClF_3N_2O$
分子量：352.74

【性　　状】 熔点 164～166℃。
【制　　法】

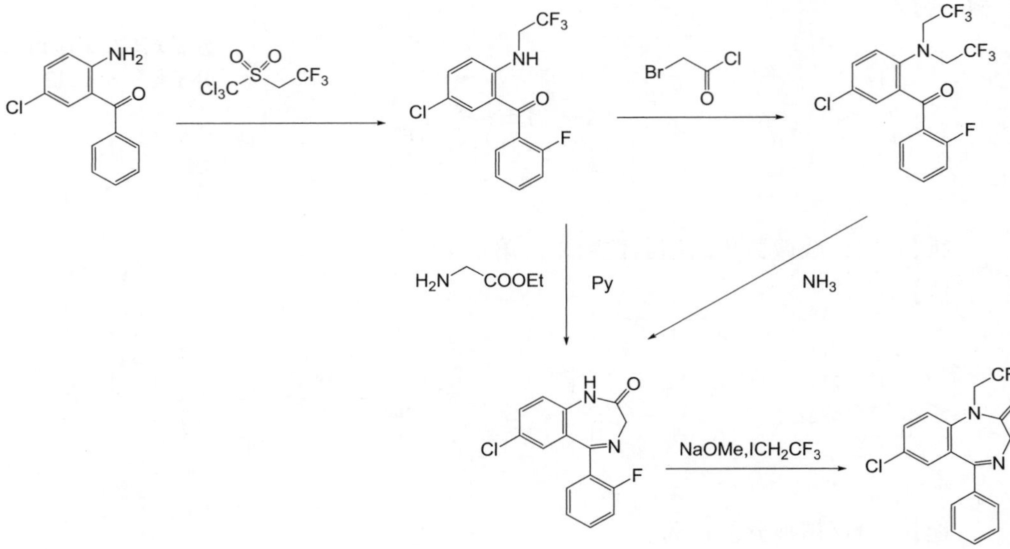

$H_2N\diagup COOEt$　Py　NH_3

NaOMe,ICH_2CF_3

【用　　途】 镇静催眠药。
【生产厂家】 国内暂无。
【参考资料】

Steinman M, Topliss J G, Alekel R, et al. 1-Poly(fluoroalkyl) benzodiazepines[J]. J Med Chem,1973, 16(12): 1354-1360.

03032

盐酸氟哌噻吨 Flupentixol Hydrochloride [51529-01-2]

【名　　称】 (*Z*)-4-[3-[2-(三氟甲基)-9*H*硫杂蒽-9-亚基]丙基]-1-哌嗪乙醇二盐酸盐。

(*Z*)-4-[3-[2-(trifluoromethyl)-9*H*-thioxanthene-9-ylidene]propyl]-1-piperazineethanol dihydrochloride。

【结 构 式】

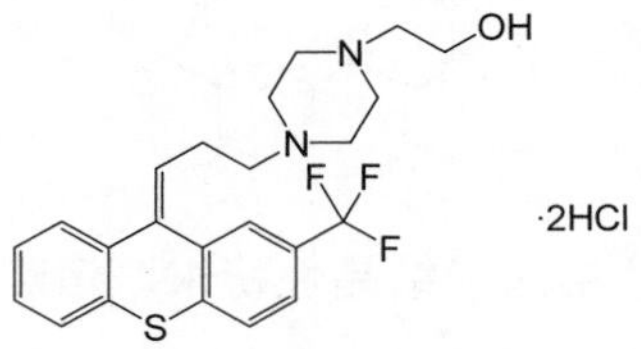

OH N N F F F S ·2HCl

分子式：$C_{23}H_{25}F_3N_2OS \cdot 2HCl$
分子量：507.44

【性　　状】薄膜包衣片，除去包衣后显示白色或类白色。

【制　　法】

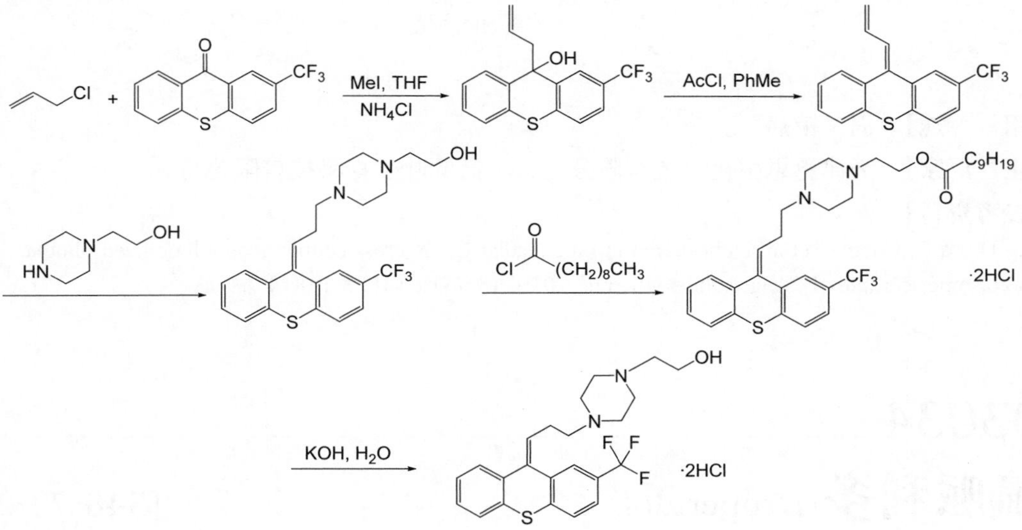

Cl + O CF_3 S —MeI, THF / NH_4Cl→ OH CF_3 S —AcCl, PhMe→ CF_3 S

HN N OH → N N OH CF_3 S —Cl C(O) $(CH_2)_8CH_3$→ N N O C(O) C_9H_{19} CF_3 S ·2HCl

—KOH, H_2O→ N N OH F F F S ·2HCl

【用　　途】抗精神病药。

【生产厂家】海南辉能药业有限公司、植恩生物技术股份有限公司、海思科制药(眉山)有限公司、重庆圣华曦药业股份有限公司、四川仁安药业有限责任公司。

【参考资料】

Villani F, Nardi A, Salvi, et al. Process for the preparation of *Z*-flupentixol by fractional crystallization of *p*-chlorobenzoate salts: WO 2004-IB3155[P]. 2005-04-28.

03033

氟芬那酸 Flufenamic Acid [530-78-9]

【名　　称】2-((3-(三氟甲基)苯基)氨基)苯甲酸。

2-((3-(trifluoromethyl)phenyl)amino)benzoic acid。

【结 构 式】

分子式：$C_{14}H_{10}F_3NO_2$
分子量：281.23

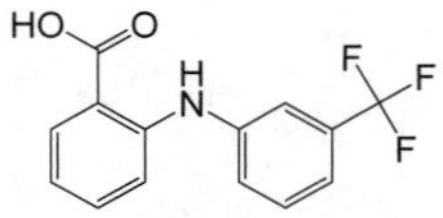

【性　　状】 淡黄色或淡黄绿色结晶或结晶性粉末，熔点 132～135℃。

【制　　法】

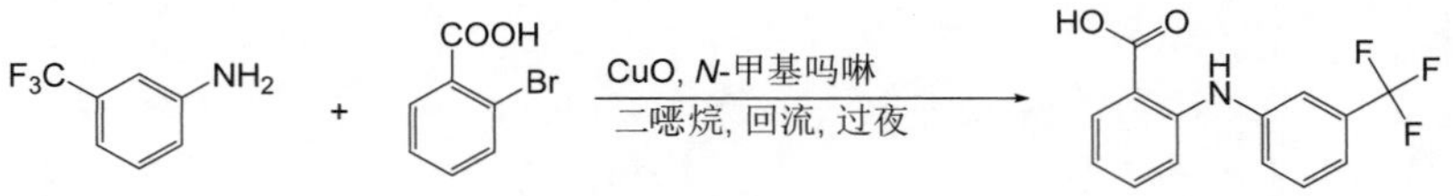

F_3C-C₆H₄-NH_2 + 2-溴苯甲酸（COOH, Br） —CuO, *N*-甲基吗啉 / 二噁烷, 回流, 过夜→ 产物

【用　　途】 消炎镇痛药。

【生产厂家】 天津恩思生化科技有限公司、上海源叶生物科技有限公司。

【参考资料】

Jing D, Lu C, Chen Z, et al. Light-driven intramolecular C—N cross-coupling via a long-lived photoactive photoisomer complex[J]. Angewandte Chemie, 2019, 131(41): 14808-14814.

03034

氟哌利多 Droperidol [548-73-2]

【名　　称】 1-[1-[3-(对氟苯甲酰基)丙基]-1,2,3,6-四氢吡啶-4-基]-2-苯并咪唑啉酮。
1-(1-(4-(4-fluorophenyl)-4-oxobutyl)-1,2,3,6-tetrahydropyridin-4-yl)-1,3-dihydro-2*H*-benzo[*d*]imidazol-2-one。

【结 构 式】

分子式：$C_{22}H_{22}FN_3O_2$
分子量：379.43

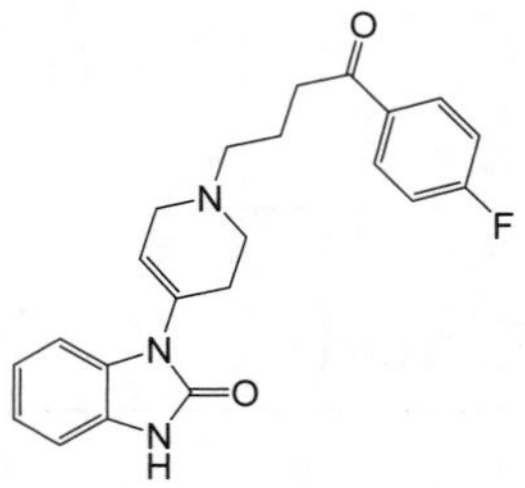

【性　　状】 固体，熔点 148～149℃。

【制　　法】

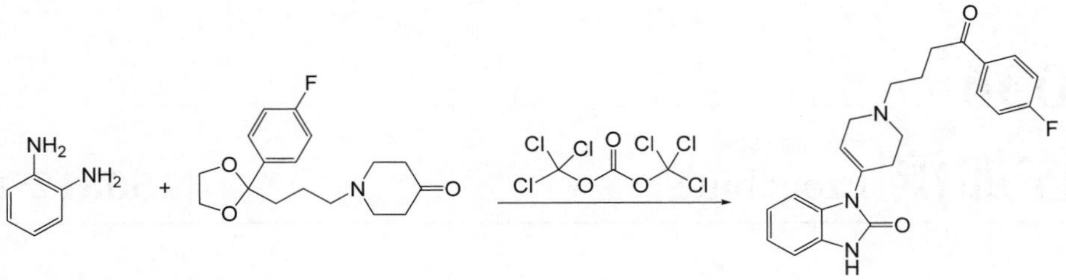

【用　　途】 抗精神分裂症药。

【生产厂家】 上海源叶生物科技有限公司。

【参考资料】

Kuethe J T, Varon J, Childers K G. Rearrangement of spiro-benzimidazolines: preparation of *N*-alkenyl- and *N*-alkyl-benzimidazol-2-ones[J]. Tetrahedron, 2007, 63(46): 11489-11502.

03035

卢非酰胺 Rufinamide　　[106308-44-5]

【名　　称】 1-(2,6-二氟苄基)-1*H*-1,2,3-三氮唑-4-甲酰胺。

1-(2,6-difluorobenzyl)-1*H*-1,2,3-triazole-4-carboxamide。

【结 构 式】

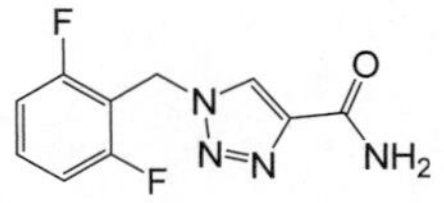

分子式：$C_{10}H_8F_2N_4O$

分子量：238.19

【性　　状】 白色粉末。

【制　　法】

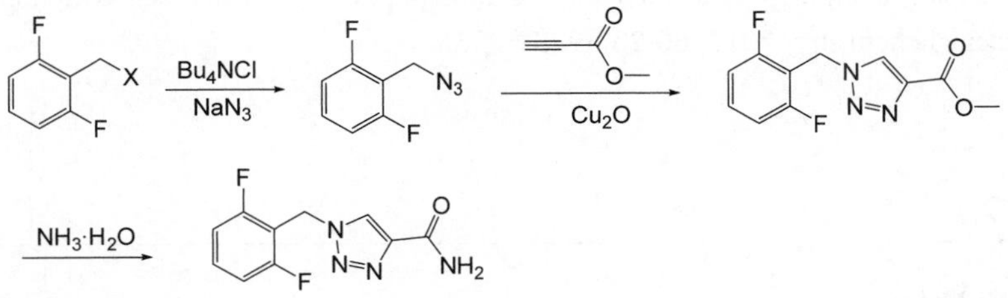

【用　　途】 抗癫痫药。

【生产厂家】 上海源叶生物科技有限公司、湖北惠择普医药科技有限公司、北京百灵威科技有限公司。

【参考资料】

杨诚, 陈悦, 王静晗,等. 一种合成卢非酰胺的工艺: CN103539750A[P]. 2014-01-29.

03036

依佐加滨 Ezogabine [150812-12-7]

【名　　称】 *N*-(2-氨基-4-((4-氟苄基)氨基)苯基)氨基甲酸乙酯。
ethyl *N*-(2-amino-4-((4-fluorobenzyl)amino)phenyl)carbamate。

【结 构 式】

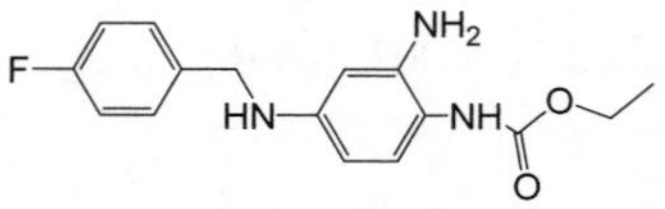

分子式：$C_{16}H_{18}FN_3O_2$
分子量：303.33

【性　　状】 白色至淡红色粉末状物质，熔点 136～138℃。

【制　　法】

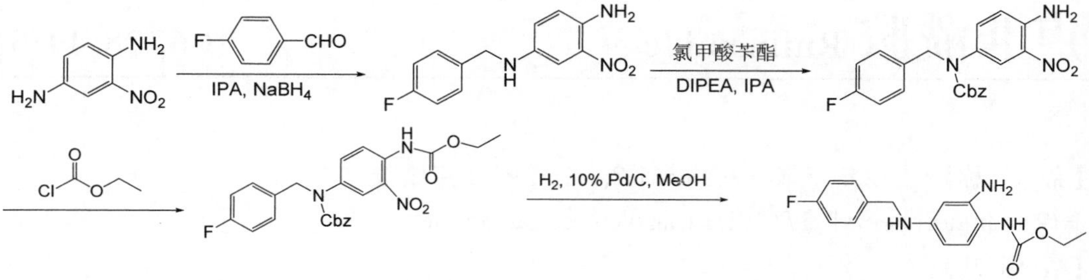

【用　　途】 辅助癫痫治疗药。

【生产厂家】 国内暂无。

【参考资料】

Kinarivala N, Patel R, Boustany R M, et al. Discovery of aromatic carbamates that confer neuroprotective activity by enhancing autophagy and inducing the anti-apoptotic protein B-cell lymphoma 2 (Bcl-2)[J]. Journal of medicinal chemistry, 2017, 60(23): 9739-9756.

03037

沙芬酰胺 Safinamide [133865-89-1]

【名　　称】 2(*S*)-[4-(3-氟苄氧基)苯甲氨基]丙酰胺。
2(*S*)-[4-(3-fluorobenzyloxy)benzylamino]propionamide。

【结 构 式】

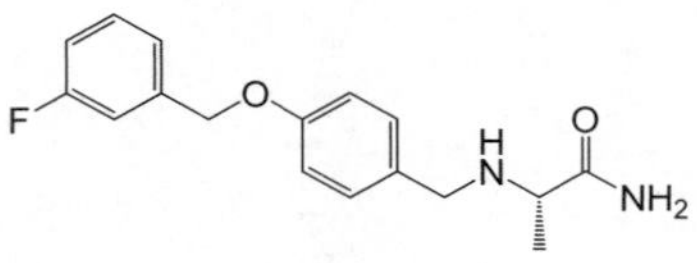

分子式：$C_{17}H_{19}FN_2O_2$
分子量：302.34

【性　　状】 固体，熔点 208～212℃。

【制　　法】

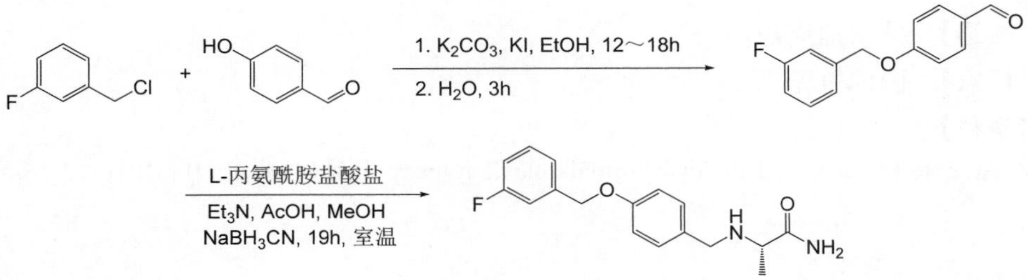

1. K_2CO_3, KI, EtOH, 12～18h
2. H_2O, 3h

L-丙氨酰胺盐酸盐
Et_3N, AcOH, MeOH
$NaBH_3CN$, 19h, 室温

【用　　途】 治疗帕金森综合征药物。

【生产厂家】 浙江燎原药业股份有限公司、上药康丽(常州)药业有限公司、河北广祥制药有限公司、扬子江药业集团江苏海慈生物药业有限公司、湖南九典宏阳制药有限公司。

【参考资料】

Jin C F, Wang Z Z, Chen K Z, et al. Computational fragment-based design facilitates discovery of potent and selective monoamine oxidase-B (MAO-B) inhibitor[J]. Journal of Medicinal Chemistry, 2020, 63(23): 15021-15036.

03038

替米哌隆 Timiperone　[57648-21-2]

【名　　称】 4-[4-(2,3-二氢-2-硫代-1*H*-苯并咪唑-1-基)-1-哌啶基]-1-(4-氟苯基)-丁 1-酮。4-[4-(2,3-dihydro-2-thioxo-1*H*-benzimidazol-1-yl)-1-piperidinyl]-1-(4-fluorophenyl)-butan-1-one。

【结 构 式】

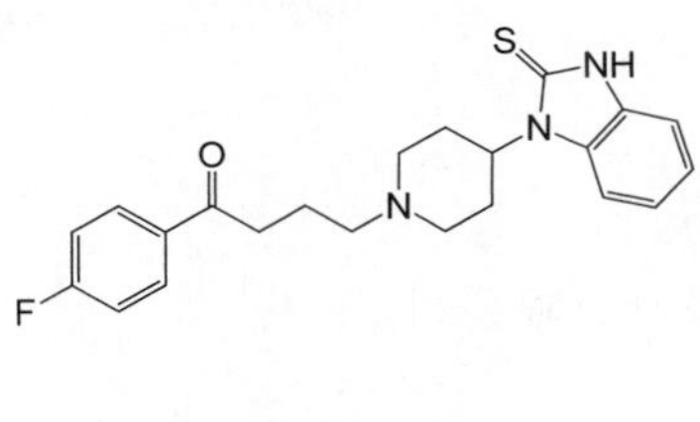

分子式：$C_{22}H_{24}FN_3OS$
分子量：397.51

【性　　状】 白色或黄白色结晶或结晶性粉末，熔点 201～203℃。

【制　　法】

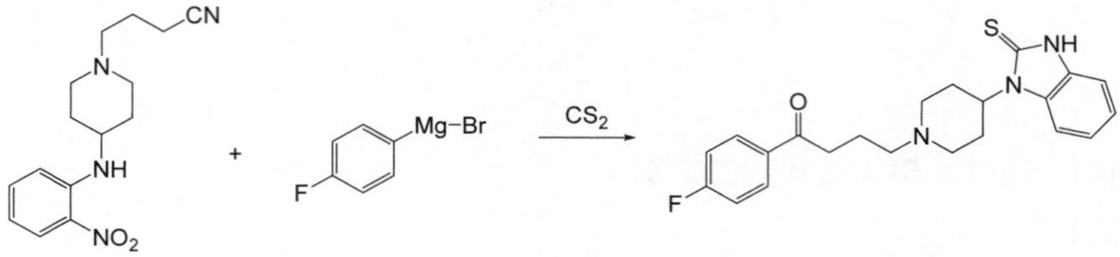

【用　　途】 抗精神病药。

【生产厂家】 国内暂无。

【参考资料】

Sato M, Arimoto M, Ueno K. Piperidylbenzimidazole derivatives: JP 51146473 A [P]. 1976-12-16.

03039

帕利哌酮 Paliperidone [144598-75-4]

【名　　称】 3-[2-(4-(6-氟苯并[*d*]异噁唑-3-基)哌啶-1-基)乙基]-9-羟基-2-甲基-6,7,8,9-四氢-4*H*-吡啶[1,2-*a*]嘧啶-4-酮。

3-(2-(4-(6-fluorobenzo[*d*]isoxazol-3-yl)-piperidin-1-yl)ethyl)-9-hydroxy-2-methyl-6,7,8,9-tetrahydro-4*H*-pyrido[1,2-*a*]pyrimidin-4-one。

【结 构 式】

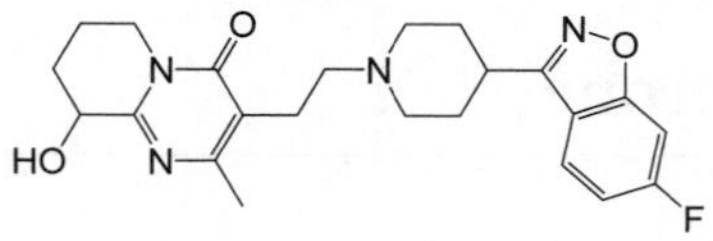

分子式： $C_{23}H_{27}FN_4O_3$

分子量： 426.48

【性　　状】 浅棕色粉末，熔点 158～160℃。

【制　　法】

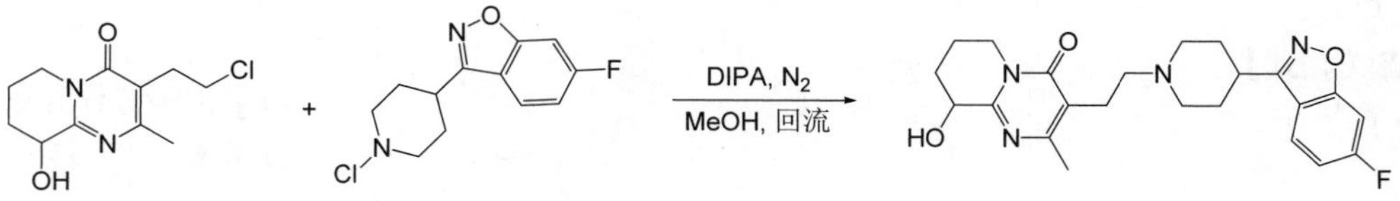

DIPA, N_2

MeOH, 回流

【用　　途】 抗精神分裂症药。

【生产厂家】 合肥立方制药股份有限公司。

【参考资料】

林裕朗. 一种棕榈酸帕利哌酮的合成工艺: CN110256425A[P]. 2019.

03040

布南色林 Blonanserin [132810-10-7]

【名　　称】 2-(4-乙基-1-哌嗪基)-4-(4-氟苯基)-5,6,7,8,9,10-六氢环辛[*b*]吡啶。
2-(4-ethyl-1-piperazinyl)-4-(4-fluorophenyl)-5,6,7,8,9,10-hexahydrocycloocta[*b*]pyridine。

【结 构 式】

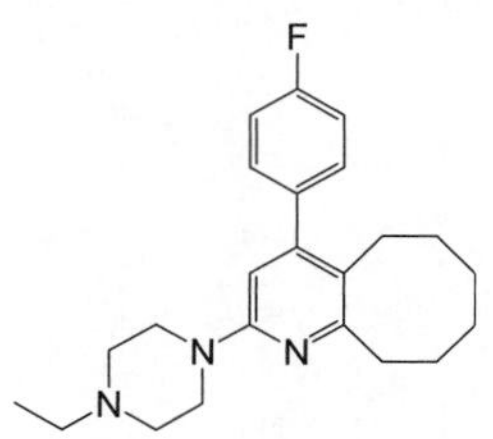

分子式：$C_{23}H_{30}FN_3$
分子量：367.51

【性　　状】 白色粉末，熔点 117～119℃。

【制　　法】

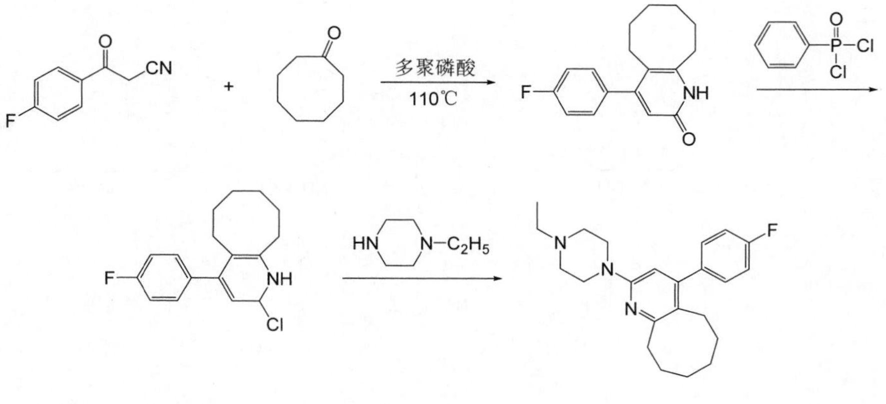

多聚磷酸 110℃

$HN(CH_2CH_2)_2N-C_2H_5$

【用　　途】 临床用于治疗精神分裂症药。

【生产厂家】 深圳万和制药有限公司、河北国龙制药有限公司、珠海保税区丽珠合成制药有限公司。

【参考资料】

张海平. 一种高纯度的布南色林及其制备方法: CN101531634[P]. 2009-09-16.

03041

伊潘立酮 Iloperidone [133454-47-4]

【名　　称】 1-(4-{3-[4-(6-氟-1,2-苯并噁唑-3-基)哌啶-1-基]丙氧基}-3-甲氧基苯基)乙酮。1-(4-{3-[4-(6-fluoro-1,2-benzoxazol-3-yl)piperidin-1-yl]propoxy}-3-methoxyphenyl)ethenone。

【结 构 式】

分子式： $C_{24}H_{27}FN_2O_4$

分子量： 426.48

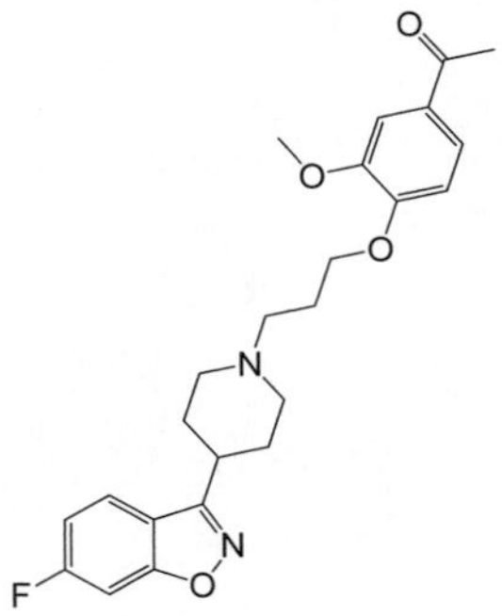

【性　　状】 白色至灰白色结晶性粉末，熔点 118～120℃。

【制　　法】

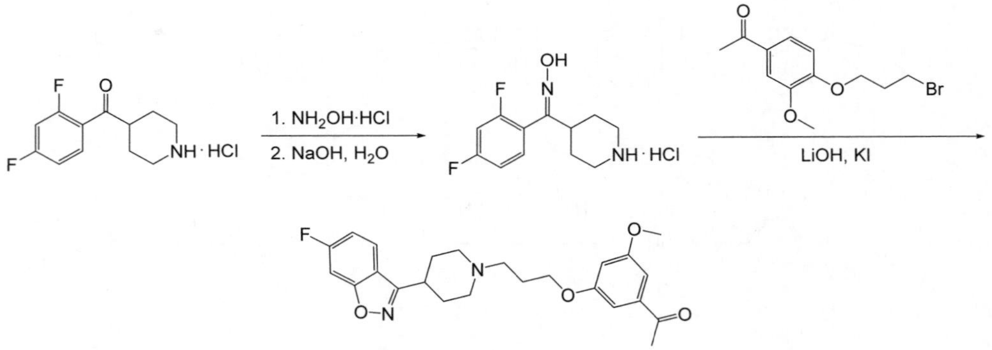

1. $NH_2OH \cdot HCl$
2. NaOH, H_2O

LiOH, KI

【用　　途】 抗精神病药。

【生产厂家】 山东京卫制药有限公司、石药集团欧意药业有限公司、浙江华海药业股份有限公司、江苏豪森药业集团有限公司。

【参考资料】

王盼，柳青，徐龙朋，等. 伊潘立酮的新合成工艺[J]. 中国新药杂志, 2013, 22(24): 2929-2932.

03042

匹莫范色林 Pimavanserin [706779-91-1]

【名 称】 1-(4-氟苄基)-3-(4-异丁氧基苄基)-1-(1-甲基哌啶-4-基)脲。
1-(4-fluorobenzyl)-3-(4-isobutyloxybenzyl)-1-(1-methylpiperidin-4-yl) urea。

【结 构 式】

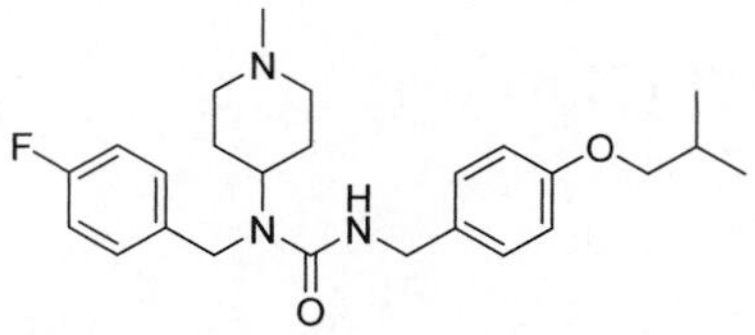

分子式： $C_{25}H_{34}FN_3O_2$
分子量： 427.55

【性 状】 白色至米白色固体，熔点 116～118℃。

【制 法】

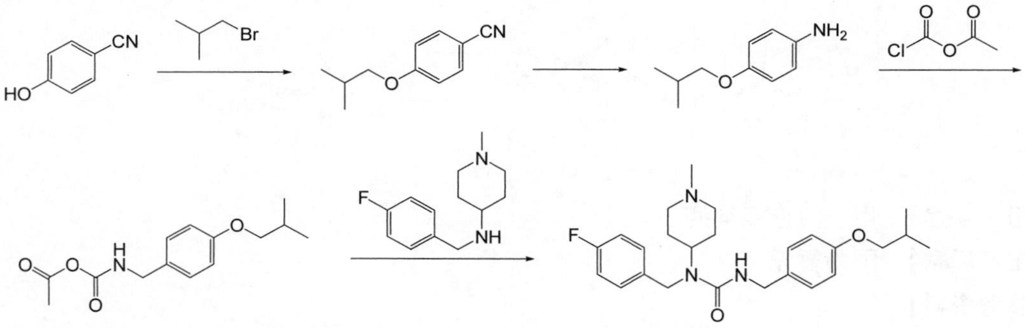

【用 途】 抗帕金森病药物。

【生产厂家】 上海泽涵生物医药科技有限公司、上海禹犇生物科技有限公司、四川普西奥标物科技有限公司。

【参考资料】

王标，谌林清，姜桥，等. 酒石酸匹莫范色林的合成[J]. 广东化工, 2019, 46(24): 48-49, 39.

03043

苯哌利多 Benperidol [2062-84-2]

【名 称】 3-[1-[4-(4-氟苯基)-4-氧代丁基]哌啶-4-基]-1*H*-苯并咪唑-2-酮。

3-[1-[4-(4-fluorophenyl)-4-oxobutyl]piperidin-4-yl]-1*H*-benzimidazol-2-one。

【结 构 式】

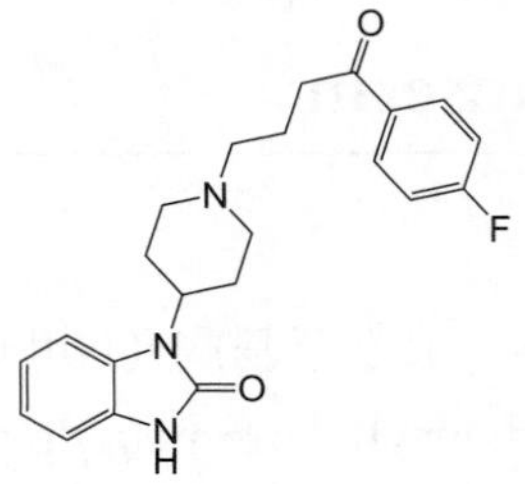

分子式：$C_{22}H_{24}FN_3O_2$
分子量：381.44

【性　　状】 固体，熔点 170～171.8℃。

【制　　法】

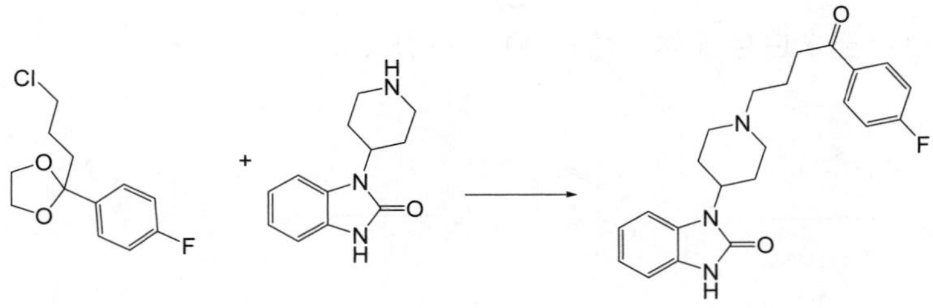

【用　　途】 用于治疗精神病。

【生产厂家】 国内暂无。

【参考资料】

Moerlein S M, Stöcklin G. Radiosynthesis of no-carrier-added 75,77Br-brombenperidol[J].Journal of Labelled Compounds and Radiopharmaceuticals, 1984, 21(9): 875-887.

03044

比立哌隆 Biriperone [41510-23-0]

【名　　称】 1-(4-氟苯基)-4-(3,4,6,7,12,12*a*-六氢吡嗪[1',2'：1,6]吡啶基[3,4-*b*]吲哚-2(1*H*)-基)丁-1-酮。

1-(4-fluorophenyl)-4-(3,4,6,7,12,12*a*-hexahydropyrazino[1',2'：1,6]pyrido[3,4-*b*]indol-2(1*H*)-yl)butan-1-one。

【结 构 式】

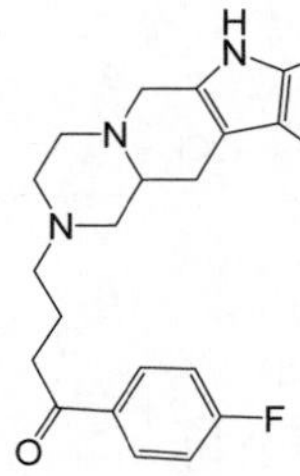

分子式：$C_{24}H_{26}FN_3O$
分子量：391.49

【制　　法】

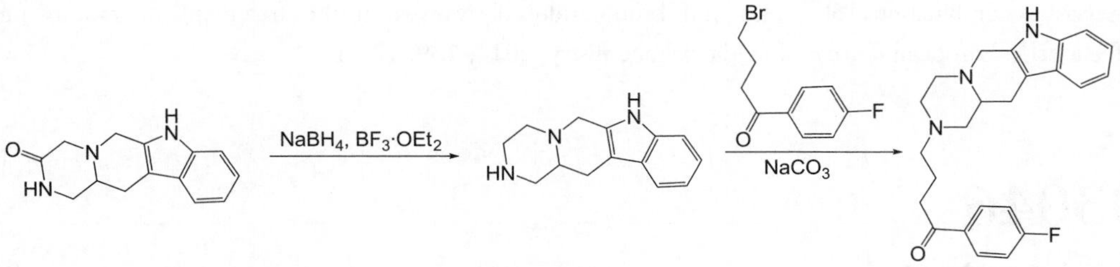

$NaBH_4$, $BF_3 \cdot OEt_2$

$NaCO_3$

【用　　途】 抗精神病药。

【生产厂家】 国内暂无。

【参考资料】

Agarwal S K, Saxena A K, Anand N . A convenient method for indole *N*-alkylation in substituted pyrazino(2',1':6,1)pyrido(3,4-b)indoles[J]. Cheminform, 1981, 12(43).

03045

溴哌利多 Bromperidol [10457-90-6]

【名　　称】 4-[4-(4-溴苯基)-4-羟基哌啶-1-基]-1-(4-氟苯基)丁-1-酮。
4-[4-(4-bromophenyl)-4-hydroxypiperidin-1-yl]-1-(4-fluorophenyl)butan-1-one。

【结 构 式】

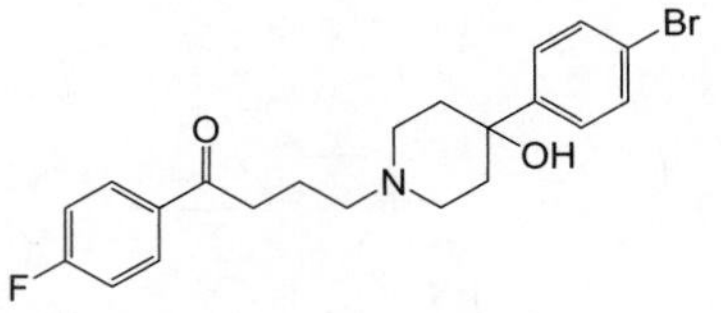

分子式：$C_{21}H_{23}BrFNO_2$
分子量：420.32

【性　　状】 白色固体，熔点 156～158℃。

【制　　法】

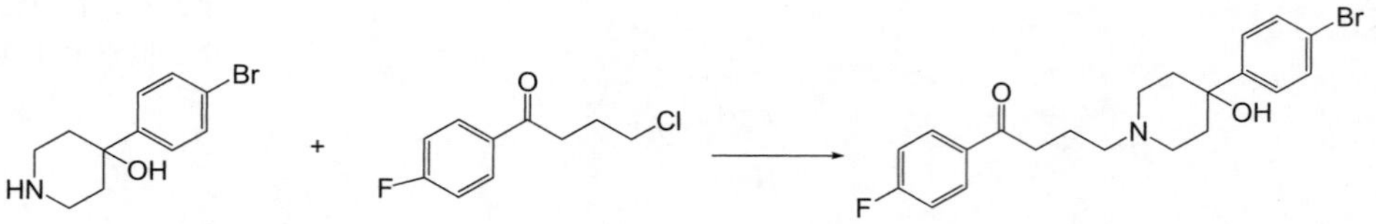

【用　　途】 抗精神分裂症药。

【生产厂家】 上海麦克林生化科技有限公司。

【参考资料】

Holbrook S Y L, Garzan A, Dennis E K, et al. Repurposing antipsychotic drugs into antifungal agents: synergistic combinations of azoles and bromperidol derivatives in the treatment of various fungal infections[J]. European journal of medicinal chemistry, 2017, 139: 12-21.

03046

异氟西平 Isofloxythepin [70931-18-9]

【名　　称】 4-[3-氟-10,11-二氢-8-异丙基二苯并[*b,f*]噻吩-10-基]哌嗪-1-乙醇。

4-[3-fluoro-10,11-dihydro-8-isopropyldibenzo[*b,f*]thiepin-10-yl]piperazine-1-ethanol。

【结 构 式】

分子式： $C_{23}H_{29}FN_2OS$

分子量： 400.55

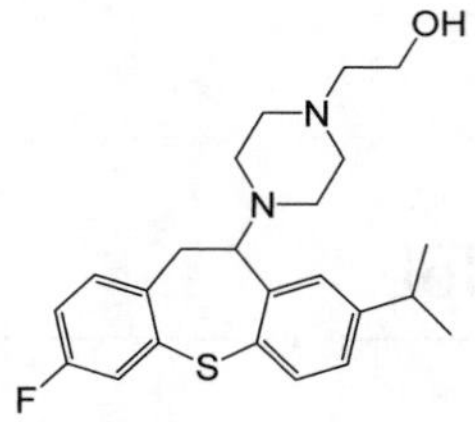

【性　　状】 固体，熔点 93～97℃。

【制　　法】

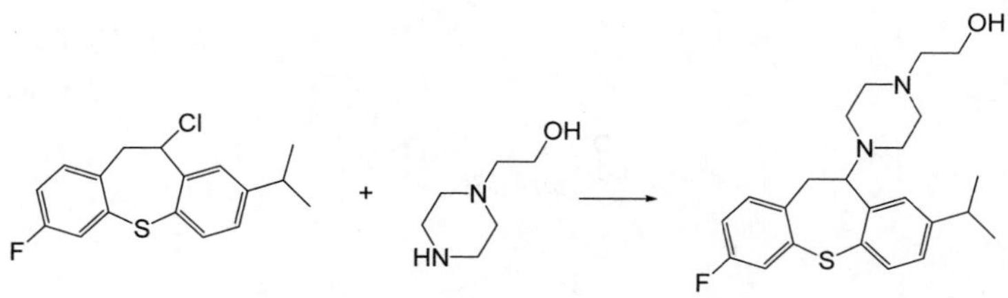

【用　　途】 抗精神病药。

【生产厂家】 国内暂无。

【参考资料】

Protiva M, Jílek J, Rajšner M, et al. Fluorinated tricyclic neuroleptics with prolonged action: 7-fluoro-11-[4-(2-hydroxyethyl)piperazino]-2-isopropyl-10,11-dihydrodibenzo[*b,f*] thiepin[J]. Collection of Czechoslovak Chemical Communications, 1986, 51(3): 698-722.

03047

美哌隆 Melperone [3575-80-2]

【名　　称】 1-(4-氟苯基)-4-(4-甲基哌啶-1-基)-1-丁酮。

1-(4-fluorophenyl)-4-(4-methylpiperidin-1-yl)-1-butanone。

【结 构 式】

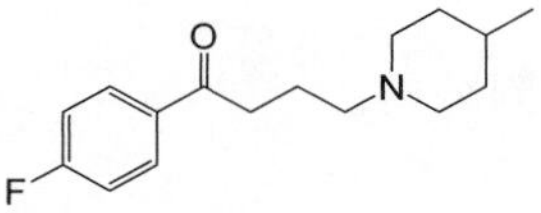

分子式：$C_{16}H_{22}FNO$

分子量：263.35

【性　　状】 白色结晶性粉末，熔点 78～82℃。

【制　　法】

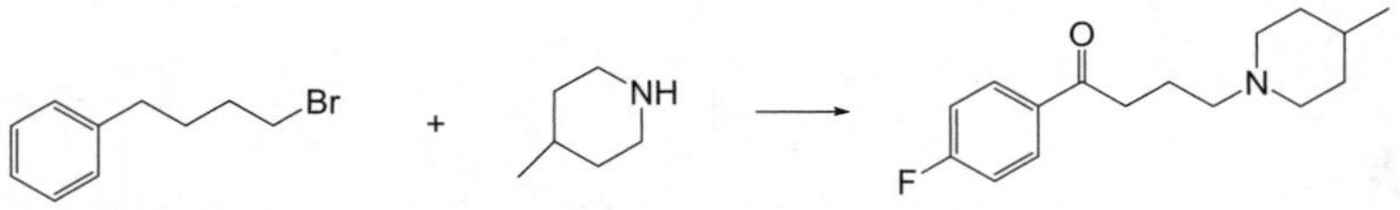

【用　　途】 抗精神病药。

【生产厂家】 国内暂无。

【参考资料】

Zhu X, Liu Y, Liu C, et al. Light and oxygen-enabled sodium trifluoromethanesulfinate-mediated selective oxidation of C—H bonds[J]. Green Chemistry, 2020, 22(13): 4357-4363.

03048

莫哌隆 Moperone [1050-79-9]

【名　　称】 1-(4-氟苯基)-4-[4-羟基-4-(对甲苯基)哌啶-1-基]丁酮。

1-(4-fluorophenyl)-4-[4-hydroxy-4-(4-methylphenyl)-1-piperidinyl]butanone.

【结构式】

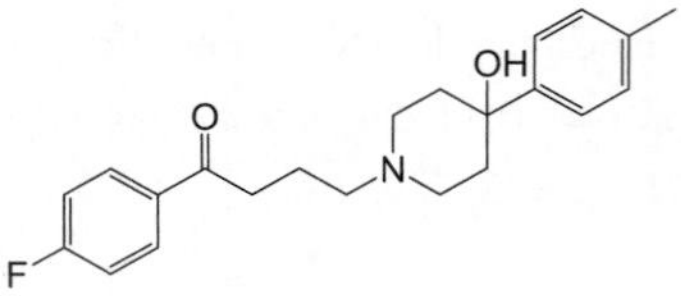

分子式：$C_{22}H_{26}FNO_2$

分子量：355.45

【性　　状】白色结晶性粉末，熔点 220℃ (分解)。

【制　　法】

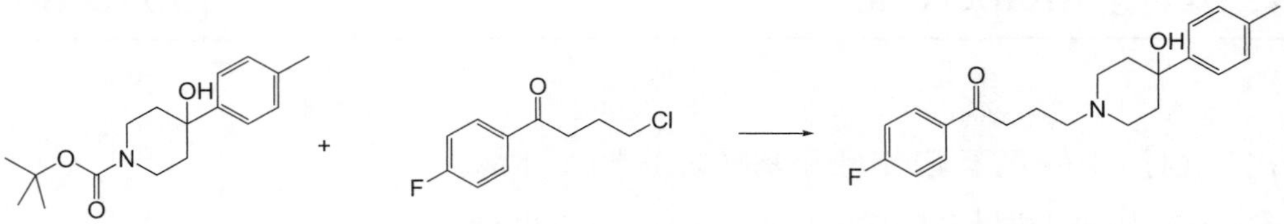

【用　　途】抗精神病药。

【生产厂家】北京百灵威科技有限公司。

【参考资料】

Fyfe T J, Kellam B, Sykes D A, et al. Structure-kinetic profiling of haloperidol analogues at the human dopamine D_2 receptor[J]. Journal of Medicinal Chemistry, 2019, 62(21): 9488-9520.

03049

匹泮哌隆 Pipamperone [1893-33-0]

【名　　称】4'-氟-4-(4-*N*-哌啶-4-氨甲酰基哌啶基)丁酰苯。

4'-fluoro-4-(4-*N*-piperidino-4-carbamidopiperidino)butyrophenone。

【结构式】

分子式：$C_{21}H_{30}FN_3O_2$

分子量：375.48

【性　　状】白色固体，熔点 126℃。

【制　　法】

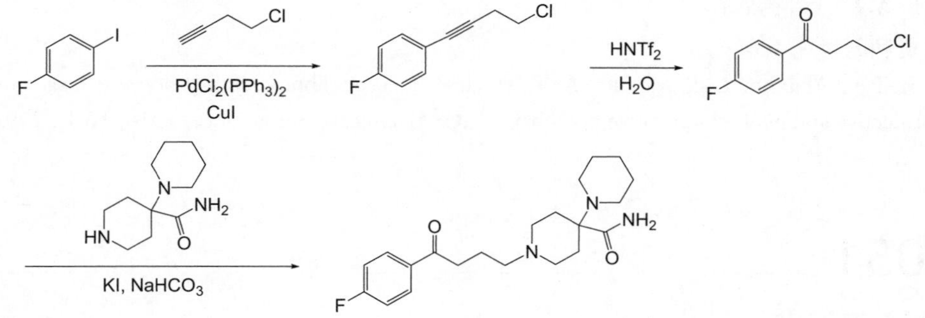

【用　　途】 抗精神病药。

【生产厂家】 梯希爱(上海)化成工业发展有限公司、上海源叶生物科技有限公司。

【参考资料】

Leyva-Perez A, Cabrero-Antonino J R, Rubio-Marques P, et al. Synthesis of the ortho/meta/para isomers of relevant pharmaceutical compounds by coupling a sonogashira reaction with a regioselective hydration[J]. ACS Catalysis, 2014, 4(3): 722-731.

03050

三氟甲丙嗪 Triflupromazine　　[146-54-3]

【名　　称】 *N,N*-二甲基-3-[2-(三氟甲基)吩噻嗪-10-基]丙烷-1-胺。

N,N-dimethyl-3-[2-(trifluoromethyl)phenothiazin-10-yl]propan-1-amine。

【结 构 式】

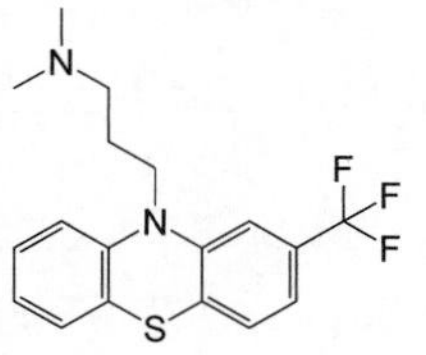

分子式： $C_{18}H_{19}F_3N_2S$

分子量： 352.42

【性　　状】 熔点 25℃。

【制　　法】

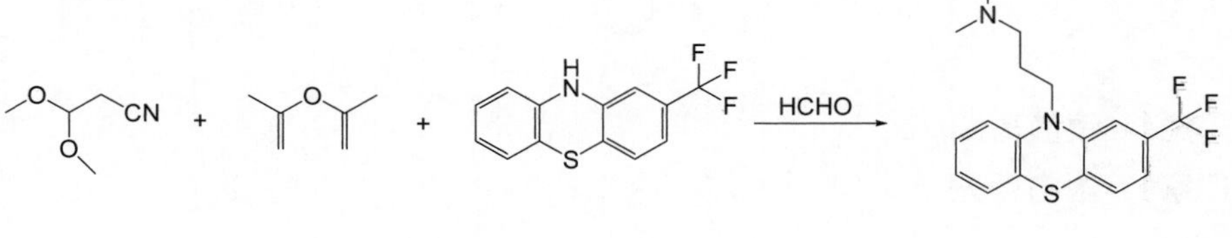

【用　　途】 用于治疗精神分裂症。

【生产厂家】 国内暂无。

【参考资料】

Uliassi E, Peña-Altamira L E, Morales A V, et al. A focused library of psychotropic analogues with neuroprotective and neuroregenerative potential[J]. ACS Chemical Neuroscience, 2018, 10(1): 279-294.

03051

西诺西泮 Cinolazepam [75696-02-5]

【名　　称】 2,3-二氢-7-氯-5-(2-氟苯基)-3-羟基 2-氧代-1*H*-1,4-苯二氮䓬-1-丙腈。2,3-dihydro-7-chloro-5-(2-fluorophenyl)-3-hydroxy 2-oxo-1*H*-1,4-benzodiazepine-1-propanenitrile。

【结 构 式】

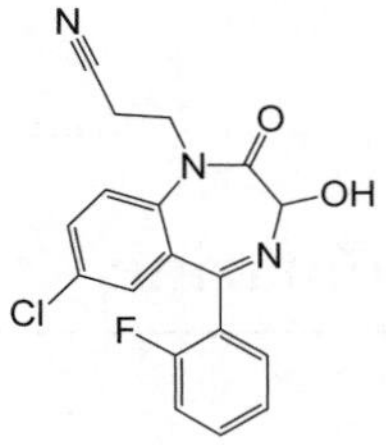

分子式： $C_{18}H_{13}ClFN_3O_2$
分子量： 357.77

【性　　状】 白色固体，熔点 190～193℃。

【制　　法】

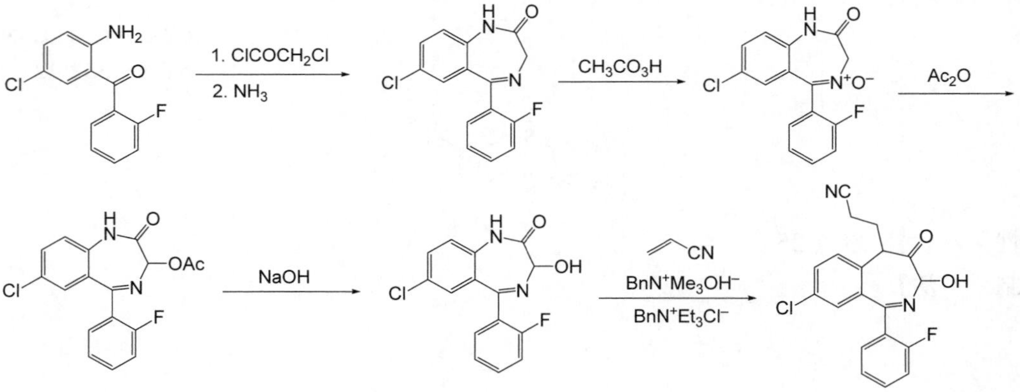

【用　　途】 镇静药。

【生产厂家】 国内暂无。

【参考资料】

Schlager L H. Novel 3-hydroxy-1,4-benzodiazepine-2-ones and process for the preparation there of: US4388313[P]. 1983-6-14.

03052

氯氟䓬乙酯 Ethyl Loflazepate [29177-84-2]

【名　　称】 7-氯-5-(2-氟苯基)-2-氧代-2,3-二氢-1*H*-苯并[*e*][1,4]二氮杂䓬-3-羧酸乙酯。ethyl 7-chloro-5-(2-fluorophenyl)-2-oxo-2,3-dihydro-1*H*-benzo[*e*][1,4]diazepine-3-carboxylate。

【结 构 式】

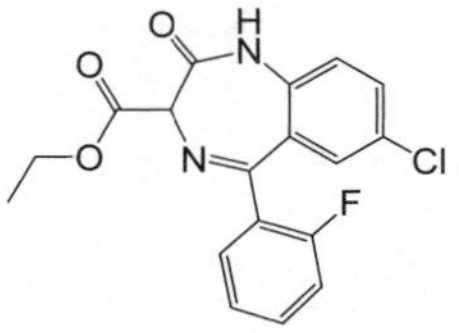

分子式： $C_{18}H_{14}ClFN_2O_3$

分子量： 360.77

【性　　状】 白色的结晶性粉末，熔点 196℃。

【制　　法】

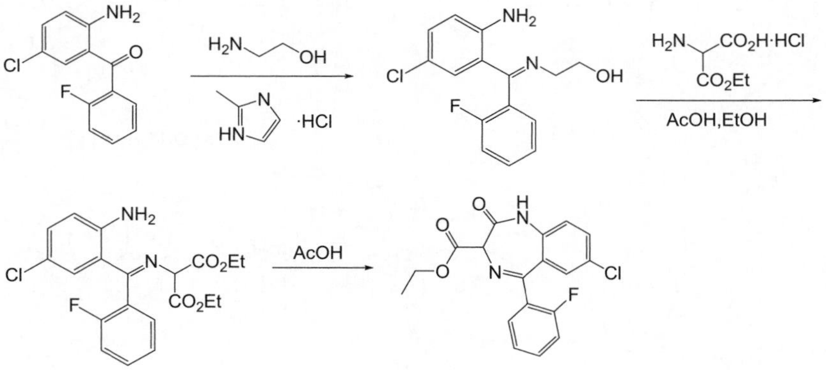

H_2N~~OH；2-甲基咪唑·HCl；H_2N-CH(CO_2Et)-CO_2H·HCl，AcOH,EtOH；AcOH

【用　　途】 镇静催眠药。

【生产厂家】 法国赛诺菲。

【参考资料】

Demarne H, Hallot A . Method of treating neuropsychic disturbances by benzodiazepine derivatives and composition therefor: US4587245 A[P].

03053

氟地西泮 Fludiazepam [3900-31-0]

【名　　称】 7-氯-5-(2-氟苯基)-1,3-二氢-1-甲基-2*H*-1,4-苯并二氮杂草-2-酮。

7-chloro-5-(2-fluorophenyl)-1,3-dihydro-1-methyl-2*H*-1,4-benzodiazepine-2-one。

【结 构 式】

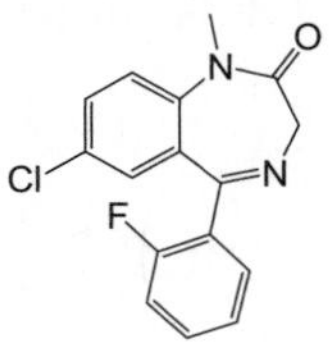

分子式： $C_{16}H_{12}ClFN_2O$

分子量： 302.73

【性　　状】 无色菱形结晶，熔点 88～92℃。

【制　　法】

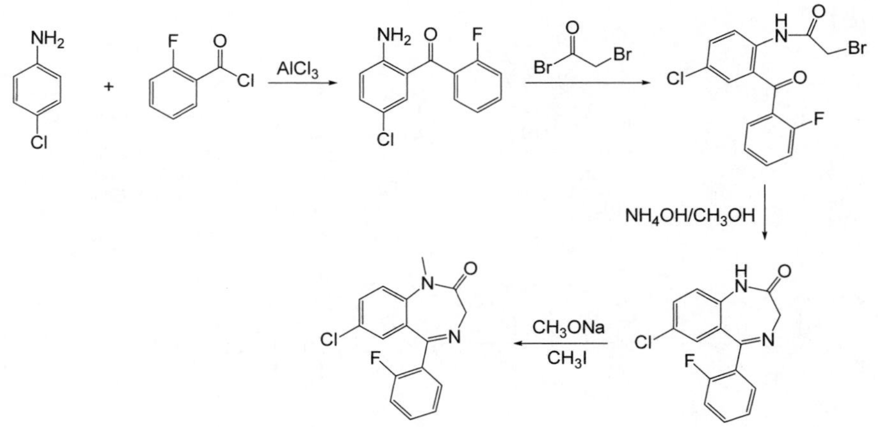

【用　　途】 镇静药。

【生产厂家】 国内暂无。

【参考资料】

Cortés E C, Martínez I E, Mellado O G. Synthesis and spectral properties of 7-chloro-5-[(*o*- and *p*- R$_1$) phenyl]-1-R$_2$-3*H*-[1,4]benzodiazepin-2-ones[J]. Journal of Heterocyclic Chemistry, 2002, 39(6): 1189-1193.

03054

卤沙唑仑 Haloxazolam [59128-97-1]

【名　　称】 10-溴-11*b*-(2-氟苯基)-2,3,7,11*b*-四氢苯并[*f*]噁唑[3,2-*d*][1,4]二氮杂䓬-6(5*H*)-酮。

10-bromo-11*b*-(2-fluorophenyl)-2,3,7,11*b*-tetrahydrobenzo[*f*]oxazolo[3,2-*d*][1,4]diazepin-6(5*H*)-one。

【结 构 式】

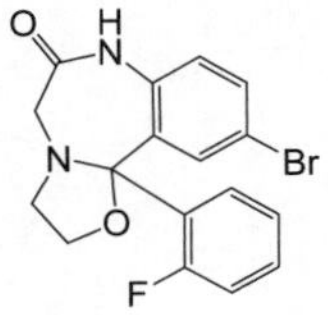

分子式：$C_{17}H_{14}BrFN_2O_2$

分子量：377.21

【性　　状】 白色结晶或结晶性粉末，熔点 179～184℃。

【制　　法】

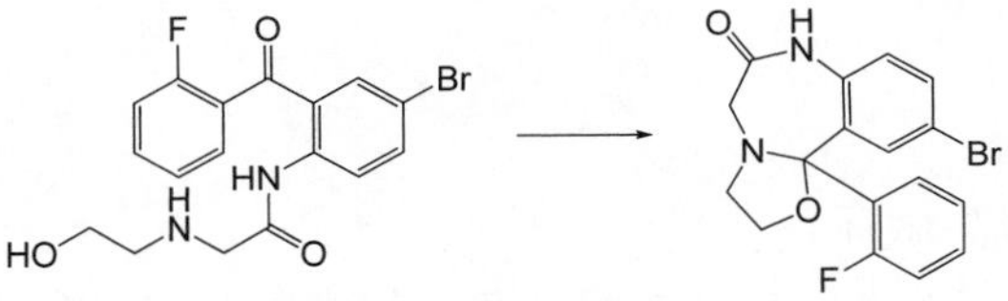

【用　　途】 镇静催眠药。

【生产厂家】 国内暂无。

【参考资料】

Okada Y, Takebayashi T, Hashimoto M, et al. Formation of optically active compounds under achiral synthetic conditions[J]. Journal of the Chemical Society, Chemical Communications, 1983 (14): 784-785.

03055

咪达唑仑 Midazolam [59467-70-8]

【名　　称】 8-氯-6-(2-氟苯基)-1-甲基-4*H*-苯并[*f*]咪唑[1,5-*a*][1,4]二氮杂䓬。

8-chloro-6-(2-fluorophenyl)-1-methyl-4*H*-benzo[*f*]imidazo[1,5-*a*][1,4]diazepine。

【结 构 式】

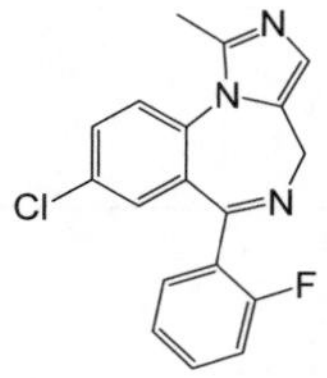

分子式： $C_{18}H_{13}ClFN_3$

分子量： 325.77

【性　　状】 白色至微黄色结晶性粉末，熔点 160～164℃。

【制　　法】

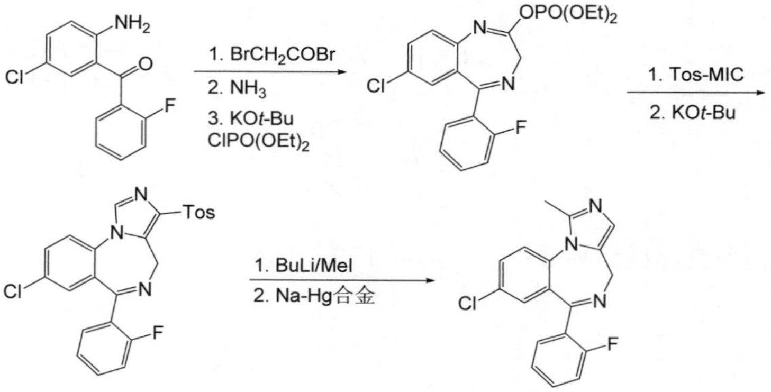

1. $BrCH_2COBr$
2. NH_3
3. KO*t*-Bu, $ClPO(OEt)_2$

1. Tos-MIC
2. KO*t*-Bu

1. BuLi/MeI
2. Na-Hg合金

【用　　途】 用于治疗失眠症。

【生产厂家】 Roche、江苏九旭药业有限公司、特丰制药有限公司、浙江九旭药业有限公司、江苏恩华药业股份有限公司、吉林四环澳康药业有限公司、国药集团工业有限公司廊坊分公司、宜昌人福药业有限责任公司、四川青木制药有限公司。

【参考资料】

Wang Z. Industrial preparation method of midazolam: WO 2016146049 A1[P], 2016-9-22.

03056

尼普拉嗪 Niaprazine [27367-90-4]

【名　　称】 *N*-(4-(4-(4-氟苯基)哌嗪-1-基)丁烷-2-基)烟酰胺。

N-(4-(4-(4-fluorophenyl)piperazin-1-yl)butan-2-yl)nicotinamide。

【结 构 式】

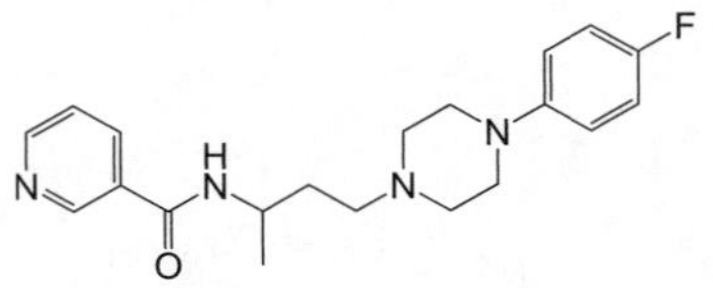

分子式：$C_{20}H_{25}FN_4O$
分子量：356.44

【性　　状】 白色固体，熔点 131℃。

【制　　法】

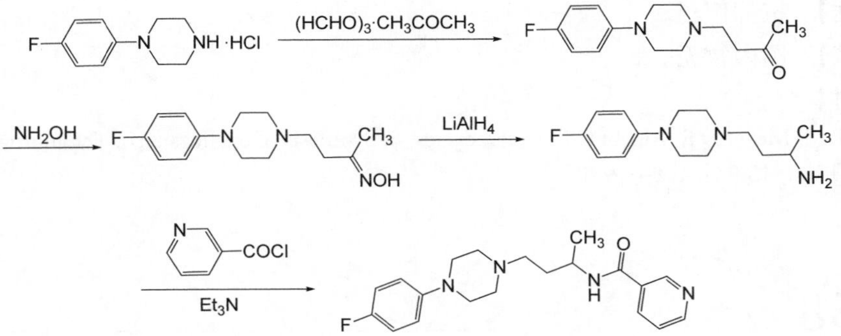

【用　　途】 用于儿童的镇静和催眠。

【生产厂家】 武汉丰泰威远科技有限公司、上海佐林生物医药有限公司。

【参考资料】

Mauvernay R Y, Busch N, Moleyre J, et al. Antihistaminic and antiallergic piperazine derivatives: DE1957371A[P]. 1970-05-21.

03057

奥沙氟生 Oxaflozane [26629-87-8]

【名　　称】 4-异丙基-2-[3-(三氟甲基)苯基]吗啉。

4-isopropyl-2-[3-(trifluoromethyl)phenyl]morpholine。

【结 构 式】

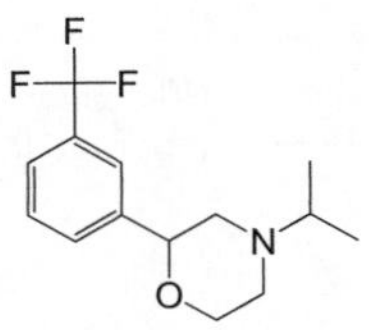

分子式：$C_{14}H_{18}F_3NO$
分子量：273.29

【性　　状】 沸点 99℃ (0.005mmHg)。

【制　　法】

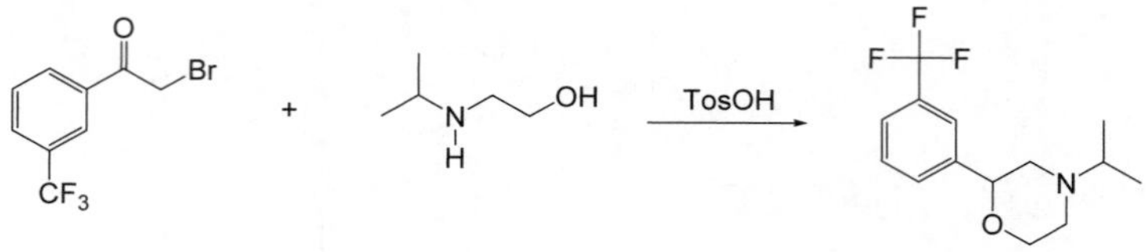

【用　　途】 抗抑郁药。

【生产厂家】 国内暂无。

【参考资料】

Weintraub P M, Meyer D R, Aiman C E. Heterocycles. 8. Synthesis of oxaflozane[J]. The Journal of Organic Chemistry, 1980, 45(24): 4989-4990.

03058

艾司西酞普兰 Escitalopram [128196-01-0]

【名　　称】 (*S*)-1-[3-(二甲氨基)丙基]-1-(4-氟苯基)-1,3-二氢异苯并呋喃-5-甲腈；依他普仑。(*S*)-1-[3-(dimethylamino)propyl]-1-(4-fluorophenyl)-1,3-dihydroisobenzofuran-5-carbonitrile。

【结 构 式】

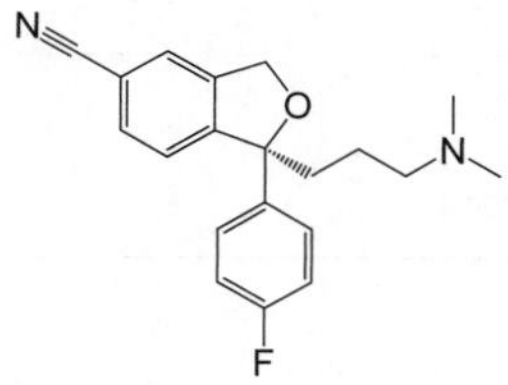

分子式： $C_{20}H_{21}FN_2O$

分子量： 324.39

【性　　状】 固体，熔点 46℃。

【制　　法】

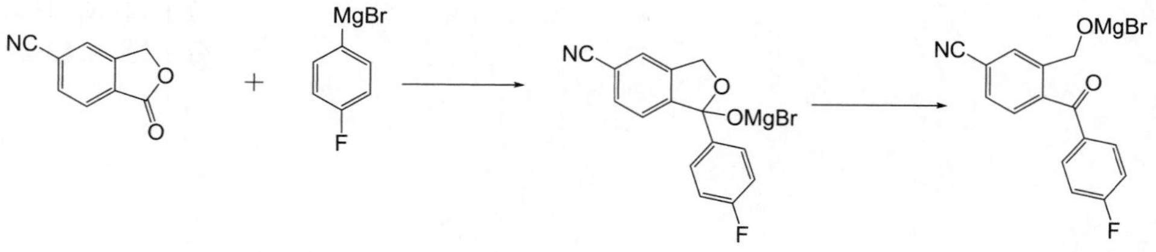

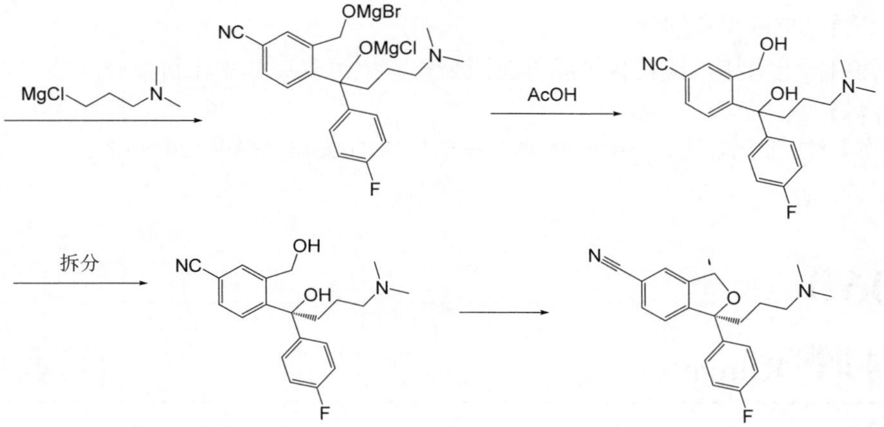

MgCl—(CH2)3—N(CH3)2 → AcOH → 拆分 →

【用　　途】 抗抑郁药。

【生产厂家】 上海毕得医药科技股份有限公司，上海麦克林生化科技有限公司。

【参考资料】

Albert M,Sturm H, Berger A,et al. Process for asymmetric alkylation of carbonyl compounds：WO2007082771A1[P].2007-07-26.

03059

氟喹酮 Afloqualone [56287-74-2]

【名　　称】 6-氨基-2-(氟甲基)-3-(邻甲苯基)喹唑啉-4(3*H*)-酮。

6-amino-2-(fluoromethyl)-3-(*o*-tolyl)quinazolin-4(3*H*)-one。

【结 构 式】

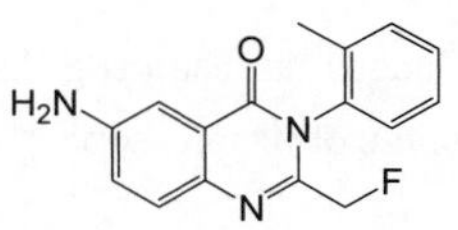

分子式：$C_{16}H_{14}FN_3O$

分子量：283.31

【性　　状】 白色至淡黄色颗粒或粉末，熔点 195～196℃。

【制　　法】

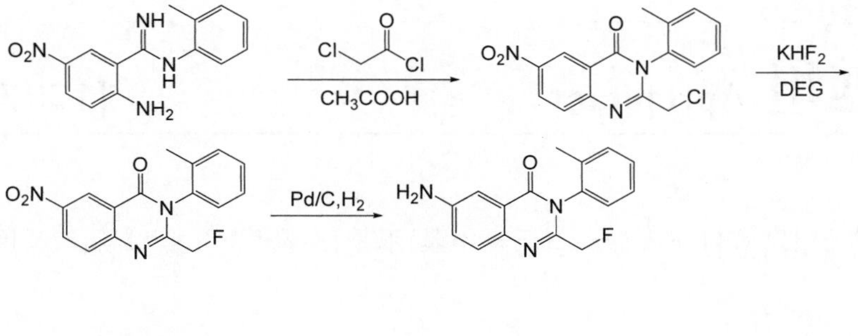

$ClCH_2COCl$ / CH_3COOH → KHF_2 / DEG → Pd/C,H_2

【用　　途】抗眩晕和镇静药。

【生产厂家】上海毕得医药科技股份有限公司、上海麦克林生化科技有限公司。

【参考资料】

陈志卫, 苏为科, 徐盼云, 等. 一种氟喹酮的制备方法: CN103613549A[P]. 2014-03-05.

03060

利鲁唑 Riluzole　　[1744-22-5]

【名　　称】6-(三氟甲氧基)苯并[*d*]噻唑-2-胺。

6-(trifluoromethoxy)benzo[*d*]thiazol-2-amine。

【结 构 式】

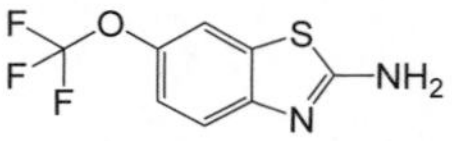

分子式：$C_8H_5F_3N_2OS$

分子量：234.20

【性　　状】白色固体，熔点 116～118℃。

【制　　法】

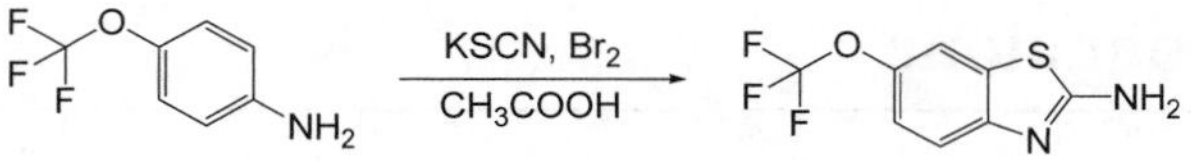

KSCN, Br_2

CH_3COOH

【用　　途】抗抑郁、镇痛药。

【生产厂家】Sanofi、鲁南贝特制药有限公司、万特制药(海南)有限公司、江苏恩华药业股份有限公司。

【参考资料】

Fleau C, Padilla A, Miguel-Siles J, et al. Chagas disease drug discovery: multiparametric lead optimization against *Trypanosoma cruzi* in Acylaminobenzothiazole series[J]. Journal of Medicinal Chemistry, 2019, 62(22): 10362-10375.

03061

阿瑞匹坦 Aprepitant　　[170729-80-3]

【名　　称】5-[[2(*R*)-[1(*R*)-[3,5-二(三氟甲基)苯基]乙氧基]-3(*S*)-(4-氟苯基)吗啉-4-基]甲

基]-1,2-二氢-1,2,4-三唑-3 酮；阿瑞吡坦。

5-[[(2*R*,3*S*)-2-[(1*R*)-1-[3,5-bis(trifluoromethyl)phenyl]ethoxy]-3-(4-fluorophenyl)-4-morpholinyl]methyl]-1,2-dihydro-3*H*-1,2,4-triazol-3-one。

【结 构 式】

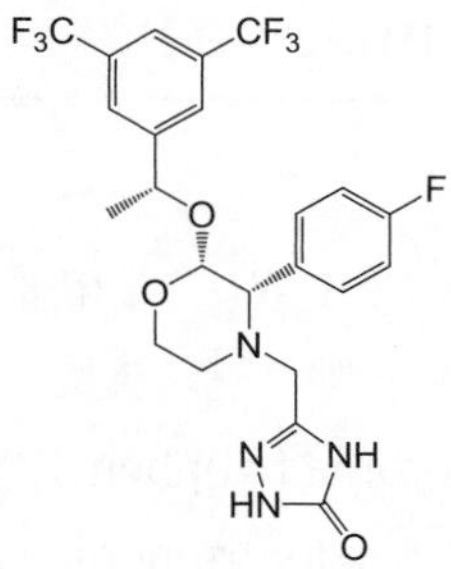

分子式：$C_{23}H_{21}F_7N_4O_3$
分子量：534.43

【性　　状】 米白色固体，熔点 244～246℃。

【制　　法】

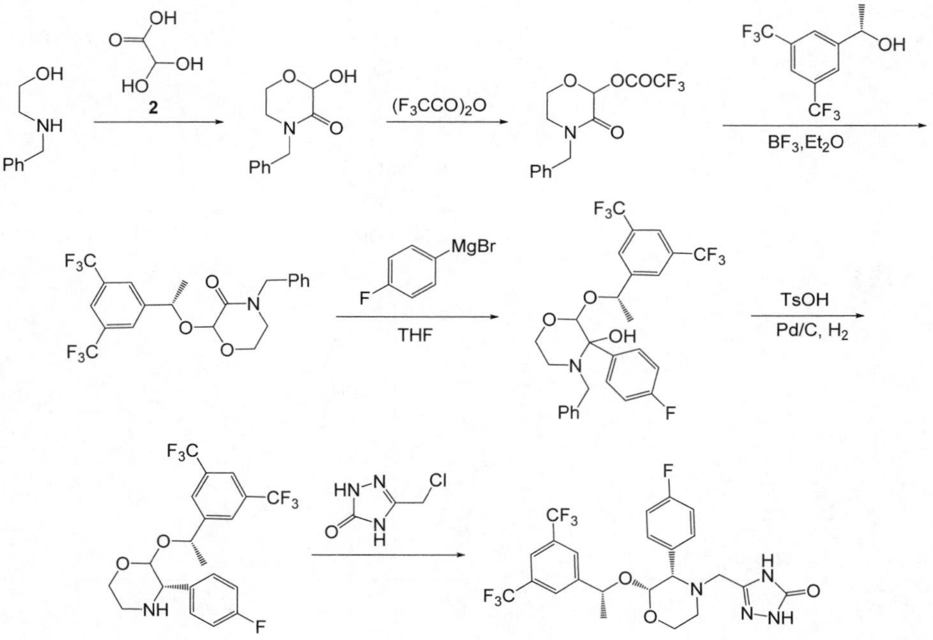

【用　　途】 抗肿瘤药。

【生产厂家】 美国默沙东公司、齐鲁制药有限公司、正大天晴药业集团股份有限公司、南京正大天晴制药有限公司。

【参考资料】

[1] 丁军. 化疗止吐药阿瑞吡坦的合成及其工艺研究[D]. 济南:济南大学, 2016.
[2] 丁军, 吴忠玉, 孙敬勇, 等. 阿瑞吡坦合成工艺研究进展[J]. 食品与药品, 2015(1): 68-71.
[3] 袁明勇. 阿瑞吡坦合成路线研究[D]. 上海: 华东理工大学, 2014.
[4] 聂映, 毕小玲, 尤启冬. 阿瑞吡坦[J]. 中国新药杂志, 2006(03): 238-239.

03062

福沙匹坦 Fosaprepitant [172673-20-0]

【名　　称】 [3-[[(2*R*,3*S*)-2-[(1*R*)-1-[3,5-双(三氟甲基)苯基]乙氧基]-3-(4-氟苯基)吗啉-4-基]甲基]-2,5-二氢-5-氧代-1*H*-1,2,4-三唑-1-基]膦酸。

[3-[[(2*R*,3*S*)-2-[(1*R*)-1-[3,5-bis(trifluoromethyl)phenyl]ethoxy]-3-(4-fluorophenyl)morpholin-4-yl]methyl]-5-oxo-1*H*-1,2,4-triazol-1-yl]phosphonic acid。

【结 构 式】

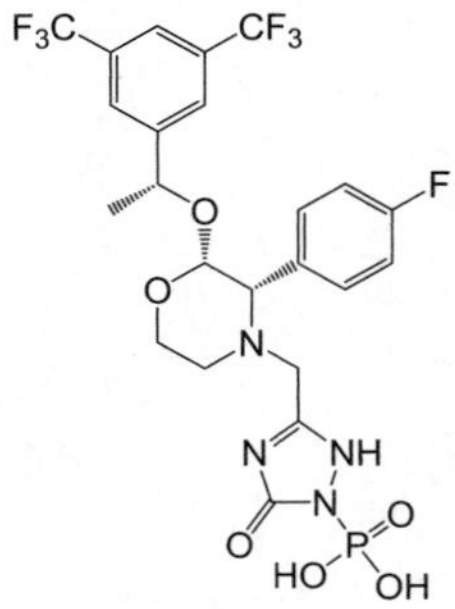

分子式： $C_{23}H_{22}F_7N_4O_6P$

分子量： 614.41

【制　　法】

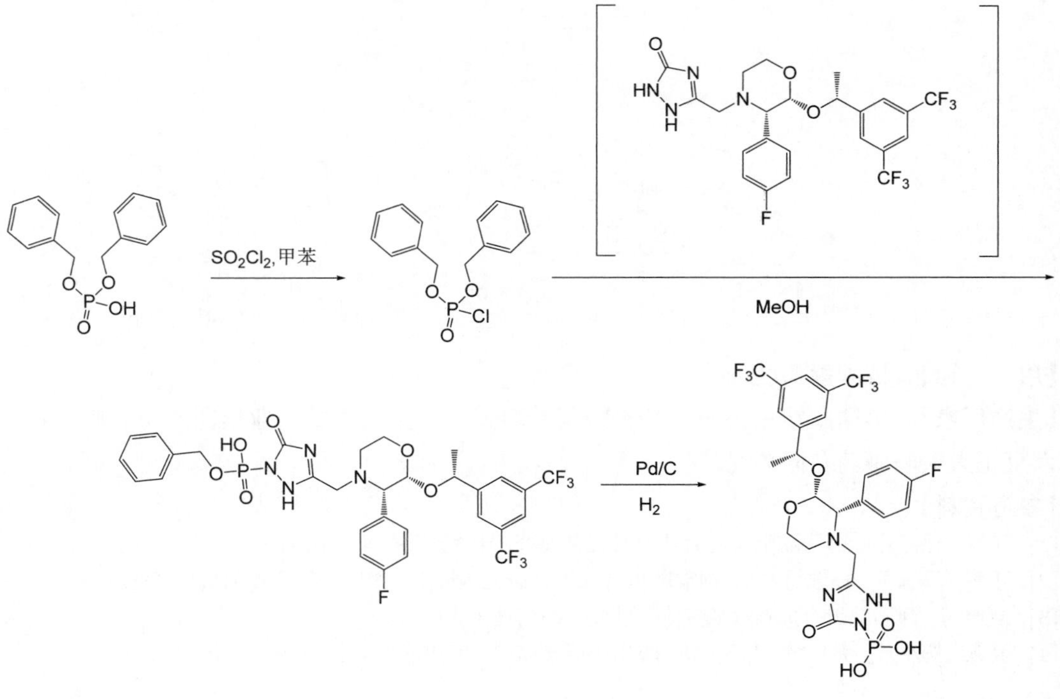

SO_2Cl_2, 甲苯

MeOH

Pd/C

H_2

【用　　途】用于治疗化疗引起的恶心呕吐。

【生产厂家】德国默克、正大天晴药业集团股份有限公司、江苏豪森药业集团有限公司、齐鲁制药有限公司。

【参考资料】

[1] 张瑞华, 张金凤. 一种制备福沙吡坦中间体的新方法: CN102675369A[P]. 2012-09-19.

[2] 宗在伟, 张艳阳, 刘同根, 等. 一种福沙吡坦二甲葡胺的制备方法: CN102558232A[P]. 2012-07-11.

03063

福奈妥匹坦 Fosnetupitant [1703748-89-3]

【名　　称】(4-(5-(2-(3,5-双(三氟甲基)苯基)-*N*,2-二甲基丙酰胺基)-4-(邻甲苯基)吡啶-2-基)-1-甲基哌嗪-1-鎓-1-基)甲基磷酸氢盐。

(4-(5-(2-(3,5-bis(trifluoromethyl)phenyl)-*N*,2-dimethylpropanamido)-4-(*o*-tolyl)pyridin-2-yl)-1-methylpiperazin-1-ium-1-yl)methyl hydrogen phosphate。

【结 构 式】

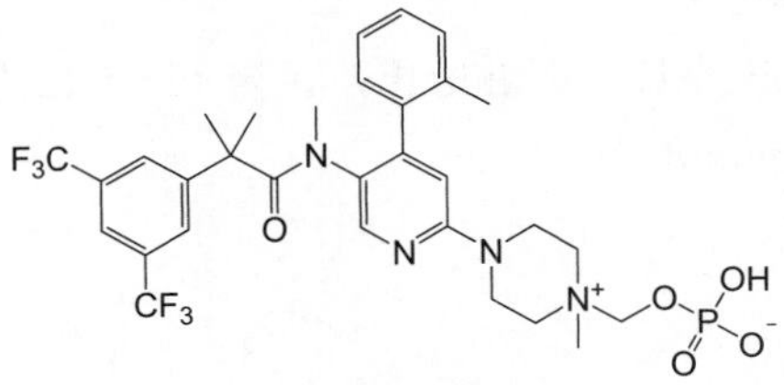

分子式：$C_{31}H_{35}F_6N_4O_5P$

分子量：688.61

【性　　状】白色晶体，熔点 244～246℃。

【制　　法】

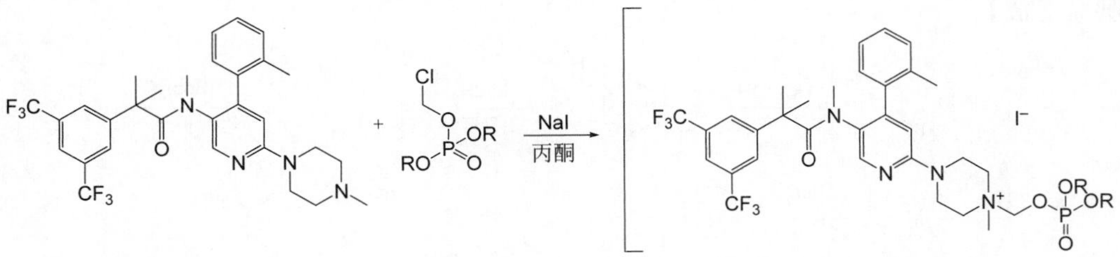

NaI

丙酮

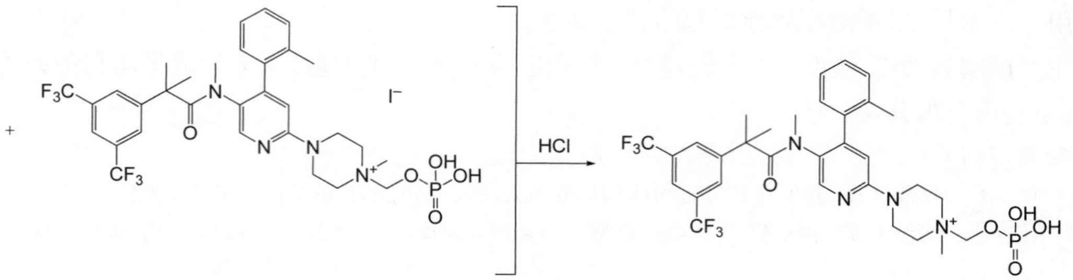

【用　　途】治疗化疗引起的恶心呕吐。

【生产厂家】上海麦克林生化科技有限公司。

【参考资料】

王亚, 马振千, 单爱林,等. 一种制备福奈妥匹坦的方法: CN112778370A[P]. 2021-05-11.

03064

奈妥匹坦 Netupitant [290297-26-6]

【名　　称】萘妥吡坦; 2-[3,5-双(三氟甲基)苯基]-*N*,2-二甲基-*N*-[4-(2-甲苯基)-6-(4-甲基哌嗪-1-基)吡啶-3-基]丙酰胺。

2-[3,5-bis(trifluoromethyl)phenyl]-*N*,2-dimethyl-*N*-[4-(2-methylphenyl)-6-(4-methylpiperazin-1-yl)pyridin-3-yl]propanamide。

【结 构 式】

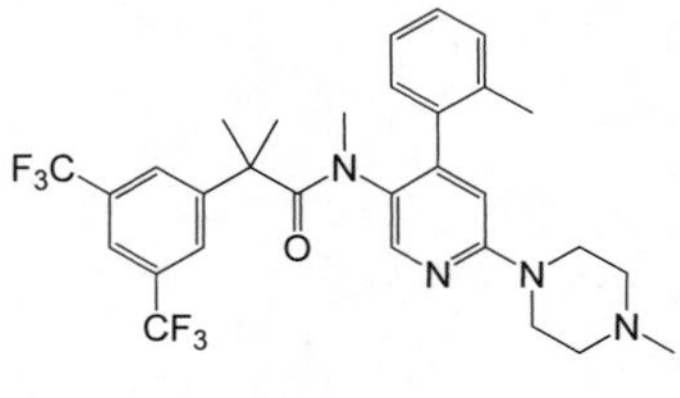

分子式：$C_{30}H_{32}F_6N_4O$

分子量：578.59

【性　　状】米白色固体，熔点 156.2～160.0℃。

【制　　法】

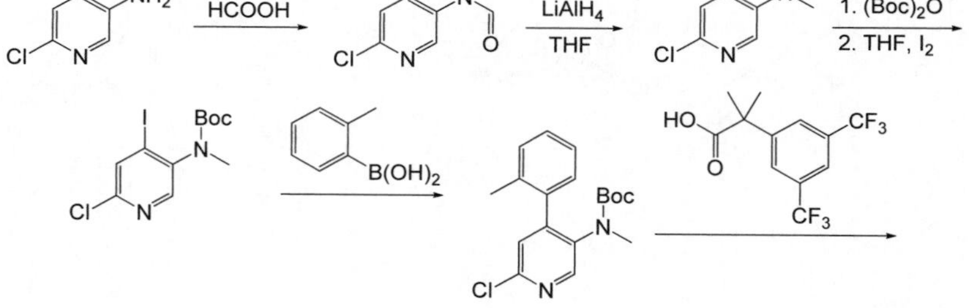

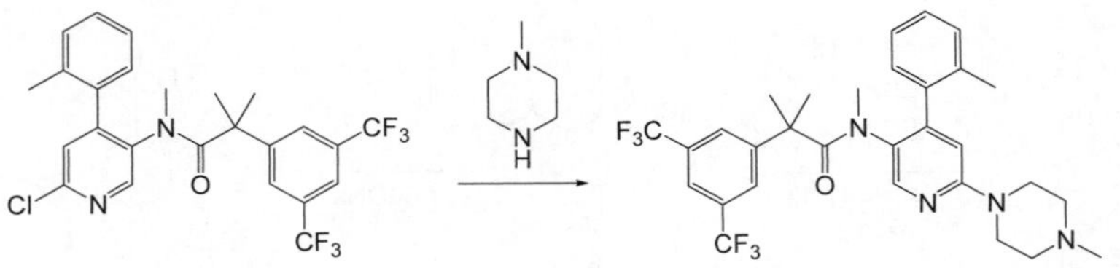

【用　　途】用于化疗引起的恶心呕吐。

【生产厂家】德阳市诚创医药科技有限公司、上海升德医药科技有限公司、湖北惠择普医药科技有限公司。

【参考资料】

王强，曹康平，谢义鹏，等. 一种奈妥匹坦的制备方法: CN107698500A[P].2018-02-16.

03065

罗拉匹坦 Rolapitant [552292-08-7]

【名　　称】罗拉吡坦; (5*S*,8*S*)-8-(((*R*)-1-(3,5-双(三氟甲基)苯基)乙氧基)甲基)-8-苯基-1,7-二氮杂螺[4.5]癸-2-酮。

(5*S*,8*S*)-8-(((*R*)-1-(3,5-bis(trifluoromethyl)phenyl)ethoxy)methyl)-8-phenyl-1,7-diazaspiro[4.5]decan-2-one; Varubi®。

【结 构 式】

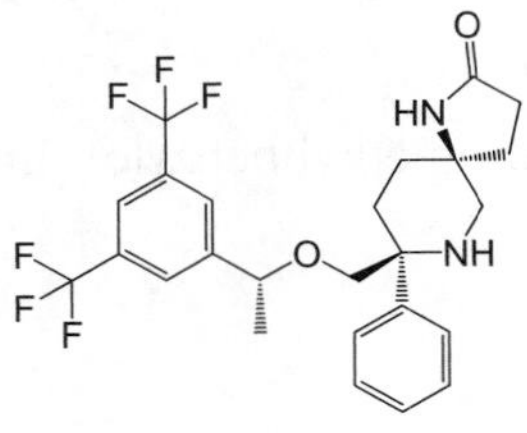

分子式：$C_{25}H_{26}F_6N_2O_2$

分子量：500.48

【性　　状】白色固体。

【制　　法】

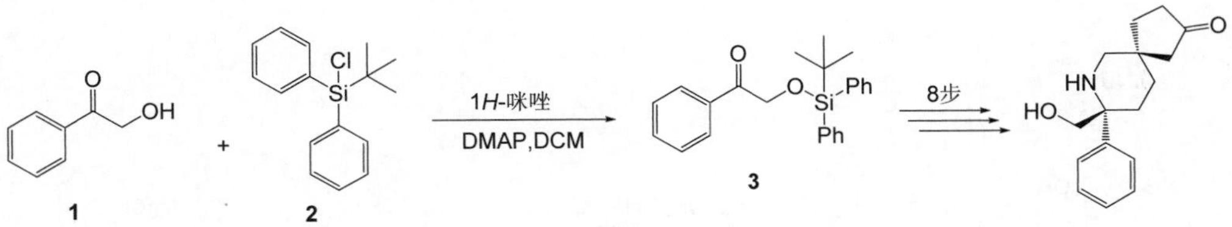

1H-咪唑

DMAP,DCM

8步

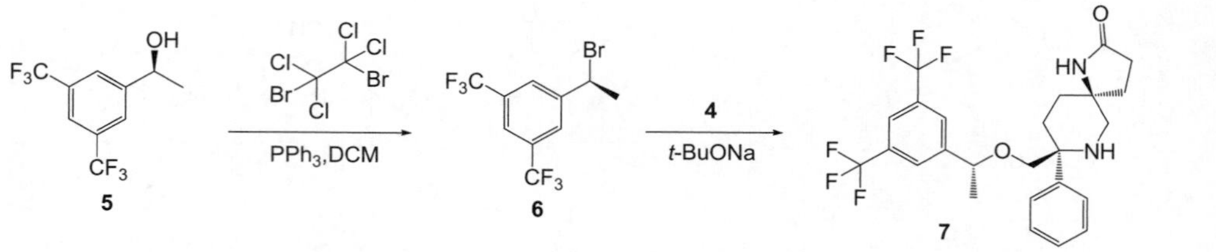

【用　　途】 用于治疗化疗引起的恶心呕吐。

【生产厂家】 上海瀚香生物科技有限公司，北京谨明生物科技有限公司。

【参考资料】

[1] 胡金星，宫平.罗拉吡坦(Rolapitant) [J]. 中国药物化学杂志, 2016 (2):160-161.

[2] Kusakabe T, Matsuda K, Yamazaki K, et al. Method for producing optically active 1-bromo-1-[3, 5-bis(trifluoromethyl)phenyl]ethane: EP2597079 A1[P]. 2013.

[3] 田振平，齐宪亮，胡晓燕，等. 一种NK-1受体拮抗剂的制备方法及其中间体: CN105017251B [P]. 2018-06-29.

[4] Avenoza A, Busto J H, Corzana F, et al. Diastereoselective synthesis of (*S*)- and (*R*)-*α*-phenylserine by a sulfinimine-mediated strecker reaction [J]. Cheminform, 2005, 2005(4): 575-578.

03066

西尼莫德 Siponimod [1230487-00-9]

【名　　称】 (*E*)-1-(4-(1-(4-环己基-3-(三氟甲基)苄氧基亚氨基)乙基)-2-乙基苄基)氮杂环丁烷-3-羧酸。

1-(4-[1-[(*E*)-4-cyclohexyl-3-(trifluoromethyl)benzyloxyimino]ethyl]-2-ethyl-benzyl)azetidine-3-carboxylic acid。

【结 构 式】

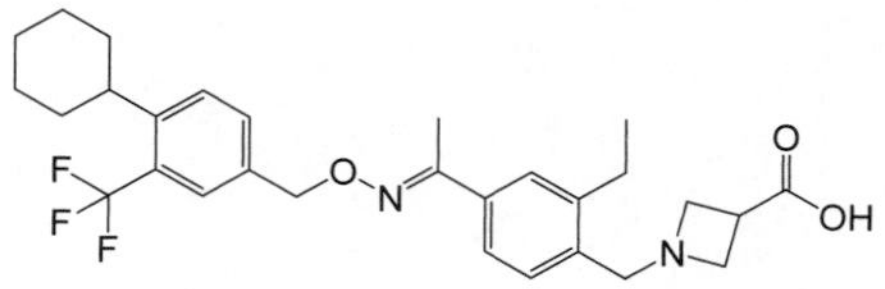

分子式：$C_{29}H_{35}F_3N_2O_3$

分子量：516.59

【制　　法】

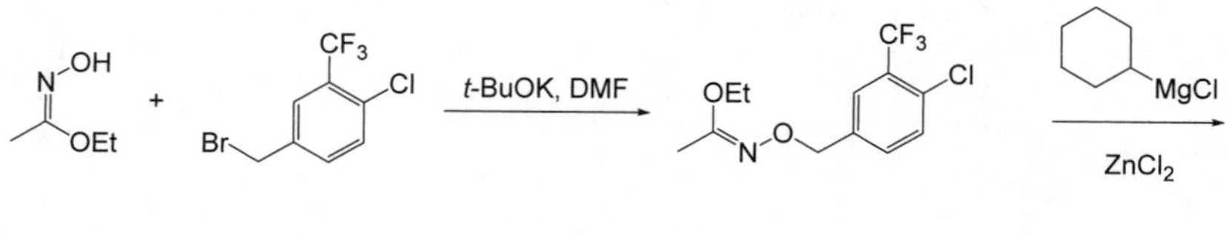

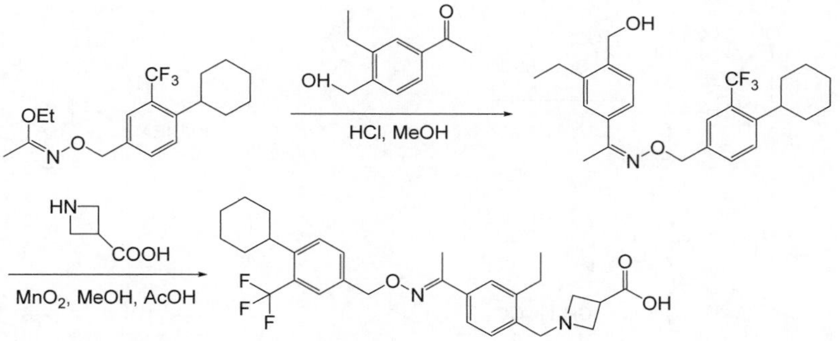

【用　　途】 用于治疗复发型多发性硬化症。

【生产厂家】 上海源叶生物科技有限公司、上海麦克林生化科技有限公司。

【参考资料】

Pan S, Gray N S, Gao W, et al. Discovery of BAF312 (Siponimod), a potent and selective S1P receptor modulator[J]. ACS medicinal chemistry letters, 2013, 4(3): 333-337.

03067

卢美哌隆 Lumateperone [313368-91-1]

【名　　称】 卢马特佩隆;1-(4-氟苯基)-4-[(6*bR*,10*aS*)-2,3,6*b*,9,10,10*a*-六氢-3-甲基-1*H*,7*H*-吡啶并[3',4':4,5]吡咯并[1,2,3-*de*]喹喔啉-8-基]丁-1-酮。

ITI-722;1-(4-fluorophenyl)-4-((6*bR*,10*aS*)-3-methyl-2,3,6*b*,9,10,10*a*-hexahydro-1*H*,7*H*-pyrido[3',4':4,5]pyrrolo[1,2,3-*de*]quinoxalin-8-yl)butan-1-one。

【结 构 式】

分子式：$C_{24}H_{28}FN_3O$

分子量：393.51

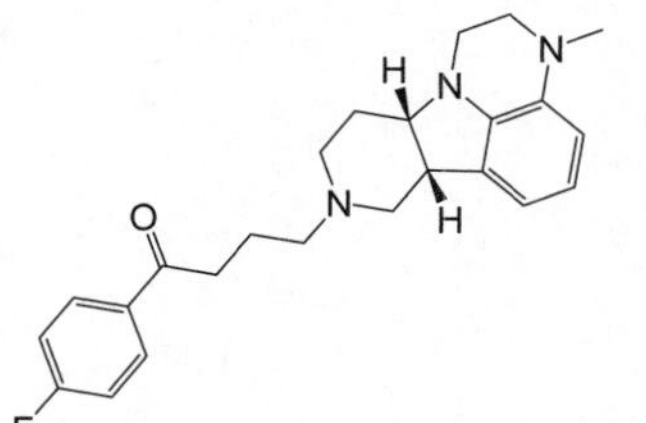

【性　　状】 固体。

【制　　法】

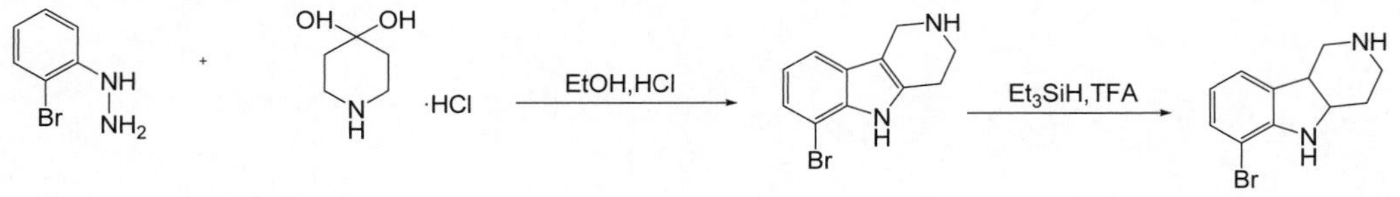

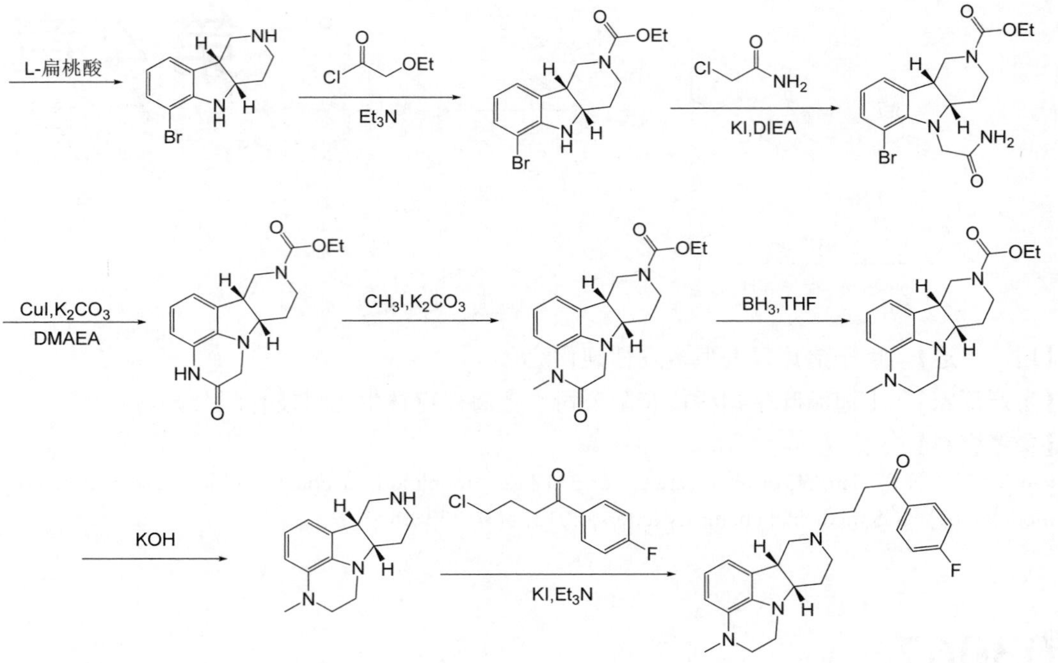

【用　　途】 抗精神病药。

【生产厂家】 山东雨禾医药科技有限公司。

【参考资料】

Li P, Zhang Q, Robichaud A J, et al. Discovery of a tetracyclic quinoxaline derivative as a potent and orally active multifunctional drug candidate for the treatmentofneuropsychiatric and neurological disorders[J]. J Med Chem, 2014, 57(6): 2670－2682.

第 4 章
抗感染性氟药

04001

氟比洛芬 Flurbiprofen [5104-49-4]

【名　　称】 2-氟-α-甲基-4-联苯乙酸。

2-(2-fluoro-4-biphenylyl) propionicacid。

【结 构 式】

分子式： $C_{15}H_{13}FO_2$

分子量： 244.26

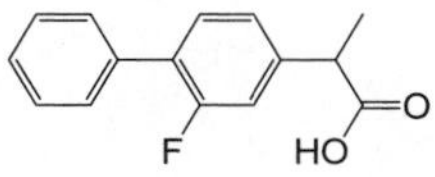

【性　　状】 白色细微结晶粉末，熔点 110～111℃。沸点(376.2±30.0)℃，易溶于乙醇、乙醚、丙酮、氯仿等有机溶剂，几乎不溶于水，有刺激性臭味。

【制　　法】 以 4-溴-2-氟苯胺为起始原料，在氯化亚铜催化下与苯偶联生成 4-溴-2-氟联苯，然后形成格氏试剂再与 2-溴丙酸钠反应，水解后得到氟比洛芬。

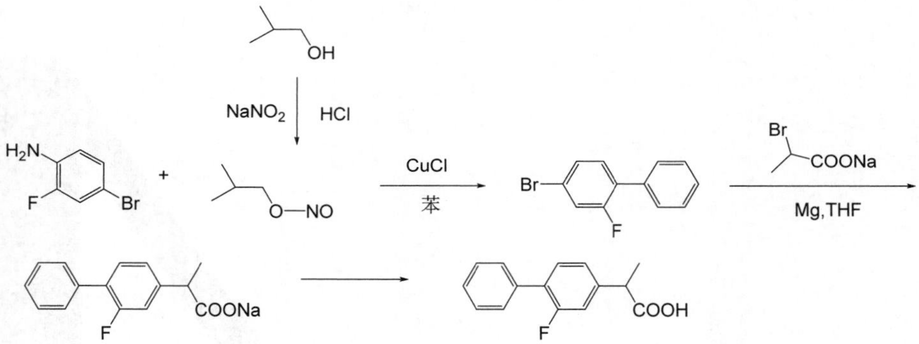

【用　　途】 解热镇痛药，用于慢性关节炎、变形关节症的镇痛、消炎，以及拔牙和外科手术后的镇痛。

【生产厂家】 上海中西三维药业有限公司、武汉大安制药有限公司、桂林澳林制药有限责任公司。

【参考资料】

北京澳合药物研究院有限公司. 一种氟比洛芬的制备方法: 202010592790. 2[P]. 2021-05-11.

04002

二氟尼柳 Diflunisal [22494-42-4]

【名　　称】 5-(2,4-二氟苯基)水杨酸。
5-(2,4-difluorophenyl) salicylic acid。

【结 构 式】

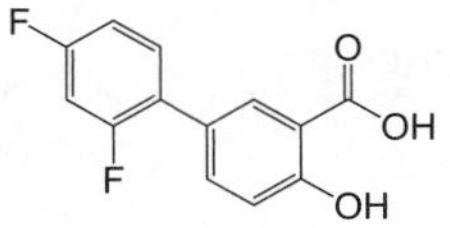

分子式：$C_{13}H_8F_2O_3$
分子量：250.20

【性　　状】 晶体，熔点 210～211℃，难溶于水。

【制　　法】 2-氯苯腈经 *N*-溴代琥珀酰亚胺溴化得 2-氯-5-溴苯腈，在六水合氯化镍/三苯基膦生成的双三苯基膦氯化镍催化下和 2,4-二氟苯硼酸偶联得 4-氯-2',4'-二氟-(1,1'-联苯)-3-甲腈，再经氢氧化钠水解得目标化合物，总收率 63.1%。反应条件温和，后处理简便。

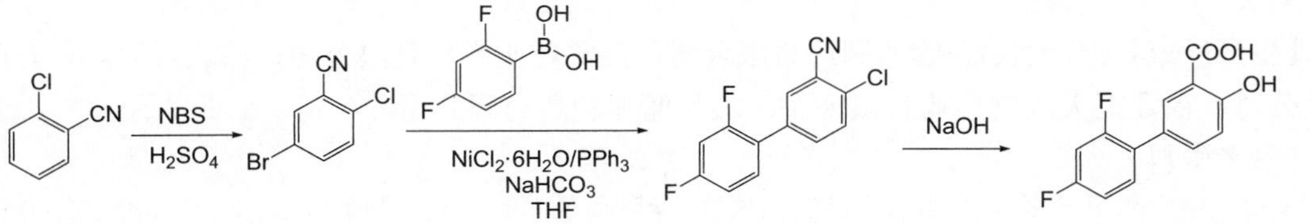

NBS / H_2SO_4；$NiCl_2 \cdot 6H_2O/PPh_3$, $NaHCO_3$, THF；NaOH

【用　　途】 解热镇痛药，适用于轻中度疼痛，也是消化系统用药。主要用于治疗风湿性关节炎及类风湿性关节炎，背、肩、膝、颈部劳损或扭伤及肿瘤术后引起的疼痛等。

【生产厂家】 巨化集团公司制药厂。

【参考资料】

Kletskov A V. Synthesis and biological activity of novel comenic acid derivatives containing isoxazole and isothiazole moieties[J]. Nat Prod Commun, 2018,13: 1507-1510.

04003

来氟米特 Leflunomide [75706-12-6]

【名　　称】 5-甲基-*N*-[4-(三氟甲基)苯基]-4-异噁唑甲酰胺。

5-methylisoxazole-4-carboxylicacid(4-trifluoromethyl)anilide。

【结 构 式】

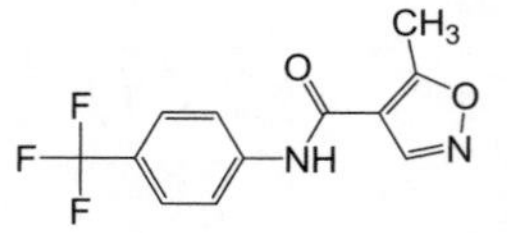

分子式：$C_{12}H_9F_3N_2O_2$
分子量：270.21

【性　　状】 白色结晶性粉末，熔点 166.5℃。沸点(289.3±40.0)℃。

【制　　法】 以乙酰乙酸乙酯为起始原料，与原甲酸三乙酯、乙酸酐反应生成乙氧基亚甲基乙酰乙酸乙酯，经与盐酸羟胺反应，生成重要的中间体 5-甲基-4-异噁唑甲酸甲酯，再经水解、氯代后与对氟甲基苯胺生成产物来氟米特。

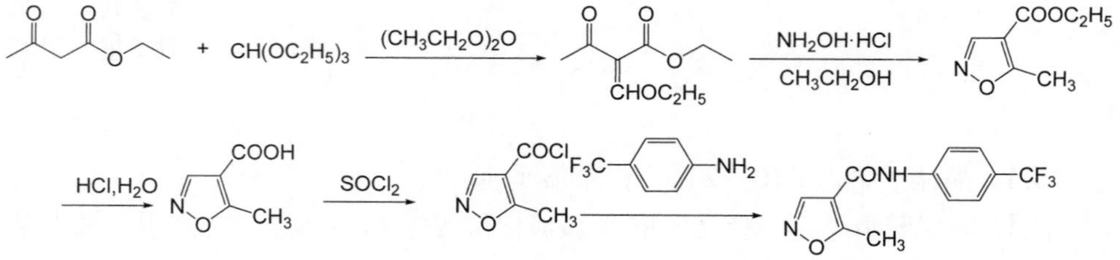

【用　　途】 消炎镇痛药，具有免疫抑制和抗炎作用，用于治疗成人活动性类风湿性关节炎。

【生产厂家】 苏州长征-欣凯制药有限公司、美罗药业股份有限公司、河北万岁药业有限公司、福建汇天生物药业有限公司、常州亚邦制药有限公司。

【参考资料】

中山大学附属第三医院(中山大学肝脏病医院).一种简便的特立氟胺制备方法：202110351523.0[P]. 2021-07-06.

04004

氟芬那酸 Flufenamic Acid [530-78-9]

【名　　称】 2-{[3-(三氟甲基)苯基]氨基}苯甲酸。
2-{[3-(trifluoromethyl)phenyl] amino}benzoic acid。

【结 构 式】

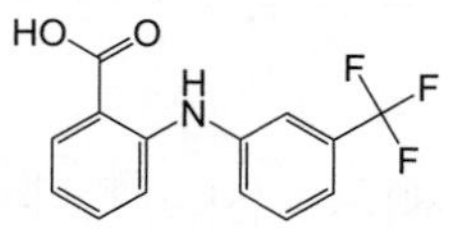

分子式：$C_{14}H_{10}F_3NO_2$
分子量：281.23

【性　　状】淡黄色或淡黄绿色的结晶或结晶性粉末，味苦。几乎不溶于水，能溶于 50%的乙醇中。熔点 132～136℃。沸点(373.9±42.0)℃。

【制　　法】

1.乌尔曼缩合法。以邻氯苯甲酸和间三氟甲基苯胺为反应底物，经乌尔曼缩合反应制得氟芬那酸。该反应以铜为催化剂，在戊醇、DMF 或水等溶剂中进行。

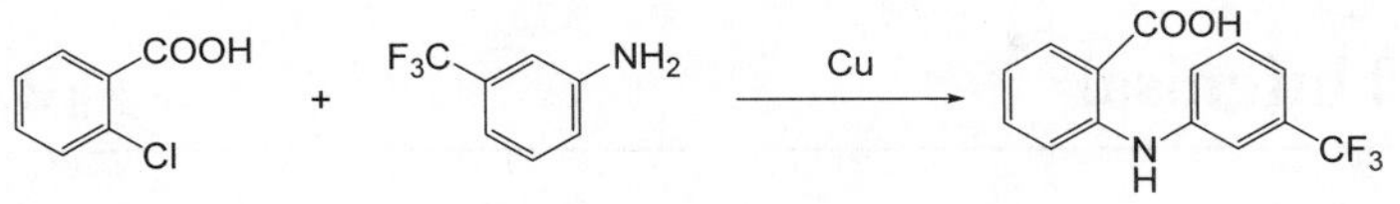

2. *N*-芳基甲酰胺法。Komura 等采用 *N*-(3-三氟甲基苯基)甲酰胺和 2-氯苯甲酸甲酯作为原料，在 K_2CO_3 和铜粉的存在下，在戊醇溶液中回流 20h，用水蒸气蒸出产物 2-(3'-三氟甲基苯基氨基)苯甲酸甲酯，经 NaOH 水溶液处理后，再酸化，得到氟芬那酸，收率为 60%。

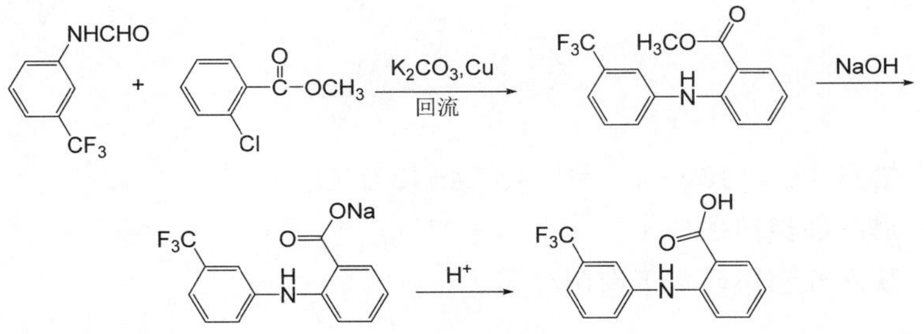

3. 间硝基邻卤苯甲酸法。Endellman 等改用 2-卤代-5-硝基苯甲酸与 3-三氟苯胺进行缩合反应，其中卤原子可以是 F 或 Cl，以 30%～94%的收率得到 2-(3'-三氟甲基苯基氨基)-5-硝基苯甲酸。然后在乙酸和乙酸酐混合溶剂中，在 Pt 的催化下，用 H_2 还原硝基，所得的氨基随即被乙酰胺化，得到 2-(3'-三氟甲基苯基氨基)-5-乙酰胺基苯甲酸，收率 72.0%～96.5%。如果在含氯化氢的甲醇溶液中，在 Pt 催化下，用 H_2 还原，则得到 2-[3'-(三氟甲基)苯胺]-5-氨基苯甲酸盐酸盐。然后在酸性溶液中进行重氮化反应，进而酸性水解，得到目标产物。

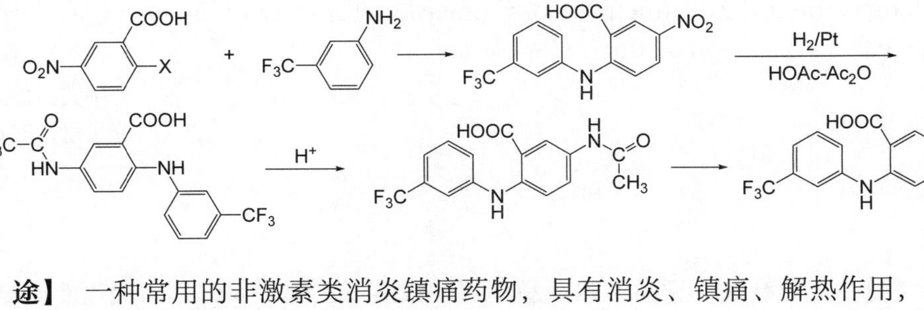

【用　　途】一种常用的非激素类消炎镇痛药物，具有消炎、镇痛、解热作用，临床主要用于治疗风湿性关节炎和类风湿性关节炎。

【生产厂家】湖北鸿鑫瑞宇精细化工有限公司。

【参考资料】
陕西宝新药业有限公司. 灭酸的制备方法: CN 202011283671[P]. 2021-02-12.

04005

氟苯柳 Flufenisal [22494-27-5]

【名　　称】4'-氟-4-乙酰氧基-1,1'-联苯基-3-羧酸。
4'-fluoro-4-acetyloxy-1,1'-biphenyl-3-carboxylic acid。
【结 构 式】

分子式：$C_{15}H_{11}FO_4$
分子量：274.24

【性　　状】熔点 134～137℃，沸点(437.4±45.0)℃。
【用　　途】具有消炎镇痛作用。
【生产厂家】陕西缔都医药化工有限公司。

04006

舒林酸 Sulindac [38194-50-2]

【名　　称】(*Z*)-5-氟-2-甲基-1-[4-(甲亚硫酰苯基)甲亚基]-1*H*-茚-3-乙酸。
(*Z*)-5-fluoro-2-methyl-1-[4-(methylthionyl phenyl)methylene]-1*H*-indene-3-acetic acid。
【结 构 式】

分子式：$C_{20}H_{17}FO_3S$
分子量：356.41

【性　　状】黄色结晶，无臭无味，易潮解。微溶于乙醇、丙酮、乙酸乙酯或氯仿，难溶于甲醇。熔点 182～185℃，沸点(581.6±50.0)℃。
【制　　法】以对氟氯苄为起始原料，经与甲基丙二酸二乙酯碱性条件下缩合、水解、脱羧、酰氯化、分子内 Friedel-Crafts 酰基化、与氰乙酸缩合、水解、与对甲硫基苯甲醛缩合、H_2O_2 氧化，最终得舒林酸。

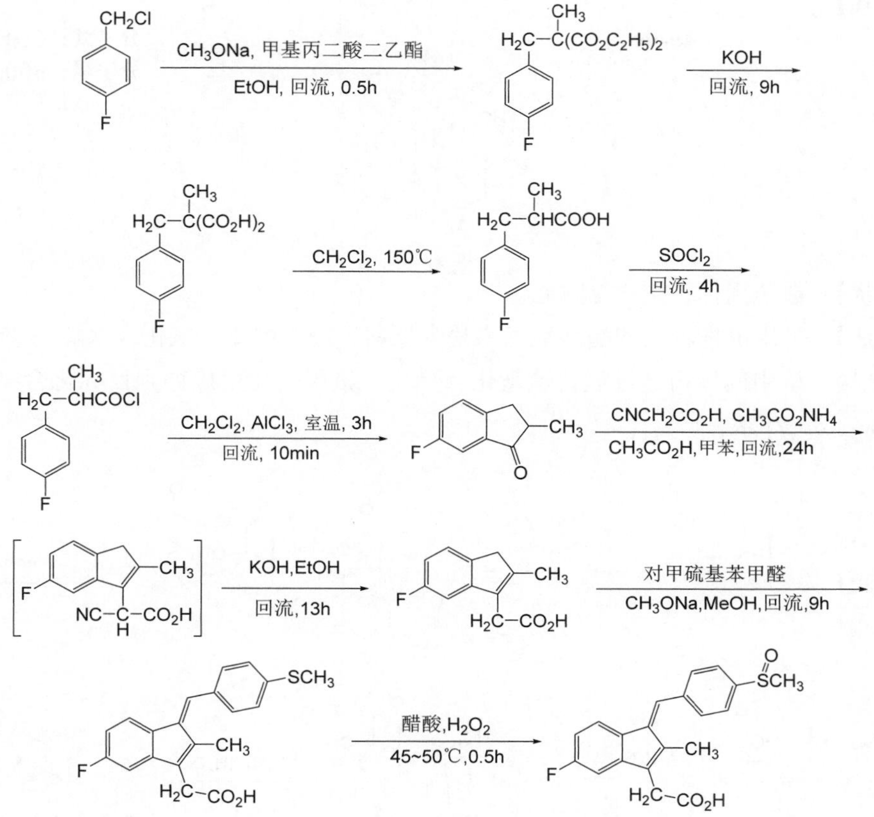

【用　　途】 消炎镇痛药，用于治疗风湿性和类风湿性关节炎、急性痛风等。1978 年被美国 FDA 批准。

【生产厂家】 福安药业集团宁波天衡制药有限公司。

【参考资料】

安徽蛤一药业股份有限公司. 一种舒林酸的绿色合成方法: CN 202010059198.6[P]. 2021-06-05.

04007

丙酸氟替卡松 Fluticasone Propionate [80474-14-2]

【名　　称】 S-氟甲基　6α,9α-二氟-11β-羟基-16α-甲基-3-氧代-17α-丙酰氧基　雄甾-1,4-二烯-17β-硫代羧酸酯。

S-fluoromethyl 6*α*,9*α*-difluoro-11*β*-hydroxy-16*α*-methyl-3-oxo-17*α*-propionytoxy androsta-1,4-diene-17*β*-carbothioate。

【结 构 式】

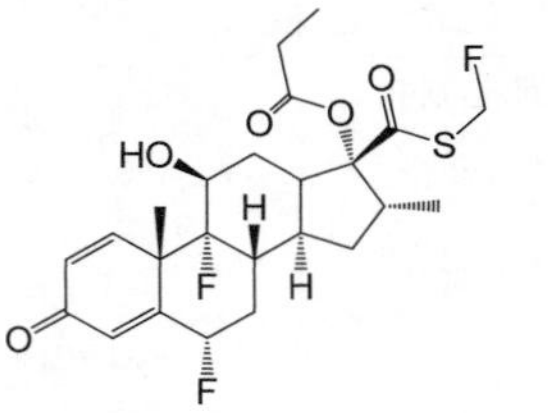

分子式：$C_{25}H_{31}F_3O_5S$
分子量：500.57

【性　　状】 白色固体，熔点 275℃。

【制　　法】 采用价格较低的醋酸地塞米松为原料，经乙酰化、氟化、水解 3 步反应制得双氟米松，该中间体再通过氧化巯基化、酯化、氟甲基化反应得到目标化合物，合成产率提高到 85.75%。

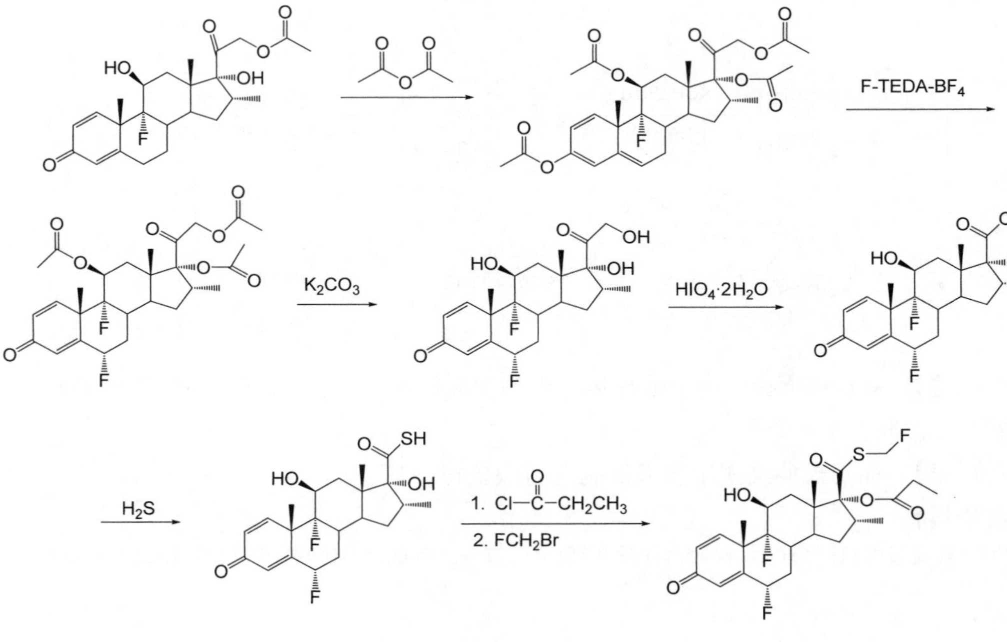

F-TEDA-BF_4

K_2CO_3

$HIO_4 \cdot 2H_2O$

H_2S

1. Cl—C(=O)—CH_2CH_3
2. FCH_2Br

【用　　途】 用于治疗鼻息肉，瘙痒，接触性皮炎，银屑病，红斑，盘状红斑狼疮，结节性痒疹，扁平苔藓，神经性皮炎，湿疹，哮喘，非过敏性鼻炎，脂溢性皮炎。已获 FDA 批准。

【生产厂家】 奥锐特药业有限公司。

【参考资料】

[1] Moniz W B, Poranski Jr C F, Sojka S A, et al. Carbon-13 Cl-DNP during photolysis of di-*tert*- butyl ketone in carbon tetrachloride[J]. J Org Chem, 1975, 40(20): 2946-2949.

[2] 王明时, 玛莱娜, 戈加泽. 祖师麻化学成分的研究(第 2 报)[J]. 中草药, 1980, 11(2): 49-52.

04008

福司氟康唑 Fosfluconazole [194798-83-9]

【名　　称】 磷氟康唑; 2-(2,4-二氟苯基)-1,3-二(1*H*-1,2,4-三氮唑-1-基)丙基二氢磷酸酯。2-(2,4-difluorophenyl)-1,3-di(1*H*-1,2,4-triazol-1-yl) propyl dihydrophosphate。

【结 构 式】

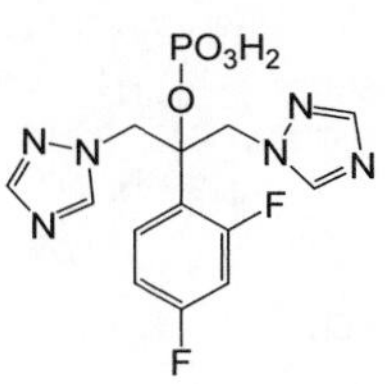

分子式： $C_{13}H_{13}F_2N_6O_4P$
分子量： 386.25

【性　　状】 熔点 223～224℃，沸点(701.5±70.0)℃。

【制　　法】

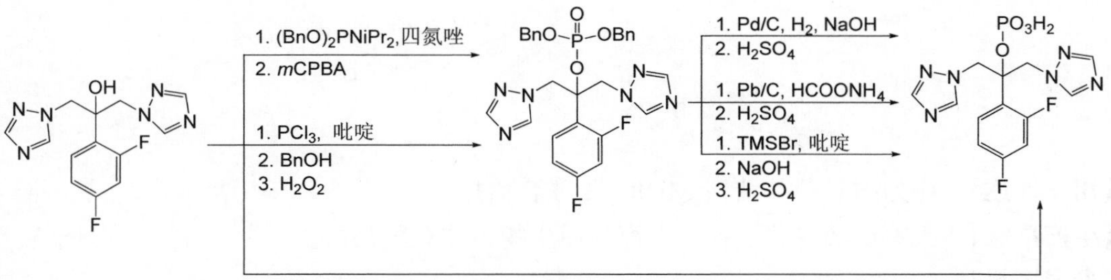

1. $(BnO)_2PNiPr_2$,四氮唑 2. *m*CPBA

1. PCl_3，吡啶 2. BnOH 3. H_2O_2

1. Pd/C, H_2, NaOH 2. H_2SO_4

1. Pb/C, $HCOONH_4$ 2. H_2SO_4

1. TMSBr, 吡啶 2. NaOH 3. H_2SO_4

【用　　途】 用于治疗新型隐球菌，念珠菌感染，真菌感染。已获 FDA 批准。

【生产厂家】 南京生利德生物科技有限公司。

【参考资料】

北京四环生物制药有限公司. 一种福司氟康唑的制备方法: CN 202010121767.5[P]. 2020-05-19.

04009

德拉马尼 Delamanid [681492-22-8]

【名　　称】 (*R*)-2-甲基-6-硝基-2-[[4-[4-[4-(三氟甲氧基)苯氧基]哌啶-1-基]苯氧基]甲

基]-2,3-二氢咪唑并[2,1-*b*]噁唑。

(*R*)-2-methyl-6-nitro-2-[[4-[4-[4-(trifluoromethoxy]phenoxy]piperidin-1-yl]phenoxy]methyl]-2,3-dihydroimidazo[2,1-*b*]oxazole; OPC67683。

【结 构 式】

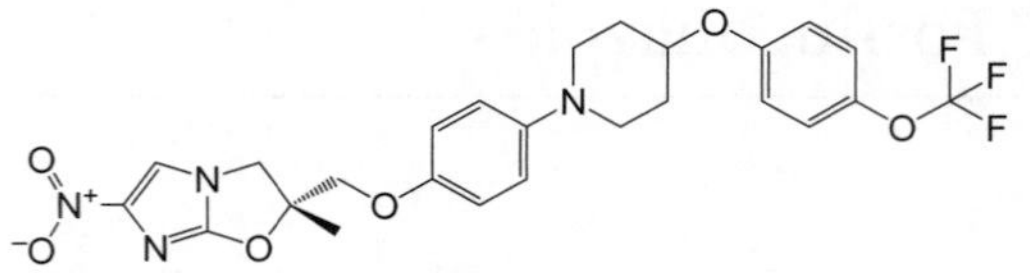

分子式： $C_{25}H_{25}F_3N_4O_6$
分子量： 534.48

【性　　状】 熔点 195～196℃，沸点(653.7±65.0)℃。

【制　　法】

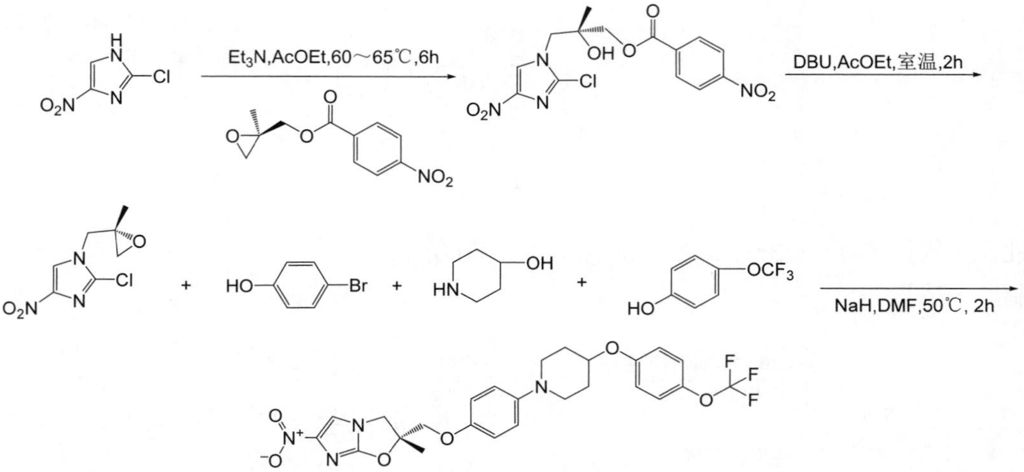

Et$_3$N,AcOEt,60～65℃,6h

DBU,AcOEt,室温,2h

NaH,DMF,50℃, 2h

【用　　途】 作为耐多药肺结核(MDR-TB)联合治疗。

【生产厂家】 大冢制药株式会社、上海与昂生物科技有限公司。

【参考资料】

旷柳，谢建平．抗结核新药德拉马尼作用机理和化学合成的研究进展[J]．国外医药(抗生素分册)，2021，42(01): 14-18, 28.

04010

盐酸洛美沙星

Lomefloxacin Hydrochloride　　[98079-52-8]

【名　　称】 (±)-1-乙基-6,8-二氟-1,4-二氢-7-(3-甲基-1-哌嗪基)-4-氧代喹啉-3-羧酸盐酸盐。

(±)-1-ethyl-6,8-difluoro-1,4-dihydro-7-(3-methyl-1-piperazineyl)-4-oxo-quinoline-3-carboxylic acid hydrochloride。

【结 构 式】

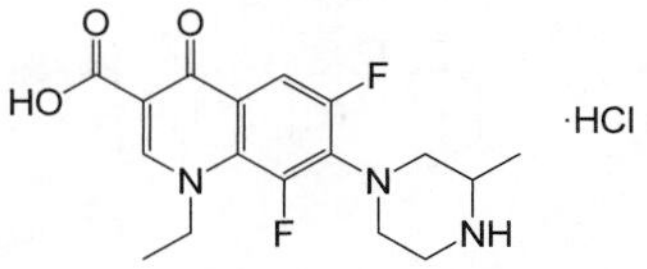

分子式：$C_{17}H_{20}ClF_2N_3O_3$
分子量：387.81

$\cdot$HCl

【性　　状】 白色，熔点290～300℃。

【制　　法】

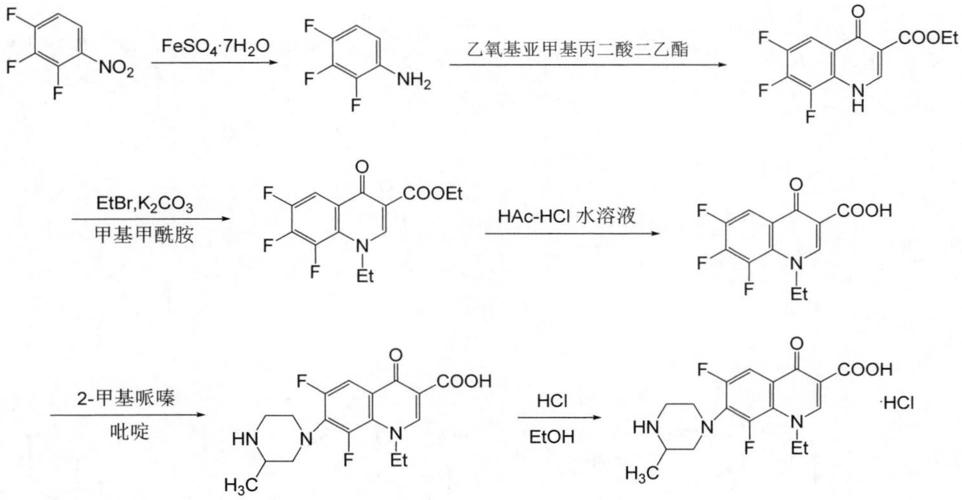

$FeSO_4 \cdot 7H_2O$

乙氧基亚甲基丙二酸二乙酯

EtBr,K_2CO_3
甲基甲酰胺

HAc-HCl 水溶液

2-甲基哌嗪
吡啶

HCl
EtOH

【用　　途】 用于治疗尿路感染、术后感染、易感细菌感染、支气管炎。

【生产厂家】 宜宾红光制药厂、郑州瑞康制药有限公司。

【参考资料】

[1] 王尔华, 姚宏, 彭司勋. 盐酸洛美沙星合成工艺改进[J]. 中国医药工业杂志, 1991, 2(1), 437.

[2] Finger G C,Gortatowski M J,Shiey R H,et al. Aromatie fluorine compads[J]. J Am Chem Soc, 1959, 81: 94.

04011

氟米龙 Fluorometholone　　[426-13-1]

【名　　称】 11β,17α-二羟基-9-氟-6-甲基-1,4-孕二烯-3,20-二酮。

11β,17α-dyhydroxy-9-fluorine-6-methyl-1,4-pregnantdiene-3,20-diketone。

【结 构 式】

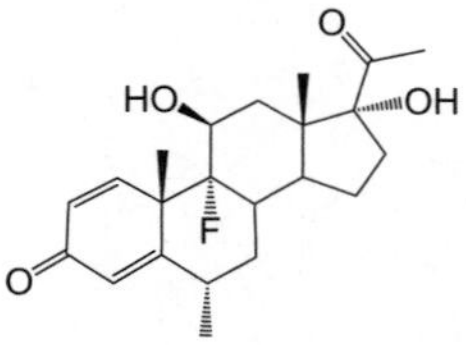

分子式：$C_{22}H_{29}FO_4$
分子量：376.46

【性　　状】 熔点 292～303℃，储存条件 2～8℃。

【制　　法】

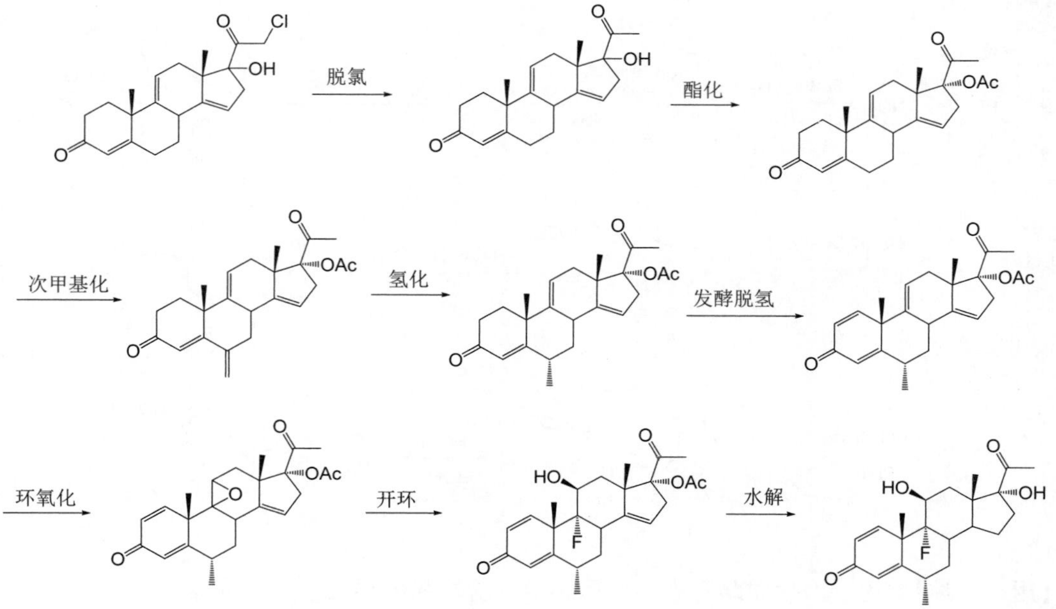

脱氯　酯化　次甲基化　氢化　发酵脱氢　环氧化　开环　水解

【用　　途】 用于治疗眼部感染。 已获 FDA 批准。

【生产厂家】 天津天药药物股份有限公司。

【参考资料】

[1] 湖南新和新生物医药有限公司. 氟米龙及氟米龙醋酸酯与制备方法: CN 110845563 A[P], 2020-02-08.
[2] Elks J. The Dictionary of Drugs: chemical data, structures and bibliographies[M]. Springer, 1990.

04012

氟康唑 Fluconazole　[86386-73-4]

【名　　称】 大扶康®；麦道氟康; 2-(2,4-二氟苯基)-1,3-双(1*H*-1,2,4-三唑-1-基)-2-丙醇。

madoff fluconazole;2-(2,4-difluorophenyl)-1,3-bis(1*H*-1,2,4-triazol-1-yl)-2-propanol。

【结 构 式】

分子式：$C_{13}H_{12}F_2N_6O$

分子量：306.27

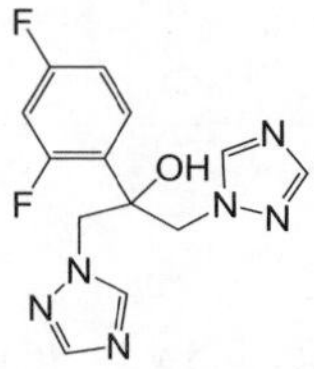

【性　　状】 熔点 138～140℃。

【制　　法】

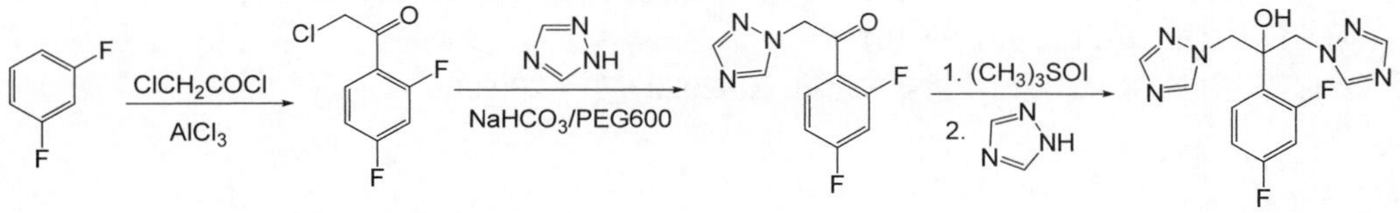

【用　　途】 用于治疗真菌感染。已获 FDA 批准。

【生产厂家】 海南沙汀宁制药有限公司。

【参考资料】

[1] 傅文红，张雷．三唑类抗真菌药——氟康唑的研究进展[J]．广东化工，2007, 34(5): 46-50.

[2] Rossello A, Bertini S, Lapucci A, et al. Synthesis, antifungal activity, and molecular modeling studies of new inverted oxime ethers of oxiconazole[J]. J Med Chem, 2002, 45(22): 4903-4912.

04013

环丙沙星 Ciprofloxacin [85721-33-1]

【名　　称】 1-环丙基-6-氟-1,4-二氢-4-氧代-7-(1-哌嗪基)-3-喹啉羧酸。

1-cyclopropyl-6-fluorine-1,4-dihydro-4-oxo-7-(1- piperazineyl)-3-quinoline carboxylic acid。

【结 构 式】

分子式：$C_{17}H_{18}FN_3O_3$

分子量：331.34

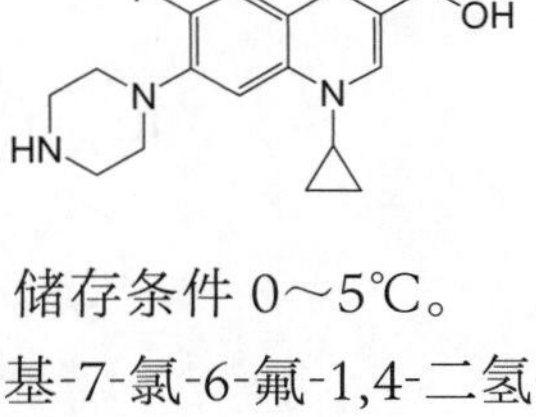

【性　　状】 熔点 255～257℃，储存条件 0～5℃。

【制　　法】 以环丙羧酸(1-环丙基-7-氯-6-氟-1,4-二氢-4-氧代喹啉-3-羧酸)为起始原料，与一定比例的无水哌嗪在吡啶、DMF、DMSO、异丙醇等溶剂中反应，然后回收溶剂得膏状物，与盐酸反应成盐，得产品盐酸环丙沙星，最后处理得到环丙沙星。

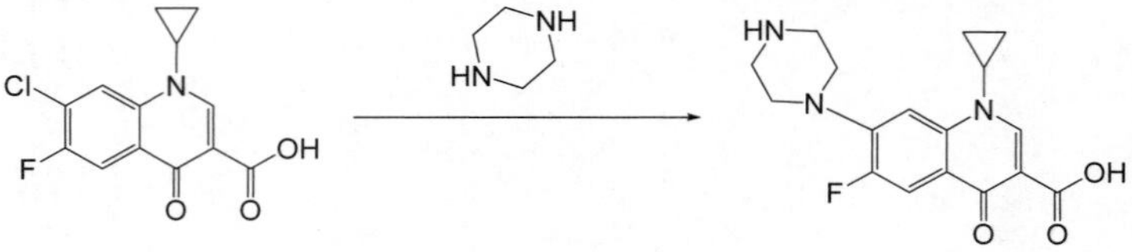

【用　　途】 用于治疗细菌感染。已获 FDA 批准。

【生产厂家】 浙江国邦药业有限公司。

【参考资料】

[1] 董阳，李刚，刘洪卓，等. 中心复合设计法优化盐酸环丙沙星海藻酸钠-壳聚糖双层膜的处方[J]. 沈阳药科大学报, 2011, 28(2): 99-101.

[2] 罗伯特·詹尼特莱克. 环西沙星盐酸化物: 03820207.7[P]. 2003-06-18.

04014

氧氟沙星 Ofloxacin [82419-36-1]

【名　　称】 (±)-9-氟-2,3-二氢-3-甲基-10-(4-甲基-1-哌嗪基)-7-氧代-7*H*-吡啶-[1,2,3-*de*][1,4]-苯并噁嗪-6-羧酸。

(±)-9-fluoro-2,3-dihydro-3-methyl-10-(4-methyl-1-piperazineyl)-7-oxo-7*H*-pyridino-[1,2,3-*de*][1,4]-benzoxazine-6- carboxylic acid。

【结 构 式】

分子式： $C_{18}H_{20}FN_3O_4$

分子量： 361.37

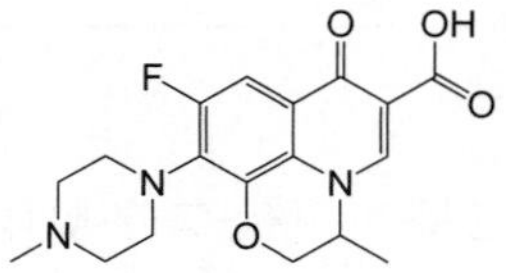

【性　　状】 熔点 270～275℃，储存条件为 2～8℃。

【制　　法】

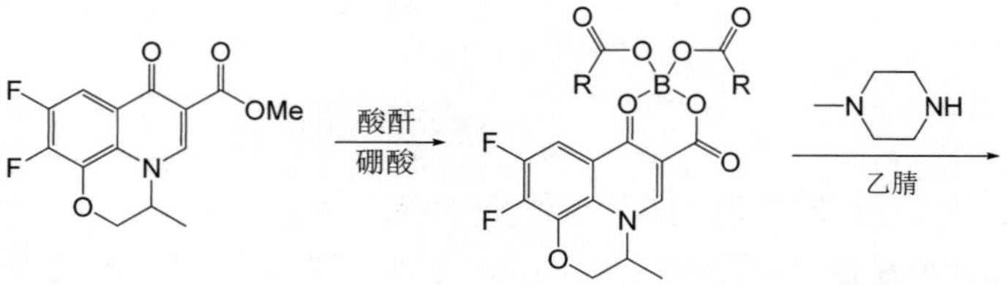

酸酐 硼酸

乙腈

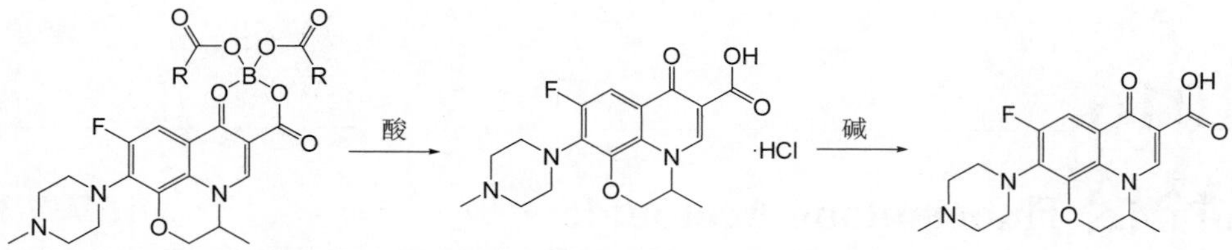

【用　　途】 用于治疗细菌感染，易感细菌感染。已获 FDA 批准。

【生产厂家】 浙江司太立制药股份有限公司。

【参考资料】

华夏生生药业(北京)有限公司. 一种氧氟沙星和左氧氟沙星的合成方法: CN 108892676 A[P]. 2018-11-27.

04015

乌芬那酯 Ufenamate [67330-25-0]

【名　　称】 N-(3-三氟甲基苯基)邻氨基苯甲酸丁酯。

N-(3-trifluoromethylphenyl) butyl *o*-aminobenzoate。

【结 构 式】

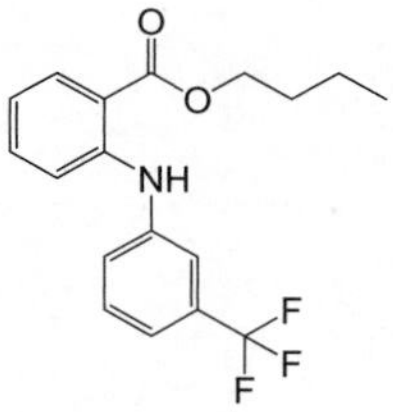

分子式：$C_{18}H_{18}F_3NO_2$

分子量：337.34

【性　　状】 熔点 170℃。

【制　　法】

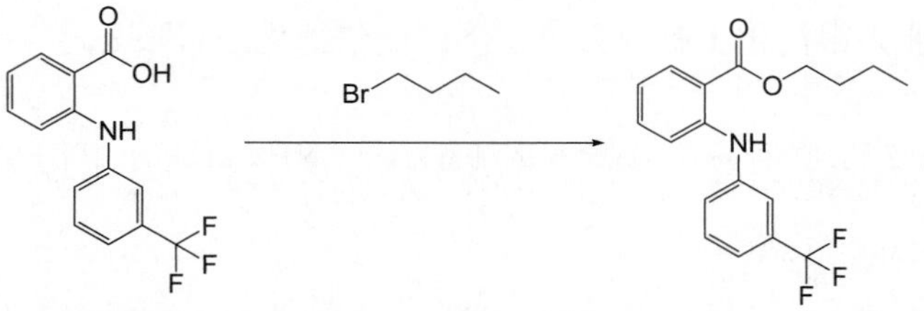

【用　　途】 用于治疗接触性皮炎、带状疱疹、特应性皮炎、湿疹、脂溢性皮炎。已获 FDA 批准。

【生产厂家】 Tokyo Chemical Industry Co Ltd、钟祥市耀威生物科技有限公司、南京生利德生物科技有限公司。

【参考资料】

Kato H. *N*-(3-trifluoromethylphenyl)anthranilic acid alkyl esters: DE2754654A1[P]. 1979-06-13.

04016

氟轻松 Fluocinolone Acetonide [67-73-2]

【名　　称】 11β,21-羟基-16α,17-[(1-甲基亚乙基)双(氧)基]-6α,9-二氟孕甾-1,4-二烯-3,20-二酮。

11β,21-hydroxy-16α,17-[(1-methylethylene)-bis(oxy)]-6α,9-difluoropregna-1,4-diene-3,20-diketone。

【结 构 式】

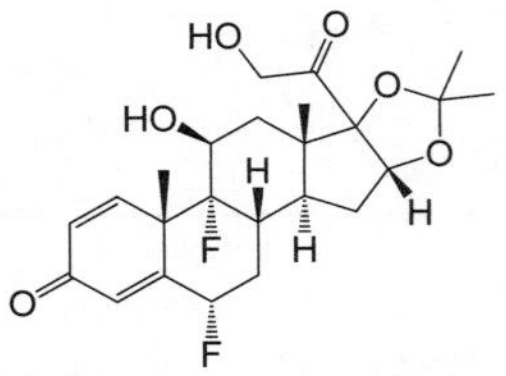

分子式：$C_{24}H_{30}F_2O_6$

分子量：452.49

【性　　状】 本品为白色或类白色的结晶性粉末；无臭，无味。本品在丙酮或二噁烷中略溶，在乙醇中微溶，在水或石油醚中不溶。

【制　　法】

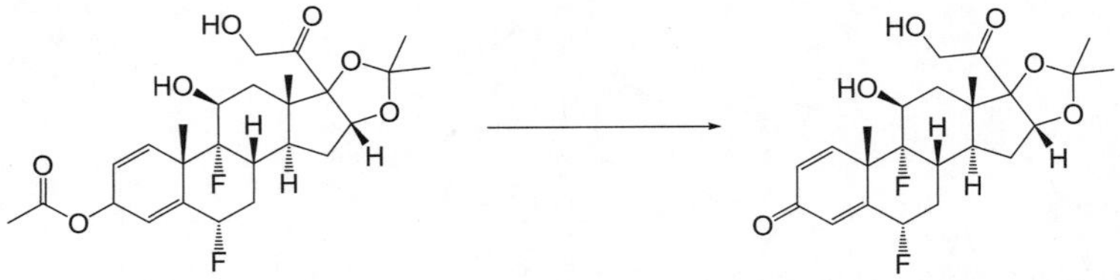

【用　　途】 用于治疗接触性皮炎、过敏性皮炎、脂溢性皮炎、神经性皮炎、日光性皮炎、湿疹、银屑病、扁平苔癣及皮肤瘙痒症等。

【生产厂家】 湖北兴银河化工有限公司、济南沃尔德化工有限公司。

【参考资料】

浙江日升昌药业有限公司. 一种高纯度氟轻松的制备方法: CN108218951A[P]. 2018-06-29.

04017

氟甲喹 Flumequine [42835-25-6]

【名　　称】 9-氟-6,7-二氢-5-甲基-1-氧代-1*H*,5*H*-苯并[*ij*]喹嗪-2-羧酸。

9-fluorine-6,7- dihydro-5-methyl-1-oxo-1*H*,5*H*-benzene[*ij*]quinolizine-2-carboxylic acid。

【结 构 式】

分子式： $C_{14}H_{12}FNO_3$

分子量： 261.25

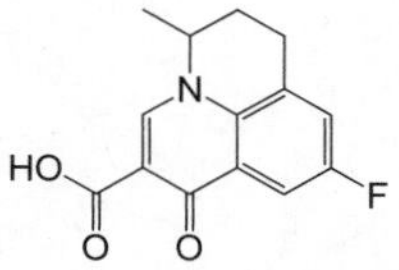

【性　　状】 白色液体，熔点 253～255℃，储存在 0～6℃条件下。

【制　　法】

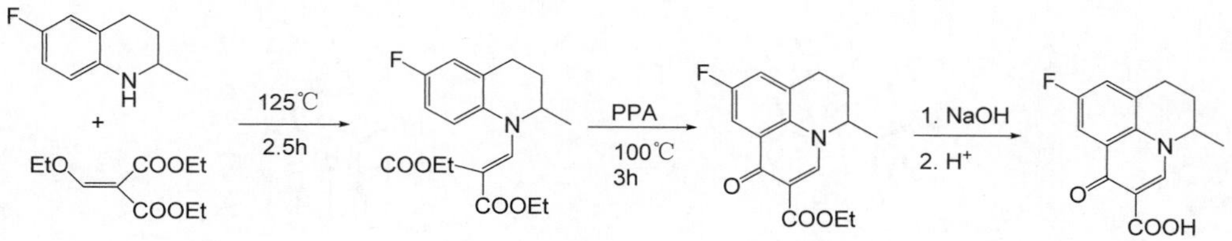

125℃ 2.5h；PPA 100℃ 3h；1. NaOH 2. H⁺

【用　　途】 用于治疗尿路感染。已获 FDA 批准。

【生产厂家】 北京百灵威科技有限公司、上海迈瑞尔化学技术有限公司。

【参考资料】

Chen F, Surkus A E, He L,et al. Selective catalytic hydrogenation of heteroarenes with *N*-graphene-modified cobalt nanoparticles (Co_3O_4-Co/NGr@α-Al_2O_3)[J].J Am Chem Soc, 2015, 137, 11718–11724.

04018

氟可丁丁酯 Fluocortin Butyl [41767-29-7]

【名　　称】 6*α*-氟-11*β*-羟基-16*α*-甲基-3,20-二氧代孕甾-1,4-二烯-21-酸丁酯。

butyl 6*α*-fluoro-11*β*-hydroxy-16*α*-methyl-3,20-dioxopregna-1, 4-diene-21-oate。

【结 构 式】

分子式： $C_{26}H_{35}FO_5$

分子量： 446.55

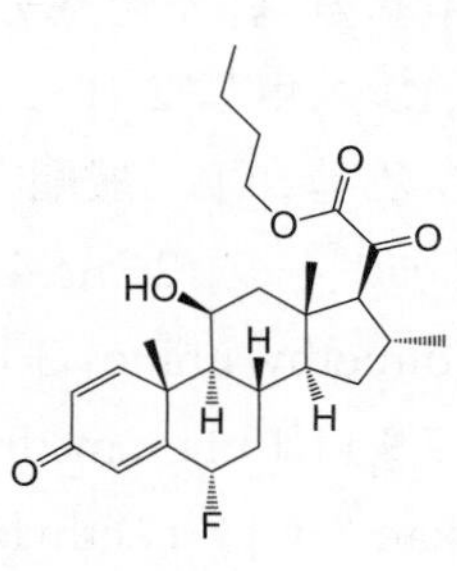

【性　　状】熔点 195.1℃，比旋光度+136° (c = 0.5g/mL,氯仿)。

【制　　法】

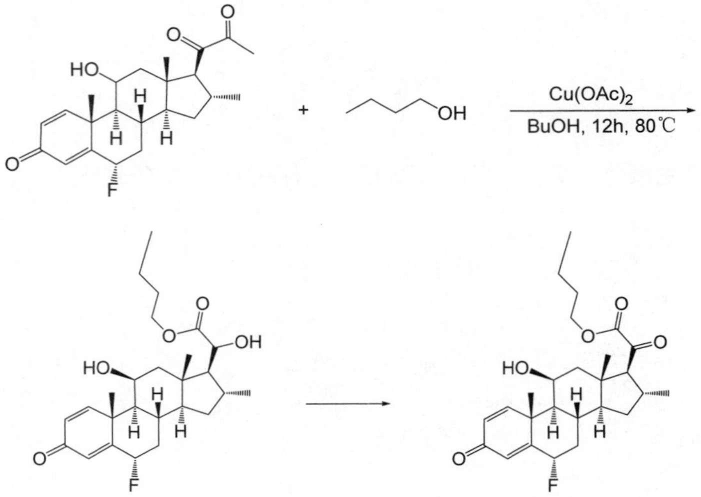

【用　　途】用于治疗过敏性鼻炎、皮肤性疾病。已获 FDA 批准。

【生产厂家】北京百灵威科技有限公司、凯试(上海)科技有限公司。

【参考资料】

Kagerer H,Dembeck M, Wude R, et al. Procedure for the production of 1,4-pregnadiene acid derivative: DE102010029877[P]. 2011-12-15.

04019

氟红霉素琥珀酸乙酯

Flurithromycin Ethyl Succinate　　[82730-23-2]

【名　　称】8-氟红霉素丁二酸乙酯; 4-*O*-[(2*S*,3*S*,4*R*,6*R*)-6-[[(3*R*,4*S*,5*S*,6*R*,7*R*,9*S*,11*R*,12*R*,13*S*,14*R*)- 6[[(2*S*,3*R*,4*S*,6*R*)-4-(二甲基氨基)-3-羟基-6-甲基氧杂环己烷-2-基]氧基-14-乙基-9-氟 7,12,13-三羟基-3,5,7,9,11,13-六甲基-2,10-二氧代氧杂环十四烷基-4 基]氧基]-4-甲氧基-2,4-二甲基氧基-3-基]　1-*O*-乙基　丁二酸酯。

8-fluoroerythromycin ethyl butanedioate;4-*O*-[(2*S*,3*S*,4*R*,6*R*)-6-[[(3*R*,4*S*,5*S*,6*R*, 7*R*,9*S*,11*R*, 12*R*,13*S*,14*R*)-6-[(2*S*,3*R*,4*S*,6*R*)-4-(dimethylamino)-3-hydroxy-6-methyloxan-2-yl]oxy-14-ethyl-9-fluoro-7,12,13-trihydroxy-3,5,7,9,11,13-hexamethyl-2,10-dioxo-oxacyclotetradec-4-yl]oxy]-4-methoxy-2,4-dimethyloxan-3-yl] 1-*O*-ethyl butanedioate。

【结 构 式】

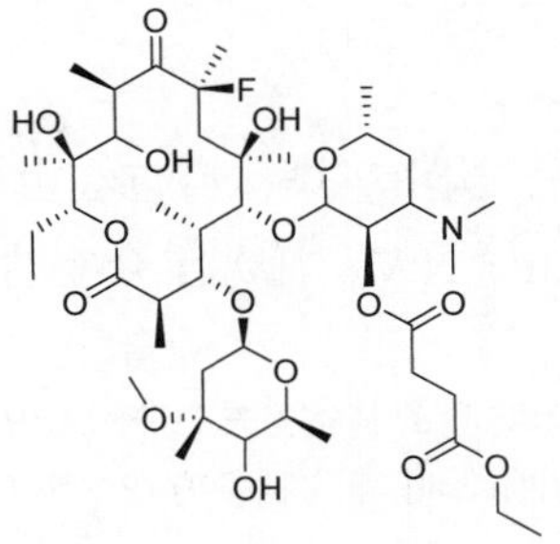

分子式：$C_{43}H_{74}NO_{16}F$
分子量：880.04

【性　　状】沸点 870.8℃。
【用　　途】用于易感细菌感染。已获 FDA 批准。

04020

氟苯达唑 Flubendazole [31430-15-6]

【名　　称】5-(4-氟苯甲酰基)-2-苯并咪唑氨基甲酸甲酯。
methyl 5-(4-fluorobenzoyl)- 2-benzimidazole carbamate。
【结 构 式】

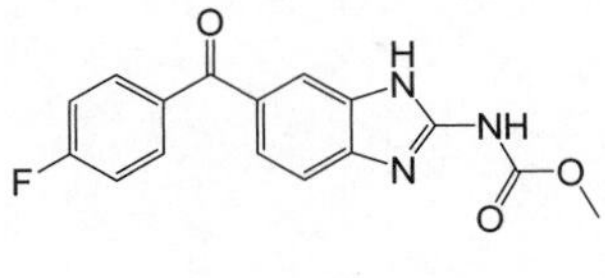

分子式：$C_{16}H_{12}FN_3O_3$
分子量：313.28

【性　　状】白色粉末,无臭,不溶于水,在稀盐酸中略溶解。熔点 290℃。
【制　　法】

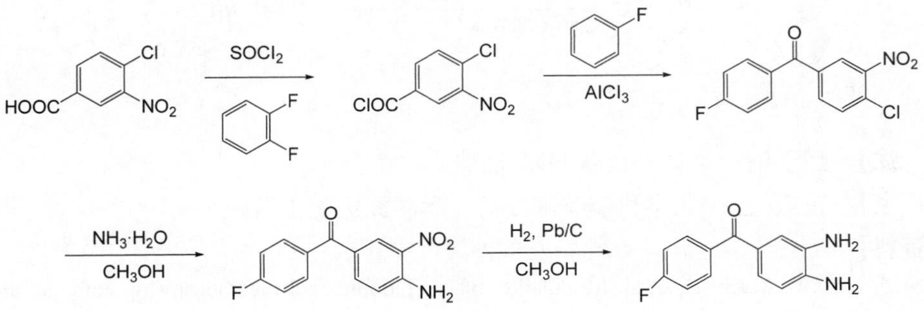

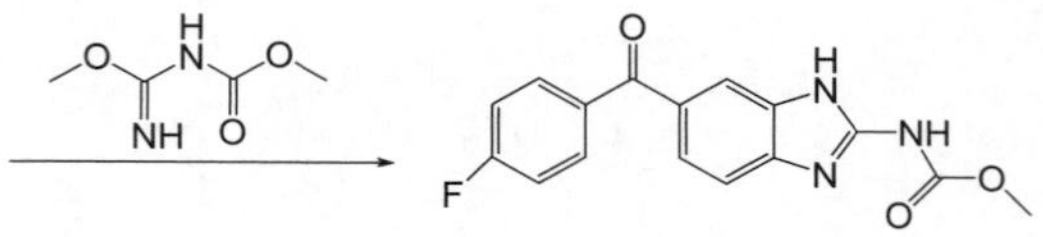

【用　　途】用于治疗蠕虫感染、钩虫感染、弓首线虫病、蛔虫感染。已获 FDA 批准。

【生产厂家】Janssen Pharmaceutica N.V、江苏宝众宝达药业有限公司。

【参考资料】

[1] 山东国邦药业有限公司. 一种氟苯咪唑的制备方法: CN 113979949 A[P]. 2022-01-28.

[2] 江苏宝众宝达药业有限公司. 一种氟苯咪唑的制备方法: CN107698516 A[P]. 2018-02-16.

04021

吗尼氟酯 Morniflumate [65847-85-0]

【名　　称】2-吗啉乙基　2-[[3-(三氟甲基)苯基]氨基]烟酸酯；马尼氟酯。

2-morpholinoethyl　2-[[3-(trifluoromethyl)phenyl]amino]nicotinate。

【结 构 式】

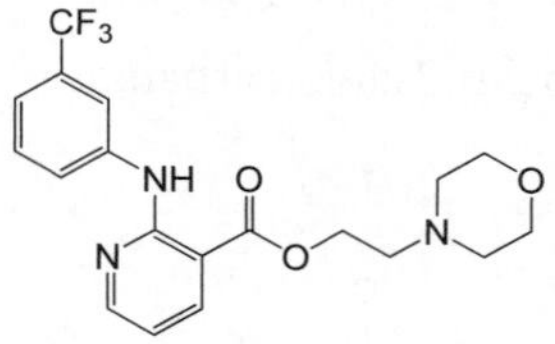

分子式：$C_{19}H_{20}F_3N_3O_3$

分子量：395.38

【性　　状】熔点 75～77℃。

【制　　法】

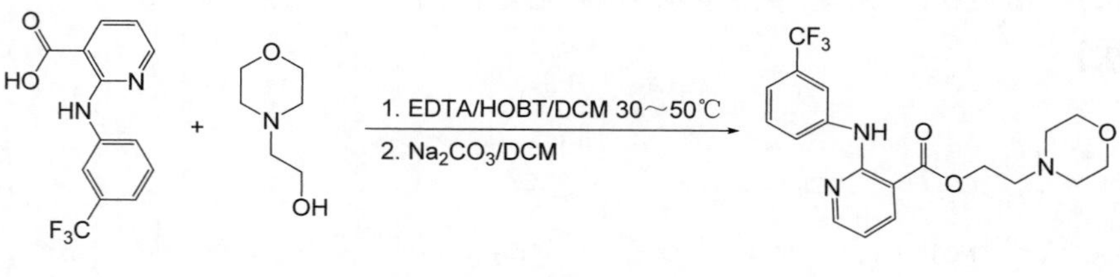

1. EDTA/HOBT/DCM 30～50℃

2. Na_2CO_3/DCM

【用　　途】用于治疗炎症。已获 FDA 批准。

【生产厂家】芷威(上海)化学科技有限公司、孝感深远化工有限公司。

【参考资料】

Civelli M, Vigano T, Acerbi D, et al. Modulation of arachidonic acid metabolism by orally administered morniflumate in man[J]. Agents & Actions, 1991, 33 (3/4): 233-239.

04022

特戊酸氟米松 Flumetasone Pivalate [2002-29-1]

【名　　称】 新戊酸氟米松；双氟美松叔戊酸酯；氟米松特戊酸；6*α*,9*α*-二氟-11*β*,17*α*,21-三羟基-16*α*-甲基-1,4-孕二烯-3,20-二酮　21-新戊酸酯。

6*α*,9*α*-difluoro-11*β*,17*α*, 21-trihydroxy-16*α*-methyl-1,4-pregnadiene-3,20-dione　21-pivalate。

【结 构 式】

分子式： $C_{27}H_{36}F_2O_6$

分子量： 494.57

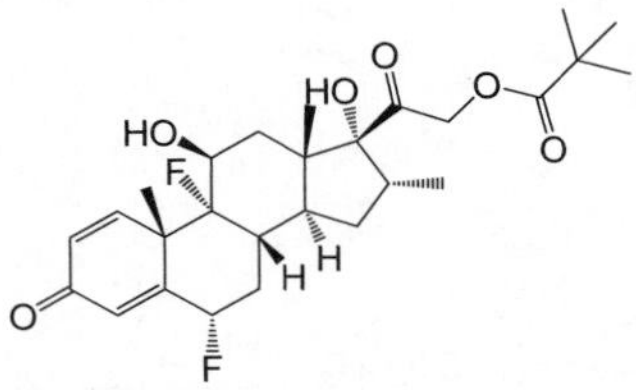

【性　　状】 沸点(600.3±55.0)℃,固体。

【制　　法】

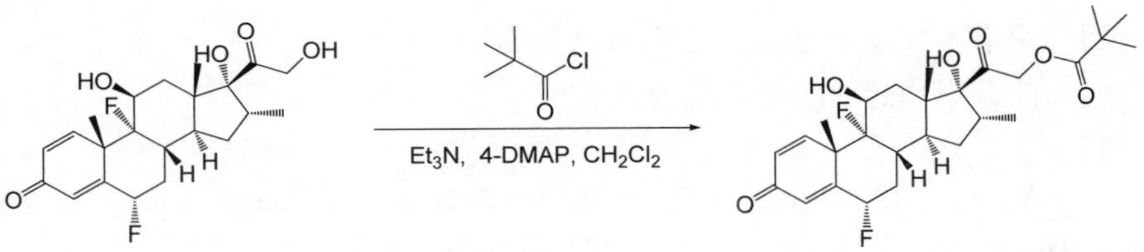

Et$_3$N, 4-DMAP, CH$_2$Cl$_2$

【用　　途】 用于治疗皮肤性疾病。已获 FDA 批准。

【生产厂家】 北京百灵威科技有限公司、深圳振强生物技术有限公司。

【参考资料】

Bergstrom C G, Nicholson R T, Dodson R M J. 9*α*-Fluoro-11-deoxy steroids[J]. The Journal of Organic Chemistry, 1963, 28(10): 2633-2640.

04023

氟曲马唑 Flutrimazole [119006-77-8]

【名　　称】 1-[(2-氟苯基)(4-氟苯基)(苯基)甲基]-1*H*-咪唑。

1-[(2-fluorophenyl)(4-fluorophenyl)(phenyl)methyl]-1*H*-imidazole。

【结 构 式】

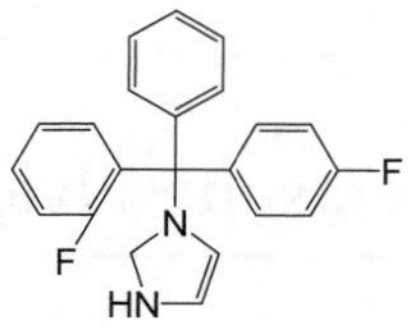

分子式：$C_{22}H_{16}F_2N_2$

分子量：346.38

【性　　状】 类白色粉末至白色结晶性粉末。

【制　　法】

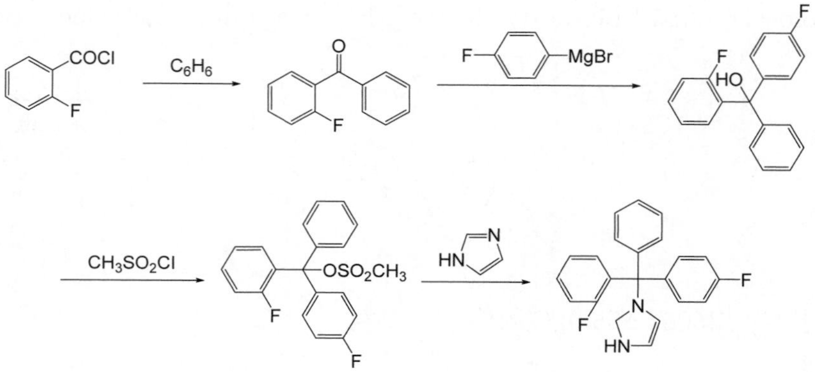

【用　　途】 用于治疗真菌感染。已获 FDA 批准。

【生产厂家】 江苏恩华药业股份有限公司。

【参考资料】

[1] Bartroil J, Alguero M, Boncompte E, et al. Synthesis and antifungal activity of a series of difluorotritylimidazoles[J]. Arzneim-Forsch, 1992, 42(6): 832-835.

[2] Bartroli J, Anguita M. 1-[(2-fluorophenyl)(4-fluorophenyl)phenylmethyl]-1*H*-imidazole and related medical fungicides: EP 352352[P]. 1990-01-31.

04024

盐酸芦氟沙星 Rufloxacin Hydrochloride [106017-08-7]

【名　　称】 2,3-二氢-9-氟-10-(4-甲基-1-哌嗪基)-7-氧代-7*H*-吡啶并[1,2,3-*de*][1,4]苯并噻嗪-6-羧酸盐酸盐。

2,3-dihydro-9-fluoro-10-(4-methyl-1-piperazinyl)-7-oxo-7*H*-pyrido[1,2,3-*de*][1,4]benzothiazine-6-carboxylic acid hydrochloride。

【结 构 式】

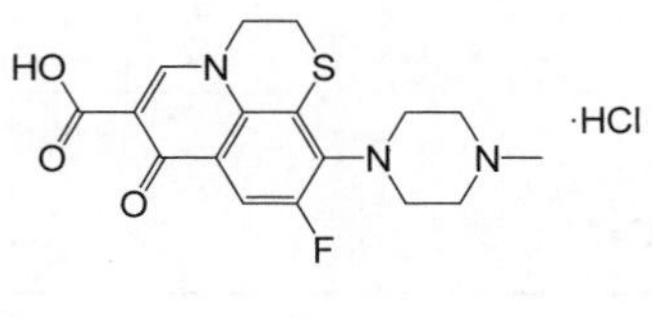

分子式：$C_{17}H_{19}ClFN_3O_3S$
分子量：399.87

【性　　状】 类白色粉末至白色结晶性粉末。熔点 322～324℃。

【制　　法】

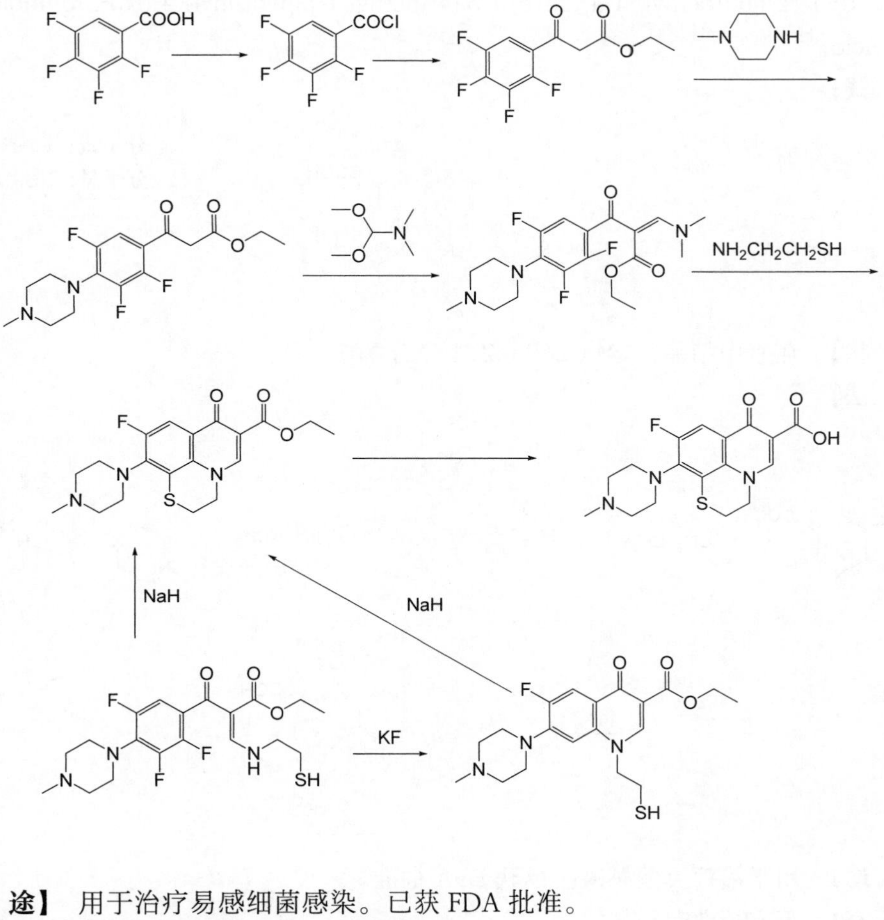

【用　　途】 用于治疗易感细菌感染。已获 FDA 批准。

【生产厂家】 安徽悦康凯悦制药有限公司。

【参考资料】

Cecchetti V， Fravolini A，Fringuelli R，et al. Quinolonecarboxylic acids. 2. Synthesis and antibacterial evaluation of 7-oxo-2,3. dihydro-7*H*-pyrido[1,2,3-*de*][1,4]benzothiazine-6-carboxylic acids[J].J Med Chem, 1987, 30: 465-473.

04025

氟罗沙星 Fleroxacin [79660-72-3]

【名　　称】 多氟哌酸；6,8-二氟-1-(2-氟乙基)-1,4-二氢-7-(4-甲基-1-哌嗪基)-4-氧代-3-喹啉羧酸; AM-833RO23-624；多氟沙星。

6,8-difluoro-1-(2-fluoroethyl)-1,4-dihydro-7-(4-methyl-1-piperazinyl)-4-oxo-3-quinolinecarboxylic acid。

【结 构 式】

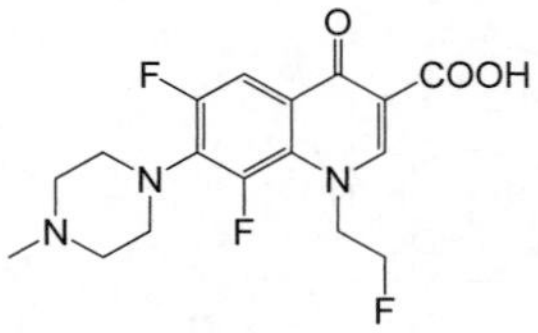

分子式：$C_{17}H_{18}F_3N_3O_3$

分子量：369.34

【性　　状】 在水中结晶，熔点 269～271℃(分解)。

【制　　法】

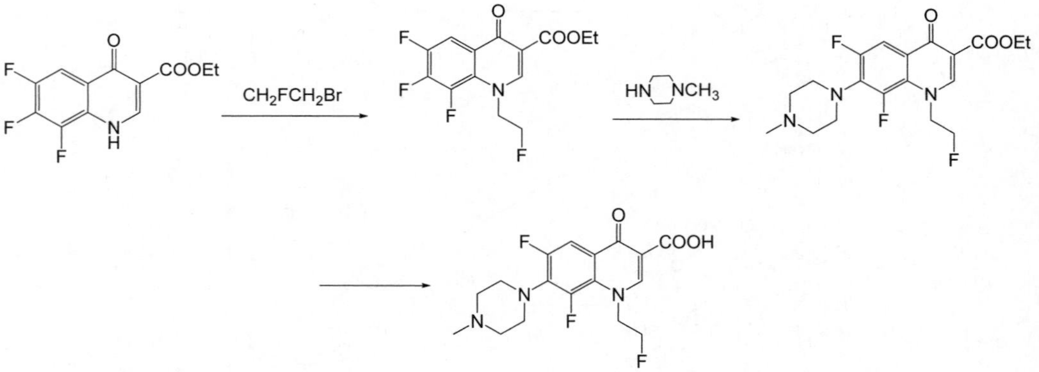

CH_2FCH_2Br

HN NCH$_3$

【用　　途】 用于治疗真菌感染。已获 FDA 批准。

【生产厂家】 天方药业有限公司。

【参考资料】

[1] Livni E, Babich J, Alpert N M, et al.Synthesis and biodistribution of ^{18}F-labeled fleroxacin[J]. Nucl Med Biol, 1993, 20: 81- 87.

[2] 丁建，王强，苏明明，等. 氟罗沙星的合成[J]. 中国医药工业杂志, 1999, 30(10): 435-436.

[3] 程国侯，汤文军，张玉华. 恩氟沙星的合成[J]. 中国医药工业杂志, 1999, 30(7): 291-292.

04026

甲磺酸培氟沙星 Pefloxacin Mesilate [70458-95-6]

【名　　称】 1-乙基-6-氟-7-(4-甲基-1-哌嗪基)-4-氧代-1,4-二氢喹啉-3-羧酸甲磺酸盐。3-carboxy-1-ethyl-6-fluoro-1,4-dihydro-7-(4-methyl -1-piperazinyl)-4-oxoquinoline monomethanesulphonate。

【结 构 式】

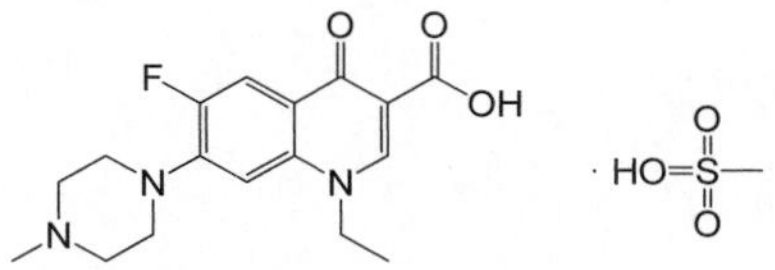

分子式： $C_{18}H_{24}FN_3O_6S$
分子量： 429.46

【性　　状】 无色或微黄色、微黄色绿色澄明液体。

【制　　法】

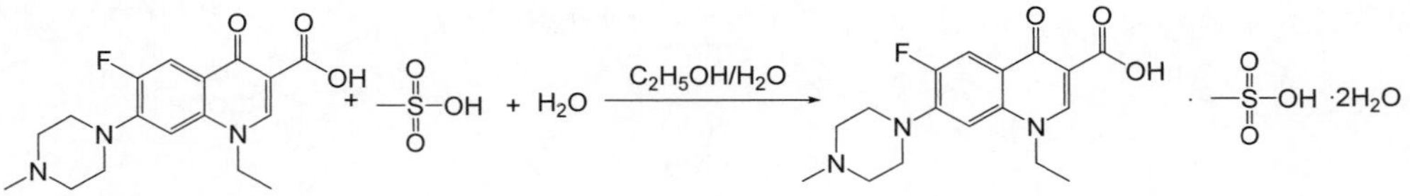

【用　　途】 用于治疗感染类疾病。已获 FDA 批准。

【生产厂家】 宜昌天仁药业有限责任公司、山西榆化精细化工有限公司、山东辰龙药业有限公司。

【参考资料】

[1] Gonzalez J P, Henwood J M . Pefloxacin[J]. Drugs, 1989,37(5):628-668.

[2] 何秉忠，朱圣东. 甲磺酸培氟沙星合成工艺改进[J]. 湖北化工, 2001, 3: 41.

[3] 曾杰，朱晓璐，王刚林. HPLC 法测定甲磺酸培氟沙星及其注射剂有关物质[J]. 中国当代医药, 2010, 17(27): 59-60.

04027

甲苯磺酸托氟沙星

Tosufloxacin Tosilate [115964-29-9]

【名　　称】 7-(3-氨基吡咯烷-1-基)-1-(2,4-二氟苯基)-6-氟-4-氧代-1,8-萘啶-3-甲酸 4-

甲基苯磺酸盐。

7-(3-aminopyrrolidin-1-yl)-1-(2,4-difluorophenyl)-6-fluoro-4-oxo-1,8-naphthyridine-3-carboxylic acid 4-methyl benzenesulfonate。

【结 构 式】

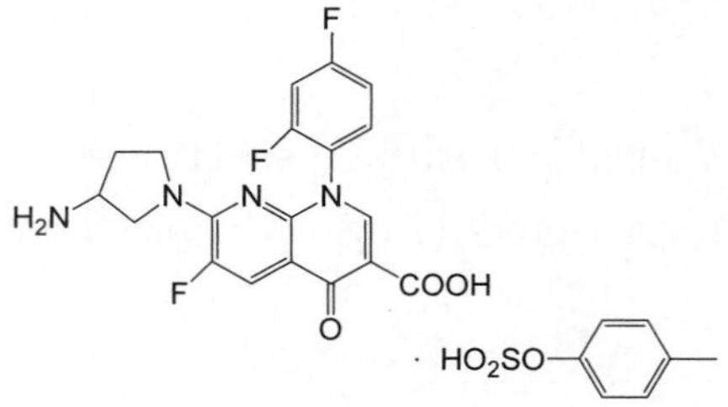

分子式：$C_{26}H_{23}F_{3}N_{4}O_{6}S$
分子量：576.54

【性　　状】 熔点 251～252℃。

【制　　法】

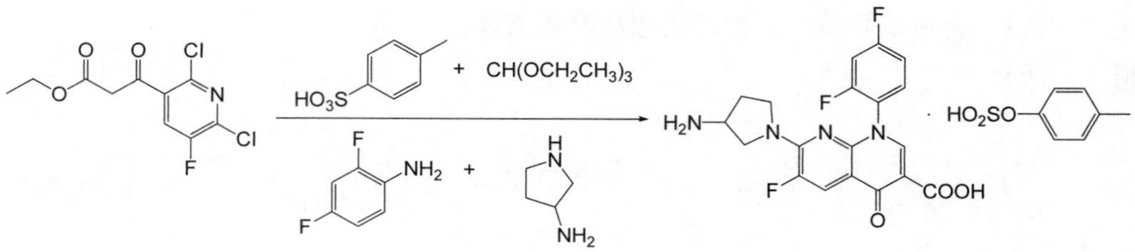

【用　　途】 用于治疗细菌感染疾病。已获 FDA 批准。

【生产厂家】 浙江海正药业股份有限公司。

【参考资料】

Liu M L, Sun L Y, Wei Y G, et al.Synthesis of tosufloxacin *p*-tosylate[J]. Chinese Journal of Pharmaceuticals, 2003, 34 (4): 157-158.

04028

盐酸环丙沙星

Ciprofloxacin Hydrochloride [86483-48-9]

【名　　称】 1-环丙基-6-氟-1,4-二氢-4-氧代-7-(1-哌嗪基)-3-喹啉羧酸盐酸盐。

1-cyclopropyl-6-fluoro-1,4-dihydro-4-oxo-7-(1-piperazinyl)-3-quinolinecarboxylic acid hydrochloride。

【结 构 式】

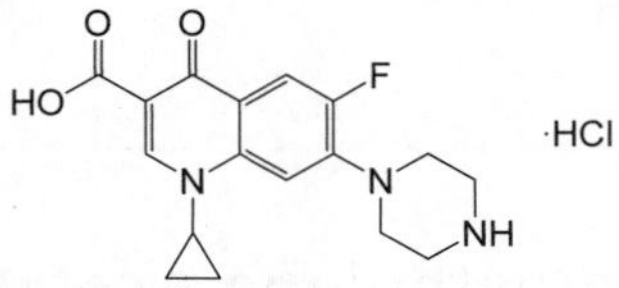

分子式：$C_{17}H_{19}ClFN_3O_3$
分子量：367.80

【性　　状】熔点>300℃。

【用　　途】用于治疗急性中耳炎。已获 FDA 批准。

【生产厂家】武汉东康源科技有限公司。

【参考资料】

邱家军. 高纯度盐酸环丙沙星合成制备方法. 浙江省,浙江国邦药业有限公司, 2020-10-16.

04029

醋酸帕拉米松 Paramethasone Acetate [1597-82-6]

【名　　称】6α-氟-11β,17,21-三羟基-16α-甲基孕甾-1,4-二烯-3,20-二酮-21-乙酸酯。
6α-fluoro-11β,17,21-trihydroxy-16α-methylpregna-1,4-diene-3,20-dione-21-acetate。

【结 构 式】

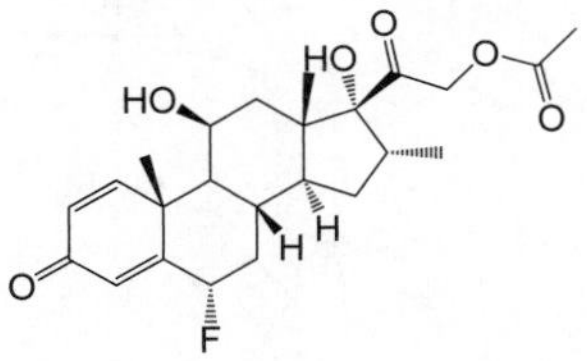

分子式：$C_{24}H_{31}FO_6$
分子量：434.50

【性　　状】晶体。

【制　　法】

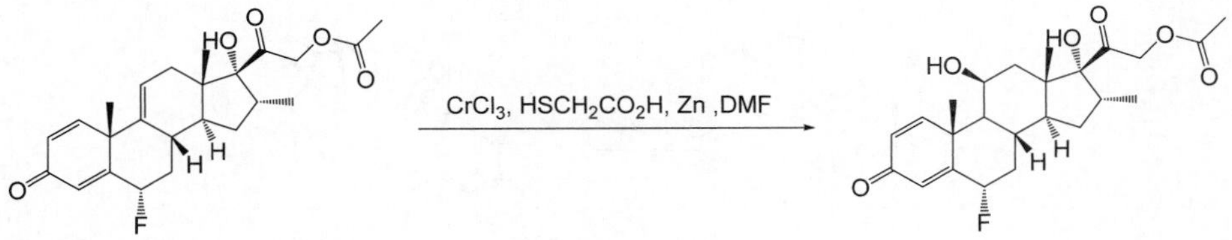

$CrCl_3$, $HSCH_2CO_2H$, Zn ,DMF

【用　　途】用于免疫抑制剂，治疗炎症。

【生产厂家】北京百灵威科技有限公司。

【参考资料】

江苏远大仙乐药业有限公司. 帕拉米松乙酸酯及帕拉米松的制备方法: CN114213494A[P]. 2022-03-22.

04030

醋酸氟米龙 Fluorometholone Acetate [3801-06-7]

【名　　称】 氟甲松龙醋酸酯; 6α-甲基-9α-氟-21-脱氧泼尼松龙-17-乙酸酯。6α-methyl-9α-fluoro-21-desoxyprednisolone-17-acetate。

【结 构 式】

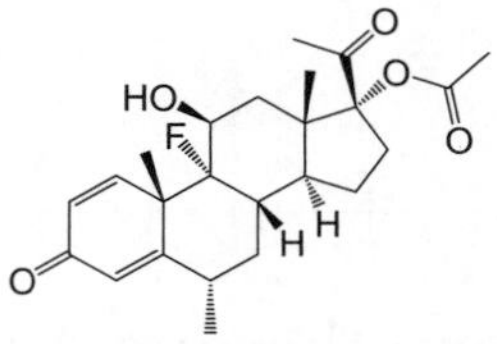

分子式：$C_{24}H_{31}FO_5$
分子量：418.51

【性　　状】 熔点 230～235℃。

【制　　法】

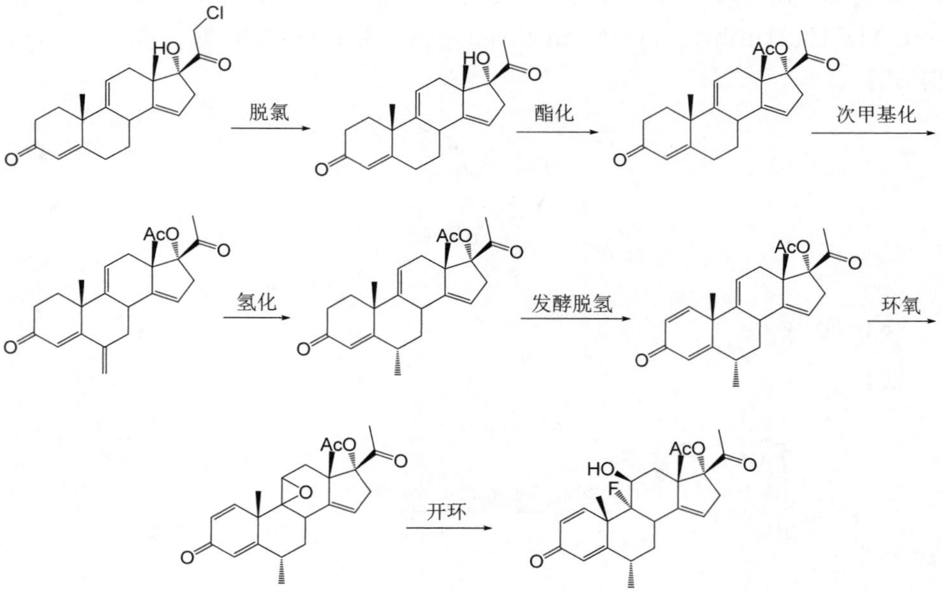

脱氯 → 酯化 → 次甲基化 → 氢化 → 发酵脱氢 → 环氧 → 开环

【用　　途】 用于治疗眼内炎症。已获 FDA 批准。

【生产厂家】 天津天药药业股份有限公司。

【参考资料】

湖南新和新生物医药有限公司. 氟米龙及氟米龙醋酸酯与制备方法 CN 110845563 A[P],2020-02-08.

04031

曲氟尿苷 Trifluridine [70-00-8]

【名　　称】 三氟尿苷；2'-脱氧-5-(三氟甲基)尿苷；三氟哩啶；三氟胸腺嘧啶脱氧胸苷；三氟嘧啶。

2'-deoxy-5-(trifluoromethyl)uridine。

【结 构 式】

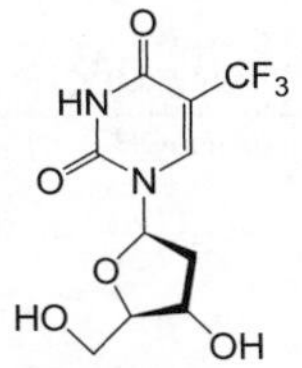

分子式：$C_{10}H_{11}F_3N_2O_5$

分子量：296.20

【性　　状】 熔点 190～193℃，相对密度 1.4365，储存条件为 2～8℃，pK_a 7.85。

【制　　法】

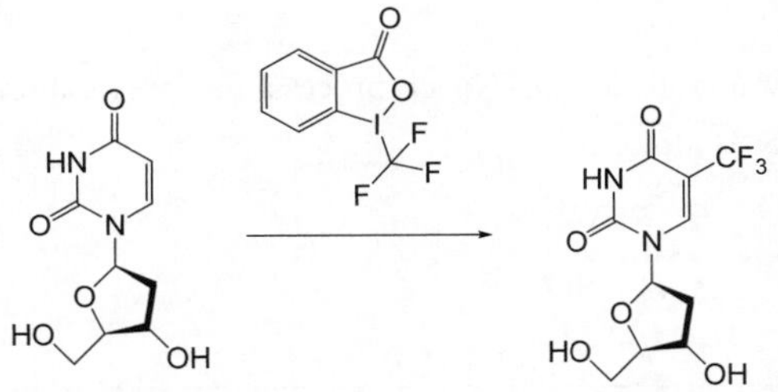

【用　　途】 用于治疗复发性上皮性角膜炎、原发性角膜结膜炎。已获 FDA 批准。

【生产厂家】 淄博万杰制药有限公司。

【参考资料】

江苏集萃分子工程研究院有限公司．一种高纯度抗肿瘤药曲氟胞苷的制备方法：CN112979721[P]. 2021-06-18.

04032

氟尼缩松 Flunisolide [3385-03-3]

【名　　称】 6-氟-11,16α,17,21-四羟基孕-1,4-二烯-3,20-二酮　16,17-缩丙酮。

6-fluoro-11*β*,16*α*,17,21-tetrahydroxypregnant-1,4-diene-3,20-dione 16,17-acetonide。

【结 构 式】

分子式：$C_{24}H_{31}FO_6$
分子量：434.50

【性 状】 熔点 237～240℃

【制 法】

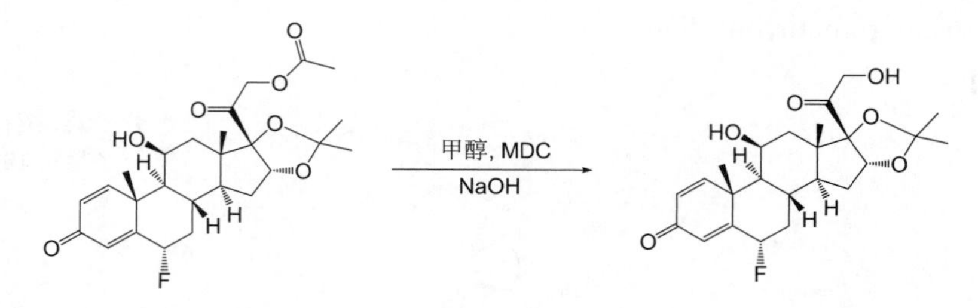

【用 途】 用于治疗过敏性鼻炎、哮喘。已获 FDA 批准。

【生产厂家】 上海易恩化学技术有限公司。

【参考资料】

Tripathi V, Kumar R, Bhuwania R, et al. Novel process for preparation of glucocorticoid steroids: WO2018037423A1[P]. 2018-01-03.

04033

氟氧头孢钠 Flomoxef Sodium [92823-03-5]

【名 称】 (6*R*,7*R*)-7-[2-[(二氟甲基)硫基]乙酰氨基]-4-[[[1-(2-羟乙基)-1*H*-1,2,3,4-四唑-5-基)硫基]甲基]-7-甲氧基-8-氧代-5-氧杂-1-氮杂双环[4.2.0]辛-2-烯-2-甲酸钠。

sodium (6*R*,7*R*)-7-[2-[(difluoromethyl)thio]acetamido]-4-[[[1-(2-hydroxyethyl)-1*H*-1,2,3,4,-tetrazol-5-yl)thio)methyl)-7-methoxy-8-oxo-5-oxa-1-azabicyclo[4.2.0]oct-2-ene-2-carboxylate。

【结 构 式】

分子式：$C_{15}H_{17}F_2N_6NaO_7S_2$
分子量：518.45

【制　　法】

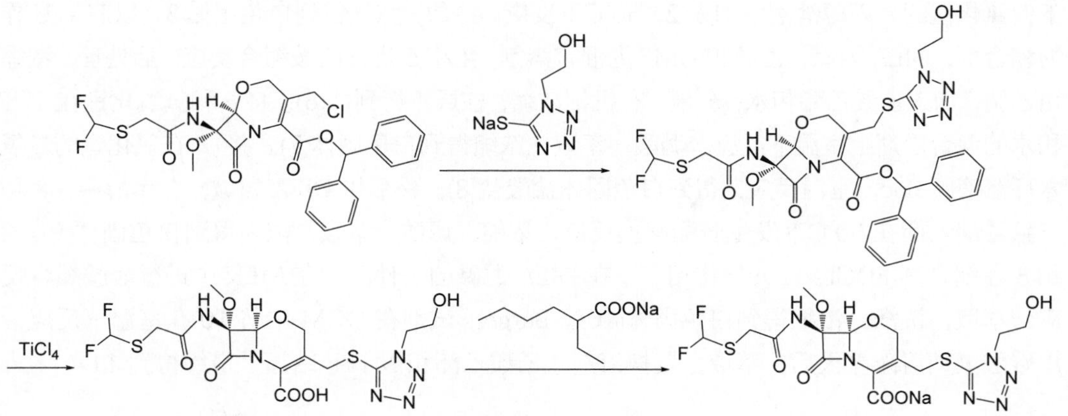

【用　　途】用于治疗细菌感染。已获 FDA 批准。

【生产厂家】Shionogi & Co Ltd。

【参考资料】

[1] 冀希炜，吕媛，李耘，等. 氟氧头孢对临床菌株的药代动力学及药效学研究[J]. 中国临床药理学杂志，2017, 33(12): 1007-1012.

[2] 叶天健，陈鑫，叶继华，等. 一种氟氧头孢钠的制备工艺: 201910504448. X[P]. 2019-08-20.

04034

帕罗韦德 Paxlovid　　[2628280-40-8]

【名　　称】(1*R*,2*S*,5*S*)-*N*-[(1*S*)-1-氰基-2-[(3*S*)-2-氧代-3-吡咯烷基]乙基]-3-[(2*S*)-3,3-二甲基-1-氧代-2-[(2,2,2-三氟乙酰基)氨基]丁基]-6,6-二甲基-3-氮杂双环[3.1.0]己烷-2-甲酰胺。(1*R*,2*S*,5*S*)-*N*-[(1*S*)-1-cyano-2-[(3*S*)-2-oxo-3-pyrrolidinyl]ethyl]-3-[(2*S*)-3,3-dimethyl-1-oxo-2-[(2,2,2-trifluoroacetyl)amino]butyl]-6,6-dimethyl-3-azabicyclo[3.1.0]hexane-2-formamide。

【结构式】

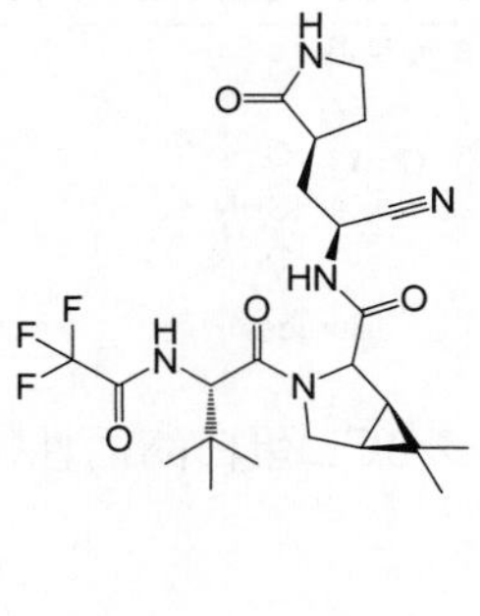

分子式：$C_{23}H_{32}F_3N_5O_4$

分子量：499.53

【性　　状】白色固体。

【制　　法】化合物1在7mol/L的氨甲醇溶液中常压室温反应，浓缩得到黄色固体**2**。0℃下向氯化氢的异丙醇溶液中加入**2**，50℃下反应。冷却，浓缩得到白色固体**3**。以HATU作为缩合剂，DIEA为碱，乙腈和DMF为混合溶剂，**4**和**5**进行酰胺缩合反应。后处理，浓缩出乙腈，加入乙酸乙酯和水，分液，有机相浓缩，柱层析得到油(**6**)。将6和氢氧化锂在THF和水的混合溶剂中室温下反应。调酸，萃取，浓缩得到白色固体(**7**)。将7在氯化氢的二氧六环溶液脱Boc，室温反应，得到白色固体盐酸盐(**8**)。然后以DIEA为碱，在甲醇中，8和三氟乙酸乙酯在50℃下发生胺酯交换反应，浓缩，调酸，萃取，浓缩得到白色固体(**9**)。9和3在缩合剂EDCI、HOPO作用下，在DIEA为碱的条件下，在MEK中进行酸胺缩合反应，萃取，洗涤，浓缩得到白色固体(**10**)。Burgess试剂在DCM中与10在室温下反应，用碳酸氢钠溶液淬灭后，萃取，置换溶剂，乙酸乙酯和MTBE结晶，最终得到**11**。

【用　　途】可以阻断SARS-CoV-2-3CL蛋白酶活性，进而阻断病毒复制。

【生产厂家】Pfizer(辉瑞公司)。

【参考资料】

Vandyck K, Deval J. Considerations for the discovery and development of 3-chymotrypsin-Like cysteine protease inhibitors targeting SARS-CoV-2 infection[J]. Current Opinion in Virology, 2021, 49: 36-40.

04035

曲安西龙 Triamcinolone [124-94-7]

【名　　称】9α-氟-11β,16α,17α,21-四羟基-1,4-孕烯-3,20-二酮。

9α-fluoro-11β,16α,17α,21-tetrahydroxy-1,4-pregnene-3,20-dione。

【结 构 式】

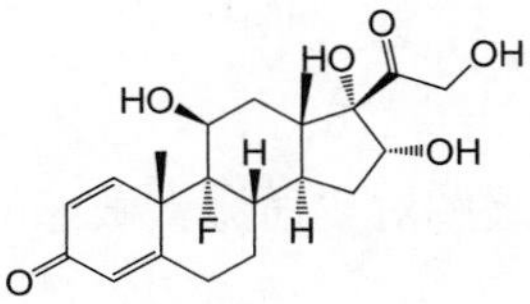

分子式：$C_{21}H_{27}FO_6$

分子量：394.43

【性　　状】熔点 262～263℃。

【制　　法】

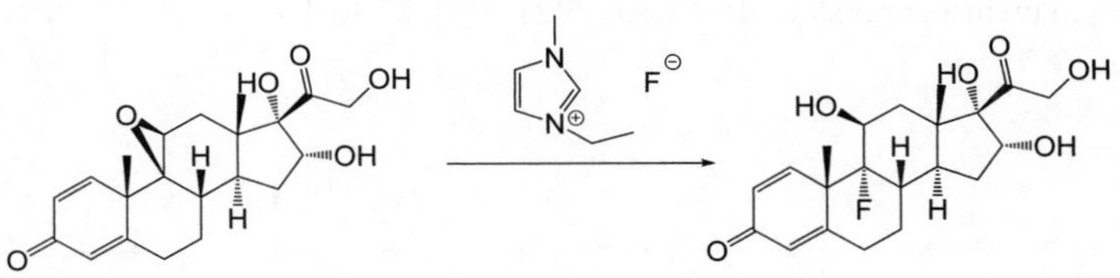

【用　　途】用于治疗过敏性鼻炎。已获 FDA 批准。

【生产厂家】Anika、天津天药药业股份有限公司。

【参考资料】

天津药业研究院股份有限公司. 9-氟代甾体化合物的合成方法及应用: CN 112142821 A[P]. 2020-12-29.

04036

乌倍他索 Ulobetasol [66852-54-8]

【名　　称】21-氯-6α,9-二氟-11β-羟基-16β-甲基-17-(1-氧代丙氧基)孕甾-1,4-二烯-3,20-

二酮。

21-chloro-6 α,9-difluoro-11 β-hydroxy-16-methyl-17-(1-oxypropoxyl)pregna-1,4-diene-3, 20-dione。

【结 构 式】

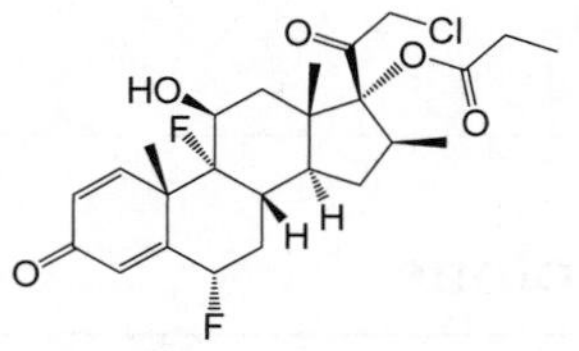

分子式：$C_{25}H_{31}ClF_2O_5$
分子量：484.96

【性　　状】 从二氯甲烷-乙醚中结晶，熔点 220～221℃。沸点(570.7±50.0)℃。

【制　　法】

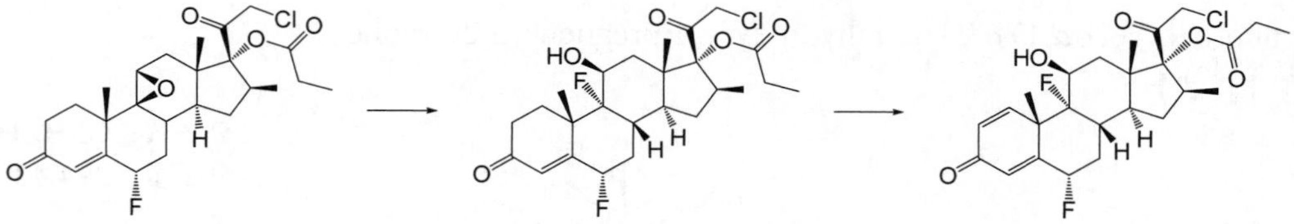

【用　　途】 局部皮质激素。用于缓解对皮质激素敏感的皮肤炎性和瘙痒病症。已获 FDA 批准。

【生产厂家】 Sun Pharmaceutical。

【参考资料】

Kalvoda J, Anner G . Polyhalogeno-steroids: US4619921 A[P]. 1986-10-28.

04037

卤米松 Halometasone [50629-82-8]

【名　　称】 2-氯-6α,9-二氟-11β,17,21-三羟基-16α-甲基孕甾-1,4-二烯-3,20-二酮；卤甲松；卤代松。

2-chloro-6α,9-difluoro-11β,17,21-trihydroxy -16α-methylpregna-1,4-diene-3,20-dione。

【结 构 式】

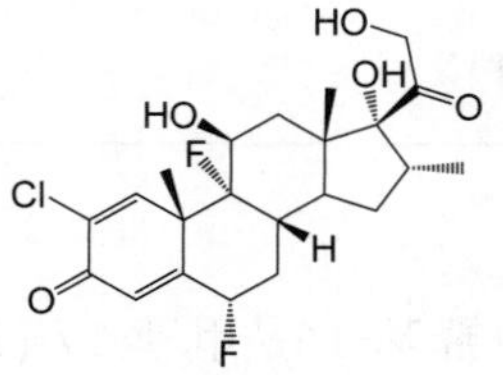

分子式：$C_{22}H_{27}ClF_2O_5$
分子量：444.90

【性　　状】 熔点 220～222℃(分解)。沸点(600.5±55.0)℃。

【制　　法】

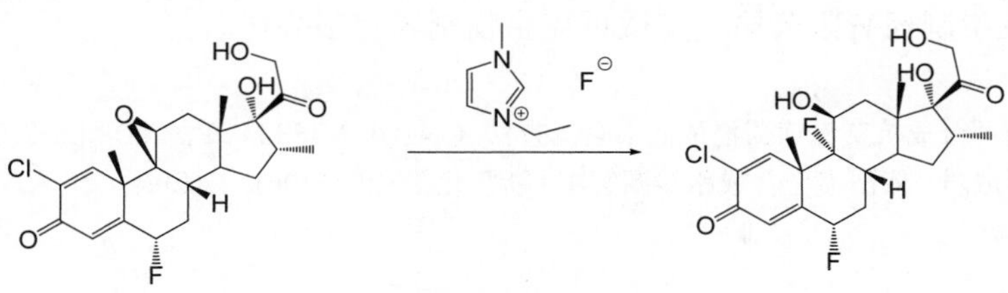

【用　　途】 局部用肾上腺皮质激素类药物，有显著且快速的抗炎、抗过敏、抗瘙痒、抗渗出及抗增生的作用。适用于湿疹性皮肤病及各类轻度湿疹性和亚急性皮炎。已获 FDA 批准。

【生产厂家】 天津天药药业股份有限公司、重庆华邦胜凯制药有限公司、湖南明瑞制药有限公司。

【参考资料】

天津药业研究院股份有限公司. 9-氟代甾体化合物的合成方法及应用:CN 112142821 A[P]. 2020-12-29.

04038

依法韦仑 Efavirenz [154598-52-4]

【名　　称】 (4*S*)-6-氯-4-(环丙乙炔基)-4-(三氟甲基)-苯并-1,4-二氢噁唑-2-酮；依氟维纶；依非韦伦；施多宁®；依法韦伦；依法维仑；艾法韦仑。

(4*S*)-6-chloro-4-(cyclopropacetylene)-4-(trifluoromethyl)-benzo-1,4-dihydrooxazol-2-one。

【结 构 式】

分子式：$C_{14}H_9ClF_3NO_2$

分子量：315.67

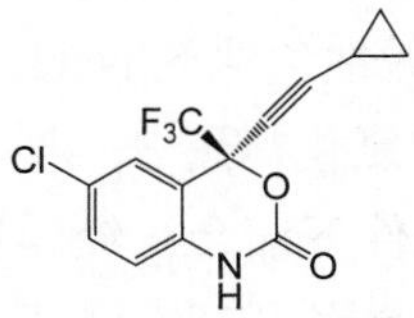

【性　　状】 黄色至白色固体粉末。

【制　　法】

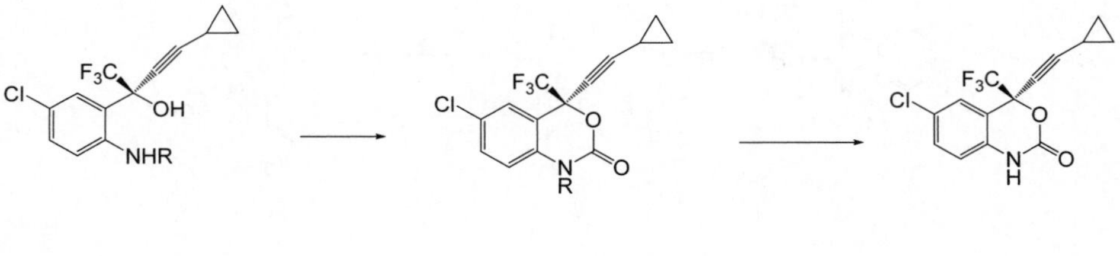

【用　途】 用于医治未被医治过的 HIV 病毒感染者。

【生产厂家】 美国 Merck 公司、浙江江北药业有限公司、浙江华海药业股份有限公司、上海迪赛诺化学制药有限公司、安徽贝克生物制药有限公司。

【参考资料】

[1] 张芳江. 一种合成抗艾滋病药物依法韦仑的方法: CN101125834 A[P]. 2008-02-20.

[2] 杜世聪, 蒋成君. 依法韦仑合成路线图解[J]. 浙江化工, 2015(06): 27-29.

04039

阿司咪唑 Astemizole [68844-77-9]

【名　称】 1-(4-氟苄基)-2-(1-[4-甲氧基苯乙基]哌啶-4-基)氨基苯并咪唑；息斯敏®。1-(4-fluorobenzyl)-2-(1-[4-methoxyphenethyl]piperidin-4-yl)aminobenzimidazole。

【结 构 式】

分子式：$C_{28}H_{31}FN_4O$

分子量：458.57

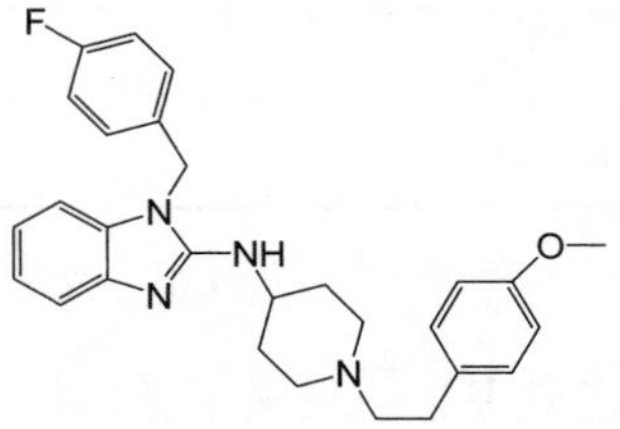

【性　状】 白色结晶，无臭。熔点 149.1℃。易溶于有机溶剂，几乎不溶于水。UV 最大吸收如下。①乙醇: 219nm, 249nm, 286nm(ε=27250.229, 6480.293, 8634.280); ②0.1mol/L 盐酸: 209nm，277nm(ε57889.908, 18073.394)。急性毒性 LD_{50}: ＞2560mg/kg 口服。

【制　法】 2-羟基苯并咪唑在强碱性条件下(NaH，DMF，60℃)用 4-氟苄基氯烷基化得到 **2**，收率 88 %。**2** 用三氯氧磷氯化得到 **3**，收率 84 %。**3** 和 4-氨基哌啶羧酸乙酯在氩气保护下不加溶剂于 125℃条件下缩合，经闪层析纯化得到 **4**，收率 56 %。**4** 在 48 %氢溴酸中回流脱保护得到 **5**，收率 95 %。最后，**5** 用氯代 4-甲氧基苯乙烷烷基化(NaH,KI,DMF,70℃,氩气保护)得到目的产物 **6**，收率 50 %，HPLC 纯度高达 99.75 %。

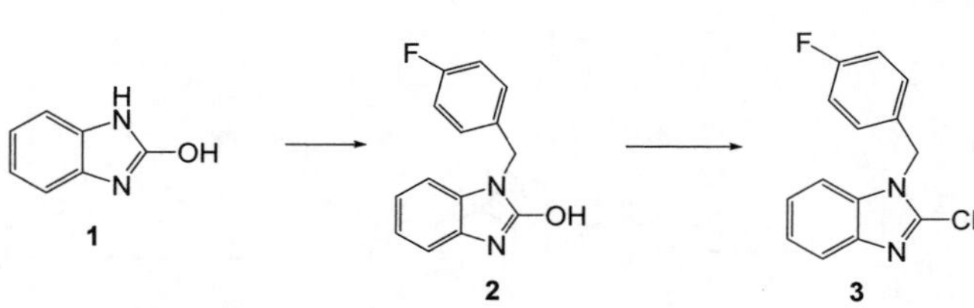

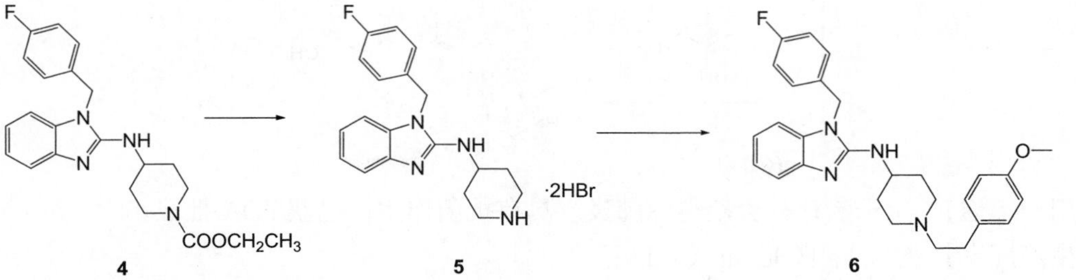

【用　　途】 新型 H_1 组胺受体拮抗药。可选择性作用于组胺 H_1 受体，结合力强于常规抗组胺药，且持续时间长。适用于慢性荨麻疹、花粉症、季节性过敏性鼻炎、过敏性结膜炎、过敏性哮喘等的治疗。已获 FDA 批准。

【生产厂家】 上海源叶生物科技有限公司。

【参考资料】

阿司咪唑的简便合成[J]. 国外医药. 合成药. 生化药. 制剂分册, 1997(03): 187.

04040

格帕沙星 Grepafloxacin [119914-60-2]

【名　　称】 1-环丙基-6-氟-7-(3-甲基-1-哌嗪基)-5-甲基-1,4-二氢-4-氧代喹啉-3-羧酸。1-cyclopropyl-6-fluoro-7-(3-methyl-1-piperazinyl)-5-methyl-1,4-dihydro-4-oxoquinoline-3-carboxylic acid。

【结 构 式】

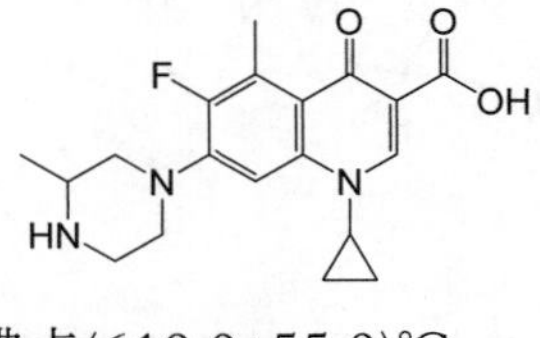

分子式：$C_{19}H_{22}FN_3O_3$
分子量：359.39

【性　　状】 熔点 189～192℃沸点(610.0±55.0)℃。

【制　　法】

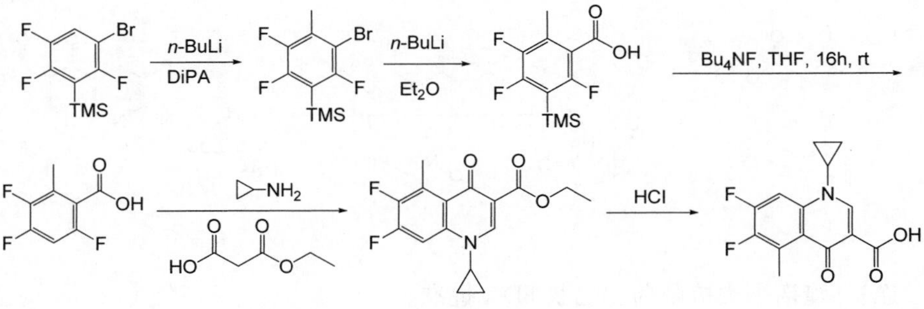

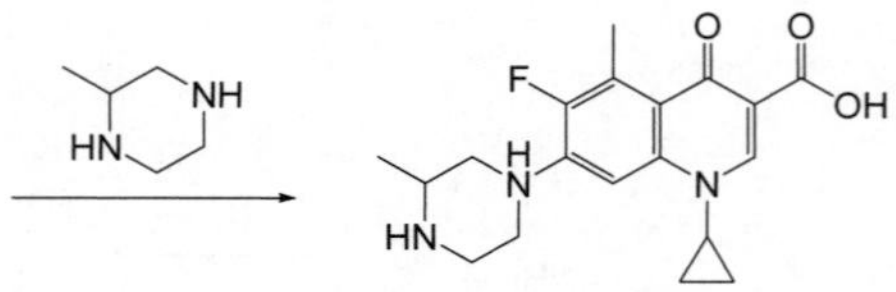

【用　　途】 用于治疗社会获得性肺炎。具有抗菌作用。已获 FDA 批准。

【生产厂家】 Otsuka Holdings Co Ltd。

【参考资料】

Miyamoto H, Yamashita H, Tominaga M, Yabuuchi. Y. European Patent EP 364943, 1900; Chem Abstr 1990, 113, 152466.

04041

曲伐沙星 Trovafloxacin [147059-72-1]

【名　　称】 (1α,5α,6α)-7-(6-氨基-3-氮杂二环[3.1.0]己-3-基)-1-(2,4-二氟苯基)-6-氟-1,4-二氢-4-氧代-1,8-萘啶-3-羧酸；特伐沙星；曲氟沙星；聚苯乙烯磺酸钙。

(1α,5α,6α)-7-(6-amino-3-azabicyclo[3.1.0]hex-3-yl)-1-(2,4-difluorophenyl)-6-fluoro-1,4-dihydro-4-oxo-1,8-naphthyridine-3-carboxylic acid。

【结 构 式】

分子式： $C_{20}H_{15}F_3N_4O_3$

分子量： 416.35

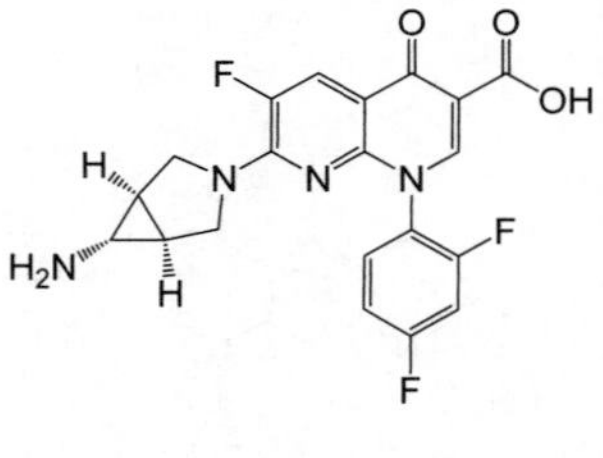

【性　　状】 从乙腈-甲醇中得淡黄色结晶，熔点 246℃(分解)。

【制　　法】

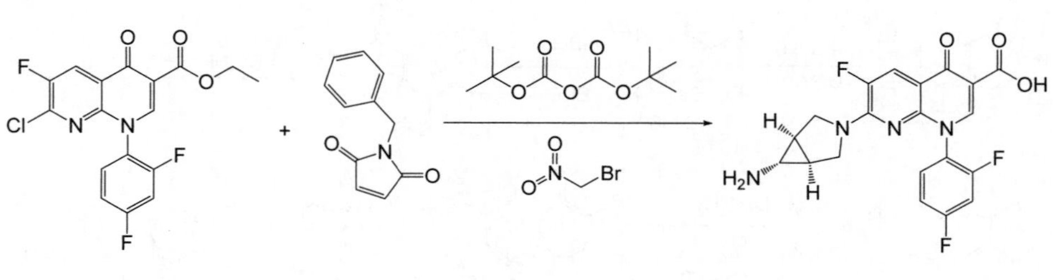

【用　　途】 喹诺酮类抗菌药。已获 FDA 批准。

【生产厂家】 青岛国海生物制药有限公司。

【参考资料】

Norris, T, Braish T F, Butters M, et al. Synthesis of trovafloxacin using various (1*α*,5*α*,6*α*)-3-azabicyclo [3.1.0]hexane derivatives.[J] Journal of the Chemical Society, Perkin Transactions 1, 2000, 10: 1615-1622.

04042

莫西沙星 Moxifloxacin [151096-09-2]

【名 称】1-环丙基-7-(*S*,*S*-2,8-二氮杂双环[4.3.0]壬烷-8-基)-6-氟-8-甲氧基-4-氧代-1,4-二氢-3-喹啉羧酸；(1*S*,6*S*)-1-环丙基-7-(2,8-二氮杂双环[4.3.0]壬烷-8-基)-6-氟-8-甲氧基-4-氧代-1,4-二氢-3-喹啉羧酸。

(1*S*,6*S*)-1-cyclopropyl-7-(2,8-diazabicyclo[4.3.0]non-8-yl)-6-fluoro-8-methoxy-4-oxo-1,4-dihydroquinoline-3-carboxylic acid。

【结 构 式】

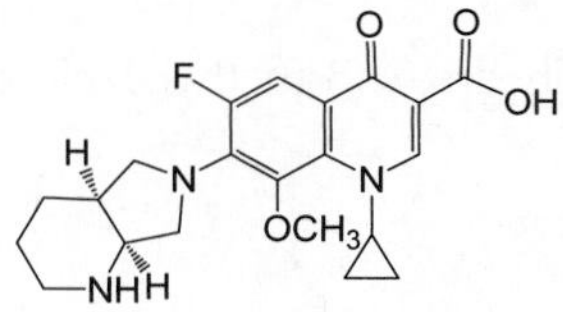

分子式：$C_{21}H_{24}FN_3O_4$

分子量：401.43

【性 状】 熔点 203～208℃，沸点(636.4±55.0)℃。

【制 法】 以 1-环丙基-6,7-二氟-1,4-二氢-8-甲氧基-4-氧代-3-喹啉羧酸-*O*3,*O*4(双(酰氧基))-硼-2,2-二乙酸酯和(*S*,*S*)-八氢-6*H*-吡咯并[3,4-*b*]吡啶为原料，以无机碱作为缚酸剂，反应得到螯合物 3，螯合物 3 通过水解反应去螯合，得到莫西沙星 1。

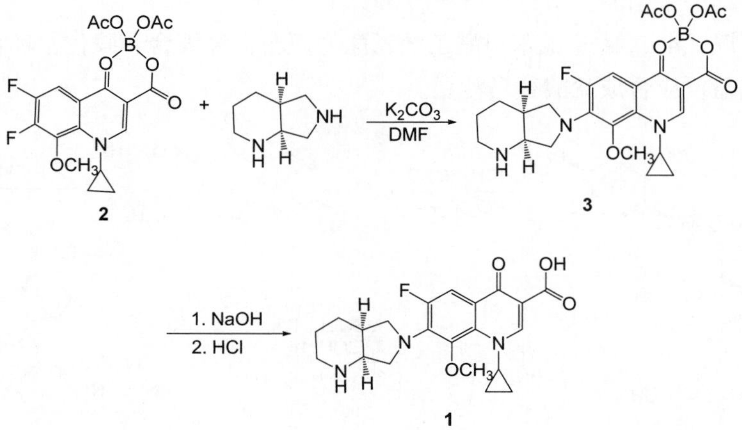

K_2CO_3 DMF

1. NaOH 2. HCl

【用　　途】氟喹诺酮类抗菌药。DNA 拓扑异构酶抑制剂，可用于治疗金黄色葡萄球菌、流感杆菌、肺炎球菌等引起的社会获得性肺炎、慢性支气管炎急性发作、急性窦炎等。已获 FDA 批准。

【生产厂家】 山东齐都药业有限公司、浙江新和成股份有限公司、河北国龙制药有限公司、南京优科制药有限公司、江苏正大丰海制药有限公司、四川国为制药有限公司、重庆华邦胜凯制药有限公司、扬子江药业集团江苏海慈生物药业有限公司。

【参考资料】

[1] 何文秀, 周以鸿, 胡华南, 等. 莫西沙星合成方法的改进[J]. 广州化工, 2020, 48(10): 38-39.
[2] 喻理德, 徐其雄, 王星. 莫西沙星侧链合成方法改进[J]. 江西师范大学学报(自然科学版), 2017, 41(05): 507-509.

04043

替马沙星 Temafloxacin [108319-06-8]

【名　　称】 1-(2,4-二氟苯基)-6-氟-1,4-二氢-7-(3-甲基-1-哌嗪基)-4-氧代-3-喹啉羧酸。1-(2,4-difluorophenyl)-6-fluoro-1,4-dihydro-7-(3-methyl-1-piperazinyl)-4-oxo-3-quinolinecarboxylic acid。

【结 构 式】

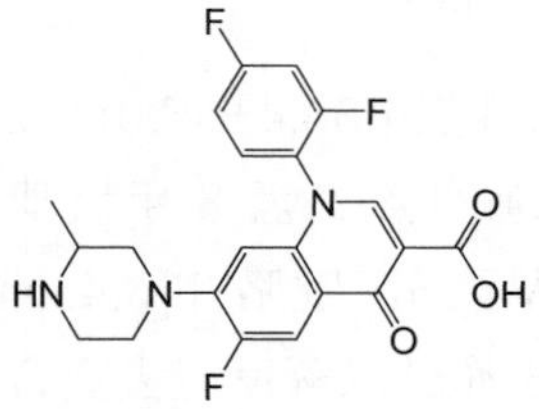

F　F　N　O　HN　N　OH　O　F

分子式：$C_{21}H_{18}F_3N_3O_3$
分子量：417.38

【性　　状】 乙醇中结晶，熔点 274～276℃。

【制　　法】 以 2,4-二氯-5-氟苯甲酰乙酸乙酯为原料，经缩合、胺化、环合、螯合、取代、水解及成盐反应合成盐酸替马沙星。

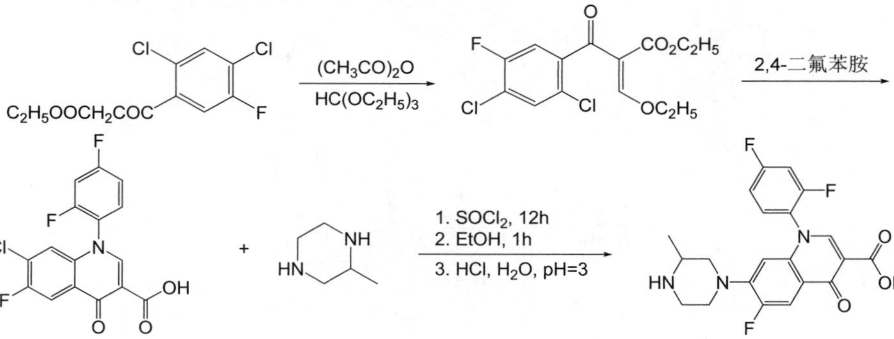

Cl　Cl　$C_2H_5OOCH_2COC$　F　$(CH_3CO)_2O$　$HC(OC_2H_5)_3$　F　O　$CO_2C_2H_5$　Cl　Cl　OC_2H_5　2,4-二氟苯胺

F　F　Cl　N　F　OH　O　O　+　NH　HN　1. $SOCl_2$, 12h　2. EtOH, 1h　3. HCl, H_2O, pH=3　F　F　N　O　HN　N　OH　O　F

【用　　途】 本品是用于治疗下呼吸道感染和尿道感染、性传播疾病、皮肤和软组织感染等的抗菌药。已获 FDA 批准。

【生产厂家】 上海贺康生物技术有限公司。

【参考资料】

[1] 虞心红，候志安，田中玉，等．盐酸替马沙星的新法合成[J]．华东理工大学学报，2000(06): 654-656, 660.

[2] 戴立言，陈英奇，吴兆立．替马沙星中间体 7-氯-6-氟-1-(2,4-二氟苯基)-1,4-二氢-4-氧代-3-喹啉羧酸合成方法的改进[J]．高校化学工程学报，2001(05): 468-471.

04044

托氟沙星 Tosufloxacin　[108138-46-1]

【名　　称】 7-(3-氨基吡咯烷-1-基)-1-(2,4-二氟苯基)-6-氟-4-氧代-1,8-萘啶-3-羧酸；托磺沙星；托舒沙星；妥苏沙星。

7-(3-aminopyrrolidin-1-yl)-1-(2,4-difluorophenyl)-6-fluoro-4-oxo-1,8-naphthyridine-3-carboxylic。

【结 构 式】

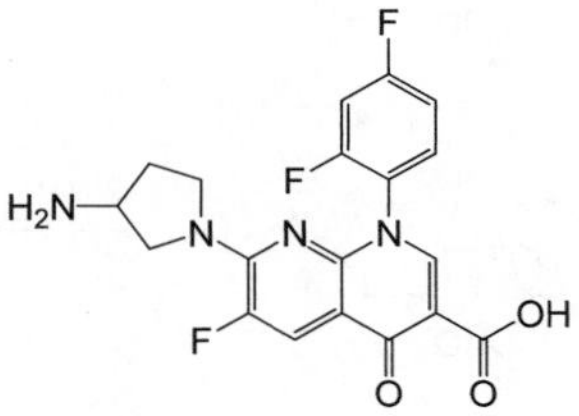

分子式： $C_{19}H_{15}F_3N_4O_3$

分子量： 404.34

【制　　法】

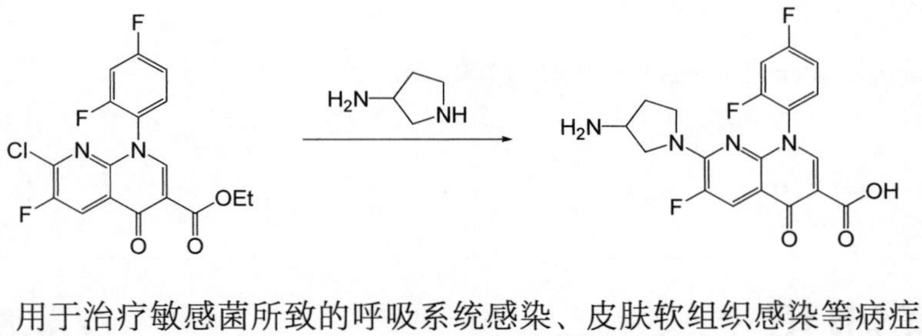

【用　　途】 用于治疗敏感菌所致的呼吸系统感染、皮肤软组织感染等病症。已获 FDA 批准。

【生产厂家】 浙江海正药业股份有限公司。

【参考资料】

Narita H, Konishi Y, Nitta J, et al. Pyridonecarboxylic acids as antibacterial agents. Ⅳ. Synthesis and structure-activity relationships of 7-amino-1-aryl-6-fluoro-4-quinolone-3-carboxylic acids[J]. Yakugaku Zasshi,1986, 106: 802-807.

04045

氟诺洛芬 Flunoxaprofen [66934-18-7]

【名　　称】 (*S*)-2-(4-氟苯基)-*α*-甲基-5-苯并噁唑乙酸。

(*S*)-2-(4-fluorophenyl)-*α*-methyl-5-benzoxazoleacetic acid。

【结 构 式】

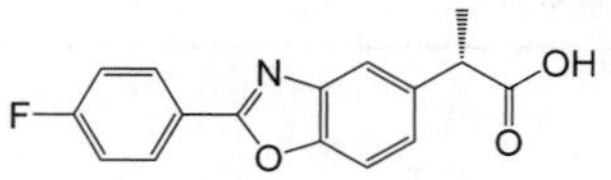

分子式：$C_{16}H_{12}FNO_3$

分子量：285.27

【性　　状】 熔点 162～164℃。

【制　　法】

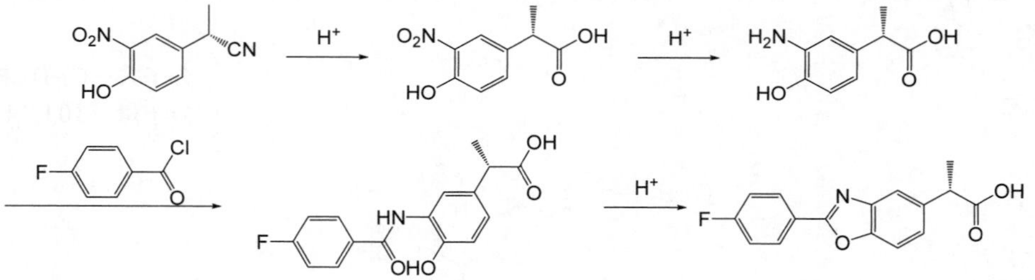

【用　　途】 用于治疗骨关节炎、类风湿性关节炎。

【生产厂家】 北大医药股份有限公司。

【参考资料】

Forgione A. Flunoxaprofen[J]. Drugs Fut, 1986, 11(3), 187.

04046

左氧氟沙星 Levofloxacin [100986-85-4]

【名　　称】 *S*-(−)-9-氟-2,3-二氢-3-甲基-10-(4-甲基-1-哌嗪基)-7-氧代-7*H*-吡啶并[1,2,

3-*de*]-[1,4]苯并噁嗪-6-羧酸；洛氟沙星(兽用)。

S-(−)9-fluoro-2,3-dihydro-3-methyl-10-(4-methyl-1-piperazinyl)-7-oxo-7*H*-pyrido[1,2,3-*de*]-1,4-benzoxazine-6-carboxylic acid。

【结 构 式】

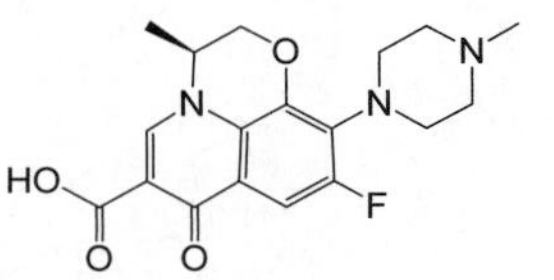

分子式： $C_{18}H_{20}FN_3O_4$
分子量： 361.37

【性　　状】 左氧氟沙星为氧氟沙星的左旋体，为半水合物。其在水中的溶解度为氧氟沙星的 10 倍。从乙醇/乙醚中得到针状结晶，熔点 225～227℃。

【制　　法】 以 2,3,4,5-四氟苯甲酰氯为原料，与 3-乙氧基丙烯酸乙酯缩合，再与 *S*-(+)-2-氨基丙醇反应，环合、水解后与 *N*-甲基哌嗪缩合得左氧氟沙星。

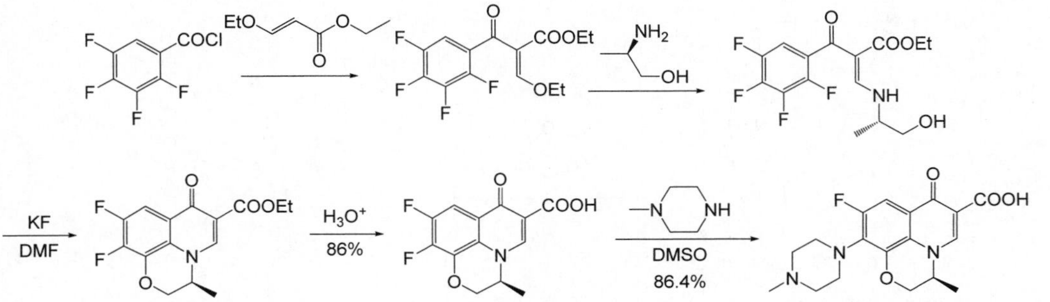

KF / DMF　H_3O^+ 86%　DMSO 86.4%

【用　　途】 主要用于生产各类左旋氧氟沙星胶囊、片剂等抗菌药制剂。为全合成抗菌素，用于治疗呼吸道、泌尿道和皮肤组织感染，以及各种细菌感染。已获 FDA 批准。

【生产厂家】 浙江司太立制药股份有限公司、浙江先锋科技股份有限公司、上虞京新药业有限公司、浙江普洛康裕制药有限公司、六安华源制药有限公司、浙江东亚药业股份有限公司、开封制药(集团)有限公司。

【参考资料】

[1] 杨朱红, 杨秋燕, 李亚美, 等. 左氧氟沙星绿色合成工艺[J]. 浙江化工, 2013, 44(09): 13-15, 22.
[2] 熊攀, 李振华, 钟为慧. 左氧氟沙星合成研究进展[J]. 浙江化工, 2014, 45(09): 5-8.

04047

磷酸咪康唑 Fosravuconazole [351227-64-0]

【名　　称】 氟沙康唑;4-[2-[(1*R*,2*R*)-2-(2,4-二氟苯基)-1-甲基-2-[(磷酰氧基)甲氧基]-3-

(1*H*-1,2,4-三唑-1-基)丙基]-4-噻唑基]苄腈。

4-[2-[(1*R*,2*R*)-2-(2,4-difluorophenyl)-1-methyl-2-[(phosphonooxy)methoxy]-3-(1*H*-1,2,4-triazol-1-yl)propyl]-4-thiazolyl]benzonitrile。

【结 构 式】

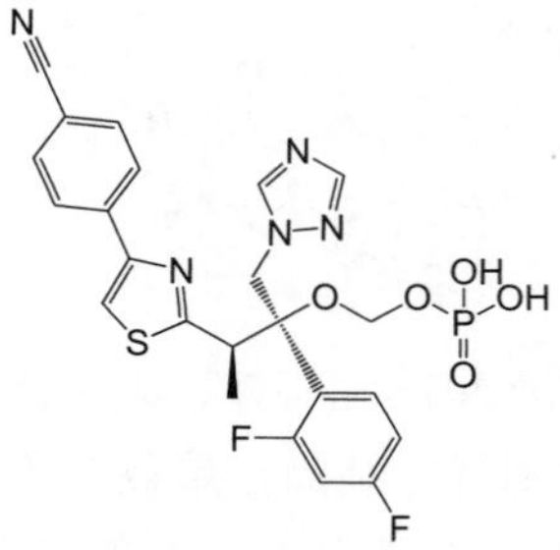

分子式：$C_{23}H_{20}F_2N_5O_5PS$
分子量：547.47

【性　　状】 白色至类白色结晶性粉末。

【制　　法】

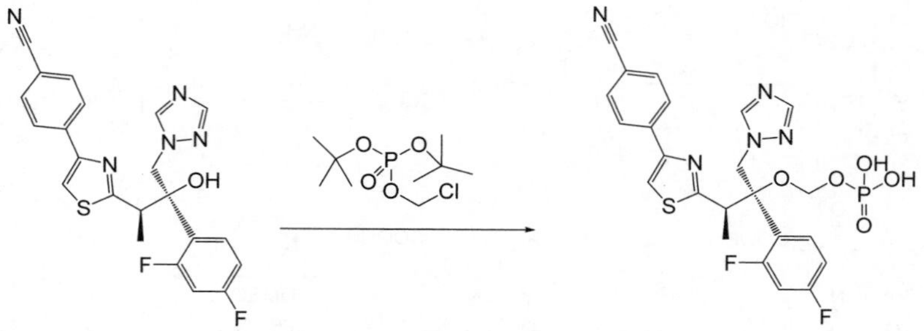

【用　　途】 用于治疗由皮真菌、酵母菌及其他真菌引起的皮肤、指(趾)甲感染，如体股癣、手足癣、花斑癣、头癣、须癣、甲癣；可治疗皮肤、指(趾)甲念珠菌病，口角炎及外耳炎。由于本品对革兰氏阳性菌有抗菌作用，故可用于治疗此类细菌引起的继发性感染；以及由酵母菌(如念珠菌等)和革兰氏阳性细菌引起的阴道感染和继发感染。

【生产厂家】 杨森(jassan)公司、西安杨森制药有限公司、泰州同新生物科技有限公司。

【参考资料】

Chen C P, Connolly T P, Kolla L R, et al. Process for preparation of water soluble azole compounds: US 6448401[P]. 2002-09-10.

04048

罗氟奈德 Rofleponide [144459-70-1]

【名　　称】 16*α*,17*α*-[(*R*)-丁二氧基]-6*α*,9*α*-二氟-11*β*,21-二羟基孕烷-4-烯-3,20-二酮。

16*α*,17*α*-[(*R*)-butadioxygen]-6*α*,9*α*-difluoro-11*β*,21-dihydroxypropane-4-ene-3,20-dione。

【结 构 式】

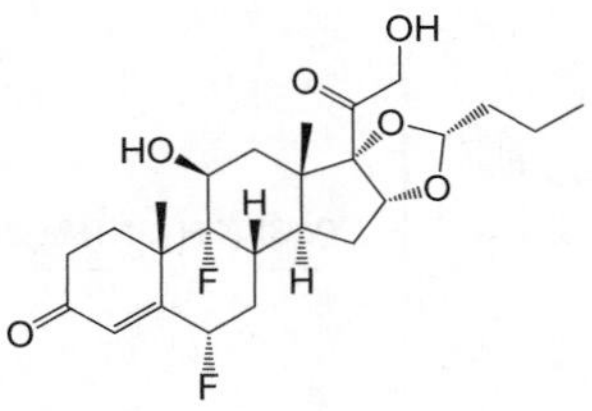

分子式：$C_{25}H_{34}F_2O_6$
分子量：468.53

【制　　法】

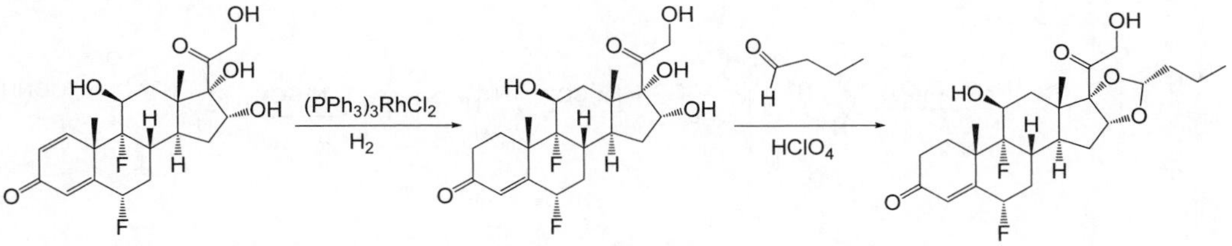

【用　　途】 用于治疗过敏性鼻炎，哮喘。

【生产厂家】 Astrazeneca Plc.

【参考资料】

Andersson P, Axelsson B, Brattssand R, et al. Novel steroids: US 5674861[P]. 1997-10-7.

04049

艾沙康唑硫酸酯 Isavuconazonium Sulfate [946075-13-4]

【名　　称】 1-[[*N*-甲基-*N*-3-[(甲基氨基)乙酰氧基甲基]吡啶-2-基]氨基甲酰氧基]乙基-1-[(2*R*,3*R*)-2-(2,5-二氟苯基)-2-羟基-3-[4-(4-氰基苯基)噻唑-2-基]丁基]-1*H*-[1,2,4]三唑-4-鎓硫酸盐。

1-[[*N*-methyl-*N*-3-[(methylamino)acetoxymethyl]pyridin-2-yl]carbamoyloxy]ethyl-1-[(2*R*,3*R*)-2-(2,5-difluorophenyl)-2-hydroxy-3-[4-(4-cyanophenyl)thiazol-2-yl]butyl]-1*H*-[1,2,4]triazole-4-onium sulfate。

【结 构 式】

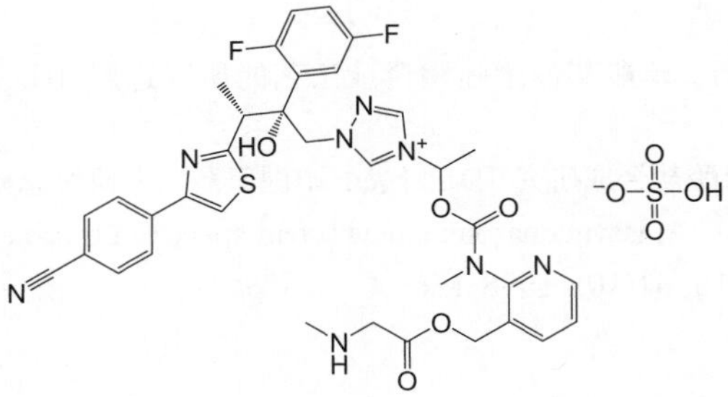

分子式：$C_{35}H_{36}F_2N_8O_9S_2$
分子量：814.83

【制　　法】

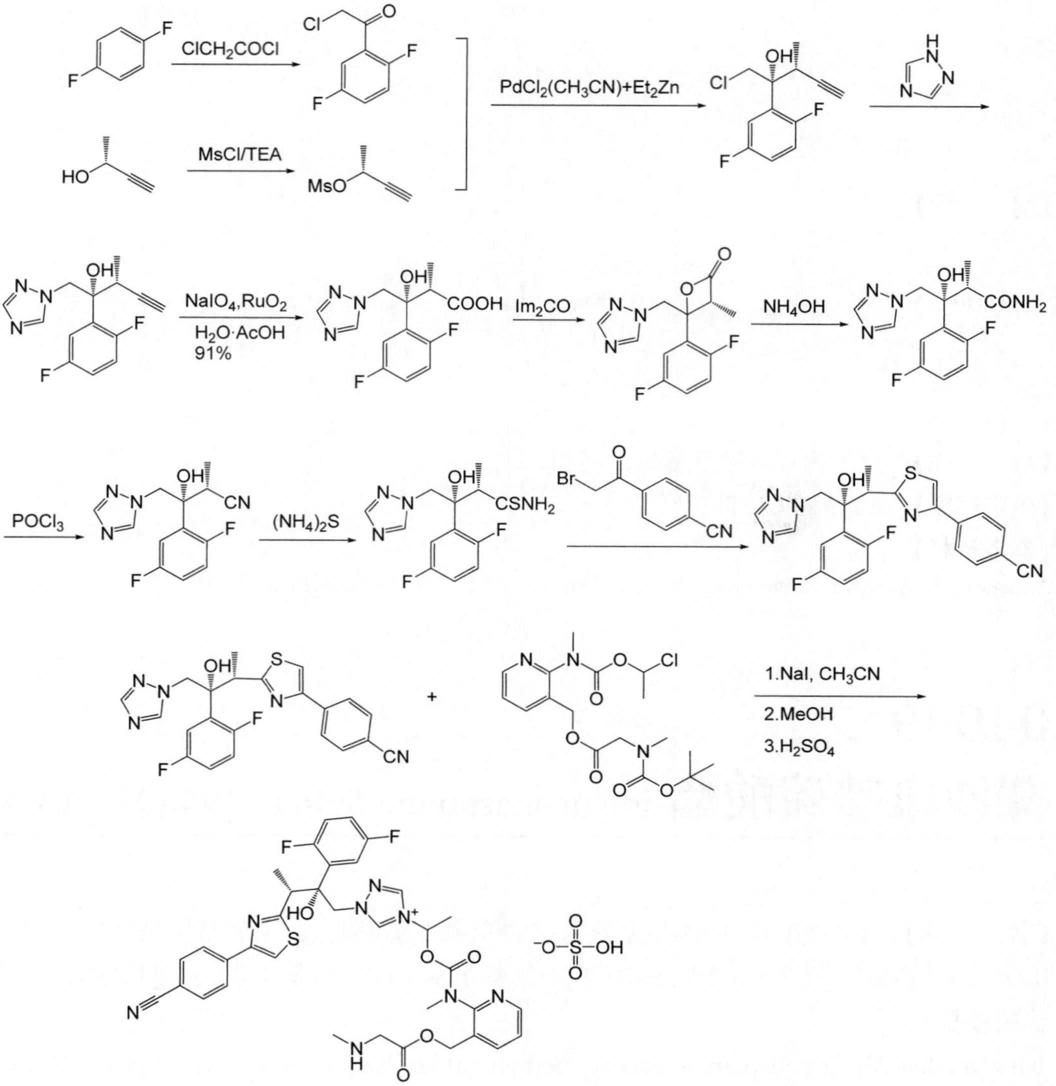

【用　　途】 口服活性抗真菌药物，用于治疗侵袭性曲霉菌病和毛霉菌病。

【生产厂家】 安斯泰来制药有限公司、上海陶素生化科技有限公司。

【参考资料】

[1] 宋海超，张旭，霍彩霞. 硫酸艾沙康唑鎓合成工艺的研究进展 [J]. 国际药学研究杂志，2016, 43(03): 436-440, 444.

[2] 宋承恩. 艾沙康唑鎓硫酸盐合成研究 [D]. 上海：中国医药工业研究总院, 2018.

[3] Miceli M H, Kauffman C A. Isavuconazole: a new broad-spectrum triazole antifungal agent [J]. Clinical Infectious Diseases, 2015, 61(10): 1558-1565.

04050

唑利氟达星 Zoliflodacin [1620458-09-4]

【名　　称】

(2*R*,4*S*,4*aS*)-11-氟-2,4-二甲基-8-[(4*S*)-4-甲基-2-氧代-1,3-噁唑烷-3-基]-1,2,4,4*a*-四氢-2'*H*, 6*H*-螺[1,4-噁嗪[4,3-*a*][1,2]噁唑[4,5-*g*]喹啉-5,5'-嘧啶]-2,6'(1'*H*,3'*H*)-三酮。

(2*R*,4*S*,4*aS*)-11-fluoro-2,4-dimethyl-8-[(4*S*)-4-methyl-2-oxo-1,3-oxazolidin-3-yl]-1,2,4,4*a*-tetrahydro-2'*H*,6*H*-spiro[1,4-oxazino[4,3-*a*][1,2]oxazolo[4,5-*g*]quinoline-5,5'-pyrimidine]-2',4',6'(1'*H*,3'*H*)-trione。

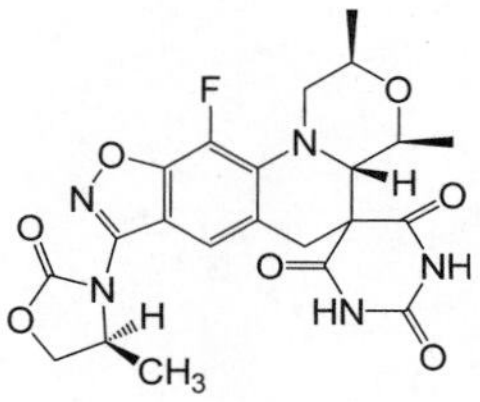

分子式： $C_{22}H_{22}FN_5O_7$
分子量： 487.438

【用　　途】 用于治疗细菌感染。

【生产厂家】 Med Chemexpress LLC.

04051

他伐硼罗 Tavaborole [174671-46-6]

【名　　称】 1-羟基-5-氟-1,3-二氢苯并[1,2]噁唑硼烷; 2-羟基甲基-5-氟苯硼酸半酯; 5-氟-1,3-二氢-1-羟基-2,1-苯并氧杂硼戊环。

5-fluoro-1,3-dihydro-1-hydroxy-2,1-benzoxaborole。

【结 构 式】

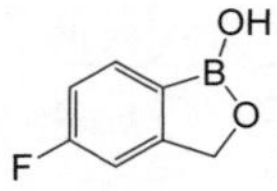

分子式： $C_7H_6BFO_2$
分子量： 151.93

【性　　状】 白色固体。

【制　　法】

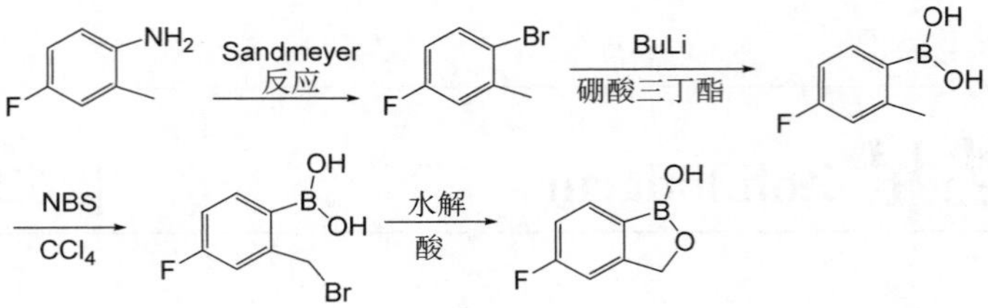

$$\text{5-fluoro-2-methylaniline} \xrightarrow[\text{反应}]{\text{Sandmeyer}} \text{2-bromo-5-fluorotoluene} \xrightarrow[\text{硼酸三丁酯}]{\text{BuLi}} \text{(4-fluoro-2-methylphenyl)boronic acid} \xrightarrow[CCl_4]{\text{NBS}} \text{[2-(bromomethyl)-4-fluorophenyl]boronic acid} \xrightarrow[\text{酸}]{\text{水解}} \text{5-fluoro-1-hydroxy-1,3-dihydro-2,1-benzoxaborole}$$

【用　　途】 一种抗真菌剂，能够抵抗毛癣菌属，有效治疗甲真菌病。

【生产厂家】 AnacorPharma 公司、上海百舜生物科技有限公司。

【参考资料】

[1] 李匡元, 李娟. 抗真菌药物 Tavaborole 的合成进展 [J]. 化学工程师, 2020, 34(10): 61-65.

[2] Koupenova M, Clancy L,Corkrey H A, et al. Circulating platelets as mediators of immunity, inflammation and thrombosis [J]. Circulation Research, 2018, 122(2): 337-351.

04052

乙氟利嗪 Efletirizine [150756-35-7]

【名　　称】 (2-{4-[双(4-氟苯基)甲基]哌嗪-1-基}乙氧基)乙酸; Ucb-28754。
(2-{4-[bis(4-fluorophenyl)methyl]piperazin-1-yl}ethoxy)acetic acid。

【结 构 式】

分子式: $C_{21}H_{24}F_2N_2O_3$
分子量: 390.42

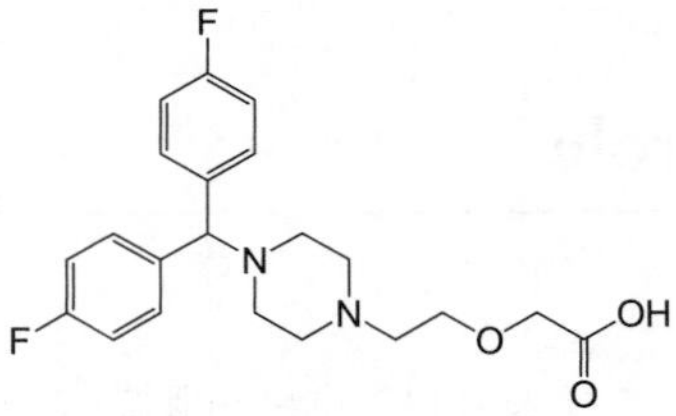

【制　　法】

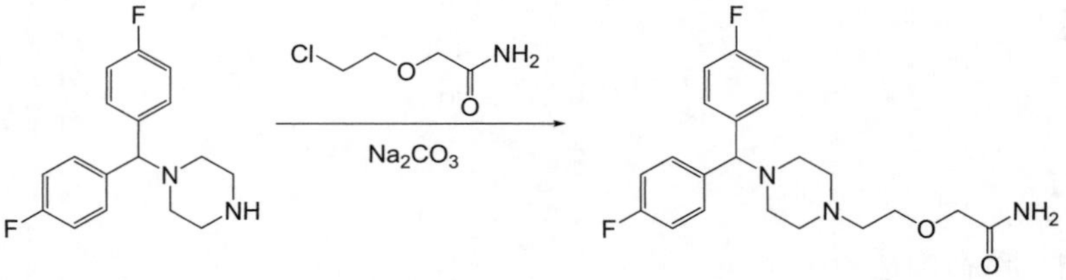

$$\text{1-[bis(4-fluorophenyl)methyl]piperazine} \xrightarrow[Na_2CO_3]{ClCH_2CH_2OCH_2CONH_2} \text{2-(2-\{4-[bis(4-fluorophenyl)methyl]piperazin-1-yl\}ethoxy)acetamide}$$

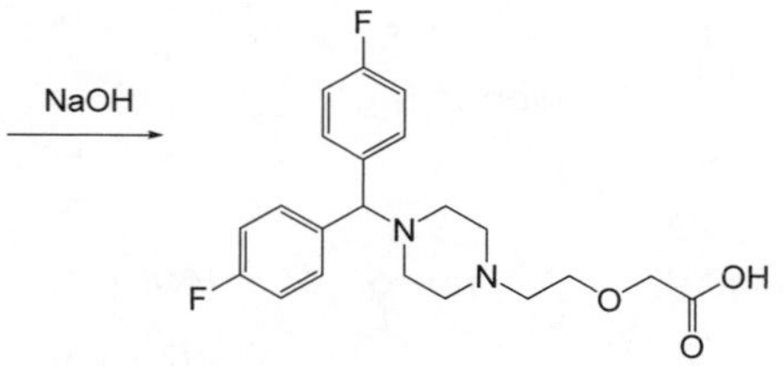

NaOH

【用　　途】用于治疗过敏性鼻炎。

【生产厂家】Ucb Sa。

【参考资料】

Berwaer M, Bodson G, Deleers M, et al. Pseudopolymorphic forms of 2-[2-[4-[bis(4-fluorophenyl) methyl]-1-piperazinyl]ethoxy]acetic acid dihydrochloride:EP,US 6262057 B1[P].2001.

04053

司帕沙星 Sparfloxacin [111542-93-9]

【名　　称】顺式-5-氨基-1-环丙基-7-(3,5-二甲基-1-哌嗪基)-6,8-二氟-1,4-二氢-4-氧代-3-喹啉羧酸；海正立特®；司巴乐®。

cis-5-amino-1-cyclopropyl-7-(3,5-dimethyl-1-piperazinyl)-6,8-difluoro-1,4-dihydro-4-oxo-3-quinolinecarboxylic acid。

【结 构 式】

分子式： $C_{19}H_{22}F_2N_4O_3$

分子量： 392.41

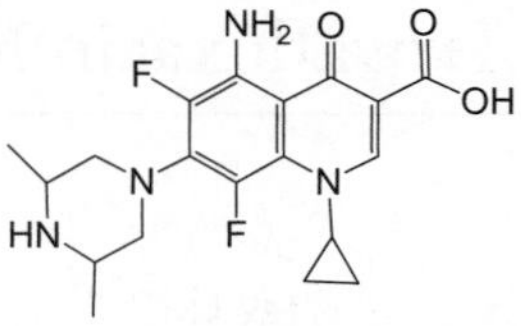

【性　　状】黄色粉末。熔点 260～265℃，沸点(640.4±55.0)℃。

【制　　法】由 2,3,4,5-四氟苯甲酸为原料，经硝化、酰氯化与丙二酸二乙酯缩合。再部分水解并脱羧，然后与原甲酸三乙酯缩合、环丙胺置换、环合、硝基还原、水解后与顺式-2,6-二甲基哌嗪缩合得到司帕沙星，总收率约 28%。

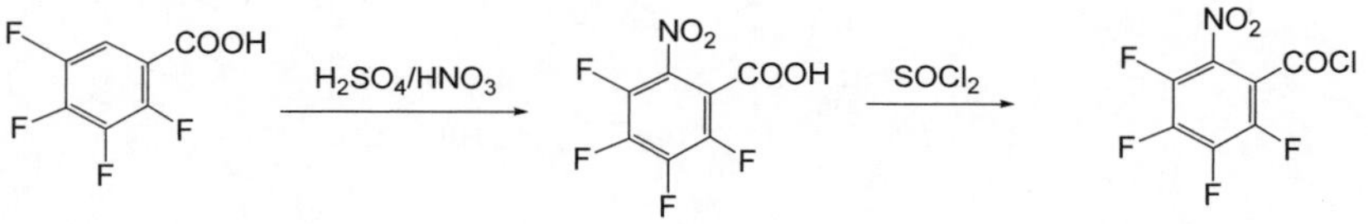

H_2SO_4/HNO_3　　$SOCl_2$

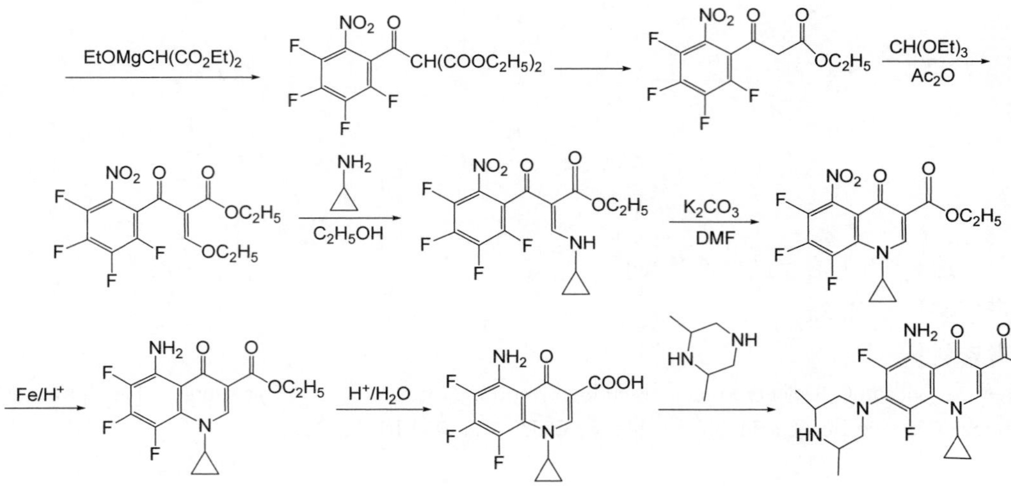

【用　　途】 对革兰阳性菌、革兰阴性菌、厌氧菌、依原体、支原体均具有抗菌活性，用于治疗大肠杆菌等敏感菌所致下呼吸道感染、泌尿道感染、妇科、耳鼻喉及皮肤软组织感染等。

【生产厂家】 Mylan Nv、湖南五洲通药业有限责任公司、河南精康制药有限公司、苏州东瑞制药有限公司。

【参考资料】

[1] 戚建军, 李树有, 刘明亮, 等. 司帕沙星的合成工艺研究[J]. 中国医药工业杂志, 2001(09): 3-5。

[2] 孙兰英, 戚建军, 刘明亮, 等. 司氟沙星的合成[J]. 中国医药工业杂志, 1998(09): 3-5.

04054

甲磺酸曲伐沙星 Trovafloxacin Mesylate [147059-75-4]

【名　　称】 (1α,5α,6α)-7-(6-氨基-3-氮杂双环[3.1.0]-3-己基)-1-(2,4-二氟苯基)-6-氟-4-氧代-1,4-二氢-1,8-萘啶-3-羧酸单甲磺酸盐。

(1α,5α,6α)-7-(6-amino-3-azabicyclo[3.1.0]hex-3-yl)-1-(2,4-difluorophenyl)-6-fluoro-4- oxo-1, 4-dihydro-1,8-naphthyridine-3-carboxylic acid monomethanesulfonate。

【结 构 式】

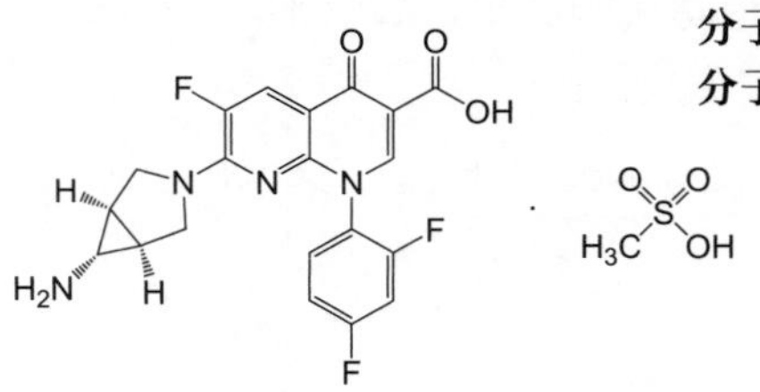

分子式：$C_{20}H_{15}F_3N_4O_3 \cdot CH_4O_3S$

分子量：512.46

【制 法】

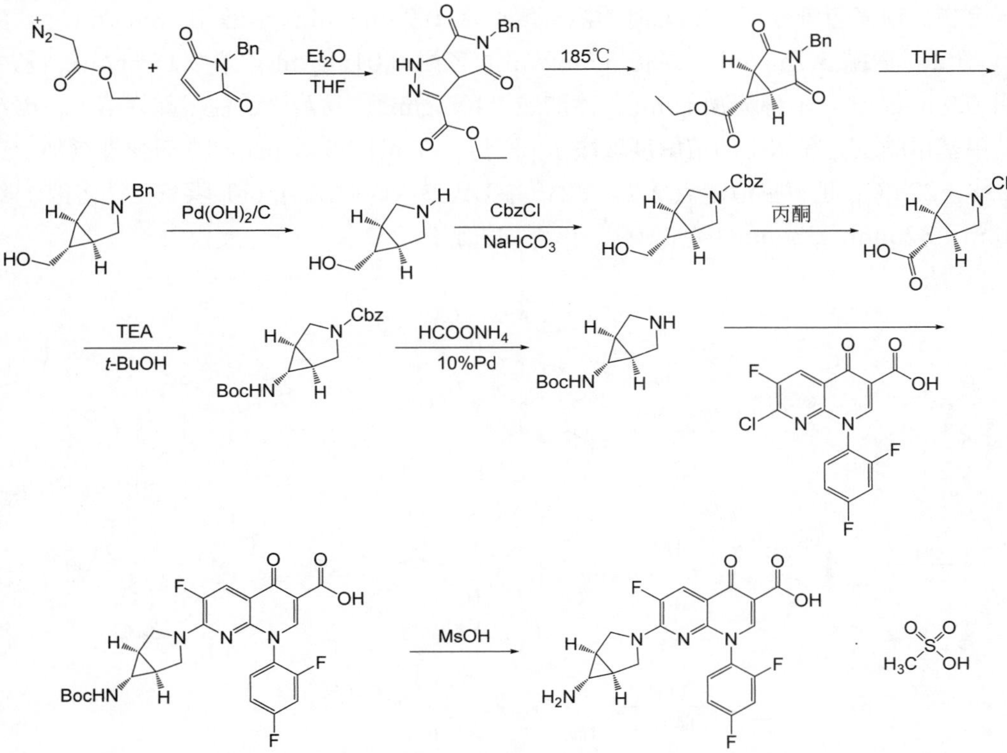

【用 途】 主要用于治疗敏感菌株引起的威胁生命或肢体的感染。

【生产厂家】 Pfizer、天方药业有限公司、浙江乐普药业股份有限公司。

【参考资料】

燕立波, 王丽, 沈兵, 等. 一种合成氟喹诺酮及其盐的新方法: CN 102827143A[P]. 2012-12-19.

04055

诺氟沙星 Norfloxacin [70458-96-7]

【名 称】 1-乙基-6-氟-4-氧代-7-(哌嗪-1-基)-1,4-二氢喹啉-3-羧酸; 氟哌酸;
1-ethyl-6-fluoro-4-oxo-7-(piperazin-1-yl)-1,4-dihydroquinoline-3-carboxylic acid。

【结 构 式】

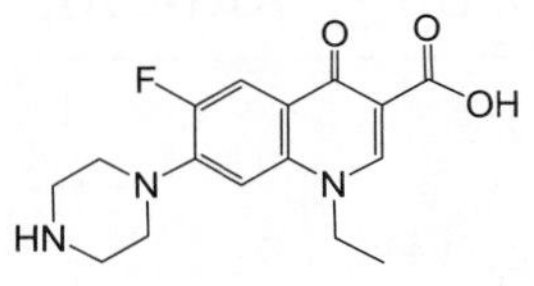

分子式: $C_{16}H_{18}FN_3O_3$
分子量: 319.33

【性　　状】 类白色至淡黄色结晶性粉末，无臭，味微苦。暴露在空气中易吸湿，形成半水合物。遇光色渐变深。25℃时的溶解度：水 0.28mg/mL，甲醇 0.98mg/mL，乙醇 1.9mg/mL，丙酮 5.1mg/mL，氯仿 5.5mg/mL，乙醚 0.01mg/mL，苯 0.15mg/mL，乙酸乙酯 0.94mg/mL，辛醇 5.1mg/mL，冰醋酸 340mg/mL。易溶于酸性或碱性溶液，略溶于二甲基甲酰胺。在水中的溶解度取决于 pH 值，在 $pH < 5$ 或 $pH > 10$ 时快速增加。熔点 218～224℃，也有报道熔点 220～221℃。UV 最大吸收(0.1mol/L 氢氧化钠溶液)：约 274nm、325nm、336nm(ε约 1109、437、425)。

【制　　法】

H_3BO_3-AcO

OH^- / H^+

哌嗪 / 催化剂

【用　　途】 具有广谱高效的抗菌作用，治疗范围广，口服吸收好，毒性低，临床上主要用于尿路感染、胆道感染、肠道感染的治疗，疗效显著。也适用于治疗淋病、前列腺炎、伤寒及其他沙门菌感染。对胆道、外科、妇产科等感染亦有较好疗效。已获 FDA 批准。

【生产厂家】 河南东泰制药有限公司、河南康威药业有限公司、浙江仙琚制药股份有限公司、浙江乐普药业股份有限公司、重庆西南制药二厂有限责任公司、上海玉瑞生物科技(安阳)药业有限公司、山西云鹏制药有限公司、山西榆化精细化工有限公司。

【参考资料】

[1] 胡国强，董秀丽. 诺氟沙星合成方法的改进[J]. 化学试剂, 2007, 29(09): 575-576.
[2] 马明华，纪秀贞，沈佰林，等. 盐酸环丙沙星合成工艺改进[J]. 药学进展, 1997, 21(02): 48-50.

04056

氟吡洛芬钠 Flurbiprofen Sodium [56767-76-1]

【名　　称】 2-氟-α-甲基-4-联苯乙酸钠。

sodium 2-fluoro-α-methyl-4-biphenylacete。

【结 构 式】

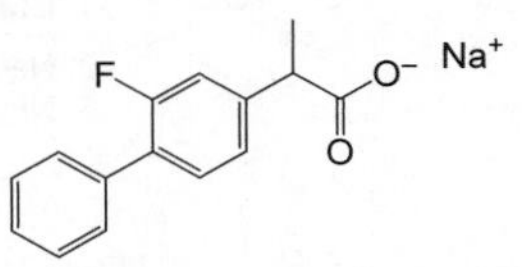

分子式：$C_{15}H_{12}FNaO_2$
分子量：266.24

【性 状】 熔点 114～116℃，沸点 376.2℃(760mmHg)。

【制 法】

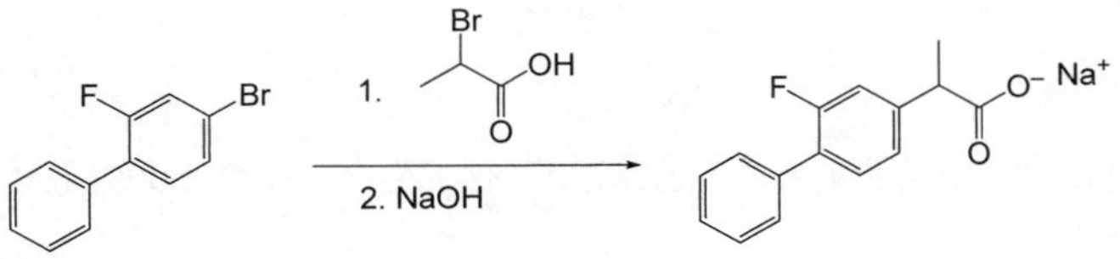

【用 途】 主要用于治疗骨关节炎、类风湿性关节炎、疼痛。已获 FDA 批准。

【生产厂家】 Allergen、威海迪素制药有限公司。

【参考资料】

Gurjar M K, Bhausaheb C A, Deshmukh J L, et al. Process for preparation of Flurbiprofen: IN2015MU04458[P]. 2017-06-23.

04057

依诺沙星 Enoxacin [74011-58-8]

【名 称】 1-乙基-6-氟-1,4-二氢-4-氧代-7-(哌嗪-1-基)-1,8-萘啶-3-羧酸。

1-ethyl-6-fluoro-1,4-dihydro-4-oxo-7-(piperazin-1-yl)-1,8-naphthyridine-3-carboxylic acid。

【结 构 式】

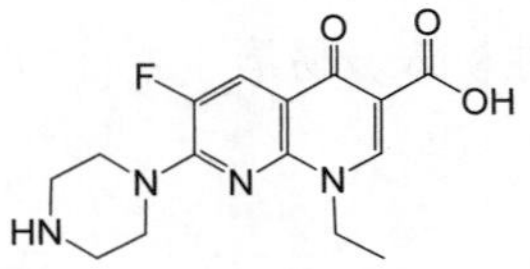

分子式：$C_{15}H_{17}FN_4O_3$
分子量：320.32

【性 状】 白色或浅黄褐色的结晶或结晶性粉末，无臭，味苦，易溶于冰醋酸，微溶于甲醇，极微溶于氯仿或丙酮，几不溶于乙醇、乙醚或水。熔点 220～224℃(从乙醇-二氯甲烷中得到)。

【制　　法】

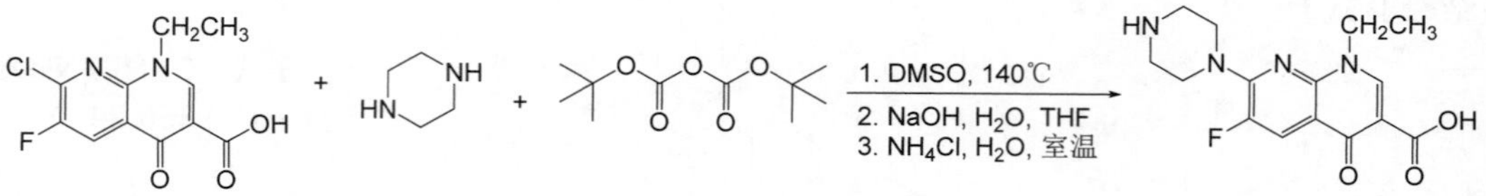

【用　　途】喹诺酮类广谱抗感染药，对革兰氏阳性和阴性菌及葡萄糖非发酵菌有抗菌作用。适用于治疗呼吸系统感染，消化道感染，泌尿生殖系统感染，皮肤、耳鼻眼喉感染，妇科疾病感染。已获 FDA 批准。

【生产厂家】Sanofi、武汉武药制药有限公司、锦州九泰药业有限责任公司、四川新开元制药有限公司。

【参考资料】

楼良弟，蒋剑松，高可，等. 依诺沙星合成工艺评述[J]. 化工生产与技术，2009, 16(02): 27-31, 71.

04058

氟氯西林钠 Floxacillin Sodium [1847-24-1]

【名　　称】(2*S*,5*R*,6*R*)-6-[[3-(2-氯-6-氟苯基)-5-甲基-1,2-噁唑-4-甲酰基]氨基]-3,3-二甲基-7-氧代-4-硫杂-1-氮杂双环[3.2.0]庚烷-2-甲酸钠盐。

(2*S*,5*R*,6*R*)-6-[[3-(2-chloro-6-fluorophenyl)-5-methyl-1,2-oxazole-4-carboxyl]amino]-3,3-dimethyl-7-oxo-4-thia-1-azabicyclo[3.2.0]heptane-2-carboxylate, sodium salt。

【结 构 式】

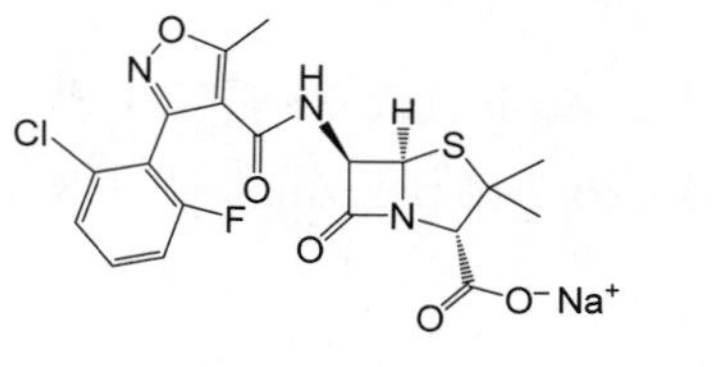

分子式：$C_{19}H_{16}ClFN_3NaO_5S$

分子量：475.85

【性　　状】白色或类白色结晶性粉末，易溶于水(1∶1)，溶于乙醇(1∶12)或丙酮(1∶12)。

【制　　法】

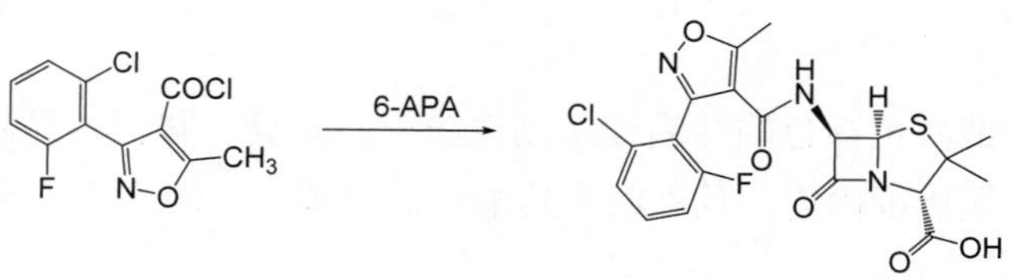

【用　　途】 主要应用于治疗葡萄球菌所致的各种周围感染，但对耐甲氧西林的金黄色葡萄球菌(MR-SA)感染无效。

【生产厂家】 山东睿鹰先锋制药有限公司、浙江金华康恩贝生物制药有限公司、桂林南药股份有限公司。

【参考资料】

[1] 周改平. 氟氯西林钠的合成工艺[J]. 山西医药杂志, 2013, 42(12): 1429-1430.

[2] 黄娟, 严正人, 刘慧勤, 等. 正交试验设计在氟氯西林钠工艺优化中的应用[J]. 应用化工, 2016(S2): 298-301.

04059

氟胞嘧啶 Flucytosine [2022-85-7]

【名　　称】 4-氨基-5-氟-2(1*H*)-嘧啶酮; 安拉喷®; 5-氟胞嘧啶(盐酸恩曲他滨中间体)。4-amino-5-fluoropyrimidin-2(1*H*)-one。

【结 构 式】

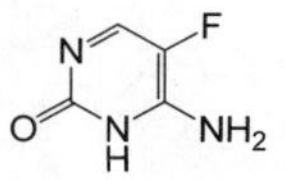

分子式：$C_4H_4FN_3O$
分子量：129.09

【性　　状】 白色或类白色结晶性粉末，无臭或微臭。在水中略溶，在水中溶解度为1.2%(20℃)；在乙醇中微溶；在氯仿、乙醚中几乎不溶；在稀盐酸或稀氢氧化钠溶液中易溶。在室温下稳定，遇冷析出结晶，遇热部分转变为5-氟尿嘧啶。

【制　　法】 以胞嘧啶为原料，在惰性气体保护下，向无水氟化氢中加入胞嘧啶，在−20～−5℃下，通入含氟气体进行氟化反应；反应3～5h后，将反应液蒸馏浓缩、加水溶解，加碱调节反应液的pH值，分离得到5-氟胞嘧啶。本发明方法合成路线短、工艺选择性好，生产过程中不使用有机溶剂，合成得到的5-氟胞嘧啶含量99.6%，总收率为93%。

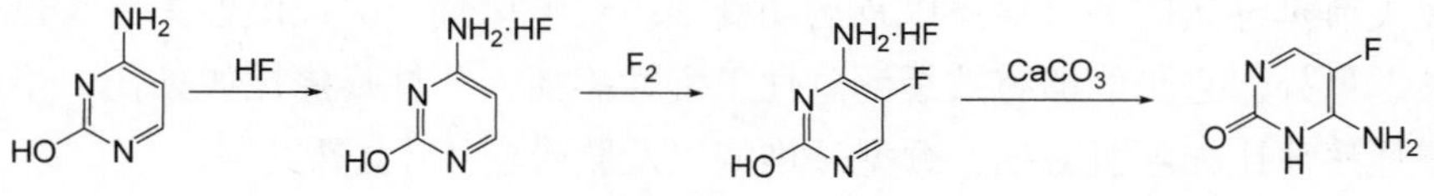

【用　　途】 抗真菌药。主要用于治疗皮肤黏膜念珠菌病、念珠菌心内膜炎、念珠菌关节炎、隐球菌脑膜炎和着色真菌病。用药期间应定期检查血象。肝、肾功能不全血液病患者及孕妇慎用；严重肾功能不全患者禁用。

【生产厂家】 药大制药有限公司、精华制药集团南通有限公司、上海旭东海普南通药业有限公司。

【参考资料】

[1] 李典正, 刘定华. 5-氟胞嘧啶的合成[J]. 江西化工, 2015(04): 52-53.
[2] 张奕华, 侯秀清, 黄赐福. 氟胞嘧啶合成工艺的改进[J]. 中国药科大学学报, 1989, 20(01): 35-36.

04060

塞来昔布 Celecoxib [169590-42-5]

【名 称】 4-[5-(4-甲基苯基)-3-(三氟甲基)吡唑-1-基]苯磺酰胺; 赛来克西; 塞来考昔。4-[5-(4-methylphenyl)-3-(trifluoromethyl)pyrazola-1-yl]benzenesulfonamide。

【结 构 式】

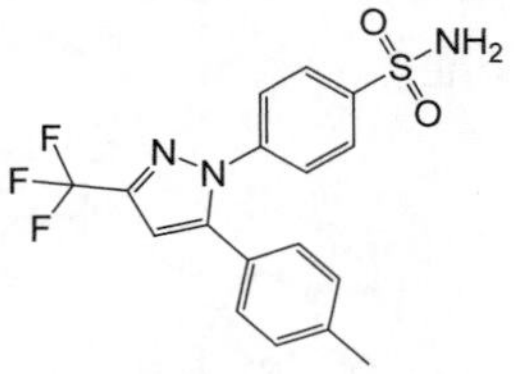

分子式: $C_{17}H_{14}F_3N_3O_2S$
分子量: 381.37

【制 法】 对甲基苯乙酮和三氟乙酸乙酯为原料在甲醇钠作用下, 进行 Claisen 反应合成二酮中间体, 再与对肼基苯磺酰胺盐酸盐进行环合得塞来昔布。

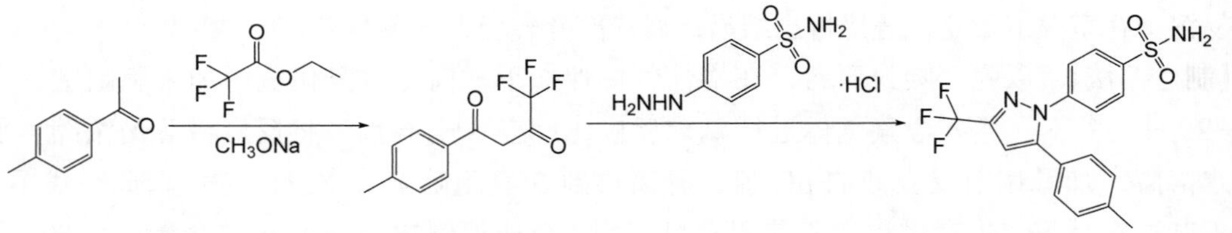

CH_3ONa ·HCl H_2NHN

【用 途】 可以抑制前列腺素的产生, 减轻炎症水肿和疼痛。在临床上主要治疗膝关节的骨性关节炎导致的关节疼痛以及活动受限。对于风湿、类风湿性关节炎也有很好的治疗效果。另外, 它也能够有效缓解急性、慢性疼痛, 急性疼痛比如外伤、手术导致的疼痛, 慢性疼痛比如腰肌劳损、颈型颈椎病以及肱骨内(外)上髁炎等。

【生产厂家】 Pfizer Pharmaceuticals LLC、辉瑞制药有限公司。

【参考资料】

Sergeeva A, Bhardwaj A, Dimov D.In the heat of the game: analogical abduction in a pragmatist account of entrepreneurial reasoning[J]. Journal of Business Venturing,2021,36(6).

04061

罗美昔布 Lumirapcoxib [220991-20-8]

【名　　称】 鲁米考昔; 2-[2-[(2-氯-6-氟苯基)氨基]-5-甲基苯基]乙酸。
2-[2-[(2-chloro-6-fluorophenyl)amino]-5-methylphenyl] acetic acid。

【结 构 式】

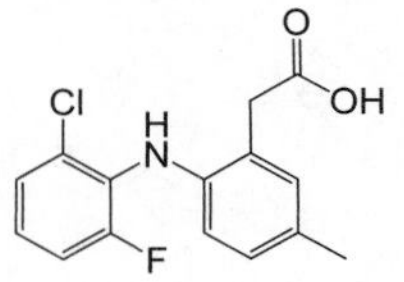

分子式：$C_{15}H_{13}ClFNO_2$
分子量：293.72

【制　　法】 在催化剂 $Pd(dba)_2$ 和三丁基膦的催化下，以叔丁醇钠为碱，由对溴甲苯和2-氯-6-氟苯胺偶联制得二芳基仲胺。二芳基仲胺与氯乙酰氯发生酰化反应，然后在 $AlCl_3$ 催化下，发生分子内的傅-克烷基化反应，构建内酰胺。最后，以 NaOH 为碱，在乙醇和水中回流，将酰胺键水解开环，制得罗美昔布。

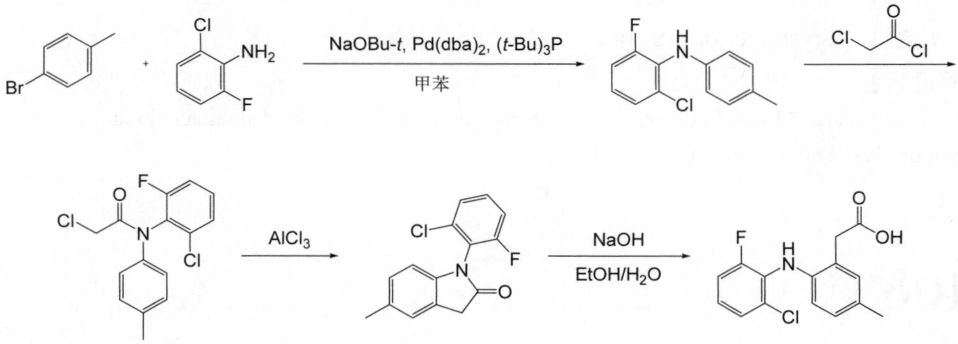

【用　　途】 本品系第二代非甾体抗炎药，临床主治骨关节炎、类风湿性关节炎等。

【生产厂家】 诺华公司、广州爱纯医药科技有限公司。

【参考资料】

李梦涛, 曾小峰. 非甾体类抗炎药在骨关节炎及其他疼痛相关治疗的心血管安全性研究进展[J]. 中华关节外科杂志(电子版), 2014, 8(06): 794-798.

04062

帕马考昔 Polmacoxib [301692-76-2]

【名　　称】泊马昔布; 4-(3-(3-氟苯基)-5,5-二甲基-4-氧代-4,5-二氢呋喃-2-基)苯磺酰胺。
4-(3-(3-fluorophenyl)-5,5-dimethyl-4-oxo-4,5-dihydrofuran-2-yl)benzensulfonamide。

【结 构 式】

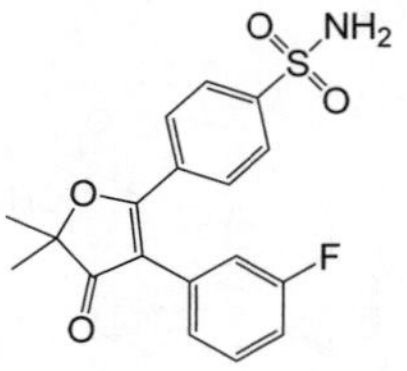

分子式：$C_{18}H_{16}FNO_4S$
分子量：361.39

【制　　法】

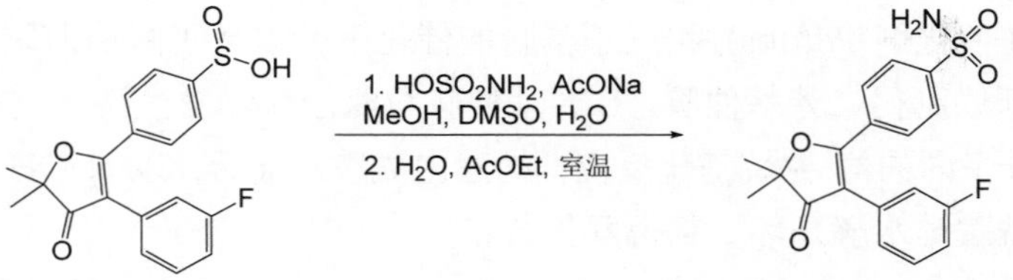

1. $HOSO_2NH_2$, AcONa
MeOH, DMSO, H_2O
2. H_2O, AcOEt, 室温

【用　　途】一种非甾体抗炎药(NSAID)，用于治疗骨关节炎。

【生产厂家】Crystalgenomics Inc。

【参考资料】

Desai S J, Rupapara, M L, Ghodasara, H B. Amorphous solid dispersion of polmacoxib and process for its preparation:IN201821012966[P]. 2019-10-11.

04063

安曲非宁 Antrafenine [55300-29-3]

【名　　称】2-((4-(3-三氟甲基)苯基)哌嗪-1-基)乙基　2-[[7-(三氟甲基)-4-喹啉基]氨基]苯甲酸酯。

2-((4-(3-trifluoromethyl)phenyl)piperazin-1-yl)ethyl　2-((7-(trifluoromethyl)quinolin-4-yl)amino) benzoate。

【结 构 式】

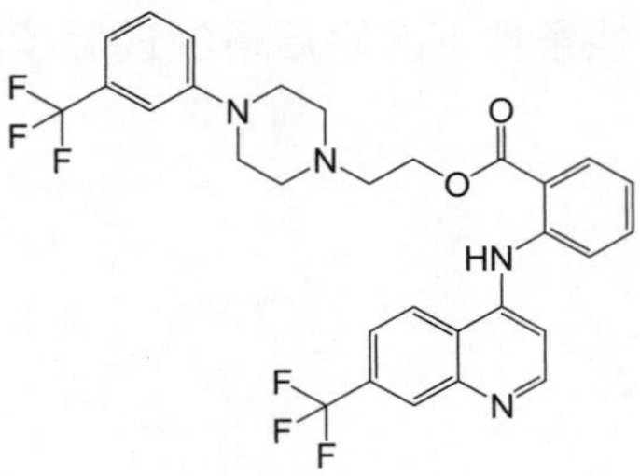

分子式：$C_{30}H_{26}F_6N_4O_2$
分子量：588.54

【制　　法】

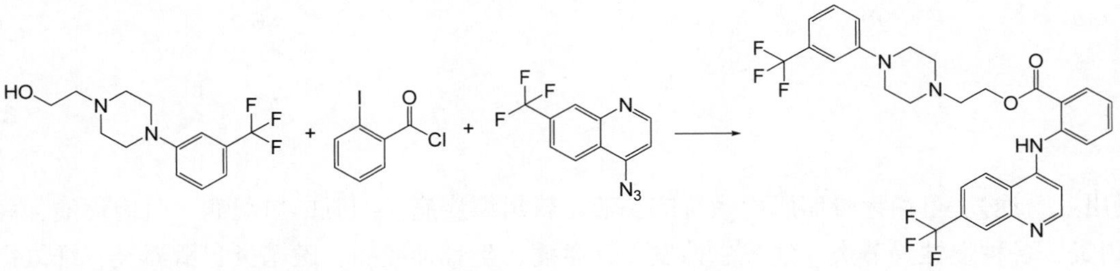

【用　　途】治疗急性胃炎或慢性胃炎。

【生产厂家】Lanospharma Laboratories Co., Ltd。

【参考资料】

[1] 高磊，杨德志. 安曲非宁合成路线图解[J]. 中国药物化学杂志，2021, 31(02): 162-164, 80.

[2] Chen D S, Zhang Y, Liu J Q, et al. Exploratory process development of antrafenine through the tandem Tsuji-Trost reaction and Heck coupling [J]. Synthesis, 2019, 51(12): 2564-2571.

04064

依托芬那酯 Etofenamate [30544-47-9]

【名　　称】2-(2-羟基乙氧基)乙基　*N*-(*α*,*α*,*α*-三氟间甲苯基)邻氨基苯甲酸酯；依托芬那酯;氟灭酸酯/依托芬那酯;氟灭酸酯。

2-(2-hydroxyethoxy)ethyl　*N*-(*α*,*α*,*α*-trifluoro-*m*-tolyl)anthranilate。

【结 构 式】

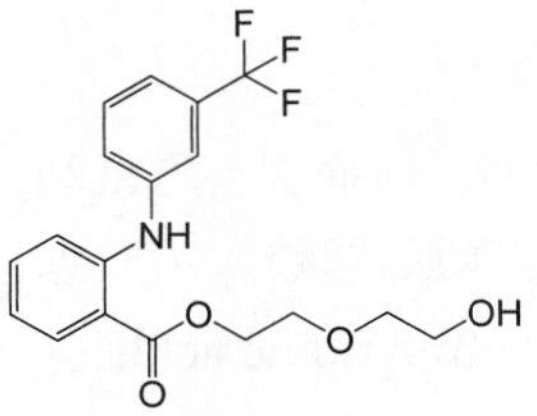

分子式：$C_{18}H_{18}F_3NO_4$
分子量：369.33

【制　　法】 氟灭酸在氯硅烷、磺酰氯等有机羧酸活化剂存在下，与二甘醇在非质子性有机溶剂中反应，反应物在酸性条件下水解后再经过后续的分离操作，即可得到高纯度的依托芬那酯。

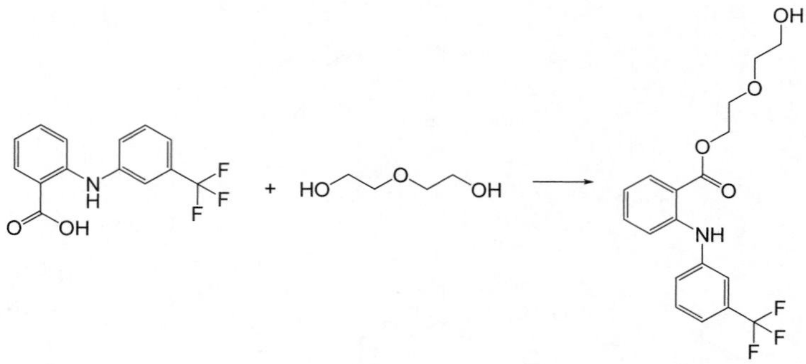

【用　　途】 可治疗骨骼肌肉系统的关节、软组织疾病，如肌肉风湿病、肌肉疼痛、肩周炎、各种慢性关节炎、痛风急性发作、腰痛、坐骨神经痛、腱鞘炎、滑囊炎、纤维组织炎以及脊柱和关节的各种软组织劳损(如骨关节炎、强直性脊柱炎)等；以及外伤(如运动性损伤)、挫伤、扭伤、拉伤等。

【生产厂家】 Bright Future Pharmaceuticals Factory、澳美制药厂。

【参考资料】

[1] Predel H G, Leary A, Imboden R,et al. Efficacy and safety of an etofenamate medicated plaster for acute ankle sprain: a randomized controlled trial.[J]. Orthopaedic Journal of Sports Medicine, 2021, 9(8): 1729-1734.

[2] Kopečná M, Kováčik A, Novák P, et al. Transdermal permeation and skin retention of diclofenac and etofenamate/flufenamic acid from over-the-counter pain relief products[J]. Journal of Pharmaceutical Sciences, 2021, 110(6): 2517-2523.

[3] Mancini G, Gonçalves L M D,Marto J, et al. Increased therapeutic efficacy of SLN containing etofenamate and ibuprofen in topical treatment of inflammation.[J]. Pharmaceutics, 2021, 13(3): 328.

04065

氟尼酸 Niflumic Acid [4394-00-7]

【名　　称】 尼氟灭酸；氮氟灭酸；理痛灵；乃富利；尼氟酸；2-[(3-三氟甲基苯基)氨基]-3-吡啶羧酸；2-(α,α,α-三氟间甲苯胺)烟酸。

2-[(3-trifluoro methylphenyl)amino]-3-pyridine acid。

【结 构 式】

分子式：$C_{13}H_9F_3N_2O_2$
分子量：282.22

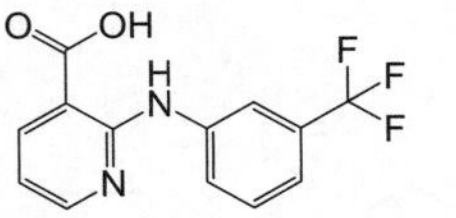

【制　　法】

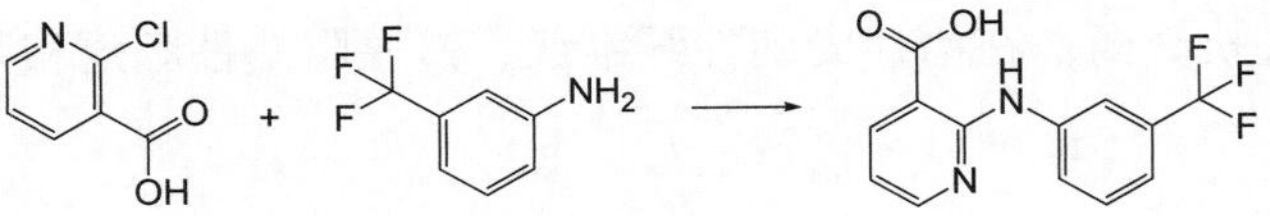

【用　　途】 主要用于轻、中度疼痛的镇痛，如关节炎，腕、踝关节的扭伤，小手术，肿瘤等疼痛。

【生产厂家】 NMPA 上查无生产药企。

【参考资料】

Altamura C, Conte E, Camerino G, et al. Channelopathies and related disorders: EP.224 repurposing of niflumic acid for ClC-1 mutation-driven pharmacological approach in myotonia congenita [J]. Neuromuscular Disorders, 2021,31(S117).

04066

他尼氟酯 Talniflumate [66898-62-2]

【名　　称】 氟烟酞酯；氟尼酸酯；酞尼氟酯；2-[(3-三氟甲基)苯基]氨基-3-吡啶羧酸苯酞酯；2-[[3-(三氟甲基)苯基]氨基]-1,3-二氢-3-氧代-1-异苯并呋喃基-3-吡啶甲酸酯。

2-[(3-trifluoromethyl)benzene] amino-3-phthalate pyridine carboxylate; 2-[[3-(trifluoromethyl) phenyl]amino]-1,3-dihydro-3-oxo-1-isobenzofuranyl-3-pyridine carboxylic acid ester。

【结 构 式】

分子式：$C_{21}H_{13}F_3N_2O_4$
分子量：414.33

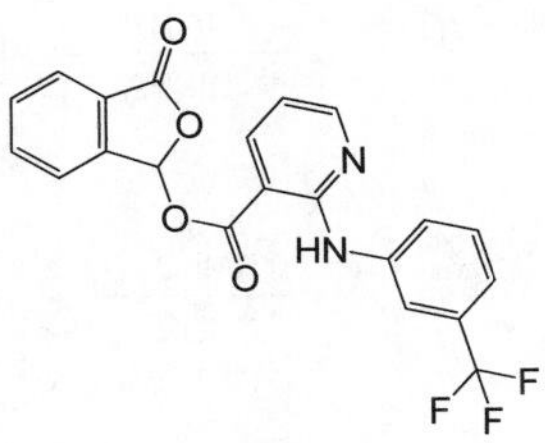

【制　　法】

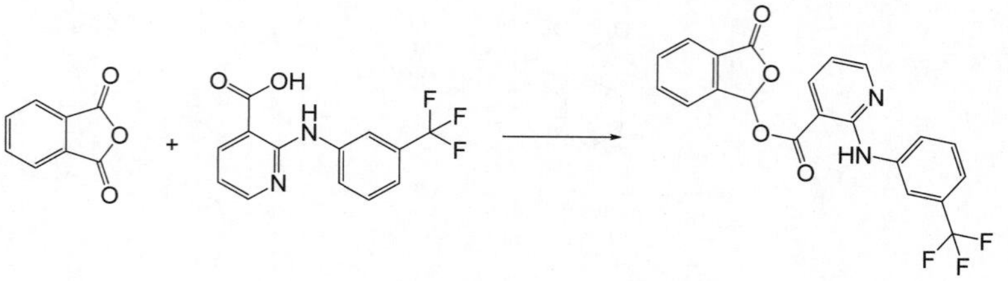

【用　　途】一种抗炎药，在治疗囊胞性纤维症、慢性阻塞性肺病和哮喘中被用作黏蛋白调节剂。

【生产厂家】Bago。

【参考资料】

Kang W, Kim K, Kim E Y, et al. Effect of food on systemic exposure to niflumic acid following postprandial administration of talniflumate[J]. European Journal of Clinical Pharmacology, 2008, 64(10): 1027-1030.

04067

阿塔卢仑 Ataluren [775304-57-9]

【名　　称】阿塔鲁伦；阿他卢仑；3-[5-(2-氟苯基)-1,2,4-噁二唑-3-基]苯甲酸。
3-[5-(2-fluorophenyl)-1,2,4-oxadiazol-3-yl] benzoic acid。

【结 构 式】

分子式：$C_{15}H_9FN_2O_3$
分子量：284.24

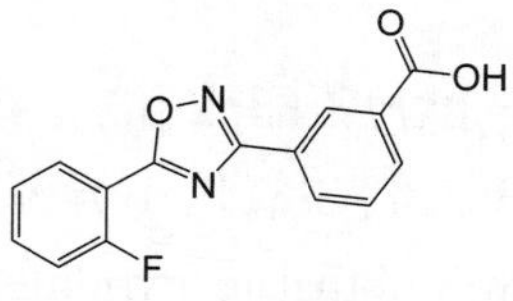

【制　　法】

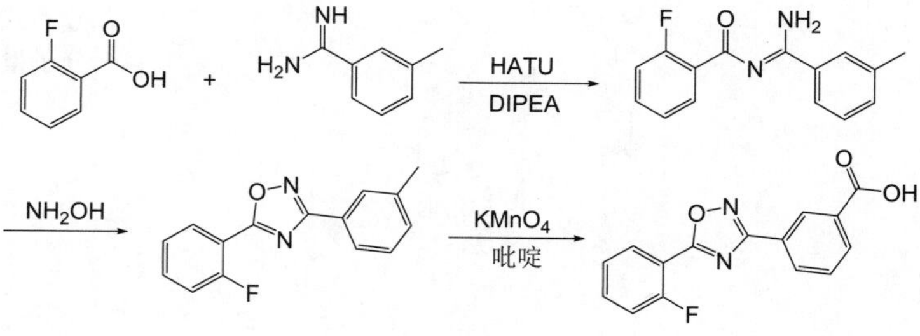

HATU
DIPEA
NH_2OH
$KMnO_4$
吡啶

【用　　途】 应用于无义突变所致的DMD患者(5岁以上可行走的患者)。

【生产厂家】 Ptc Therapeutic Inc、北京MEDPACE医药有限科技公司、杭州泰格医药科技股份有限公司。

【参考资料】

[1] Gupta P K, Hussain M K, Asad M, et al. A metal-free tandem approach to prepare structurally diverse *N*-heterocycles: synthesis of 1, 2, 4-oxadiazoles and pyrimidinones[J]. New Journal of Chemistry, 2014, 38(7): 3062-3070.

[2] Andersen T L, Caneschi W, Ayoub A, et al. 1, 2, 4-and 1, 3, 4-Oxadiazole synthesis by palladium-catalyzed carbonylative assembly of aryl bromides with amidoximes or hydrazides[J]. Advanced Synthesis & Catalysis, 2014, 356(14-15): 3074-3082.

04068

氟甲喹羟哌啶 Mefloquine [53230-10-7]

【名　　称】 (*R*)-(2,8-二(三氟甲基)喹啉-4-基)-[(*S*)-哌啶-2-基]甲醇。(*R*)-[2,8-bis(trifluoromethyl)quinolin-4-yl]-[(*S*)-piperidin-2-yl]methanol。

【结 构 式】

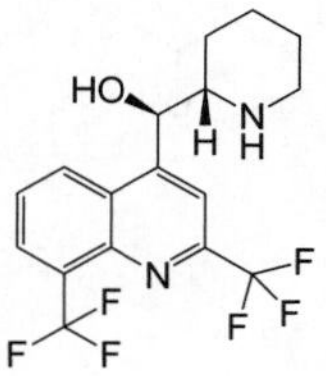

分子式：$C_{17}H_{16}F_6N_2O$

分子量：378.32

【制　　法】

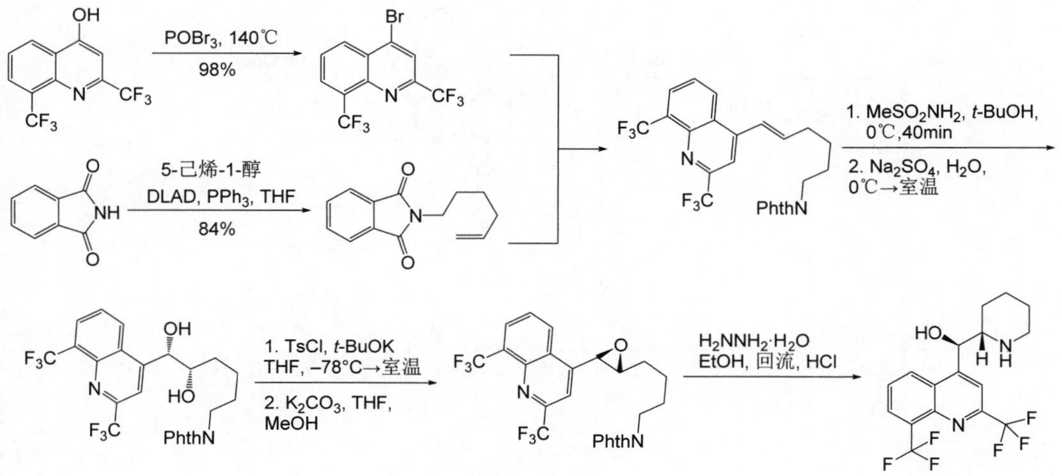

POBr$_3$, 140℃; 98%

5-己烯-1-醇; DLAD, PPh$_3$, THF; 84%

1. MeSO$_2$NH$_2$, *t*-BuOH, 0℃, 40min; 2. Na$_2$SO$_4$, H$_2$O, 0℃→室温

1. TsCl, *t*-BuOK, THF, −78°C→室温; 2. K$_2$CO$_3$, THF, MeOH

H$_2$NNH$_2$·H$_2$O, EtOH, 回流, HCl

【用　　途】 抗寄生虫病药物。

【生产厂家】 Fundacao Oswaldo Cruz (Fiocruz)。

【参考资料】

Rastelli E J, Coltart D M. A concise and highly enantioselective total synthesis of (+)-*anti* - and (−)-*syn*-mefloquine hydrochloride: definitive absolute stereochemical assignment of the mefloquines[J]. Angewandte Chemie, 2015, 127(47): 14276-14280.

04069

卤泛群 Halofantrine [69756-53-2]

【名　　称】 3-(二丁基氨基)-1-[1,3-二氯-6-(三氟甲基)菲-9-基]丙烷-1-醇。
3-(dibutylamino)-1-[1,3-dichloro-6-(trifluoromethyl)phenanthren-9-yl]propan-1-ol。

【结 构 式】

分子式：$C_{26}H_{30}Cl_{2}F_{3}NO$
分子量：500.43

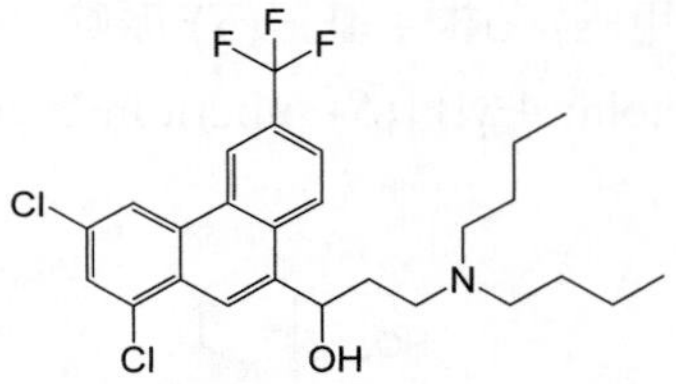

【性　　状】 结晶性粉末。

【制　　法】

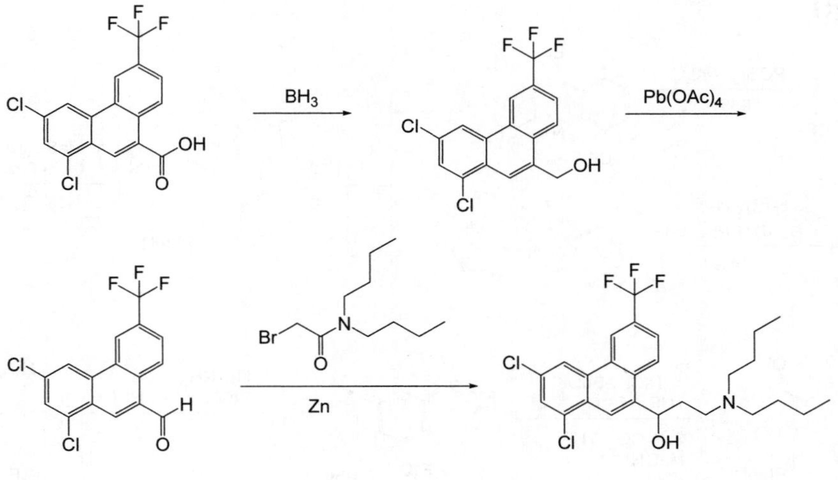

BH$_3$ → Pb(OAc)$_4$ → Zn

【用　　途】 抗寄生虫病药物。

【生产厂家】 Glaxosmithkline。

【参考资料】

Colwell W T, BrownV,Christie P, et al. Antimalarial arylaminopropanols[J]. J Med Chem, 1972, 15(7): 771-775.

04070

他非诺喹 Tafenoquine [106635-80-7]

【名　　称】 8-[(4-氨基-1-甲基丁基)氨基]-2,6-二甲氧基-4-甲基-5-[3-(三氟甲基)苯氧基]喹啉。

8-[(4-amino-1-methylbutyl]amino]-2,6-dimethoxy-4-methyl-5-[3-(trifluoromethyl)phenoxy] quinoline。

【结 构 式】

分子式：$C_{24}H_{28}F_3N_3O_3$

分子量：463.50

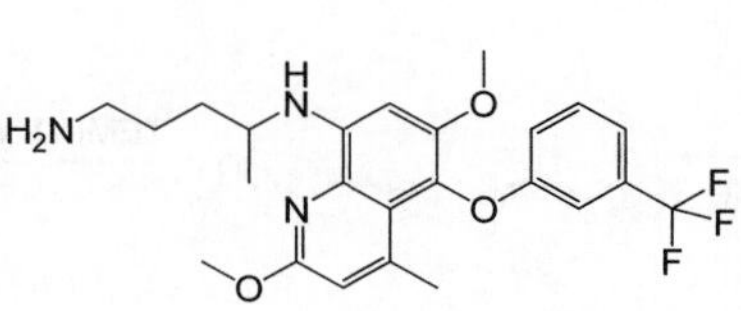

【性　　状】 白色粉末状。

【制　　法】

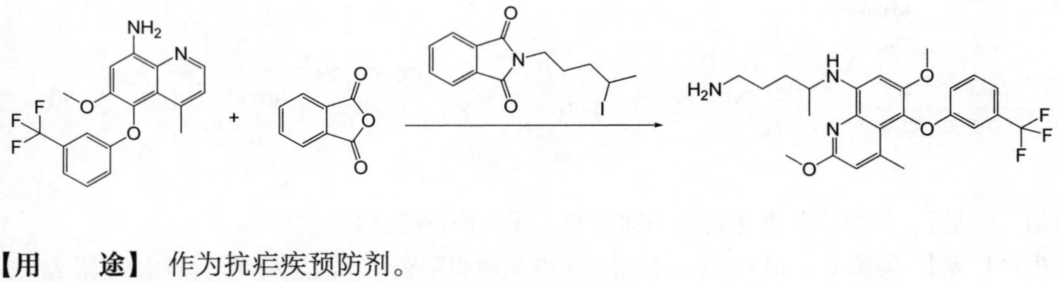

【用　　途】 作为抗疟疾预防剂。

【生产厂家】 Walter Reed Army Institute Of Research。

【参考资料】

Nodiff E A, Chatterjee S, Musallam H A. Antimalarial activity of the 8-aminoquinolines[J]. Progress in Medicinal Chemistry, 1991, 28: 1-40.

04071

恩曲他滨 Emtricitabine [143491-57-0]

【名　　称】依曲西他滨；4-氨基-5-氟-1-[(2*R*,5*S*)-2-(羟甲基)-1,3-氧硫杂环-5-基]-2(1*H*)-嘧啶酮。

4-amino-5-fluoro-1-[(2*R*,5*S*)-2-(hydroxymethyl)-1,3-oxathiolan-5-yl]-2(1*H*)-pyrimidinone。

【结 构 式】

分子式：$C_8H_{10}FN_3O_3S$

分子量：247.25

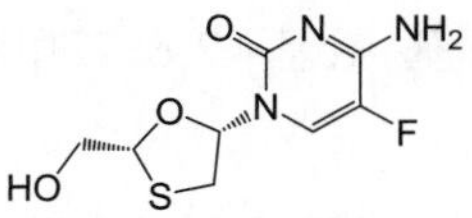

【性　　状】白色粉末。

【制　　法】

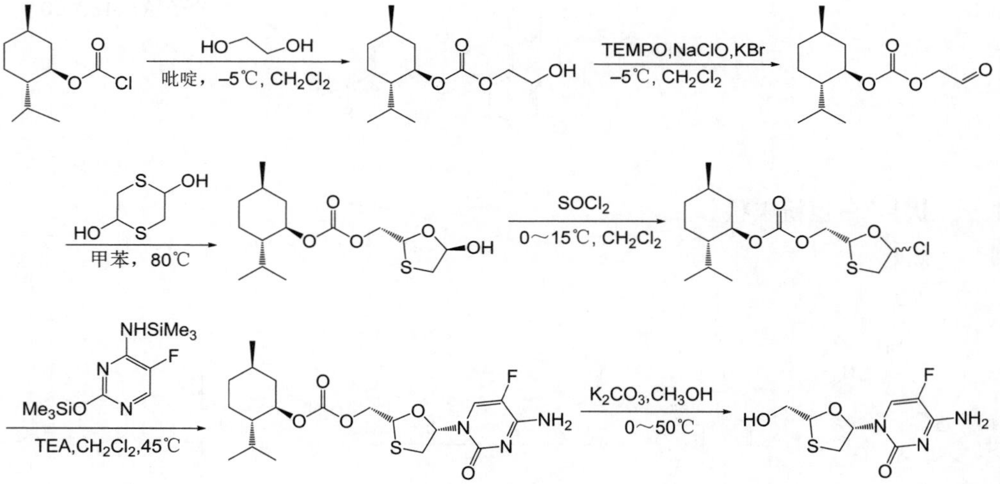

HO⌒OH；吡啶，−5℃，CH_2Cl_2

TEMPO,NaClO,KBr；−5℃，CH_2Cl_2

甲苯，80℃

$SOCl_2$；0～15℃，CH_2Cl_2

TEA,CH_2Cl_2,45℃

K_2CO_3,CH_3OH；0～50℃

【用　　途】新型核苷类逆转录酶抑制剂，属抗病毒类药物。

【生产厂家】美国 Gilead Siences 公司、齐鲁制药有限公司、海思科制药(眉山)有限公司、正大天晴药业集团股份有限公司、安徽贝克生物制药有限公司、石家庄龙泽制药股份有限公司。

【参考资料】

顾继山，李苏，谢志翰，等. 恩曲他滨的合成新工艺研究[J]. 化学试剂, 2020, 42(08): 1004-1008.

04072

替拉那韦 Tipranavir [174484-41-4]

【名　　称】 *N*-[3-[(1*R*)-1-[(6*R*)-4-羟基-2-氧代-6-苯乙基-6-丙基-5*H*-吡喃-3-基]丙基]苯基]-5-(三氟甲基)吡啶-2-磺酰胺。

N-[3-[(1*R*)-1-[(6*R*)-4-hydroxy-2-oxo-6-phenethyl-6-propyl-5*H*-pyran-3-yl]propyl]phenyl]-5-(trifluoromethyl)pyridine-2-sulfonamide。

【结 构 式】

分子式：$C_{31}H_{33}F_3N_2O_5S$

分子量：602.66

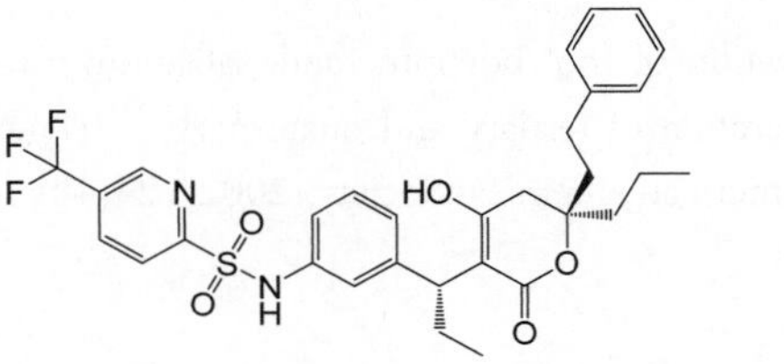

【性　　状】 白色固体。

【制　　法】

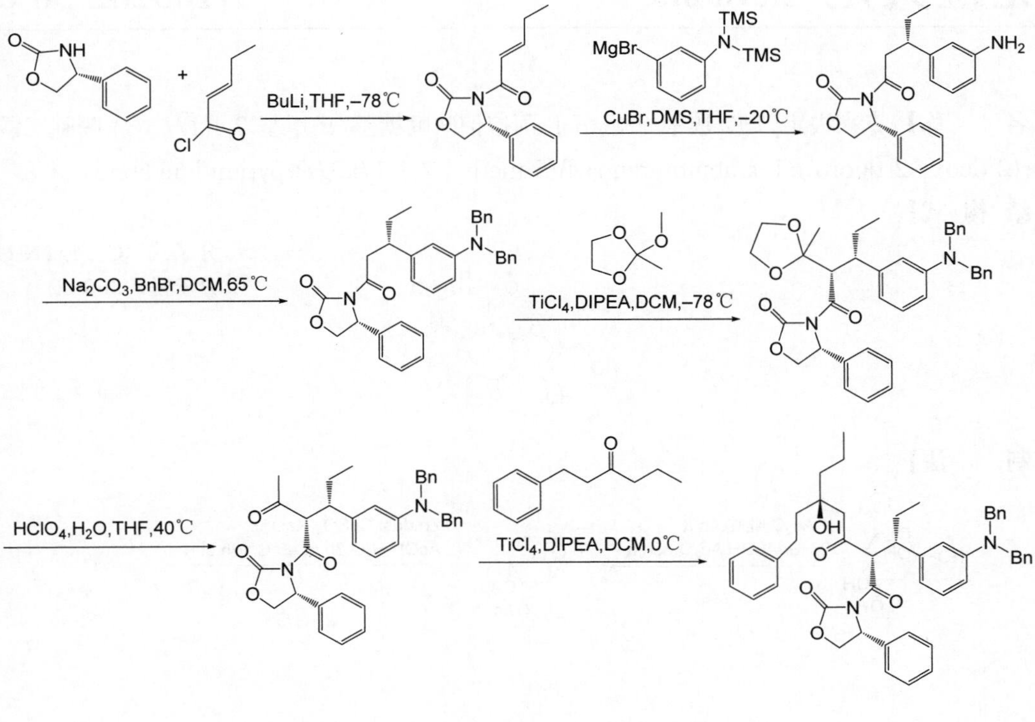

BuLi,THF,−78℃

CuBr,DMS,THF,−20℃

Na_2CO_3,BnBr,DCM,65℃

$TiCl_4$,DIPEA,DCM,−78℃

$HClO_4$,H_2O,THF,40℃

$TiCl_4$,DIPEA,DCM,0℃

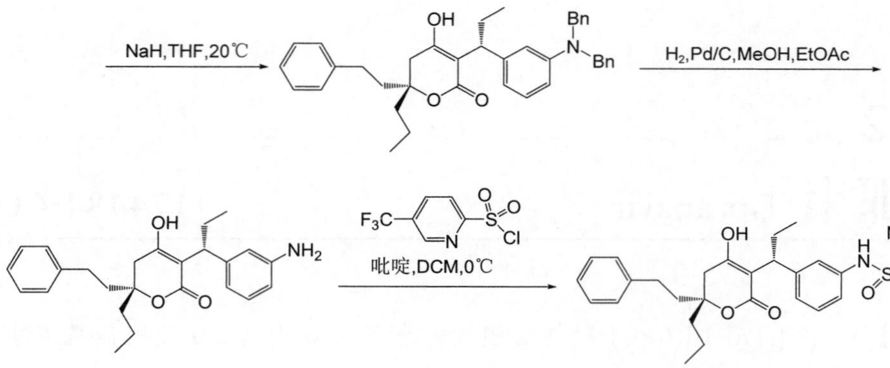

NaH,THF,20℃ → H₂,Pd/C,MeOH,EtOAc →

吡啶,DCM,0℃ →

【用　　途】联合其他抗逆转录病毒药用于曾接受过其他抗逆转录病毒药物治疗的 HIV 感染患者。

【生产厂家】勃林格殷格翰、上海波以尔化工有限公司。

【参考资料】

Barry M T, Neil G A. Utilization of molybdenum- and palladium-catayzed dynamic kinetic asymmetric transformations for the preparation of tertiary and quaternary stereogenic centers: a concise synthesis of tipranavir[J]. Journal of the American Chemical Society, 2002,124(48):14320-14321.

04073

克拉夫定 Clevudine　　[163252-36-6]

【名　　称】克来夫定; 1-(2-脱氧-2-氟-β-L-阿拉伯呋喃糖基)-5-甲基-2,4(1*H*,3*H*)-嘧啶二酮。1-(2-deoxy-2-fluoro-β-L-arabinofuranosyl)-5-methyl-2,4(1*H*,3*H*)-pyrimidinedione。

【结 构 式】

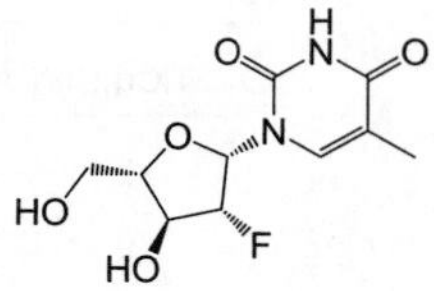

分子式：$C_{10}H_{13}FN_2O_5$

分子量：260.22

【制　　法】

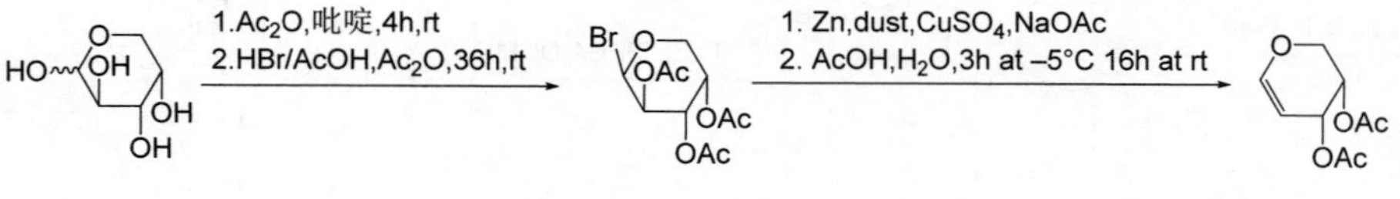

1.Ac_2O,吡啶,4h,rt
2.HBr/AcOH,Ac_2O,36h,rt →

1. Zn,dust,$CuSO_4$,NaOAc
2. AcOH,H_2O,3h at −5°C 16h at rt →

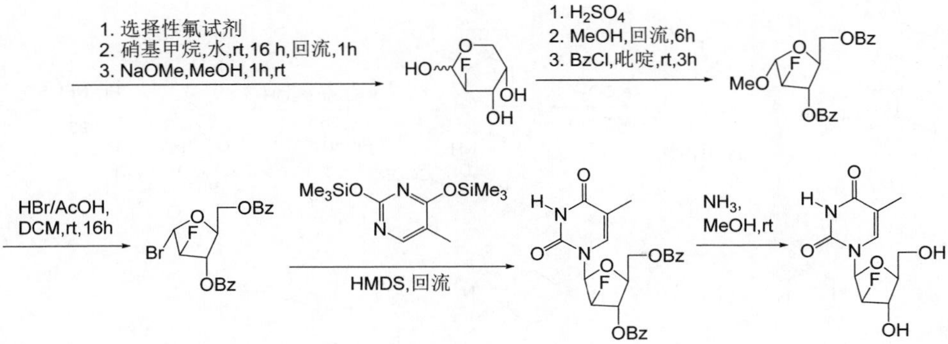

【用　　途】 用于慢性乙肝的治疗并消除骨骼肌病等不良反应。

【生产厂家】 Antios Therapeutics、宝鸡市国康生物科技有限公司、上海吉至生化科技有限公司、武汉丰泰威远科技有限公司、上海脉铂医药科技有限公司。

【参考资料】

Tao W A, Wu L M, Cooks R G, et al. Rapid enantiomeric quantification of an antiviral nucleoside agent (D, L-FMAU, 2'-fluoro-5-methyl-*β*, D, L-arabinofurano-syluracil) by mass spectrometry[J]. Journal of Medicinal Chemistry, 2001,44(22):3541-3544.

04074

马拉维若 Maraviroc [376348-65-1]

【名　　称】 马拉维诺；马拉韦若；马拉韦罗；4,4-二氟-*N*-[(1*S*)-3-[(1*R*,5*S*)-3-(3-甲基-5-异丙基-1,2,4-三唑-4-基)-8-氮杂双环[3.2.1]辛-8-基]-1-苯基丙基]环己基甲酰胺。

4,4-difluoro-*N*-[(1*S*)-3-[(1*R*,5*S*)-3-(3-methyl-5-isopropyl-1,2,4-triazol-4-yl)-8-azabicyclo[3.2.1]oct-8-yl]-1-phenylpropyl] cyclohexanecarbox amide。

【结 构 式】

分子式：$C_{29}H_{41}F_2N_5O$

分子量：513.68

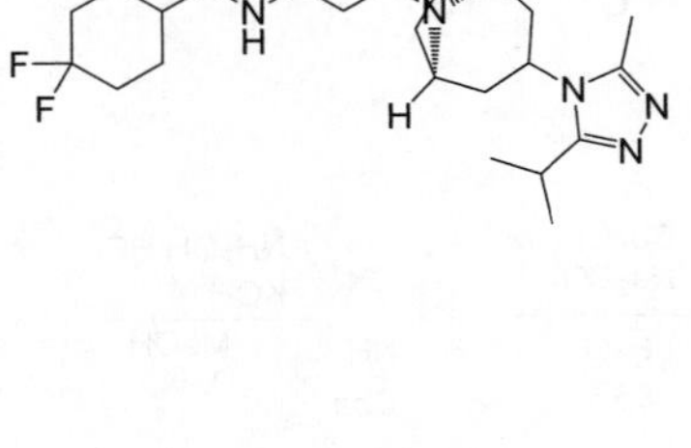

【性　　状】 白色粉状。

【制　　法】

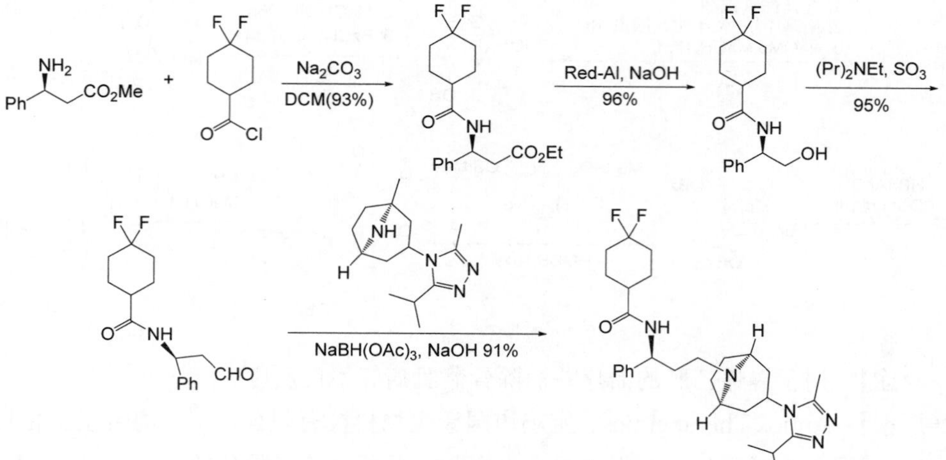

【用　　途】 治疗人类免疫缺陷病毒(HIV)和获得性免疫缺陷综合征(AIDS)的首个新型有效药物。

【生产厂家】 辉瑞公司、进鑫生物科技有限公司、诺迪纳生物技术有限公司。

【参考资料】

袁更洋. 马拉维若关键中间体的合成[D]. 杭州: 浙江大学, 2012.

04075

拉替拉韦 Raltegravir　[518048-05-0]

【名　　称】 雷特拉韦; *N*-[2-[4-(4-氟苄基氨基甲酰基)-5-羟基-1-甲基-6-氧代-1,6-二氢嘧啶-2-基]丙-2-基]-5-甲基-1,3,4-噁二唑-2-甲酰胺。

N-[2-[4-(4-fluorobenzylcarbamoyl)-5-hydroxy-1-methyl-6-oxo-1,6-dihydropyrimidine-2-yl]propyl-2-yl]-5-methyl-1,3,4-oxadiazol-2-carboxamide。

【结 构 式】

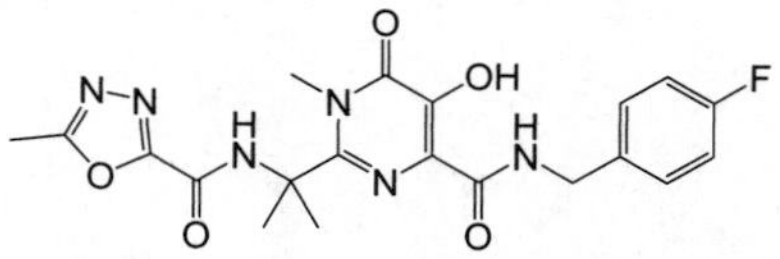

分子式：$C_{20}H_{21}FN_6O_5$

分子量：444.42

【制　　法】

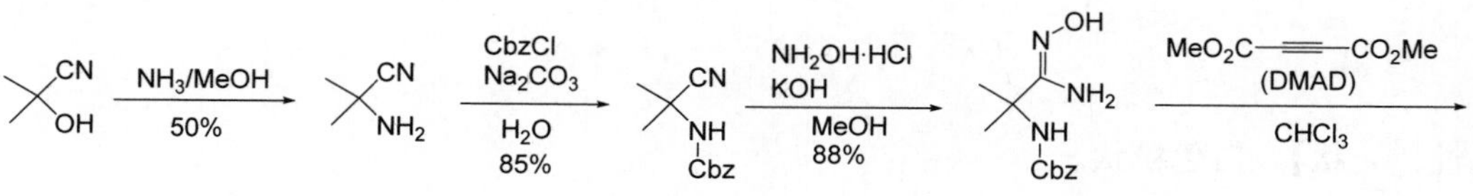

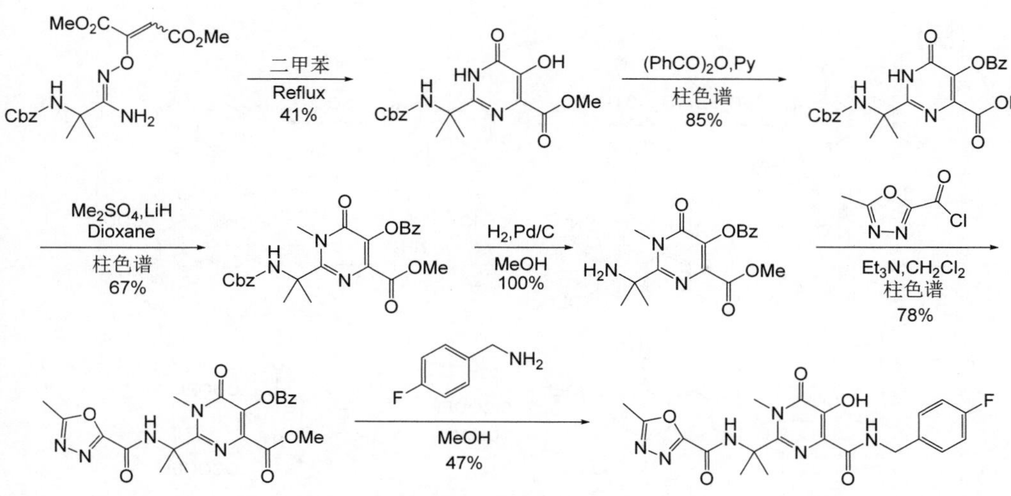

【用　　途】 与其他抗逆转录病毒药物联合用药治疗人免疫缺陷病毒 1 型(HIV-1)感染。

【生产厂家】 默克制药公司、裕清嘉衡药业有限公司、博湖生物科技有限公司、言希化工有限公司、昇飓医药科技有限公司。

【参考资料】

[1] 张兰, 孟广鹏, 陶明月, 等. HIV 整合酶抑制剂雷特格韦的合成[J]. 沈阳药科大学学报, 2016,33(04): 271-274,302.

[2] 张宁, 付丙月, 张宗磊. 雷特格韦合成路线图解[J]. 中国药物化学杂志, 2019, 29(05): 407-410.

04076

埃替拉韦 Elvitegravir [697761-98-1]

【名　　称】 埃替格韦; 艾维雷韦; 6-(3-氯-2-氟苄基)-1-[1(*S*)-(羟甲基)-2-甲基丙基]-7-甲氧基-4-氧代-1,4-二氢喹啉-3-羧酸。

6-(3-chloro-2-fluorobenzyl)-1-[1(*S*)-(hydroxymethyl)-2-methylpropyl]-7-methoxy-4-oxo-1,4-dihydroquine-3-carboxylic acid。

【结 构 式】

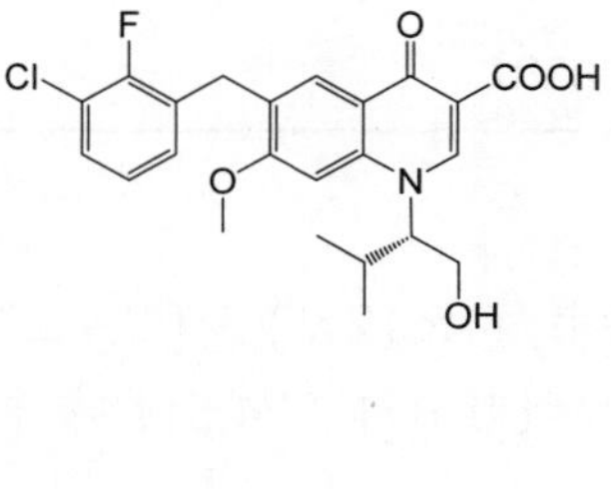

分子式: $C_{23}H_{23}ClFNO_5$

分子量: 447.88

【性　　状】 黄白色固体粉末。

【制　　法】

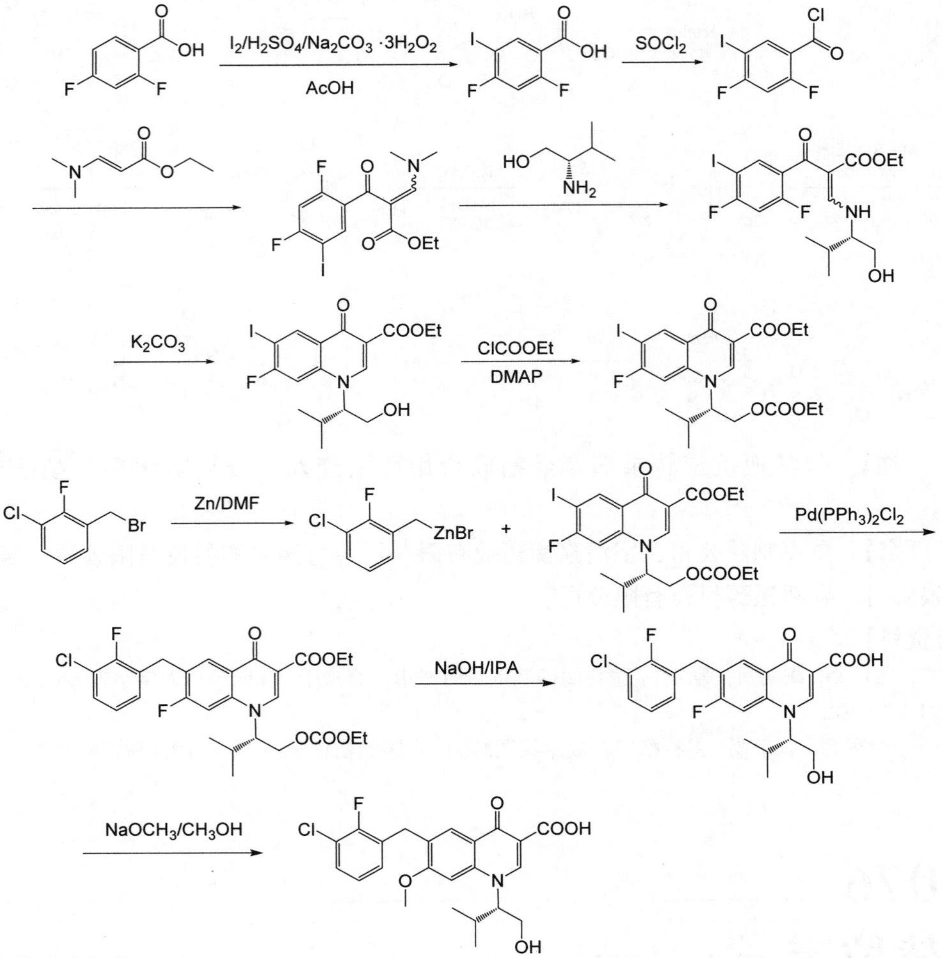

O OH F F → $I_2/H_2SO_4/Na_2CO_3 \cdot 3H_2O_2$ / AcOH → I O OH F F → $SOCl_2$ → I Cl O F F

N O O → F O N F I O OEt → HO NH_2 → I O COOEt F F NH OH

K_2CO_3 → I O COOEt F N OH → ClCOOEt / DMAP → I O COOEt F N OCOOEt

Cl F Br → Zn/DMF → Cl F ZnBr + I O COOEt F N OCOOEt → $Pd(PPh_3)_2Cl_2$ →

Cl F O COOEt F N OCOOEt → NaOH/IPA → Cl F O COOH F N OH

$NaOCH_3/CH_3OH$ → Cl F O COOH O N OH

【用　　途】 本品为一类整合酶抑制剂，是第一个喹诺酮类抗艾滋病药物。

【生产厂家】 吉利德科技公司。

【参考资料】

王军涛. 埃替拉韦合成工艺研究[D]. 上海: 华东理工大学, 2018.

04077

多替拉韦 Dolutegravir　　[1051375-16-6]

【名　　称】 度鲁特韦；德罗特韦；(4*R*,12*aS*)-*N*-[(2,4-二氟苯基)甲基]-3,4,6,8,12,12*a*-六氢-7-羟基-4-甲基-6,8-二氧代-2*H*-吡啶并[1',2':4,5]吡嗪并[2,1-*b*][1,3]噁嗪-9-甲酰胺。

(4*R*,12*aS*)-*N*-[(2,4-difluorobenzyl)methyl]-3,4,6,8,12,12*a*-hexyhydro-7-hydroxyl-4-methyl-6, 8-dioxo-2*H*-pyrido[2',2':4, 5]pyrazino[2,1-*b*][1,3]oxazine-9-carboxamide。

【结 构 式】

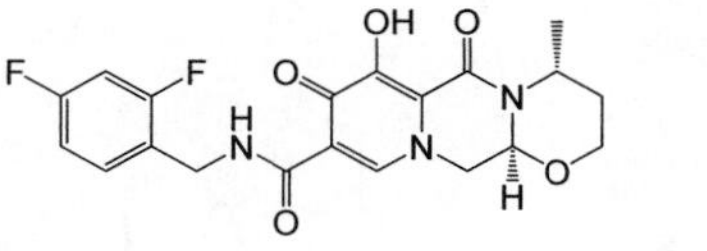

分子式：$C_{20}H_{19}F_2N_3O_5$
分子量：419.38

【性　　状】 白色或淡黄色固体。

【制　　法】

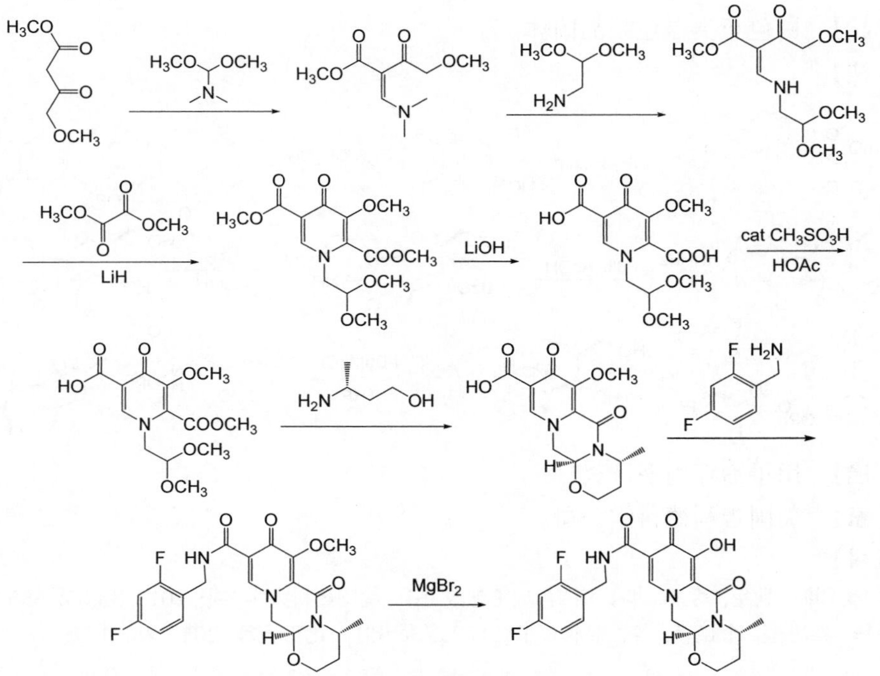

【用　　途】 与其他抗逆转录病毒药物联合用于治疗 HIV-1 感染的患者。

【生产厂家】 葛兰素史克(GSK)、日本盐野义制药公司(Shionogi)。

【参考资料】

王先恒，赵长阔，郭伟航，等. 度鲁特韦的合成工艺优化研究[J]. 化学研究与应用，2018，30(11): 1865-1870.

04078

索非布韦 Sofosbuvir [1190307-88-0]

【名　　称】 索非布伟；索氟布韦；异丙基 (2*S*)-2-[[[(2*R*,3*R*,4*R*,5*R*)-5-(2,4-二氧代嘧啶

-1-基)-4-氟-3-羟基-4-甲基四氢呋喃-2-基]甲氧基苯氧基磷酰基]氨基]丙酸酯。propan-2-yl (2*S*)-2-[[[(2*R*,3*R*,4*R*,5*R*)-5-(2,4-dioxopyrimidin-1-yl)-4-fluoro-3-hydroxy-4-methyloxolan-2-yl]methoxy phenoxyphosphoryl]amino]propanoate。

【结 构 式】

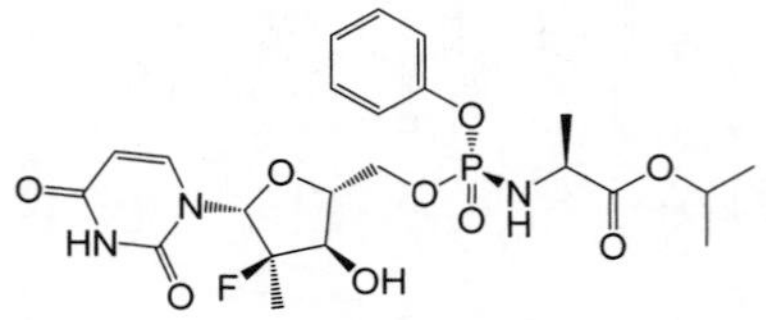

分子式：$C_{22}H_{29}FN_3O_9P$

分子量：529.45

【性　　状】 白色至类白色结晶固体。

【制　　法】

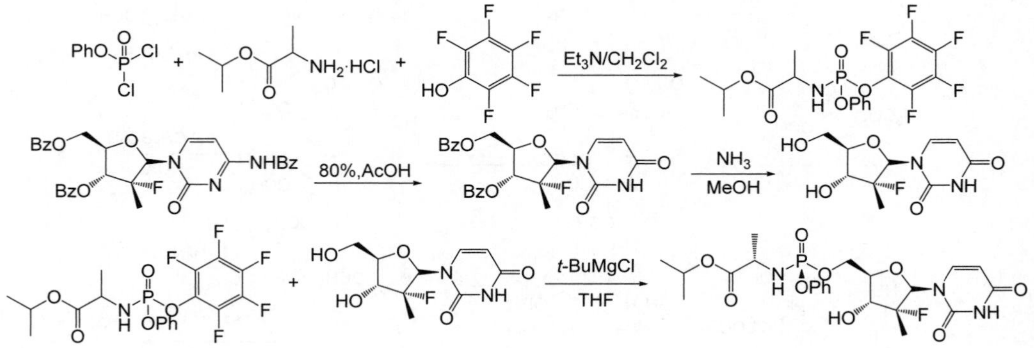

Et_3N/CH_2Cl_2

80%,AcOH

NH_3 MeOH

t-BuMgCl THF

【用　　途】 用于治疗丙型肝炎。

【生产厂家】 美国吉利德科学公司。

【参考资料】

[1] 黄敏, 樊印波, 曹宇, 等. 索非布韦的合成工艺改进[J]. 沈阳药科大学学报, 2016, 33(05): 355-357, 363.

[2] 陈平华, 蔡惠坚, 余艳贞, 等. 索非布韦合成工艺优化[J]. 化工管理, 2017(28): 177-178.

04079

法匹拉韦 Favipiravir [259793-96-9]

【名　　称】 法维拉韦; 6-氟-3-羟基吡嗪-2-甲酰胺。

6-fluoro-3-hydroxyquine-2-carboxlamine。

【结 构 式】

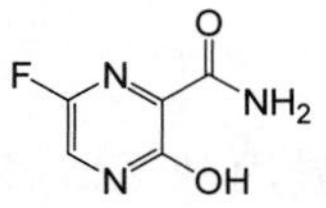

分子式：$C_5H_4FN_3O_2$

分子量：157.10

【性　　状】白色至淡黄色。

【制　　法】

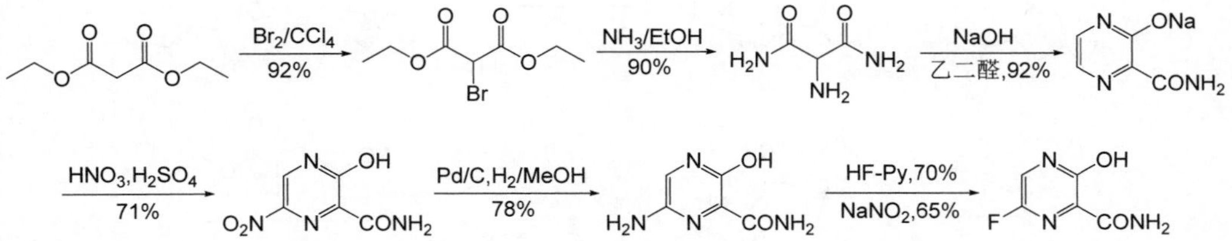

【用　　途】治疗成人新型或再次流行的流感。

【生产厂家】富山化学工业株式会社、浙江海正药业股份有限公司。

【参考资料】

[1] 魏天航，徐明杰，郭建超，等. 法匹拉韦的合成工艺研究[J]. 中南药学, 2021,19(08): 1548-1551.

[2] 黄玉梅，徐志. 法匹拉韦的合成及临床应用进展[J]. 国外医药(抗生素分册)，2020，41(05): 361-369.

04080

雷迪帕韦 Ledipasvir [1256388-51-8]

【名　　称】雷迪帕维;甲基 [(2*S*)-1-{(1*R*,3*S*,4*S*)-3-[5-(9,9-二氟-7-{2-[(6*S*)-5-{(2*S*)-2-[(甲氧基羰基)氨基]-3-甲基丁酰基}-5-氮杂螺[2.4]庚-6-基]-1*H*-咪唑-4-基}-9*H*-芴-2-基)-1*H*-苯并咪唑-2-基]-2-氮杂双环[2.2.1]庚基-2-基}-3-甲基-1-氧代-2-丁基]氨基甲酸酯。

methyl [(2*S*)-1-{(1*R*,3*S*,4*S*)-3-[5-(9,9-difluoro-7-{2-[(6*S*)-5-{(2*S*)-2-[(methoxycarbonyl)amino]-3-methylbutanoyl}-5-azaspiro[2.4]hept-6-yl]-1*H*-imidazol-4-yl}-9*H*-fluoren-2-yl)-1*H*-benzimidazol-2-yl]-2-azabicyclo[2.2.1]hept-2-yl}-3-methyl-1-oxo-2-butanyl]carbamate。

【结 构 式】

分子式： $C_{49}H_{54}F_2N_8O_6$

分子量： 889.02

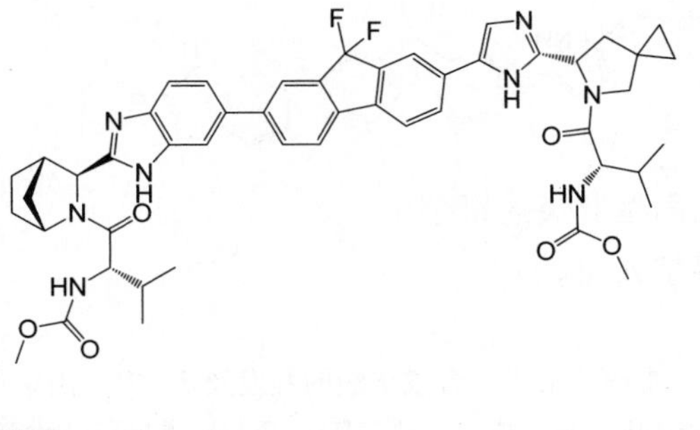

【性　　状】白色晶体粉末。

【制　　法】

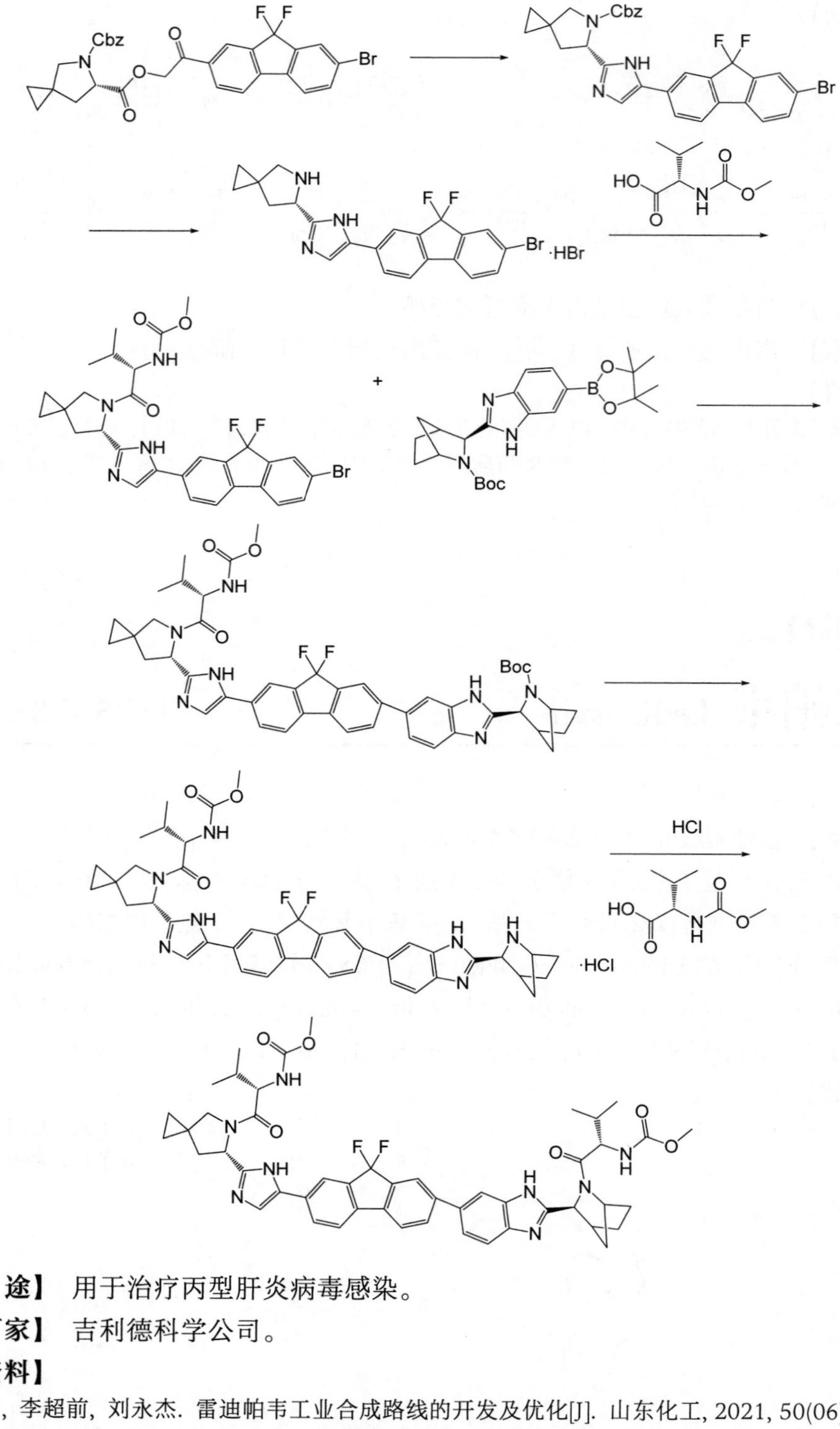

【用　　途】 用于治疗丙型肝炎病毒感染。

【生产厂家】 吉利德科学公司。

【参考资料】

[1] 陈川, 李超前, 刘永杰. 雷迪帕韦工业合成路线的开发及优化[J]. 山东化工, 2021, 50(06):7-8.

[2] 张晴晴. 雷迪帕韦关键中间体的合成工艺研究[D]. 青岛: 青岛科技大学, 2017.

04081

格来普韦 Glecaprevir [1365970-03-1]

【名　　称】 格列卡匹韦；格卡瑞韦；格拉卡匹韦；($3^3R,3^5S,9^1R,9^2R,5S,E$)-5-叔丁基-*N*-[(1*R*,2*R*)-2-(二氟甲基)-1-[[(1-甲基环丙基)磺酰基]氨基甲酰基]环丙基]-14,14-二氟-4,7-二氧代-2,8,10-三氧杂-6-氮杂-1-[2,3]-喹喔啉-3-[3,1]-吡咯烷-9-[1,2]-环戊烷环四十碳烷-12-烯-35。

($3^3R,3^5S,9^1R,9^2R,5S,E$)-5-*tert*-butyl-*N*-[(1*R*,2*R*)-2-(difluoromethyl)-1-[[(1-methylcyclopropyl]sulfonyl]carbamoyl]cyclopropyl]-14,14-difluoro-4,7-dioxo-2,8,10-trioxa-6-aza-1-[2,3]-quinoxalina-3-[3,1]-pyrrolidina-9[1,2]-cyclopentanacyclotetradecaphan-12-ene-35。

【结 构 式】

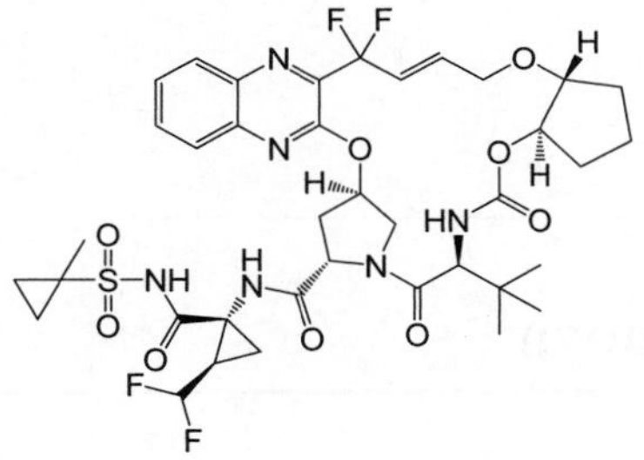

分子式： $C_{38}H_{46}F_4N_6O_9S$

分子量： 838.87

【制　　法】

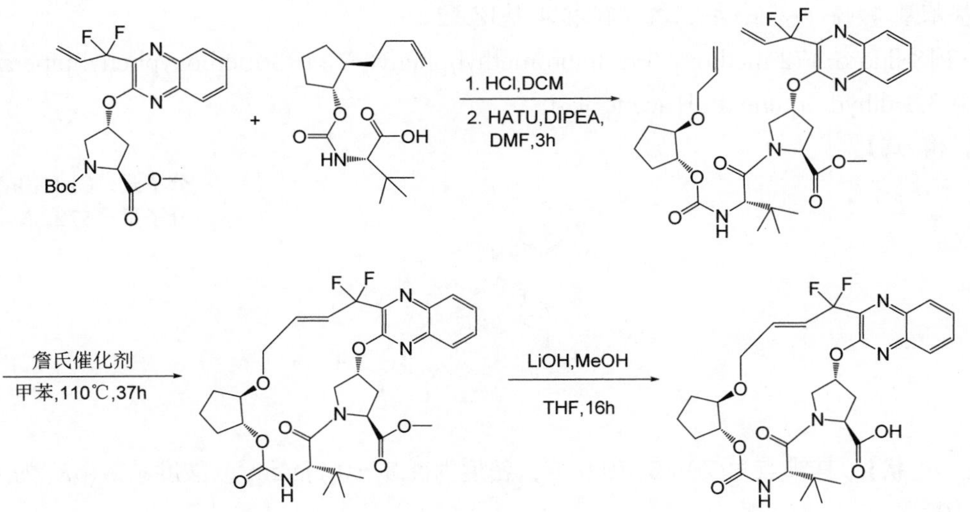

1. HCl,DCM
2. HATU,DIPEA, DMF,3h

詹氏催化剂

甲苯,110℃,37h

LiOH,MeOH

THF,16h

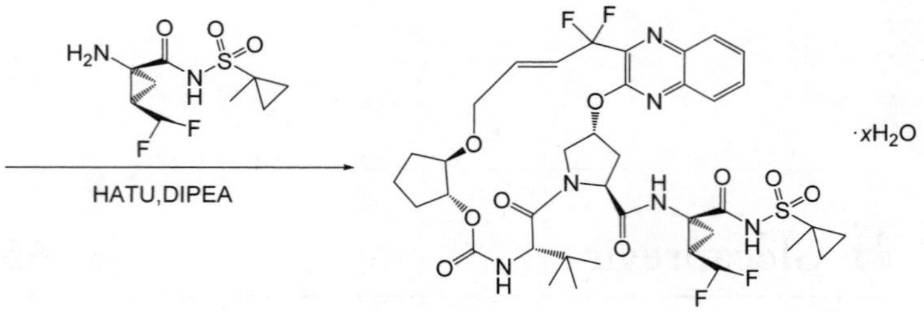

HATU,DIPEA

$\cdot xH_2O$

【用　　途】 用于已用直接作用于基因型 1 的抗病毒药(包括 NS5A 抑制剂或蛋白酶抑制剂)治疗失效的慢性丙肝患者。

【生产厂家】 艾伯维公司。

【参考资料】

[1] Hill D R, Abrahamson M J, Lukin K A, et al. Development of a large-scale route to glecaprevir: synthesis of the side chain and final assembly[J]. Organic Process Research & Development, 2020,24(8): 1393-1404.

[2] Kallemeyn J M, Engstrom K M, Pelc M J, et al. Development of a large-scale route to glecaprevir: synthesis of the macrocycle via intramolecular etherification[J]. Organic Process Research & Development, 2020, 24(8): 1374-1392.

04082

莱特莫韦 Letermovir [917389-32-3]

【名　　称】 乐特莫韦；莱莫维韦；(*S*)-2-[8-氟-3-(2-甲氧基-5-(三氟甲基)苯基)-2-(4-(3-甲氧基苯基)哌嗪-1-基)-3,4-二氢喹唑啉-4-基]乙酸。

(*S*)-2-[8-fluoro-3-(2-methoxy-5-(trifluoromethyl)phenyl)-2-(4-(3-methoxyphenyl)piperazin-1-yl)-3,4-dihydroquine-4-yl] acetic acid。

【结 构 式】

分子式： $C_{29}H_{28}F_4N_4O_4$

分子量： 572.55

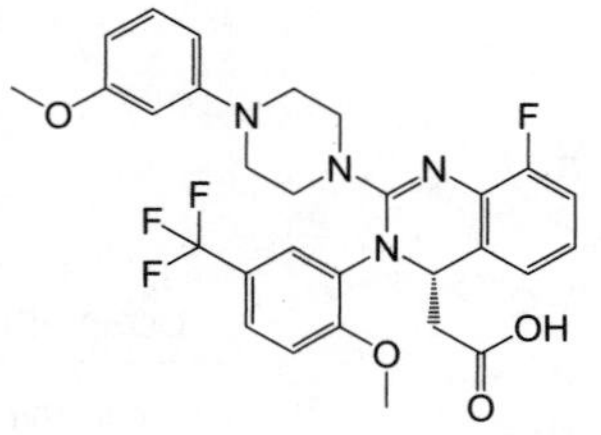

【性　　状】 其沸点为(706.5±70.0)℃，密度为(1.37±0.1)g/cm^3，酸度系数(pK_a)为 4.00 ±0.10。

【制　　法】

(2*S*,3*S*)-2,3-双[(4-甲基苯甲酰基)-氧基]琥珀酸

1.$NaHCO_3$,EtOAc
2.NaOH

【用　　途】 莱特莫韦(AIC246, MK-8228)是新型的抗巨细胞病毒(CMV)化合物，靶向病毒末端酶复合体，对于对DNA聚合酶抑制剂具有抗性的病毒也具有活性，是一种CMV DNA终止酶复合物抑制剂，适用于预防CMV感染和成人CMV血清阳性受体[R +]同种异体造血干细胞移植(HSCT)。

【生产厂家】 艾库里斯抗感染治疗有限公司。

【参考资料】

Grunenberg A, Berwe M, Keil B, et al. Preparation of salts of dihydroquinazoline derivatives useful in the prevention and or treatment of viral infections. [J]. Adv Cardiovasc Dis, 2001, 22 (5): 261-264.

04083

哌仑他韦 Pibrentasvir [1353900-92-1]

【名　　称】 皮布伦塔斯韦；甲基 *N*-[(2*S*,3*R*)-1-[(2*S*)-2-[6-[(2*R*,5*R*)-1-[3,5-二氟-4-[4-(4-氟苯基)哌啶-1-基]苯基]-5-[6-氟-2-[(2*S*)-1-[(2*S*,3*R*)-3-甲氧基-2-(甲氧基羰基氨基)丁酰基]吡咯烷-2-基]-3*H*-苯并咪唑-5-基]吡咯烷-2-基]-5-氟-1*H*-苯并咪唑-2-基]吡咯烷-1-基]-3-甲氧基-1-氧代丁烷-2-基]氨基甲酸酯。

methyl *N*-[(2*S*,3*R*)-1-[(2*S*)-2-[6-[(2*R*,5*R*)-1-[3,5-difluoro-4-[4-(4-fluorophenyl)piperidin-1-yl]phenyl]-5-[6-fluoro-2-[(2*S*)-1-[(2*S*,3*R*)-3-methoxy-2-(methoxycarbonylamino)butanoyl]pyrrolidin-2-yl]-3*H*-benzimidazol-5-yl]pyrrolidin-2-yl]-5-fluoro-1*H*-benzimidazol-2-yl]pyrrolidin-1-yl]-3-methoxy-1-oxobutan-2-yl]carbamate。

【结 构 式】

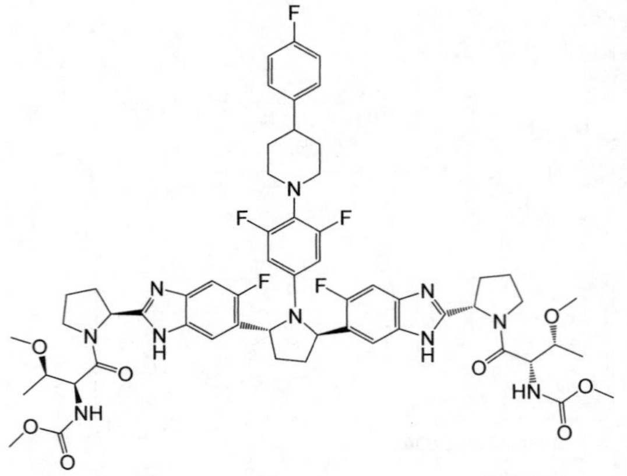

分子式：$C_{57}H_{65}F_5N_{10}O_8$
分子量：1113.18

【制　　法】

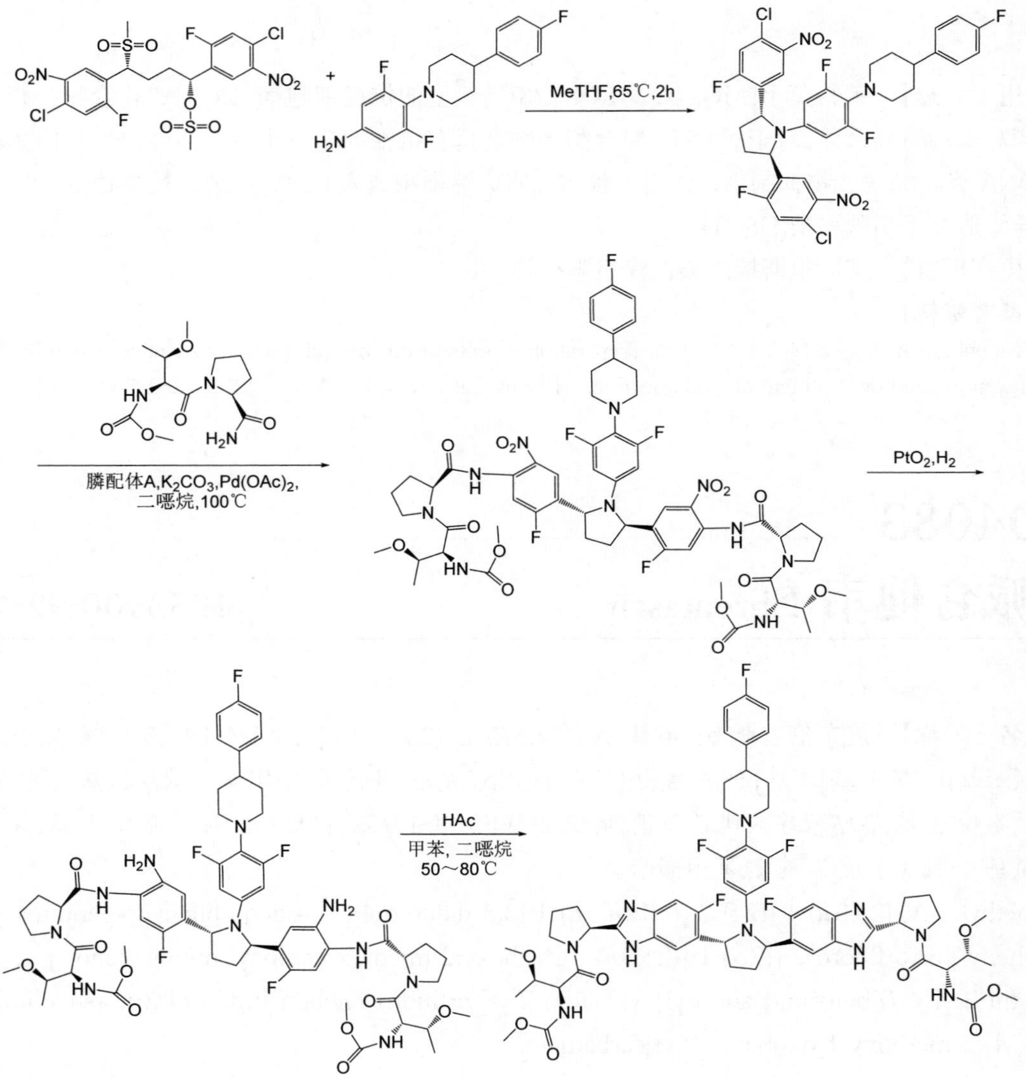

MeTHF,65℃,2h

膦配体A,K_2CO_3,$Pd(OAc)_2$,
二噁烷,100℃

PtO_2,H_2

HAc
甲苯, 二噁烷
50～80℃

【用　　途】 哌仑他韦(ABT-530) 是一种新型的泛基因型丙型肝炎病毒(hepatitis C virus, HCV) NS5A 抑制剂，其针对包含基因型 1～6 的 NS5A 的 HCV 复制子的 EC_{50} 值为 1.4pmol/L 至 5.0pmol/L。适用于治疗基因 1、2、3、4、5 或 6 型慢性丙型肝炎病毒感染的无肝硬化或代偿期肝硬化成人患者。

【生产厂家】 艾伯维公司。

【参考资料】

Randolph J T, Voight E A, Greszler S N, et al. Prodrug strategies to improve the solubility of the HCV NS5A inhibitor pibrentasvir (ABT-530) [J]. Journal of Medicinal Chemistry, 2020, 63(19): 11034-11044.

04084

玛巴洛沙韦 Baloxavir Marboxil [1985606-14-1]

【名　　称】 巴沙洛韦酯；巴洛莎韦；巴洛沙韦马波地尔；[[(12*aR*)-12-[(11*S*)-7,8-二氟-6,11-二氢二苯并[*b,e*]硫杂环庚-11-基]-3,4,6,8,12,12*a*-六氢-6,8-二氧代-1*H*-[1,4]噁嗪并[3,4-*c*]吡啶并[2,1-*f*][1,2,4]三嗪-7-基]氧基]碳酸甲基甲酯。

[[(12*aR*)-12-[(11*S*)-7,8-difluoro-6,11-dihydrodibenzo[*b,e*]thiepin-11-yl]-3,4,6,8,12,12*a*-hexahydro-6,8-dioxo-1*H*-[1,4]oxazino[3,4-*c*]pyrido[2,1-*f*][1,2,4]triazin-7-yl]oxy]methyl methyl carbonate。

【结 构 式】

分子式： $C_{27}H_{23}F_2N_3O_7S$

分子量： 571.55

【性　　状】是一种白色固体粉末，易溶于水，DMSO 中溶解度为 33.33mg/mL(58.32mmol/L；需超声处理)。

【制　　法】

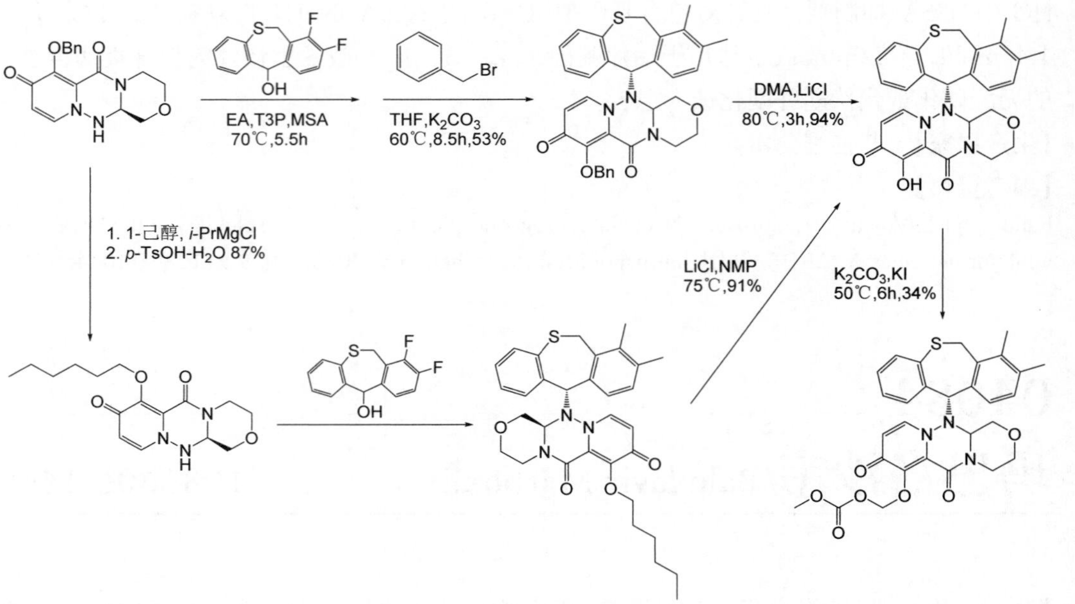

【用　　途】本品适用于≥12 岁、罹患急性无并发症流感，症状出现不超过 48h 的患者。应注意用药的局限性：流感病毒随时间变化，并存在病毒类型和亚型等因素，一旦出现病毒的耐药性和病毒的致病力变化，可能会削弱抗病毒药的临床疗效，在决定是否服用玛巴洛沙韦时，应考虑当地流行的病毒株对药物敏感性的可用信息。

【生产厂家】日本盐野义制药、深圳市海滨制药有限公司、石药集团欧意药业有限公司。

【参考资料】

[1] Zhou Z H, Wang Z Q, Kou J P, et al. Development of a quality controllable and scalable process for the preparation of 7, 8-difluoro-6,11-dihydrodibenzo [*b*,*e*] thiepin-11-ol: a key intermediate for baloxavir marboxil[J]. Org ProcessRes Dev, 2019, 23: 2716 -2723.

[2] Heo Y A. Baloxavir: first global approval[J]. Drugs, 2018, 78(6): 693-697.

04085

比克替拉韦 Bictegravir　　[1611493-60-7]

【名　　称】(2*R*,5*S*,13*aR*)-2,3,4,5,7,9,13,13a-八氢-8-羟基-7,9-二氧代-*N*-[(2,4,6-三氟丙基)甲基]-2,5-甲氧基吡啶[1',2':4,5]吡嗪[2,1-*b*][1,3]氧氮杂环庚烷-10-甲酰胺。

(2*R*,5*S*,13*aR*)-2,3,4,5,7,9,13,13*a*-octahydro-8-hydroxy-7,9-dioxo-*N*-[(2,4,6-trifluorophenyl) methyl]-2,5-methanopyrido[1',2':4,5]pyrazino[2,1-*b*][1,3]oxazepine-10-carboxamide。

【结 构 式】

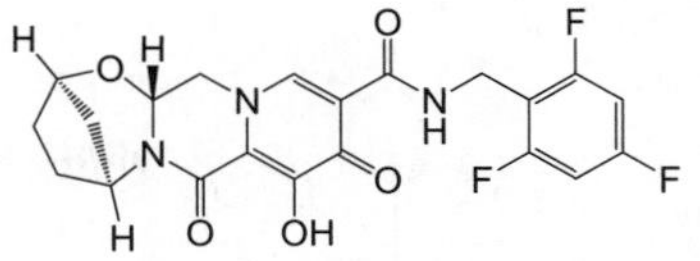

分子式：$C_{21}H_{18}F_3N_3O_5$
分子量：449.38

【制　　法】

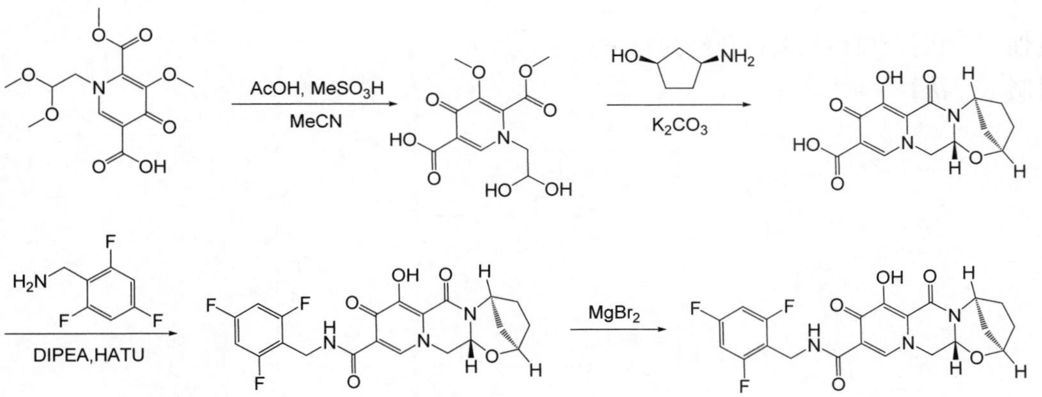

AcOH, $MeSO_3H$ / MeCN

K_2CO_3

DIPEA,HATU

$MgBr_2$

【用　　途】比克替拉韦(BIC)是第二代整合酶链转移抑制剂(INSTI)，已批准与恩曲他滨和替诺福韦固定剂量联合用于 HIV 治疗，对野生型病毒和具有第一代耐药性的菌株在体外具有有效的抗病毒活性。

【生产厂家】吉利德科学公司、埃斯特维华义制药有限公司、江苏慧聚药业有限公司、南通常佑药业科技有限公司、江苏威奇达药业有限公司、重庆凯林制药有限公司。

【参考资料】

[1] Kura R R. Crystalline form of sodium (2*R*,5*S*,13*aR*)-7,9-dioxo-10-(2,4,6-trifluorobenzyl)carbamoyl-2,3,4,5,7,9,13,13*a*-octahydro-2,5-methanopyrido[1',2':4,5]pyrazino[2,1-*b*][1,3]oxazepin-8-olate: 201841024051[P]. 2020-09-11.

[2] Phull M S, Rao D R, Birari D R A. Process for the preparation of bictegravir and intermediate thereof: 2018229798[P]. 2018-12-20.

04086

伏立康唑 Voriconazole [137234-62-9]

【名　　称】(2*R*,3*S*)-2-(2,4-二氟苯基)-3-(5-氟-4-嘧啶基)-1-(1*H*-1,2,4-三唑-1-基)-2-丁醇。(2*R*,3*S*)-2-(2,4-difluorophenyl)-3-(5-fluoropyrimidin-4-yl)-1-(1*H*-1,2,4-triazol-1-yl)butan-2-ol。

【结 构 式】

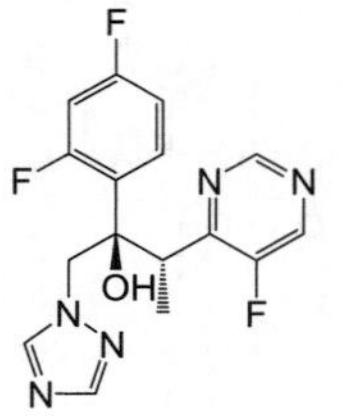

分子式：$C_{16}H_{14}F_3N_5O$
分子量：349.12

【性　　状】白色至灰白色结晶粉末。

【制　　法】

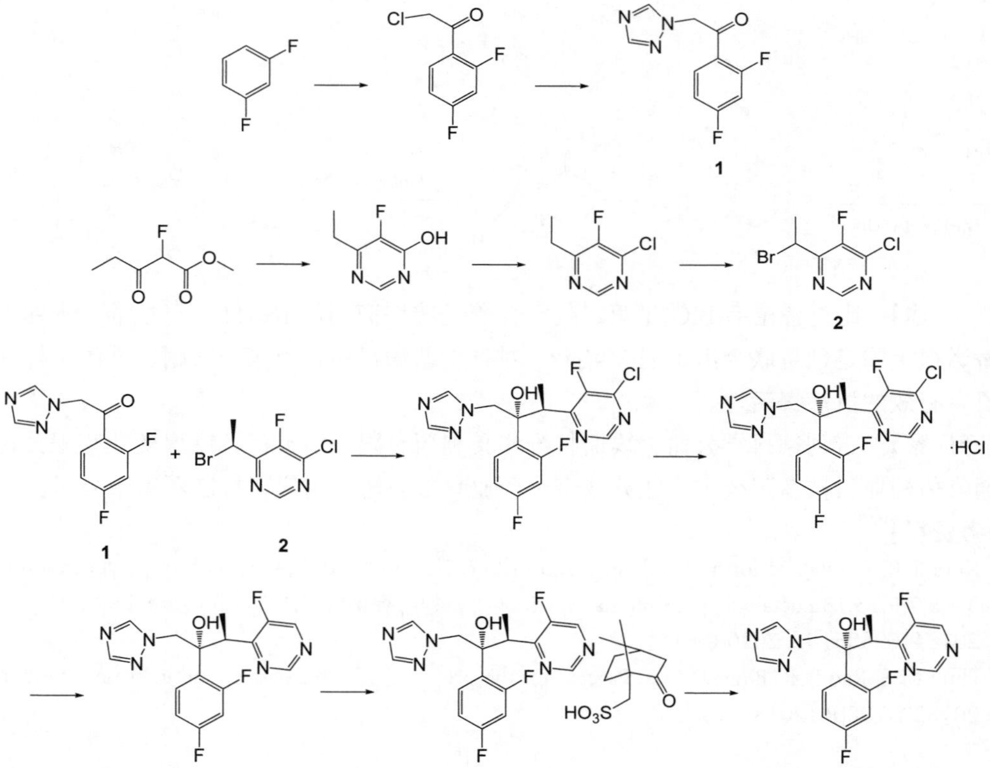

【用　　途】广谱三唑类抗真菌药，其适应证如下：治疗侵袭性曲霉病；治疗对氟康唑耐药的念珠菌引起的严重侵袭性感染(包括克柔念珠菌)；治疗由足放线病菌属和镰刀菌属引起的严重感染；主要用于治疗免疫缺陷患者中进行性的、可能威胁生命的感染。

【生产厂家】辉瑞制药有限公司、重庆莱美隆宇药业有限公司、珠海润都制药股份有限公司、浙江华海药业股份有限公司、晋城海斯制药有限公司、扬子江药业集团江苏海慈生物药业有限公司、万特制药(海南)有限公司。

【参考资料】

Jeu L A, Piacenti F J, Lyakhovetakiy A G, et al. Voriconazole[J]. Clinical Therapeutics, 2003, 25(5): 1321-1381.

04087

特考韦瑞 Tecovirimat [869572-92-9]

【名　　称】 替韦立马; *N*-[(3*aR*,4*R*,4*aR*,5*aS*,6*S*,6*aS*)-3,3*a*,4,4*a*,5,5*a*,6,6*a*-八氢-1,3-二氧代-4,6-乙炔环丙[*f*]异吲哚-2(1*H*)-基]-4-(三氟甲基)苯甲酰胺。

N-[(3*aR*,4*R*,4*aR*,5*aS*,6*S*,6*aS*)-3,3*a*,4,4*a*,5,5*a*,6,6*a*-octahydro-1,3-dioxo-4,6-ethenocycloprop[*f*]isoindol-2(1*H*)-yl]-4-(trifluoromethyl)benzamide。

【结 构 式】

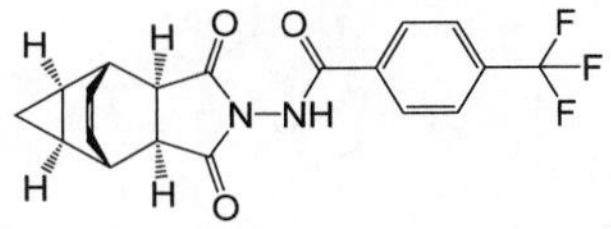

H H O O F
N-NH F
H H O F

分子式：$C_{19}H_{15}F_3N_2O_3$

分子量：376.33

【制　　法】

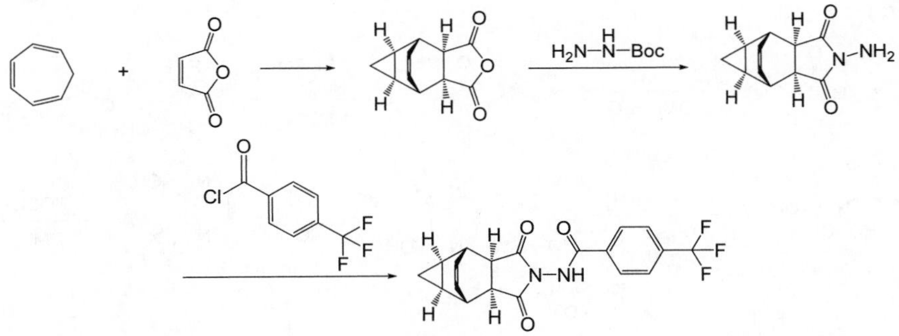

O + O O → H H O O H H O $H_2N-\overset{H}{N}-Boc$ → H H O N-NH_2 H H O

O Cl F F F → H H O O F N-NH F H H O F

【用　　途】 特考韦瑞(Arestvyr®, SIGA-246, ST-246, TPOXX) 是一种抗病毒药，通过靶向病毒来抑制正痘病毒的释放。本品被开发用于治疗天花感染。

【生产厂家】 吉利德科学公司。

【参考资料】

[1] Dai D C. Process for the preparation of tecovirimat: 2014028545[P].2014-02-20.

[2] D QY. Preparation of crystalline St-246 monohydrate as poxvirus inhibitors: 101445478[P]. 2009-06-03.

04088

伏西瑞韦 Voxilaprevir [1535212-07-7]

【名　　称】 *N*-[[[(1*R*,2*R*)-2-[5,5-二氟-5-(3-羟基-6-甲氧基-2-喹喔啉基)戊基]环丙基]氧基]

羰基]-3-甲基-L-丙酰基-(3*S*,4*R*)-3-乙基-4-羟基-L-丙酰基-1-氨基-2-(二氟甲基)-*N*-[(1-甲基环丙基)磺酰基]环(1→2)-醚。

N-[[[(1*R*,2*R*)-2-[5,5-difluoro-5-(3-hydroxy-6-methoxy-2-quinoxalinyl)pentyl]cyclopropyl]oxy]carbonyl]-3-methyl-L-valyl-(3*S*,4*R*)-3-ethyl-4-hydroxy-L-prolyl-1-amino-2-(difluoromethyl)-*N*-[(1-methylcyclopropyl)sulfonyl]-cyclic(1→2)-ether。

【结 构 式】

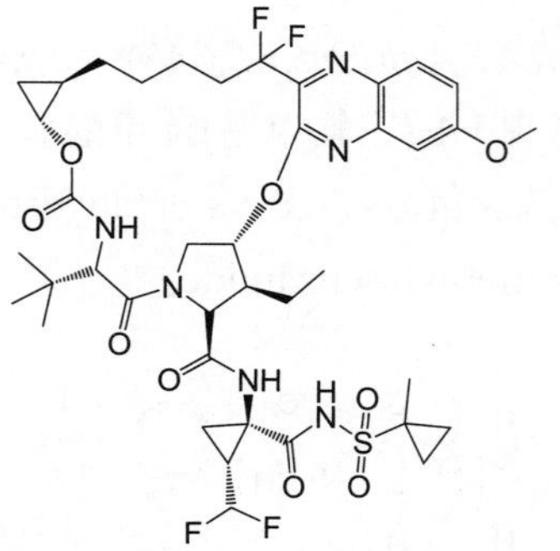

分子式：$C_{40}H_{52}F_4N_6O_9S$
分子量：868.93

【性　　状】 白色粉末，密度为(1.42±0.1)g/cm³，酸度系数(pK_a)为 4.46±0.40。

【制　　法】

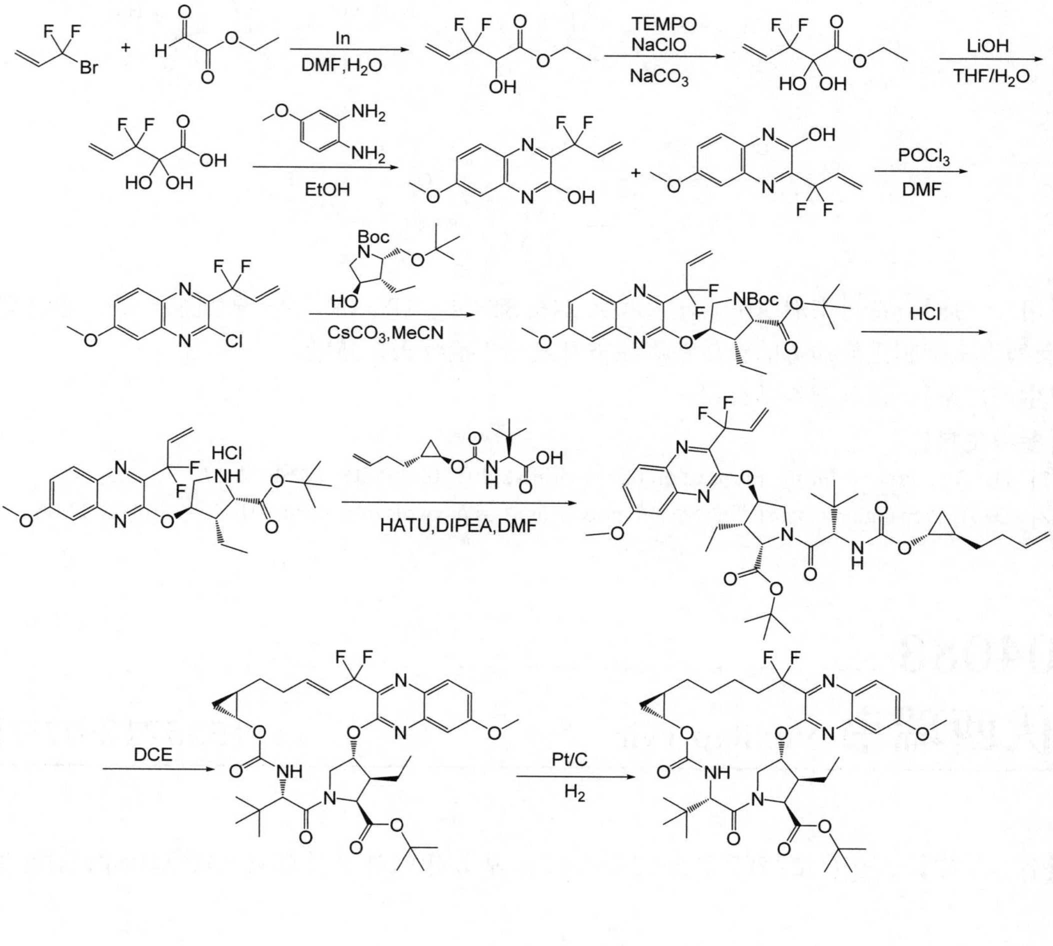

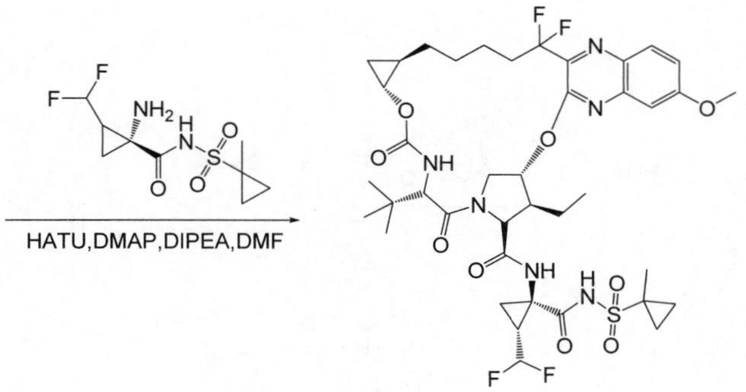

HATU,DMAP,DIPEA,DMF

【用　　途】一种含氟大环丙型肝炎病毒(HCV)非结构蛋白(NS) 3/4A 蛋白酶抑制剂。对基因型 1～6HCV 具有很强的体外抗病毒活性，并广泛覆盖 NS3/4A 蛋白酶多态性。GS-9857 提高了对常见的 NS3 抗药性相关突变体(RAVs)的覆盖率。

【生产厂家】吉利德科学公司。

【参考资料】

[1] Bjornson K, Canales E, Cottell J J, et al. Inhibitors of hepatitis Cvirus: US20150175655[P]. 2015-06-25.

[2] Cagulada A, Chan J, Chan L, et al. Synthesis of an antiviral compound: US20150175626[P]. 2015-06-25.

04089

鲁玛卡托 Lumacaftor [936727-05-8]

【名　　称】芦马卡托; 3-[6-[1-(2,2-二氟苯并[*d*][1,3]二氧醇-5-基)环丙烷-1-甲酰氨基]-3-甲基吡啶-2-基]苯甲酸。

3-[6-[1-(2,2-difluorobenzo[*d*][1,3]dioxol-5-yl)cyclopropane-1-carboxamido]-3-methylpyridin-2-yl]benzoic acid。

【结 构 式】

分子式: $C_{24}H_{18}F_2N_2O_5$

分子量: 452.41

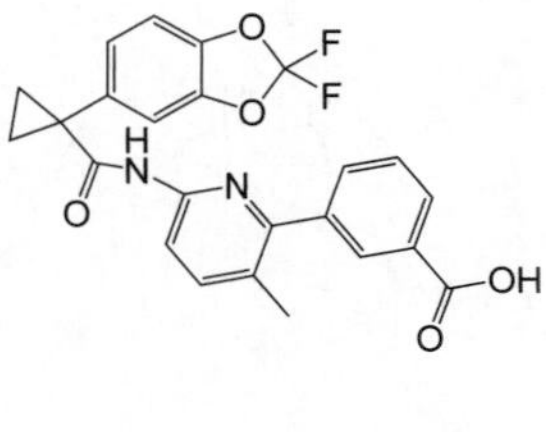

【性　　状】白色粉末。

【制　　法】

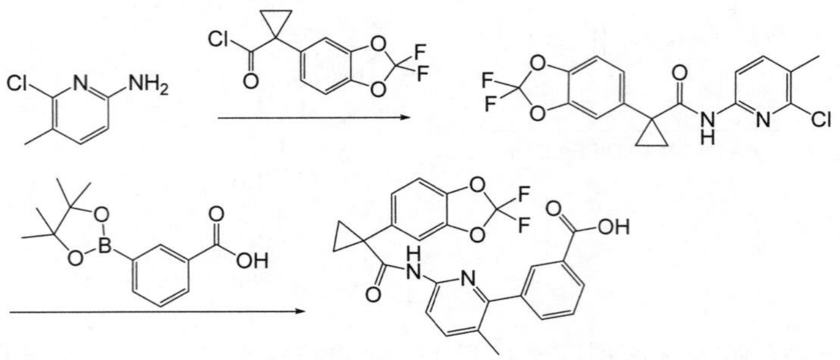

【用　　途】 治疗囊胞性纤维症，Ⅲ期临床试验。

【生产厂家】 Vertex Pharmaceuticals Incorpora。

【参考资料】

Hughes D L . Patent review of synthetic routes and crystalline forms of the CFTR-modulator drugs ivacaftor, lumacaftor, tezacaftor, and elexacaftor[J]. Organic Process Research And Development, 2019, 23(11): 2302-2322.

04090

氟氯西林 Flucloxacillin [5250-39-5]

【名　　称】 (2*S*,5*R*,6*R*)-6-[[3-(2-氯-6-氟苯基)-5-甲基-1,2-噁唑-4-甲酰基]氨基]-3,3-二甲基-7-氧代-4-硫杂-1-氮杂双环[3.2.0]庚烷-2-羧酸。

(2*S*,5*R*,6*R*)-6-[[3-(2-chloro-6-fluorophenyl)-5-methyl-1,2-oxazol-4-yl]carbonylamino]-3,3-dimethyl-7-oxo-4-thia-1-azabicyclo[3.2.0]-heptane-2-carboxylic acid。

【结 构 式】

分子式： $C_{19}H_{17}ClFN_3O_5S$

分子量： 453.87

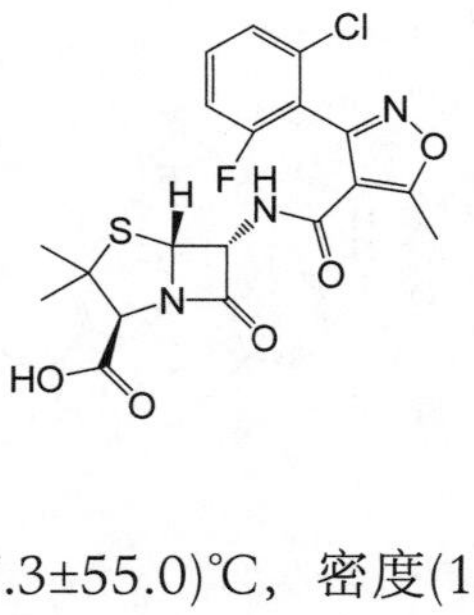

【性　　状】 白色粉末，沸点(677.3±55.0)℃，密度(1.59±0.1)g/cm^3。

【制　　法】以3-(2-氯-6-氟苯基)-5-甲基异唑-4-甲酰氯为原料，与6-APA发生酰化酯化反应，再与乙酸丁酯在稀盐酸条件下调酸，用氢氧化钠再次调碱，最后用异辛酸钠与乙酸丁酯重结晶即得。

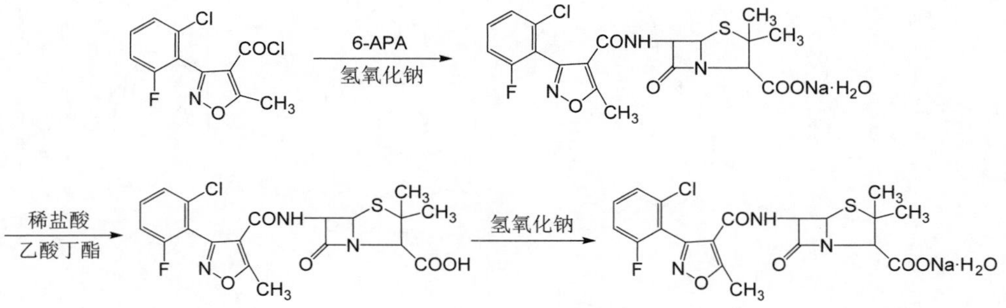

【用　　途】主要应用于葡萄球菌所致的各种周围感染，但对耐甲氧西林的金黄色葡萄球菌(MRSA)感染无效。

【参考资料】

周改平. 氟氯西林钠的合成工艺 [J]. 山西医药杂志, 2013, 12, 99-100.

04091

多拉韦林 Doravirine　　[1338225-97-0]

【名　　称】3-氯-5-[[1-[(4,5-二氢-4-甲基-5-氧代-1*H*-1,2,4-三唑-3-基)甲基]-1,2-二氢-2-氧代-4-(三氟甲基)-3-吡啶基]氧基]苯甲腈。

3-chloro-5-((1-((4,5-dihydro-4-methyl-5-oxo-1*H*-1,2,4-triazol-3-yl)methyl)-2-oxo-4-(trifluoromethyl)-1,2-dihydropyridin-3-yl)oxy)benzonitrile。

【结 构 式】

分子式： $C_{17}H_{11}ClF_3N_5O_3$

分子量： 425.75

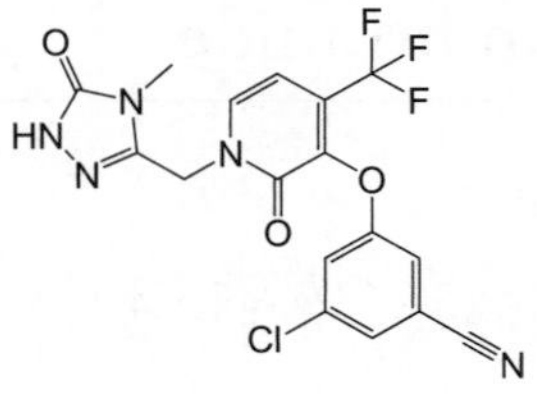

【性　　状】白色粉末，溶解于一般的有机溶剂如乙酸乙酯、二氯甲烷等，水溶性较差。

【制　　法】

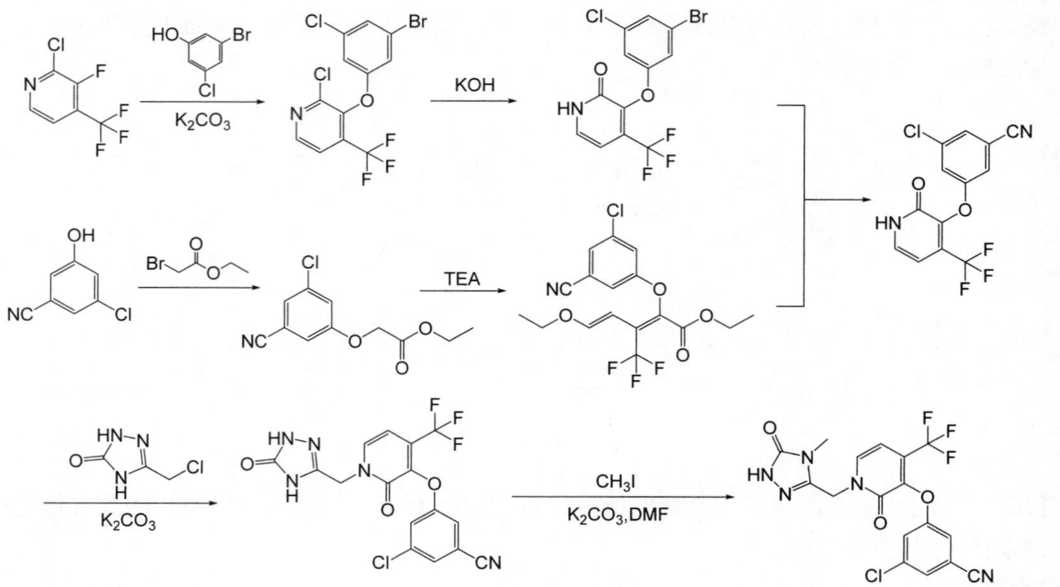

【用　　途】 多拉韦林是 HIV-1 单核苷酸逆转录酶抑制剂，对野生型逆转录酶和携带有 K103N、Y181C 突变的逆转录酶的 IC_{50} 分别为 12nmol/L、9.7nmol/L 和 9.7nmol/L。它很少有脱靶效应，适用于与其他抗反转录病毒药物联合治疗 HIV-1 感染且无非核苷类逆转录酶抑制剂(NNRTI)类耐药的既往或现有证据的成年患者。

【生产厂家】 默沙东公司。

【参考资料】

[1] Burch J, Cote B, Nguyen N, et al. Non-nucleo-side reverse transcriptase inhibitors: 2011120133[P]. 2011-10-06.

[2] Lai MT, Feng M, Falgueyret JP, et al. *In vitro* characterization of MK-1439, anovel HIV-1 non-nucleoside reverse transcriptase inhibitor[J]. Antimicrob Agents Chemother, 2014, 58(3): 1652-1663.

04092

氟托溴铵 Flutropium bromide [63516-07-4]

【名　　称】[8-(2-氟乙基)-8-甲基-8-氮杂双环[3.2.1]辛烷-3-基] 2-羟基-2,2-二苯基乙酸酯溴化物。

[8-(2-fluoroethyl)-8-methyl-8-azabicyclo[3.2.1]octan-3-yl] 2-hydroxy-2,2-diphenyl acetate bromide。

【结 构 式】

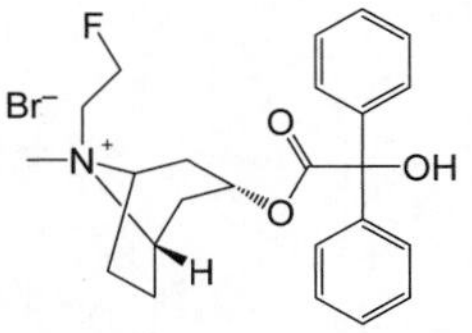

分子式：$C_{24}H_{29}BrFNO_3$
分子量：478.39

【性　　状】 从乙腈中得到白色结晶，熔点 192～193℃ (分解)；从乙醇-丙酮中结晶，熔点 198～199℃(分解)。

【制　　法】

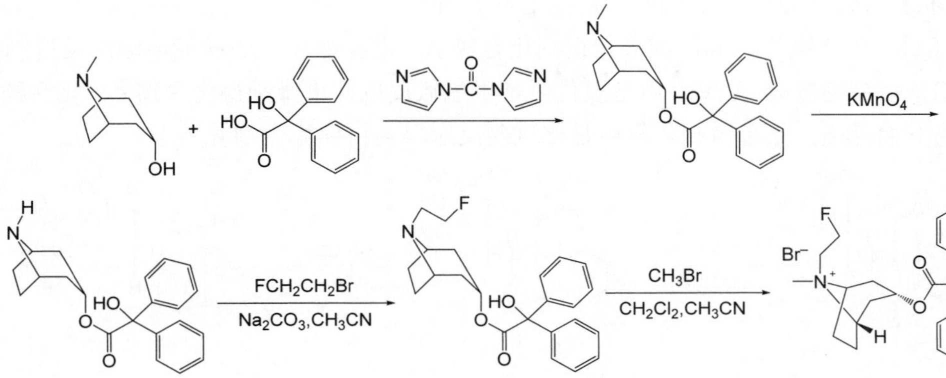

$KMnO_4$

FCH_2CH_2Br / Na_2CO_3,CH_3CN

CH_3Br / CH_2Cl_2,CH_3CN

【用　　途】 阿托品衍生物，为副交感神经阻断剂。主要作用是抗乙酰胆碱，也有抗组胺作用。用于支气管闭塞、鼻炎。

【生产厂家】 国家药品监督管理局(NMPA)上查无生产药企。

【参考资料】

[1] Bauer R, Fügner A. Pharmacology of the anticholinergic bronchospasmolytic agent flutropium bromide[J].Arzneimittel-Forschung, 1986, 36(9): 1348-1352.

[2] 罗明生. 现代临床药物大典[M]. 成都: 四川科学技术出版社, 2001, 591.

[3] keda A, Nishimura K, Koyama H, et al. Comparative dose-response study of three anticholinergic agentsand fenoterol using a metered dose inhaler in patients with chronic obstructive pulmonary disease[J]. Thorax, 1995, 50(1): 62-66.

04093

糠酸氟替卡松 Fluticasone Furoate [397864-44-7]

【名　　称】 氟替卡松糠酸酯;6α,9-二氟-17-[[(氟甲基)硫基]甲酰基]-11β-羟基-16α-甲基-3-氧代雄甾-1,4-二烯-17α基　呋喃-2-羧酸酯。

6α,9-difluoro-17-[[(fluoromethyl)sulfanyl]carbonyl]-11β-hydroxy-16α-methyl-3oxoandrosta-1,4-dien-17α-yl fluran-2-carboxylate。

【结 构 式】

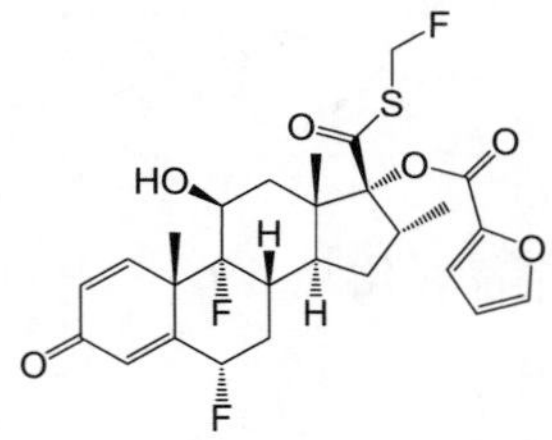

分子式：$C_{27}H_{29}F_3O_6S$

分子量：538.58

【性　　状】 沸点(625.2±55.0)℃，密度 1.39g/cm³。

【制　　法】 化合物 1 经高碘酸氧化得到化合物 2；化合物 2 与 2-呋喃甲酰氯反应制得化合物 3；化合物 3 与 *N,N*-二甲基硫代氨基甲酰氯反应并重排制得化合物 4；化合物 4 水解制得化合物 5；化合物 5 与氟甲基化试剂反应得到目标化合物 6。

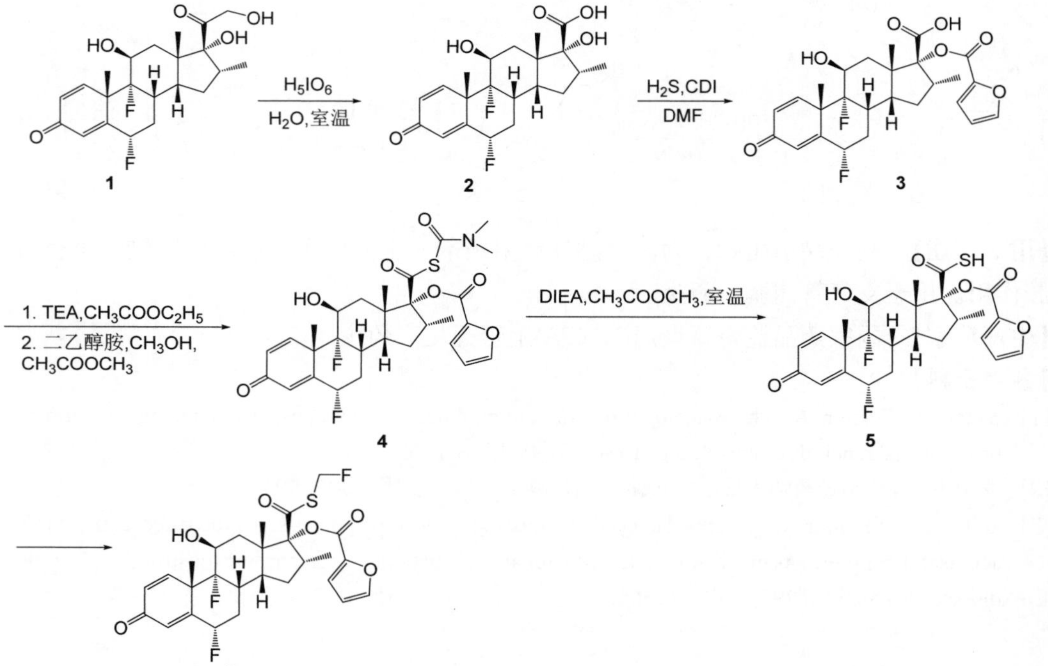

H_5IO_6；H_2O,室温

H_2S,CDI；DMF

1. TEA,$CH_3COOC_2H_5$
2. 二乙醇胺,CH_3OH,CH_3COOCH_3

DIEA,CH_3COOCH_3,室温

【用　　途】 治疗季节性和常年性过敏，缓解包括眼睛和鼻腔刺痒的各种过敏症状。

【生产厂家】 山东斯瑞药业有限公司、新乡海滨药业有限公司、河南利华制药有限公司、连云港润众制药有限公司。

【参考资料】

Phillipps G H, Bailey E J, Bain B M, et al. Synthesis and structure-activity relationships in a series of antiinflammatory corticosteroid analogues, halomethyl androstane-17beta-carbothioates and -17beta-carboselenoates[J]. Journal of Medicinal Chemistry, 1994, 37: 3717-3729.

04094

罗氟司特 Roflumilast [162401-32-3]

【名　　称】 3-(环丙基甲氧基)-*N*-(3,5-二氯吡啶-4-基)-4-(二氟甲氧基)苯甲酰胺。3-(cyclopropylmethoxy)-*N*-(3,5-dichloro-4-pyridinyl)-4-(difluoromethoxy)benzamide。

【结 构 式】

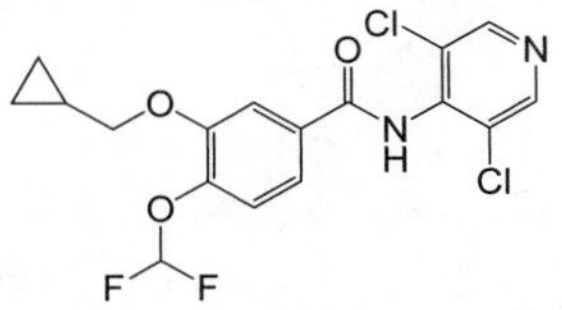

分子式： $C_{17}H_{14}Cl_2F_2N_2O_3$

分子量： 403.21

【性　　状】 白色至淡黄褐色固体颗粒或结晶性粉末，无臭，味微甜，易溶于水。

【制　　法】

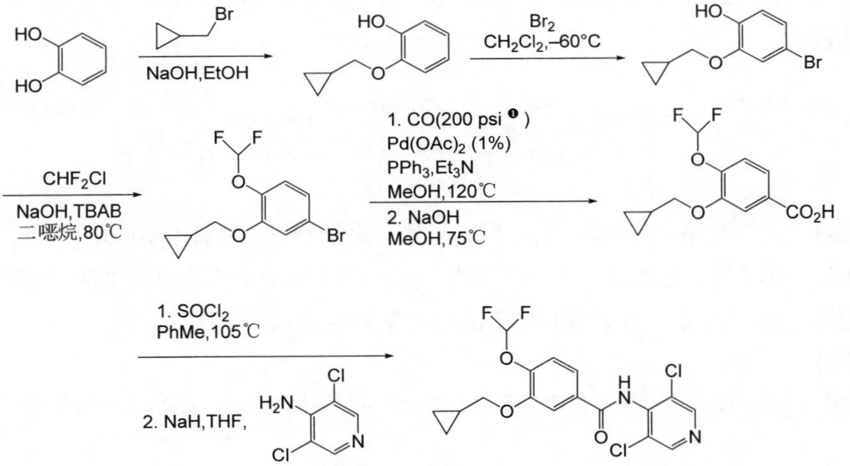

【用　　途】 用于治疗严重 COPD 患者支气管炎相关咳嗽和黏液过多的症状。

【生产厂家】 无锡药兴医药科技有限公司、花园药业股份有限公司、成都迪康药业股份有限公司、山东京卫制药有限公司、安徽悦康凯悦制药有限公司、合肥立方制药股份有限公司、四川青木制药有限公司、四川新开元制药有限公司、重庆华邦胜凯制药有限公司。

【参考资料】

Ashton M J, Cook D C, Fenton G, et al. Selective type Ⅳ phosphdiesterase inhibitors as antiasthmatic

---

❶ 1psi=6.895kPa。

agents. The syntheses and biological activities of 3-(cyclopentyloxy)-4-methoxybenzamide and analogues[J]. Journal of Medicinal Chemistry, 1994,37(11):1696-1703.

04095

盐酸马布特罗 Mabuterol Hydrochloride [54240-36-7]

【名　　称】 1-[4-氨基-3-氯-5-(三氟甲基)苯基]-2-(叔丁基氨基)乙醇盐酸盐。

1-[4-amino-3- chloro-5-(trifluoromethyl)-phenyl]-2-(*tert*-butylamino)ethan-1-ol hydrochloride。

【结 构 式】

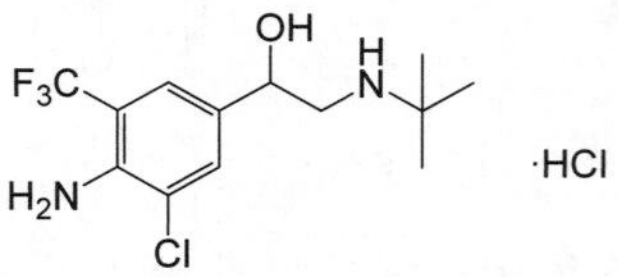

分子式： $C_{13}H_{19}Cl_2F_3N_2O$

分子量： 310.75

【性　　状】 白色结晶。熔点 205～207℃。溶于水，不溶于乙醚、甲苯等有机溶剂。

【制　　法】

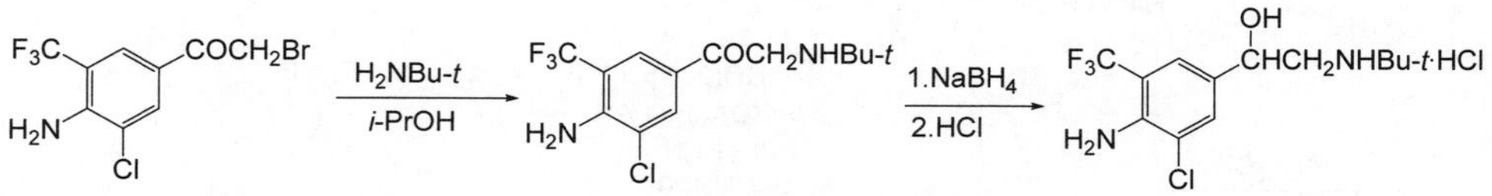

【用　　途】 选择性 β_2 受体兴奋剂，具有长效、高选择性、毒副作用小的特点，临床上用于缓解由支气管哮喘、慢性支气管炎以及肺气肿的气道阻塞性障碍引起的呼吸困难等症状。

【生产厂家】 国家药品监督管理局(NMPA)上查无生产药企。

【参考资料】

潘莉，杜桂杰，葛丹丹，等. 盐酸马布特罗的合成[J]. 中国药物化学杂志, 2008, 18(5): 353-354.

04096

左卡巴司丁 Levocabastine [79516-68-0]

【名　　称】 1-(4-氰基-4-(4-氟苯基)环己基)-3-甲基-4-苯基哌啶-4-羧酸。

1-(4-cyano-4-(4-fluorophenyl)cyclohexyl)-3-methyl-4-phenylpiperidine-4-carboxylic acid。

【结 构 式】

N≡ F OH O N

分子式：$C_{26}H_{29}FN_2O_2$
分子量：420.53

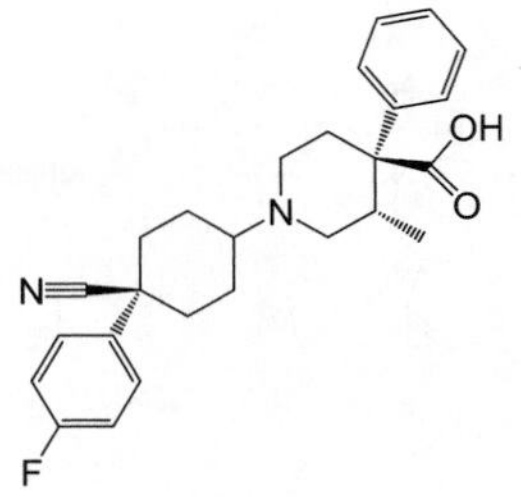

【性　　状】 结晶，熔点 298～299℃。

【制　　法】

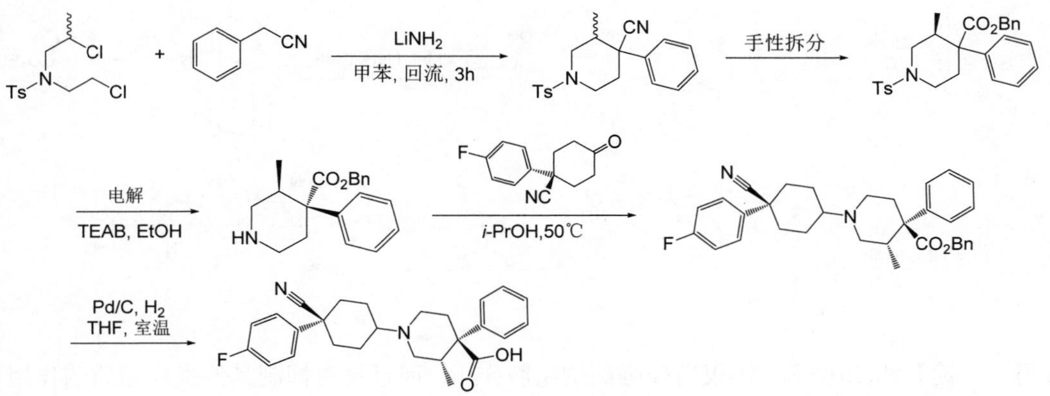

Ts N Cl Cl + CN —$LiNH_2$，甲苯, 回流, 3h→ Ts N CN —手性拆分→ Ts N CO_2Bn

—电解，TEAB, EtOH→ HN CO_2Bn —(F, NC, O)，*i*-PrOH,50℃→ N F N CO_2Bn

—Pd/C, H_2，THF, 室温→ N F N OH O

【用　　途】 组胺 H_1 受体拮抗剂，选择性高、活性强。用于治疗过敏性鼻炎、过敏性结膜炎。

【生产厂家】 Novartis Pharma Ag。

【参考资料】

Kang S, Nam D, Ahn J, et al. Practical and sustainable synthesis of optically pure levocabastine, a H_1 recepter antagonist[J]. Molecules, 1971, 22(11).

04097

咪唑司汀 Mizolastine [108612-45-9]

【名　　称】 咪唑斯汀；2-((1-(1-(4-氟苄基)-1*H*-苯并[*d*]咪唑-2-基)哌啶-4-基)(甲基)氨基)嘧啶-4(3*H*)-酮。

2-((1-(1-(4-fluorobenzyl)-1*H*-benzo[*d*]imidazol-2-yl)piperidin-4-yl)(methyl)amino)pyrimidin-

4(3*H*)-one。

【结 构 式】

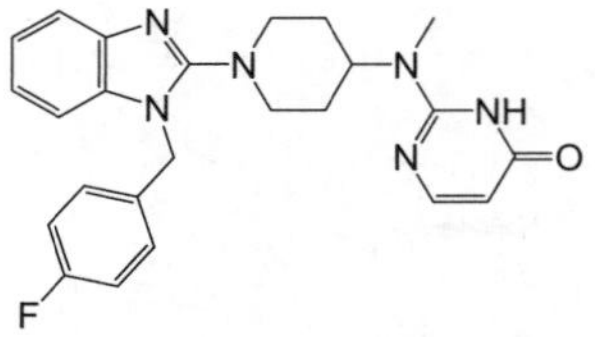

分子式：$C_{24}H_{25}FN_6O$

分子量：432.50

【性　　状】 白色包衣片。

【制　　法】

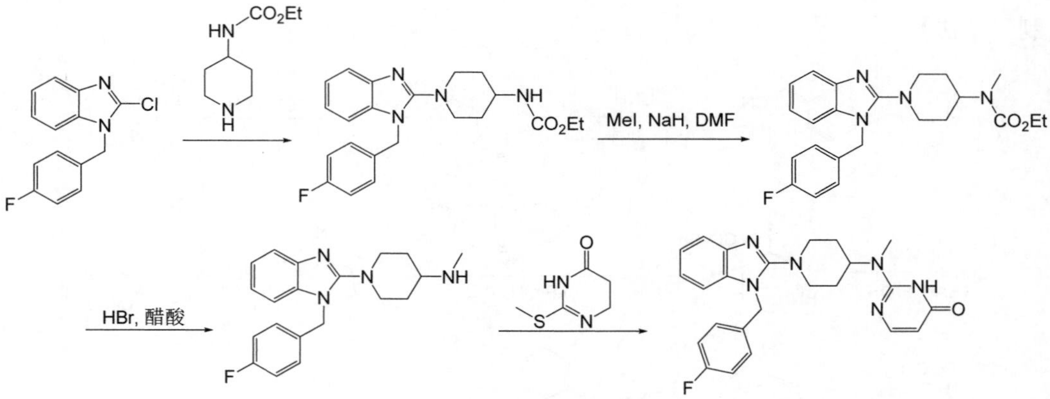

HBr, 醋酸

MeI, NaH, DMF

【用　　途】 抗组胺药，不仅有较强的抗组胺作用，而且具有抑制其他炎症递质的作用，如抑制白三烯的产生、减轻水肿等。因而从理论上讲，咪唑司汀既具有抗组胺、抗过敏作用，又有抗炎症活性作用，为急性荨麻疹的治疗优选药。

【生产厂家】 国家药品监督管理局(NMPA)上查无生产药企。

【参考资料】

Soldovieri M V, Miceli F, Taglialatela M . Cardiotoxic effects of antihistamines: from basics to clinics (⋯ and back). [J]. Chemical Research in Toxicology, 2008, 21(5): 997-1004.

04098

马来酸氟吡汀 Flupirtine Maleate [75507-68-5]

【名　　称】 *N*-[2-氨基-6-((4-氟苯基)甲基]氨基)-3-吡啶基]氨基甲酸乙酯 (2*Z*)-2-丁烯二酸盐。

N-[2-amino-6-([(4-fluorophenyl)methyl]amino)-3-pyridinyl]carbamic acid ethyl ester (2*Z*)-2-butenedioate。

【结 构 式】

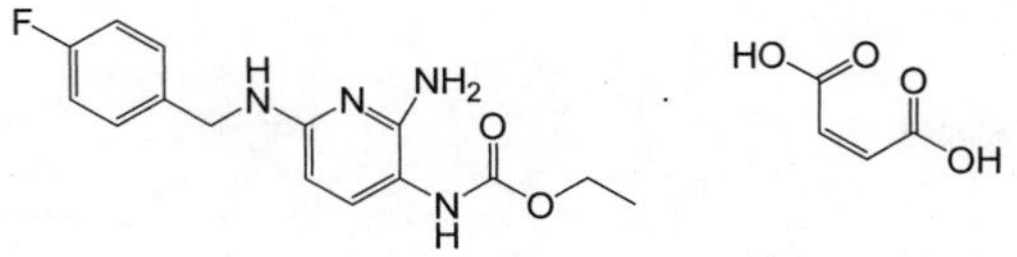

分子式：$C_{19}H_{21}FN_4O_6$
分子量：420.39

【性　　状】灰白色结晶粉末。

【制　　法】

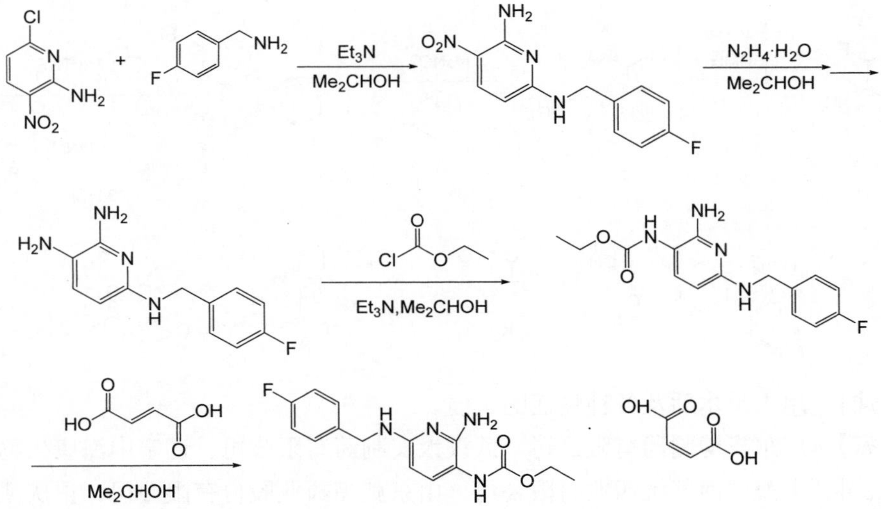

Et_3N / Me_2CHOH ； $N_2H_4 \cdot H_2O$ / Me_2CHOH ； Et_3N, Me_2CHOH ； Me_2CHOH

【用　　途】用于各种类型的中等程度的急性疼痛的治疗，如外科手术、创伤等引起的疼痛以及头痛/偏头痛及腹部痉挛等。

【生产厂家】国家药品监督管理局(NMPA)上查无生产药企。

【参考资料】

Wu J, Xu J L, Chai YZ, et al. One-pot method for preparing flupirtine maleate: CN103333103A[P] 2013-10-02.

04099

氟比洛芬酯 Flurbiprofen Axetil [91503-79-6]

【名　　称】2-[2-氟-(1,1'-联苯)-4-基]丙酸-1-乙酰氧基乙酯。
1-acetoxyethyl-2-[2-fluoro-(1,1'-biphenyl)-4-yl]propanoate。

【结 构 式】

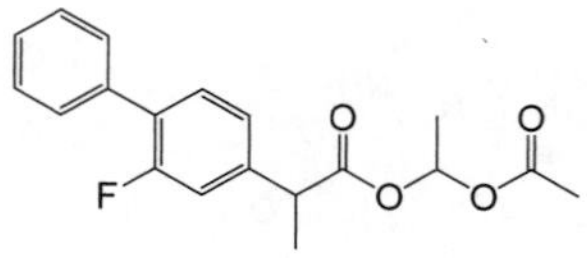

分子式：$C_{19}H_{19}FO_4$
分子量：330.35

【性　　状】无色至微黄色透明油状物，略臭，味苦。和甲醇、乙醇、乙腈或丙酮混溶，不溶于水。

【制　　法】

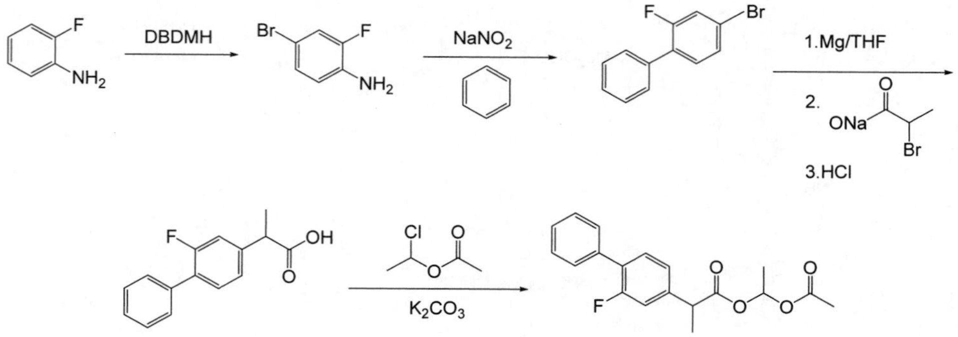

DBDMH
$NaNO_2$
1.Mg/THF
2. ONa Br
3.HCl
K_2CO_3

【用　　途】用于手术后及各种癌症的镇痛。

【生产厂家】广东嘉博制药有限公司、武汉大安制药有限公司、辽宁中海康生物制药股份有限公司、上海中西三维药业有限公司、山东威高药业股份有限公司、重庆凯林制药有限公司、吉林汇康制药有限公司、河北一品制药股份有限公司、江苏慧聚药业有限公司、南京优科制药有限公司、常州四药制药有限公司、四川新开元制药有限公司、南京正大天晴制药有限公司、山西普德药业有限公司、齐鲁制药有限公司。

【参考资料】

[1] Yuan S J, Wang L N, Qi Y, et al. Method for preparing flurbiprofen axetil: CN103012144A[P]. 2013-04-03.
[2] Uchida K, Masumoto S, Tohno M.

04100

泊沙康唑 Posaconazole [171228-49-2]

【名　　称】4-[4-[4-[4-[[(3*R*,5*R*)-5-(2,4-二氟苯基)-5-(1*H*-1,2,4-三唑-1-基甲基)氧杂戊环-3-基]甲氧基]苯基]哌嗪-1-基]苯基]-2-[(2*S*,3*S*)-2-羟基戊-3-基]-1,2,4-三唑-3-酮。

4-[4-[4-[4-[[(3*R*,5*R*)-5-(2,4-difluorophenyl)-5-((1*H*-1,2,4-triazol-1-yl)methyl)tetrahydrofuran-3-yl]methoxy]phenyl]piperazin-1-yl]phenyl]-2-[(2S,3S)-2-hydroxypentan-3-yl]-2,4-dihydro-3*H*-1,2,4-triazol-3-one。

【结 构 式】

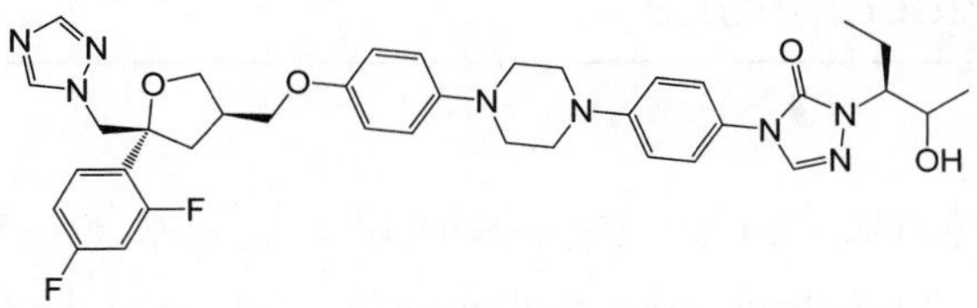

分子式 $C_{37}H_{42}F_2N_8O_4$

分子量 **700.33**

【性　　状】 白色固体。

【制　　法】

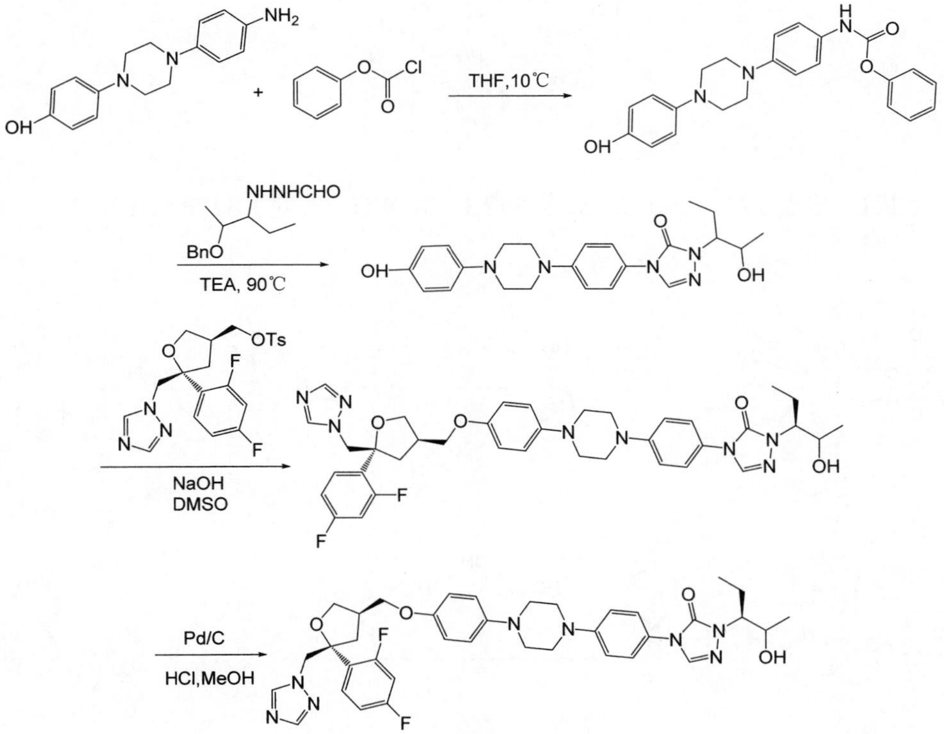

THF,10℃

TEA, 90℃

NaOH DMSO

Pd/C HCl,MeOH

【用　　途】 适用于念珠菌属、隐球菌属真菌引起的真菌血症，呼吸、消化道、尿路真菌病，腹膜炎、脑膜炎等。

【生产厂家】 先灵葆雅公司(schering plough)制药公司、上海宣泰海门药业有限公司、江苏奥赛康药业有限公司。

【参考资料】

[1] 李驰, 王欣. 泊沙康唑制法图解 [J]. 中国药物化学杂志, 2020, 30(3): 182-186.

[2] 杨祥龙, 李金凤, 邵伟, 等. 泊沙康唑合成工艺研究进展 [J]. 化工时刊, 2019, (11): 22-28, 37.

04101

夫洛非宁 Floctafenine [23779-99-9]

【名　　称】 2,3-二羟丙基　2-[(8-(三氟甲基)喹啉-4-基)氨基]苯甲酸酯。

2,3-dihydroxypropyl　2-[(8-(trifluoromethyl)quinolin-4-yl)amino]benzoate。

【结 构 式】

分子式： $C_{20}H_{17}F_3N_2O_4$

分子量： 406.36

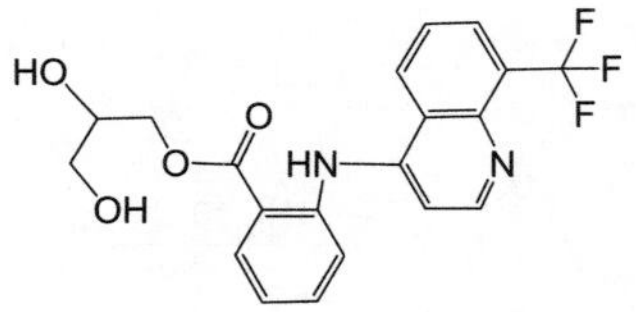

【性　　状】 熔点 179～180℃，沸点(592.1±50.0)℃，密度 1.3473g/cm^3。

【制　　法】

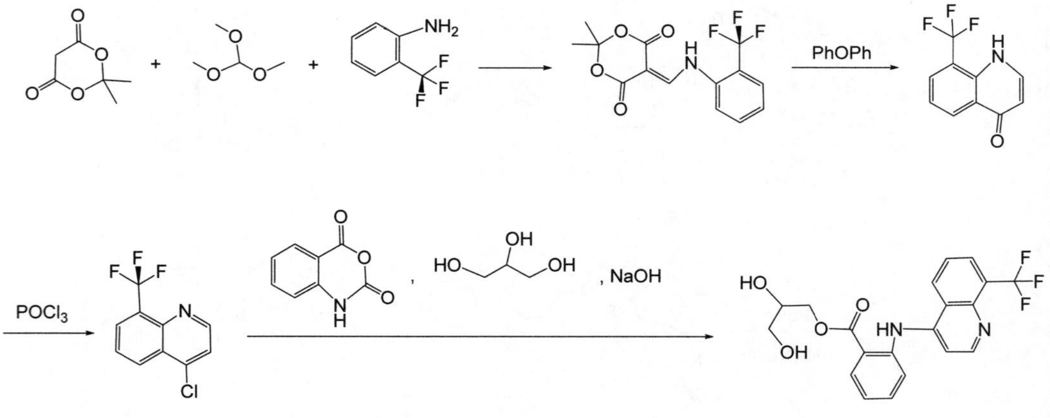

PhOPh

$POCl_3$

, NaOH

【用　　途】 用于治疗各种原因引起的急性及慢性疼痛，尤其是退化性风湿病、关节外风湿痛、神经痛、牙痛、口疼痛及耳、鼻、喉引起的头痛、术后疼痛、各种癌症的疼痛。

【生产厂家】 国家药品监督管理局(NMPA)上查无生产药企。

【参考资料】

Xu J, Cheng K, Shen C, et al. Coordinating activation strategy-induced selective C—H trifluoromethylation of anilines[J]. Chem Cat Chem, 2018, 10: 965-970.

04102

乌帕替尼 Upadacitinib [1310726-60-3]

【名　　称】 (3*S*,4*R*)-3-乙基-4-(3*H*-咪唑并[1,2-*a*]吡咯并[2,3-*e*]吡嗪-8-基)-*N*-(2,2,2-三氟乙基)-1-吡咯烷甲酰胺。

(3*S*,4*R*)-3-ethyl-4-(3*H*-imidazo[1,2-*a*]pyrrolo[2,3-*e*]pyrazin-8-yl)-*N*-(2,2,2-trifluoroethyl)pyrrolidine-1-carboxamide。

【结 构 式】

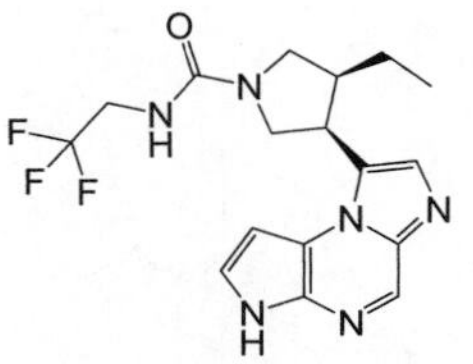

分子式：$C_{17}H_{19}F_3N_6O$

分子量：380.37

【制　　法】

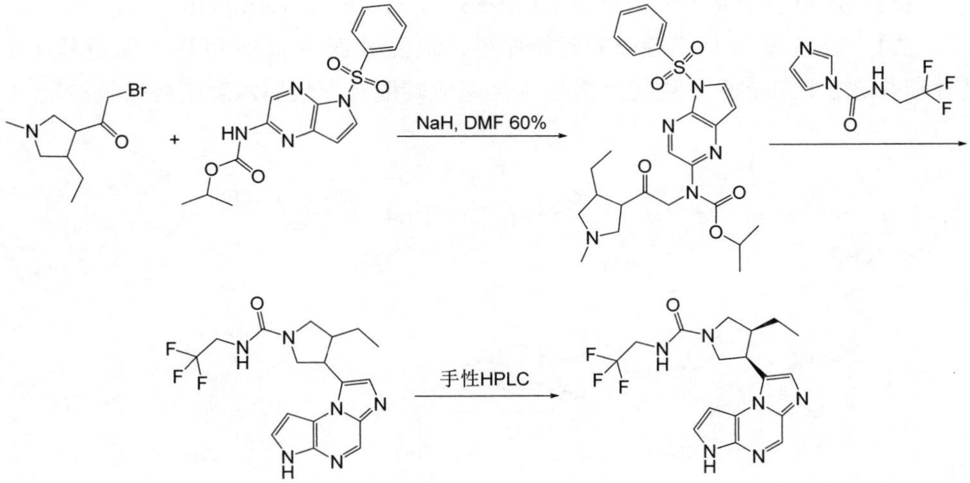

NaH, DMF 60%

手性HPLC

【用　　途】 治疗活动性强直性脊柱炎。

【生产厂家】 艾伯维(AbbVie)，FDA 批准，国内未上市。

【参考资料】

[1] 郑守军，魏巍，唐小林，等.乌帕替尼及关键中间体合成路线图解[J]. 中国药物化学杂志，2021, 31(07): 567-570.

[2] 庄昊俊，郭美亮，刘婉雯，等. Janus 激酶抑制剂在特应性皮炎治疗中的临床应用研究进展[J]. 上海

交通大学学报(医学版), 2021, 41(07): 963-966.
[3] 宋志兵, 张倩, 章越凡, 等. 乌帕替尼对氧糖剥夺/复氧后 BV2 细胞极化的影响[J]. 药学实践杂志, 2021, 39(02): 112-117.

04103

那氟沙星 Nadifloxacin [124858-35-1]

【名　　称】 9-氟-6,7-二氢-8-(4-羟基-1-哌啶基)-5-甲基-1-氧代-1*H*,5*H*-苯并喹嗪-2-甲酸。9-fluoro-6,7-dihydro-8-(4-hydroxy-1-piperidinyl)-5-methyl-1-oxo-1*H*,5*H*-benzo[*ij*]quinolizine-2-carboxylic acid。

【结 构 式】

分子式： $C_{19}H_{21}FN_2O_4$
分子量： 360.38

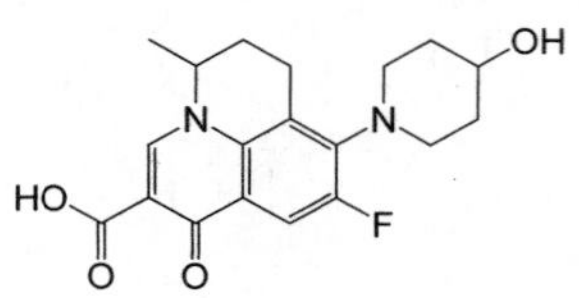

【性　　状】 灰白色结晶固体，沸点(624.9±55.0)℃，密度 1.46g/cm³。

【制　　法】 以 6-氟-2-甲基喹啉为起始原料，制备 8-溴-9-氟-5-甲基-1-氧亚基-1,5,6,7-四氢吡啶并[3,2,1-*ij*]喹啉-2-羧酸，再与 4-羟基哌啶缩合，最后水解制得那氟沙星。

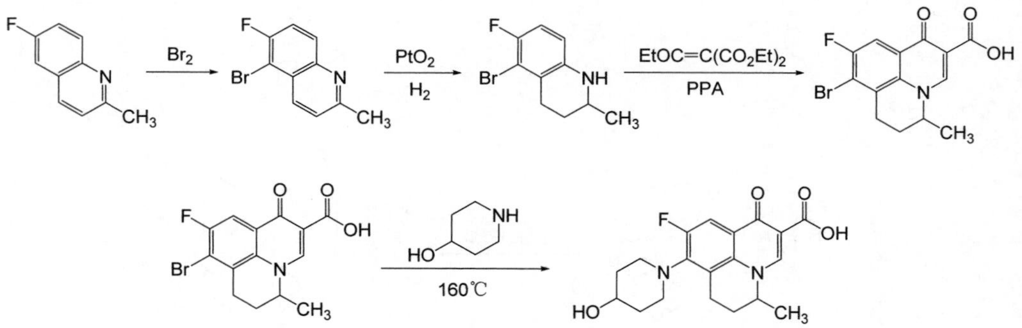

Br_2；PtO_2, H_2；$EtOC{=}C(CO_2Et)_2$, PPA；4-羟基哌啶, 160℃

【用　　途】 主要针对痤疮及其他皮肤感染。

【生产厂家】 日本大冢制药株式会社、天津炜捷制药有限公司、常州亚邦制药有限公司。

【参考资料】

Bernauer K, Borgulya J, Bruderer H, et al. 3,5-Disubstituted pyrocatechol derivs: EP 0237929 A1[P]. 1987-09-23.

04104

加替沙星 Gatifloxacin [112811-59-3]

【名　　称】 1-环丙基-6-氟-1,4-二氢-8-甲氧基-7-(3-甲基-1-哌嗪基)-4-氧代-3-喹啉羧酸。1-cyclopropyl-6-fluoro-1,4-dihydro-8-methoxy-7-(3-methyl-1-piperazinyl)-4-oxo-3-quinolinecarboxylic acid。

【结 构 式】

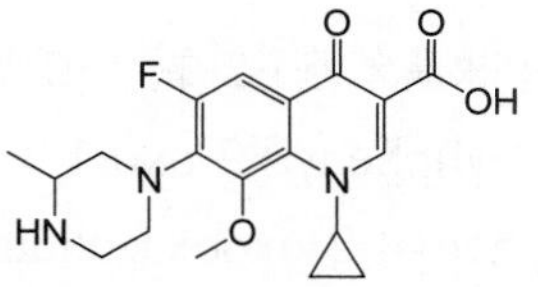

分子式：$C_{19}H_{22}FN_3O_4$

分子量：375.39

【性　　状】 类白色或浅黄色结晶性粉末，沸点 607.8℃，密度 1.39g/cm^3。

【制　　法】 以 2,4,5-三氟-3-甲氧基苯甲酸为原料，经酰氯化、缩合、脱羧、环丙胺置换、环合水解、与 2-甲基哌嗪缩合、水解成盐的过程而制成，此工艺需经 10 个制作步骤，收率仅为 30.9%。

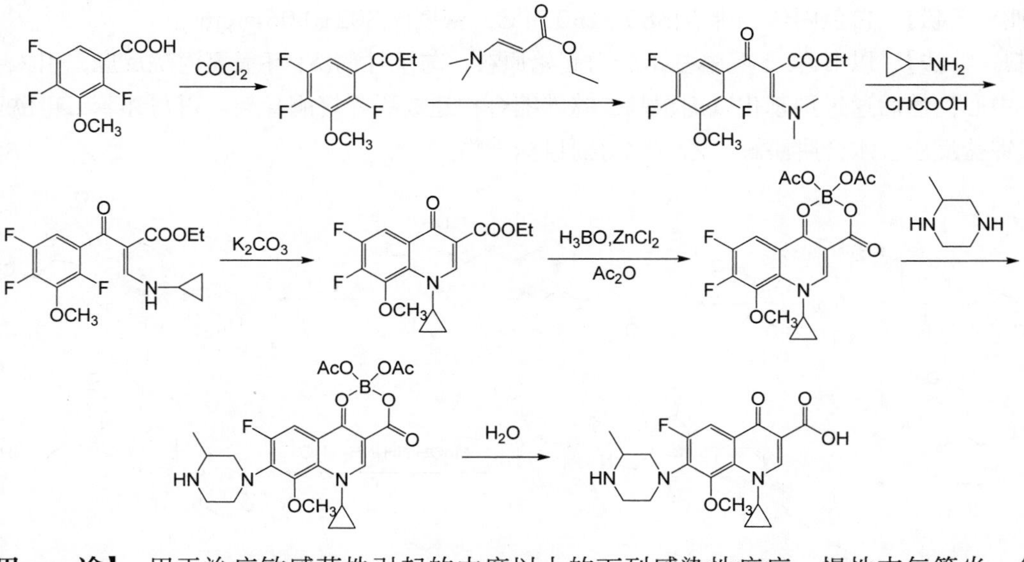

【用　　途】 用于治疗敏感菌株引起的中度以上的下列感染性疾病：慢性支气管炎、急性鼻窦炎、单纯性或复杂性泌尿道感染(膀胱炎)、肾盂肾炎。

【生产厂家】 日本杏林制药株式会、江苏永达药业有限公司、四川百利药业有限责任公司、湖北百科亨迪药业有限公司、浙江医药股份有限公司新昌制药厂、修正药业集团柳河制药有限公司。

【参考资料】

Naomi T, Hironobu F, Hiroshi M L. 1-Cyclopropyl-6-fluoro-1,4-dihydro-8-methoxy-7-(3-methyl-1-piperazinyl)-4-oxo-3-quinolinecarboxylic acid and the salts there of and methods for their manufacture: EP 0464823[P]. 1992-01-08.

04105

利奈唑胺 Linezolid [165800-03-3]

【名　　称】 (*S*)-*N*-[[3-(3-氟-4-吗啉基苯基)-2-氧代-5-噁唑烷基]甲基]乙酰胺。

N-{[(5*S*)-3-[3-fluoro-4-(morpholin-4-yl)phenyl]-2-oxo-1,3-oxazolidin-5-yl]methyl}acetamide; (*S*)-*N*-[[3-(3-fluoro-4-morpholinophenyl)-2-oxooxazolidin-5-yl]methyl]acetamide。

【结 构 式】

分子式： $C_{16}H_{20}FN_3O_4$

分子量： 337.35

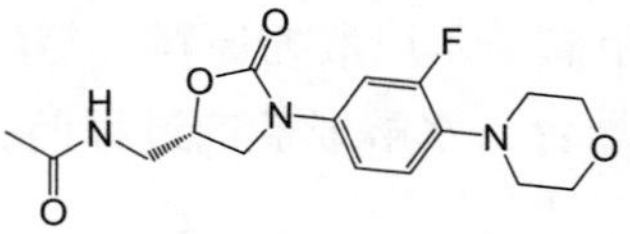

【性　　状】 白色固体，沸点(585.5±50.0)℃，密度(1.302±0.06)g/cm^3。

【制　　法】 以 3-氟-4-吗啉基苯胺为起始原料，与手性的(*S*)-环氧氯丙烷反应，引入手性中心，然后通过羰基化试剂羰基二咪唑缩合构建成噁唑烷酮骨架，再与邻苯二甲酰亚胺钾盐反应，水合肼肼解，乙酰化得到目标产物。

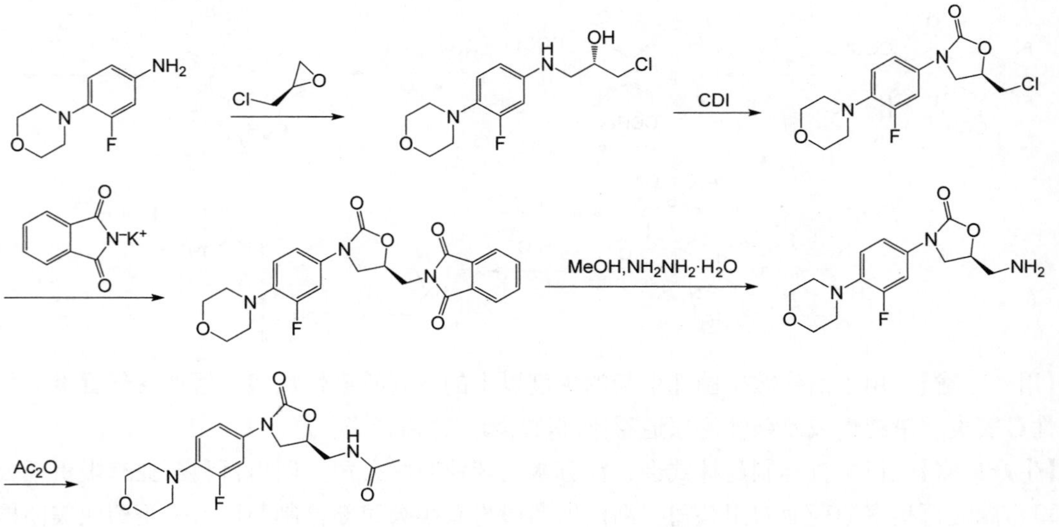

CDI

MeOH,$NH_2NH_2 \cdot H_2O$

Ac_2O

【用　　途】用于治疗革兰氏阳性球菌引起的感染，包括并发的菌血症；医院获得性肺炎、社区获得性肺炎(肺炎在临床上因为致病菌的不一样，分为医院获得性肺炎及社区获得性肺炎)及伴发的菌血症；复杂性的皮肤和皮肤软组织感染，包括并发骨髓炎的糖尿病足部感染；非复杂性的皮肤和皮肤软组织感染；治疗耐万古霉素的粪肠球粪引起的感染。

【生产厂家】美国 Pharmacia&Upiohn 公司(已被辉瑞收购)、江苏正大丰海制药有限公司、江苏豪森药业集团有限公司、连云港润众制药有限公司、重庆华邦胜凯制药有限公司。

【参考资料】

Rao D M, Reddy P K. Intermediates for linezolid and related compounds. US 7429661[P]. 2008-09-30.

04106

巴洛沙星 Balofloxacin [127294-70-6]

【名　　称】1-环丙基-7-(3-甲氨基-1-哌啶基)-8-甲氧基-6-氟-1,4-二氢-4-氧代-3-喹啉羧酸。1-cyclopropyl-6-fluoro-8-methoxy-7-(3-(methylamino)piperidin-1-yl)-4-oxo-1,4-dihydroquinoline-3-carboxylic acid。

【结 构 式】

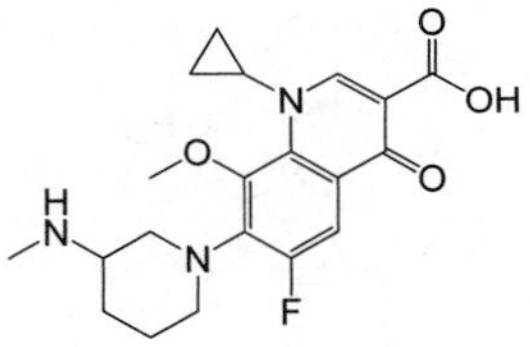

分子式：$C_{20}H_{24}FN_3O_4$
分子量：389.42

【性　　状】淡黄色或类白色粉末，沸点(608.3±55.0)℃，密度(1.40±0.1)g/cm^3。

【制　　法】以 1-环丙基-6,7-二氟-1, 4-二氢-8-甲氧基-4-氧代喹啉-3-羧酸乙酯为原料，水解生成相应的羧酸后与 3-甲氨基哌啶二盐酸盐缩合即得，总收率为 42.2%。

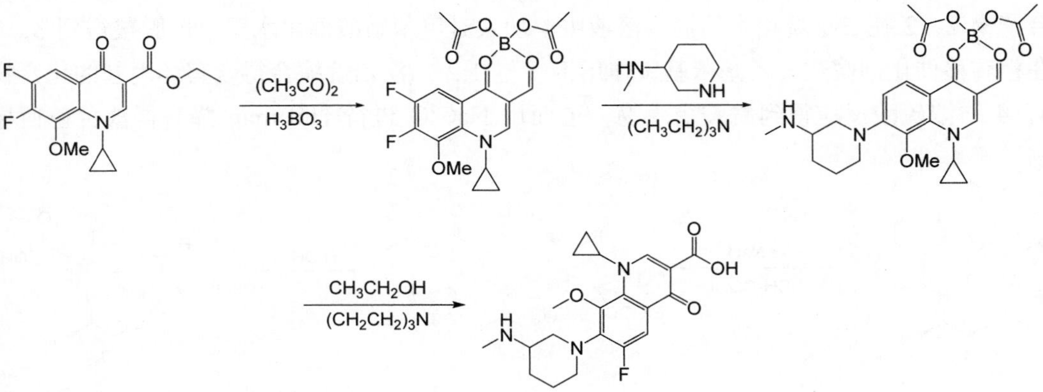

$(CH_3CO)_2$ / H_3BO_3 ; $(CH_3CH_2)_3N$; CH_3CH_2OH / $(CH_2CH_2)_3N$

【用　　途】适用于由敏感细菌和非典型病原体引起的急性支气管炎以及膀胱炎等泌尿生殖系统感染的治疗。

【生产厂家】扬子江药业集团、江苏海慈生物药业有限公司、无锡福祈制药有限公司、江苏永达药业有限公司、江苏联环药业股份有限公司、山东罗欣药业集团恒欣药业有限公司、连云港润众制药有限公司。

【参考资料】

Masuzama K, Suzue S, Hiral K, et al. 8-Alkoxyquinolonecarboxylic acids and salts thereo: US5043450[P]. 1991-08-27.

04107

帕珠沙星 Pazufloxacin [127045-41-4]

【名　　称】(*S*)-(−)-10-(1-氨基环丙基)-9-氟-3-甲基-7-氧代-2,3-二氢-7*H*吡啶[1,2,3-*de*][1,4]苯并噁嗪-6-羧酸。

(*S*)-(−)-10-(1-aminocyclopropyl)-9-fluoro-3-methy-7-oxo-2,3-dihydro-7*H*-pyridine[1,2,3-*de*][1,4]benzoxazine-6-carboxylic acid。

【结 构 式】

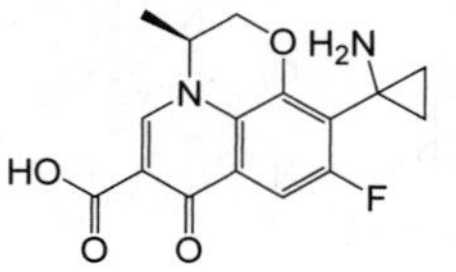

分子式：$C_{16}H_{15}FN_2O_4$

分子量：318.30

【性　　状】白色结晶性粉末，沸点(531.5±50.0)℃，密度 1.56g/cm^3。

【制　　法】以左氟沙星中间体(*S*)-9,10-二氟-3-甲基-7-氧代-2,3-二氢-7*H*吡啶[1,2,3-*de*][1,4]苯并噁嗪-6-羧酸乙酯为起始原料，在氢化钠作用下与氰乙酸乙酯反应得缩合产物 2，2 在二噁烷和水的混合溶液中，加入对甲苯磺酸催化水解、单脱羧得到 3，3 在相转移催化剂溴化三乙基苄基铵作用下，与 1,2-二溴乙烷缩合得含有环丙基的化合物 4，4 与浓硫酸反应得到酰胺衍生物，进而用 NaClO 进行 Hoffman 降解得淡黄色目标物，产率 87%。

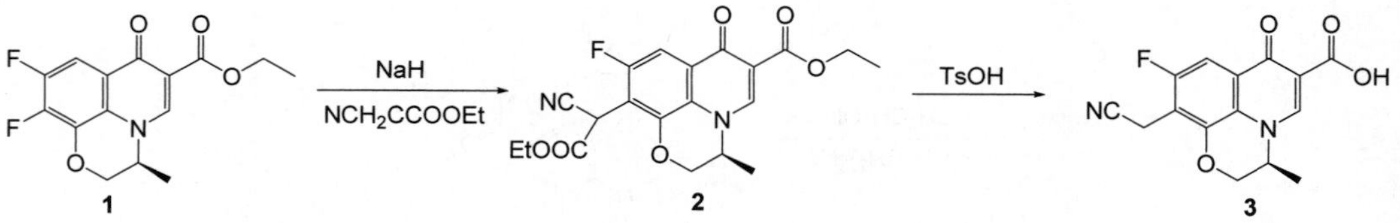

NaH
$NCH_2CCOOEt$
TsOH
1
2
3

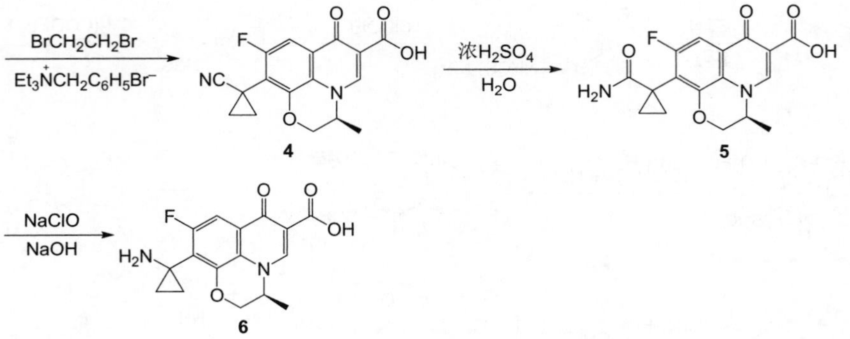

$\xrightarrow[Et_3\overset{+}{N}CH_2C_6H_5Br^-]{BrCH_2CH_2Br}$ 4 $\xrightarrow[H_2O]{浓H_2SO_4}$ 5

$\xrightarrow[NaOH]{NaClO}$ 6

【用　　途】用于治疗慢性支气管炎、肾炎、泌尿系统感染、胆囊炎、腹膜炎、子宫内膜炎等。

【生产厂家】日本富山化学和三菱株式会社、海南海神同洲制药有限公司、浙江司太立制药股份有限公司、浙江海森药业股份有限公司、山东齐都药业有限公司、四川科伦药业股份有限公司、山东辰龙药业有限公司、湖南九典制药股份有限公司、湖南华纳大药厂股份有限公司、遂成药业股份有限公司。

【参考资料】

Li H L, Zhu L L, Xu Y F, et al. Preparation of dihydroquinoline compounds useful as blocker of CD47/SIRPα interaction: CN201710785796[P]. 2018-9-4.

04108

普卢利沙星 Prulifloxacin [123447-62-1]

【名　　称】6-氟-1-甲基-7-[4-((5-甲基-2-氧代-2*H*-1,3-二噁茂烷-4-基)甲基)哌嗪-1-基]-4-氧代-1*H*,4*H*-[1,3]硫杂吖丁啶并[3,2-*a*]喹啉-3-羧酸。

6-fluoro-1-methyl-7-[4-((5-methyl-2-oxo-2*H*-1,3-dioxol-4-yl)methyl)piperazin]-4-oxo-1*H*,4*H*-[1,3]thiazeto[3,2-*a*]quinoline-3-carboxylic acid。

【结 构 式】

分子式：$C_{21}H_{20}FN_3O_6S$

分子量：461.46

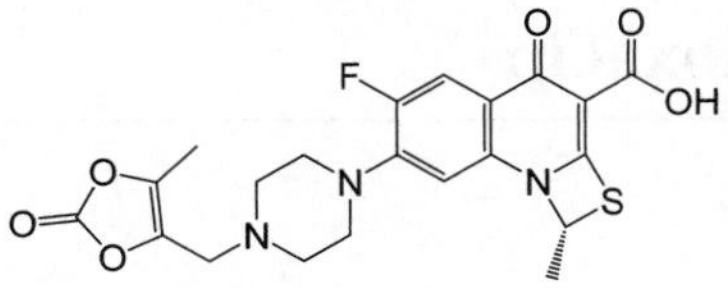

【性　　状】黄色或微黄色粉末，沸点(633.2±65.0)℃，密度(1.62±0.1)g/cm³。

【制　　法】以二氟苯胺、氯甲酸乙酯、丙二酸二乙酯等原料制成普卢利沙星。

Et_3N, CS_2; $NHCS_2 \cdot NEt_3$; ClCOEt; NCS; $CH_2(COOEt)_2$, KOH

EtO_2C, CO_2Et, S^-K^+; $ClCH_2OMe$, NEt_3; SCH_2OMe; △; CO_2Et, SCH2OMe

H^+, EtOH; CO_2Et, SH; CH_3CHBr_2, K_2CO_3, KI; CO_2Et; HN NH; CO_2Et

KOH; COOH; Br; $KHCO_3$; OH

【用　途】用于治疗对普卢利沙星敏感的葡萄球菌、淋球菌、肺炎球菌、肠球菌、莫拉克斯菌、大肠杆菌、志贺杆菌、沙门菌(伤寒菌、副伤寒菌除外)、柠檬酸细菌、肺炎克雷伯杆菌、沙雷菌属、变形杆菌、霍乱弧菌、铜绿假单胞菌、消化链球菌引起的下列感染：浅表性皮肤感染症(急性浅表性毛囊炎、传染性脓痂疹)、深层皮肤感染症(蜂窝织炎、丹毒、疖、疖肿症、痈、化脓性甲沟炎)、慢性脓皮症(感染性皮脂腺囊肿、化脓等)。

【生产厂家】日本新药株式会社和明治制果株式会社、四川科伦药业股份有限公司、济川药业集团有限公司、山东罗欣药业集团恒欣药业有限公司、常州亚邦制药有限公司。

【参考资料】

Kise M, Kitano M, Ozaki M, et al. Quinolinecarboxylic acid derivatives: EP 315828[P]. 1989-05-17.

04109

吉米沙星 Gemifloxacin [175463-14-6]

【名　称】7-[3-(氨甲基)-4-(甲氧氨亚基)吡咯烷-1-基]-1-环丙基-6-氟-4-氧代-1,4-二氢-1,8-二氮杂萘-3-羧酸。

7-[3-(aminomethyl)-4-(methoxyimino)pyrrolidin-1-yl]-1-cyclopropyl-6-fluoro-4-oxo-1,4-

dihydro-1,8-naphthyridine-3-carboxylic acid。

【结 构 式】

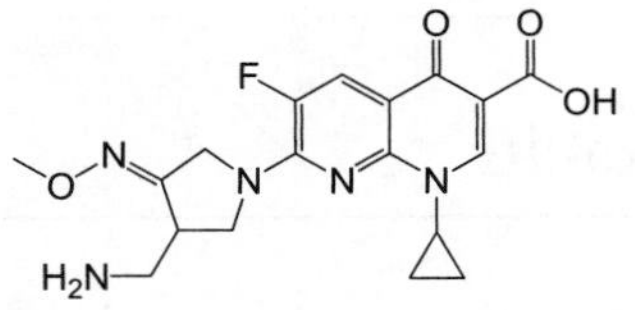

分子式：$C_{18}H_{20}FN_5O_4$

分子量：389.38

【性 状】 白色粉末，沸点(638.9±65.0)℃，密度 1.64g/cm³。

【制 法】

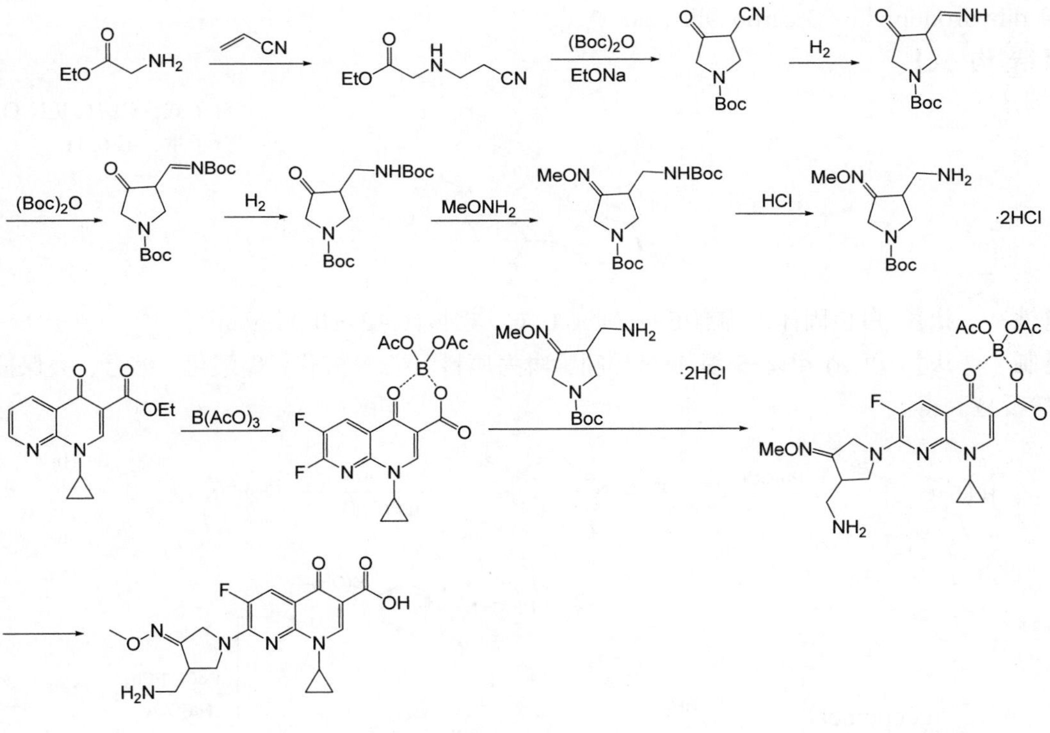

【用 途】 用于治疗由肺炎链球菌、耐甲氧西林的金黄色葡萄球菌、流感嗜血杆菌或黏膜炎莫拉菌和肺炎球菌所致的急性支气管炎、慢性支气管炎、上呼吸道感染，肺炎衣原体引起的社区获得性肺炎，也用于厌氧菌所致的泌尿系统、生殖系统、消化系统、皮肤和软组织感染。

【生产厂家】 韩国 LG Life Sciences 公司。

【参考资料】

Cho S, Choi H. Process for production of naphthyridine-3-carboxylic acid derivatives: WO 0118002 [P]. 2001-03-15.

04110

加雷沙星 Garenoxacin [194804-75-6]

【名　　称】 1-环丙基-8-二氟甲氧基-7-[(1*R*)-1-甲基-2,3-二氢-1*H*-异吲哚-5-基]-4-氧代-1,4-二氢喹啉-3-羧酸。

1-cyclopropyl-8-difluoromethoxy-7-[(1*R*)-1-methyl-2,3-dihydro-1*H*-isoindol-5-yl]-4-oxo-1,4-dihydroquinoline-3-carboxylic acid。

【结 构 式】

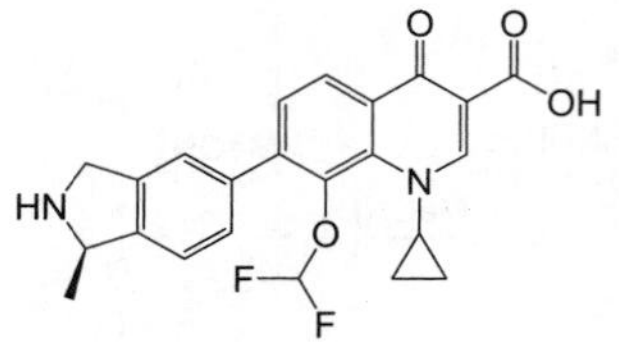

分子式：$C_{23}H_{20}F_2N_2O_4$
分子量：426.41

【性　　状】 白色固体，沸点(581.5±50.0)℃，密度(1.421±0.06)g/cm³。

【制　　法】 以(*R*)-甲基-5-溴-1-*H*-异吲哚啉为原料，经*N*-烷化、硼酸化、缩合、去保护等反应制得。

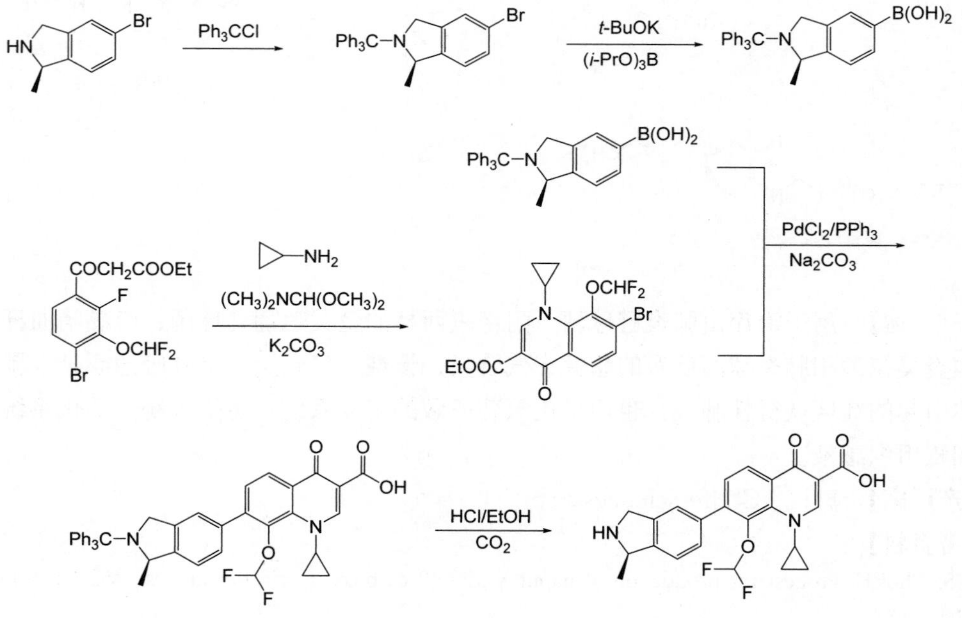

【用　　途】 在治疗上、下呼吸道感染时，常会出现耐青霉素或耐氟喹诺酮的肺炎链球菌，

这使得治疗由耐药革兰氏阳性菌引起呼吸道感染(RTIs)和耳鼻喉感染变得日益困难。加雷沙星作为新型喹诺酮母核 6 位去氟的喹诺酮类药物有效地解决了这一问题。

【生产厂家】 富山化学工业株式会社。

【参考资料】

[1] 吴孝国, 毛亚琴. 加雷沙星的合成 [J]. 中国现代应用药学, 2009(03): 218-220.

[2] Yama da M, Hama moto S, Hayashi K, et al. Process for production 7-isoindoline quinolone carboxylic derivatives and intermediates therefore, salt of 7-iso indoline quinolone carboxyclic acids, hydrates there of, and composition contain in the same as active ingredient: US6337399B1[P]. 2002-01-08.

04111

西他沙星 Sitafloxacin [127254-12-0]

【名　　称】 7-[(4*S*)-4-氨基-6-氮杂螺[2.4]庚烷-6-基]-8-氯-6-氟-1-[(2*S*)-2-氟环丙基]-1,4-二氢-4-氧代喹啉-3-羧酸。

7-[(4*S*)-4-amino-6-azaspiro[2.4]heptan-6-yl]-8-chloro-6-fluoro-1-[(2*S*)-2-fluorocyclopropyl]-4-oxoquinoline-3-carboxylic acid。

【结 构 式】

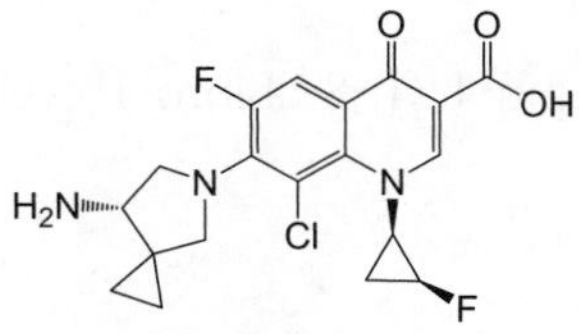

分子式： $C_{19}H_{18}ClF_2N_3O_3$

分子量： 409.81

【性　　状】 淡黄色固体，沸点(629.2±55.0)℃，密度(1.63±0.1)g/cm^3。

【制　　法】 以 3-(3-氯-4,5-二氟苯基)-3-氧代丙酸乙酯为原料与原甲酸三乙酯缩合，再与(1*R*,2*S*)-顺-1-氨基-2-氟环丙烷反应，环合得到的中间体用盐酸水解，再与(*S*)-7-叔丁氧羰基氨基-5-氮杂螺[2.4]庚烷缩合，再经脱保护基、氢氧化钠中和得到最终产物。

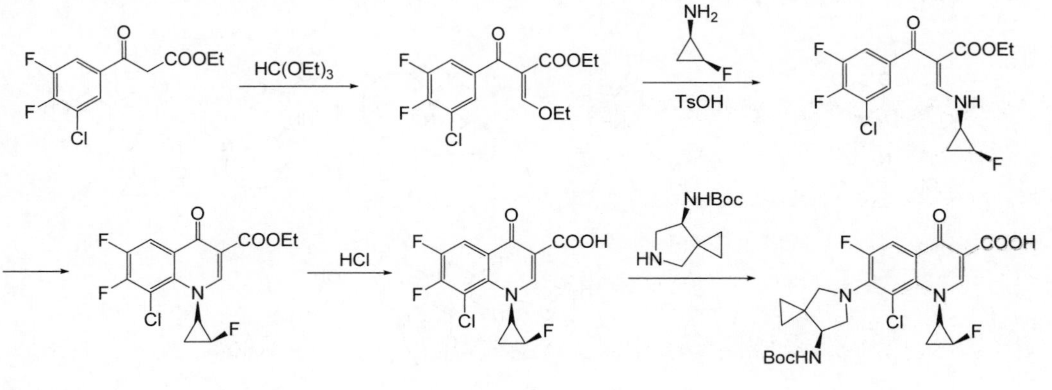

HC(OEt)$_3$　TsOH　HCl

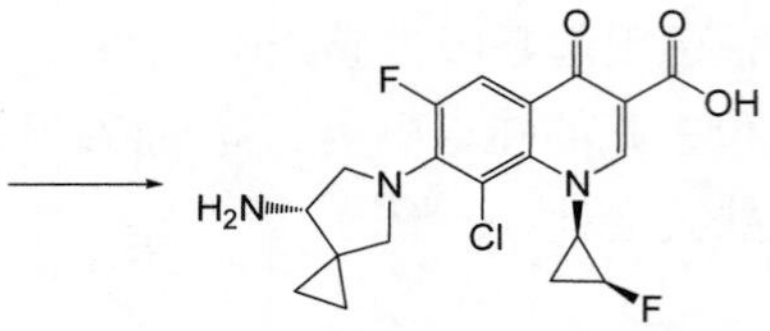

【用　　途】用于治疗炎症感染，如喉咽炎、腺样体炎、急性支气管炎、肺炎、慢性呼吸道病变引起的继发感染、膀胱炎、肾盂肾炎、尿道炎、宫颈炎、中耳炎、鼻窦炎、牙周炎、冠周炎和颌骨炎症。由于其广谱的强效抗菌活性，西他沙星有望在临床上有效治疗严重的细菌感染、感染复发和怀疑耐药细菌为病因的感染。

【生产厂家】日本第一制药三共株式会社。

【参考资料】

Hayakawa I, Kimura Y. Optically active pyridonecarboxylic acid derivatives: EP 0341493 [P]. 1989-11-15.

04112

贝西沙星 Besifloxacin　　[141388-76-3]

【名　　称】(*R*)-7-(3-氨基六氢-1*H*-氮杂环庚烷-1-基)-8-氯-1-环丙基-6-氟-1,4-二氢-4-氧代喹啉-3-甲酸。

(*R*)-7-(3-aminohexahydro-1*H*-azepin-1-yl)-8-chloro-1-cyclopropyl-6-fluoro-1,4-dihydro-4-oxoquinoline-3-carboxylic acid。

【结 构 式】

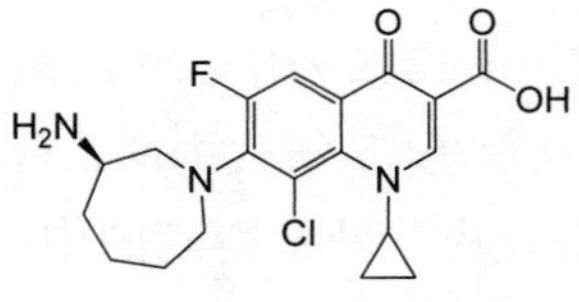

分子式：$C_{19}H_{21}ClFN_3O_3$

分子量：393.84

【制　　法】

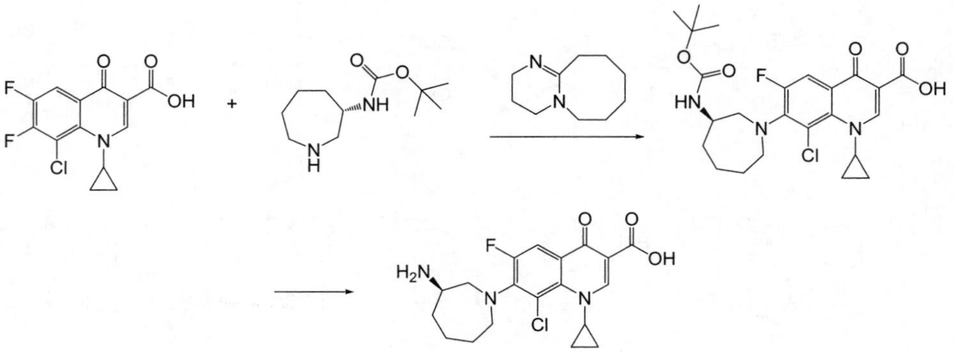

【生产厂家】 美国博士伦公司。

【参考资料】

Stranix B R, Sauve G, Bouzide A, et al. HIV protease inhibitors based on amino acid derivatives: US20020244383[P]. 2003-06-26.

04113

非那沙星 Finafloxacin [209342-40-5]

【名　　称】 8-氰基-1-环丙基-6-氟-7-[(4*aS*,7*aS*)-六氢吡咯并[3,4-*b*]-1,4-噁嗪-6(2*H*)-基]-1,4-二氢-4-氧代-3-喹啉羧酸。

8-cyano-1-cyclopropyl-6-fluoro-7-[(4*aS*,7*aS*)-hexahydropyrrolo[3,4-*b*]-1,4-oxazin-6(2*H*)-yl]-1,4-dihydro-4-oxo-3-quinolinecarboxylic acid。

【结 构 式】

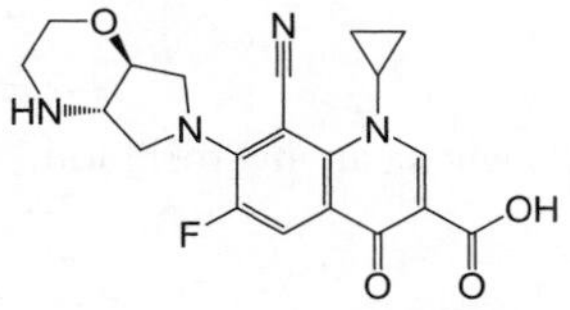

分子式： $C_{20}H_{19}FN_4O_4$

分子量： 398.39

【性　　状】 白色粉末，沸点(686.2±55.0)℃，密度(1.57±0.1)g/cm^3。

【制　　法】 以 2,4-二氯-1-氟苯为原料与 AcCl 经傅克酰化、NaOCl 氧化得到其对应的酸，再经硝化、氯代、甲酯化等合成氟喹诺酮喹啉母核。然后再与环丙胺和醋酸反应，最终得到非那沙星。

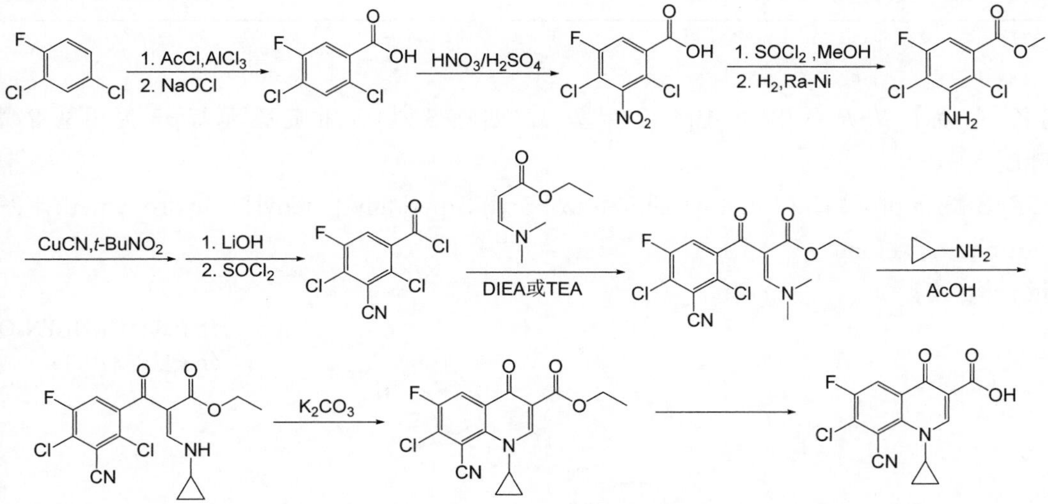

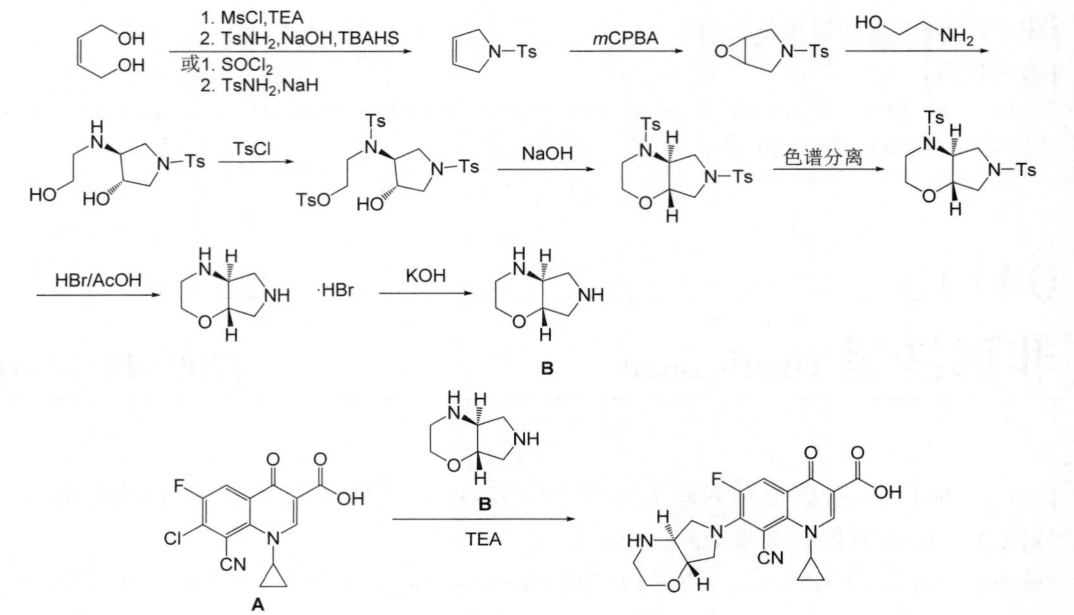

【用　　途】 用于治疗由铜绿假单胞菌及金黄色葡萄球菌引起的急性外耳炎。

【生产厂家】 美国爱尔康公司。

【参考资料】

Vasiliou S, Vicente M, Castaner R. Finafloxacin hydrochloride [J]. Drugs of the Future, 2009,34(6), 451-457.

04114

特地唑胺 Tedizolid [856866-72-3]

【名　　称】 (5*R*)-3-[3-氟-4-[6-(2-甲基-2*H*-四唑-5-基)-3-吡啶基]苯基]-5-羟甲基-2-噁唑酮。

(5*R*)-3-[3-fluoro-4-[6-(2-methyl-2*H*-tetrazol-5-yl)-3-pyridinyl]phenyl]-5-hydroxymethyl-2-oxazolidine ketone。

【结 构 式】

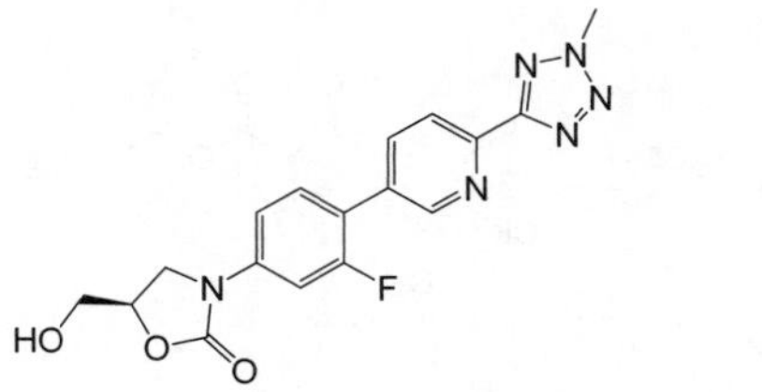

分子式：$C_{17}H_{15}FN_6O_3$

分子量：370.34

【性　　状】 沸点(614.5±65.0)℃，密度 1.57g/cm³。

【制　　法】 第一步反应使用有机锡试剂偶联，第二步缩合反应即得。

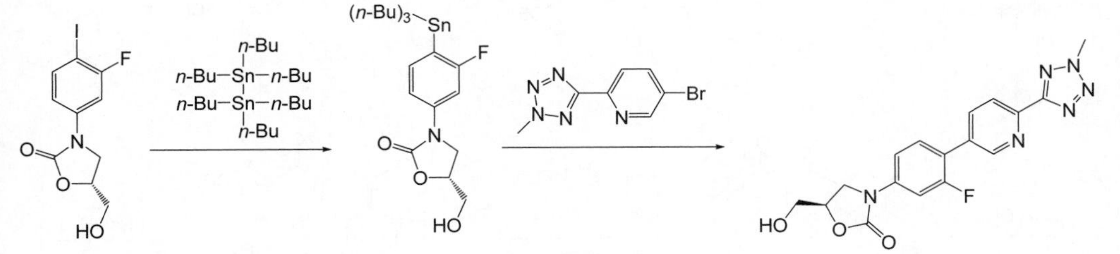

【用　　途】 用于治疗急性细菌性皮肤和皮肤结构感染，主要是由革兰氏阳性菌敏感菌株如金黄色葡萄球菌(包括耐甲氧西林和甲氧西林敏感菌株)、化脓性链球菌、乳链球菌、咽峡炎链球菌群(包括咽峡炎链球菌、中间型链球菌、星群链球菌)、粪肠球菌所引起的。

【生产厂家】 韩国的 Dong-A Pharmaceutical Co., Ltd。

【参考资料】

Wbia B, Sun H, Jyp A, et al. Discovery of torezolid as a novel 5-hydroxymethyl-oxazolidinone antibacterial agent [J]. Eur J Med Chem, 2011, 46(4): 1027-1039.

04115

德拉沙星 Delafloxacin [189279-58-1]

【名　　称】 1-(6-氨基-3,5-二氟-2-吡啶基)-8-氯-6-氟-1,4-二氢-7-(3-羟基-1-氮杂环丁基)-4-氧代-3-喹啉羧酸。

1-(6-amino-3,5-difluoro-2-pyridinyl)-8-chloro-6-fluoro-1,4-dihydro-7-(3-hydroxy-1-azetidinyl)-4-oxo-3-quinolinecarboxylic acid。

【结 构 式】

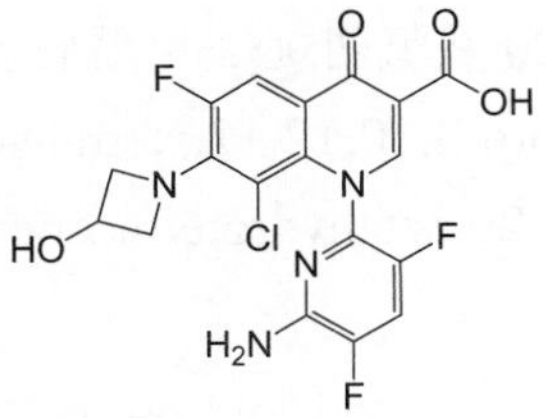

分子式：$C_{18}H_{12}ClF_3N_4O_4$

分子量：440.76

【性　　状】 白色粉末，沸点(698.5±55.0)℃，密度 1.796g/cm³。

【制　　法】 以 3-氯-2,4,5-三氟苯甲酰乙酸乙酯、2,6-二氨基-3,5-二氟吡啶等为原料合成德拉沙星。

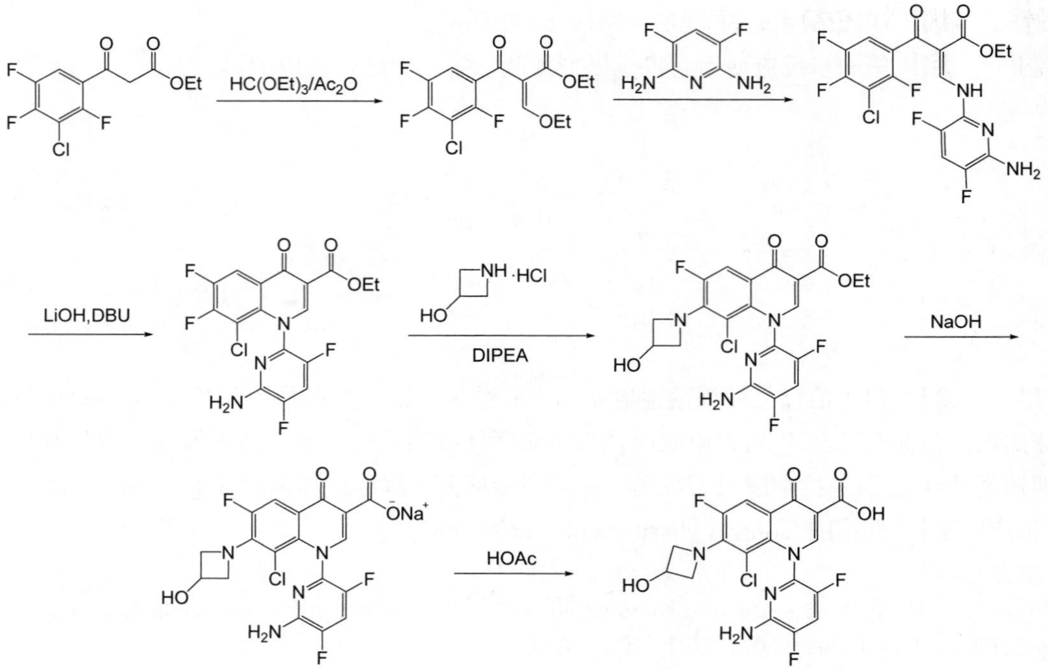

【用　　途】 用于治疗由易感细菌引起的急性细菌性皮肤和皮肤结构感染。

【生产厂家】 由 Wakunaga 制药公司研发，后授权 Melinta 制药公司开发。

【参考资料】

肖涛，王小明，冯议，等．一种简易的方法合成德拉沙星: CN 104876911A[P]. 2015-09-02.

04116

依拉环素 Eravacycline [1207283-85-9]

【名　　称】(4*S*,12*aS*)-4-(二甲氨基)-7-氟-3,10,12,12*a*-四羟基-1,11-二氧代-9-(2-(吡咯烷-1-基)乙酰胺)-1,4,4*a*,5,5*a*,6,11,12*a*-八氢四烷-2-甲酰胺。

(4*S*,12*aS*)-4-(dimethylamino)-7-fluoro-3,10,12,12*a*-tetrahydroxy-1,11-dioxo-9-(2-(pyrrolidin-1-yl)acetamido)-1,4,4*a*,5,5*a*,6,11,12*a*-octahydrotetracene-2-carboxamide。

【结 构 式】

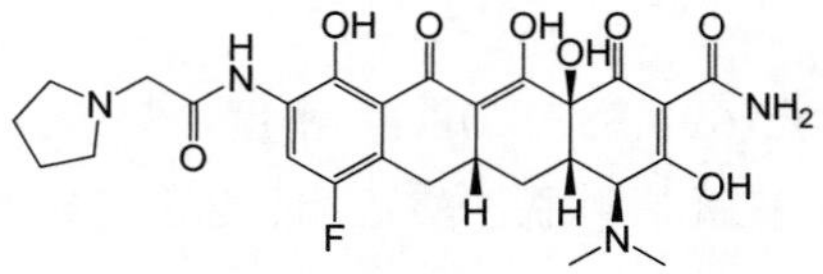

分子式：$C_{27}H_{31}FN_4O_8$

分子量：558.56

【性　　状】 白色粉末，沸点(698.5±55.0)℃，密度 1.796g/cm³，

【用　　途】 用于治疗成人复杂性腹腔内感染(CIAI)。

【生产厂家】 由 Tetraphse 公司(现为 La Jolla 制药公司的全资子公司)开发。

04117

拉库沙星 Lascufloxacin [848416-07-9]

【名　　称】 7-[(3*S*,4*S*)-3-[(环丙氨基)甲基]-4-氟吡咯烷-1-基]-6-氟-1-(2-氟乙基)-8-甲氧基-4-氧代-喹啉-3-羧酸。

7-[(3*S*,4*S*)-3-[(cyclopropylamino)methyl]-4-fluoro-1-pyrrolidinyl]-6-fluoro-1-(2-fluoroethyl)-1,4-dihydro-8-methoxy-4-oxo-3-quinolinecarboxylic acid。

【结 构 式】

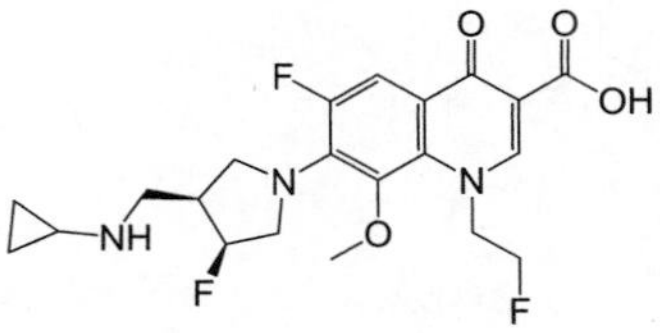

分子式：$C_{21}H_{24}F_3N_3O_4$

分子量：439.43

【性　　状】 白色粉末，沸点(637.0±55.0)℃，密度(1.44±0.1)g/cm³，

【用　　途】 用于治疗咽喉炎、扁桃体炎、中耳炎、鼻窦炎，以及呼吸道感染(主要包括肺炎、支气管炎和慢性呼吸系统疾病的继发感染等)。主要致病菌包括葡萄球菌、链球菌、卡他莫拉菌、流感嗜血杆菌、克雷伯菌、肠杆菌、嗜肺军团菌、普氏菌等。

04118

普托马尼 Pretomanid [187235-37-6]

【名　　称】 (*S*)-6,7-二氢-2-硝基-6-[[4-(三氟甲氧基)苯基]甲氧基]-5*H*-咪唑并[2,1-*b*][1,3]噁嗪。

(6*S*)-6,7-dihydro-2-nitro-6-[[4-(trifluoromethoxy)phenyl]methoxy]-5*H*-imidazo[2,1-*b*][1,3]oxazine。

【结 构 式】

分子式：$C_{14}H_{12}F_3N_3O_5$

分子量：359.26

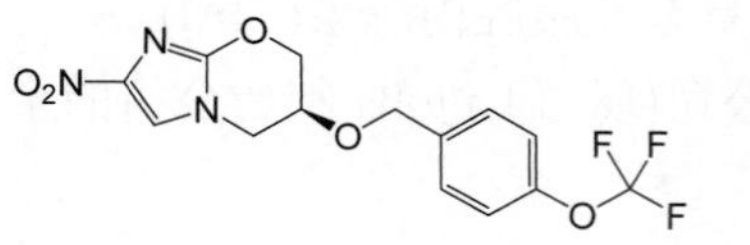

【性　　状】 白色粉末，沸点(462.3±55.0)℃，密度 1.58g/cm³，

【制　　法】 以缩水甘油醇外消旋混合物、苯基乙酸等原料经一系列反应得到目标化合物。

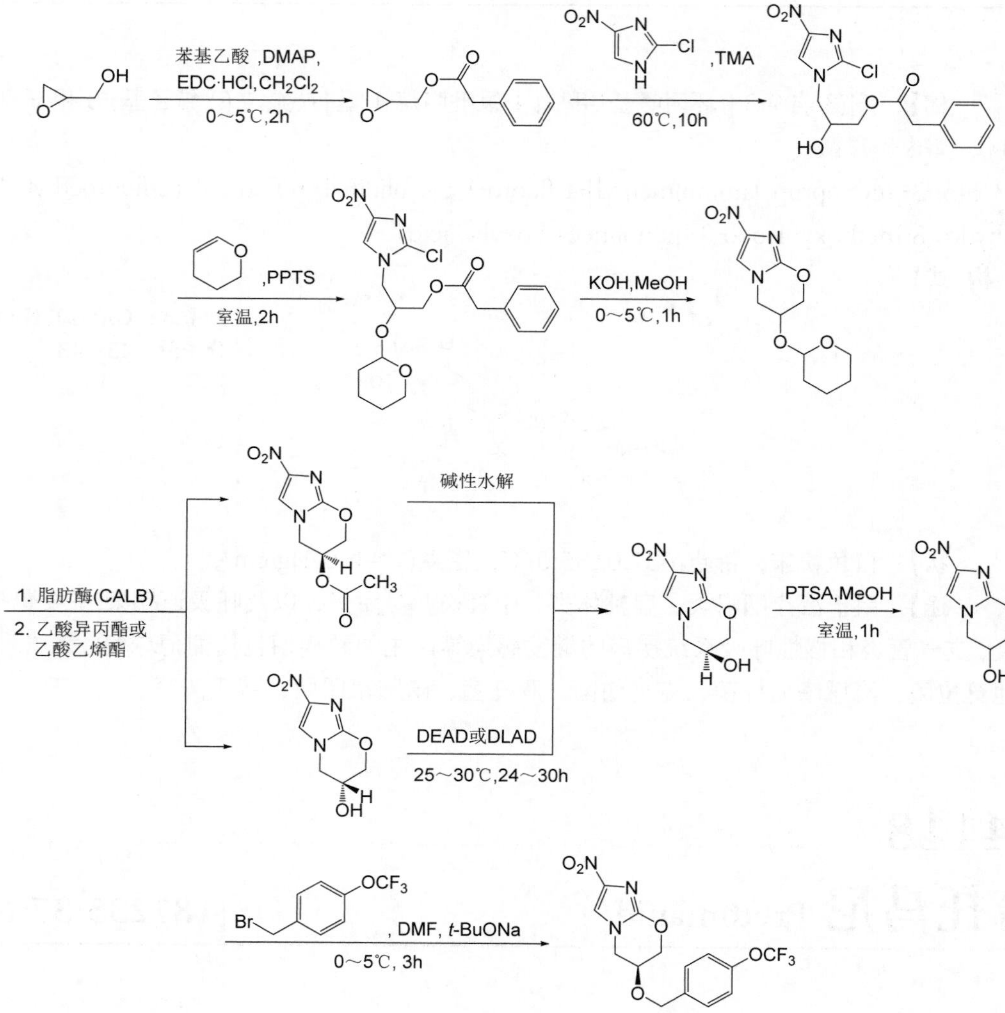

苯基乙酸，DMAP，EDC·HCl，CH_2Cl_2，0～5℃，2h；TMA，60℃，10h；PPTS，室温，2h；KOH，MeOH，0～5℃，1h；1. 脂肪酶(CALB) 2. 乙酸异丙酯或乙酸乙烯酯；碱性水解；DEAD或DLAD，25～30℃，24～30h；PTSA，MeOH，室温，1h；DMF，t-BuONa，0～5℃，3h

【用　　途】 用于治疗成人肺结核(TB)的药物。

【生产厂家】 由非营利组织全球结核病药物研发联盟(TB Alliance，简称结核联盟)研发。

【参考资料】

高磊，杨德志．普托马尼的合成研究进展[J]．中国医药工业杂志 2021, 52(4): 463-470.

04119

氟苯尼考 Florfenicol [73231-34-2]

【名　　称】 2,2-二氯-*N*-[(1*R*,2*S*)-3-氟-1-羟基-1-(4-甲基磺酰基苯基)丙-2-基]乙酰胺。2,2-dichloro-*N*-[(1*R*,2*S*)-3-fluoro-1-hydroxy-1-(4-methylsulfonylphenyl)propan-2-yl] acetamide。

【结 构 式】

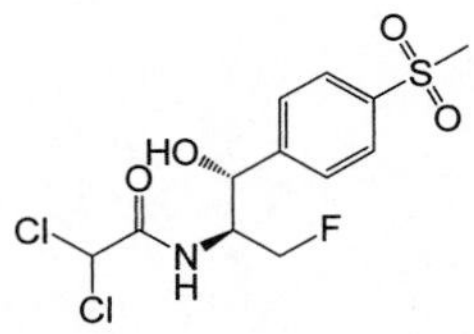

分子式：$C_{12}H_{14}Cl_2FNO_4S$

分子量：358.21

【性　　状】 白色粉末，沸点 618℃，密度(1.451±0.06)g/cm^3。

【制　　法】 以丝氨酸乙酯为起始原料，使用硼氢化钾还原羰基为羟基，用碳酸钾和苯甲腈生成噁唑啉，再与六氟丙烯反应上氟，浓盐酸破坏噁唑啉结构，最后与二氯乙酸甲酯反应生成氟苯尼考。

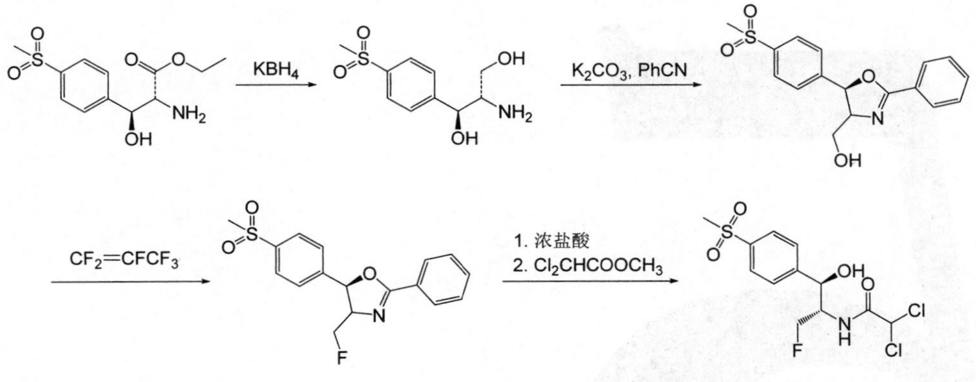

KBH_4

K_2CO_3, PhCN

$CF_2{=}CFCF_3$

1. 浓盐酸
2. $Cl_2CHCOOCH_3$

【用　　途】 可用于畜禽及水产动物的全身感染治疗，对呼吸系统感染和肠道感染疗效显著。

【参考资料】

Gnidovec J, Kolenc I. Process for the synthesis of intermediates of chloramphenicol for its analogues: EP1785414 [P]. 2007-05-16.

第 5 章
内分泌-皮肤性疾病氟药

05001

戊酸二氟可龙 Diflucortolone Valerate [59198-70-8]

【名　　称】 6α,9-二氟-11β,21-二羟基-16α-甲基丙烯酸-1,4-二烯-3,20-二酮-21-戊酸；双氟可龙戊酸酯；戊酸双氟可龙。

6α,9-difluoro-11β,21-dihydroxy-16α-methylpregna-1,4-diene-3,20-dione-21-valerate。

【结 构 式】

分子式： $C_{27}H_{36}F_2O_5$

分子量： 478.57

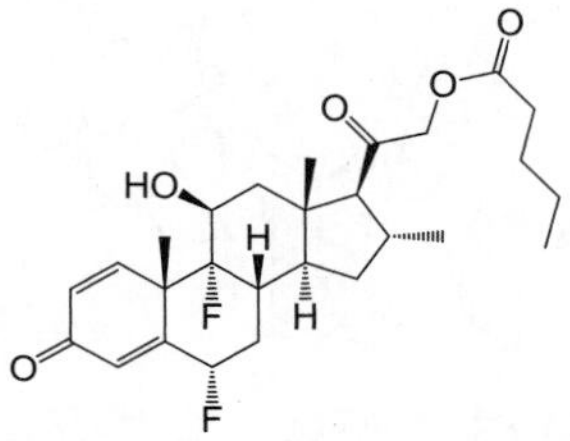

【性　　状】 白色结晶性粉末，熔点 220℃，沸点(578.5±50.0)℃，密度 1.1227g/cm³。

【制　　法】 原料 1 环氧化后得到化合物 2，2 再和 HF 水溶液发生开环反应后再水解得目标戊酸二氟可龙 3。

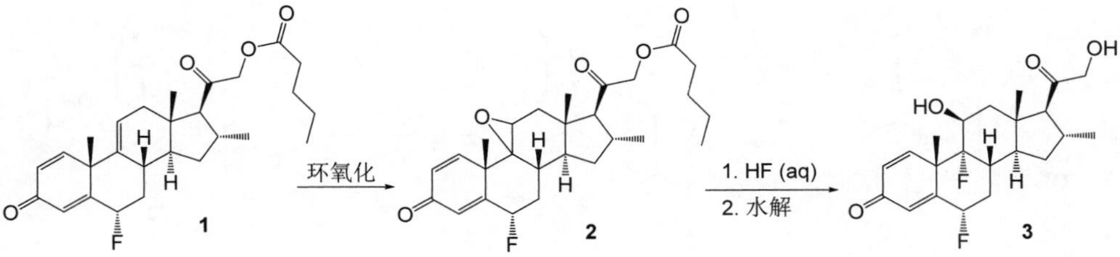

环氧化

1. HF (aq)
2. 水解

【用　　途】 戊酸二氟可龙是甾体皮质激素的一种，可抑制发炎及皮肤过敏反应，同时亦抑制与细胞加速再生有关联的反应而导致的症状，例如红斑、水肿、皮肤厚化、皮肤表面粗糙，可减轻瘙痒、灼热感和疼痛等。

【生产厂家】 葛兰素史克公司。

【参考资料】

[1] Ulrich K, Prof W R, Hans W, et al. Neue kortikoide: DE000002632678A1[P]. 1978-01-26.

[2] 刘欣. 一种二氟可龙乳膏酯及其制备方法: CN111249221A[P]. 2020-06-09.

05002

哈西奈德 Halcinonide [3093-35-4]

【名　　称】 (11*β*,16*α*)-21-氯-9-氟-11-羟基-16,17-((1-甲基乙烯基)双氧)孕甾-4-烯-3,20-二酮;氯氟舒松; 氯氟松。

Halciderm;Halcimat; (11*β*,16*α*)-21-chloro-9-fluoro-11-hydroxy-16,17-((1-methylethylidene) bis(oxy))pregn-4-ene-3,20-dione。

【结 构 式】

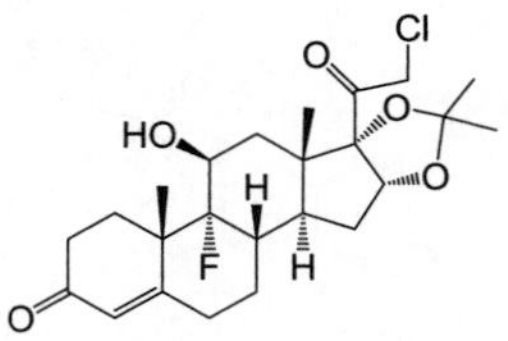

分子式： $C_{24}H_{32}ClFO_5$
分子量： 454.96

【性　　状】 白色或灰白色结晶粉末，无臭。熔点 264～265℃，沸点(564.3±50.0)℃，密度 1.1567g/cm^3。

【制　　法】 化合物 1 经过缩酮化和氯化后得到化合物 2，2 和高锰酸钾进行氧化反应得到化合物 3，化合物 3 水解后得到化合物 4，4 和丙酮反应得到化合物 5，5 发生环氧化后得到化合物 6，6 再和 HF 水溶液发生开环反应即得产物哈西奈德 7。

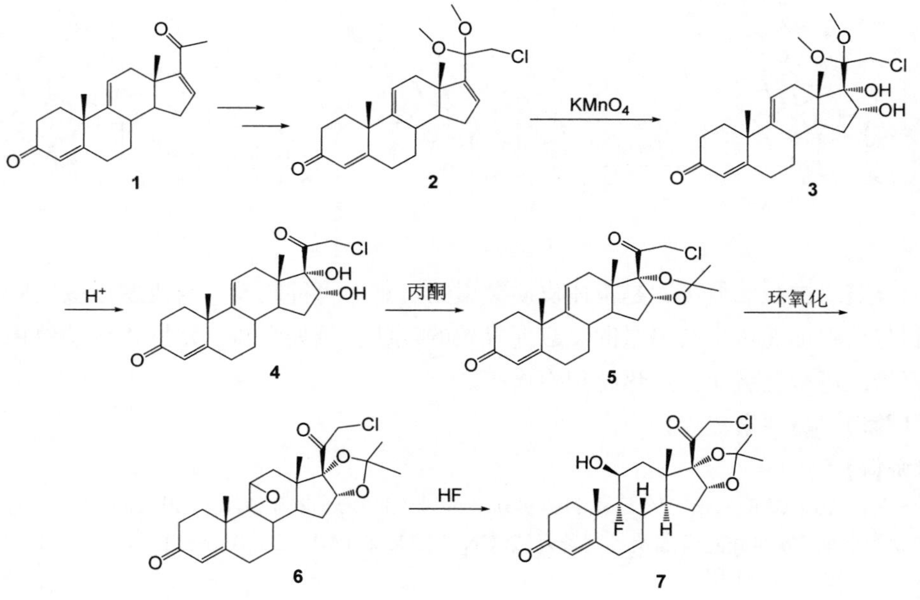

【用　途】 哈西奈德具有较强的抗炎、抗过敏、止痒、抑制免疫及增生等作用，局部应用能降低毛细血管壁和细胞膜的通透性，减少炎性渗出，并能抑制组胺及其他炎症介质的形成和释放。临床用于中低效激素治疗无效的亚急性或慢性非感染性皮肤病，如银屑病、湿疹、神经性皮炎、接触性皮炎、脂溢性皮炎（非面部）、特应性皮炎、扁平苔藓及盘状红斑狼疮等。

【生产厂家】 Sun Pharmaceutical、天津太平洋化学制药有限公司、天津天药药业股份有限公司、江苏迪赛诺制药有限公司。

【参考资料】

[1] Mccadden M E. Composition for the topical treatment of poison ivy and other forms of contact dermatitis: US6479058[P]. 2002-11-12.

[2] Bernstein S, Brownfield R B, Lenhard R H, et al. 16-Hydroxylated steroids. XXⅢ.[1] 21-chloro-16α-hydroxycorticoids and their 16α,17α-acetonides[J]. The Journal of Organic Chemistry, 1962, 27(2): 690–692.

[3] Pujos E, Flament-Waton M M, Paisse O, et al. Comparison of the analysis of corticosteroids using different techniques[J]. Anal Bioanal Chem, 2005, 381: 244-254.

[4] 宋德成. 一种哈西奈德的制备方法: CN107778341A[P] 2018-03-09.

05003

醋酸双氟拉松 Diflorasone Diacetate [33564-31-7]

【名　称】 17,21-双(乙酰氧基)-6α,9-二氟-11β-羟基-16β-甲基孕甾-1,4-二烯-3,20-二酮17,21-二乙酸酯；二氟拉松双醋酸酯；双氟拉松双醋酸酯；双醋二氟拉松。

17,21-bis(acetyloxy)-6α,9-difluoro-11β-hydroxy-16β-methypregna-1,4-diene-3,20-dione。

【结 构 式】

分子式： $C_{26}H_{32}F_2O_7$

分子量： 494.52

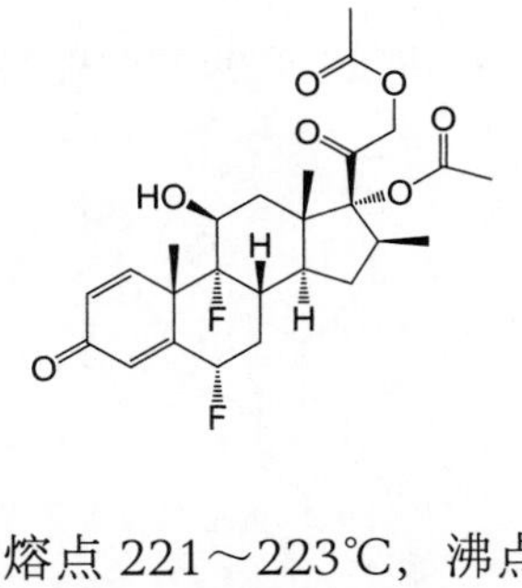

【性　状】 淡黄色结晶粉末，熔点 221～223℃，沸点 235℃，密度 1.1567g/cm³。

【制　法】 化合物 1 经甲酰基保护、亲电加成、环氧化，再和氢氟酸水溶液开环反应得到化合物 5,5 再发生选择性氧化反应得到目标产物 6。

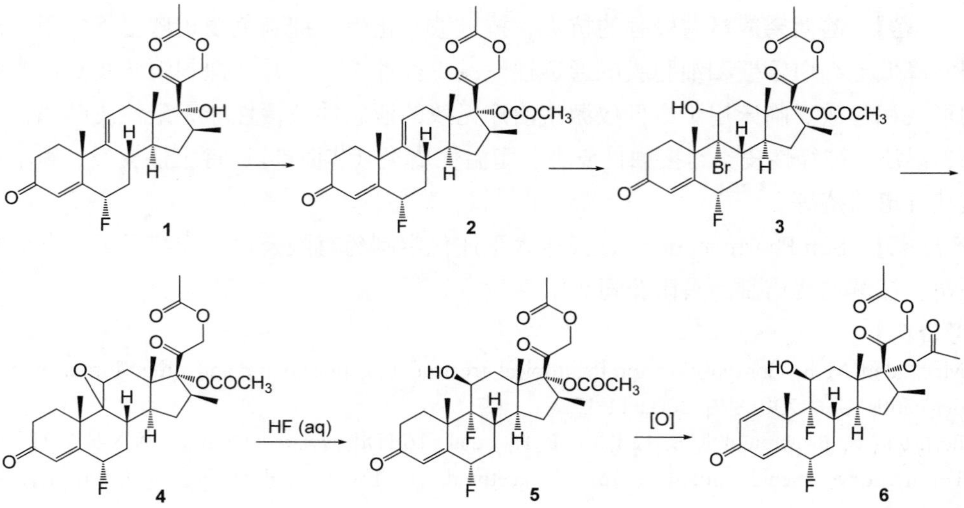

【用　　途】用于治疗皮肤性疾病。

【生产厂家】Pfizer。

【参考资料】

[1] Ayer D E, Schlagel C A, Flynn G L. Anti-inflammatory steroid: US3980778A[P]. 1976-09-14.

[2] Bladh H, Edman K, Hansson T, et al. Steroid derivatives acting as glucocorticosteroid receptor agonists: US20110160167[P]. 2011.

05004

氟氢缩松 Flurandrenolide [1524-88-5]

【名　　称】丙酮缩氟氢羟龙；氟氢可舒松；氟缩酮氢可松；6α-氟-11β,21-二羟基-16α,17α-异丙基二氧基孕甾-4-烯-3,20-二酮。

6α-fluoro-11β,21-dihydroxy-16α,17α-isopropylidenedioxypregn-4-ene-3,20-dione。

【结 构 式】

分子式：$C_{24}H_{33}FO_6$

分子量：436.51

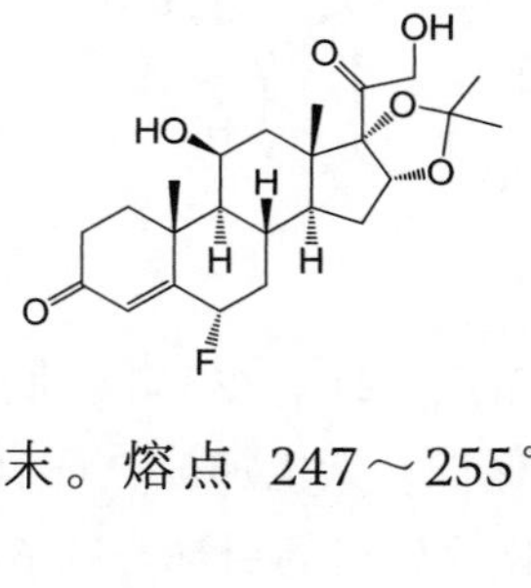

【性　　状】白色或类白色粉末。熔点 247～255℃，沸点(578.7±50.0)℃，密度 1.0796g/cm^3。

【制　　法】 化合物 1 经过选择性催化氢化得到目标氟氢缩松 2。

【用　　途】 治疗皮肤病的肾上腺皮质激素类药物，具有抗炎作用。

【生产厂家】 Almirall Sa。

【参考资料】

[1] Poulsen B J. Pharmaceutical composition: US3934013A[P]. 1976.

[2] Setaluri V, Clark A R, Feldman S R. Transmittance properties of flurandrenolide tape for psoriasis: helpful adjunct to phototherapy[J]. Journal of Cutaneous Medicine & Surgery, 2000, 4: 196-198.

[3] Bladh H, Edman K, Hansson T, et al. Steroid derivatives acting as glucocorticosteroid receptor agonists: US20110160167[P]. 2011.

05005

二氟泼尼酯 Difluprednate　　[23674-86-4]

【名　　称】 二氟孕甾丁酯；21-乙酰氧基-6α，9-二氟-11β-羟基-17-(1-氧代丁氧基)孕甾-1,4-二烯-3,20-二酮。

21-acetyloxy-6α,9-difluoro-11β-hydroxy-17-(1-oxobutoxy)pregna-1,4-diene-3,20-dione。

【结 构 式】

分子式：$C_{27}H_{34}F_2O_7$

分子量：508.56

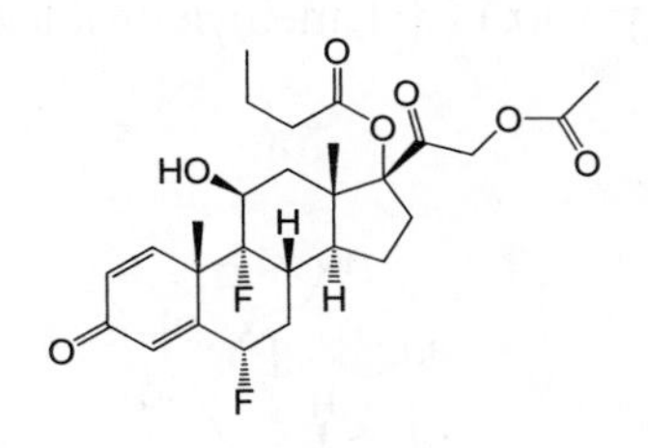

【性　　状】 白色固体。熔点 191～194℃，沸点(600.3±55.0)℃，密度 1.1869g/cm^3。

【制　　法】 将化合物 1 环氧化得到化合物 2，再经重排得到化合物 3，3 和亲电氟代试剂反应得到化合物 4，4 再和 HF 水溶液发生亲核取代反应得到二氟泼尼酯 5。

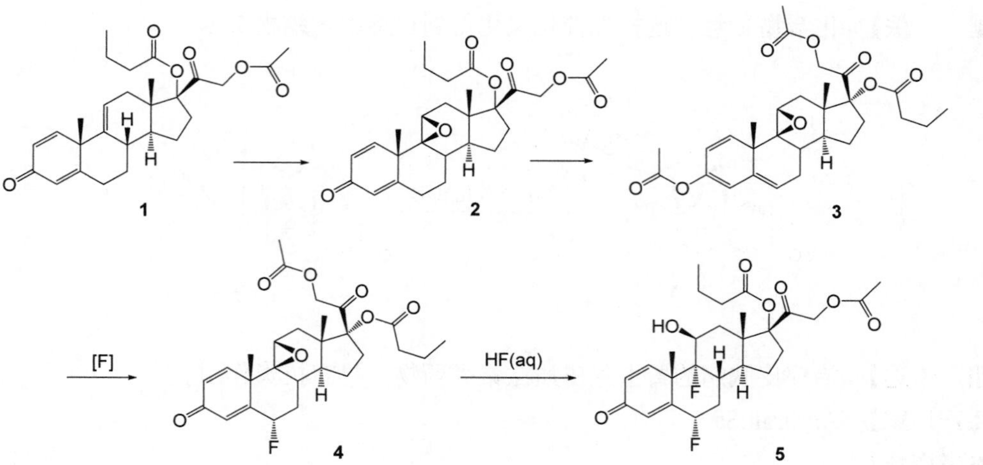

【用　　途】 用于治疗术后局部炎症和疼痛。

【生产厂家】 Takeda Chemical Industries, Ltd。

【参考资料】

[1] Ercoli A, Gardi R. 17-propionate, 21-ester derivatives of 6alpha, 9alpha-difluoroprednisolone, compositions and use: US3780177A[P]. 1974-01-08.

[2] 孔祥雨, 刘宪华, 赵思太,等. 二氟泼尼酯的合成[J]. 药学研究, 2013, 32: 739-741.

[3] Guo B, Tian Y, Xu Z G, et al. Method for preparing difluprednate: CN 106632561[P]. 2017-05-10.

05006

氟轻松 Fluocinolone Acetonide [67-73-2]

【名　　称】 仙乃乐; 11*β*-羟基-16*α*,17-[(1-甲基亚乙基)-双(氧)]-21-(乙酰氧基)-6*α*,9-二氟孕甾-1,4-二烯-3,20-二酮。

6*α*,9*α*-difluoro-11*β*,21-dihydroxy-16*α*,17-[(1-methylethylidene)bis(oxy)]pregna-1,4-diene-3, 20-dione。

【结 构 式】

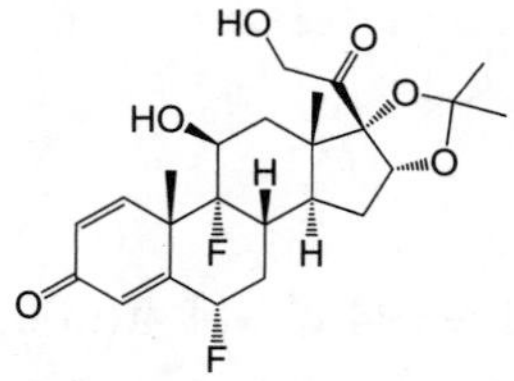

分子式: $C_{24}H_{30}F_2O_6$

分子量: 452.49

【性　　状】 白色或类白色结晶性粉末，无臭，无味。熔点 267～269℃，沸点(578.5±50.0℃)，密度 1.1826g/cm^3。

【制　　法】 化合物 1 经环氧化、氟化后转化为化合物 2，2 和 HF 水溶液发生环氧开环后再和丙酮发生反应，得到目标化合物 4。

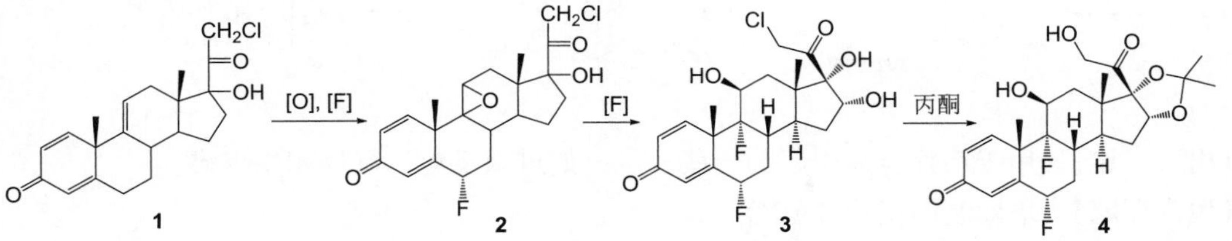

CH2Cl O OH [O], [F] 1 CH2Cl O OH O F 2 [F] Cl O OH HO H F H OH F 3 丙酮 HO O O O HO H F H F 4

【用　　途】 适用于治疗湿疹、神经性皮炎、皮肤瘙痒症、接触性皮炎、牛皮癣、日光性皮炎等。

【生产厂家】 Laboratorios Salvat Sa。

【参考资料】

[1] Poulsen B J. Pharmaceutical composition: US3934013A[P]. 1976-01-20.
[2] 王淑丽，张杰. 一种醋酸氟轻松的制备方法: CN107619426A[P]. 2018-01-23.

05007

去羟米松 Desoximetasone [382-67-2]

【名　　称】 9-氟-11β,21-二羟基-16α-甲基孕甾-1,4-二烯-3,20-二酮；去氧肟酮。9-fluoro-11β,21-dihydroxy-16α-methylpregna-1,4-diene-3,20-dione。

【结 构 式】

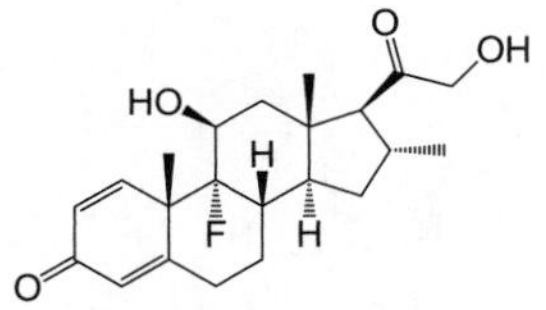

O OH HO H F H O

分子式：$C_{22}H_{29}FO_4$
分子量：376.46

【性　　状】 白色或类白色粉末。熔点 213～215℃，沸点(532.3±50.0)℃，密度 1.1826g/cm^3。

【制　　法】 化合物 1 依次经过环氧化、和甲基格氏试剂反应、氟化氢水溶液对环氧的开环反应、碘代反应、置换反应和水解反应得到目标化合物 7。

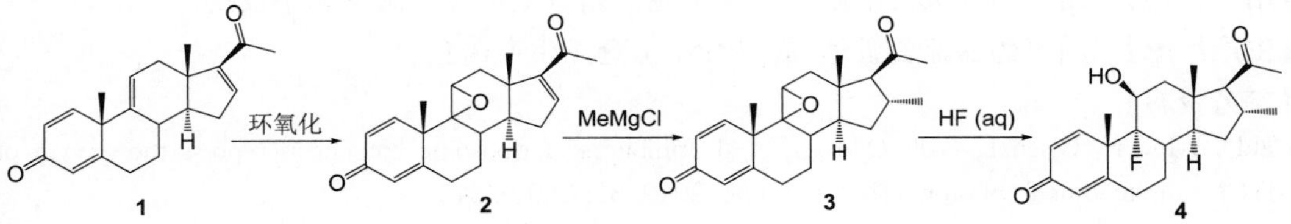

O H 1 环氧化 O H 2 MeMgCl O H 3 HF (aq) HO F H 4

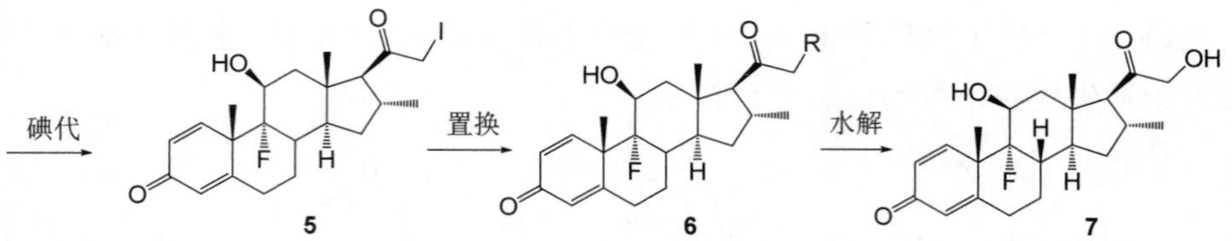

碘代 → 5 置换 → 6 水解 → 7

【用　　途】 用于治疗炎症引起的一些反应，如过敏反应、湿疹和牛皮癣。

【生产厂家】 塔罗制药工业(TARO)。

【参考资料】

[1] Michel B. Process for the synthesis of the hydroxyacetyl side-chain of steroids of the pregnane type, novel 21-hydroxy-20-oxo-17-alpha-PR: CA1140538[P]. 1983-02-01.

[2] 李金禄，吴雅琳. 去羟米松的制备: CN101397322[P]. 2009-04-01.

05008

夸氟辛 Itarnafloxin [865311-47-3]

【名　　称】 5-氟-*N*-[2-[(2*S*)-1-甲基-2-吡咯烷基]乙基]-3-氧代-6-[3-(2-吡嗪基)-1-吡咯烷基]-3*H*-苯并[*b*]吡啶并[3,2,1-*kl*]吩嗪-2-甲酰胺。

5-fluoro-*N*-[2-[(*S*)-1-methylpyrrolidin-2-yl]ethyl]-3-oxo-6-[3-(pyrazin-2-yl)pyrrolidin-1-yl]-3*H*-benzo[b]pyrido[3,2,1-*kl*]phenoxazine-2-carboxamide; Quarfloxacin; Quarfloxin (CX-3543)。

【结 构 式】

分子式： $C_{35}H_{33}FN_6O_3$

分子量： 604.67

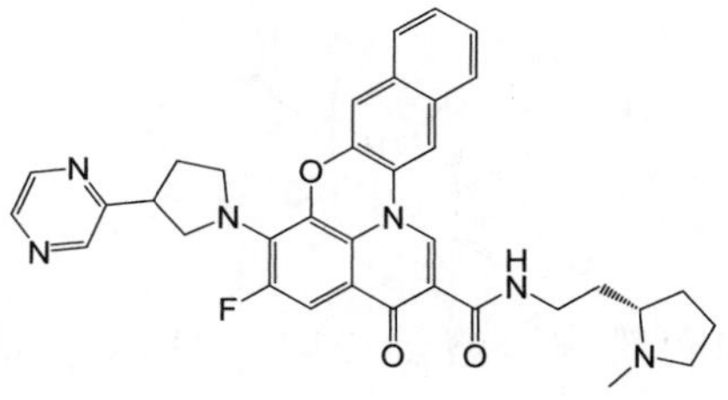

【性　　状】 白色或类白色粉末。熔点 213～215℃，沸点(532.3±50.0)℃，密度 1.1826g/cm^3。

【用　　途】 用于治疗炎症引起的一些反应，如过敏反应、湿疹和牛皮癣。

【生产厂家】 国家药品监督管理局(NMPA)上查无生产药企。

【参考资料】

Hald Øyvind H, Olsen L, Gallo-Oller G, et al. Inhibitors of ribosome biogenesis repress the growth of MYCN-amplified neuroblastoma [J]. Oncogene, 2019, 32: 2800-2813.

05009

卤倍他索丙酸酯 Halobetasol Propionate [66852-54-8]

【名　　称】丙酸乌倍他索；乌倍他索丙酸酯；丙酸卤他倍索；丙酸卤倍他索；(6*S*,8*S*,9*R*,10*S*,11*S*,13*S*,14*S*,16*S*,17*R*)-17-(2-氯乙酰基)-6,9-二氟-11-羟基-10,13,16-三甲基-3-氧代-6,7,8,9,10,11,12,13,14,15,16,17-十二氢-3*H*-环戊基[*a*]菲-17-丙酸酯。

(6*S*,8*S*,9*R*,10*S*,11*S*,13*S*,14*S*,16*S*,17*R*)-17-(2-chloroacetyl)-6,9-difluoro-11-hydroxy-10,13,16-trimethyl-3-oxo-6,7,8,9,10,11,12,13,14,15,16,17- dodecahydro-3*H*-cyclopenta[*a*]phenanthren-17-yl propionate。

【结 构 式】

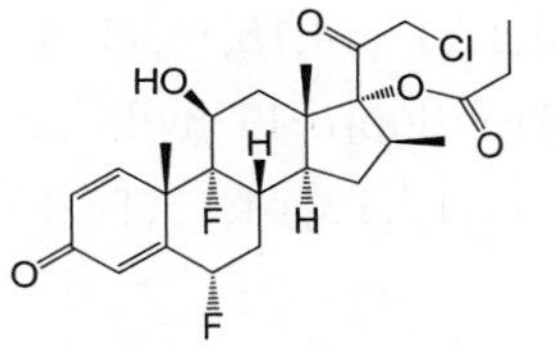

分子式：$C_{25}H_{31}ClF_2O_5$

分子量：484.96

【性　　状】从二氯甲烷-乙醚中结晶，熔点 220～221℃。

【制　　法】从化合物 1 出发，经 HF 对环氧官能团加成得到化合物 2，2 经水解得到化合物 3，再酯化后得到化合物 4，4 被甲磺化后用 LiCl 处理得到卤倍他索丙酸酯 6。

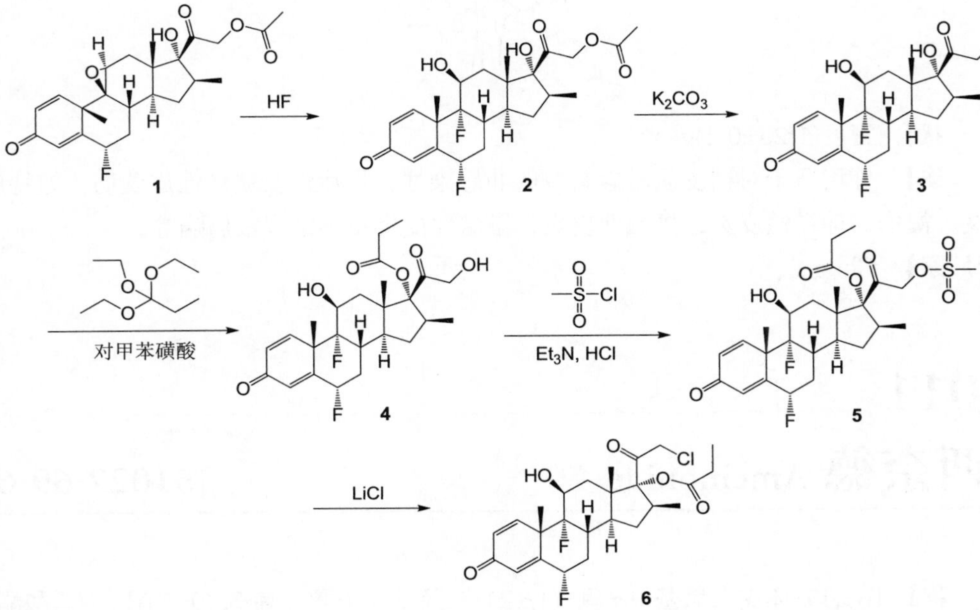

1 —HF→ 2 —K_2CO_3→ 3 —原丙酸三乙酯，对甲苯磺酸→ 4 —CH_3SO_2Cl，Et_3N, HCl→ 5 —LiCl→ 6

【用　　途】局部皮质激素。用于缓解对皮质激素敏感的皮肤炎症和瘙痒。

【生产厂家】Sun Pharmaceutica。

【参考资料】

[1] Kalvoda J, Anner G. Polyhalogeno-steroids: US4619921[P]. 1986-10-28.

[2] 段俊昌，奉松美，舒志坚，等. 卤倍他索丙酸酯相关杂质的合成[J]. 中国药物化学杂志，2017, 27(136): 40-45.

05010

倍他米松丁酸丙酸酯

Betamethasone Butyrate Propionate [5534-02-1]

【名　　称】(8*S*,9*R*,10*S*,11*S*,13*S*,14*S*,16*S*,17*R*)-9-氟-11-羟基-10,13,16-三甲基-3-氧代-17-[2-(丙酰氧基)乙酰基]-6,7,8,9,10,11,12,13,14,15,16,17-十二氢-3*H*-环戊[*a*]菲-17-丁酸酯。

(8*S*,9*R*,10*S*,11*S*,13*S*,14*S*,16*S*,17*R*)-9-fluoro-11-hydroxy-10,13,16-trimethyl-3-oxo-17-[2-(propionyloxy)acetyl]-6,7,8,9,10,11,12,13,14,15,16,17-dodecahydro-3*H*-cyclopenta[*a*]phenanthren-17-yl　butyrate。

【结 构 式】

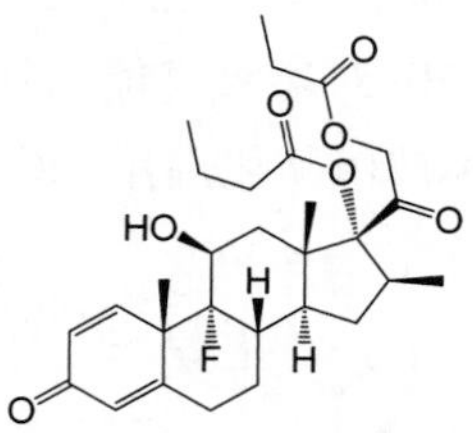

分子式：$C_{29}H_{39}FO_7$

分子量：518.61

【性　　状】密度(1.23±0.1)g/cm^3。

【用　　途】外用适于对糖皮质激素有效的非感染性、炎症性及瘙痒性皮肤病，如特应性皮炎、湿疹、神经性皮炎、接触性皮炎、脂溢性皮炎及寻常型银屑病等。

【生产厂家】Chugai。

05011

安西奈德 Amcinonide [51022-69-6]

【名　　称】16*α*,17-环戊二氧基-9*α*-氟-11*β*,21-二羟基-1,4-孕二烯-3,20-二酮-21-乙酸酯。

16α,17-cyclopentylidenedioxy-9α-fluoro-11β,21-dihydroxy-1,4-pregnadiene-3,20-dione-21-acetate。

【结 构 式】

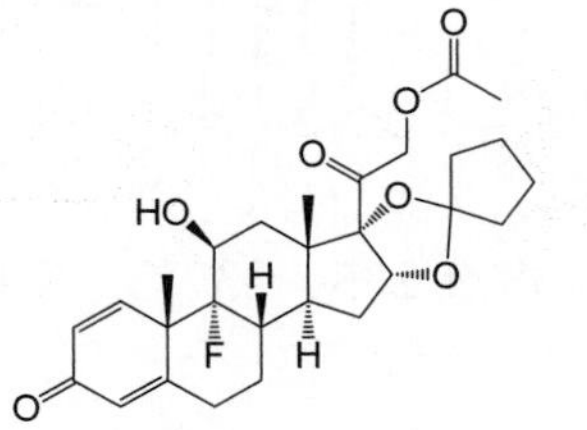

分子式： $C_{28}H_{35}FO_7$
分子量： 502.57

【性　　状】 白色至淡黄色粉末。

【制　　法】 化合物 1 在酸性条件下与环戊酮缩合后，经乙酸酐酰基化保护得到目标 3。

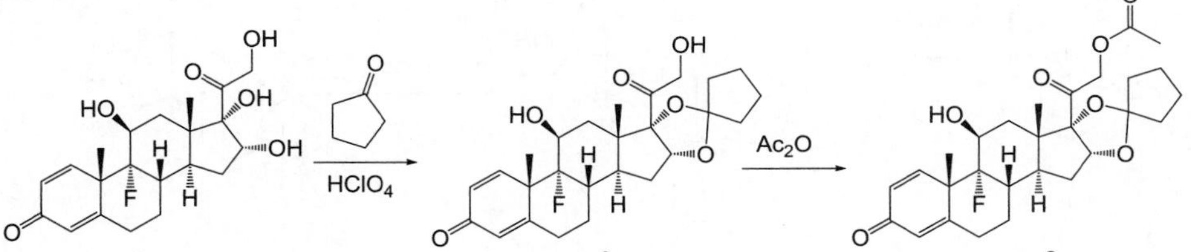

【用　　途】 肾上腺皮质激素类药（或称可的松类药物），用于减轻皮炎、湿疹和常青藤中毒并发的皮肤感染（红、肿、痒和不适）。抑制 NO 从活化的小胶质细胞释放，IC_{50} 为 3.38nmol/L，具有糖皮质激素受体亲和力。

【生产厂家】 Astellas。

【参考资料】

Shultz W, Sieger G M, Krieger C. Administration of 16α,17α-cyclopentylidenedioxy-9α-fluoro-11β,21-dihydroxy-1,4-pregnadiene-3,20-dione 21-acetate: US4158055A[P]. 1979-06-12.

05012

倍他米松 Betamethasone [378-44-9]

【名　　称】 (8*S*,9*R*,10*S*,11*S*,13*S*,14*S*,16*S*,17*R*)-9-氟-11,17-二羟基-17-(2-羟基乙酰基)-10,13,16-三甲基-6,7,8,9,10,11,12,13,14,15,16,17-十二氢-3*H*-环戊[*a*]菲-3-酮。
(8*S*,9*R*,10*S*,11*S*,13*S*,14*S*,16*S*,17*R*)-9-fluoro-11,17-dihydroxy-17-(2-hydroxyacetyl)-10,13,16-trimethyl-6,7,8,9,10,11,12,13,14,15,16,17-dodecahydro-3*H*-cyclopenta[*a*]phenanthren-3-one。

【结 构 式】

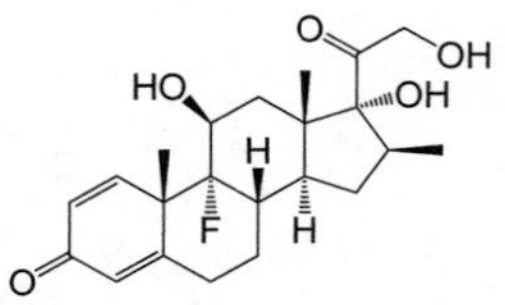

分子式：$C_{22}H_{29}FO_5$
分子量：392.47

【性　　状】白色结晶性粉末，熔点 235～237℃，密度 1.1238g/cm³，几乎不溶于水，微溶于无水乙醇和二氯甲烷。

【制　　法】化合物 1 发生 α-碘代后得到化合物 2，再经过亲核取代得到化合物 3, 3 经溴化、环氧化后与 HF 反应引入氟原子得到化合物 6,6 水解得到目标产物 7。

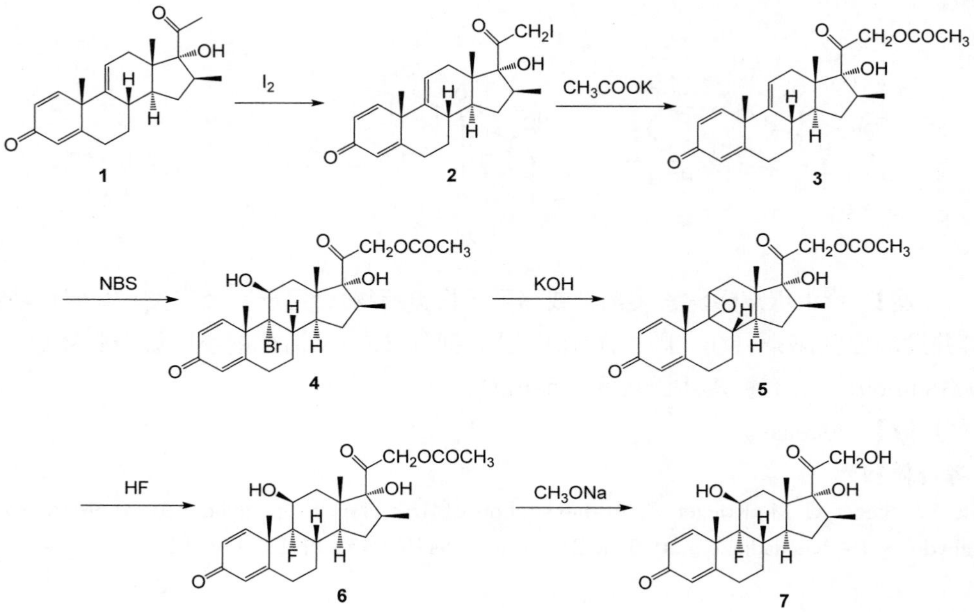

【用　　途】多用于治疗活动性风湿病、类风湿性关节炎、红斑狼疮、严重支气管哮喘、严重皮炎、急性白血病等，也用于某些感染的综合治疗。

【生产厂家】Chugai、上海新华联制药有限公司、湖南玉新药业有限公司、西安国康瑞金制药有限公司、浙江仙居仙乐药业有限公司、河南利华制药有限公司、天津天药药业股份有限公司。

【参考资料】

[1] Villax I. Betamethasone: GB1328998[P]. 1973-09-05.

[2] 黄云，万能，丁盈，等. 倍他米松合成工艺改进[J]. 中南药学, 2014(9):880-881.

[3] 陈文霞，牛志刚，李合兴，等. 一种倍他米松上氟生产工艺: CN112661804A[P]. 2021-04-16.

05013

倍他米松磷酸钠

Betamethasone Sodium Phosphate [151-73-5]

【名　　称】 2-[(8*S*,9*R*,10*S*,11*S*,13*S*,16*S*,17*R*)-9-氟-11,17-二羟基-10,13,16-三甲基-3-氧代-6,7,8,9,10,11,12,13,14,15,16,17-十二氢-3*H*-环戊基[*a*]菲-17-基]-2-氧乙基磷酸酯钠；倍他米松 21-磷酸二钠盐；倍他米松二磷酸钠；21-磷酸钠倍他米松。

sodium 2-[(8*S*,9*R*,10*S*,11*S*,13*S*,16*S*,17*R*)-9-fluoro-11,17-dihydroxy-10,13,16-trimethyl-3-oxo-6,7,8,9,10,11,12,13,14,15,16,17-dodecahydro-3*H*-cyclopenta[*a*]phenanthren-17-yl]-2-oxoethyl phosphate。

【结 构 式】

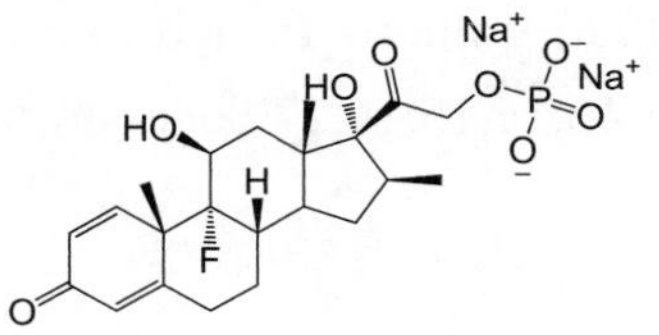

分子式：$C_{22}H_{28}FNa_2O_8P$

分子量：516.40

【性　　状】 储存条件为 2～8℃。比旋光度 +98.0°～+104.0° (D/20℃) (*C*=1g/mL, H_2O)；pH 值 7.5～9.0 (5g/L, 25℃)。

【制　　法】 将化合物 1 进行磷酰化反应得到倍他米松磷酸酯 2 粗品，2 在混合有机溶剂中重结晶后得到相应的倍他米松磷酸酯精制品，再与有机酸钠盐反应得到目标倍他米松磷酸钠 3。

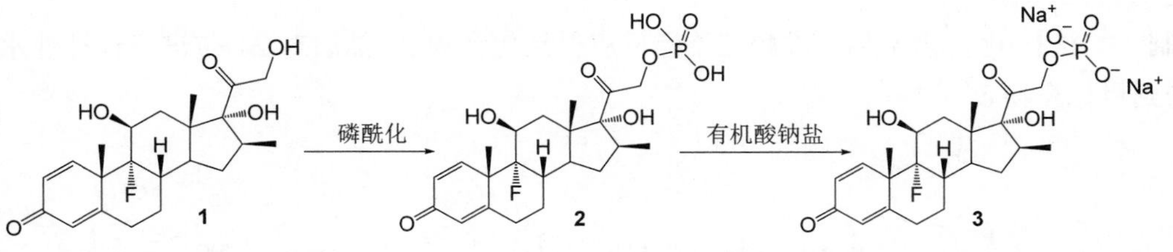

磷酰化　　有机酸钠盐

【用　　途】 主要用于治疗过敏性和自身免疫性疾病，现多用于活动性风湿病、类风湿性关节炎、红斑狼疮、严重支气管炎、严重皮炎、急性白血病等。也用于某些危重感染的综合治疗。局部外用治疗过敏性皮炎、湿疹、神经性皮炎、脂溢性皮炎及瘙痒症等。

【生产厂家】 Merck & Co Inc、上海新华联制药有限公司、重庆华邦胜凯制药有限公司、浙江仙琚制药股份有限公司。

【参考资料】

[1] Hesse R H. Therapeutic combinations of corticosteroids and phosphorus compounds: DE1916010A[P]. 1969-10-09.

[2] 赵立博, 顾艳艳, 陈峰. 一种倍他米松磷酸酯及其钠盐的制备方法: CN110964075A[P]. 2020-04-07.

[3] 李乃芝, 周其庄, 李美珍. 倍他米松磷酸钠合成新工艺[J].医药工业, 1983, 9: 1-2.

05014

倍他米松戊酸酯

Betamethasone 17-Valerate [2152-44-5]

【名　　称】 (8*S*,9*R*,10*S*,11*S*,13*S*,14*S*,16*S*,17*R*)-9-氟-11-羟基-17-(2-羟基乙酰基)-10,13,16-三甲基-3-氧代-6,7,8,9,10,11,12,13,14,15,16,17-十二氢-3*H*-环戊酸菲酯; 戊酸倍他米松; 倍他米松 17-戊酸酯。

(8*S*,9*R*,10*S*,11*S*,13*S*,14*S*,16*S*,17*R*)-9-fluoro-11-hydroxy-17-(2-hydroxyacetyl)-10,13,16-trimethyl-3-oxo-6,7,8,9,10,11,12,13,14,15,16,17-dodecahydro-3*H*-cyclopenta[*a*]phenanthren-17-yl pentanoate。

【结 构 式】

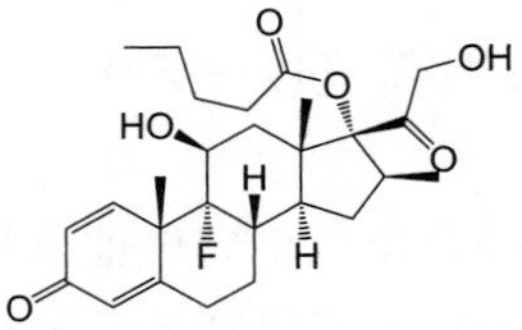

分子式: $C_{27}H_{37}FO_6$

分子量: 476.58

【性　　状】 熔点 183～184℃。比旋光度+77°(二噁烷)。沸点(598.9±50.0)℃。密度 1.1174g/cm³。

【制　　法】 化合物 1 和原戊酸三乙酯反应得到化合物 2, 然后对 21-位进行选择性水解得到目标产物 3。

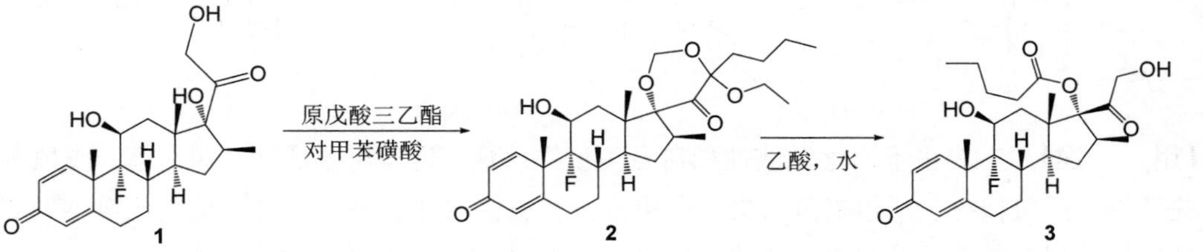

原戊酸三乙酯 / 对甲苯磺酸 (1 → 2); 乙酸, 水 (2 → 3)

【用　　途】 主要是用于皮肤类炎症的外用药, 抑制和减轻皮肤的瘙痒、红肿等症状, 如湿疹、牛皮癣和皮炎。

【生产厂家】 Chugai。

【参考资料】

[1] Elks J, May P J, Phillipps G H. 21-Phosphate esters of 17α-acyloxy-21 hydroxy steroids of the pregnane series. US3764616A[P]. 1973-10-09.

[2] 张宇松，金炜华，吴定伟. 倍他米松-17-戊酸酯的合成研究[J]. 浙江化工, 2011, 42(07): 8-9.

05015

氯倍他索 Clobetasol [25122-41-2]

【名　　称】 21-氯-9-氟-11β,17-二羟基-16β-甲基孕甾-1,4-二烯-3,20-二酮。

21-chloro-9-fluoro-11β,17-dihydroxy-16β-methylpregna-1,4-diene-3,20-dione。

【结 构 式】

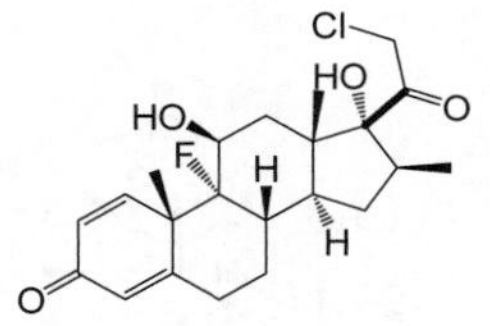

分子式：$C_{22}H_{28}ClFO_4$

分子量：410.91

【性　　状】 类白色至微黄色结晶性粉末，在三氯甲烷中易溶，在乙酸乙酯中溶解，在甲醇或乙醇中微溶，在水中不溶，熔点 220～222℃，熔融时同时分解。沸点(555.1±50.0)℃，密度(1.32±0.1)g/cm³。

【制　　法】 由化合物 1 经过甲基化和氰基取代得到化合物 2，硅烷氧基化保护羟基后再进行分子内亲核取代反应得到化合物 3，然后环氧化得到化合物 4，最后和 HF 水溶液反应得到最终产物氯倍他索 5。

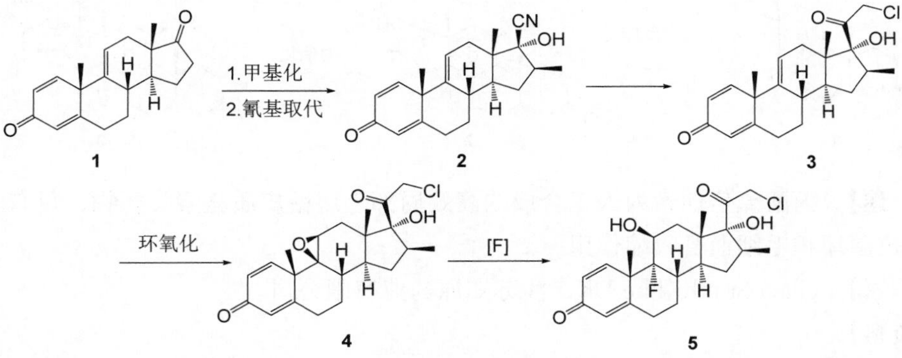

1.甲基化
2.氰基取代
环氧化
[F]

【用　　途】 临床为高效的外用皮质类固醇，主要用于治疗慢性湿疹、银屑病、扁平苔藓、盘状红斑狼疮、神经性皮炎、掌跖脓疱病等皮肤病。

【生产厂家】 Maruho & Pharmaceutical、宿州亿帆药业有限公司、上海通用药业股份有限公司、湖北科田药业有限公司、国药集团三益药业(芜湖)有限公司。

【参考资料】

[1] Elks J, Phillipps G H. Halopregnenones: DE1902340[P]. 1969-09-11.

[2] 杨坤, 应正平, 蒋青锋, 等. 一种氯倍他索的制备方法及丙酸氯倍他索的制备方法: CN104387433A[P]. 2015-03-04.

05016

丙酸氯倍他索 Clobetasol Propionate [25122-46-7]

【名　　称】 21-氯-9-氟-11*β*,17-二羟基-16*β*-甲基孕甾-1,4-二烯-3,20-二酮-17-丙酸酯。21-chloro-9-fluoro-11*β*,17-dihydroxy-16*β*-methylpregna-1,4-diene-3,20-dione-17-propionate。

【结 构 式】

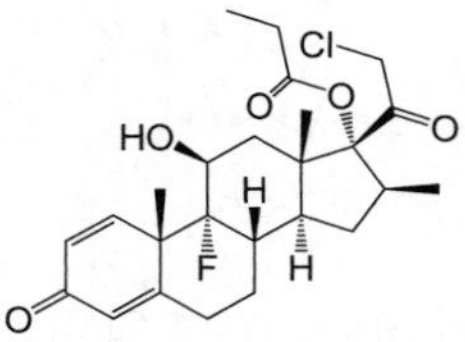

分子式： $C_{25}H_{32}ClFO_5$

分子量： 466.97

【性　　状】 熔点 195.5～197℃，比旋光度+103.8°(*C* = 1.04g/mL, 二噁烷)，沸点 (569.0±50.0)℃，密度 1.1653g/cm^3。

【制　　法】 由化合物 1 经六步制得的氯倍他索 2，对 17 位 *α*-羟基进行丙酯化得到目标丙酸氯倍他索 3。

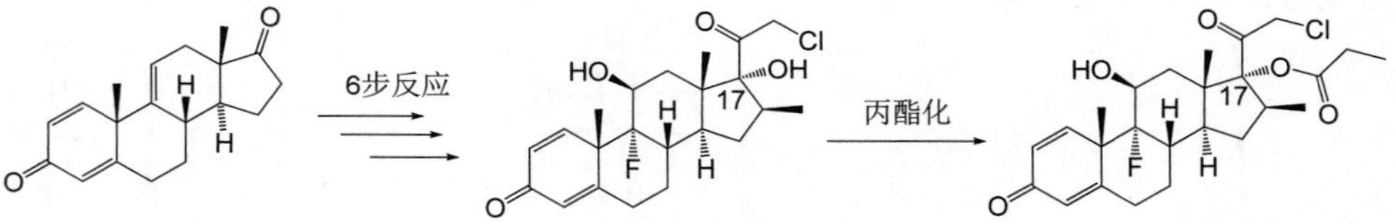

【用　　途】 丙酸氯倍他索为人工合成的高效局部外用糖皮质激素类药物，具有较强的抗炎、抗瘙痒和毛细血管收缩作用。

【生产厂家】 GlaxoSmithKline UK、江苏知原药业有限公司。

【参考资料】

[1] Green M J. 21-Halogeno-21-desoxy-17*α*-acyloxy-20-keto-pregnenes: US3992422A[P]. 1976-11-16.

[2] 杨坤, 应正平, 蒋青锋, 等. 一种氯倍他索的制备方法及丙酸氯倍他索的制备方法: CN104387433A[P]. 2015-03-04.

[3] 李世玉，陈文霞，李合兴. 一种氯倍他索丙酸酯的制备方法：CN112110972A[P]. 2020-12-22.
[4] 张和明，张平. 一种合成丙酸氯倍他索中间体的方法：CN101812107A[P]. 2010-08-25.
[5] 来明强，徐建峰，张利华，等. 丙酸氯倍他索的制造方法：CN1923842A[P]. 2007-03-07.

05017

丁酸氯倍他松 Clobetasone Butyrate [25122-57-0]

【名　　称】 (8*S*,9*R*,10*S*,13*S*,14*S*,16*S*,17*R*)-17-(2-氯乙酰基)-9-氟-10,13,16-三甲基-3,11-二氧代-6,7,8,9,10,11,12,13,14,15,16,17-十二氢-3*H*-环戊基[*a*]菲-17-丁酸酯；氯倍他松丁酸酯；氯倍他松丁酸盐。

21-chloro-9-fluoro-17-hydroxy-16*β*-methylpregna-1,4-diene-3,11,20-trione-17-butyrate。

【结 构 式】

分子式： $C_{26}H_{32}ClFO_5$
分子量： 478.98

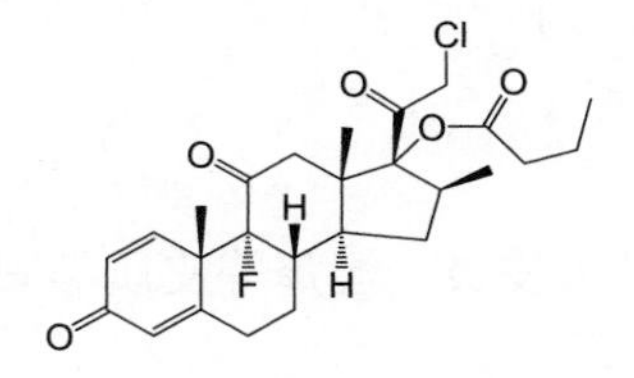

【性　　状】 熔点 90～100℃，沸点(573.3±50.0)℃，密度 1.1736g/cm^3。

【用　　途】 一种外用糖皮质激素药，具有较强的毛细血管收缩作用，临床上主要用于治疗皮肤病。

【生产厂家】 重庆华邦制药有限公司。

【参考资料】

Sugai S, Akaboshi M, Ikegami S. Pregnane 17*α*-alkanates 21-chlorides: JP58109500A[P]. 1983-06-29.

05018

氯可托龙特戊酸酯 Clocortolone Pivalate [34097-16-0]

【名　　称】 2-[(6*S*, 8*S*, 9*R*, 10*S*, 11*S*, 13*S*, 14*S*, 16*R*, 17*S*)-9-氯-6-氟-11-羟基-10,13,16-三甲基-3-氧代-6,7,8,9,10,11,12,13,14,15,16,17-十二氢-3*H*-环戊酸[*a*]菲-17-基]-2-氧乙

基新戊酸盐；匹伐氯可托龙。

9-chloro-6*α*-fluoro-11*β*,21-dihydroxy-16*α*-methylpregna-1,4-diene-3,20-dione-21-pivalate。

【结 构 式】

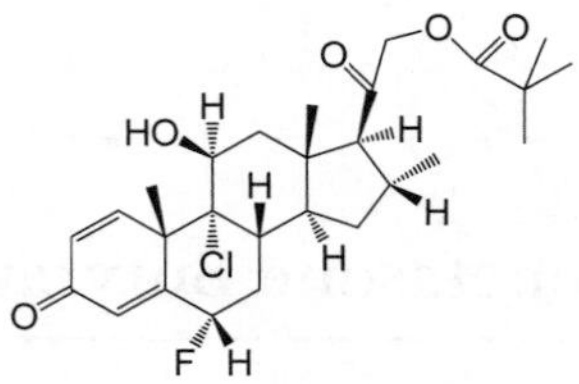

分子式：$C_{27}H_{36}ClFO_5$
分子量：495.02

【性 状】 沸点(598.0±50.0)℃，密度(1.24±0.1)g/cm³，酸度系数(pK_a)13.04±0.70。

【制 法】 甾体 1 在酸性条件下酯交换得到 2。

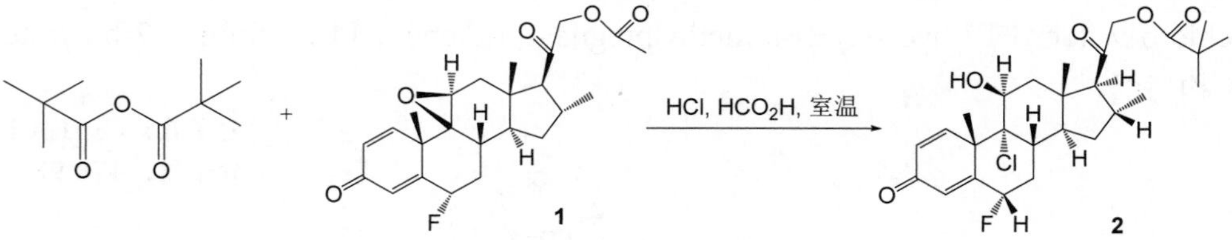

HCl, HCO_2H, 室温

【用 途】 用于治疗儿童及成人皮炎、湿疹等皮质类固醇敏感型皮肤病。

【生产厂家】 Promius。

【参考资料】

[1] Philippson R, Kaspar E. 9*α*-Chloro-11*β*-hydroxypregn-4-ene 3,20-diones: DE2011559A[P]. 1971-09-23.

[2] Simon C, Rosa C, Ilana O, et al. Process for the preparation of 17-desoxy-corticosteroids: US10112970[P]. 2018.

05019

醋酸地塞米松 Dexamethasone Acetate [1177-87-3]

【名 称】 2-[(8*S*,9*R*,10*S*,11*S*,13*S*,14*S*,16*R*,17*R*)-9-氟-11,17-二羟基-10,13,14,16-四甲基-3-氧代-6,7,8,9,10,11,12,13,14,15,16,17-十二氢-3*H*-环戊基[*a*]菲-17-基]-2-氧乙基乙酸酯；醋酸氟甲强的松龙；醋酸氟美松；醋酸甲氟烯索；地塞米松醋酸酯。

9-fluoro-11, 17,21-trihydroxy-16-methylpregna-1,4-diene-3,20-dione-21-acetate。

【结 构 式】

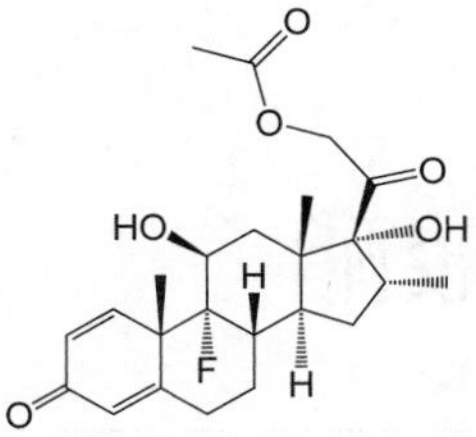

分子式：$C_{24}H_{31}FO_6$
分子量：434.50

【性　　状】 白色或类白色的结晶或结晶性粉末，无臭，味微苦。在丙酮中易溶，在甲醇或无水乙醇中溶解，在乙醇或三氯甲烷中略溶，在乙醚中极微溶解，在水中不溶。熔点 238～240℃。比旋光度+73°(氯仿)、+77.6°。沸点(579.4±50.0)℃。密度 1.1517g/cm^3。折射率 87° (c=1g/mL, 二噁烷)。储存条件：2～8℃。

【制　　法】 化合物 1 和甲基格氏试剂反应得到化合物 2，再通过 α-碘代和取代反应得到化合物 3,3 环氧化后得到化合物 4，最后 4 氟化后得到目标醋酸地塞米松 5。

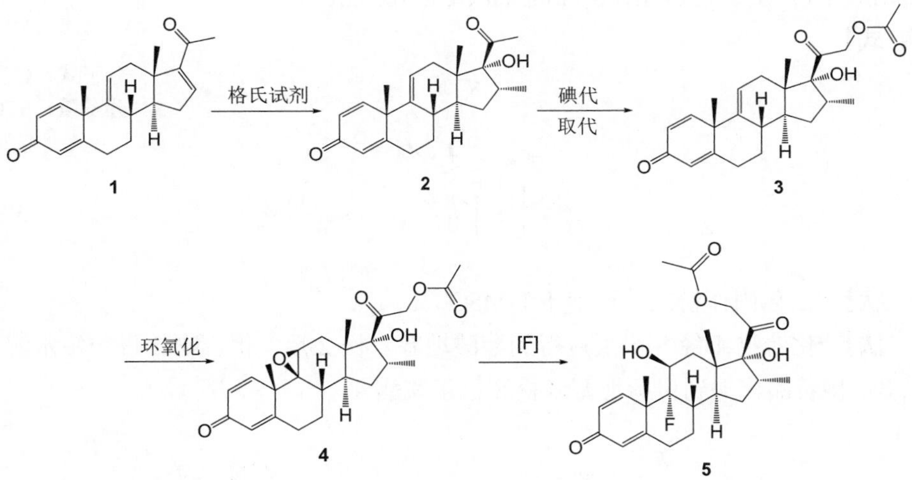

格氏试剂　碘代 取代　环氧化　[F]

1　2　3　4　5

【用　　途】 主要用于治疗过敏性与自身免疫性炎症性疾病，如结缔组织病、类风湿性关节炎、严重的支气管哮喘、皮炎等过敏性疾病、溃疡性结肠炎、急性白血病、恶性淋巴瘤等。

【生产厂家】 Merck＆Co Inc、上海宝龙药业股份有限公司、湖北人福成田药业有限公司、黑龙江鼎恒升药业有限公司、吉林菲诺制药有限公司、重庆西部制药有限责任公司。

【参考资料】

[1] Arth G E, Johnston D B R, Sarett L H. 11-Oxygenated 16-methyl-1,4-pregnadien-17α-ol-3,20-dione derivatives: DE1113690[P]. 1961.
[2] 王福军, 周金萍, 蒋基平, 等. 地塞米松及其系列产品的制备方法: CN101397320A[P]. 2009.
[3] 王京沪. 一种醋酸地塞米松的制备方法: CN109096355A[P]. 2018.
[4] 王培文, 刘伟, 李娜, 等. 一种合成醋酸地塞米松的工艺方法: CN112209981A[P]. 2021.

05020

地塞米松环己甲酸酯

Dexamethasone Cipecilate [132245-57-9]

【名　　称】 2-[(8*S*,9*R*,10*S*,11*S*,13*S*,14*S*,16*R*,17*R*)-17-[(环丙烷羰基)氧基]-9-氟-11-羟基-10,13,16-三甲基-3-氧代-6,7,8,9,10,11,12,13,14,15,16,17-十二氢-3*H*-环戊基[*a*]菲-17-基]-2-氧乙基环己甲酸酯。

2-[(8*S*,9*R*,10*S*,11*S*,13*S*,14*S*,16*R*,17*R*)-17-[(cyclopropanecarbonyl)oxy]-9-fluoro-11-hydroxy-10,13,16-trimethyl-3-oxo-6,7,8,9,10,11,12,13,14,15,16,17-dodecahydro-3*H*-cyclopenta[*a*]phenanthren-17-yl]-2-oxoethyl cyclohexane carboxylate。

【结 构 式】

分子式： $C_{33}H_{43}FO_7$

分子量： 570.69

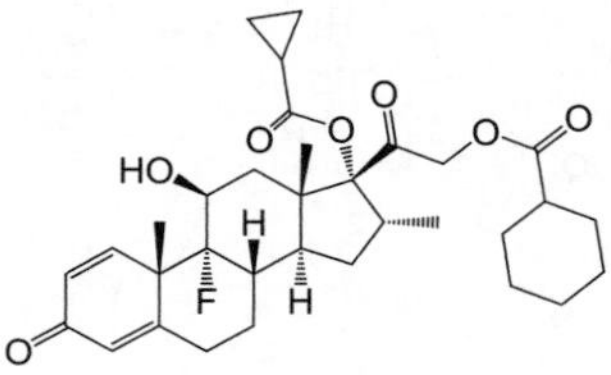

【性　　状】 白色固体粉末，可溶于 DMSO。

【制　　法】 化合物 1 经 5 步反应得到醋酸地塞米松 2 后，化合物 2 进一步水解得到地塞米松 3，接着酯化得到目标地塞米松环己甲酸酯 4。

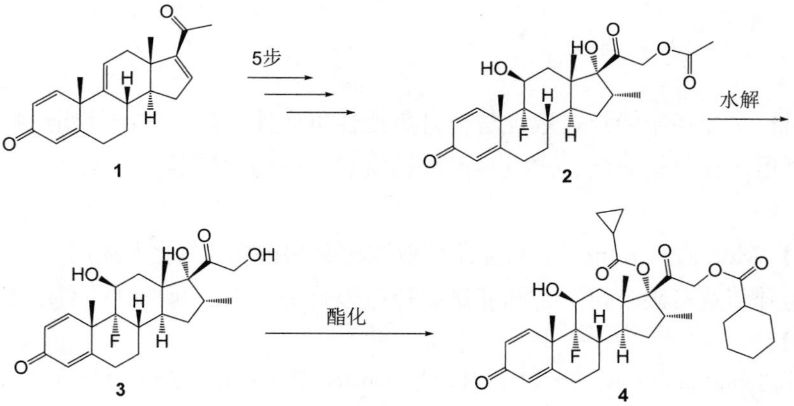

5步 水解 酯化

1 2 3 4

【用　　途】 地塞米松环己甲酸酯，也称为 NS-126，是一种新型的高亲脂性抗炎皮质类固醇。NS-126 是一种长效鼻内皮质类固醇，是一种有希望的过敏性鼻炎治疗剂。

【生产厂家】 Nippon Shinyaku Co Ltd。

【参考资料】

[1] Sasagawa T, Yamada T, Nakagawa T,et al. *In vitro* metabolism of dexamethasone cipecilate, a novel synthetic corticosteroid, in human liver and nasal mucosa[J]. Xenobiotica. 2011, 41: 874-884.

[2] Yu S, Wang D. Enhanced salt sensitivity following shRNA silencing of neuronal TRPV1 in rat spinal cord[J]. Acta Pharmacol Sin, 2011, 32: 845-852.

05021

地塞米松棕榈酸酯

Dexamethasone Palmitate [14899-36-6]

【名　　称】 2-[(8*S*,9*R*,10*S*,11*S*,13*S*,14*S*,16*R*,17*R*)-9-氟-11,17-二羟基-10,13,16-三甲基-3-氧代-6,7,8,9,10,11,12,13,14,15,16,17-十二氢-3*H*-环戊基[*a*]菲-17-基]-2-氧乙基棕榈酸酯；地塞米松 21-棕榈酸酯。

9-fluoro-11*β*,17,21-trihydroxy-16*α*-methylpregna-1,4-diene-3,20-dione-21-palmitate。

【结 构 式】

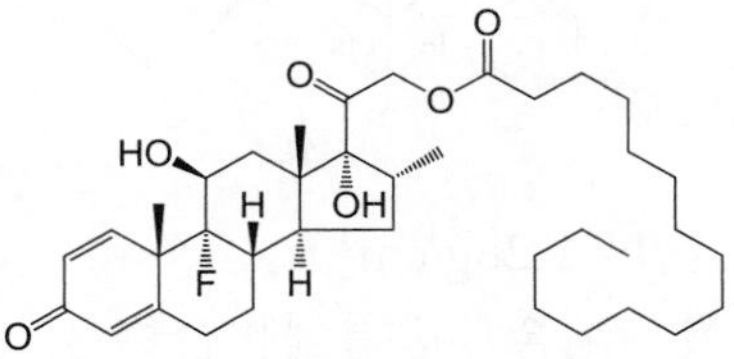

分子式：$C_{38}H_{59}FO_6$

分子量：630.87

【性　　状】 熔点 60～65℃，沸点(710.1±60.0)℃，密度 1.12g/cm³。

【制　　法】起始原料与棕榈酸在固体碱和相催化剂作用下发生酯化反应生成目标产物。

固体碱

相转移催化剂

【用　　途】 治疗腰椎间盘突出症，具有抗炎活性。

【生产厂家】 Santen Pharmaceutical Co Ltd、北京托毕西药业有限公司。

【参考资料】

[1] Schmitt M, Kido K, Inagaki K, et al. Polyaphrons and palpebral for topical administration to upper and lower eyelids: WO2016124601A1[P]. 2016.

[2] 刘年金，胡丽娟，张邦国，等. 一种地塞米松棕榈酸酯的合成方法: CN110041391A[P]. 2019.

05022

地塞米松 17-丙酸酯

Dexamethasone 17-Propionate [15423-89-9]

【名　　称】 (8*S*,9*R*,10*S*,11*S*,13*S*,14*S*,16*R*,17*R*)-9-氟-11-羟基-17-(2-羟基乙酰基)-10,13,16-三甲基-3-氧代-6,7,8,9,10,11,12,13,14,15,16,17-十二氢-3*H*-环戊基[*a*]菲-17-丙酸酯。

(8*S*,9*R*,10*S*,11*S*,13*S*,14*S*,16*R*,17*R*)-9-fluoro-11-hydroxy-17-(2-hydroxyacetyl)-10,13,16-trimethyl-3-oxo-6,7,8,9,10,11,12,13,14,15,16,17-dodecahydro-3*H*-cyclopenta[*a*]phenanthren-17-yl propionate。

【结 构 式】

分子式： $C_{25}H_{33}FO_6$
分子量： 448.52

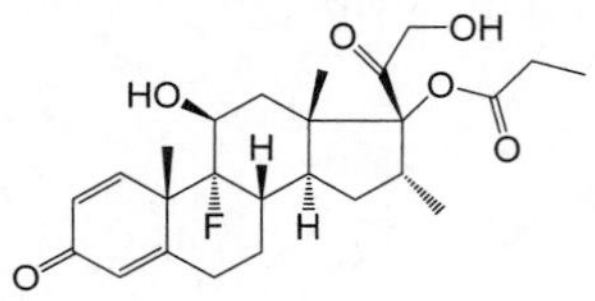

【性　　状】 沸点 579.5℃，密度 1.28g/cm³。

【制　　法】 化合物 1 和 2 发生缩合反应得到化合物 3，3 在催化剂作用下发生开环得到目标化合物 4。

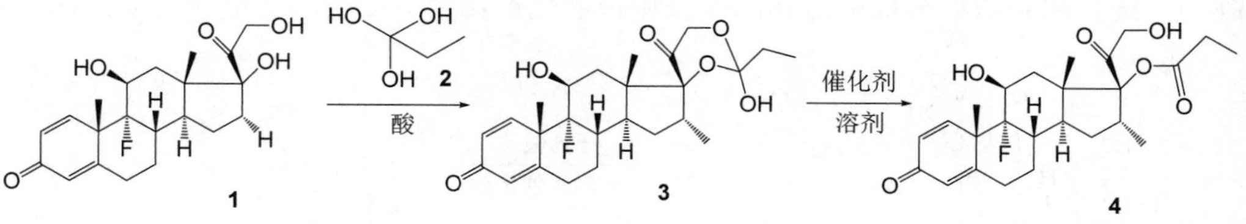

2 酸 催化剂 溶剂

【用　　途】 肾上腺皮质激素及促肾上腺皮质激素药，可用于抗皮肤黏膜各种炎症和过敏反应；其眼膏可用于治疗各种眼炎。

【生产厂家】 Ikeda Mohando、Maeda Pharmaceutical Co Ltd。

【参考资料】

[1] Barton D H R, Hesse R H. Reducing carbonyl compounds with metal hydrides: DE2329729A1[P]. 1974-01-17.

[2] 丁凯，刘涛，宫丰杰. 17 位甾体羧酸酯的合成方法: CN102964414 A[P]. 2013-03-13.

05023

地塞米松磷酸钠

Dexamethasone Sodium Phosphate [55203-24-2]

【名　　称】 [(8*S*,9*R*,10*S*,11*S*,13*S*,14*S*,16*R*,17*R*)-9-氟-11,17-二羟基-10,13,16-三甲基-3-氧代-6,7,8,9,10,11,12,13,14,15,16,17-十二氢-3*H*-环戊烷[*a*]菲-17-基]-2-氧乙基磷酸酯钠。

Sodium 2-[(8*S*,9*R*,10*S*,11*S*,13*S*,14*S*,16*R*,17*R*)-9-fluoro-11,17-dihydroxy-10,13,16-trimethyl-3-oxo-6,7,8,9,10,11,12,13,14,15,16,17-dodecahydro-3*H*-cyclopenta[*a*]phenanthren-17-yl]-2-oxoethyl phosphate。

【结 构 式】

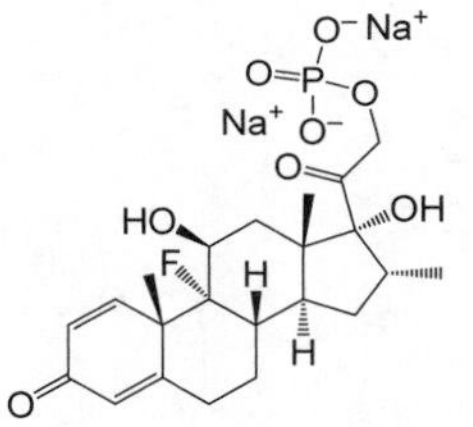

分子式： $C_{22}H_{28}FNa_2O_8P$
分子量： 516.40

【性　　状】 白色至类白色结晶性粉末，熔点233～235℃，沸点669.6℃，密度1.32g/cm³。

【制　　法】 以醋酸地塞米松环氧物1为起始原料，依次经过开环反应、重结晶、碱催化水解、焦磷酰氯酯化、中和成盐反应得到地塞米松磷酸钠溶液，地塞米松磷酸钠溶液再次重结晶得到地塞米松磷酸钠晶体。

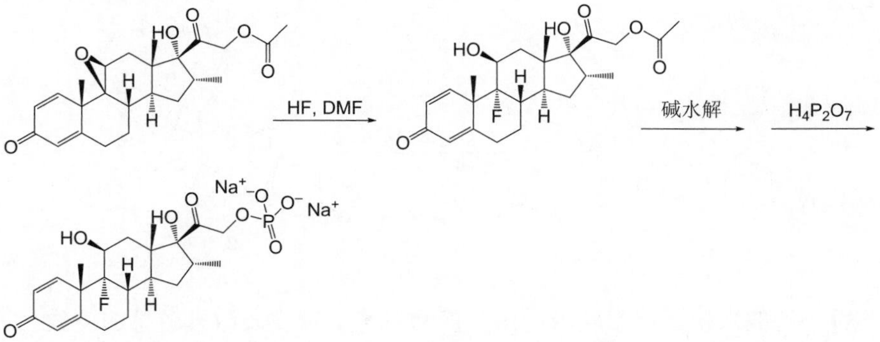

HF, DMF　　碱水解　　$H_4P_2O_7$

【用　　途】 肾上腺皮质激素类药，具有抗炎、抗过敏、抗风湿、免疫抑制作用。

【生产厂家】 Merck＆Co Inc、Aciont、上海新华联制药有限公司、西安国康瑞金制药有限公司、重庆莱美药业股份有限公司、马鞍山丰原制药有限公司、沈阳光大制药有限公司。

【参考资料】

[1] Macek T J. Dexamethasone aerosols: US3282791[P]. 1966-11-01.
[2] 廖成斌, 卢朝成. 一种地塞米松磷酸钠注射液的制备方法: CN105342992A[P]. 2016-02-24.

05024

地塞米松戊酸酯 Dexamethasone Valerate [33755-46-3]

【名　　称】 (8*S*,9*R*,10*S*,11*S*,13*S*,14*R*,17*R*)-9-氟-11-羟基-17-(2-羟基乙酰基)-8,10,13-三甲基-3-氧代-6,7,8,9,10,11,12,13,14,15,16,17-十二氢-3*H*-环戊烷[*a*]菲-17-基　戊酸酯。(8*S*,9*R*,10*S*,11*S*,13*S*,14*R*,17*R*)-9-fluoro-11-hydroxy-17-(2-hydroxyacetyl)-8,10,13-trimethyl-3-oxo-6,7,8,9,10,11,12,13,14,15,16,17-dodecahydro-3*H*-cyclopenta[*a*]phenanthren-17-yl pentanoate。

【结 构 式】

分子式： $C_{27}H_{37}FO_6$
分子量： **476.58**

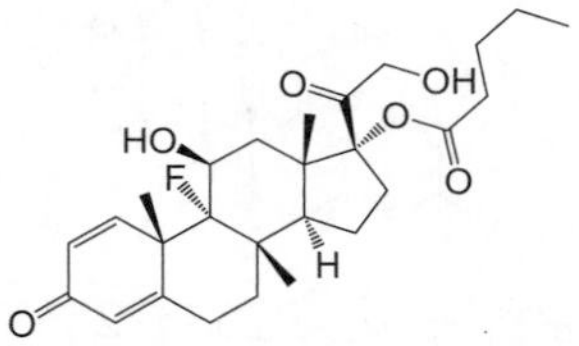

【性　　状】 白色或微黄色结晶性粉末，熔点 252～255℃，沸点 607.5℃，密度 1.24g/cm³。

【制　　法】 化合物 1 经醇解后进一步用 HF 水溶液对环氧加成开环得到目标地塞米松戊酸酯 2。

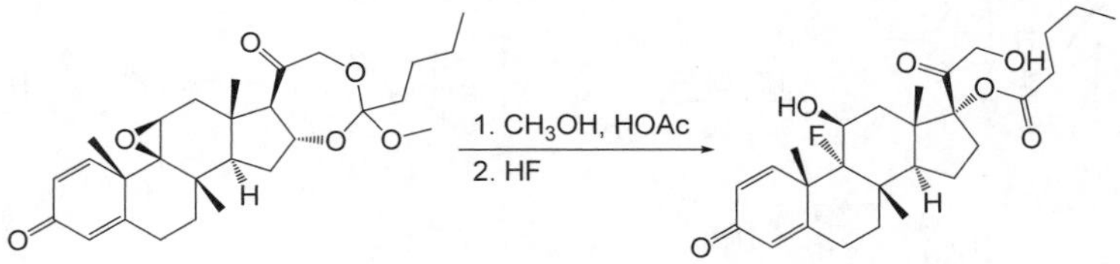

1. CH_3OH, HOAc
2. HF

【用　　途】 倍他米松新霉素乳膏适用于医治对肾上腺皮质激素敏感的皮炎。该症同时伴随由对青霉素敏感的细菌或怀疑是青霉素敏感的细菌引发的二重传染，包含接触性皮炎、过敏性皮炎及各型湿疹等皮肤病。

【生产厂家】 日本鲁浩株式会社、浙江仙琚制药股份有限公司。

【参考资料】

Manghisi E. Antiphlogistic dexamethasone-17-valerate: DE2111114 A[P]. 1971-09-30.

05025

氟扎可特 Fluazacort [19888-56-3]

【名　　称】9-氟-11*β*,21-二羟基-2'-甲基-5'*βH*-孕甾-1,4-二烯并[17,16-*d*]噁唑-3,20-二酮-21-乙酸酯：氟扎可松。

9-fluoro-11*β*, 21-dihydroxy-2'-methyl-5'*βH*-pregna-1,4-dieno[17,16-*d*]oxazole-3,20-dione-21-acetate。

【结 构 式】

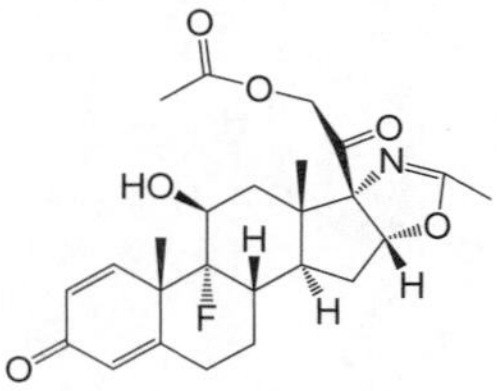

分子式：$C_{25}H_{30}FNO_6$

分子量：459.51

【性　　状】白色结晶性粉末，熔点 252～255℃，密度 1.43g/cm^3，比旋光度+54.8°（*C*=0.5g/mL，氯仿）。

【制　　法】化合物 1 被环氧化得到化合物 2，2 和 HF 水溶液反应得到化合物 3，3 被醋酐乙酰化后得到氟扎可特 4。

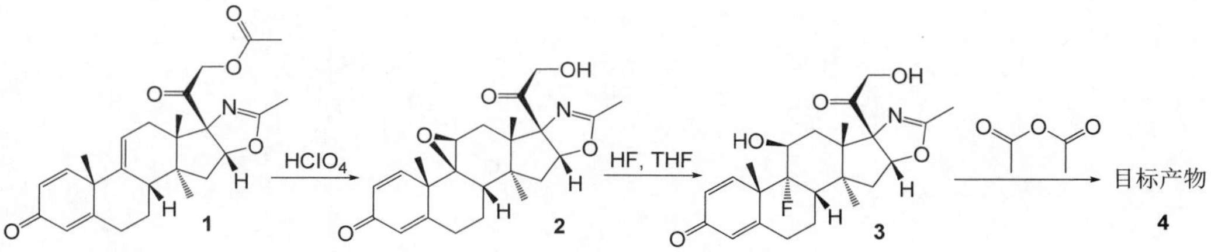

HClO$_4$　HF, THF　目标产物

1　2　3　4

【用　　途】肾上腺皮质激素类药物，主要用于治疗皮质激素相关的皮肤病。

【生产厂家】Lepetit S.P.A.。

【参考资料】

[1] Bigatti E, Brambilla C. Procedure for the preparation of 16*α*-hydroxy-17*α*-aminopregnane derivatives: IT94MI0358A1[P]. 1995-09-01.

[2] Giangiacomo N, Giorgio W, Vanna A. Steroidspossessing nitrogen atoms. IV further studies on the synthesis of [17*a*, 16*a*-*d*] oxazolino-corticoids[J]. Steroids, 1969, 13: 383-397.

05026

醋酸氟氢可的松 Fludrocortisone Acetate [514-36-3]

【名　　称】 2-[(8*S*,9*R*,10*S*,11*S*,13*S*,14*S*,17*R*)-9-氟-11,17-二羟基-10,13-二甲基-3-氧代-2,3,6,7,8,9,10,11,12,13,14,15,16,17-十四氢-1*H*-环戊烷[*a*]菲-17-基]-2-氧乙基乙酸酯；氟氢可的松醋酸酯。

9-fluoro-11*β*,17,21-trihydroxypregn-4-ene-3,20-dione-21-acetate。

【结 构 式】

分子式： $C_{23}H_{31}FO_6$
分子量： 422.49

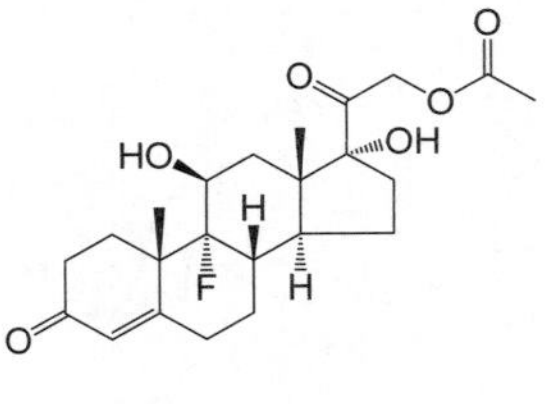

【性　　状】 熔点 233～234℃，比旋光度+123°（*C*=0.64g/mL，氯仿），沸点(575.1±50.0)℃，密度 1.0953g/cm³，折射率 1.5980。

【制　　法】 化合物 1 中的环氧和 HF 发生加成反应得到目标化合物 2。

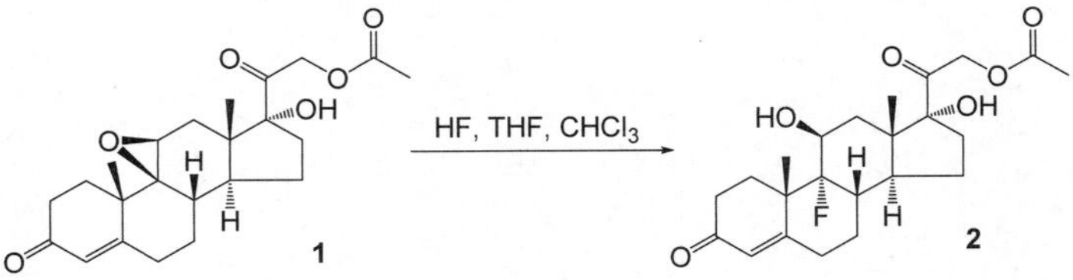

HF, THF, $CHCl_3$

【用　　途】 盐皮质激素药物。在原发性肾上腺皮质功能减退症中，主要发挥盐皮质激素作用，可与糖皮质类固醇一起用于替代治疗，同时适用于低肾素低醛固酮综合征和自主神经病变所致直立性低血压等。

【生产厂家】 默克公司、北京双吉制药有限公司、云南植物药业有限公司。

【参考资料】

[1] Graber R P, Stewart S C. Process for preparing 9*α*-fluoro steroids: US2894007A[P]. 1959-07-07.

[2] 陈鹏，李健华，孙政，等. 一种氟氢可的松醋酸酯的制备方法: CN107915766A[P]. 2018-04-17.

05027

特戊酸氟米松 Flumethasone Pivalate [2002-29-1]

【名 称】 2-[(6*S*,8*S*,9*R*,10*S*,11*S*,13*S*,14*S*,16*R*,17*R*)-6,9-二氟-11,17-二羟基-10,13,16-三甲基-3-氧代-6,7,8,9,10,11,12,13,14,15,16,17-十二氢-3*H*-环戊基[*a*]菲-17-基]-2-氧基新戊酸乙酯；新戊酸氟米松；双氟美松叔戊酸酯。

6*α*,9-difluoro-11*β*,17,21-trihydroxy-16*α*-methylpregna-1,4-diene-3,20-dione-21-pivalate。

【结 构 式】

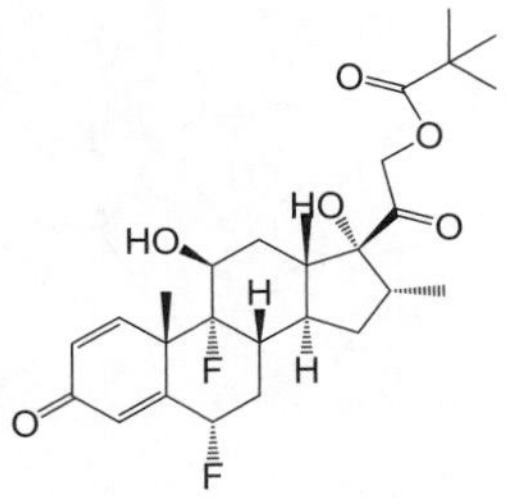

分子式：$C_{27}H_{36}F_2O_6$

分子量：494.57

【性 状】 白色固体，沸点(600.3±55.0)℃。密度(1.27±0.1)g/cm³。

【制 法】 原料 1 直接与叔丁基酰氯发生酯化反应得到目标产物 **2**。

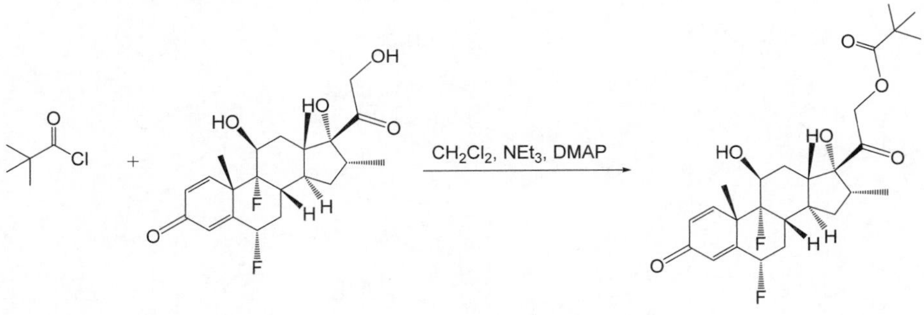

CH_2Cl_2, NEt_3, DMAP

【用 途】 皮质激素消炎药物。临床上使用最为广泛而有效的抗炎和免疫抑制药。

【生产厂家】 瑞士 Novartis。

【参考资料】

[1] Lincoln F H, Schneider W P, Spero G B . 6alpha-fluoro-16-methyl-4-pregnene 3,20-diones and intermediates produced in the synthesis thereof:US3557158[P]. 1971-01-19.

[2] Edwards J A, Zaffaroni A, Ringold H J, et al.6*α*-fluoro-16*α*-methylhydrocortisone and related steroids[J]. Proc Chem Soc, 1959, 87.

05028

醋酸氟轻松 Fluocinonide [356-12-7]

【名　　称】 21-乙酰氧基-6α,9-二氟-11β-羟基-16α,17-[(1-甲基亚乙基)双(氧)]孕甾-1,4-二烯-3,20-二酮。

21-acetyloxy-6α,9-difluoro-11β-hydroxy-16α,17-[(1-methylethylidene)bis(oxy)]pregna-1,4-diene-3,20-dione。

【结 构 式】

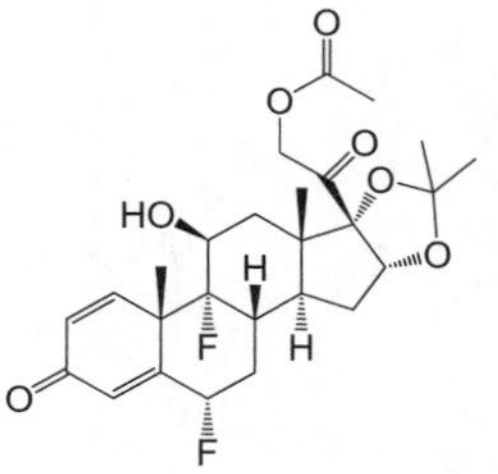

分子式：$C_{26}H_{32}F_2O_7$

分子量：494.52

【性　　状】 熔点309℃，比旋光度+83°(氯仿)，沸点235℃，密度1.2001g/cm^3，储存条件2～8℃。

【制　　法】 原料1经环氧化、脱氢、脱水后得到化合物4，4与亲电氟化试剂反应引入氟原子得到化合物5，然后经过开环、氧化、酯化、缩合后得到目标化合物9。

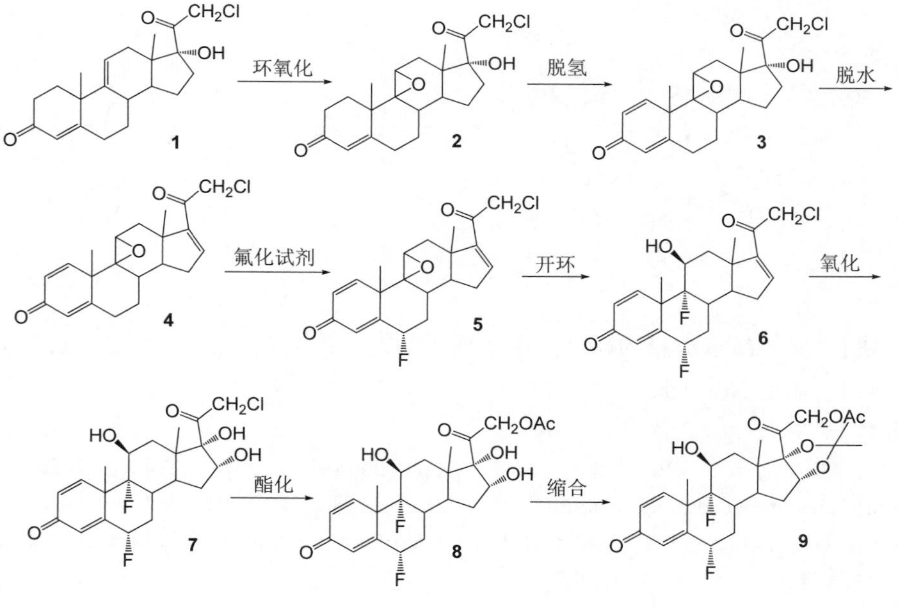

环氧化　脱氢　脱水　氟化试剂　开环　氧化　酯化　缩合

【用　　途】临床上常用的强效外用抗炎糖皮质激素药物，被广泛应用于各种皮炎、湿疹、牛皮癣、红斑狼疮、扁平苔藓及骨性关节炎等疾病的治疗。

【生产厂家】Medimetriks Pharmaceuticals Inc、天津太平洋化学制药有限公司、天津天药药业股份有限公司、黑龙江惠美佳制药有限公司、沈阳东陵药业股份有限公司、天津金耀药业有限公司。

【参考资料】

[1] Ksiezny C D, Skubinska M, Uszycka-Harawa T, et al. 9*α*-Fluoro-11*β*-hydroxy derivatives of steroids: PL86564 B1[P]. 1976.

[2] 王淑丽，张杰. 一种醋酸氟轻松的制备方法: CN107619426A[P]. 2018-01-23.

05029

氟可龙 Fluocortolone　　[152-97-6]

【名　　称】氟考松；氟可套龙；氟皮甾松；(6*S*,8*S*,9*S*,10*R*,11*S*,13*S*,14*S*,16*R*,17*S*)-6-氟-11-羟基-17-(2-羟基乙酰基)-10,13,16-三甲基-6,7,8,9,10,11,12,13,14,15,16,17-十二氢-3*H*-环戊烷(*a*)菲-3-酮。

(6*S*,8*S*,9*S*,10*R*,11*S*,13*S*,14*S*,16*R*,17*S*)-6-fluoro-11-hydroxy-17-(2-hydroxyacetyl)-10,13,16-trimethyl-6,7,8,9,10,11,12,13,14,15,16,17-dodecahydro-3*H*-cyclopenta[*a*]phenanthren-3-one。

【结 构 式】

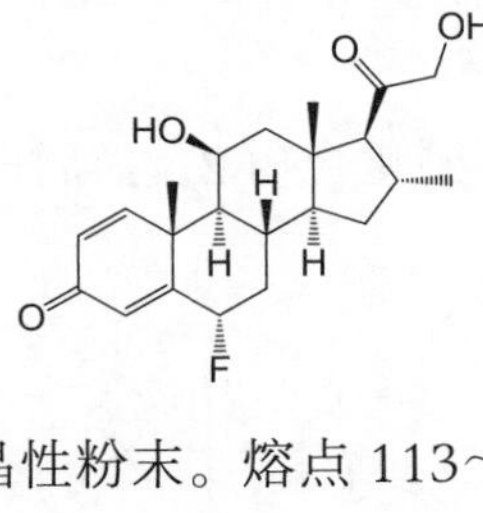

分子式：$C_{22}H_{29}FO_4$

分子量：376.46

【性　　状】白色或类白色的结晶性粉末。熔点 113～116℃，沸点(537.4±50.0)℃，密度 1.1001g/cm^3。

【制　　法】化合物 1 在 *N*-溴代乙酰胺和 HF 下加成得到中间体 2, 2 经氧化、多种生物发酵的过程得到最终产物氟可龙。

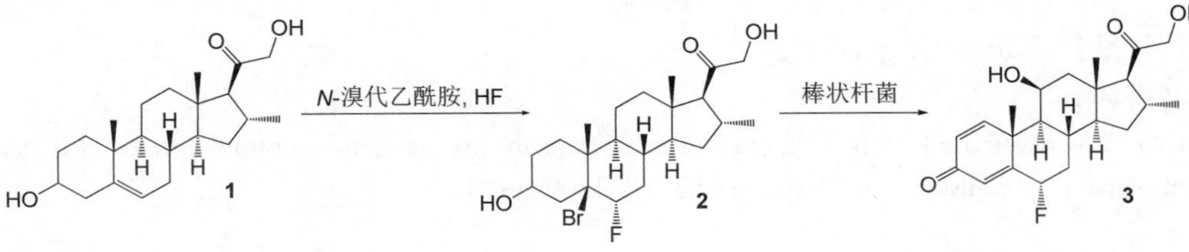

N-溴代乙酰胺, HF　　棒状杆菌

【用　　途】 用于治疗接触性皮肤病、湿疹、职业性湿疹、鱼鳞病、神经性皮肤炎、肛门湿疹、出汗障碍性湿疹等多种皮肤问题。

【生产厂家】 先灵公司(ScheringAG)。

【参考资料】

[1] Klaus K, Gerhard R. delta1, 4-16alpha-methyl steroids: US3232839 A[P]. 1966.

[2] 天津太平洋制药有限公司. 一种氟可龙的制备方法: CN107793460 A[P]. 2018-03-13.

05030

醋酸氟泼尼定 Fluprednidene Acetate [1255-35-2]

【名　　称】 21-乙酰氧基-9α-氟-11β,17-二羟基-16-亚甲基孕甾-1,4-二烯-3,20-二酮。21-acetoxy-9α-fluoro-11β,17-dihydroxy-16-methylenepregna-1,4-diene-3,20-dione。

【结 构 式】

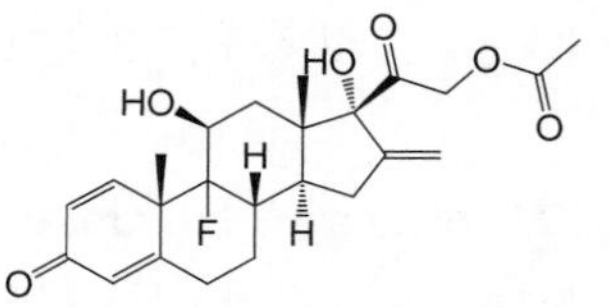

分子式：$C_{24}H_{29}FO_6$

分子量：432.48

【性　　状】 白色或类白色的结晶性粉末。熔点 231～234℃，沸点(611.8±55.0)℃，密度(1.59±0.1)g/cm³。

【制　　法】 化合物 1 经环氧化得到化合物 2，然后再环氧加成后消除得到产物 3。

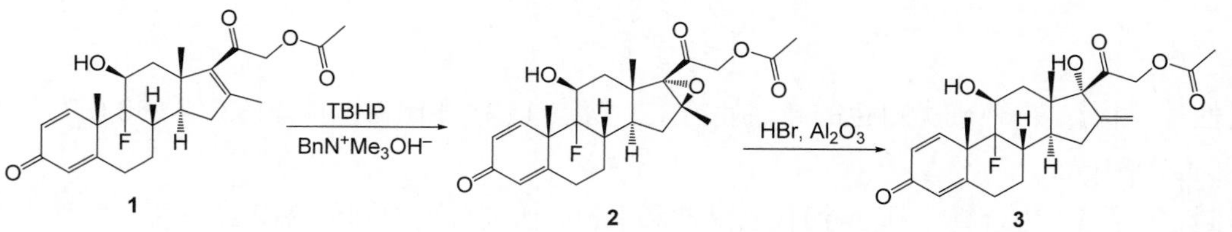

1 —TBHP, BnN⁺Me₃OH⁻→ 2 —HBr, Al_2O_3→ 3

【用　　途】 主要用于过敏性与炎症性疾病。

【生产厂家】 Taiho (Originator)。

【参考资料】

Irmscher K, Von Werder F, Bork K H, et al. Inverted steps for the preparation of 9α-fluoro-16-methylene-prednisolone or -prednisone and 21-esters: US3718542[P]. 1973-02-27.

05031

卤泼尼松 Halopredone [57781-15-4]

【名 称】 2-溴-6β,9-二氟-11β,17,21-三羟基孕甾-1,4-二烯-3,20-二酮；醋酸卤泼尼松；二醋酸卤泼尼松；醋酸泼尼松片。
2-bromo-6β,9-difluoro-11β,17,21-trihydroxy-pregna-1,4-diene-3,20-dione。

【结 构 式】

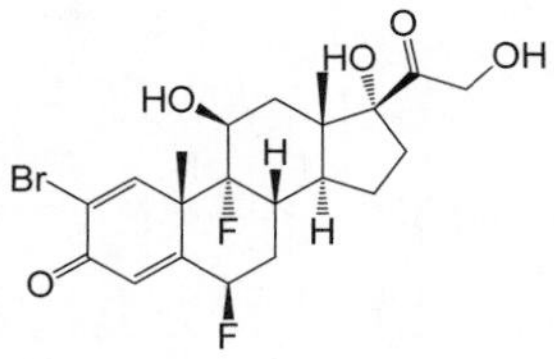

分子式：$C_{21}H_{25}BrF_2O_5$
分子量：475.32

【性 状】 白色或类白色的结晶性粉末。熔点 290～292℃，沸点(611.8±55.0)℃，密度(1.59±0.1)g/cm³。

【制 法】 化合物 1 在氢氟酸作用下环氧开环加成得到 2，进一步脱酰氧基保护得到产物 3。

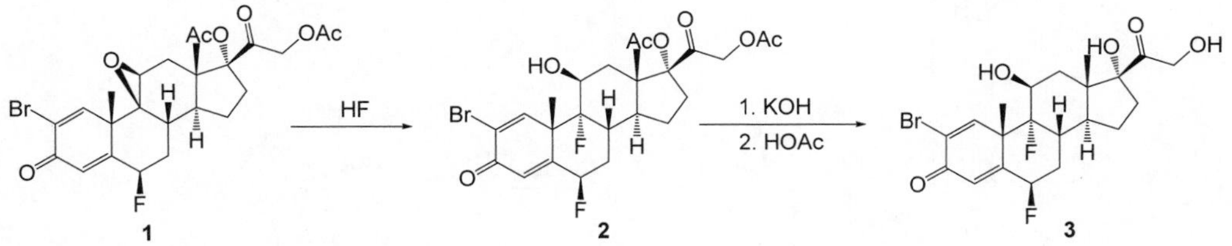

HF
1. KOH
2. HOAc

【用 途】 主要用于过敏性与炎症性疾病。

【生产厂家】 Taiho (Originator) 、山东罗欣药业集团股份有限公司、哈药集团制药总厂、甘肃扶正药业科技股份有限公司、黑龙江鼎恒升药业有限公司。

【参考资料】

Cherniak S, Cyjon R, Ozer I, et al. Process for the preparation of 17-desoxy-corticosteroids: US20130211069A1[P]. 2013.

05032

曲安奈德 Triamcinolone Acetonide [76-25-5]

【名　　称】 9-氟-11β,21-二羟基-16α,17-[(1-甲基亚乙基)双(氧)]孕甾-1,4-二烯-3,20-二酮;曲安舒松;康宁克通。

9-fluoro-11β,21-dihydroxy-16α,17-[(1-methylethylidene)bis(oxy)]pregna-1,4-diene-3,20-dione。

【结 构 式】

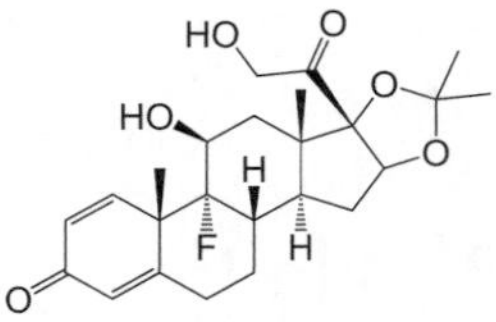

分子式： $C_{24}H_{31}FO_6$

分子量： 434.50

【性　　状】 白色或类白色结晶性粉末，无臭，味苦。熔点 274～278℃，沸点 (576.9±50.0)℃，密度 1.1517g/cm³。

【制　　法】 原料 1 经消除反应脱水得到化合物 2，2 经氧化得到 3，3 与丙酮在酸性条件下反应形成缩酮 4，化合物 4 在碱性条件下水解得到目标化合物 5。

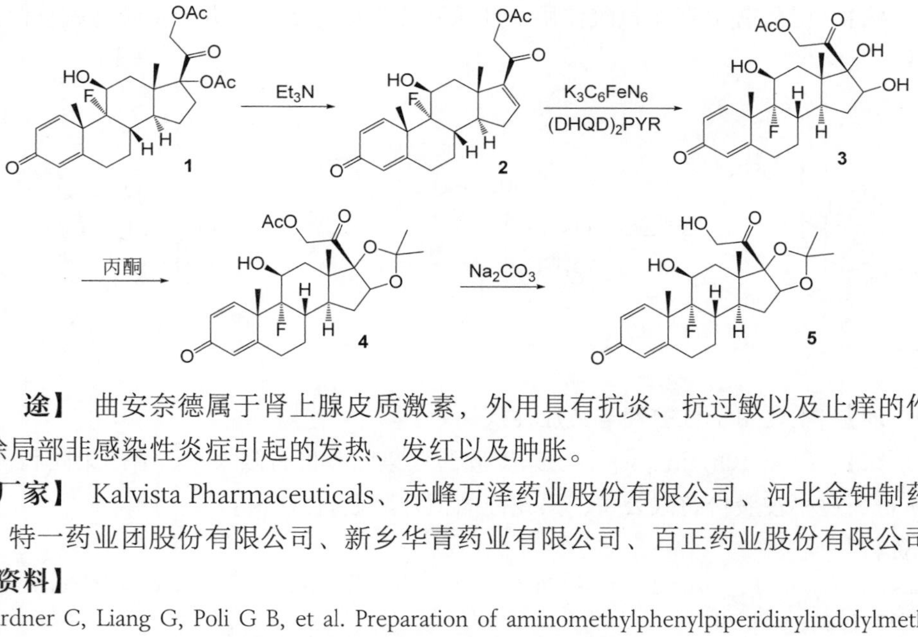

Et_3N；$K_3C_6FeN_6$，$(DHQD)_2PYR$；丙酮；Na_2CO_3

【用　　途】 曲安奈德属于肾上腺皮质激素，外用具有抗炎、抗过敏以及止痒的作用，能消除局部非感染性炎症引起的发热、发红以及肿胀。

【生产厂家】 Kalvista Pharmaceuticals、赤峰万泽药业股份有限公司、河北金钟制药有限公司、特一药业团股份有限公司、新乡华青药业有限公司、百正药业股份有限公司。

【参考资料】

[1] Gardner C, Liang G, Poli G B, et al. Preparation of aminomethylphenylpiperidinylindolylmethanone derivatives for use as tryptase inhibitors: FR2955324 A1[P]. 2011.

[2] 天津药业研究院股份有限公司. 曲安奈德的合成方法: CN112142820A[P]. 2020.

05033

苯曲安奈德 Triamcinolone Benetonide [31002-79-6]

【名　　称】 9-氟-11β,21-二羟基-16α,17-[(1-甲基亚乙基)双(氧)]-孕甾-1,4-二烯-3,20-二酮　21-(3-苯甲酰氨基-2-甲基丙酸酯)。

9-fluoro-11β,21-dihydroxy-16α,17-[(isopropylidene)bis(oxy)]-pregna-3,20-dione　21-(3-benzoylamino-2-methylpropanoate)

【结 构 式】

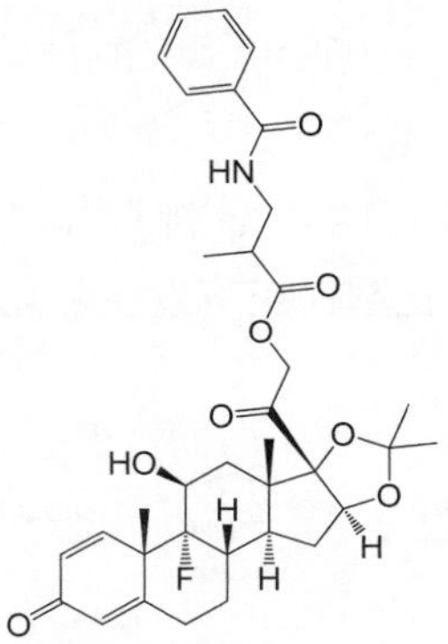

分子式：$C_{35}H_{42}FNO_8$

分子量：623.71

【性　　状】 白色固体。熔点 203～207℃，沸点 782℃，密度 1.31g/cm³。

【制　　法】 化合物 **1** 和丙酮、HF 水溶液发生反应得到化合物 **2**，**2** 发生水解反应脱除乙酰基保护基后，与化合物 **3** 发生酯化反应得到目标苯曲安奈德 **4**。

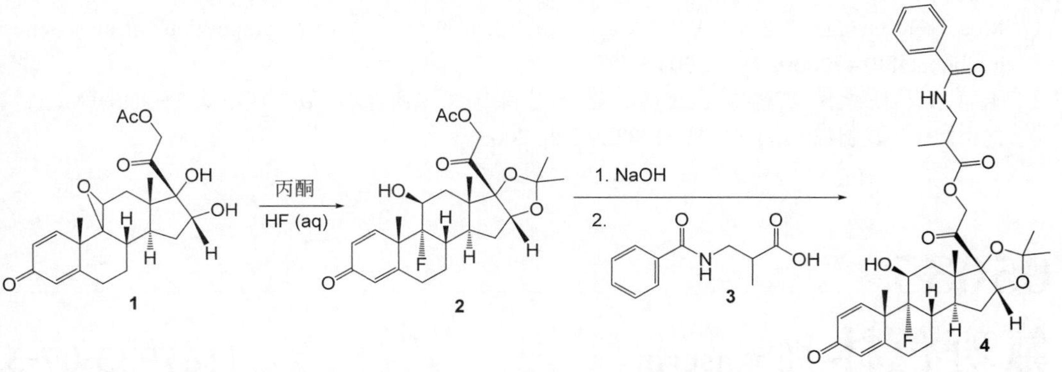

【用　　途】 一种合成的糖皮质激素类固醇，具有抗炎活性。

【生产厂家】 Mylan。

【参考资料】

Tripathi V, Kumar R. Novel process for process of glucocorticoid steroids: WO 2016120891[P].

05034

盐酸依氟鸟氨酸

Eflornithine Hydrochloride [70050-56-5]

【名　　称】 2-(二氟甲基)-DL-鸟氨酸；盐酸恩氟沙星。

2-(difluoromethyl)-DL-ornithine。

【结 构 式】

分子式： $C_6H_{13}ClF_2N_2O_2$

分子量： 218.63

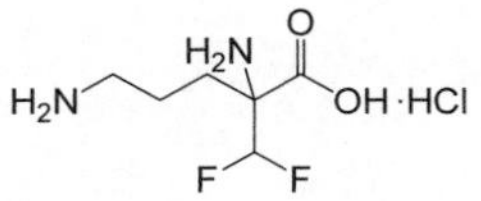

【性　　状】 白色固体。熔点 181～184℃，沸点 347℃，密度 1.293g/cm³。

【制　　法】 化合物 1 在金属催化剂作用下发生氢化酰胺化得到化合物 2，它经水解后脱酯基得到目标产物 3。

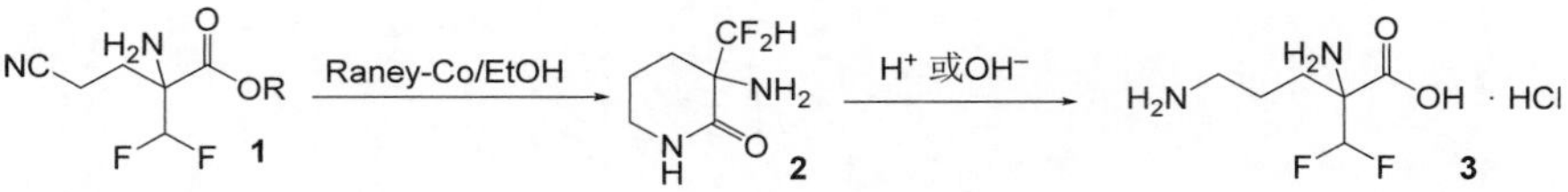

【用　　途】 用于非洲锥虫病和女性面部毛发过度生长的研究。

【生产厂家】 Bristol-Uyers Squibb、 The Gillette Compang。

【参考资料】

[1] Merisko-Liversidge E, Bosch W H, Cary G A, et al. Nanoparticulate compositions of angiogenesis inhibitors: EP1490030A1[P]. 2004.

[2] 卡丽·A·科斯特洛，斯科特·T·查德威克，普鲁肖坦·韦米谢蒂,等. α-二氟甲基鸟氨酸(DFMO)制备的中间体及其制备方法：CN100478329C[P]. 2005.

05035

氟班色林 Flibanserin [167933-07-5]

【名　　称】 1-[2-[4-[3-(三氟甲基)苯基]哌嗪-1-基]乙基]-1*H*-苯并咪唑-2-酮；氟立班丝氨；Addyi®。

Niemunerkeine;1-[2-[4-[3-(trifluoromethyl)phenyl]-1-piperazinyl]ethyl]-1*H*-benzimidazol-2-one。

【结 构 式】

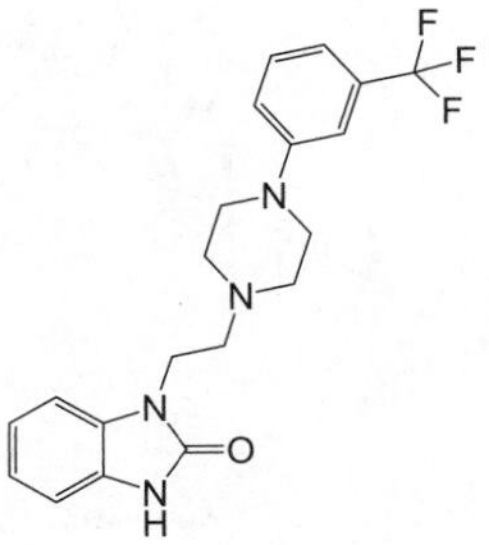

分子式：$C_{20}H_{21}F_3N_4O$
分子量：390.40

【性　　状】白色，粉末状。密度(1.292±0.06)g/cm^3。

【制　　法】化合物 1 和 2 发生亲核取代反应后脱 Boc 保护即可得到目标产物 3。

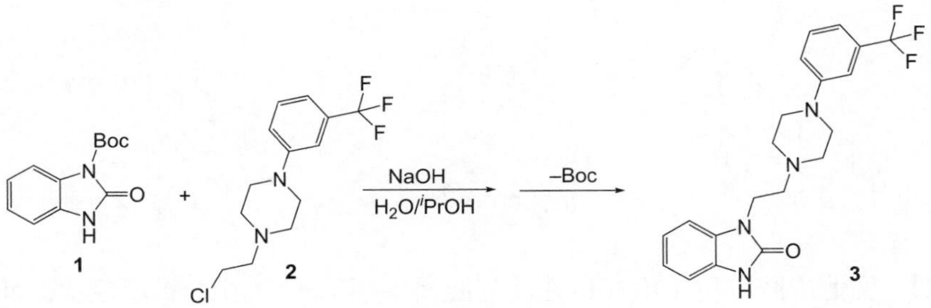

【用　　途】全球首款帮助女性改善性欲低下的药物，能减少抑制性欲的 5-羟色胺，以提高刺激性欲的多巴胺水平。

【生产厂家】Sprout Pharmaceuticals。

【参考资料】

Ceci A, Schindler M. Use of flibanserin in the treatment of obesity: US20080242678 A1[P]. 2008.

05036

度他雄胺 Dutasteride　[164656-23-9]

【名　　称】度他雄胺醋; (5*α*,17*β*)-*N*-(2,5-双(三氟甲基)苯基)-3-氧代-4 氮杂雄甾-1-烯-17-甲酰胺。

(5*α*,17*β*)-*N*-(2,5-bis(trifluoromethyl)phenyl)-3-oxo-4-azaandrost-1-ene-17-carboxamine; Avodart®; Duagen®。

【结 构 式】

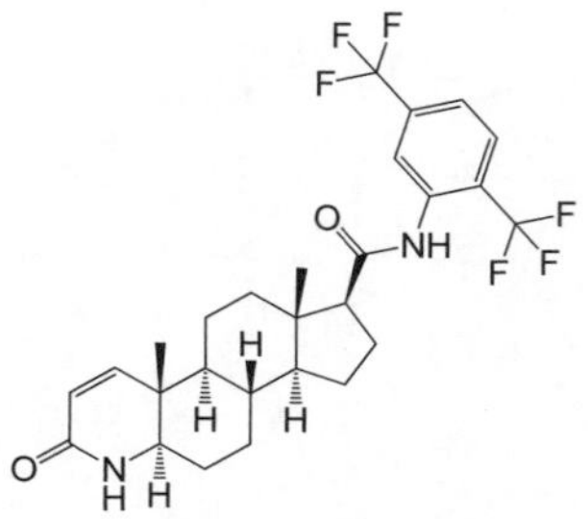

分子式：$C_{27}H_{30}F_6N_2O_2$
分子量：528.53

【性　　状】白色结晶性粉末，熔点 242～250℃，沸点(620.3±55.0)℃，密度(1.303±0.06)g/cm³。

【制　　法】1 与 2 发生酰胺化反应得到粗品 3，再经精制后得到目标产物度他雄胺。

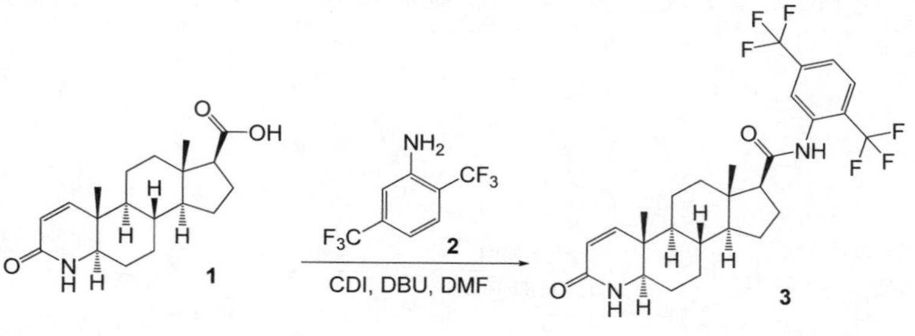

CDI, DBU, DMF

【用　　途】度他雄胺可用于治疗良性前列腺增生症(BPH)的中、重度症状，可降低急性尿潴留(AUR)和手术的风险。

【生产厂家】Glaxosmithkline、成都盛迪医药有限公司，四川国为制药有限公司。

【参考资料】

[1] Burinsky D J, Williams J D, Thornquest A D, et al. Mass spectral fragmentation reactions of a therapeutic 4-azasteroid and related compounds[J]. J Am Soc Mass Spectrom, 2001, 12(4):385-398.

[2] 江西国药有限责任公司. 一种高纯度度他雄胺的生产工艺: CN 107698651A[P]. 2018-11-13.

05037

芦比前列酮 Lubiprostone [333963-40-9]

【名　　称】7-[(2*R*,4*aR*,5*R*,7*aR*)-2-(1,1-二氟戊基)-2-羟基-6-氧代-八氢环戊烷并[*b*]吡喃-5-基]庚酸;卢比前列腺素；鲁比前列酮。

Amitiza®;7-[(2*R*,4*aR*,5*R*,7*aR*)-2-(1,1-difluoropentyl)-2-hydroxy-6-oxo-octahy-drocyclopenta[*b*]pyran-5-yl]heptanoic acid。

【结 构 式】

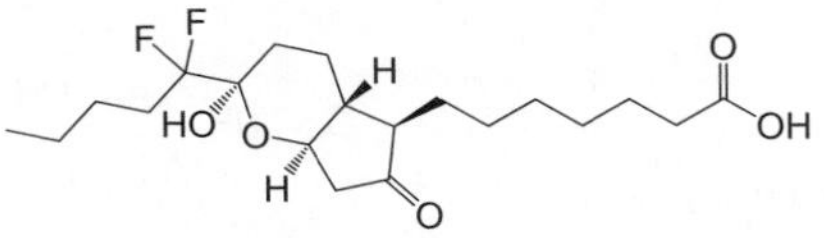

分子式：$C_{20}H_{32}F_2O_5$
分子量：390.46

【性　　状】 白色结晶性粉末，熔点 56～59℃，沸点(532.3±50.0)℃，密度(1.143±0.06) g/cm^3。

【制　　法】 化合物 1 为起始原料，经多步转化得到化合物 2，2 在碱性条件下与 3 发生 Wittig 反应得到化合物 4，4 经过多步反应后得到化合物 5，5 氧化得到 6，6 分子内亲核环化得到最终产物 7。

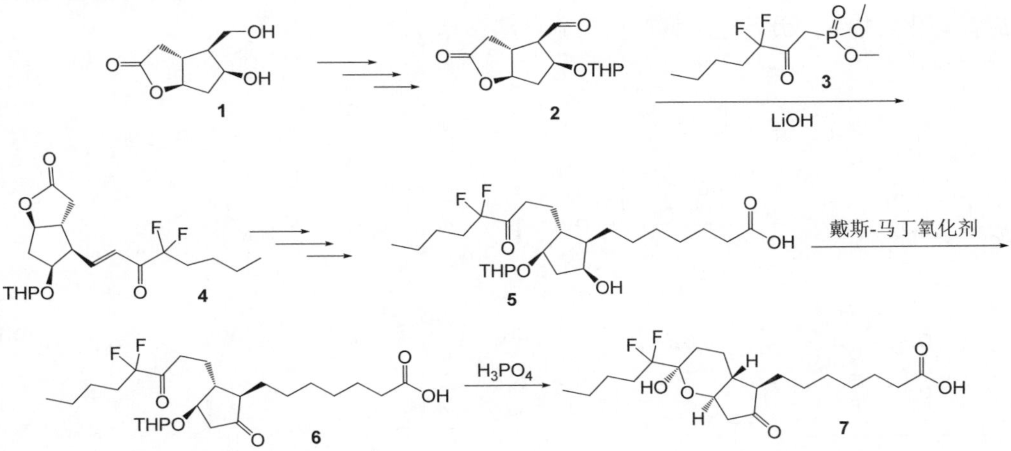

LiOH

戴斯-马丁氧化剂

H_3PO_4

【用　　途】 治疗成人慢性特发性便秘。

【生产厂家】 Mallinckrodt Pharmaceuticals、Sucampo。

【参考资料】

[1] Cuppoletti J, Ueno R. Prostaglandin analogs as chloride channel opener: EP1420794 A1[P]. 2004.

[2] 裴颖. 鲁比前列酮合成工艺研究[J]. 临床医药文献电子杂志, 2017, 20: 182－183.

[3] 游军辉, 曹金, 刘建平, 等. 鲁比前列酮的合成[J]. 山东化工, 2018, 47: 32-33.

05038

西洛多辛 Silodosin [160970-54-7]

【名　　称】 2,3-二氢-1-(3-羟丙基)-5-[(2*R*)-2-[[2-[2-(2,2,2-三氟乙氧基)苯氧基]乙基]氨基]丙基]-1*H*-吲哚-7-甲酰胺；赛洛多辛。

2,3-dihydro-1-(3-hydroxypropyl)-5-[(2*R*)-2-[[2-[2-(2,2,2-trifluoroethoxy)phenoxy]ethyl]amino] propyl]-1*H*-indoline-7-carboxamide。

【结 构 式】

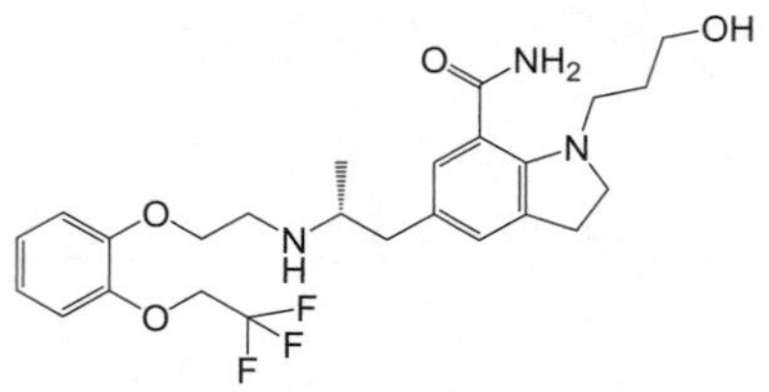

分子式：$C_{25}H_{32}F_3N_3O_4$
分子量：495.53

【性　　状】淡黄白色粉末，熔点 105～109℃，沸点(601.4±55.0)℃，密度(1.249±0.06) g/cm³。

【制　　法】化合物 1 和硝基甲烷在铜催化剂和手性催化剂 2 的作用下发生不对称 Henry 缩合反应得到化合物 3，再经催化氢化还原得到化合物 4，然后与化合物 5 发生亲核取代反应得到化合物 6，最后经水解反应得到西洛多辛 7。

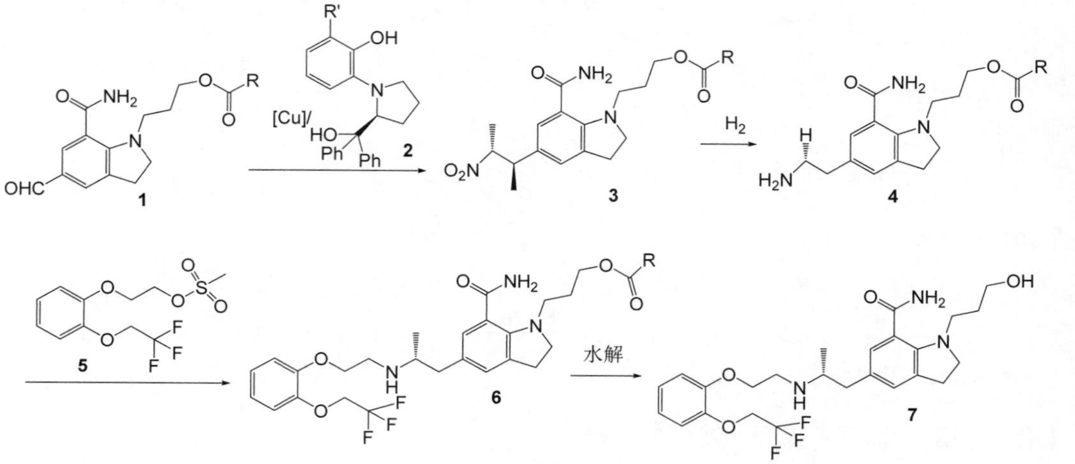

【用　　途】用于治疗良性前列腺肥大和前列腺增生症。

【生产厂家】Kissei Pharmaceutical Co Ltd、海南万玮制药有限公司、上海汇伦江苏药业有限公司、第一三共制药(北京)有限公司。

【参考资料】

[1] Yamaguchi T, Tsuchiya I, Kikuchi K, et al. Process for preparation of silodosin: WO2006046499 A1[P]. 2006.

[2] 滁州市庆云医药有限公司. 一种西洛多辛的制备方法: CN111763168A[P]. 2020.

05039

噁拉戈利 Elagolix [834153-87-6]

【名　　称】4-[[(1*R*)-2-[5-(2-氟-3-甲氧基苯基)-3-[[2-氟-6-(三氟甲基)苯基]甲基]-3,6-二

氢-4-甲基-2,6-二氧代-1(2*H*)-嘧啶基]-1-苯乙基]氨基]丁酸;艾拉戈克; 拉戈利。
Orilissa®;4-[[(1*R*)-2-[5-(2-fluoro-3-methoxyphenyl)-3-[[2-fluoro-6(trifluoromethyl)phenyl]methyl]-4-methyl-2,6-dioxopyrimidin-1-yl]-1-phenylethyl]amino]butanoate。

【结 构 式】

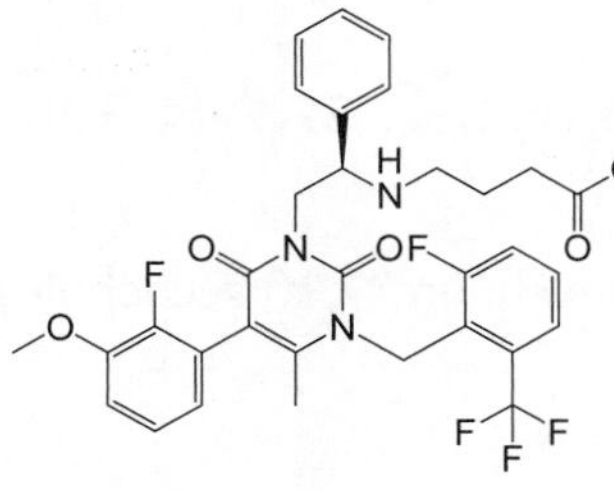

分子式: $C_{32}H_{30}F_5N_3O_5$
分子量: 631.59

【性 状】 白色固体，沸点(728.6±70.0)℃，密度(1.4±0.1)g/cm³。

【制 法】 化合物 1 经偶联反应得到 2, 化合物 3 经胺化脱水得到 4，化合物 2 和 4 在对甲苯磺酸中缩合得到 5, 5 和 6 在 DMF 中发生亲核取代反应得到 7, 7 和 8 在二异丙基乙胺作用下得到 9,9 在碱性条件下酯水解后得到目标产物噁拉戈利。

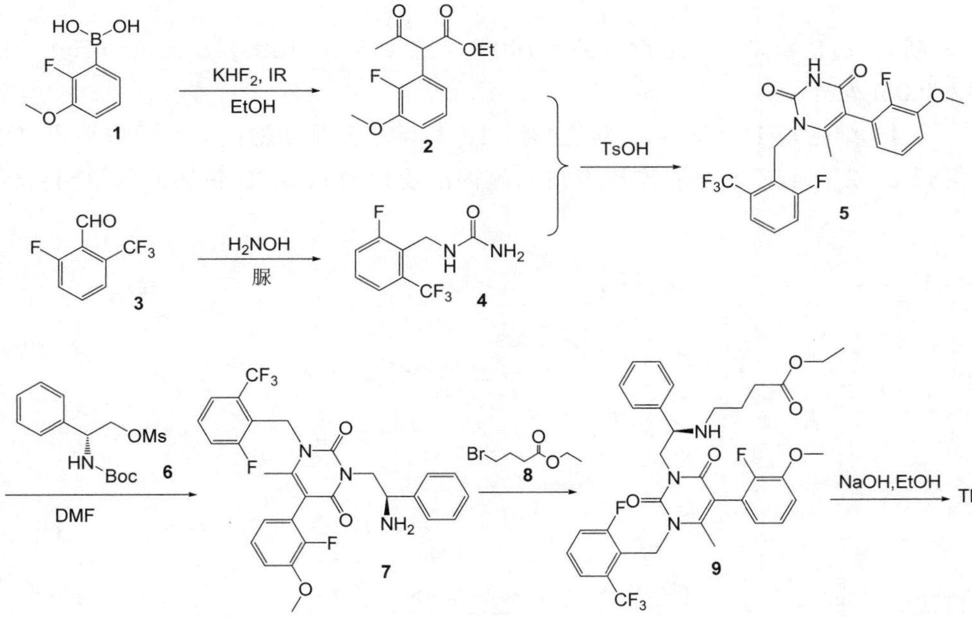

【用 途】 通过抑制脑垂体促性腺释放激素受体，最终降低血循环中性腺激素水平。

【生产厂家】 艾伯维(Abbvie)与 Neurocrine Biosciences 共同研发。

【参考资料】

[1] Gallagher D J, Treiber L R, Hughes R M, et al. Processes for the preparation of uracil derivatives: WO2009062087 A1[P]. 2011.
[2] 刘延明, 郝群, 林快乐,等. 一种制备噁拉戈利的中间体的方法: CN110498771A[P]. 2019.

05040

氟骨三醇 Falecalcitriol [83805-11-2]

【名　　称】 (+)-(5*Z*,7*E*)-26,26,26,27,27,27-六氟-9,10-断胆甾-5,7,10(19)-三烯-1α,3β,25-三醇。

(+)-(5*Z*,7*E*)-26,26,26,27,27,27-hexafluoro-9,10-secocholesta-5,7,10(19)-triene-1α,3β,25-triol;Fulstan®;Hornel®。

【结 构 式】

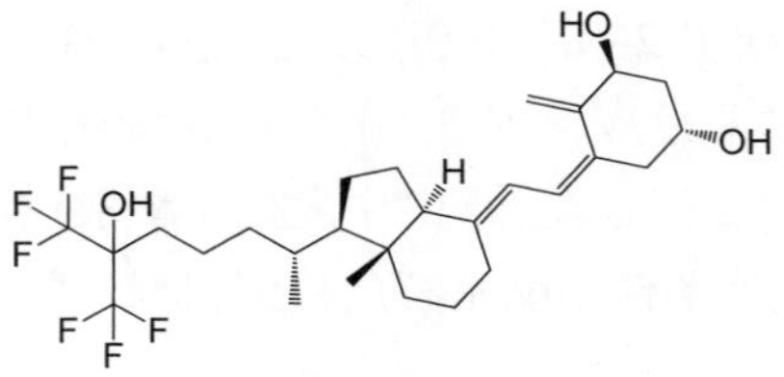

分子式：$C_{27}H_{38}F_6O_3$
分子量：524.58

【性　　状】 白色粉末状，熔点 139～140℃，沸点(576.9±50.0)℃(760mmHg)，密度(1.292±0.06)g/cm^3。

【制　　法】 维生素 D_2 经过初步转化得到 1，与甲基溴化镁格氏试剂反应后用 TPAP 氧化得到 2，2 在 $LiN(TMS)_2$ 作用下与六氟丙酮反应得到 3，3 脱保护后得到目标产物 4。

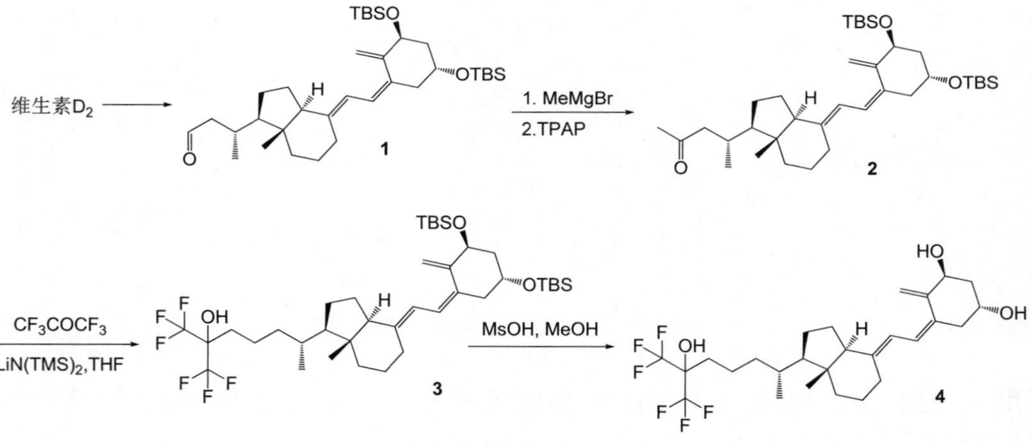

维生素D_2 → 1 (1. MeMgBr; 2.TPAP) → 2 (CF_3COCF_3; $LiN(TMS)_2$,THF) → 3 (MsOH, MeOH) → 4

【用　　途】 可用于治疗骨质疏松等钙代谢失调症以及甲状旁腺功能亢进，试用于治疗接受血液透析的慢性肾功能衰竭患者的继发性甲状旁腺功能亢进。

【生产厂家】 Taisho Toyama。

【参考资料】

[1] Truitt G A, Benjamin W R, Devens B H, et al. Immunosuppressive agents: US4749710[P]. 1988.
[2] Ikeda M, Takahashi K, Dan A, et al. Synthesis and biological evaluations of A-ring isomers of 26,26,26,27,27,27-hexafluoro-1,25-dihydroxyvitamin D_3[J]. Bioorganic & Medicinal Chemistry, 2000, 8: 2157-2166.

05041

西那卡塞 Cinacalcet [226256-56-0]

【名　　称】 *N*-[(1*R*)-1-(1-萘基)乙基]-3-[3-(三氟甲基)苯基]丙烷-1-胺；西纳卡塞。AMG073; *N*-[(1*R*)-1-(1-naphthyl)ethyl]-3-[3-(trifluoromethyl)phenyl]propan-1-amine。

【结 构 式】

分子式：$C_{22}H_{22}F_3N$
分子量：357.42

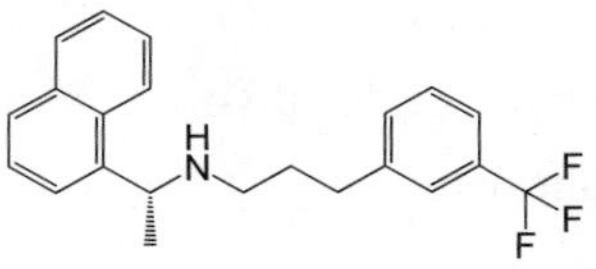

【性　　状】 类白色固体，沸点(440.9±45.0)℃，密度(1.154±0.06)g/cm^3。

【制　　法】 化合物 1 与甲磺酰氯反应得到 2，化合物 2 与 3 发生亲核取代反应得到目标化合物 4。

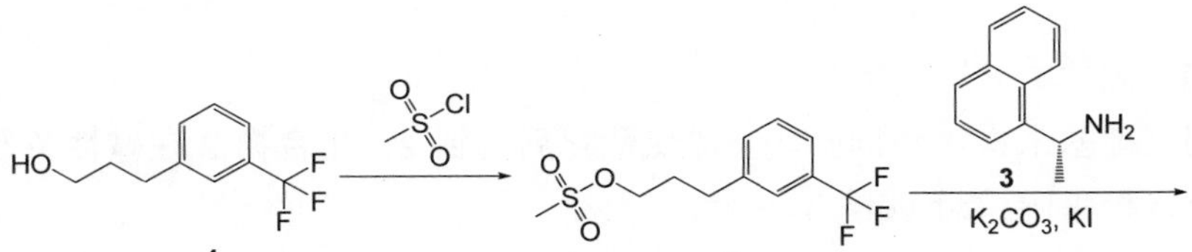

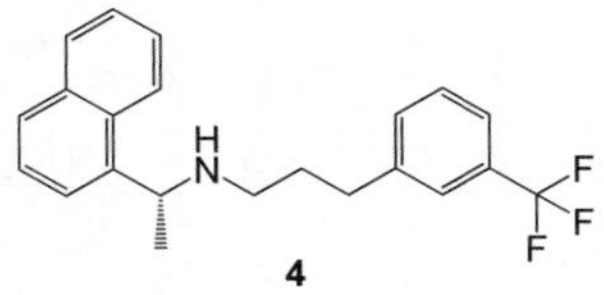

K_2CO_3, KI

【用　　途】 本品用于治疗进行透析的慢性肾脏病(CKD)患者的继发性甲状旁腺功能亢进症；用于治疗甲状旁腺癌患者的高钙血症。

【生产厂家】 Amgen Inc、仁合益康集团有限公司、江苏嘉逸医药有限公司、北京百奥药业有限责任公司。

【参考资料】
[1] Agarwal R M, Bhirud S, Pillai C B, et al. Process for preparing cinacalcet hydrochloride: WO2008117299A1[P]. 2007.
[2] 罗桓, 康彦龙, 利虔, 等. 一种制备盐酸西那卡塞的方法: CN109096119A[P]. 2018.

05042

地塞米松-间硫苯甲酸钠

Dexamethasone Metasulfobenzoate Sodium [3936-02-5]

【名　　称】3-[[2-[(10*S*,11*S*,13*S*,16*R*,17*R*)-9-氟-11,17-二羟基-10,13,16-三甲基-3-氧代-6,7,8,9,10,11,12,13,14,15,16,17-十二氢-3*H*-环戊烷[*a*]菲-17-基]-2-氧代乙氧基]羰基]苯磺酸钠。

sodium 3-[[2-[(10*S*,11*S*,13*S*,16*R*,17*R*)-9-fluoro-11,17-dihydroxy-10,13,16-trimethyl-3-oxo-6,7,8,9,10,11,12,13,14,15,16,17-dodecahydro-3*H*-cyclopenta[*a*]phenanthren-17-yl]-2-oxoethoxy]carbonyl]benzene sulfonate。

【结 构 式】

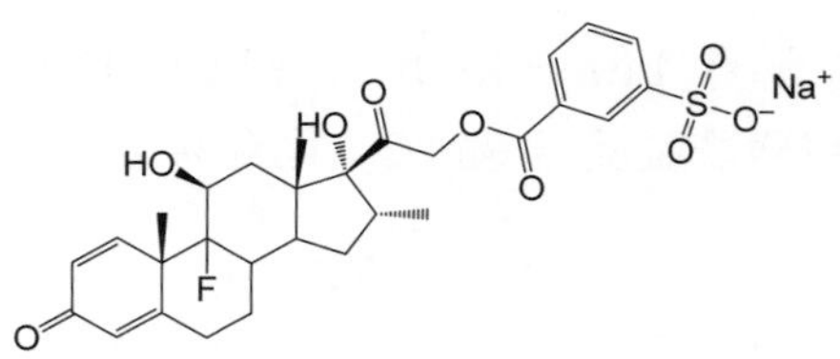

分子式：$C_{29}H_{33}FO_9SNa$
分子量：598.16

【性　　状】固体。

【制　　法】地塞米松 1 与间磺酰基酰氯酯化后得到 2，化合物 2 在碱性条件下生成目标产物地塞米松-间硫苯甲酸钠 3。

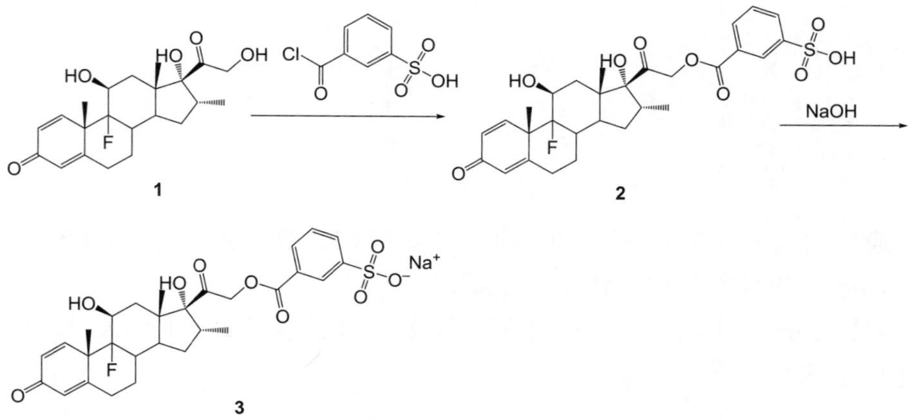

NaOH

1　2　3

【用　　途】 抗炎药。

【生产厂家】 国家药品监督管理局(NMAP)查无生产厂家。

【参考资料】

Omiya T. Dexamethasone 21-*m*-sulfobenzoate ester salts: JP50111060 A[P].1975-09-01.

05043

地塞米松亚油酸酯

Dexamethasone Linoleate [39026-39-6]

【名　　称】 2-[(8*S*,9*R*,10*S*,11*S*,13*S*,14*S*,16*R*,17*R*)-9-氟-11,17-二羟基-10,13,16-三甲基-3-氧代-6,7,8,9,10,11,12,13,14,15,16,17-十二氢-3*H*-环戊烷[*a*]菲-17-基]-2-氧乙基(9*Z*,12*Z*)-十八烷-9,12-二烯酸酯。

(9*Z*,12*Z*)-2-[(8*S*,9*R*,10*S*,11*S*,13*S*,14*S*,16*R*,17*R*)-9-fluoro-11,17-dihydroxy-10,13,16-trimethyl-3-oxo-6,7,8,9,10,11,12,13,14,15,16,17-dodecahydro-3*H*-cyclopenta[*a*]phenanthren-17-yl]-2-oxoethyl octadeca-9,12-dienoate。

【结 构 式】

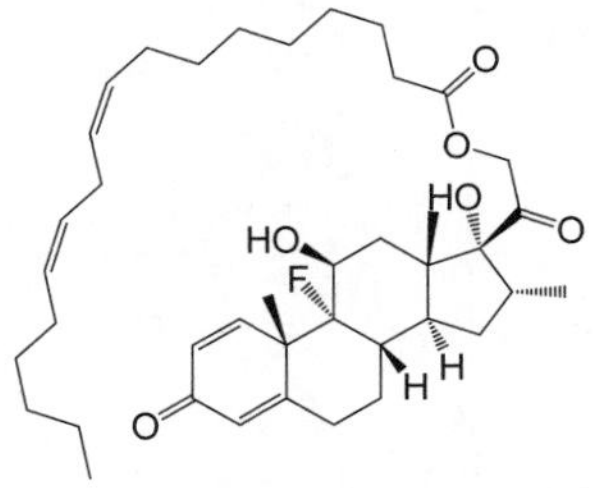

分子式：$C_{40}H_{58}FO_6$
分子量：653.89

【性　　状】 固体。

【制　　法】 化合物 1 用甲基磺酰氯活化，接着亚油酸钾盐酯化，得到目标地塞米松亚油酸酯 3。

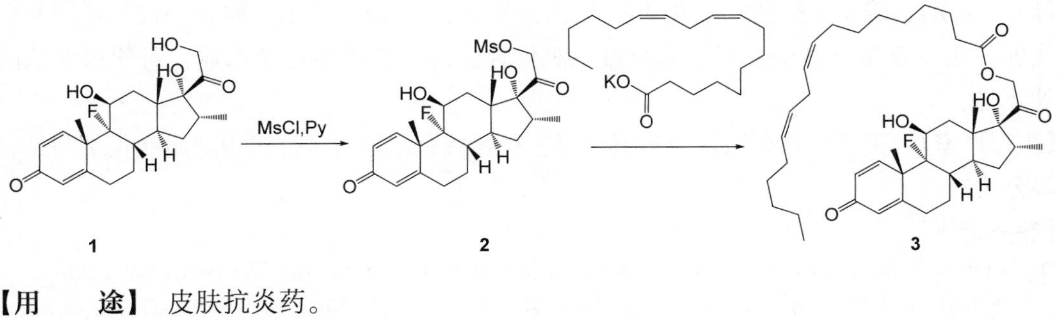

MsCl,Py

1　2　3

【用　　途】 皮肤抗炎药。

【生产厂家】 德国 Firma。

【参考资料】

Giorgio P,Mario P. Derivatives of dexa- and beta-merhasone, their production and use: DE2113163[P]. 1974-09-12.

05044

氟甲睾酮 Fluoxymesterone [76-43-7]

【名　　称】氟羟甲基睾丸素; 羟甲基睾丸酮; (11β,17β)-9-氟-11,17-二羟基-17-甲基雄甾-4-烯-3-酮。

(11β,17β)-9α-fluoro-11,17-dihydroxy-17-methylandrost-4-en-3-one。

【结 构 式】

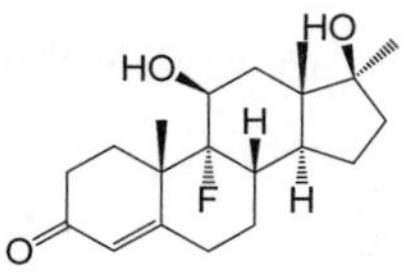

分子式: $C_{20}H_{29}FO_3$

分子量: 336.44

【制　　法】 化合物 1 经过脱水保护后得到 2，2 再与甲基溴化镁格氏试剂反应得到 3，然后 3 脱保护、环氧化、上氟得到 7。

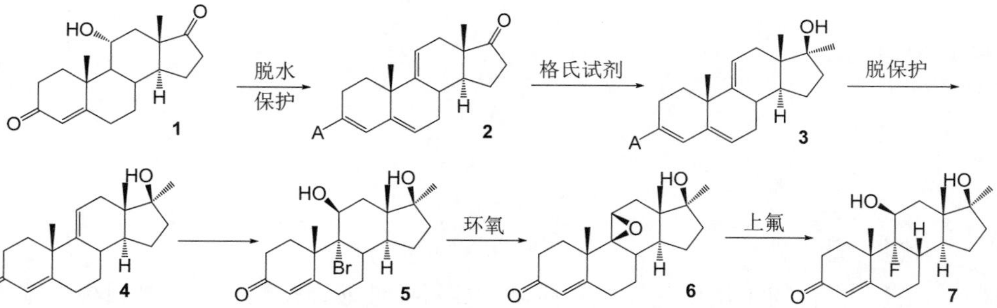

【性　　状】 白色固体，熔点 240℃，沸点(474.2±45.0)℃，密度 1.0455g/cm³。

【用　　途】 雄激素类药，睾丸功能不全(无睾症、隐睾症)用睾丸酮作替代治疗期间，能促使阴茎及第二性征发育。如与绒毛膜促性腺激素合用治疗隐睾症，可使睾丸从隐处下降。

【生产厂家】 美国普强公司、台州市欣恩生物科技有限公司、武汉中瑞希康化学制品有限公司。

【参考资料】

[1] 11alpha-hydroxy-17alpha-methyltestosterones and esters thereof: US2660586A[P]. 1953-11-24.

[2] 王淑丽, 金玉鑫, 郑彤. 氟甲睾及其中间体的制备方法: CN102040639A[P]. 2011-05-04.

05045

帕夫骨化醇 Tezacaftor [381212-03-9]

【名　　称】 2-[(*S*)-1-[(3*aS*,7*aS*,*E*)-7-[(*Z*)-2-[(3*S*,5*R*)-3,5-二羟基-2-亚甲基亚环己基]亚乙基]-3*a*-甲基-3*a*,4,5,6,7,7*a*-六氢-1*H*-茚-3-基]乙氧基]-*N*-(2,2,3,3,3-五氟丙基)乙酰胺。

2-[(*S*)-1-[(3*aS*,7*aS*,*E*)-7-[(*Z*)-2-[(3*S*,5*R*)-3,5-dihydroxy-2-methylenecyclohexylidene]ethylidene]-3*a*-methyl-3*a*,4,5,6,7,7*a*-hexahydro-1*H*-inden-3-yl]ethoxy]-*N*-(2,2,3,3,3-pentafluoropropyl)acetamide。

【结 构 式】

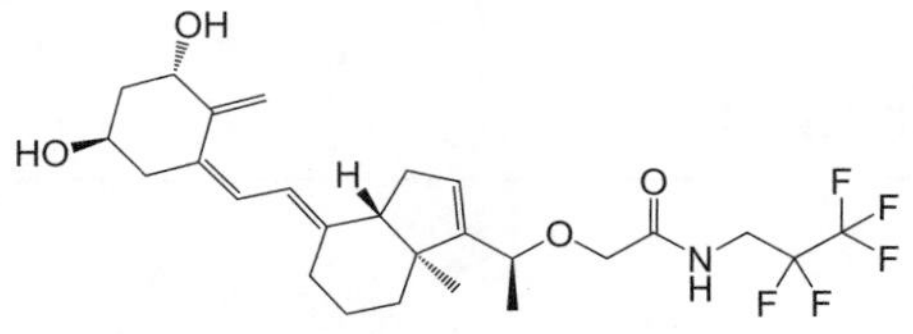

分子式： $C_{26}H_{34}F_5NO_4$
分子量： 519.54

【制　　法】 原料 1 在光和热的反应中生成开环的 2，2 经酯化、脱保护得到化合物 4，4 再进一步发生酰胺化反应、脱保护得到最终产物 6。

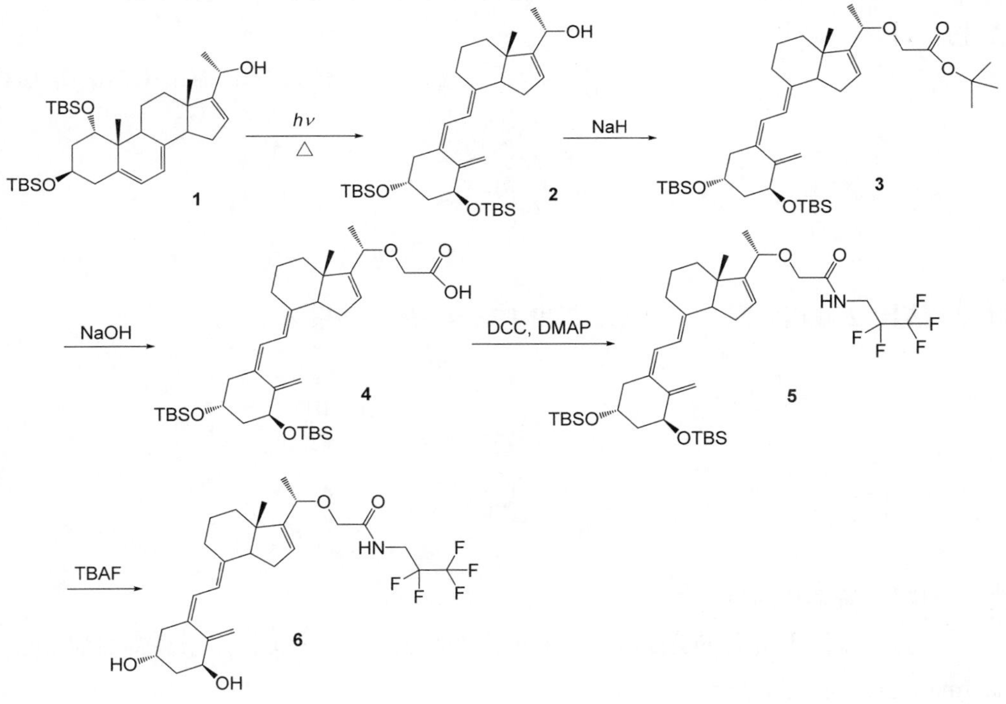

【性　　状】白色固体。

【用　　途】本品所具有的有害的钙上升作用比以往的维生素 D 衍生物要低，因此可以用作干癣等皮肤疾病的治疗药。

【生产厂家】Vertes Pharms。

【参考资料】

[1] Ogasawara K. Preparation of vitamin D derivative by using convergent method: WO2007064011A1[P]. 2007-06-07.

[2] 王全龙，屈虎，戚聿新.一种 5-取代环丙基甲酰氨基吲哚衍生物的制备方法：CN111763198A[P] 2021.

[3] 小笠原国郎，江村岳，川濑朗,等. 采用转化法的维生素 D 衍生物的制备方法：CN101316813B[P]. 2012.

05046

帕蒂罗默 Patiromer [1260643-52-4]

【名　　称】

2-氟丙烯酸、二乙烯基苯和 1,7-辛二烯的共聚物。

2-propenoic acid, 2-fluoro-, polymer with diethenylbenzene and 1,7-octadiene。

【结 构 式】

分子式：$(C_{10}H_{10}\cdot C_8H_{14}\cdot C_3H_3FO_2)_x$

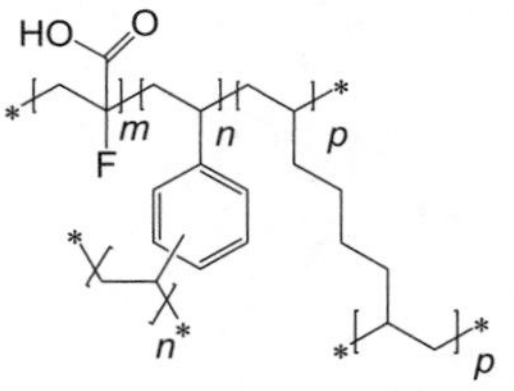

【制　　法】2-氟丙烯酸、二乙烯基苯和 1,7-辛二烯的共聚物。

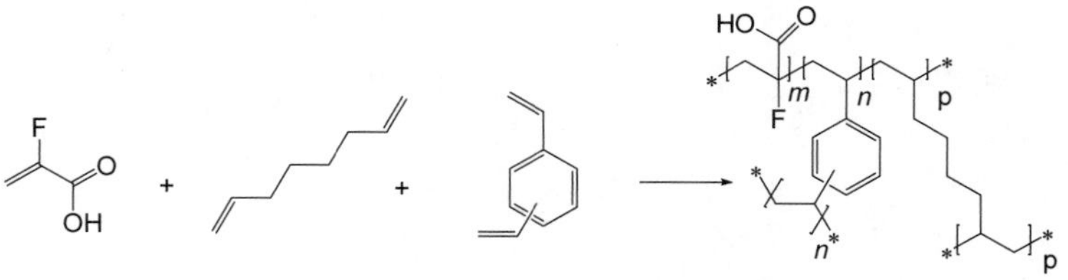

【性　　状】粉末状固体。

【用　　途】欧盟委员会(EC)批准新型的钾离子结合剂 Veltassa，用于高钾血症(hyperkalaemia)成人患者的治疗。

【生产厂家】 Fresenius Medical Care Nephrologica Deutschland GmbH

【参考资料】

[1] Reddy D, Tyson G, Powder formulations of potassium-binding active agents[P]. WO2010132662A1[P]. 2010-11-18.

[2] Detlef A, Michael B, Chang H T, et al. Linear polyol stabilized polyfluoroacrylate compositions: WO2010022380A3[P]. 2010-04-22.

第6章
外周神经系统氟药

06001

异氟磷 Dyflos [55-91-4]

【名　　称】 氟磷酸二异丙酯。

diisopropyl phosphorofluoridate。

【结 构 式】

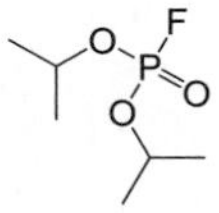

分子式： $C_6H_{14}O_3PF$

分子量： 184.15

【性　　状】 无色或微黄色澄明液体，沸点 62℃(9mmHg)。

【制　　法】

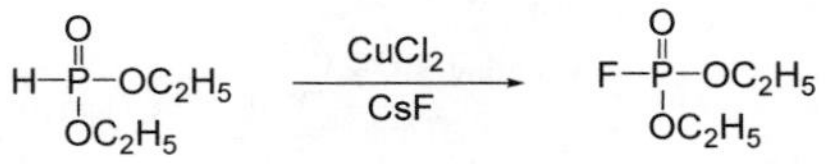

$$H-P(=O)(OC_2H_5)_2 \xrightarrow[CsF]{CuCl_2} F-P(=O)(OC_2H_5)_2$$

【用　　途】 青光眼用药。

【生产厂家】 国家药品监督管理局(NMPA)上查无生产药企。

【参考资料】

Purohit A K, Pardasani D, Kumar A, et al. A single-step one pot synthesis of dialkyl fluorophosphates from dialkylphosphites[J]. Tetrahedron Letters, 56(31), 4593-4595.

06002

他氟前列素 Tafluprost [209860-87-7]

【名　　称】 (5*Z*)-7-[(1*R*,2*R*,3*R*,5*S*)-2-[(1*E*)-3,3-二氟-4-苯氧基-1-丁烯基]-3,5-二羟基环戊基]-5-庚烯酸异丙酯。

(5*Z*)-7-[(1*R*,2*R*,3*R*,5*S*)-2-[(1*E*)-3,3-difluoro-4-phenoxy-1-butenyl]-3,5-dihydroxycyclopentyl]-5-heptenoic acid 1-methylethyl ester。

【结 构 式】

分子式：$C_{25}H_{34}F_2O_5$
分子量：452.53

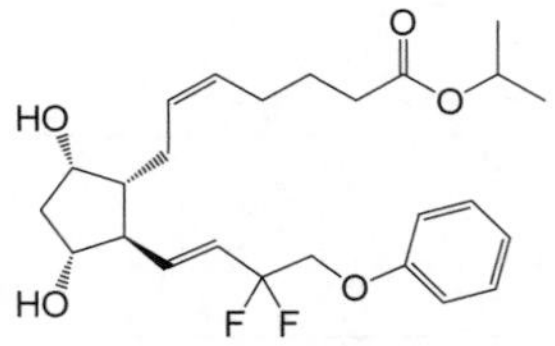

【性　　状】无色至微黄色油状液体，沸点(552.9±50.0)℃。

【制　　法】

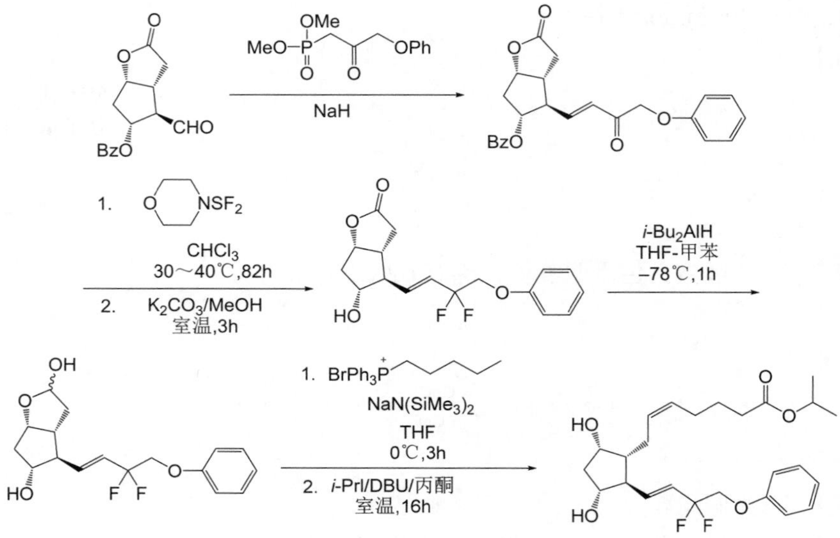

【用　　途】青光眼和高眼压用药。

【生产厂家】天泽恩源(天津)制药有限公司、浙江天宇药业股份有限公司、四川科伦药业股份有限公司。

【参考资料】

Yasushi M, Nobuaki M, Takashi N, et al. Synthesis of the highly potent prostanoid FP receptor agonist, AFP-168: a novel 15-deoxy-15,15-difluoroprostaglandin F2α derivative[J]. 2004,45(7), 1527–1529.

06003

氟烷 Halothane [151-67-7]

【名　　称】2-溴-2-氯-1,1,1-三氟乙烷。

2-bromo-2-chloro-1,1,1-trifluoroethane; 1,1,1-trifluoro-2,2-chlorobromoethane。

【结 构 式】

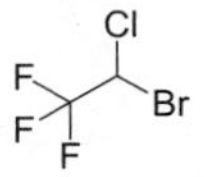

分子式：$C_2HBrClF_3$
分子量：197.38

【性　　状】无色澄明、易流动、易挥发性液体，沸点 50.2℃。

【制　　法】

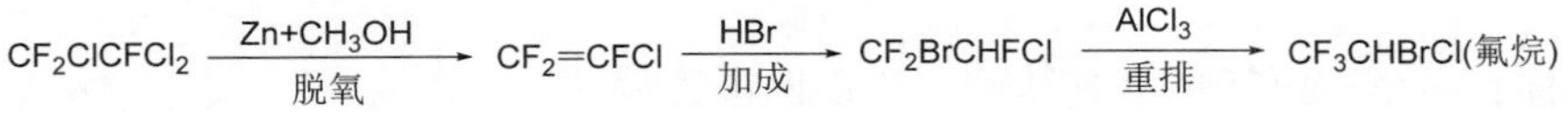

$$CF_2ClCFCl_2 \xrightarrow[\text{脱氧}]{Zn+CH_3OH} CF_2{=}CFCl \xrightarrow[\text{加成}]{HBr} CF_2BrCHFCl \xrightarrow[\text{重排}]{AlCl_3} CF_3CHBrCl(\text{氟烷})$$

【用　　途】吸入性麻醉剂。

【生产厂家】福建海西联合药业有限公司、河北一品生物医药有限公司、山东科源制药股份有限公司、山东新时代药业有限公司、江苏恒瑞医药股份有限公司。

【参考资料】

Hufton J R, Farris T S, Golden T C, et al. Method for recovering high-value components from waste gas streams: US20130019749 A1[P].

06004

异氟烷 Isoflurane [26675-46-7]

【名　　称】2-氯-2-(二氟甲氧基)-1,1,1-三氟乙烷。
2-chloro-2-difluoromethoxy-1,1,1-trifluoroethane。

【结 构 式】

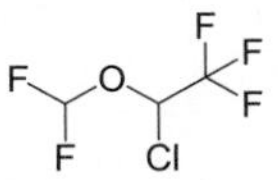

分子式：$C_3H_2ClF_5O$
分子量：184.49

【性　　状】透明无色液体，沸点 48.5℃。

【制　　法】

$$CF_3CH_2OH + (CH_3)_2SO_4 \xrightarrow{KOH} CF_3CH_2OCH_3 \xrightarrow{Cl_2} CF_3CHClOCHCl_2 \xrightarrow{HF,SbCl_5} CF_3CHClOCHF_2$$

【用　　途】吸入性麻醉剂。

【生产厂家】福建海西联合药业有限公司、山东科源制药股份有限公司。

【参考资料】

Ross C T, LouiseS, Alex J S, et al. General anesthetics. 3: Fluorinated methyl cthyl ethers as anesthetic agents[J]. J Med Chem, 1972, 15 (6): 604.

06005

地氟烷 Desflurane [57041-67-5]

【名　　称】 (2*S*)-2-(二氟甲氧基)-1,1,1,2-四氟乙烷。
(2*S*)-2-difluoromethoxy-1,1,1,2-tetrafluoroethane。

【结 构 式】

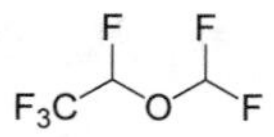

分子式：$C_3H_2F_6O$
分子量：168.04

【性　　状】 挥发性液体，沸点 23.5℃。

【制　　法】

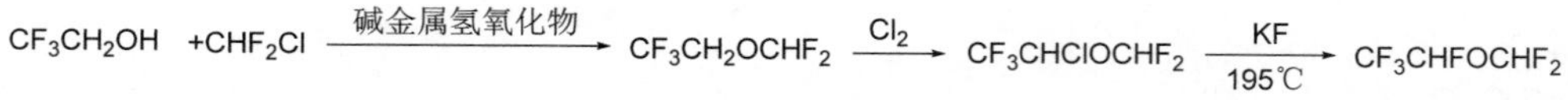

$$CF_3CH_2OH + CHF_2Cl \xrightarrow{\text{碱金属氢氧化物}} CF_3CH_2OCHF_2 \xrightarrow{Cl_2} CF_3CHClOCHF_2 \xrightarrow[195℃]{KF} CF_3CHFOCHF_2$$

【用　　途】 吸入性麻醉剂。

【生产厂家】 福建海西联合药业有限公司、河北一品生物医药有限公司。

【参考资料】

叶文涛. 氯沙坦的衍生物 5-羧酸氯沙坦和吸入含氟麻醉地氟醚的合成工艺研究[D]. 上海：华东理工大学, 2012.

06006

恩氟烷 Enflurane [13838-16-9]

【名　　称】2-氯-1,1,2-三氟乙基二氟甲基醚。
2-chloro-1,1,2-trifluoroethy difluoromethyl ether。

【结 构 式】

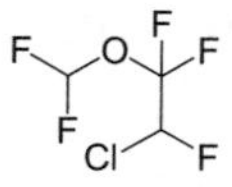

分子式：$C_3H_2ClF_5O$
分子量：184.49

【性　　状】 无色易流动的液体，沸点 56℃。

【制　　法】

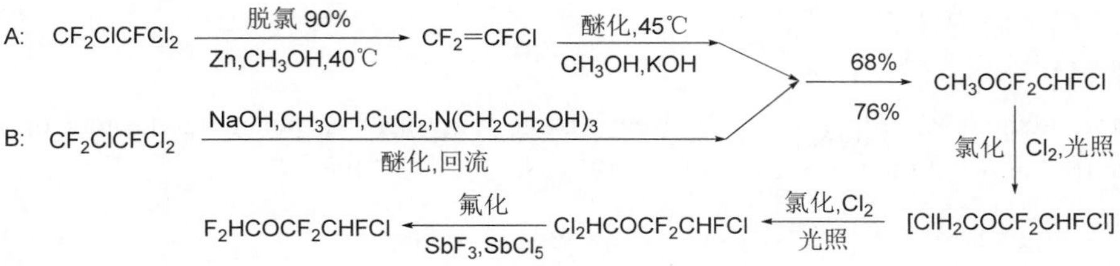

A: $CF_2ClCFCl_2$ —(脱氯 90%; Zn, CH_3OH, 40℃)→ CF_2=CFCl —(醚化, 45℃; CH_3OH, KOH)→

B: $CF_2ClCFCl_2$ —($NaOH, CH_3OH, CuCl_2, N(CH_2CH_2OH)_3$; 醚化, 回流)→

—(68%; 76%)→ CH_3OCF_2CHFCl —(氯化; Cl_2, 光照)→ [ClH_2COCF_2CHFCl] —(氯化, Cl_2; 光照)→ Cl_2HCOCF_2CHFCl —(氟化; $SbF_3, SbCl_5$)→ F_2HCOCF_2CHFCl

【用　　途】 麻醉剂。

【生产厂家】 北京百灵威科技有限公司。

【参考资料】

[1] Quan H D, Tamura M, Takagi T, et al. Fluorination of etheric substrates adsorbed on porous aluminium fluoride by gaseous fluorine[J]. Journal of Fluorine Chemistry, 2001, 106(2):121-125.

[2] 邹小卫. 恩氟烷合成工艺改进[J]. 中国医药工业杂志, 1996(11): 489-490.

06007

阿米三嗪 Almitrine [27469-53-0]

【名　　称】 *N,N'*-二烯丙基-6-[4-(双(4-氟苯基)甲基)哌嗪-1-基]-1,3,5-三嗪-2,4-二胺。*N,N'*-diallyl-6-[4-(bis(4-fluorophenyl)methyl)piperazin-1-yl]-1,3,5- triazine-2,4-diamine。

【结 构 式】

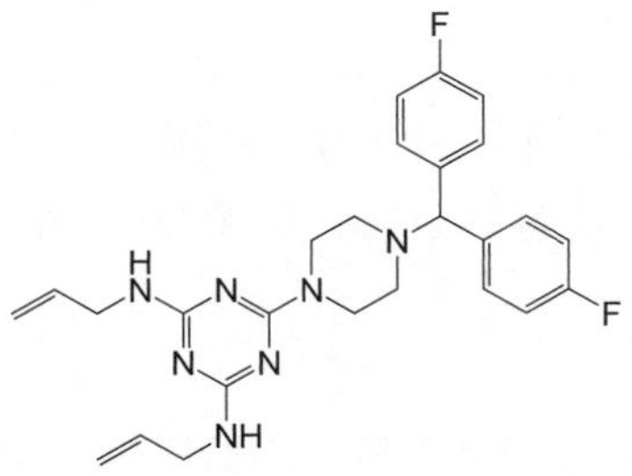

分子式：$C_{26}H_{29}F_2N_7$

分子量：477.56

【性　　状】 固体，熔点 181℃

【制　　法】

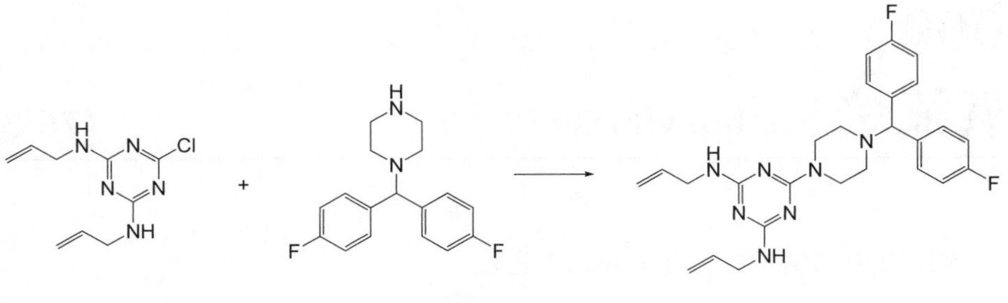

【用　　途】 慢性脑血管功能障碍症、脑缺血后遗症等用药。

【生产厂家】 国内暂无。

【参考资料】

Dhainaut A, Regnier G, Atassi G, et al. New triazine derivatives as potent modulators of multidrug resistance.[J]. Journal of Medicinal Chemistry, 1992, 35(13):2481-2496.

06008

七氟烷 Sevoflurane [28523-86-6]

【名　　称】 1,1,1,3,3,3-六氟-2-(氟甲氧基)丙烷。

1,1,1,3,3,3-hexafluoro-2-(fluoromethoxy)propane。

【结 构 式】

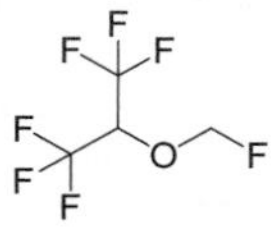

分子式：$C_4H_3F_7O$

分子量：200.05

【性　　状】 挥发性液体，沸点 58.1℃。

【制　　法】

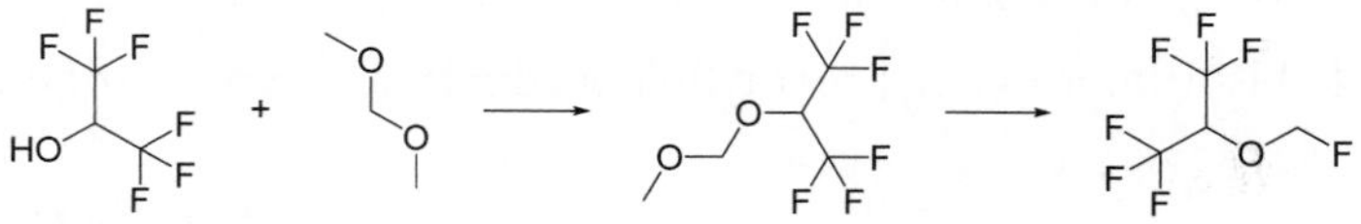

【用　　途】 吸入性麻醉剂。

【生产厂家】 上海麦克林生化科技有限公司、济南仁源化工有限公司、北京百灵威科技有限公司、上海迈瑞尔化学技术有限公司、梯希爱(上海)化成工业发展有限公司、上海阿拉丁生化科技股份有限公司。

【参考资料】

高磊，杨德志. 七氟烷合成路线图解[J]. 中国药物化学杂志, 2011, 39(02):132-134.

06009

甲氧氟烷 Methoxyflurane [76-38-0]

【名　　称】 2,2-二氯-1,1-二氟-1-甲氧基乙烷。

2,2-dichloro-1,1-difluoro-1-methoxyethane。

【结 构 式】

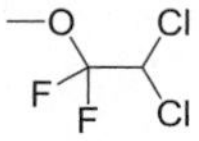

分子式：$C_3H_4Cl_2F_2O$
分子量：164.97

【性　　状】无色透明液体，沸点 103℃。

【制　　法】

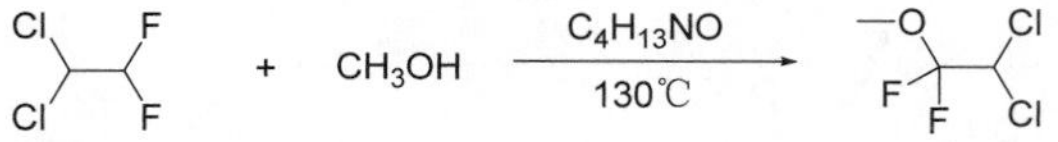

$$\text{Cl(Cl)CH=CF}_2 + CH_3OH \xrightarrow[130℃]{C_4H_{13}NO} CH_3OCF_2CHCl_2$$

【用　　途】吸入性麻醉剂。

【生产厂家】北京百灵威科技有限公司、上海吉至生化科技有限公司。

【参考资料】

Ramig K, Kudzma L V, Lessor R A, et al. Acid fluorides and 1,1-difluoroethyl methyl ethers as new organic sources of fluoride for antimony pentachloride-catalyzed halogen-exchange reactions[J]. Journal of Fluorine Chemistry, 1999, 94(1):1-5.

06010

曲伏前列素 Travoprost [157283-68-6]

【名　　称】异丙基 (*Z*)-7-[(1*R*,2*R*,3*R*,5*S*)-3,5-二羟基-2-((*R*,*E*)-3-羟基-4-(3-(三氟甲基)苯氧基)-1-丁烯基)环戊基]庚-5-烯酸酯。

isopropyl (*Z*)-7-[(1*R*,2*R*,3*R*,5*S*)-3,5-dihydroxy-2-((*R*,*E*)-3-hydroxy-4-(3-(trifluoromethyl) phenoxy) -1-butenyl)cyclopentyl]hept-5-enoate。

【结 构 式】

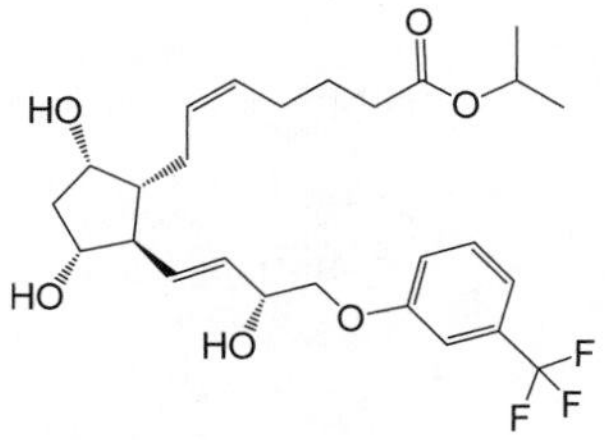

分子式：$C_{26}H_{35}F_3O_6$
分子量：500.55

【性　　状】无色至微黄油状液体，沸点(584.8±50.0)℃。

【制　　法】

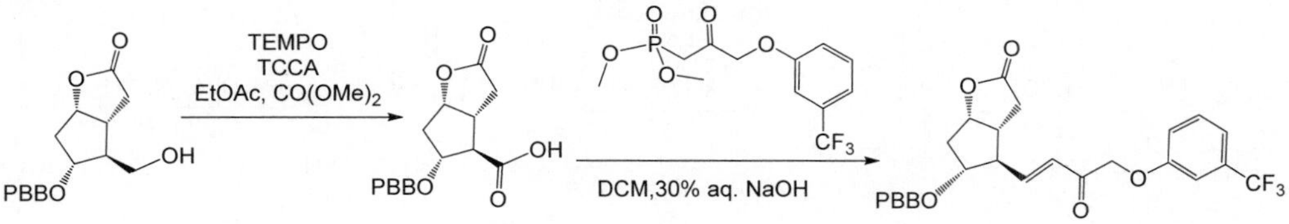

TEMPO, TCCA, EtOAc, $CO(OMe)_2$; DCM, 30% aq. NaOH

ChKRED20
GDH, 葡萄糖, $NADP^+$
KPi buffer (100mmol/L, pH 7.0)
DMSO

1. K_2CO_3, MeOH,DCM
2. DIBAL-H, DCM, 甲苯
3. $BrPh_3P(CH_2)_4CO_2H$
t-BuOK, THF

2-碘丙烷
Cs_2CO_3
DCM, DMF

【用　　途】青光眼和高眼压用药。

【生产厂家】武汉武药制药有限公司、河北医科大学制药厂、神隆医药(常熟)有限公司、天津天药药业股份有限公司。

【参考资料】

Zhang F, Zeng J, Gao M, et al. Concise, scalable and enantioselective total synthesis of prostaglandins[J]. Nature Chemistry, 2021, 13(7):1-6.

06011

瑞舒地尔 Ripasudil　　[223645-67-8]

【名　　称】(*S*)-4-氟-5-[(2-甲基-1,4-二氮杂草-1-基)磺酰基]异喹啉。
(*S*)-4-fluoro- 5-[(2-methyl-1,4-diazepan-1-yl)sulfonyl]isoquinoline。

【结 构 式】

分子式：$C_{15}H_{18}FN_3O_2S$
分子量：323.39

【制　　法】

H_2SO_4
$SOCl_2$

(*S*)-2-氨基丙醇
Et_3N
CH_2Cl_2
20℃

MsCl, Et_3N, THF, 0℃
3-氨基丙醇, 25℃

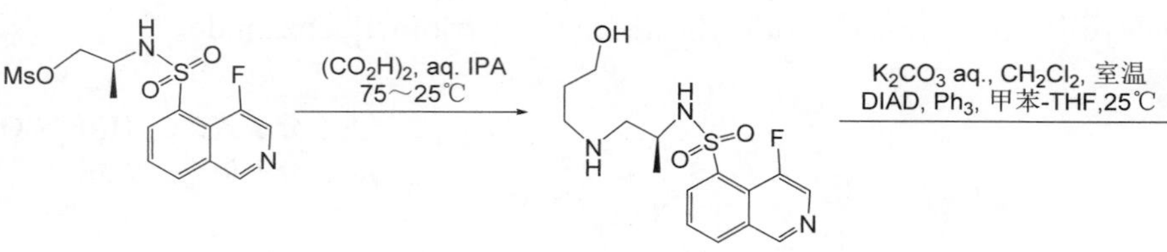

【用　　途】 青光眼用药。

【生产厂家】 上海瀚香生物科技有限公司、苏州海恒生物医药有限公司。

【参考资料】

Gomi N, Ohgiya T, Shibuya K. A practical synthesis of novel Rho-kinase inhibitor,(*S*)-4-fluoro-5-(2-methyl-1, 4-diazepan-1-ylsulfonyl) isoquinoline[J]. Heterocycles, 2011, 83(8): 1771-1781.

06012

六氟化硫 Sulfur Hexafluoride [2551-62-4]

【名　　称】 hexafluoro-λ^6-sulfane。

【结 构 式】

分子式：SF_6

分子量：146.06

【性　　状】 气体，沸点−65℃ (1mmHg)。

【制　　法】 $S+3F_2 \longrightarrow SF_6$

【用　　途】 麻醉剂。

【生产厂家】 安徽旺山旺水特种气体有限公司、上氟科技。

【参考资料】

Hamann S D, Lambert J A, Hamann S D, et al. The behaviour of fluids of Quasi-Spherical molecules. II. High density gases and liquids[J]. Australian Journal of Chemistry, 1954, 7(1): 18-27.

06013

拉米地坦 Lasmiditan [439239-90-4]

【名　　称】 2,4,6-三氟-*N*-[6-[(1-甲基-4-哌啶基)羰基]-2-吡啶基]苯甲酰胺。

2,4,6-trifluoro-*N*-[6-[(1-methyl-4-piperidinyl)carbonyl]-2-pyridinyl]benzamide。

【结 构 式】

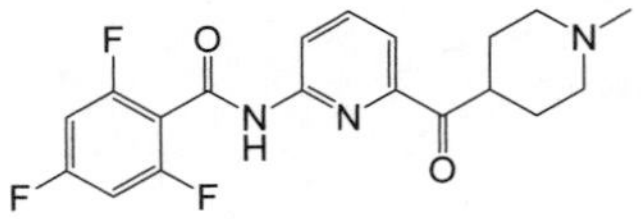

分子式：$C_{19}H_{18}F_3N_3O_2$
分子量：377.36

【性　　状】 固体，熔点 255℃。

【制　　法】

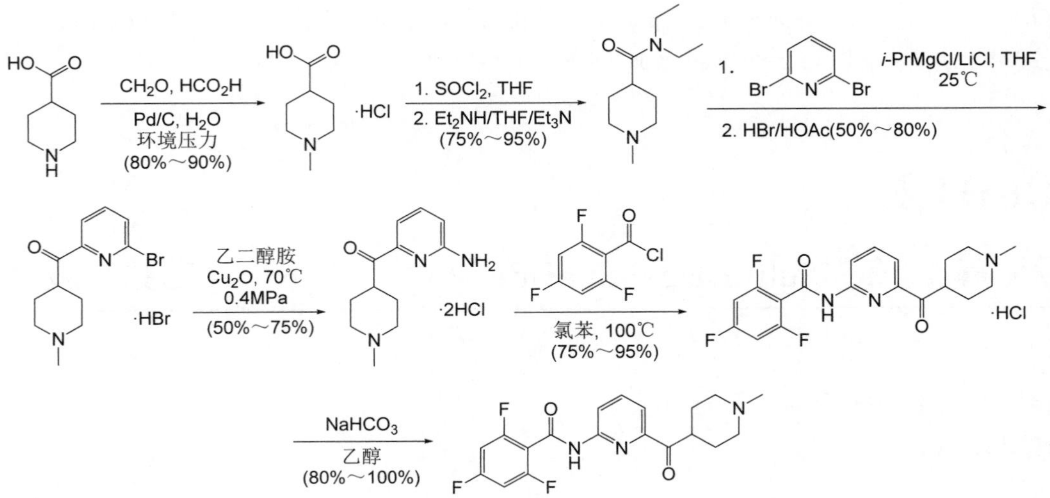

CH₂O, HCO₂H; Pd/C, H₂O; 环境压力; (80%～90%)

1. SOCl₂, THF; 2. Et₂NH/THF/Et₃N; (75%～95%)

1. 2,6-二溴吡啜, *i*-PrMgCl/LiCl, THF, 25℃; 2. HBr/HOAc(50%～80%)

乙二醇胺, Cu₂O, 70℃, 0.4MPa; (50%～75%)

2,4,6-三氟苯甲酰氯; 氯苯, 100℃; (75%～95%)

NaHCO₃; 乙醇; (80%～100%)

【用　　途】 主要用于治疗成人急性偏头痛。

【生产厂家】 中山奕安泰医药科技有限公司。

【参考资料】

Carniaux J F, Cummins J. Compositions and methods of synthesis of pyridinolypiperidine 5-HT1F agonists: US 8697876B2[P]. 2014-04-15.

06014

莱博雷生 Lemborexant [1369764-02-2]

【名　　称】 (1*R*,2*S*)-2-[[(2,4-二甲基嘧啶-5-基)氧基]甲基]-2-(3-氟苯基)-*N*-(5-氟吡啶-2-基)环丙烷-1-甲酰胺。

(1*R*,2*S*)-2-[[(2,4-dimethylpyrimidin-5-yl)oxy]methyl]-2-(3-fluorophenyl)-*N*-(5-fluoropyridin-2-yl)cyclopropane-1-carboxamide。

【结 构 式】

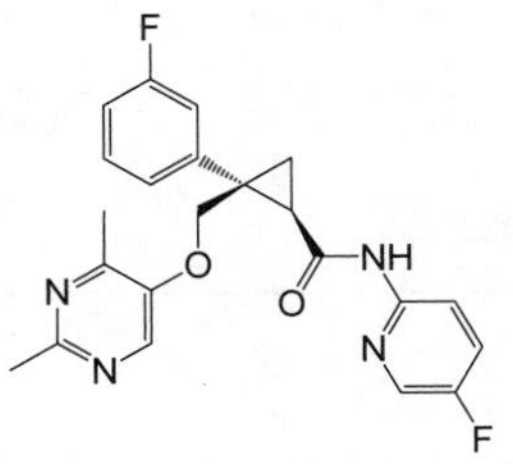

分子式： $C_{22}H_{20}F_2N_4O_2$
分子量： 410.42

【制　　法】

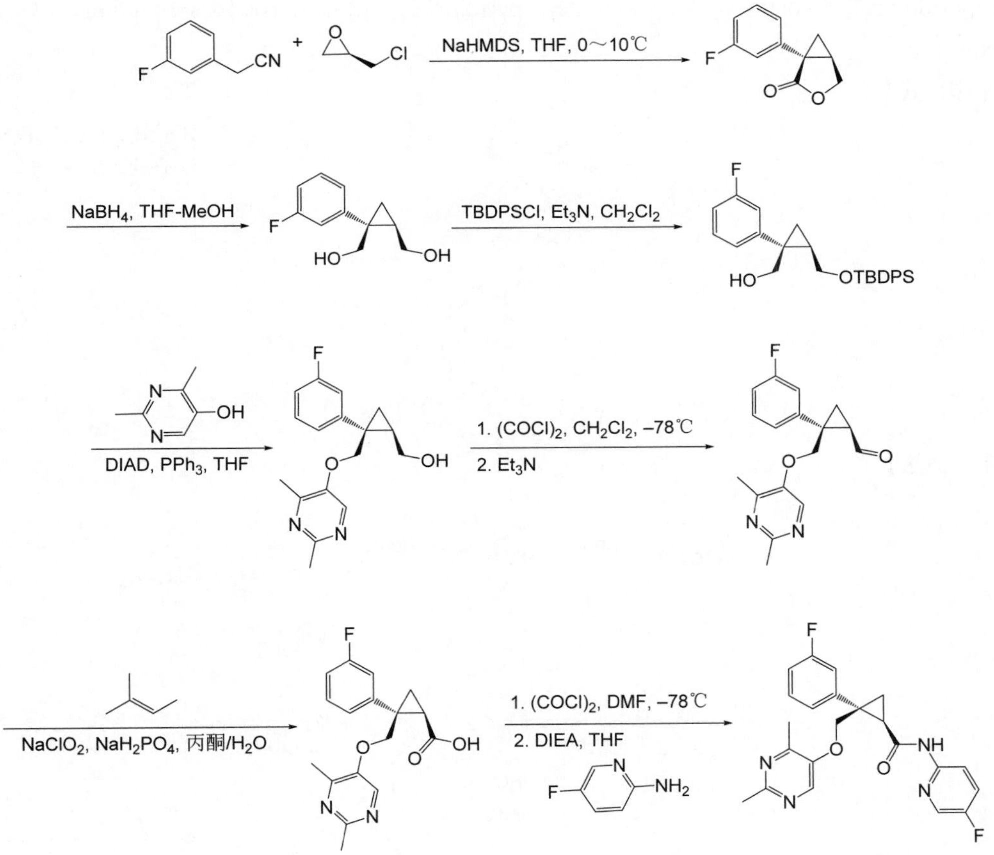

NaHMDS, THF, 0～10℃

$NaBH_4$, THF-MeOH

TBDPSCl, Et_3N, CH_2Cl_2

OTBDPS

DIAD, PPh_3, THF

1. $(COCl)_2$, CH_2Cl_2, −78℃
2. Et_3N

$NaClO_2$, NaH_2PO_4, 丙酮/H_2O

1. $(COCl)_2$, DMF, −78℃
2. DIEA, THF

【用　　途】 用于治疗失眠症。
【生产厂家】 山东四环药业股份有限公司、深圳盛大医药科技有限公司。
【参考资料】

寺内太郎，竹村鲇美，土幸隆司,等. 环丙烷化合物: CN103153963A[P]. 2013-06-12.

06015

乌布吉泮 Ubrogepant [1374248-77-7]

【名　　称】 (3'*S*)-1',2',5,7-四氢-*N*-[(3*S*,5*S*,6*R*)-6-甲基-2-氧代-5-苯基-1-(2,2,2-三氟乙基)-3-哌啶基]-2'-氧代吡咯[6*H*-环戊[*b*]吡啶-6,3'-[3*H*]吡咯[2,3-*b*]吡啶]-3-甲酰胺。

(3'*S*)-1',2',5,7-tetrahydro-*N*-[(3*S*,5*S*,6*R*)-6-methyl-2-oxo-5-phenyl-1-(2,2,2-trifluoroethyl)-3-piperidinyl]-2'-oxospiro[6*H*-cyclopenta[*b*]pyridine-6,3'-[3*H*]pyrrolo[2,3-*b*]pyridine]-3-carboxamide。

【结 构 式】

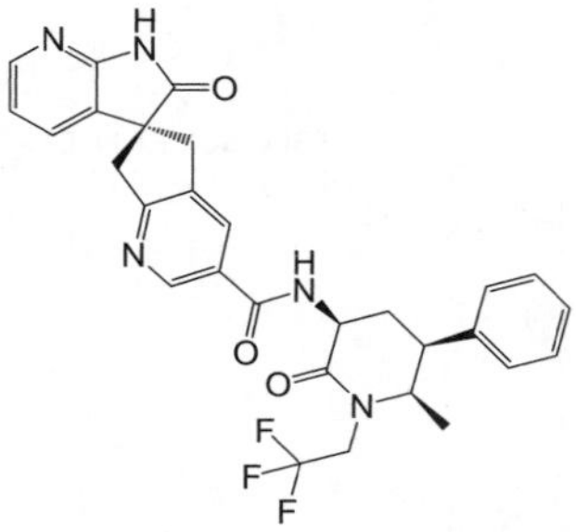

分子式：$C_{29}H_{26}F_3N_5O_3$

分子量：549.54

【制　　法】

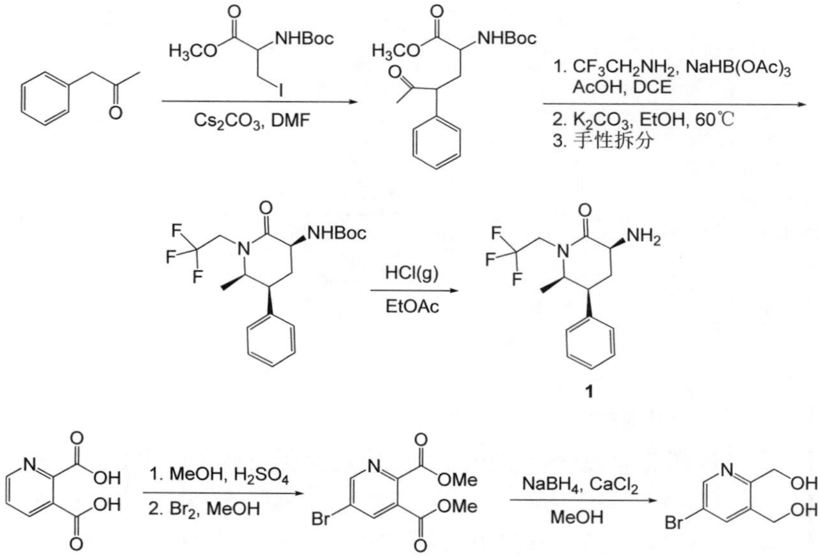

1. $CF_3CH_2NH_2$, $NaHB(OAc)_3$, AcOH, DCE
2. K_2CO_3, EtOH, 60℃
3. 手性拆分

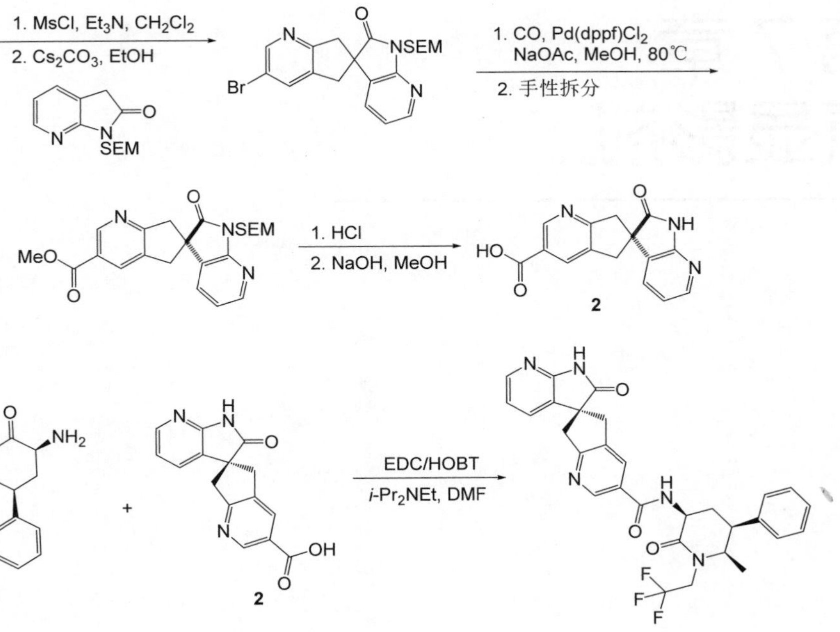

【用　　途】 偏头痛用药。

【生产厂家】 江苏威凯尔医药科技有限公司。

【参考资料】

I.M.贝尔，M.E.弗拉利，S.N.加利基奥，等．哌啶酮羧酰胺氮杂茚满 CGRP 受体拮抗剂: CN 103328478 A[P]. 2013-09-25.

第 7 章
氟显影剂

07001

氟比他班(^{18}F) Florbetaben(^{18}F) [902143-01-5]

【名　　称】 (*E*)-4-[(4-{2-[2-(2-氟[^{18}F]乙氧基)乙氧基]乙氧基}苯基)乙烯基]-*N*-甲基苯胺; (*E*)-4-[(4-{2-[2-(2-[^{18}F]fluoroethoxy)ethoxy]ethoxy}phenyl)vinyl]-*N*-methylbenzenamine。

【结 构 式】

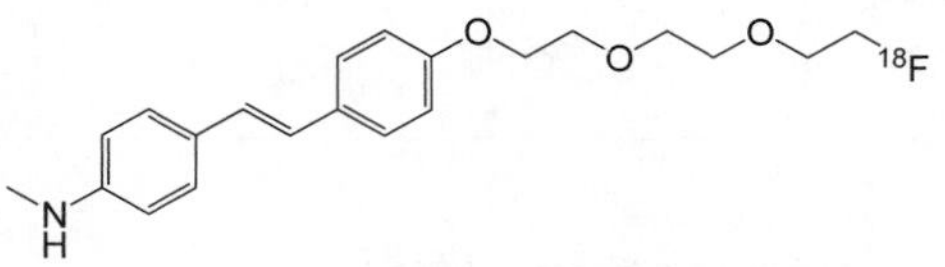

分子式：$C_{21}H_{26}{}^{18}FNO_3$

分子量：358.19

【性　　状】 溶液。

【制　　法】

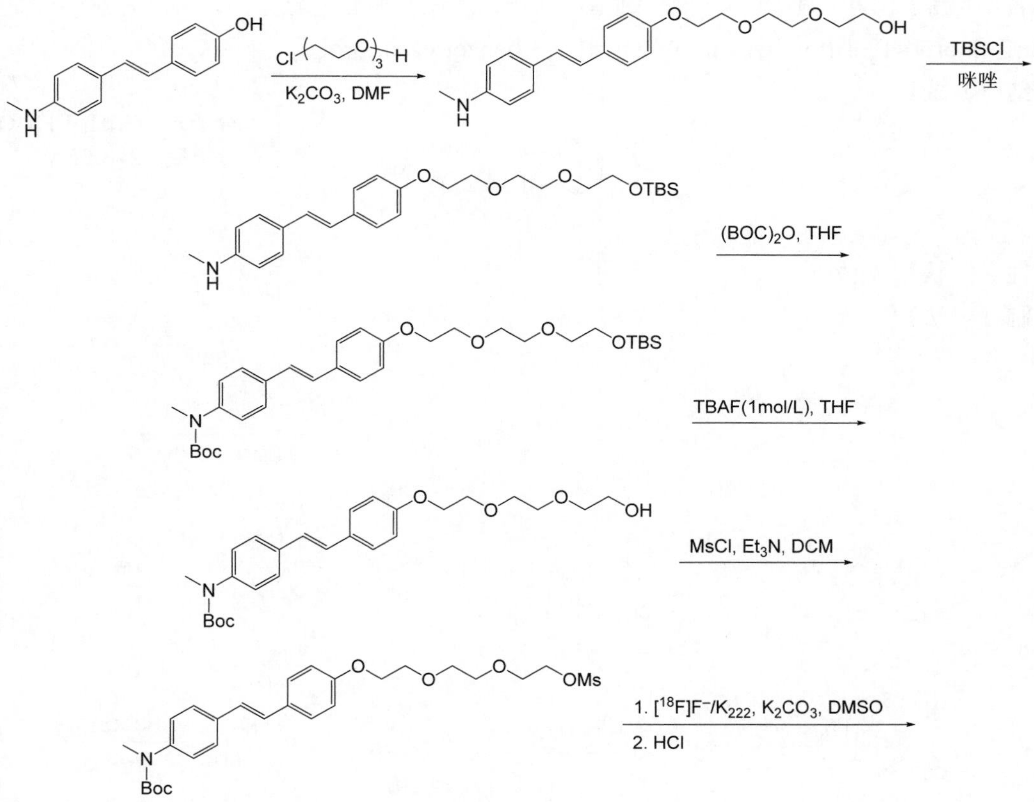

$Cl(CH_2CH_2O)_3H$, K_2CO_3, DMF

TBSCl, 咪唑

$(BOC)_2O$, THF

TBAF(1mol/L), THF

MsCl, Et_3N, DCM

1. $[^{18}F]F^-/K_{222}$, K_2CO_3, DMSO
2. HCl

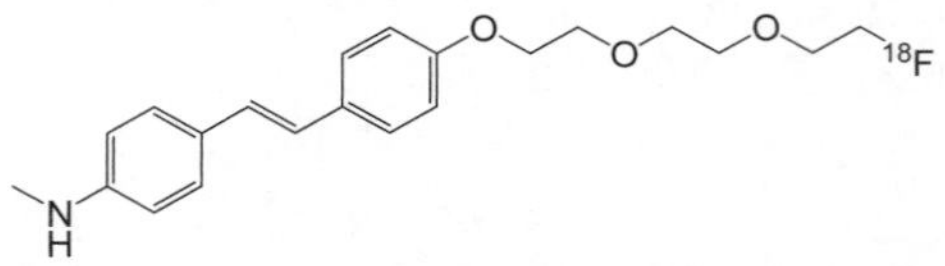

【用　　途】 用于评估阿尔茨海默病(AD)及其他认知功能减退导致的认知障碍患者的 β 淀粉样神经性斑块密度。

【生产厂家】 Piramal Imaging 公司。

【参考资料】

Univ P, Kung H F, Kung M P, et al. Stilbene derivatives and their use for binding and imaging amyloid plaques: WO 2006078384A2[P]. 2006-07-27.

07002

氟美他酚(^{18}F) Flutemetamol(^{18}F) [765922-62-1]

【名　　称】 2-[3-氟[^{18}F]-4-(甲基氨基)苯基]-1,3-苯并噻唑-6-酚。

2-[3-fluoro[^{18}F]-4-(methylamino)phenyl]-1,3-benzothiazol-6-ol。

【结 构 式】

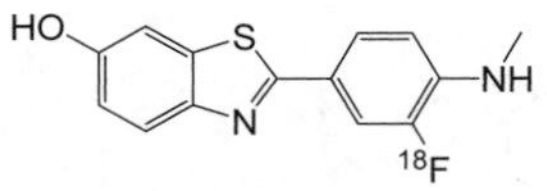

分子式：$C_{14}H_{11}{}^{18}FN_2OS$

分子量：273.06

【性　　状】 液体。

【制　　法】

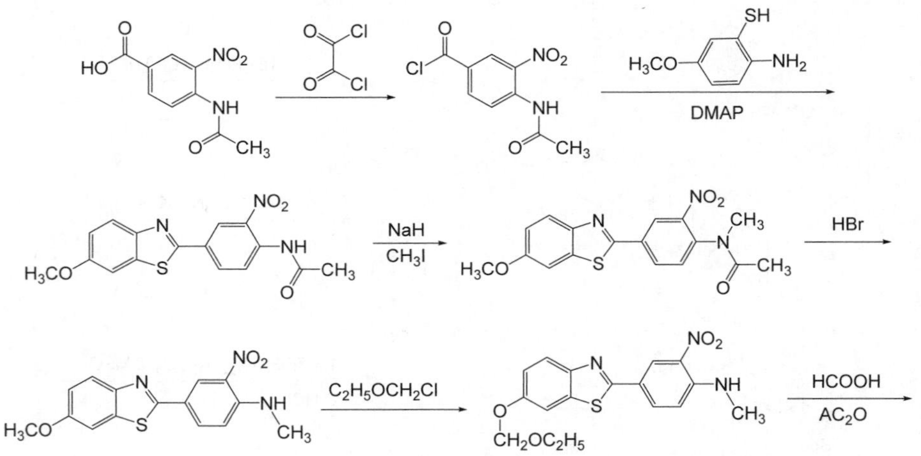

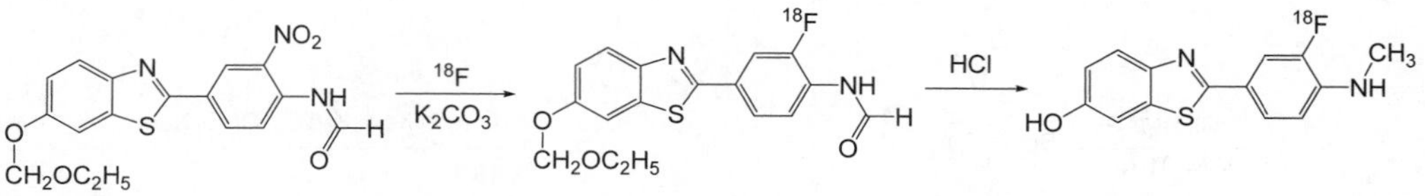

【用　　途】 可用于评估阿尔茨海默病(AD)或其他认知功能减退原因导致的成人认知功能障碍患者的β淀粉样神经性斑块密度。

【生产厂家】 GE Healthcare Ltd 的分公司 Medi-Physics。

【参考资料】

[1] Storey A E, Jones C L, Bounet D R C, et al.Fluorination process of anilide derivatives and benzothiazole fluorinate derivatives as in vivo imaging agents: WO 2007020400[P]. 2007-02-22.

[2] Swahn B M, Sandell J, Pyring D, et al. Synthesis and evaluation of pyridylbenzofuran, pyridylbenzothiazole and pyridylbenzoxazole derivatives as ^{18}F-PET imaging agents for β-amyloid plaques[J]. Bioorg Med Chem Lett, 2012, 22(13): 4332-4337.

07003

氟贝他吡(^{18}F) Florbetapir(^{18}F) [956103-76-7]

【名　　称】 4-[(*E*)-2-[6-[2-[2-(2-氟乙氧基)乙氧基]乙氧基]吡啶-3-基]乙烯基-*N*-甲基苯胺。4-[(*E*)-2-[6-[2-[2-(2-fluoranylethoxy)ethoxy]ethoxy]pyridin-3-yl]ethenyl]-*N*-methylaniline; ^{18}F-AV45。

【结 构 式】

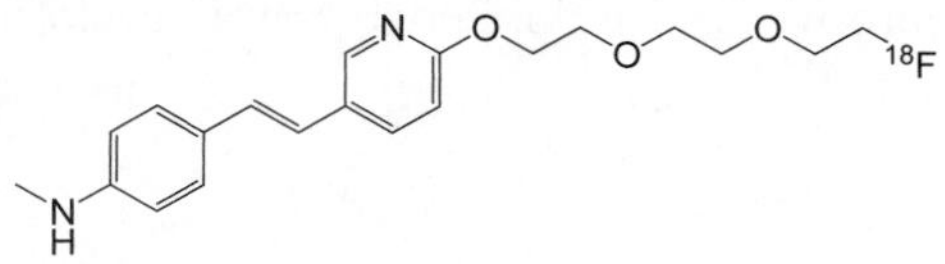

分子式： $C_{20}H_{25}{}^{18}FN_2O_3$

分子量： 359.19

【性　　状】 溶液。

【制　　法】

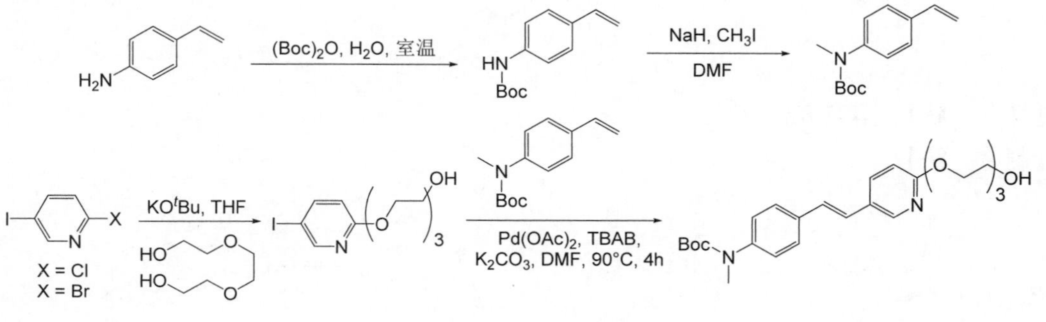

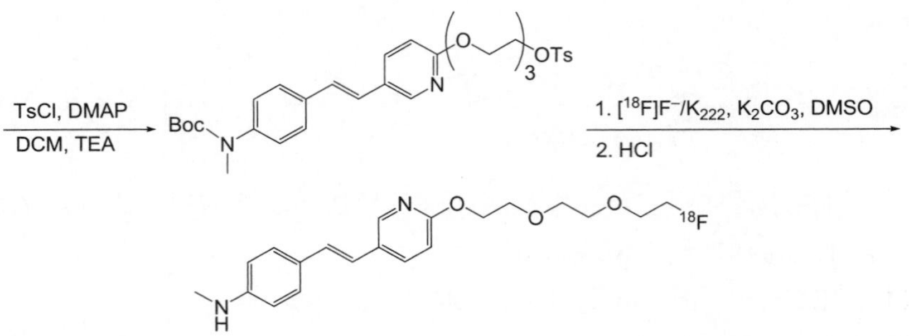

【用　　途】本品既是一种用在AD患者脑中的Aβ显像剂，也是一种与脑内Aβ结合的免疫抑制剂治疗药物。

【生产厂家】Eli Lilly and Company。

【参考资料】

[1] Kung H F, Kung M P. Styrylpyridine derivatives and their use for binding and imaging amyloid plaques and preparation: WO2007126733[P].2007-03-26.

[2] T.贝内杜姆, G.戈尔丁, N. 林, 等. 由甲苯磺酸酯前体合成 ^{18}F-放射性标记的苯乙烯基吡啶及其稳定的药物组合物: CN102271716[P]. 2009-12-29.

07004

碘氟潘(^{123}I) Ioflupane(^{123}I)　[155798-07-5]

【名　　称】(1*R*,2*S*,3*S*,5*S*)-8-(3-氟丙基)-3-(4-碘苯基)-8-氮杂双环[3.2.1]辛烷-2-羧酸甲酯。(1*R*,2*S*,3*S*,5*S*)-8-(3-fluoropropyl)-3-(4-iodophenyl)-8-azabicyclo[3.2.1]octane-2-carboxylic acid methyl ester。

【结 构 式】

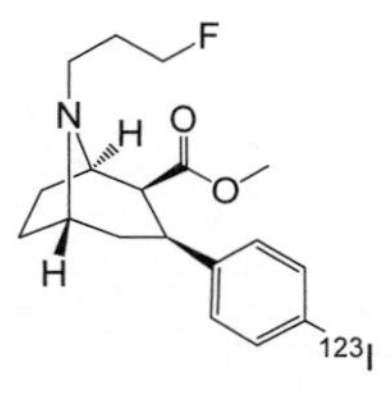

分子式：$C_{18}H_{23}F^{123}INO_2$

分子量：431.28

【性　　状】熔点82～83℃。

【制　　法】

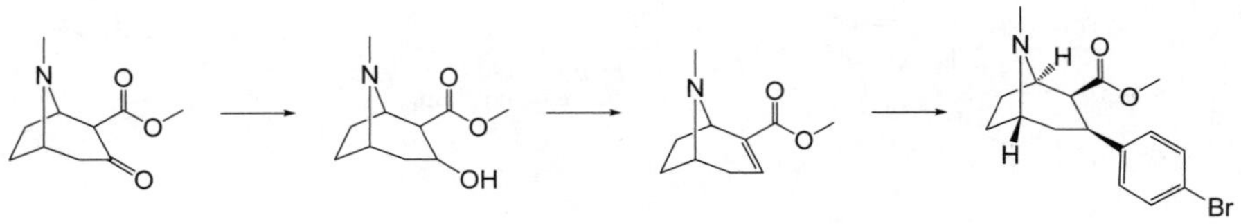

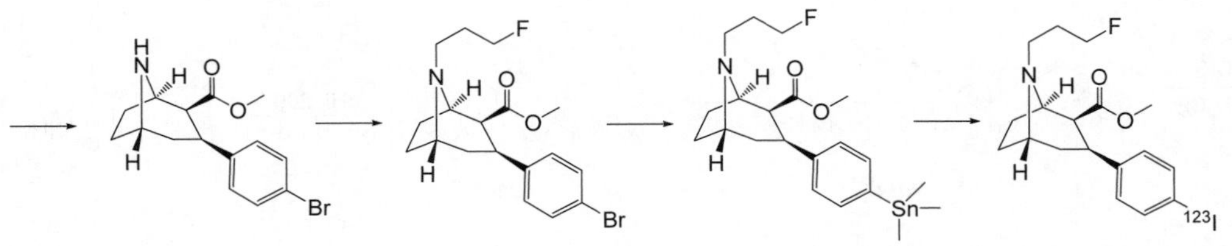

【用　　途】 使纹状体内多巴胺转运蛋白(DaT)成像的药物，用于诊断帕金森综合征(PS)。

【生产厂家】 Ge Healthcare。

【参考资料】

[1] Neumeyer J L, Campbell A, Wang S, et al. *N*-.omega.-fluoroalkyl analogs of (1*R*)-2beta-carbomethoxy-3beta-(4-iodophenyl)tropane (beta-CIT): radiotracers for positron emission tomography and single photon emission computed tomography imaging of dopamine transporters[J]. Journal of Medicinal Chemistry, 1994, 37(11):1558-1561.

[2] Pant K, Roschke F. Method for the preparation of *N*-monofluoroalkyl tropanes and their use: EP3880674A1 [P]. 2021-09-22.

07005

氟多巴(^{18}F) Fluorodopa (^{18}F) [75290-51-6]

【名　　称】 (S)-2-氨基-3-(2-氟[^{18}F]-4,5-二羟基苯基)丙酸。

(S)-2-amino-3-(2-fluoro[^{18}F]-4,5-dihydroxyphenyl)propanoic acid。

【结 构 式】

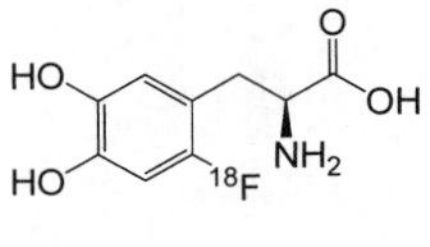

分子式： $C_9H_{10}{}^{18}FNO_4$

分子量： 214.06

【性　　状】 熔点 200～203℃，有吸湿性，−20℃冷冻，在惰性气氛下储存。

【制　　法】

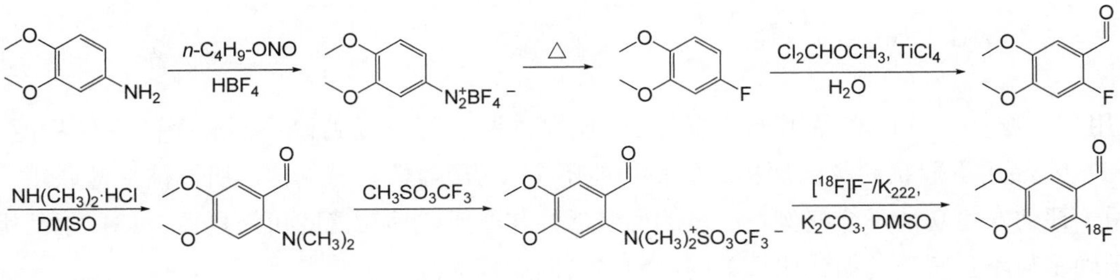

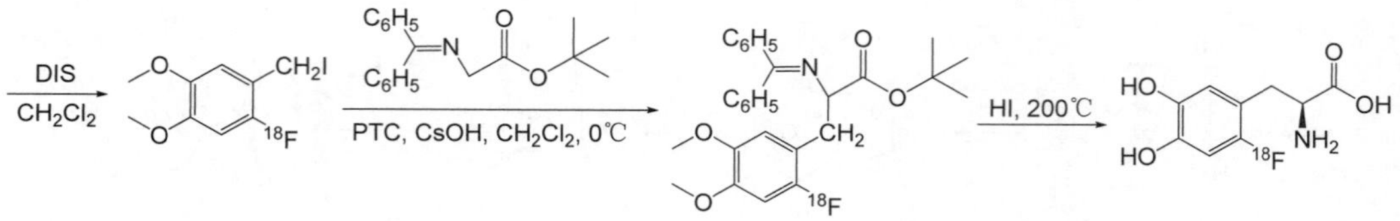

DIS / CH_2Cl_2 → (CH_2I, ^{18}F) ; C_6H_5, C_6H_5, N, O ; PTC, CsOH, CH_2Cl_2, 0℃ → (C_6H_5, C_6H_5, N, O, CH_2, ^{18}F) ; HI, 200℃ → (HO, HO, OH, O, NH_2, ^{18}F)

【用　　途】 治疗帕金森综合征。

【生产厂家】 Feinstein。

【参考资料】

[1] Yin D, Zhang L, Tang G, et al. Enantioselective synthesis of no-carrier added (NCA) 6-[^{18}F]fluoro-L-dopa[J]. Journal of Radioanalytical&Nuclear Chemistry, 2003, 257(1), 179-185.

[2] Firnau G, Chirakal R, Sood S, et al. Aromatic fluorination with xenon difluoride: L-3,4-dihydroxy-6-fluoro-phenylalanine[J]. Canadian Journal of Chemistry, 2011, 58(14): 1449-1450.

07006

氟脱氧葡萄糖(^{18}F) Fludeoxyglucose (^{18}F) [105851-17-0]

【名　　称】 2-氟[^{18}F]-2-脱氧-*α*-吡喃葡萄糖; (2*S*,3*R*,4*S*,5*S*,6*R*)-3-氟-6-(羟甲基)四氢-2*H*-吡喃-2,4,5-三醇。

(2*S*,3*R*,4*S*,5*S*,6*R*)-3-fluoro[^{18}F]-6-(hydroxymethyl)tetrahydro-2*H*-pyran-2,4,5-triol。

【结 构 式】

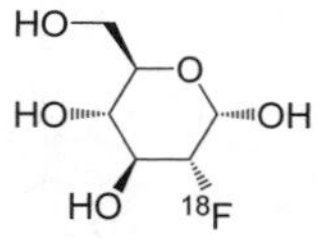

HO, O, HO, OH, HO, ^{18}F

分子式： $C_6H_{11}{}^{18}FO_5$

分子量： 181.06

【制　　法】

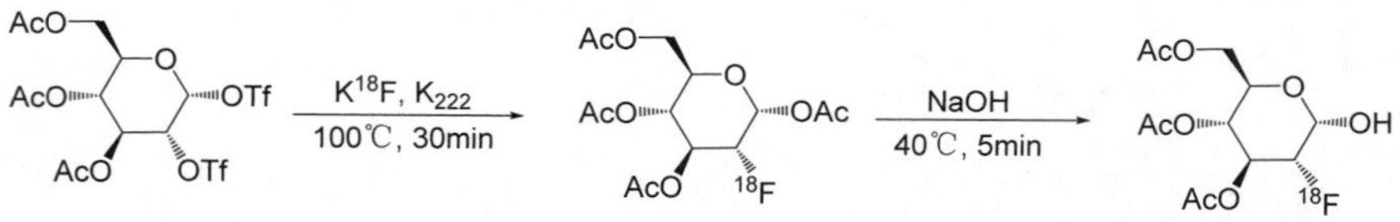

(AcO, O, AcO, OTf, AcO, OTf) ; $K^{18}F$, K_{222} / 100℃, 30min → (AcO, O, AcO, OAc, AcO, ^{18}F) ; NaOH / 40℃, 5min → (AcO, O, AcO, OH, AcO, ^{18}F)

【用　　途】 （1）本品用于肿瘤 PET 显像，评估疑似或确诊病例肿瘤的恶性程度。（2）本品用于冠状动脉疾病和左心室功能不全 PET 显像。与其他心肌灌注显像联用，用于评估左室功能不全病例左心室的心肌活性与心肌收缩功能的可恢复性。（3）本品用于确定与不正常葡萄糖代谢相关的癫痫患者的癫痫病灶。

【生产厂家】 Bayer Ag。

【参考资料】
Stewart M. Green approaches to late-stage fluorination: radiosyntheses of ^{18}F-labelled radiopharmaceuticals in ethanol and water[J]. Chemical Communications, 2015, 51(79): 14805-14808.

07007

八氟丙烷 Optison [76-19-7]

【名　称】全氟丙烷。
perfluoropropane; octafluoropropane。

【结 构 式】

分子式：C_3F_8
分子量：188.02

【性　状】熔点-183℃，沸点-39℃。

【制　法】多级管式电解装置制备八氟丙烷的方法包括以下步骤：
步骤一：补加电解液。选择碱性氟化物(MF_n)为导电剂，在0～10℃条件下，配制$HF \cdot xMF_n$电解液，金属元素M为Cs、Li、Na和K等，将配制好的电解液通过电解槽的进液口补加；在电解过程中，消耗的HF通过补料口补加至电解槽。
步骤二：电解除水。分段逐步提升电解电压，并根据电解电流趋势对电解液除水：由于碱性氟化物即使经过烘干，依然会存在微量水等杂质，需要通过电解方式去除微量杂质。该过程是将电解电压升至3～4V，观察电解电流趋势；当电流下降至接近0时，提升电压至5～6V，观察电解电流趋势；当电流下降至接近0时，提升电压至6～7V，观察电解电流趋势；当电流下降至接近0时，可认为电解液经过电解无水等杂质。
步骤三：电解合成八氟丙烷粗品。气体原料通过进气口进入第一个电解槽的阳极区域；气体原料通过阳极多孔区域飘散在阳极与阴极之间，经电解产生的八氟丙烷和其他未完全氟化气体通过气体管路进入第二个电解槽的阳极区域；八氟丙烷和其他未完全氟化气体在第二个电解槽的阳极多孔区域飘散至阳极与阴极质检，经电解将未完全氟化气体转化为八氟丙烷；第二个电解槽产生的八氟丙烷和其他未完全氟化气体通过气体管路依次进入其他电解槽，直至出气口处无未完全氟化气体；此时，产生的八氟丙烷主要杂质是四氟化碳和六氟丙烷。

【用　途】八氟丙烷在医学界的用途得到了新的发展，主要用于声学超声造影。八氟丙烷微气泡能有效地反射声波及用于增强超声信号回散射，它在血管内有足够的停留时间，能作为一种血球示踪剂，反映器官的血流灌注情况，而不干扰血流动力学。另外，八氟丙烷还可用作深冷制冷和热交换器的传热介质。

【生产厂家】 湖南康润药业有限公司。

【参考资料】

[1] Lebeau P, Damiens A. Action of fluorine on charcoal. Melting and boiling points of carbon tetrafluoride[J]. Compt Rend,1930(191):939-940.

[2] 马毅斌，徐海云，耿谦，等. 一种用于制备八氟丙烷的多级管式电解装置及制备方法：CN 202011608003.5[P]. 2021-05-25.

07008

全氟己烷 Perflexane [82785-18-0]

【名　　称】 十四氟己烷。

Perfluorohexane; 3M FC-72 Fluorinet; PF-5060 3M; PFC-51-14; Perfluoro-compound FC-72(TM)。

【结 构 式】

分子式：C_6F_{14}

分子量：337.98

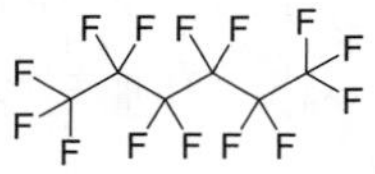

【性　　状】 不溶于水，液体，熔点-4℃，沸点 58～60℃。

【制　　法】 （1）加热石英反应管保持管内温度在 60℃左右，开启光化学反应器光源，波长设定为 254nm；（2）开启进样泵，调节全氟碘己烷流速为 5mL/min，溴素流速 1.5mL/min，进入光化学反应器中连续反应；（3）反应混合物流入分相罐进行初步分离，溴素和生成的溴化碘与产品分层，下层为溴素和溴化碘层，每间隔 36h，放出一次溴素至回收罐中，同时放出上层目标产物粗产品流入洗涤釜；（4）对流入洗涤釜中的目标产物粗产品用 20L 质量分数为 30%的氢氧化钠水溶液进行处理；（5）处理后的有机相连续导入一级精馏釜进行连续精馏分离提纯，收集 97～99℃的馏分，得到高纯目标产品全氟己烷。

【用　　途】 超声波对比剂。

【生产厂家】 Imcor Pharmaceutical。

【参考资料】

[1] Henne A L. Fluoroform[J]. J Am Chem Soc, 2002, 58(7): 1200-1202.

[2] 方治文，王毅，刘晓，等. 一种溴代全氟烷烃的制备方法: CN 202011167845.1 [P]. 2021-02-09.

07009

全氟丁烷 Perflubutane [355-25-9]

【名　　称】 十氟丁烷; 全氟正丁烷。

1,1,1,2,2,3,3,4,4,4-decafluorobutane。

【结 构 式】

分子式: C_4F_{10}

分子量: 238.03

【性　　状】 熔点−84.5℃，沸点−2℃。

【制　　法】 在 316L 材质高压反应釜中投入 4mol 无水氟化钾，室温搅拌下通入 10% 氟氮混合气，氟氮混合气中包含有 0.04mol 氟气，继续搅拌 0.5h；卸掉釜内余压，加入 2mol 全氟丁基溴、24mol 无水环丁砜，搅拌下升温至 150℃，反应 7h，结束反应，反应产物冷却至室温。将反应产物蒸馏得到 1.76mol 全氟丁烷。

【用　　途】 全氟丁烷是一种超声成像造影剂，用于诊断肝脏病变和乳房病变。

【生产厂家】 Daiichi Sankyo Co Ltd。

【参考资料】

[1] 耿为利, 周强, 吴庆, 等. 一种全氟烷烃的制备方法: CN 201510801283.4 [P]. 2016-04-13.

[2] Henne A L. Fluoroform[J]. J Am Chem Soc, 2002, 58(7): 1200-1202.

第 8 章
抗肿瘤氟药

08001

氟尿嘧啶 Fluorouracil [51-21-8]

【名　　称】 5-氟-2,4(1*H*,3*H*)-嘧啶二酮。
5-fluoropyrimidine-2,4(1*H*,3*H*)-dione。

【结 构 式】

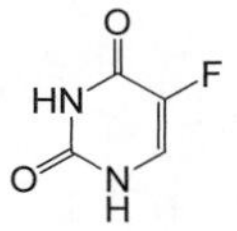

分子式：$C_4H_3FN_2O_2$
分子量：130.02

【性　　状】 白色或类白色结晶性粉末。熔点 282～283℃(分解)，0.1mol/L 盐酸溶液中在 265nm 波长处有最大吸收。微溶于水和乙醇，不溶于氯仿和乙醚，溶于稀盐酸和氢氧化钠液。

【制　　法】

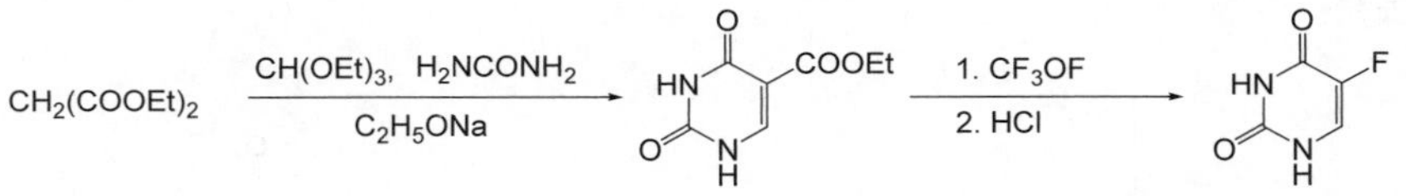

$CH_2(COOEt)_2$ —[$CH(OEt)_3$, H_2NCONH_2 / C_2H_5ONa]→ —[1. CF_3OF 2. HCl]→

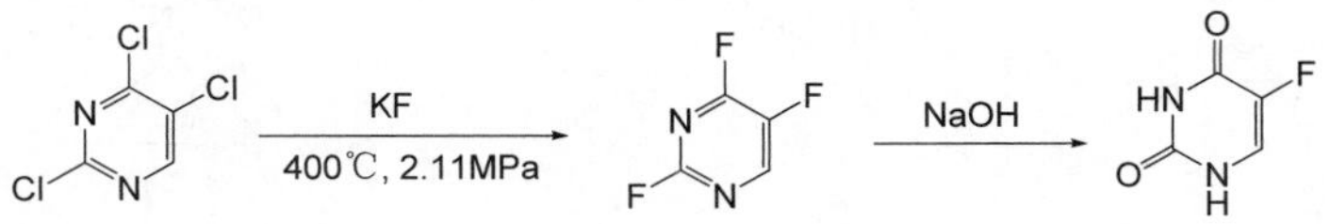

—[KF / 400℃, 2.11MPa]→ —[NaOH]→

【用　　途】 抗肿瘤药。对多种肿瘤如消化道肿瘤、乳腺癌、卵巢癌、绒毛膜上皮癌、子宫颈癌、肝癌、膀胱癌、皮肤癌（局部涂抹）、外阴白斑（局部涂抹）等均有一定疗效。不良反应主要有消化道反应。严重者可有腹泻，局部注射部位静脉炎，少数可有神经系统反应如小脑变性、共济失调。用药期间应严格检查血象。

【生产厂家】 齐鲁制药有限公司、山东华鲁制药有限公司、哈尔滨莱博通药业有限公司。

【参考资料】

Duschinsky R, Pleven E, Heidelberger C.The synthesis of 5-fluoropyrimidines[J]. J Am Chem Soc, 1957, 79(16): 4559-4560.

08002

替加氟 Tegafur [17902-23-7]

【名　　称】 1-(四氢-2-呋喃基)-5-氟-2,4(1*H*,3*H*)-嘧啶二酮；呋喃氟尿嘧啶；喃氟啶；呋氟啶；氟利尔；方克；夫洛夫脱兰；呋氟尿嘧啶；四氢呋喃氟尿嘧啶。

Phthorafur; Nitobanil； 5-fluoro-1-(tetrahydro-2-fuanyl)-2,4-(1*H*,3*H*)-pyrimidinedione。

【结 构 式】

分子式：$C_8H_9FN_2O_3$

分子量：200.06

【性　　状】 白色结晶性粉末。熔点 164～165℃，易溶于热水、乙醇、二甲基甲酰胺，不溶于醚、苯。无臭，味苦。

【制　　法】

DBU，DMF，90℃

【用　　途】 本品是 5-氟脲嘧啶的衍生物，作用和用途与 5-氟脲嘧啶相同，但毒性较低，化疗指数高。在体内经肝酶活化后转变为 5-氟脲嘧啶而发挥抗癌作用。对胃癌、结肠癌、直肠癌、胰腺癌和乳腺癌、肺癌有效。

【生产厂家】 浙江医药股份有限公司新昌制药厂、齐鲁天和惠世制药有限公司、江苏恒瑞医药股份有限公司。

【参考资料】

[1] Hillers S, Zhuk R A, Lidaks, M,et al. Substituted uracils:GB 1168391 [P]. 1968-10-8.

[2] Zasada A, Mironiuk-Puchalska E, Koszytkowska-Stawinska. Synthesis of tegafur by the alkylation of 5-fluorouracil under the Lewis acid and metal salt-free conditions[J]. Organic Process Research & Development, 2017, 21(6): 885-889.

08003

氟尿苷 Floxuridine [50-91-9]

【名　　称】 5-氟脱氧尿苷。

5-F-2'-dU; Floxuridine API; 5-fluoro-2'-deoxyuridine。

【结 构 式】

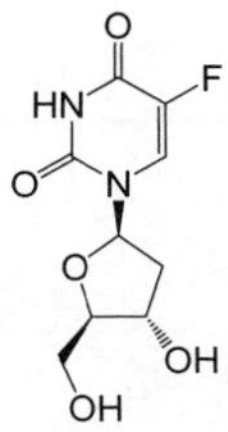

分子式：$C_9H_{11}FN_2O_5$
分子量：246.06

【性　　状】 白色至灰白色结晶粉末，密度 1.64g/cm^3，易溶于水、甲醇，几乎不溶于氯仿和乙醚，对热敏感。

【制　　法】

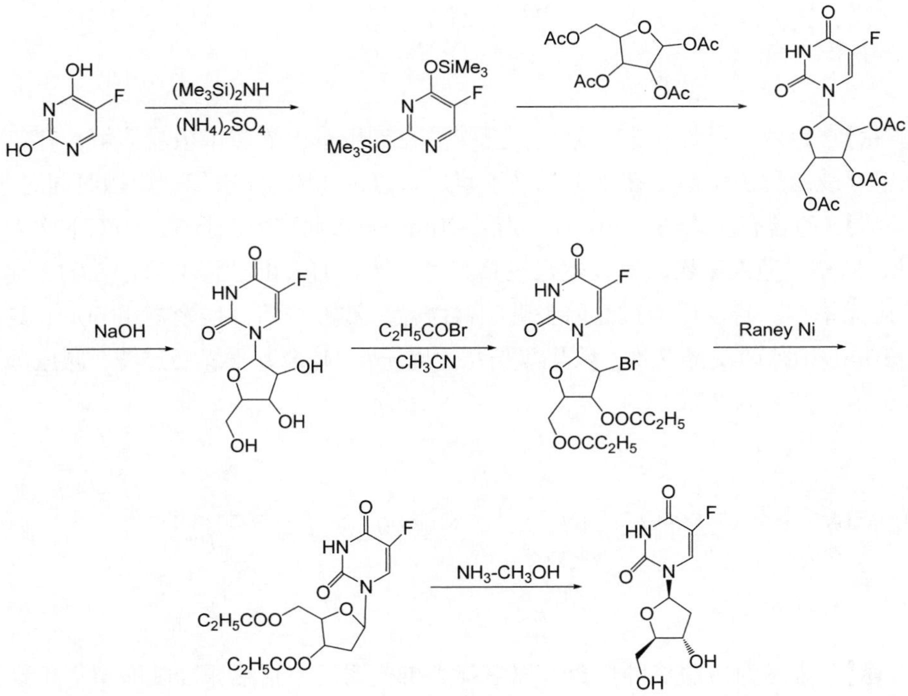

$(Me_3Si)_2NH$, $(NH_4)_2SO_4$

NaOH

C_2H_5COBr, CH_3CN

Raney Ni

NH_3-CH_3OH

【用　　途】 对肝癌及其他胃肠道癌、乳腺癌、肺癌等有效，对无法手术的原发性肝癌疗效较好。

【生产厂家】 浙江国邦药业有限公司、淄博万杰制药有限公司。

【参考资料】

[1] Hoffer M, Duschinsky R, Fox J J, et al. Simple syntheses of pyrimidine-2′-deoxyribonucleosides[9][J]. Journal of the American Chemical Society, 1959, 81(15): 4112-4113.

[2] Kotala M B. Floxuridine synthesis via glycosylation: WO 2019053476A1 [P]. 2019-03-21.

08004

卡莫氟 Carmofur [61422-45-5]

【名　　称】 *N*-己基-5-氟-3,4-二氢-2,4-二氧代-1-嘧啶甲酰胺；氟脲己胺；1-己氨基甲酰-5-氟-2,4-嘧啶二酮；1-己氨基甲酰-5-氟脲嘧啶。

2,4-dioxo-5-fluoro-*N*-hexyl-1,2,3,4-tetrahydro-1-pyrimidinecarboxamide。

【结 构 式】

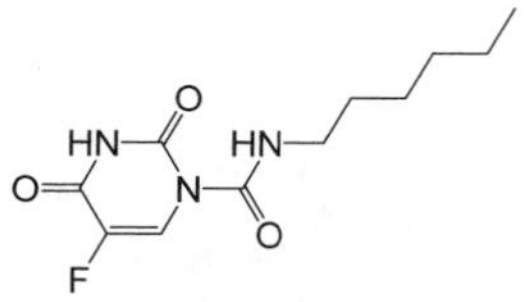

分子式：$C_{11}H_{16}FN_3O_3$

分子量：257.12

【性　　状】 白色结晶性粉末；无臭，无味。在二甲基甲酰胺中极易溶解，在氯仿中易溶，在甲醇或乙醇中微溶，在水中几乎不溶。熔点为 110～114℃，熔融时同时分解。

【制　　法】 向含有 1.3g 5-FU(0.01mol)的 40mL 无水吡啶中，于 5～10℃下吹入干燥光气约 1h，吹毕，通入干燥氮气以驱走过量光气，然后加入正己胺 1.01g (0.01mol)。搅拌 1h。反应完毕后。将反应液过滤除去吡啶盐酸盐，滤液浓缩，残余物用 50mL 氯仿溶解后，用 30mL 稀盐酸洗涤 2 次。收集氯仿层，用无水 Na_2SO_4 干燥后过滤，减压蒸去氯仿即得卡莫氟，产率为 80.0%。

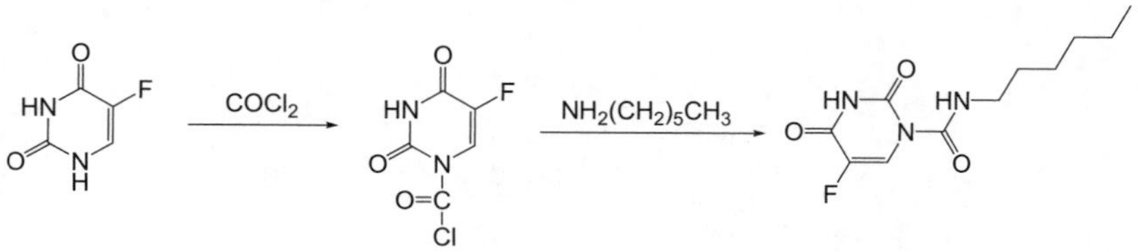

$COCl_2$　　$NH_2(CH_2)_5CH_3$

【用　　途】 本品为口服抗肿瘤药，属嘧啶类抗代谢药，系氟尿嘧啶潜型衍生物，口服后从肠道迅速吸收，在体内缓缓释出氟尿嘧啶，借氟尿嘧啶的抗代谢作用而发挥抗肿瘤作用。本品口服后有效血药浓度较氟尿嘧啶静注长久。抗瘤谱广，治疗指数高，对多种实验肿瘤有较好的抗肿瘤作用。临床上对胃癌、结直肠癌及乳腺癌有一定疗效，尤以结直肠癌的有效率较为突出。

【生产厂家】 湖北恒安芙林药业股份有限公司、湖北葛店人福药业有限责任公司、齐鲁天和惠世制药有限公司、天津天药药业股份有限公司。

【参考资料】

[1] 曾幼波, 陈琴. 抗癌新药——卡莫氟(HCFU)[J]. 海峡药学, 2003(02): 90-92.

[2] 吴敏, 许建华. 抗癌药物卡莫氟的合成研究进展[J]. 海峡药学, 2011, 23(03): 4-5.

[3] Huang, C Y, Yang Z. Improvement of preparing anti-cancer medicine carmofur (HCFU)[J]. Fine and Specialty Chemicals, 2009, 17(20): 13-14.

08005

氟达拉滨 Fludarabine [21679-14-1]

【名　　称】 9-*β*-D-呋喃糖基-2-氟-9*H*-嘌呤-6-胺。

9-*β*-D-arabinofuranosyl-2-fluoro-9*H*-purin-6-amine。

【结 构 式】

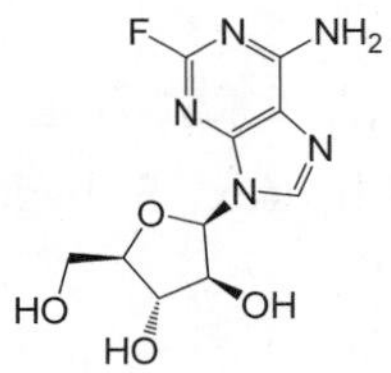

分子式： $C_{10}H_{12}FN_5O_4$

分子量： 285.09

【性　　状】 白色至浅黄色粉末，熔点 265～268℃，沸点(747.3±70.0)℃，密度(2.17±0.1)g/cm³，溶于 DMF、DMSO、甲醇或乙醇，微溶于水。

【制　　法】

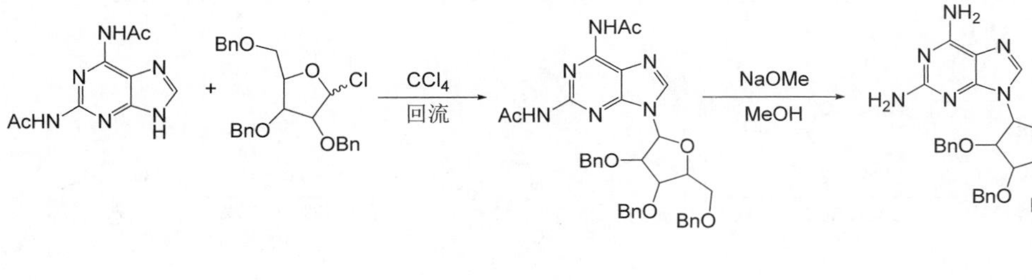

CCl_4 回流；NaOMe MeOH

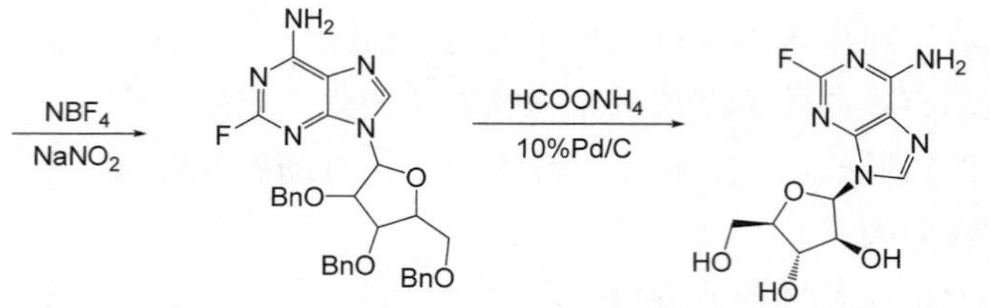

【用　　途】 本品主要用于治疗B细胞慢性淋巴细胞性白血病及非霍奇金淋巴瘤。

【生产厂家】 重庆莱美隆宇药业有限公司、浙江海正药业股份有限公司、广东岭南制药有限公司、南京海润医药有限公司、重庆莱美药业股份有限公司、瀚晖制药有限公司、海南锦瑞制药有限公司、江苏奥赛康药业有限公司、山西普德药业有限公司、山东新时代药业有限公司、辰欣药业股份有限公司。

【参考资料】

[1] Montgomery J,Hewson K.Nucleosides of 2-fluoroadenine[J]. Journal of Medicinal Chemistry, 1969, 12(3):498-504.

[2] Marchand P, Lorilleux C, Gilbert G, et al. Efficient radiosynthesis of 2-[18F]fluoroadenosine: a new route to 2-[18F]fluoropurine nucleosides[J]. ACS Medicinal Chemistry Letters, 2010, 1(6): 240-243.

08006

吉西他滨 Gemcitabine [95058-81-4]

【名　　称】 4-氨基-1-[(2*R*,4*R*,5*R*)-3,3-二氟-4-羟基-5-(羟甲基)四氢呋喃-2-基]嘧啶-2-酮。4-amino-1-[(2*R*,4*R*,5*R*)-3,3-difluoro-4-hydroxy-5-(hydroxymethyl)tetrahydrofuran-2-ylj]pyrimidin-2-one。

【结 构 式】

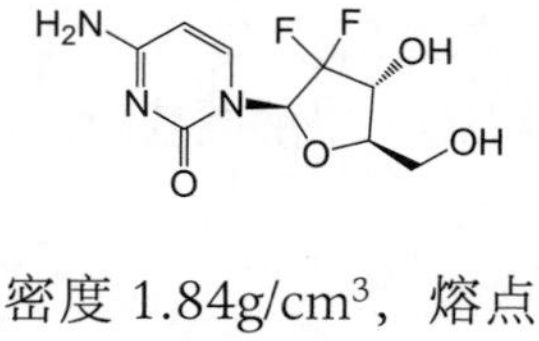

分子式：$C_9H_{11}F_2N_3O_4$

分子量：263.20

【性　　状】 白色至浅黄色粉末,密度1.84g/cm³，熔点168.64℃，沸点482.7℃。

【制　　法】

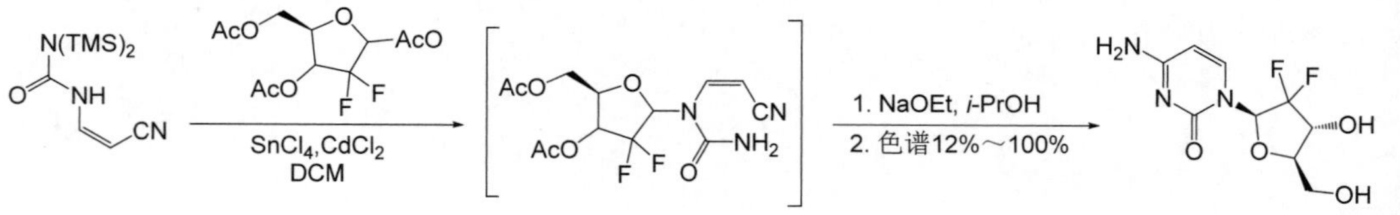

【用　　途】 吉西他滨为一种新的胞嘧啶核苷衍生物。和阿糖胞苷一样，进入人体内后由脱氧胞嘧啶激酶活化，由胞嘧啶核苷脱氨酶代谢。本品为嘧啶类抗肿瘤药物，作用机制和阿糖胞苷相同，其主要代谢物在细胞内掺入 DNA，主要作用于 G_1/S 期。但不同的是双氟脱氧胞苷除了掺入 DNA 以外，还能抑制核苷酸还原酶，导致细胞内脱氧核苷三磷酸酯减少；和阿糖胞苷另一不同点是它能抑制脱氧胞嘧啶脱氨酶减少细胞内代谢物的降解，具有自我增效的作用。在临床上，本品和阿糖胞苷的抗瘤谱不同，对多种实体肿瘤有效。

【生产厂家】 上海创诺制药有限公司、连云港杰瑞药业有限公司、湖北一半天制药有限公司、浙江海正药业股份有限公司。

【参考资料】

[1] Hertel L W . Nucleosides: GB2136425[P].1984-9-19.

[2] Kylie B, Weymounth-Wilson A, Liclau B, et al. A linear synthesis of gemcitabine[J]. Carbohydrate Research, 2015, 406: 71-75.

08007

卡培他滨 Capecitabine [154361-50-9]

【名　　称】 5'-脱氧-5-氟-*N*-[(戊氧基)羰基]胞嘧啶核苷。

5'-deoxy-5-fluoro-*N*-[(pentyloxy)carbonyl]cytidine。

【结 构 式】

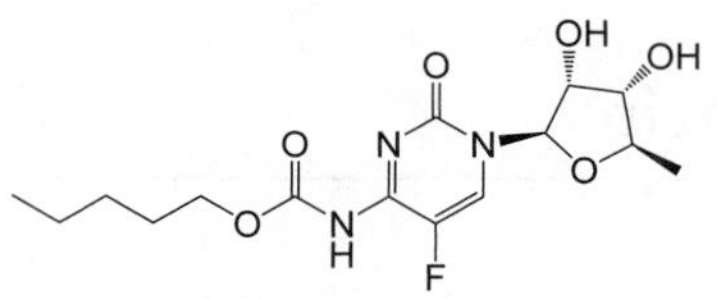

分子式：$C_{15}H_{22}FN_3O_6$

分子量：359.35

【性　　状】 白色至米色粉末，熔点 110～121℃，密度(1.49±0.1)g/cm³。

【制　　法】

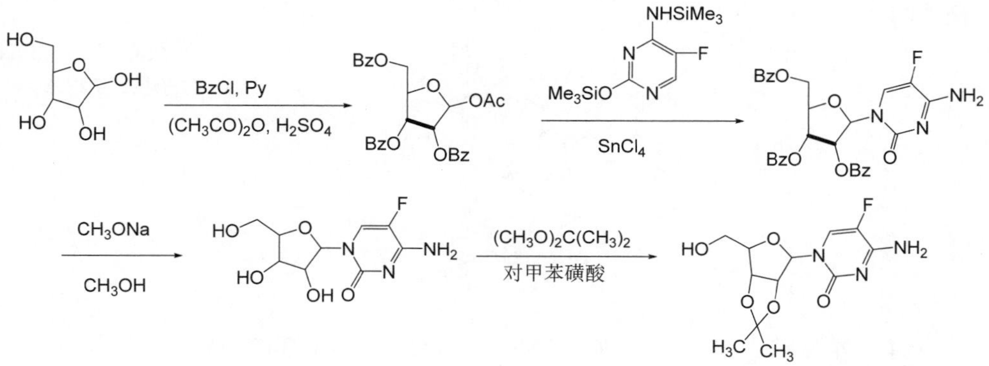

BzCl, Py
$(CH_3CO)_2O$, H_2SO_4

$SnCl_4$

CH_3ONa
CH_3OH

$(CH_3O)_2C(CH_3)_2$
对甲苯磺酸

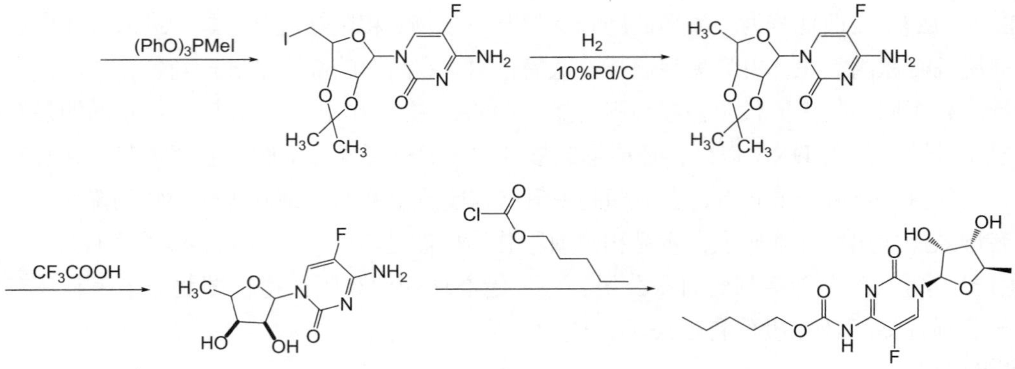

$\xrightarrow{(PhO)_3PMeI}$ $\xrightarrow[10\%Pd/C]{H_2}$ $\xrightarrow{CF_3COOH}$

【用　　途】本品是5-氟尿嘧啶(5-FU)的前药，在体内转化成5-FU，从而发挥抗癌作用。其抗癌活性与5'-脱氧-5-氟尿嘧啶(5'-DFUR)相似，且活性与使用总剂量有关，而与治疗使用时间长短无关。临床用于直肠癌和结肠癌的一线治疗，同时也可作为转移型乳腺癌的单独或联合治疗。本品无细胞毒性，疗效好，安全。

【生产厂家】连云港贵科药业有限公司、连云港贵科药业有限公司、连云港润众制药有限公司、江苏恒瑞医药股份有限公司。

【参考资料】

[1] Arasaki M, Ishitsuka H, Kuruma I,et al.*N*⁴-(substitutedoxycarbonyl)-5′-deoxy-5-fluorocytidine compounds, compositions and methods of using same: US5472949 [P]. 1995-12-05.

[2] 尤启冬, 林国强. 手性药物——研究与应用. 北京: 化学工业出版社, 2004: 551-553.

08008

戊柔比星 Valrubicin [56124-62-0]

【名　　称】*N*-三氟乙酰阿霉素-14-戊酸。

N-trifluoroacetyladriamycin-14-valerate。

【结 构 式】

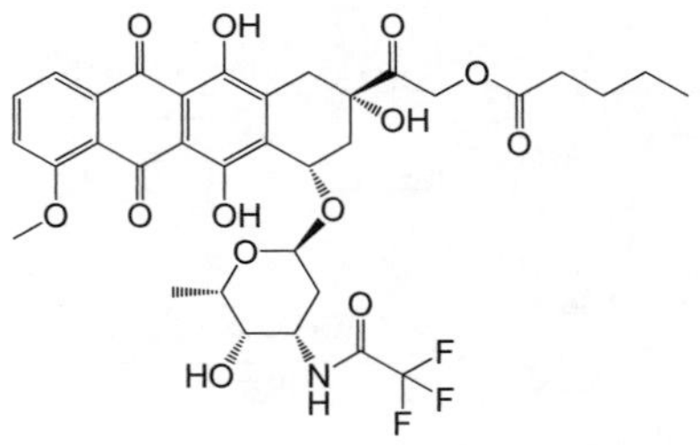

分子式：$C_{34}H_{36}F_3NO_{13}$

分子量：723.64

【性　　状】熔点116～117℃，沸点135～136℃，密度1.3473g/cm³。

【制　　法】

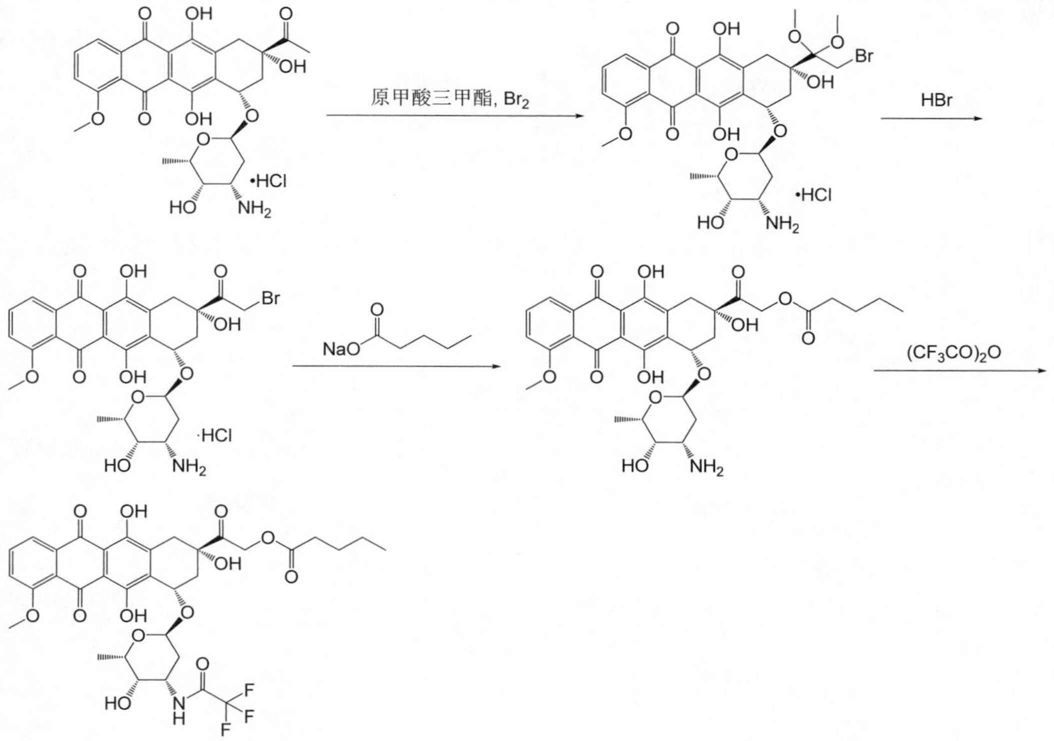

【用　　途】 本品是一种用于治疗膀胱癌的化疗药物，是蒽环类阿霉素的半合成类似物，通过直接注入膀胱给药。

【生产厂家】 Endo Pharmac euticals。

【参考资料】

[1] Israel M, Modest E J. *N*-Trifluoroacetyladriamycin-14-alkanoates and therapeutic compositions containing them: US 1975-616565 [P]. 1975-9-25.

[2] 朱勇，黄维宇，陈齐阳，等. 一种戊柔比星的合成方法: CN201310724211.5[P]. 2013-12-24.

[3] Hauge E,Christiansen H, Rosada C, et al. Topical valrubicin application reduces skin inflammation in murine models[J]. Br J Dermatol. 2012, 167(2): 288-295.

08009

氟维司群 Fulvestrant [129453-61-8]

【名　　称】 7*α*-[9-(4,4,5,5,5-五氟戊基亚硫酰基)壬基]雌甾-1,3,5(10)-三烯-3,17*β*-二醇。

7α-[9-(4,4,5,5,5-pentafluoropentylsulfinyl)nonyl]estra-1,3,5(10)-triene-3,17β-diol。

【结 构 式】

分子式：$C_{32}H_{47}F_5O_3S$

分子量：606.77

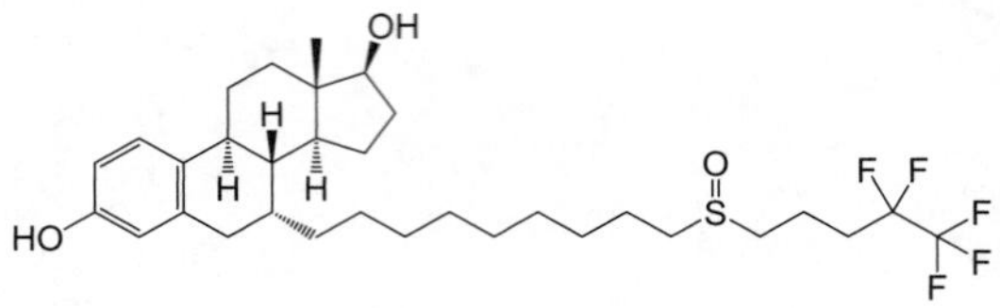

【性　　状】白色粉末，熔点 104～106℃，沸点(674.8±55.0)℃，密度(1.201±0.06)g/cm³。

【制　　法】

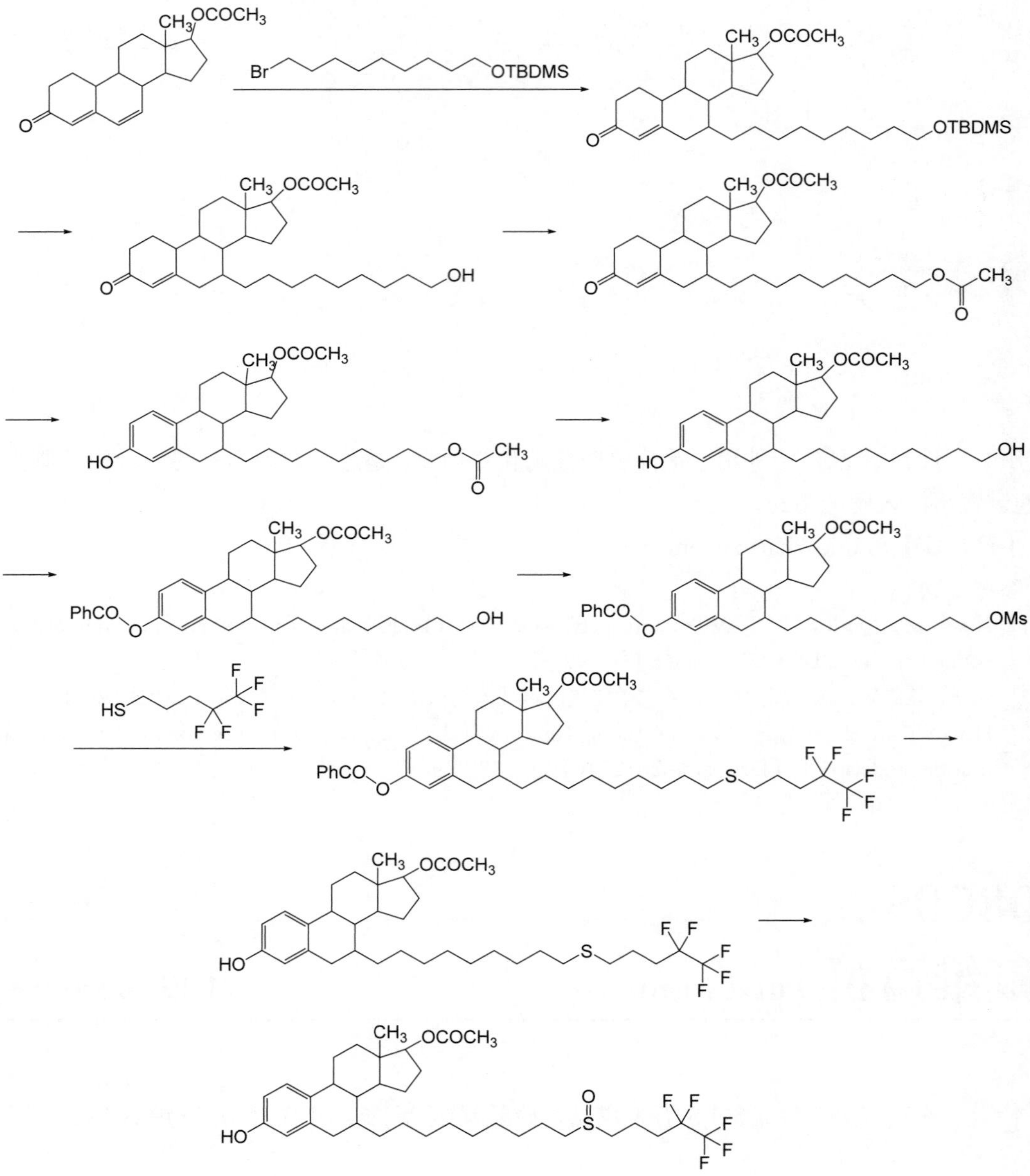

【用　　途】 氟维司群可作为初治激素受体阳性晚期乳腺癌的一线治疗药物，可延长疾病进展和需要替代治疗的时间。对于激素受体阳性绝经后晚期或转移性乳腺癌患者，推荐一线治疗包括 AI 或他莫昔芬内分泌治疗。氟维司群是选择性雌激素受体拮抗药，获批用于治疗 HR 阳性抗雌激素治疗后进展的乳腺癌患者。

【生产厂家】 江苏诺泰澳赛诺生物制药股份有限公司、江苏慧聚药业有限公司。

【参考资料】

[1] 陈玮琳, 王腾, 刘燕兵, 等. 一种氟维司群的新的制备方法: CN102993257A[P]. 2011-09-13.

[2] Garner F,Shomali M, Paquin D, et al. RAD1901: a novel, orally bioavailable selective estrogen receptor degrader that demonstrates antitumor activity in breast cancer xenograft models[J]. Anticancer Drugs. 2015, 26(9): 948-956.

[3] Osborne C K, Wakeling A,Nicholson R I, et al. Fulvestrant: an oestrogen receptor antagonist with a novel mechanism of action[J]. Br J Cancer, 2004, 90 Suppl 1: S2-6.

08010

索拉非尼 Sorafenib [284461-73-0]

【名　　称】 4-[4-[3-(4-氯-3-三氟甲基苯基)酰脲]苯氧基]-*N*-甲基吡啶-2-甲酰胺。

4-[4-[3-(4-chloro-3-(trifluoromethyl)phenyl)ureido]phenoxy]-*N*-methylpicolinamide。

【结 构 式】

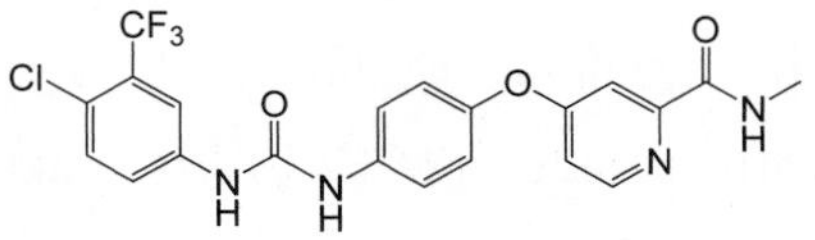

分子式：$C_{21}H_{16}ClF_3N_4O_3$

分子量：464.82

【性　　状】 白色至灰白色固体，熔点 202～204℃，沸点 523.3℃，密度 1.454g/cm^3。

【制　　法】

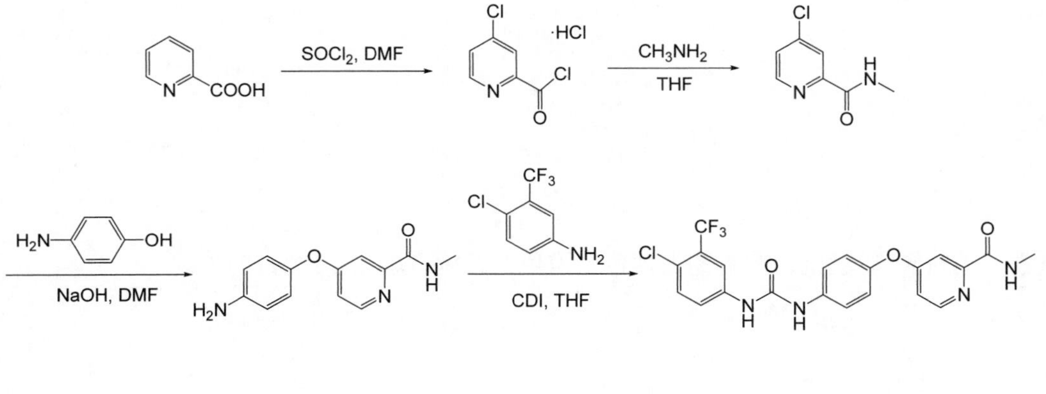

SOCl$_2$, DMF　　·HCl　　CH$_3$NH$_2$ THF

NaOH, DMF　　CDI, THF

【用　　途】 索拉非尼是第一种口服的多激酶抑制剂，靶向作用于肿瘤细胞和肿瘤血管上的丝氨酸/苏氨酸和酪氨酸激酶受体，这两种激酶会影响肿瘤细胞增生及血管生成，而这两种活动在肿瘤生长过程中至关重要。这些激酶包括 RAF 激酶、VEGFR-2(血管内皮生长因子受体)、VEGFR-3、PDGFR-β(血小板衍生生长因子受体)、KIT 和 FLT-3(属Ⅲ型酪氨酸激酶受体家族)。

【生产厂家】 拜耳公司、ONYX 公司、国药一心制药有限公司、江苏希迪制药有限公司、安徽安科恒益药业有限公司、重庆凯林制药有限公司、山东朗诺制药有限公司。

【参考资料】

[1] Sun M, Wei H T, Cai J, et al. Synthesis of Sorafenib[J]. Chin Pharm J, 2009 44 (5): 394-396.

[2] Wilhelm S M, Carter C, Tang L Y, et al. BAY 43-9006 exhibits broad spectrum oral antitumor activity and targets the RAF/MEK/ERK pathway and receptor tyrosine kinases involved in tumor progression and angiogenesis [J]. Cancer Res, 2004, 64(19): 7099-7109.

[3] Scott W, Christopher C, Mark L, et al. Discovery and development of sorafenib: a multikinase inhibitor for treating cancer[J]. Nat Rev Drug Discov, 2006, 5(10): 835-844

08011

苹果酸舒尼替尼 Sunitinib Malate [341031-54-7]

【名　　称】 *N*-[2-(二乙氨基)乙基]-5-[(*Z*)-(5-氟-1,2-二氢-2-氧代-3*H*-吲哚-3-亚基)甲基]-2,4-二甲基-1*H*-吡咯-3-甲酰胺　(2*S*)-2-羟基丁二酸盐。

N-[2-(diethylamino)ethyl]-5-[(*Z*)-(5-fluoro-1,2-dihydro-2-oxo-3*H*-indol-3-ylidene)methyl]-2,4-dimethyl-1*H*-pyrrole-3-carboxamide　(2*S*)-2-hydroxybutanedioic acid(1:1)。

【结 构 式】

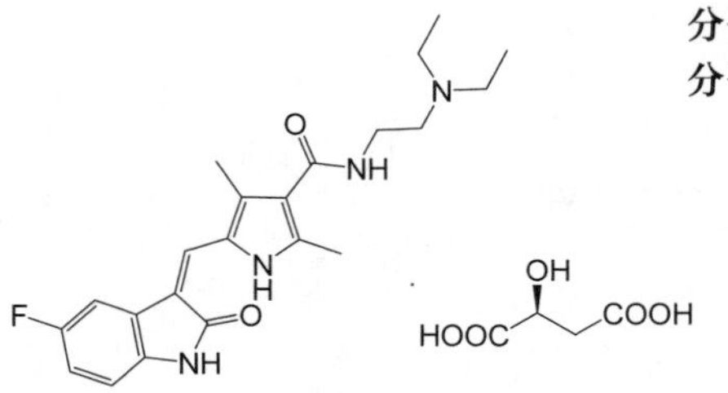

分子式：$C_{22}H_{27}FN_4O_2 \cdot C_4H_6O_5$

分子量：532.57

【性　　状】 胶囊剂，内容物为黄色至橙色的颗粒。熔点 189～191℃。

【制　　法】

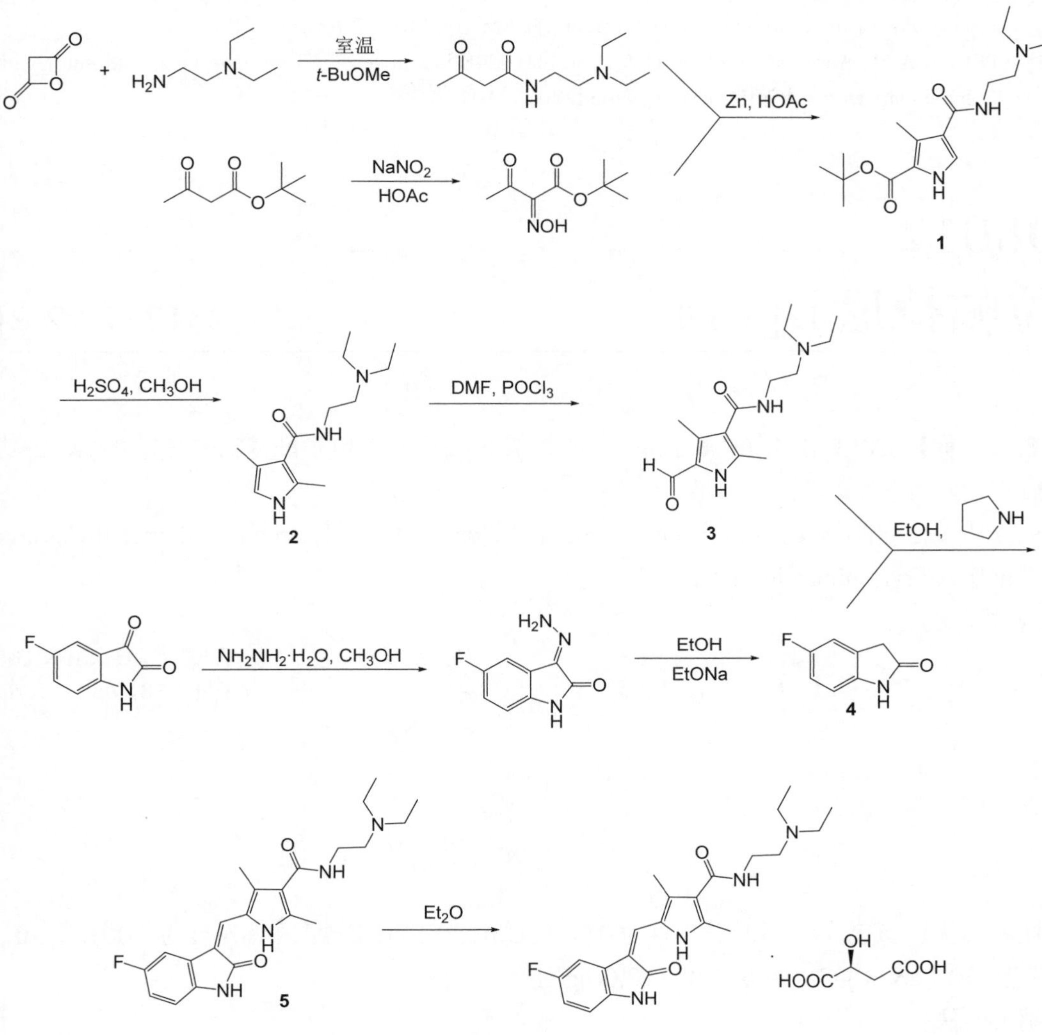

【用　　途】 苹果酸舒尼替尼是一种新型的口服多靶点抗肿瘤药物，属于多靶点酪氨酸激酶抑制剂，具有双重抗肿瘤作用，是唯一突破晚期肾癌 2 年生存期的治疗药物，在肾细胞癌及胃肠间质瘤治疗领域具有核心地位。舒尼替尼通过阻止肿瘤细胞得到生长所需的血液和养分起到治疗作用。临床试验表明，该药能延缓胃肠道间质肿瘤的生长速度，并能缩小肾细胞肿瘤的尺寸。苹果酸舒尼替尼是第一个能够选择性地针对多种酪氨酸激酶受体的新型靶向药物，结合了中止向肿瘤细胞供应血液的抗血管形成和直接攻击肿瘤细胞的抗肿瘤两种作用机制。它代表了新一轮靶向疗法的问世，既能直接攻击肿瘤，又无常规化疗的毒副反应。

【生产厂家】 美国辉瑞公司、河北道恩药业有限公司、江苏希迪制药有限公司、山东朗诺制药有限公司、山东安弘制药有限公司。

【参考资料】
[1] Ali M, Bagratuni T, Davenport E L, et al. Structure of the Ire1 autophosphorylation complex and implications for the unfolded protein response[J]. Embo J, 2011, 30(5):894-905.
[2] O'Farrell A M, Abrams T J, Yuen H A,et al. SU11248 is a novel FLT3 tyrosine kinase inhibitor with potent activity *in vitro* and *in vivo* [J]. Blood. 2003, 101(9): 3597-3605.

08012

拉帕替尼 Lapatinib [231277-92-2]

【名　　称】*N*-[3-氯-4-[(3-氟苯基)甲氧基]苯基]-6-[5-[(2-甲磺酰基乙基氨基)甲基]-2-呋喃]-4-喹唑啉胺；泰立沙®。

Tykerb®;*N*-[3-chloro-4-[(3-fluorophenyl)methoxy]phenyl]-6-[5-[(2-methylsulfonylethylamino)methyl]-2-furyl]quinazolin-4-amine。

【结 构 式】

分子式：$C_{29}H_{26}ClFN_4O_4S$
分子量：581.06

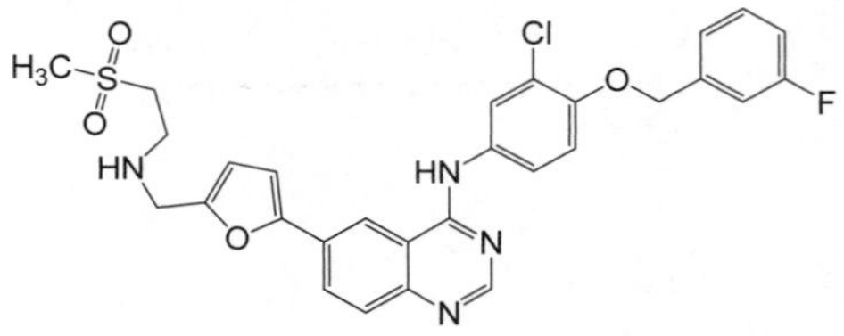

【性　　状】黄色片剂，水中溶解度为0.007mg/mL，0.1mol/L盐酸中溶解度为0.001mg/mL，沸点(750.7±60.0)℃，密度(1.381±0.06)g/cm³。

【制　　法】

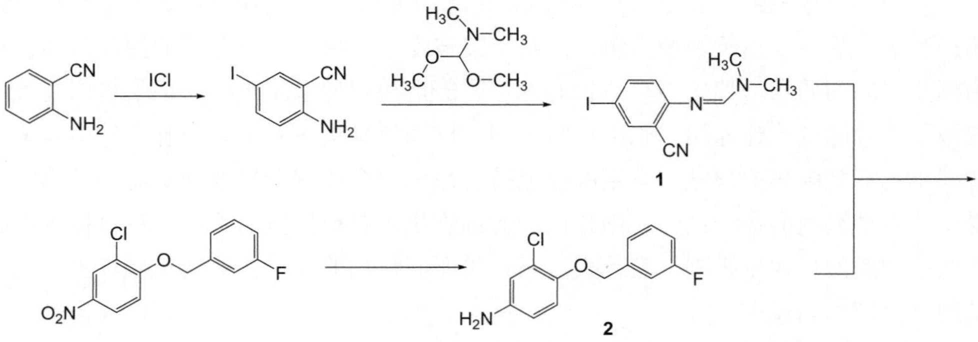

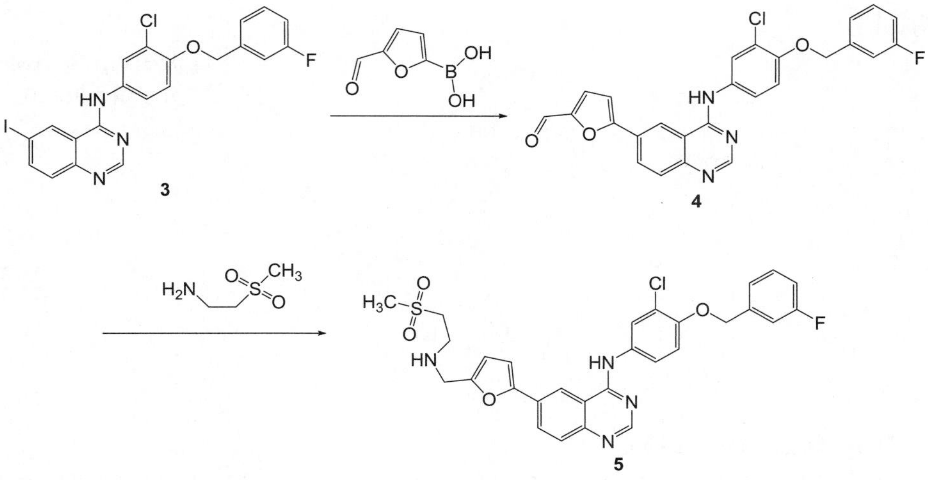

【用　　途】拉帕替尼是一种口服的针对 HER-1/HER-2 的可逆性小分子酪氨酸激酶抑制剂。与已批准上市的人源化单克隆抗体药物赫赛汀作用机制不同，拉帕替尼能够通过双重阻断 HER-1/HER-2 通路从而下调细胞增殖信号。临床适应证为联合卡培他滨治疗 HER-2 过度表达且既往接受过包括蒽环类、紫杉类和曲妥珠单抗治疗的晚期或转移性乳腺癌。晚期一线的单药治疗有效率约 12%～24%，一般临床指南推荐二线用药，与卡培他滨联合治疗的有效率约 26%～33%，临床获益率最高可达 71.3%，也是最常用的拉帕替尼联合化疗方案。

【生产厂家】 泰州亿腾景昂药业股份有限公司、山东华颐康制药有限公司、神隆医药(常熟)有限公司、江苏希迪制药有限公司、先声药业有限公司。

【参考资料】

[1] 季兴, 王武伟, 许贯虹, 等. 拉帕替尼的合成[J]. 中国医药工业杂志, 2009, 40(11): 801-804.

[2] Rusnak D W, Lackey K, Affleck K,et al. The effects of the novel, reversible epidermal growth factor receptor/ErbB-2 tyrosine kinase inhibitor, GW2016, on the growth of human normal and tumor-derived cell lines *in vitro* and *in vivo*[J]. Mol Cancer Ther, 2001, 1(2): 85-94.

08013

酒石酸长春氟宁 Vinflunine Ditartrate [194468-36-5]

【名　　称】 20',20'-二氟-3',4'-二氢长春瑞滨二酒石酸盐。

20',20'-difluoro-3',4'-dihydrovinorelbine ditartrate; 4'-deoxy-20',20'-difluoro-5'-norvincaleukoblastine ditartrate;BMS 710485; F 12158;Javlor®;Vinflunine Ditartrate。

【结 构 式】

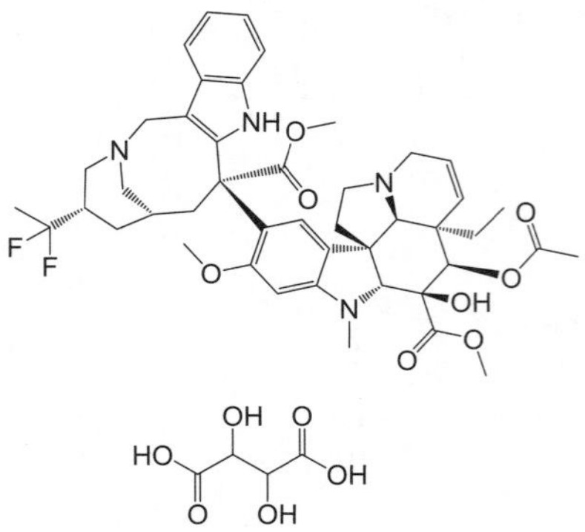

分子式：$C_{49}H_{59}F_2N_4O_{14}$
分子量：966.01

【性　　状】熔点 244～246℃。

【制　　法】以酒石酸长春质碱、文多灵为原料，连续化合成脱水长春碱、长春瑞滨、酒石酸长春氟宁，具体如下：

（1）向 5L 反应釜中加入酒石酸长春质碱 50g 和文多灵 51g，同时加入 1300mL 纯化水，再加入少量盐酸溶液、甘氨酸，将先溶解好的 150mL 氯化铁溶液倒入反应釜中，常温下，封闭体系，反应过夜，待原料反应接近完毕后，向反应液中加入 0.7L 硼氢化钠溶液（含硼氢化钠固体 3.5g），并加入适量碱液，调节体系呈碱性，并充分搅拌均匀，再用氯仿萃取，收集有机相，合并有机相，浓缩至干，称重，得到脱水长春碱 98g，此步收率 97.03%。将 98g 脱水长春碱用 500mL 甲醇溶解，转移至冰箱中，结晶过夜，重复此操作 3 次，得到脱水长春碱精品，HPLC 检测，其纯度为 99.17%，烘干，质量为 68g，此步收率 69.39%。

（2）将 68g 脱水长春碱用 350mL 二氯甲烷溶解，加入 2000mL 圆底瓶中，加载液氮，将体系温度降至 0℃，迅速加入 10mL 三氟乙酸，继续降温至−80℃，加入 17g 溴代丁二酰亚胺，加完后，密闭体系，反应 2h，反应结束后，立即撤去−80℃液氮，换上−20℃液氮，保温，此温度下加入 27.5g 乙酸铵，加入后立即加入四氟硼酸银 12.2g，并加入 140mL 四氢呋喃水溶液，加完后保温反应 30min，之后撤去液氮，于常温下反应 2h，反应结束后，用饱和碳酸氢钠溶液将体系 pH 值调成碱性，终止反应，用三氯甲烷萃取，合并有机相旋干，称重，得到长春瑞滨粗碱 67.6g，此步收率 99.4%。将长春瑞滨粗碱用 200mL 三氯甲烷溶解，进行硅胶柱层析，硅胶填量为 500g，用氯仿 : 甲醇=9.5 : 0.5(体积比)的洗脱液进行洗脱，接收纯度大于 99%的洗脱液，浓缩干，称重，得长春瑞滨精品 18.3g，此步收率 27.07%。

（3）向一圆底瓶中加入长春瑞滨 18.3g，加入 95mL 二氯甲烷溶解，置于零度乙醇浴中，保持 10min，立即向瓶内加入 9mL HF/SbF_5 的混合液，密闭体系，反应 2h，用饱和碳酸氢钠溶液将体系 pH 值调成碱性，再用氯仿萃取，合并有机相，浓缩至干，得酒石酸长春氟宁粗品 17.7g，收率 96.72%。酒石酸长春氟宁粗品用 50mL 三氯甲烷溶解，过硅胶柱，硅胶填量为 100g，洗脱液为氯仿 : 甲醇=9.5 : 0.5，接收纯度大于 99%的洗脱液，合并浓缩至干，称重，得 4.7g 酒石酸长春氟宁精品，收率 26.55%。

【用　　途】 酒石酸长春氟宁是一种新型的长春化碱化合物，由长春瑞滨衍生而来，通过 Superacidic chimistry 技术在母体化合物上引入了两个氟原子。本品可以和微管相互作用，抑制微管聚集，使细胞在有丝分裂中期停止，其微管结合活性和其他长春花碱化合物相比有很大的不同，显示出更强的抗肿瘤作用，目前临床上应用于治疗膀胱癌。

【生产厂家】 国家药品监督管理局(NMPA)上查无生产企业。

【参考资料】

[1] 肖亮, 全海天, 徐永平, 等. 长春氟宁抗肿瘤作用的研究[J]. 中国药理学通报, 2007, 23(4): 507-511.

[2] 抗肿瘤药物长春氟宁[J]. 药学进展, 2012, 36(6): 283-284.

[3] 何小解. 一种脱水长春碱、长春瑞滨及长春氟宁连续化合成工艺: CN103788117A[P].2014-05-14.

[4] Fahy J, Duflos A, Ribet J P, et al. Vinca alkaloids in superacidic media: a method for creating a new family of antitumor derivatives[J]. J Am Chem Soc, 1997, 119(36): 8576-8577.

08014

氟他胺 Flutamide [13311-84-7]

【名　　称】 2-甲基-*N*-[4-硝基-3-(三氟甲基)苯基]丙酰胺;氟硝丁酰胺; 3-三氟甲基-4-硝基苯基异丁酰胺; 氟他米特。

2-methyl-*N*-[4-nitro-3-(trifluoromethyl) phenyl]-propionamide。

【结 构 式】

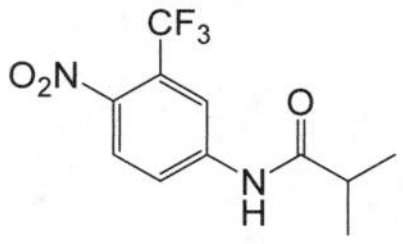

分子式： $C_{11}H_{11}F_3N_2O_3$

分子量： 276.21

【性　　状】 淡黄色针状结晶，熔点 112℃，沸点(400.3±45.0)℃，密度 1.3649g/cm^3。

【制　　法】

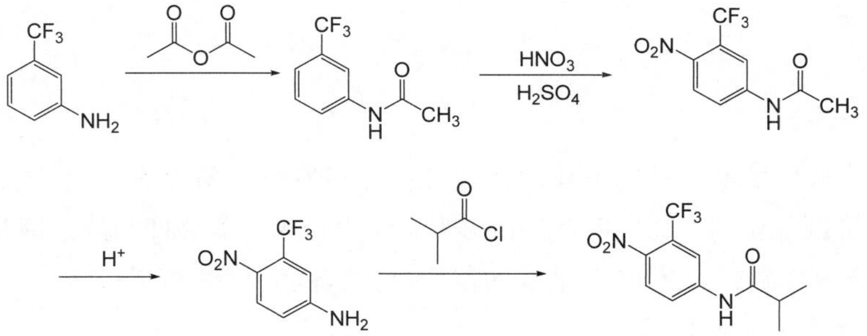

【用　　途】 氟他胺是一种非类固醇雄性激素拮抗剂，属酰基苯胺类，是前列腺癌的一线治疗药物。最先由美国 Schering-Plough 公司设计合成，1989 年作为治疗前列腺癌药物在美国首先上市。由于氟他胺自身没有任何激素活性，治疗前列腺疾病效果好，且对心血管无影响，并可保持患者性功能，目前在欧美国家已逐步成为治疗前列腺癌与前列腺增生的常用药物，同时也能用于与雄激素相关的非前列腺疾病，国际上均已有大量研究。而且氟他胺的不良反应发生率低，低剂量多次口服时患者能很好地耐受，故其得以广泛应用。

【生产厂家】 上海复旦复华药业有限公司、江苏天士力帝益药业有限公司。

【参考资料】

[1] 吴小弟. 氟他胺的合成工艺: CN103408447 A[P]. 2013-07-01.

[2] Simard J,Luthy I, Guay J, et al. Characteristics of interaction of the antiandrogen flutamide with the androgen receptor in various target tissues[J]. Mol Cell Endocrinol, 1986, 44(3):261-70.

[3] Luthy I A, Begin D J, Labrie F, et al. Androgenic activity of synthetic progestins and spironolactone in androgen-sensitive mouse mammary carcinoma (Shionogi) cells in culture[J]. J Steroid Biochem, 1988, 31(5): 845-852.

08015

美法仑氟苯酰胺 Melphalan Flufenamide [380449-51-4]

【名　　称】 (2*S*)-2-(((2*S*)-2-氨基-3-(4-(双(2-氯乙基)氨基)苯基)丙酰基)氨基)-3-(4-氟苯基)丙酸乙酯；马法兰氟灭酰胺；美法仑基-L-对氟苯丙氨酸乙酯。

ethyl (2*S*)-2-(((2*S*)-2-amino-3-(4-(bis(2- chloroethyl)amino)phenyl)propanoyl)amino)-3-(4-fluorophenyl)propanoate。

【结 构 式】

分子式：$C_{24}H_{30}Cl_2FN_3O_3$
分子量：498.42

Cl N NH2 H N O O O Cl F

【用　　途】 本品是第一种用于复发性或难治性多发性骨髓瘤患者的抗癌肽-药物结合物。Pepaxto 将烷基化剂与靶向氨肽酶的多肽偶联在一起，能够抑制造血细胞和实体瘤细胞的增殖并诱导其凋亡，是 FDA 批准的首个抗癌肽偶联药物(PDC)。

【生产厂家】 Oncopeptides Inc。

【参考资料】

Dhillon S . Melphalan Flufenamide (Melflufen): first approval[J]. Drugs, 81(8): 963-969.

08016

尼鲁米特 Nilutamide [63612-50-0]

【名　　称】5,5-二甲基-3-[4-硝基-3-(三氟甲基)苯基]-2,4-咪唑烷二酮。

5,5-dimethyl-3-[4-nitro-3-(trifluoromethyl)phenyl]-2,4-imidazolidinedione。

【结 构 式】

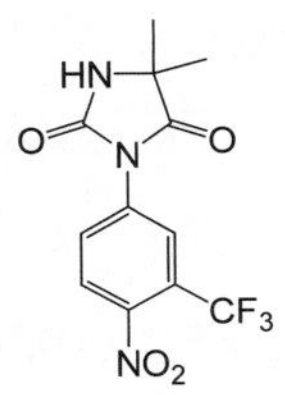

分子式：$C_{12}H_{10}F_3N_3O_4$

分子量：317.22

【性　　状】结晶固体，熔点 149℃，密度(1.463±0.06)g/cm^3。

【制　　法】

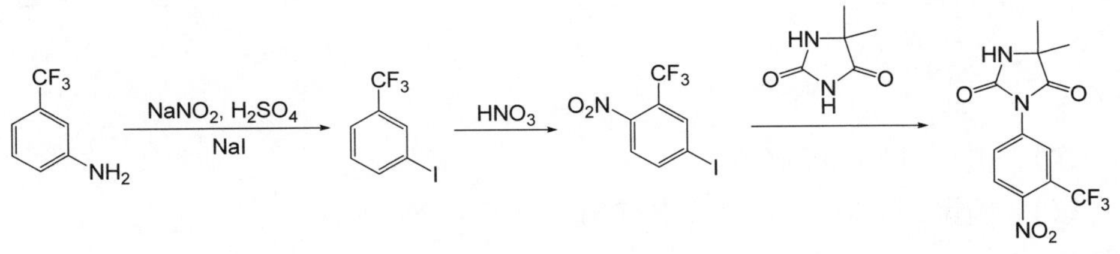

$NaNO_2$, H_2SO_4 / NaI；HNO_3

【用　　途】非甾体抗雄性激素，但对其他甾受体均无作用。用于治疗已转移的前列腺癌。

【生产厂家】武汉华玖医药科技有限公司、上海信凯生物医药科技有限公司。

【参考资料】

[1] 陶晓红, 张文城, 石勇,等. 间三氟甲基苯胺合成尼鲁米特[J]. 化工生产与技术, 2014, 21(5): 9-11.

[2] Harris M G, Coleman S G, Faulds D, et al. Nilutamide: A review of its pharmacodynamic and pharmacokinetic properties, and therapeutic efficacy in prostate cancer [J]. Drugs Aging, 1993, 3(1): 9-25.

[3] Ask K, Décologne N, Ginies C, et al. Metabolism of nilutamide in rat lung[J]. Biochem Pharmacol, 2006, 71(3): 377-385.

08017

乙嘧替氟 Emitefur [110690-43-2]

【名　　称】(6-苯甲酰氧基-3-氰基吡啶-2-基) 3-[3-(乙氧基甲基)-5-氟-2,6-氧化-3,6-二氢嘧啶-1(2*H*)-基]苯甲酸酯。

(6-benzoyloxy-3-cyanopyridin-2-ly) 3-[3-(ethoxymethyl)-5-fluoro-2,6-dioxopyrimidine-1-carbonyl] benzoate。

【结 构 式】

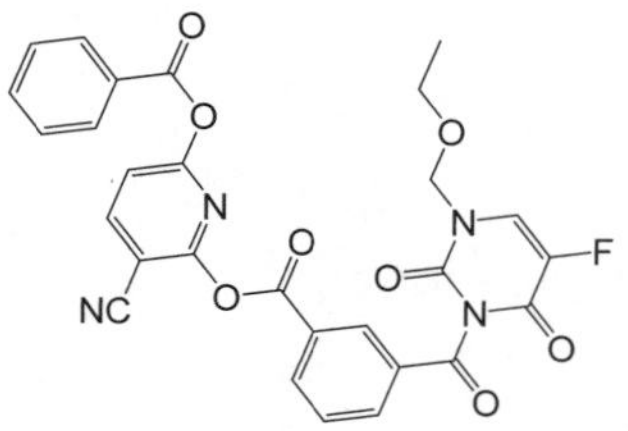

分子式：$C_{28}H_{19}FN_4O_8$

分子量：558.47

【性　　状】熔点 162～164℃，沸点(755.1±70.0)℃，密度(1.52±0.1)g/cm^3。

【制　　法】

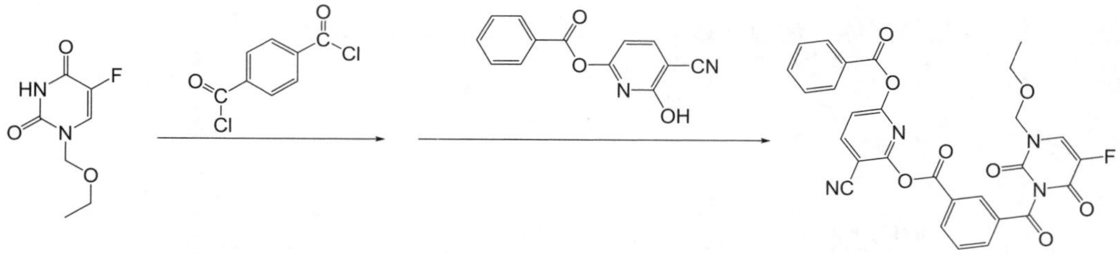

【用　　途】抗代谢类抗肿瘤药。

【生产厂家】国家药品监督管理局(NMPA)上查无生产企业。

【参考资料】

Fujii S. Preparation, testing, and formulation of 3-[3-(6-benzoyloxy-2-pyridyloxycarbonyl) benzoyl]-5-fluoro uracils as neoplasm inhibitors:DE 3709699[P]. 1987-3-25.

08018

比卡鲁胺 Bicalutamide [90357-06-5]

【名　　称】*N*-[4-氰基-3-(三氟甲基)苯基]-3-(4-氟苯磺酰基)-2-甲基-2-羟基丙酰胺。

N-(4-cyano-3-(trifluoromethyl)phenyl)-3-((4-fluorophenyl)sulfonyl)-2-hydroxy-2-methylpropanamide。

【结 构 式】

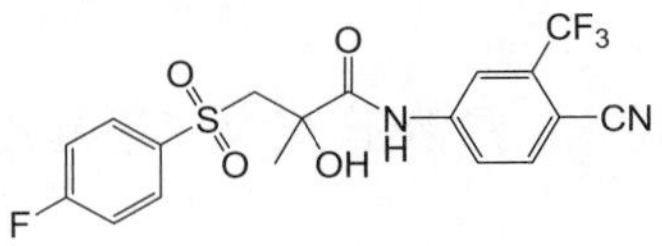

分子式： $C_{18}H_{14}F_4N_2O_4S$
分子量： 430.37

【性　　状】 白色薄膜衣片，熔点 191～193℃，沸点(650.3±55.0)℃，密度(1.52±0.1)g/cm³。

【制　　法】

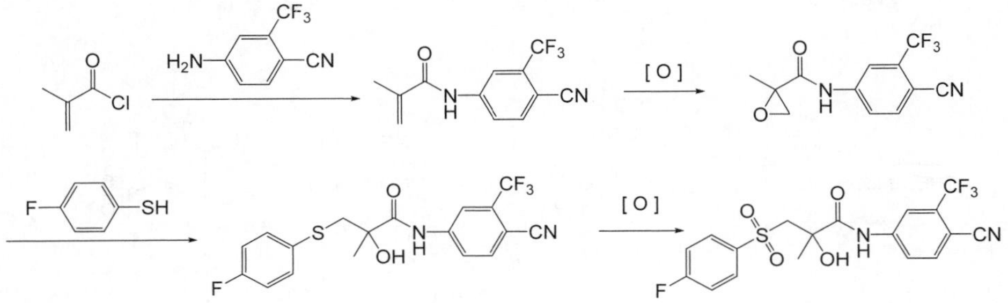

【用　　途】 一种激素类药物。为前列腺癌治疗药物，用于治疗晚期前列腺癌。

【生产厂家】 上海复旦复华药业有限公司、山西振东制药股份有限公司、陕西大生制药科技有限公司、连云港杰瑞药业有限公司、山西振东泰盛制药有限公司、连云港润众制药有限公司。

【参考资料】

[1] 肖涛，张孝清，田春梅，等. 比卡鲁胺的合成[J]. 合成化学，2003，11(4)：346-348.

[2] Clegg NJ Wongvipat J, Joseph J D,et al. ARN-509: a novel anti-androgen for prostate cancer treatment[J]. Cancer Res, 2012, 72(6): 1494-1503.

08019

维莫非尼 Vemurafenib　[918504-65-1]

【名　　称】 *N*-[3-[[5-(4-氯苯基)-1*H*-吡咯并[2,3-*b*]吡啶-3-基]羰基]-2,4-二氟苯基]丙烷-1-磺酰胺。

N-[3-[[5-(4-chlorophenyl)-1*H*-pyrrolo[2,3-*b*]pyridine-3-yl]carbonyl]-2,4-difluorophenyl]-1-propanesulfonamide。

【结 构 式】

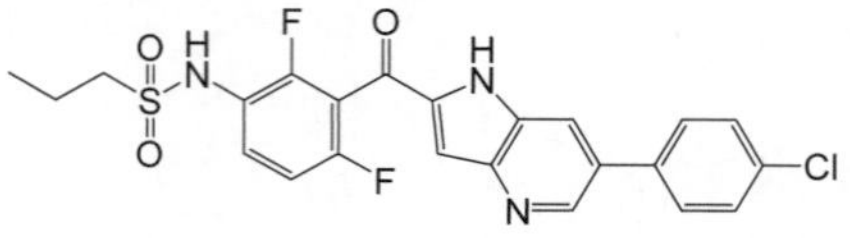

分子式： $C_{23}H_{18}ClF_2N_3O_3S$

分子量： 489.92

【性　　状】 白色粉末或块状粉末。易溶于 *N,N*-二甲基乙酰胺，难溶于丙酮，几乎不溶于水。

【制　　法】

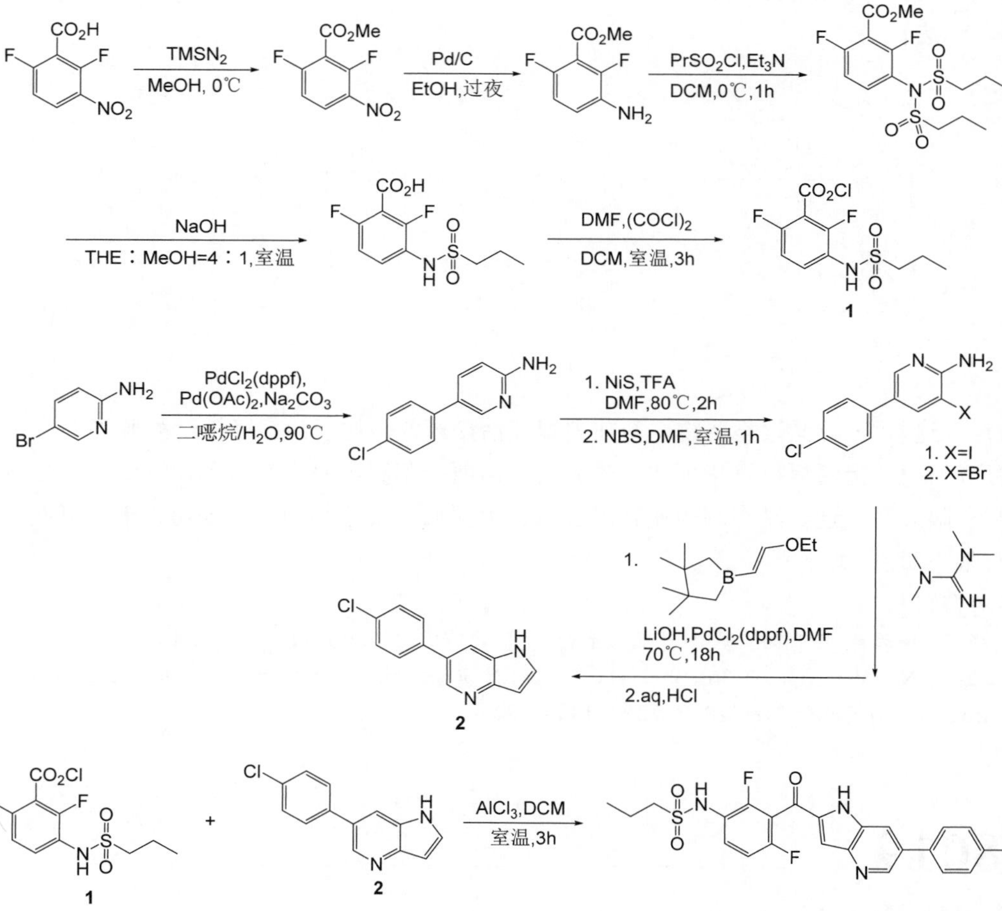

【用　　途】 用于治疗晚期转移性或不能切除的黑色素瘤。

【生产厂家】 Hoffmann。

【参考资料】

[1] Aliagas I, Gradl S, Gunzner J, et al. Raf inhibitor compounds and methods of use thereof: Wo 2011025938[P].2010-08-27.

[2] Brumsted C J, Moorlag H, Radinov R N, et al. Novel processes for the manufacture of propane-1-sulfonic acid -amide: US 2012022258[P]. 2011-07-15.

08020

艾德拉尼 Idelalisib [870281-82-6]

【名　　称】 2-[(1*S*)-1-(9*H*-嘌呤-6-基氨基)丙基]- 5-氟-3-苯基-4(3*H*)-喹唑啉酮。(*S*)-2-[1-((9*H*-purin-6-yl)amino)propyl]-5-fluoro-3-phenylquinazolin-4(3*H*)-one。

【结 构 式】

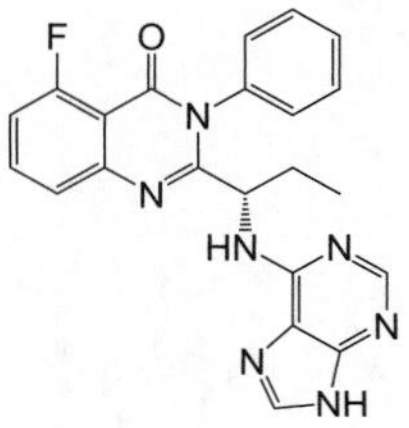

F O N N HN N N N NH

分子式：$C_{22}H_{18}FN_7O$
分子量：415.42

【性　　状】 白色或类白色粉末。

【制　　法】

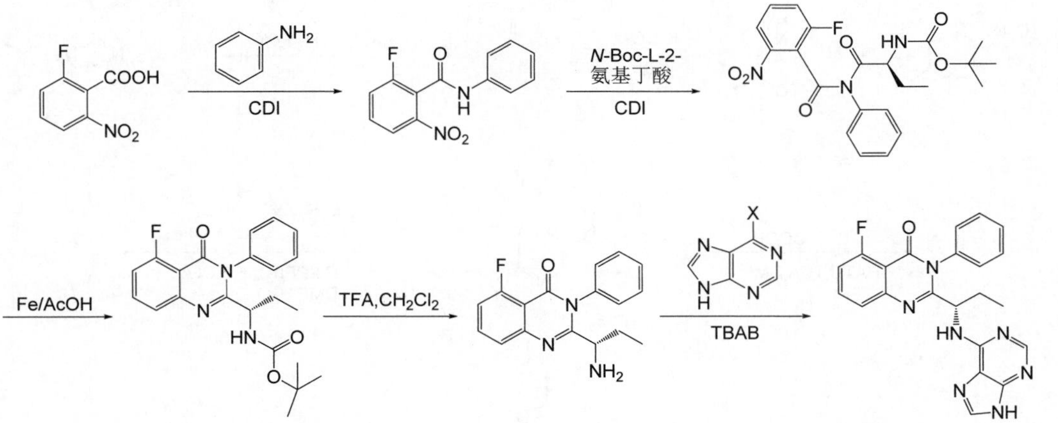

F COOH NO_2 —(NH_2 苯胺, CDI)→ F O N H NO_2 —(*N*-Boc-L-2-氨基丁酸, CDI)→ F O_2N O N O HN O O

—(Fe/AcOH)→ F O N N HN O O —(TFA,CH_2Cl_2)→ F O N N NH_2 —(X, N N N N H, TBAB)→ F O N N HN N N N NH

【用　　途】 本品适用于复发慢性淋巴细胞性白血病(CLL)、复发滤泡 B-细胞非霍奇金淋巴瘤(FL)、复发性小淋巴细胞淋巴瘤(SLL)的治疗。

【生产厂家】 Gilead Sciences Inc。

【参考资料】

Xing Y J, Liu Y T, Zhang J B. High refractive index room temperature ionic liquid: CN 104130263[P]. 2014-11-05.

08021

索尼德吉 Sonidegib [956697-53-3]

【名　　称】 *N*-[6-[(2*R*,6*S*)-2,6-二甲基-4-吗啉基]-3-吡啶基]-2-甲基-4'-(三氟甲氧基)-[1,1'-联苯基]-3-甲酰胺。

N-[6-[(2*R*,6*S*)-2,6-dimethyl-4-morpholinyl]-3-pyridinyl]-2-methyl-4'-(trifluoromethoxy)-[1,1'-biphenyl]-3-carboxamide;Odomzo®。

【结 构 式】

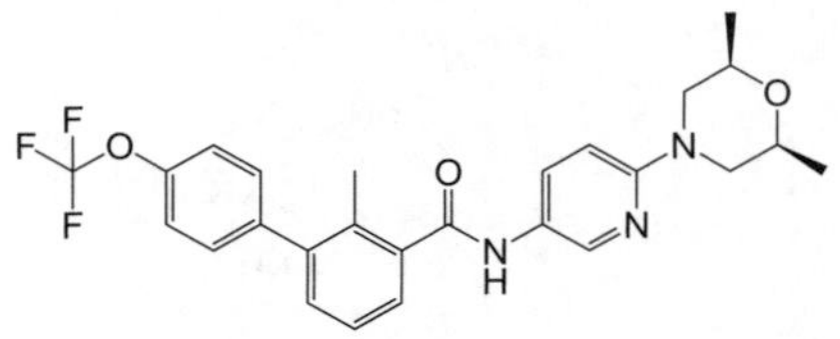

分子式：$C_{26}H_{26}F_3N_3O_3$

分子量：485.50

【性　　状】 白色固体。

【制　　法】

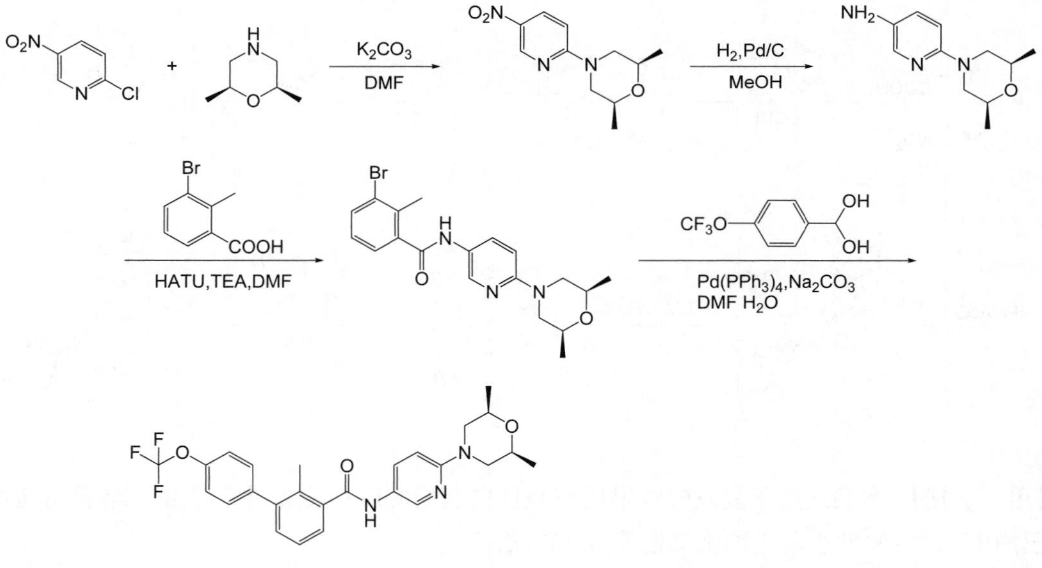

O_2N-2-氯吡啶 + 2,6-二甲基吗啉 —(K_2CO_3, DMF)→ … —(H_2, Pd/C, MeOH)→ NH_2 … —(3-溴-2-甲基苯甲酸, HATU, TEA, DMF)→ … —(CF_3O-C₆H₄-B(OH)₂, $Pd(PPh_3)_4$, Na_2CO_3, DMF H_2O)→ 产物

【用　　途】 本品适用于有局部晚期基底细胞癌(BCC)手术或放疗后已复发，或不适合接受手术或放疗的局部晚期基底细胞癌患者的治疗。

【生产厂家】 Novartis。

【参考资料】

王德银, 徐欣, 戚聿新, 等. 一种索尼吉布中间体及索尼吉布的制备方法: CN 109293649[P]. 2019-02-01.

08022

瑞卡帕布 Rucaparib [283173-50-2]

【名　　称】 8-氟-5-(4[(甲基氨基)甲基]苯基]-2,3,4,6-四氢-1*H*-氮杂并[5,4,3-*cd*]吲哚-1-酮。

8-fluoro-2-[4-[(methylamino)methyl]phenyl]-4,5-dihydro-1*H*-azepino[5,4,3-*cd*]indol-6(3*H*)-one。

【结 构 式】

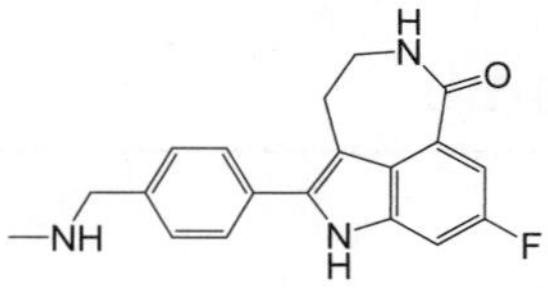

分子式： $C_{19}H_{18}FN_3O$

分子量： 323.36

【性　　状】 黄色固体，沸点(625.2±55.0)℃，密度(1.281±0.06)g/cm^3。

【制　　法】 以5-氟-2-甲基苯甲酸为原料，经硝化、酯化得到5-氟-2-甲基-3-硝基苯甲酸甲酯，与DMF-DMA反应后再催化氢化得到6-氟-1*H*-吲哚-4-甲酸甲酯，通过Vilsmeier-Hacck反应得到6-氟-3-醛基-1*H*-吲哚-4-甲酸甲酯，其与硝基甲烷反应后经硼氢化钠还原得到6-氟-3-(2-硝乙基)-1*H*-吲哚-4-甲酸甲酯，其经催化氢化得到8-氟-3,4,5,6-四氢-1*H*-苯并氮杂䓬[5,4,3-*cd*]吲哚-6-酮，溴代得到8-氟-2-溴-3,4,5,6-四氢-1*H*-苯并氮杂䓬[5,4,3-*cd*]吲哚-6-酮，通过Suzuki反应得到8-氟-2-(4-苯甲酰)-3,4,5,6-四氢-1*H*-苯并氮杂䓬[5,4,3-*cd*]吲哚-6-酮，还原氨化得到瑞卡帕布。

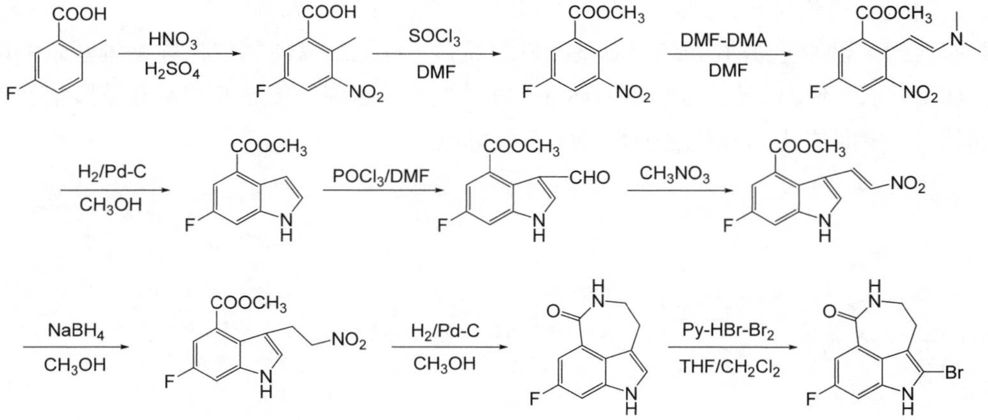

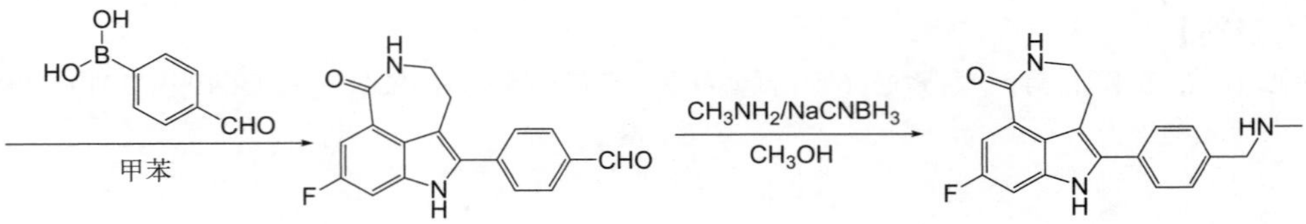

【用　　途】 通过抑制聚腺苷二磷酸核糖聚合酶(PARP)的活性，从而增强放疗和 DNA 损伤类化疗药物的效果。

【生产厂家】 辉瑞公司。

【参考资料】

耿元硕, 胡珀, 王欣, 等. 聚腺苷二磷酸核糖聚合酶抑制剂 Rucaparib 的合成研究[J]. 精细化工中间体, 2012, 42(05): 48-52.

08023

卡博替尼 Cabozantinib [849217-68-1]

【名　　称】 *N*-(4-[(6,7-二甲氧基-4-喹啉基)氧基]苯基)-*N*'-(4-氟苯基)-1,1-环丙烷二甲酰胺; *N*-(4-[(6,7-dimethoxyquinolin-4-yl)oxy]phenyl)-*N*'-(4-fluorophenyl)cyclopropane-1,1-dicarboxamide。

【结 构 式】

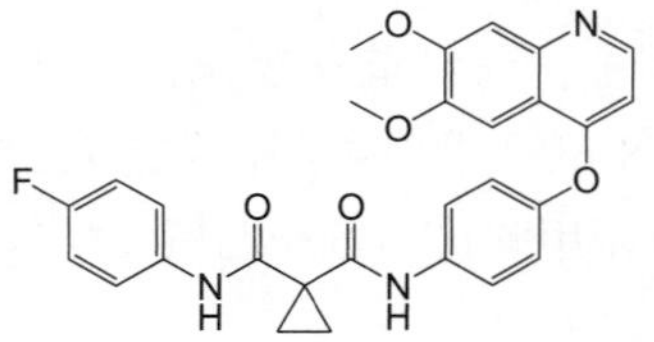

分子式： $C_{28}H_{24}FN_3O_5$

分子量： 502

【性　　状】 白色粉末，沸点(758.1±60.0)℃，密度 1.396g/cm^3。

【制　　法】 以 4-羟基-6,7-二甲氧基喹啉为原料，经三氯氧磷氯化，与 4-硝基苯酚取代后，利用 Pb/C 还原硝基，得到中间体 **4**。再以 1,1-环丙烷二羧酸 **5** 与对氟苯胺缩合得到中间体 **6**。中间体 **4** 和 **6** 经过缩合得到卡博替尼。

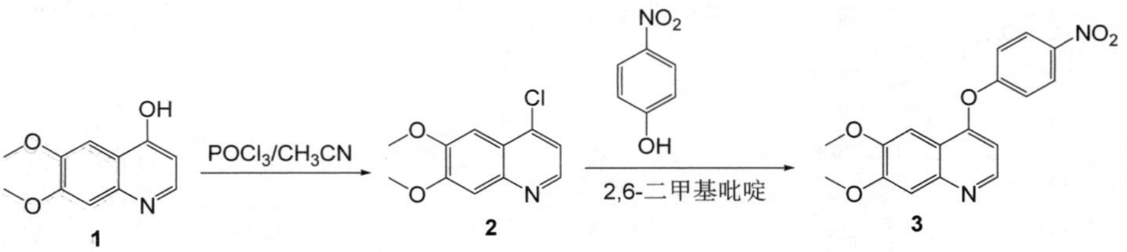

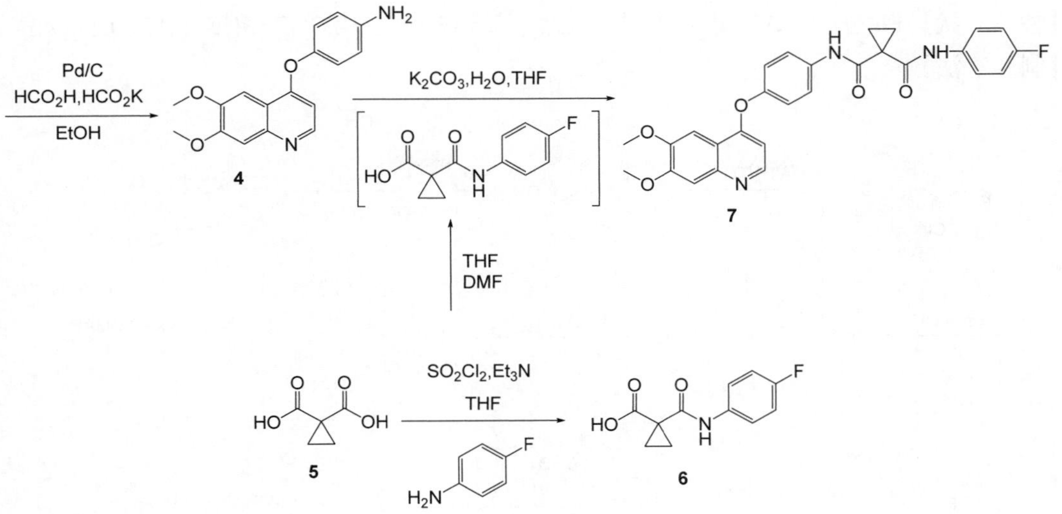

【用　　途】 本品用于治疗已经转移的甲状腺髓样癌。

【生产厂家】 Exelixis 制药公司、乐普药业股份有限公司、深圳万乐药业有限公司、先声药业有限公司、南京海润医药有限公司、南京正大天晴制药有限公司、四川科伦药业股份有限公司、连云港润众制药有限公司、江苏豪森药业集团有限公司、四川仁安药业有限责任公司。

【参考资料】

Wilson J A. Processes for preparing quinoline compounds and pharmaceutical compositions containing such compounds: WO 2012109510[P]. 2012-08-16.

08024

克唑替尼 Crizotinib [877399-52-5]

【名　　称】 (*R*)-3-[1-(2,6-二氯-3-氟苯基)乙氧基]-5-[1-(哌啶-4-基)-1*H*-吡唑-4-基]吡啶-2-胺。(*R*)-3-[1-(2,6-dichloro-3-fluorophenyl)ethoxy]-5-[1-(piperidin-4-yl)-1*H*-pyrazol-4-yl]pyridin-2-amine。

【结 构 式】

分子式：$C_{21}H_{22}Cl_2FN_5O$

分子量：450.34

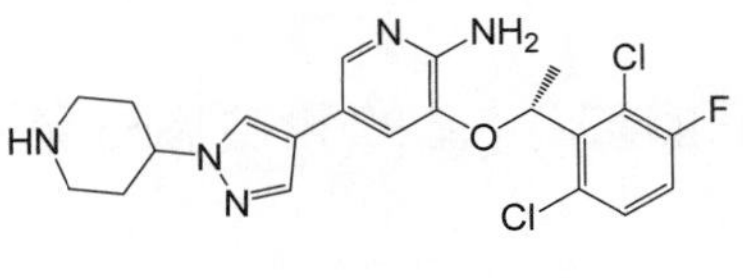

【性　　状】白色至棕褐色粉末，熔点 192℃，沸点(599.2±50.0)℃，密度(1.47±0.1)g/cm^3。

【制　　法】

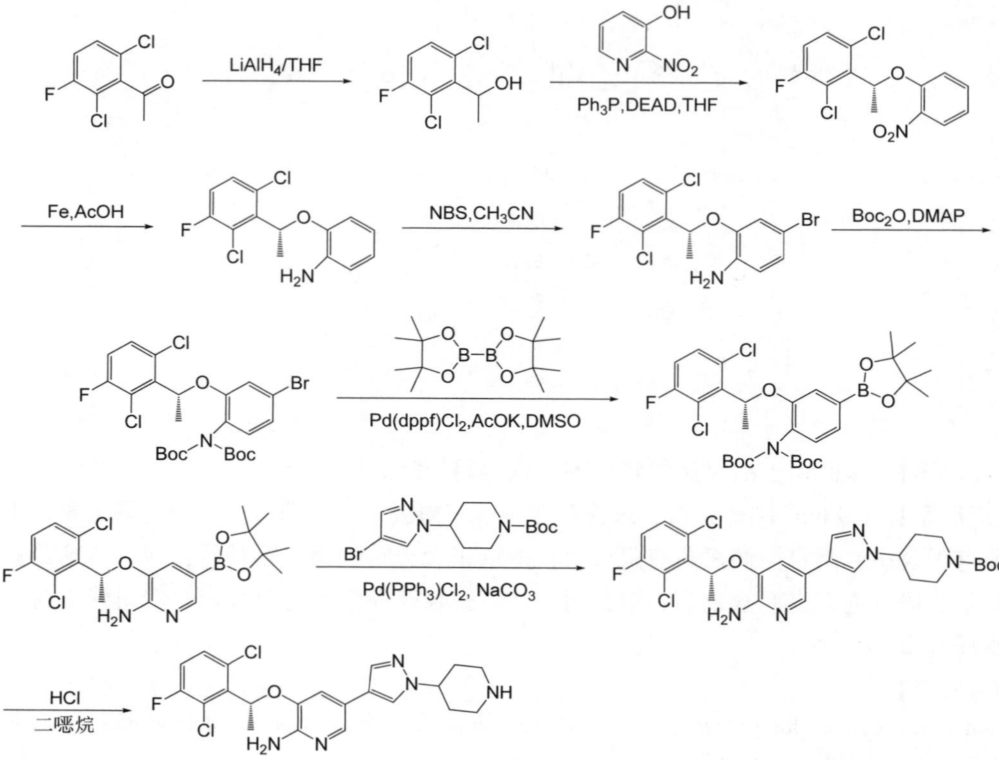

$LiAlH_4$/THF

Ph_3P,DEAD,THF

Fe,AcOH

NBS,CH_3CN

Boc_2O,DMAP

Pd(dppf)Cl_2,AcOK,DMSO

Pd(PPh_3)Cl_2, $NaCO_3$

HCl 二噁烷

【用　　途】本品用于经 SFDA 批准的检测方法确定的间变性淋巴瘤激酶(ALK)阳性的局部晚期或转移性非小细胞肺癌(NSCLC)患者的治疗。

【生产厂家】 Pfizer、徐州万邦金桥制药有限公司、江苏豪森药业集团有限公司。

【参考资料】

Kung P P, Martinez C A, Tao J. Enantioselective biotransformation for preparation of protein tyrosine kinase inhibitor intermediates: WO 2006021885 [P]. 2006-03-02.

08025

玻玛西林 Abemaciclib [1231929-97-7]

【名　　称】 *N*-[5-[(4-乙基-1-哌嗪基)甲基]-2-吡啶基]-5-氟-4-[4-氟-2-甲基-1-异丙基-1*H*-苯并咪唑-6-基]-2-嘧啶胺。

N-[5-[(4-ethyl-1-piperazinyl)methyl]-2-pyridinyl]-5-fluoro-4-[4-fluoro-2-methyl-1-(1-methyl ethyl)-1*H*-benzimidazol-6-yl]-2-pyrimidinamine。

【结 构 式】

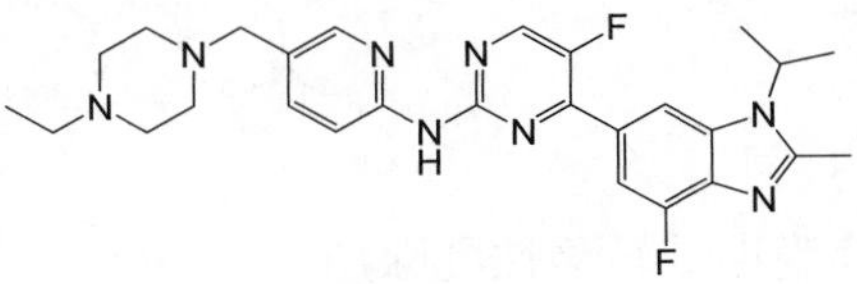

分子式：$C_{27}H_{32}F_2N_8$
分子量：506.60

【性 状】 沸点(689.3±65.0)℃，密度(1.32±0.1)g/cm^3。

【制 法】 以 1-乙基哌嗪（1）、6-溴吡啶-3-甲醛（2）为原料，经三乙酰氧基硼氢化钠催化、在二氯甲烷中进行还原胺化反应得到中间体 1-[(6-溴吡啶-3-基)甲基]-4-乙基哌嗪，该中间体在液氮、氧化亚铜与甲醇的混合物中发生取代反应得到 5-[(4-乙基哌嗪-1-基)甲基]吡啶-2-胺（4）。再以 4-溴-2,6-二氟苯胺（5）与 *N*-异丙基乙酰胺（6）为起始物，经三氯氧磷催化在三乙胺/甲苯中发生缩合反应得到 *N*-(4-溴-2,6-二氟苯基)-*N*'-异丙基乙脒（7），7 在叔丁醇钾催化下，与 *N*-甲基甲酰胺发生成环反应得到 6-溴-4-氟-1-异丙基-2-甲基-1*H*-苯并[*d*]咪唑（8），8 在氮气保护条件下经乙酸钯催化，与联硼酸频那醇酯发生偶联反应得到 4-氟-1-异丙基-2-甲基-6-(4,4,5,5-四甲基-[1,3,2]二氧硼戊环-2-基)-1*H*-苯并[*d*]咪唑（9），9 与 2,4-二氯-5-氟嘧啶和双(三苯基膦)钯(Ⅱ)氯化物在碳酸钠和 *N,N*-二甲基甲酰胺的混合溶液中进行 Suzuki 偶联反应得到 6-(2-氯-5-氟嘧啶-4-基)-4-氟-1-异丙基-2-甲基-1*H*-苯并[*d*]咪唑（10），10 与 4 在二噁烷、碳酸铯、三(二亚苄基丙酮)合二钯和 4,5-双(二苯基膦基)-9,9-二甲基氧杂蒽的混合物中发生 Buchwald-Hartwig 偶联反应得到目标产物（11）。

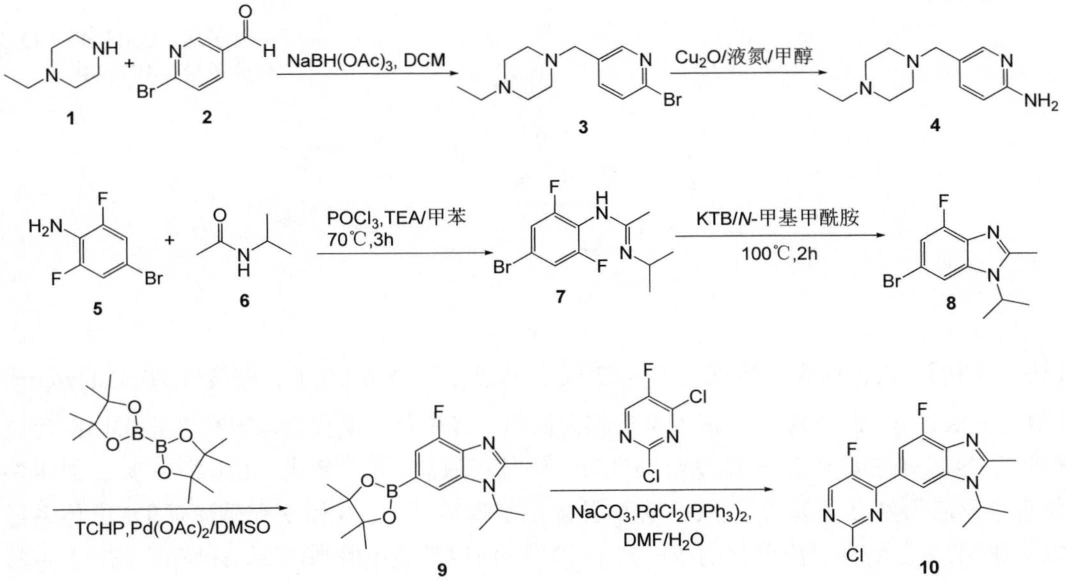

$NaBH(OAc)_3$, DCM
Cu_2O/液氮/甲醇
$POCl_3$,TEA/甲苯 70℃,3h
KTB/*N*-甲基甲酰胺 100℃,2h
TCHP,$Pd(OAc)_2$/DMSO
$NaCO_3$,$PdCl_2(PPh_3)_2$, DMF/H_2O

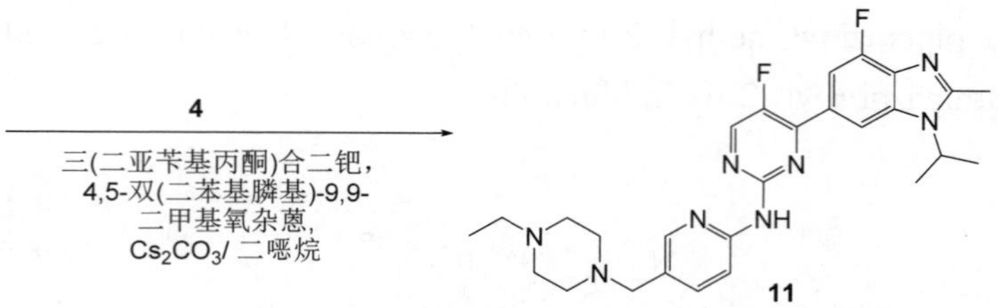

4

三(二亚苄基丙酮)合二钯，
4,5-双(二苯基膦基)-9,9-
二甲基氧杂蒽，
Cs_2CO_3/ 二噁烷

11

【用　　途】 本品用于治疗晚期或转移性乳腺癌。

【生产厂家】 重庆普瑞生物医药科技有限公司。

【参考资料】

顾恩科，张月，胡小霞，等. 新型 CDK4/6 抑制剂 abemaciclib 的合成工艺改进[J]. 中国药物化学杂志，2019, 29(03): 206-210.

08026

阿帕鲁胺 Apalutamide [956104-40-8]

【名　　称】 4-[7-(6-氰基-5-(三氟甲基)吡啶-3-基)-8-氧代-6-硫代-5,7-二氮杂螺[3.4]辛-5-基]-2-氟-*N*-甲基苯甲酰胺。

4-[7-(6-cyano-5-(trifluoromethyl)pyridin-3-yl)-8-oxo-6-thioxo-5,7-diazaspiro[3.4]oct-5-yl]-2-fluoro-*N*-methylbenzamide。

【结 构 式】

分子式： $C_{21}H_{15}F_4N_5O_2S$
分子量： 477.44

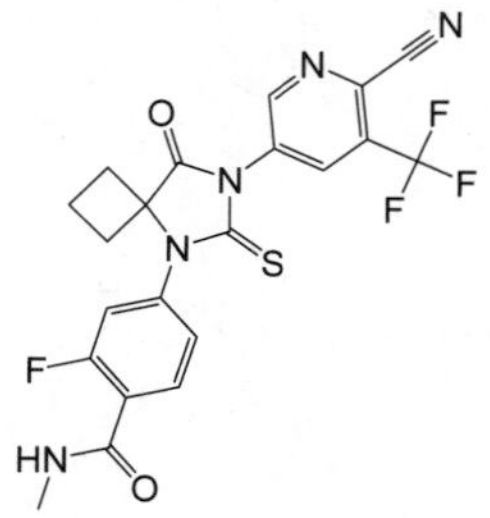

【性　　状】 白色粉末，熔点 215～220℃，沸点(723.0±60.0)℃，密度(1.70±0.1)g/cm^3。

【制　　法】 以 2-羟基-3-三氟甲基吡啶为原料，经硝化、溴代后与氰化亚铜/DMF 反应得到 2-氰基-3-三氟甲基-5-硝基吡啶（**5**）。硝基还原后，**6** 与硫光气(新蒸)在水/二氯甲烷体系中反应得到 2-氰基-3-三氟甲基-5-异硫氰基吡啶（**7**）。**8** 和 **9** 在碳酸钾/DMF 体系经氯化亚铜、2-乙酰环己酮催化制备得到 1-[[3-氟-4-(甲基氨甲酰基)苯基]氨基]环丁烷-1-甲酸

(10)。10 在氯化氢/甲醇催化体系中反应，得到 11，最后由 7 和 11 在 DMSO/乙酸乙酯混合溶剂体系中缩合得到目标产品 1。

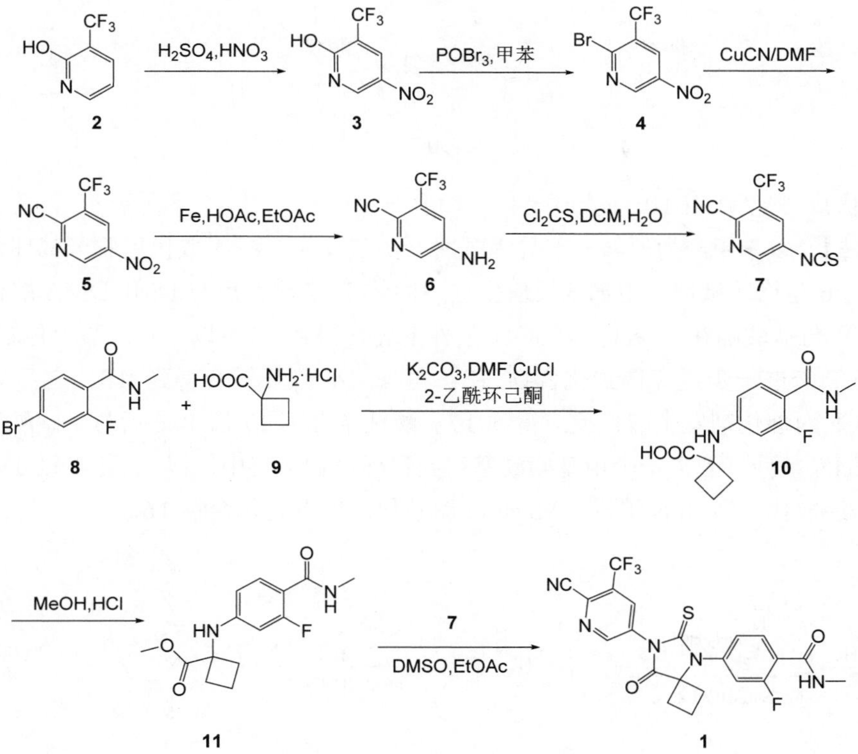

【用　　途】 本品用于治疗非转移性及去势抵抗性前列腺癌。

【生产厂家】 四川仁安药业有限责任公司。

【参考资料】

杨德志, 汪蓓蕾, 袁泽利. 阿帕鲁胺合成路线图解[J]. 中国药物化学杂志, 2019, 29(01): 77-79.

08027

康奈非尼 Encorafenib [1269440-17-6]

【名　　称】 (*S*)-[1-[[4-[3-[5-氯-2-氟-3-(甲基磺酰胺基)苯基]-1-异丙基-1*H*-吡唑-4-基]嘧啶-2-基]氨基]丙-2-基]氨基甲酸甲酯。

(*S*)-[1-[[4-[3-[5-chloro-2-fluoro-3-(methylsulfonamido)phenyl]-1-isopropyl-1*H*-pyrazol-4-yl]pyrimidin-2-yl]amino]propan-2-yl]methyl carbamate。

【结 构 式】

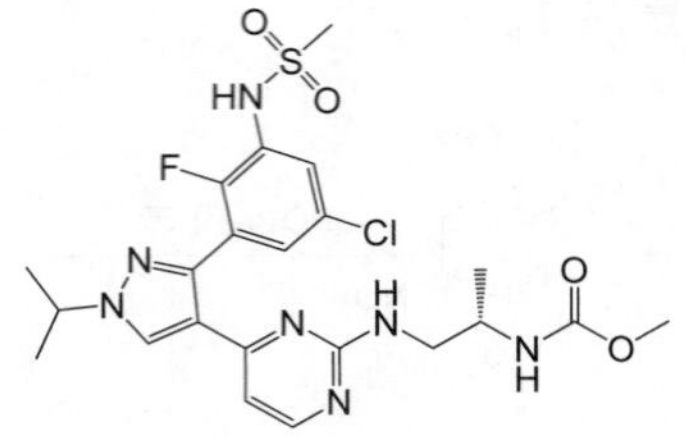

分子式：$C_{22}H_{27}ClFN_7O_4S$
分子量：540.01

【性　　状】 密度(1.45±0.1)g/cm³。

【制　　法】 以苯甲醛为原料，与异丙基肼一步法反应，经4取代后脱苄基环合，得到中间体6，6与格氏试剂发生加成反应生成中间体7。7碘代后与DMF-DMA缩合得到中间体9，9与盐酸胍在LiOH、*s*-BuOH条件下环合得到11。以三氟乙酸上羟基得到12后与三氯氧磷进一步反应得到化合物13，再与14开环缩合得到15，之后与16以$Pd(dppf)Cl_2$为催化剂发生取代反应得到17。酸性条件下17脱Boc后与甲磺酰氯缩合，在Me-THF条件下脱去一个甲基磺酰基得到目标产物。其中，以2-溴-4-氯-1-氟苯(20)为原料，经取代、Curtius重排、Miyaura硼基化反应得到化合物16。

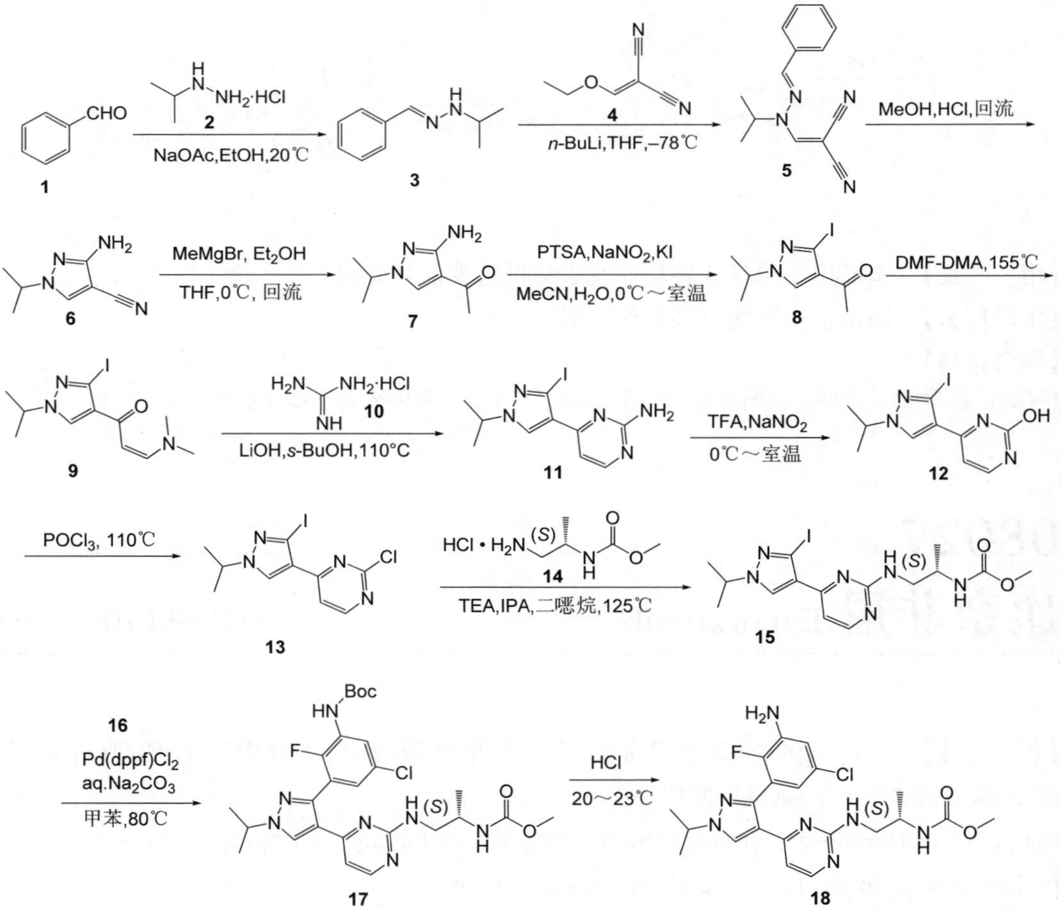

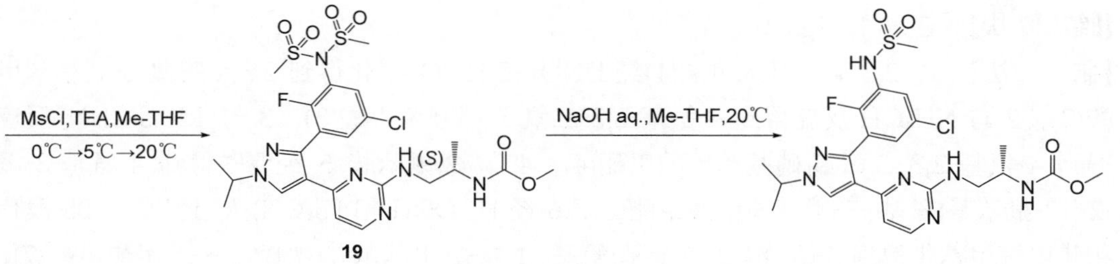

MsCl,TEA,Me-THF
0℃→5℃→20℃

19

NaOH aq.,Me-THF,20℃

(1)LDA,CO_2THF
(2)HCl

20

21

DPPA,DIPEA,*t*-BuOH
甲苯,110℃

22

23

Pd(dppf)Cl_2,CH_2Cl_2,KOAc,
二噁烷,100℃

16

注:

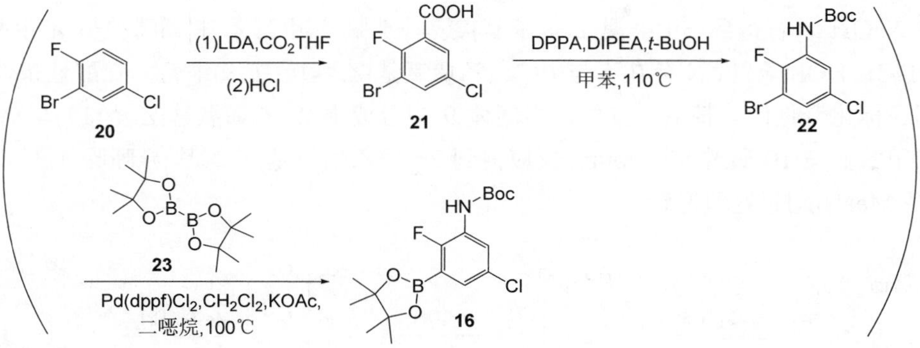

【用　　途】 本品用于治疗 B-Raf 原癌基因丝氨酸/苏氨酸蛋白激酶(BRAF)V600E 或 BRAFV600K 突变的不可切除性或转移性黑色素瘤。

【生产厂家】 Array Biopharma Inc。

【参考资料】

Huang S L, Jin X M, Liu Z S,et al.Compounds and compositions as protein kinase inhibitors: WO 2011025927A1[P]. 2011-03-03.

08028

比美替尼 Binimetinib [606143-89-9]

【名　　称】 5-[(4-溴-2-氟苯基)氨基]-4-氟-*N*-(2-羟基乙氧基)-1-甲基-1*H*-苯并咪唑-6-甲酰胺。5-[(4-bromo-2-fluorophenyl)amino]-4-fluoro-*N*-(2-hydroxyethoxy)-1-methyl-1*H*-benzimidazole-6-carboxamide。

【结 构 式】

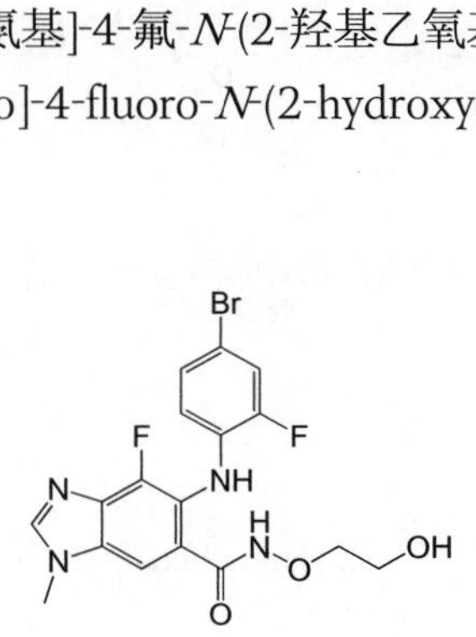

分子式： $C_{17}H_{15}BrF_2N_4O_3$
分子量： 441.23

【性　　状】 密度 1.67g/cm³。

【制　　法】 以 2,3,4-三氟苯甲酸(**1**)经 HNO_3 和 H_2SO_4 硝化得到 2,3,4-三氟-5-硝基苯甲酸(**2**)，**2** 与 NH_4OH 反应得到 4-氨基-2,3-二氟-5-硝基苯甲酸(**3**)，**3** 与 Me_3SiCHN_2 反应得到 4-氨基-2,3-二氟-5-硝基苯甲酸甲酯(**4**)，**4** 与 2-氟苯胺 **5** 经偶联得到 4-氨基-3-氟-2-[(2-氟苯基)氨基]-5-硝基苯甲酸甲酯(**6**)，**6** 经 HCOOH 和 $Pd(OH)_2/C$ 还原、NBS 溴代和碘甲烷甲基化得到 5-[(4-溴-2-氟苯基)氨基]-4-氟-1-甲基苯并[*d*]咪唑-6-苯甲酸甲酯(**7**)，**7** 经 NaOH 水解得到 5-[(4-溴-2-氟苯基)氨基]-4-氟-1-甲基苯并[*d*]咪唑-6-苯甲酸(**8**)，**8** 在 EDC、HOBt 和 Et_3N 存在下与 *O*-[2-(乙烯氧基)乙基]羟胺(**9**)缩合，在酸性条件下水解得到目标化合物比美替尼。其中，中间体 **9** 的合成由 2-(乙烯氧基)乙醇(**11**)与 *N*-羟基邻苯二甲酰亚胺 **10** 通过 Mitsnoubu 反应得到 2-[2-(乙烯氧基)乙氧基]异吲哚-1,3-二酮(**12**)，**12** 经 $MeNHNH_2$ 处理得到。

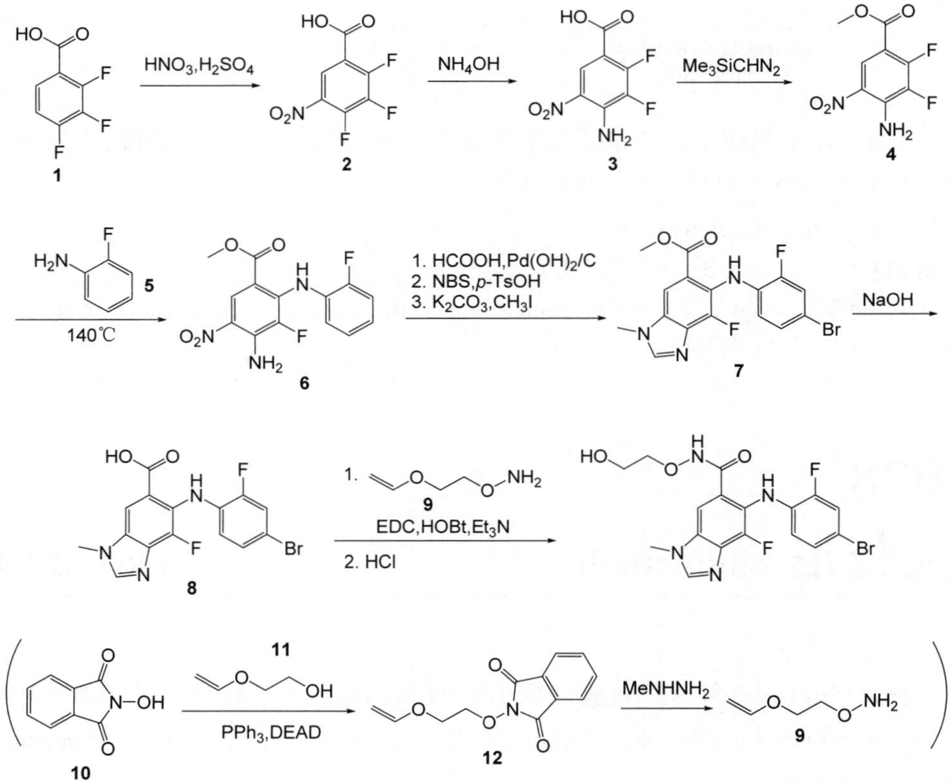

【用　　途】 本品用于治疗具有 BRAF V600E 或 BRAF V600K 突变的不可切除或转移性黑素瘤。

【生产厂家】 Array BioPharma。

【参考资料】

Elimw M, Josephpl P, Brianth T, et al. N3 alkylated benzimidazole derivatives as MEK inhibitors: WO 2003077914[P]. 2003-09-25.

08029

艾伏尼布 Ivosidenib [1448347-49-6]

【名　　称】 *N*-[(1*S*)-1-(2-氯苯基)-2-[(3,3-二氟环丁基)氨基]-2-氧代乙基]-1-(4-氰基吡啶-2-基)-*N*-(5-氟吡啶-3-基)-5-氧代-L-脯氨酰胺。

N-[(1*S*) -1- (2-chlorophenyl)-2-[(3,3-difluorocyclobutyl)amino]-2-oxoethyl]-1- (4-cyanopyridin-2-yl)-*N*-(5-fluoropyridin-3-yl) -5-oxo-L-prolinamide。

【结 构 式】

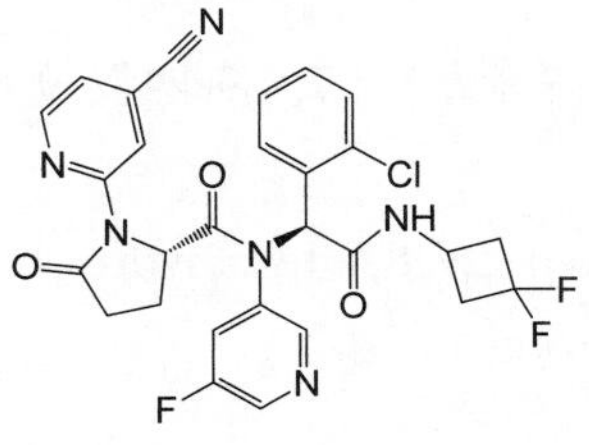

N
N
Cl
O
N
NH
O
N
O
F
F
F
N

分子式：$C_{28}H_{22}ClF_3N_6O_3$

分子量：582.96

【性　　状】 沸点(854.3±65.0)℃，密度(1.51±0.1)g/cm^3。

【制　　法】 以3-氧代环丁烷酸为原料，经过氯化、取代、Curtius重排、氨基保护、氟化、脱保护、酰化等得到关键中间体3,3-二氟环丁烷甲腈，然后3,3-二氟环丁烷甲腈与邻氯苯甲醛、5-氟-3-氨基吡啶、(*S*)-5-氧代吡咯烷-2-羧酸在三氟乙醇的条件下反应，再通过C-N偶联得到混旋产物，最后经过异构体拆分得到单一异构体的产物。

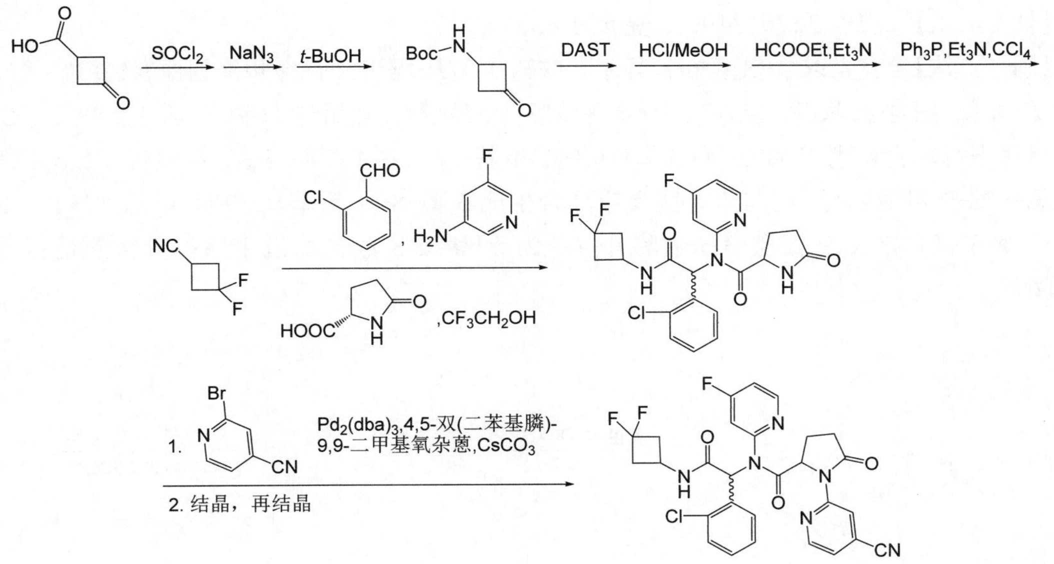

HO O O
$SOCl_2$ → NaN_3 → *t*-BuOH → Boc-NH O → DAST → HCl/MeOH → HCOOEt,Et_3N → Ph_3P,Et_3N,CCl_4 →

NC F F
Cl CHO , H_2N F N
HOOC NH O , CF_3CH_2OH
→ F F N H O N F N O NH O Cl

1. Br N CN
$Pd_2(dba)_3$,4,5-双(二苯基膦)-9,9-二甲基氧杂蒽,$CsCO_3$
2. 结晶，再结晶
→ F F N H O N F N O N O N CN Cl

【用　　途】 本品用于治疗伴一种异柠檬酸脱氢酶-1(IDH1)突变的复发性或难治性急性髓细胞白血病(AML)。

【生产厂家】 Agios Pharmaceuticals。

【参考资料】

Lemieux R M, Popovici-Muller J, Travins J, et al. Therapeutically active compounds and their methods ofuse: WO 2013107291 A1[P]. 2013-07-25.

08030

他拉唑帕尼 Talazoparib [1207456-01-6]

【名　　称】 (8*S*,9*R*)-5-氟-8-(4-氟苯基)-2,7,8,9-四氢-9-(1-甲基-1*H*-1,2,4-三唑-5-基)-3*H*-吡啶并[4,3,2-*de*]酞嗪-3-酮。

(8*S*,9*R*)-5-fluoro-8-(4-fluorophenyl)-2,7,8,9-tetrahydro-9-(1-methyl-1*H*-1,2,4-triazol-5-yl)-3*H*-pyrido[4,3,2-*de*]phthalazin-3-one。

【结 构 式】

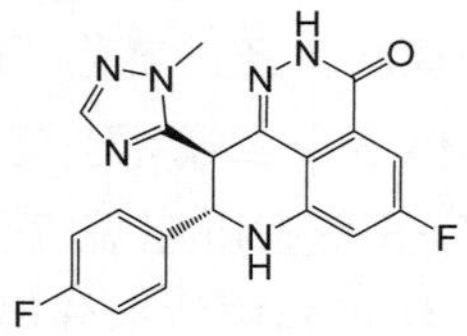

分子式：$C_{19}H_{14}F_2N_6O$

分子量：380.35

【性　　状】 沸点 247～249℃，密度 1.63g/cm³。

【制　　法】 首先以 4-氨基-6-氟异苯并呋喃-1(3*H*)-酮和 4-氟苯甲醛为原料经缩合得到(*E*)-6-氟-4-[(4-氟苯甲亚基)氨基]异苯并呋喃-1(3*H*)-酮，然后与 1-甲基-1*H*-1,2,4-三唑-5-甲醛进行环合得到 7-氟-2-(4-氟苯基)-3-(1-甲基-1*H*-1,2,4-三唑-5-基)-4-氧代-1,2,3,4-四氢喹啉-5-甲酸乙酯，再与水合肼反应环合生成 5-氟-8-(4-氟苯基)-9-(1-甲基-1*H*-1,2,4-三唑-5-基)-2,7,8,9-四氢-3*H*-吡啶并[4,3,2-*de*]酞嗪-3-酮，通过手性拆分得到他拉唑帕尼。

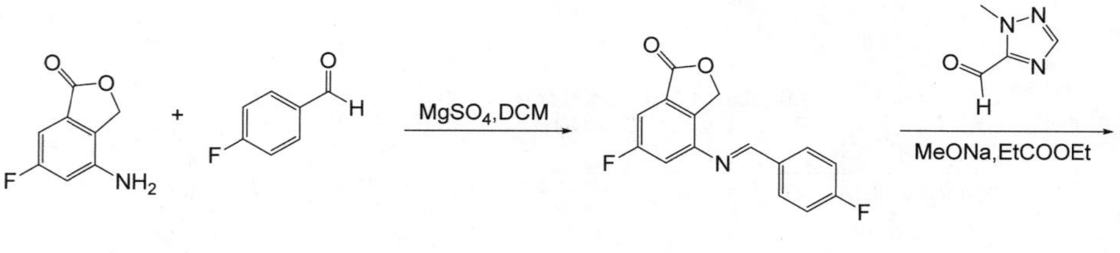

MgSO₄,DCM

MeONa,EtCOOEt

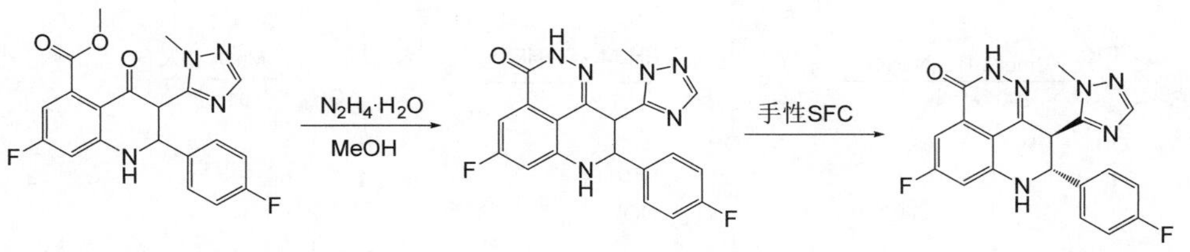

$N_2H_4 \cdot H_2O$
MeOH
手性SFC

【用　　途】 本品用于治疗有害或怀疑有害的生殖系 BRCA 突变、HER2 阴性的局部晚期或转移性乳腺癌。

【生产厂家】 Pfizer。

【参考资料】

Wang B. Dihydropyridophthalazinone inhibitors of poly (ADP-ribose) polymerase: US20110237581[P]. 2011-09-29.

08031

劳拉替尼 Lorlatinib [1454846-35-5]

【名　　称】 (10*R*)-7-氨基-12-氟-10,15,16,17-四氢-2,10,16-三甲基-15-氧代-2*H*-4,8-(次甲基桥)吡唑并[4,3-*h*][2,5,11]苯并氧杂二氮杂十四熳环-3-甲腈。

(10*R*)-7-amino-12-fluoro-10,15,16,17-tetrahydro-2,10,16-trimethyl-15-oxo-2*H*-4,8-methenopyrazolo[4,3-*h*][2,5,11]benzoxadiazacyclotetradecine-3-carbonitrile。

【结 构 式】

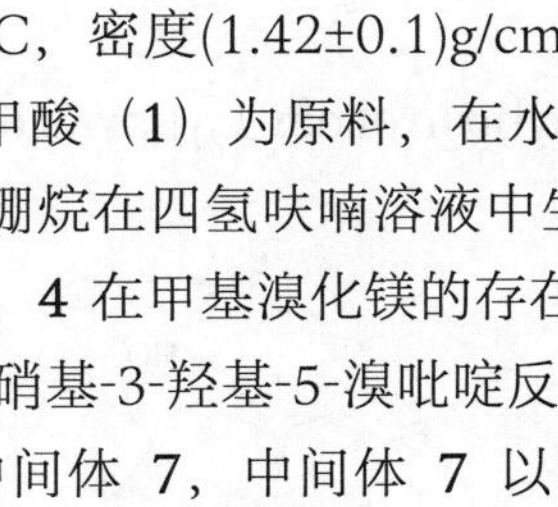

分子式：$C_{21}H_{19}FN_6O_2$
分子量：406.42

【性　　状】 沸点(675.0±55.0)℃，密度(1.42±0.1)g/cm^3，酸度系数(pK_a)6.05±0.40。

【制　　法】 以 2-氨基-3-氟苯甲酸（1）为原料，在水溶液中与盐酸和亚硝酸钠反应得到中间体 2，中间体 2 和二甲基硼烷在四氢呋喃溶液中生成中间体 3，3 在三氯甲烷溶液中和二氧化锰反应生成中间体 4，4 在甲基溴化镁的存在下反应得到中间体 5，中间体 5 在三苯基膦与 DIAO 存在下与 2-硝基-3-羟基-5-溴吡啶反应得中间体 6，中间体 6 在醋酸、乙醇溶液中在铁的催化下得到中间体 7，中间体 7 以甲苯作溶剂在一氧化碳加压下与 $Pd(PtBu_3)_2$和化合物 8 反应得到中间体 9，中间体 9 在辛戊醇溶液中和醋酸钾、cataCXiumA、醋酸铅反应生成产物劳拉替尼。

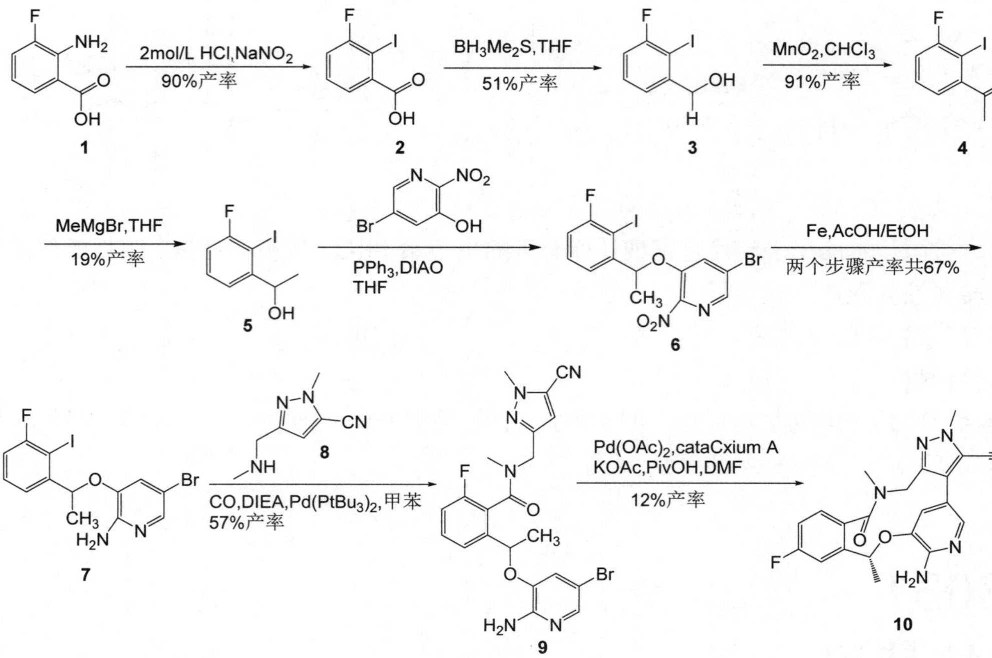

【用　　途】 晚期非小细胞肺癌治疗药物。

【生产厂家】 Pfizer。

【参考资料】

Bailey S, Burke B J, Collins M R,et al. Macrocyclic derivatives for the treatment of proliferative diseases and their preparation: WO 2013132376[P].2013-9-12.

08032

拉罗替尼 Larotrectinib [1223403-58-4]

【名　　称】 (*R*)-*N*-[5-[(*S*)-2-(2,5-二氟苯基)吡咯烷-1-基]吡唑并[1,5-*a*]嘧啶-3-基]-3-羟基吡咯烷-1-羧酰胺。

(*R*)-*N*-[5-[(*S*)-2-(2,5-difluorophenyl)pyrrolidin-1-yl]pyrazolo[1,5-*a*]pyrimidin-3-yl]-3-hydroxypyrrolidine-1-carboxamide。

【结 构 式】

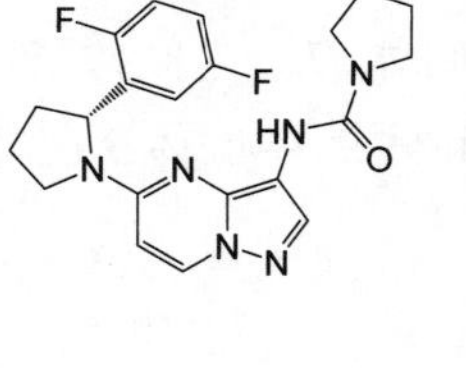

分子式：$C_{21}H_{22}F_2N_6O_2$

分子量：428.44

【性　　状】 黄色泡沫状固体，密度$(1.55\pm0.1)g/cm^3$，酸度系数$(pK_a)8.41\pm0.40$。

【制　　法】 将吡咯烷-1-羧酸叔丁酯(1)与金雀花碱在MTBE中反应，加入仲丁基锂和氯化锌，最后在混合物中加入2-溴-1,4-二氟苯，最后一次性添加醋酸铅和t-Bu_3P-HBF_4得到中间体2，中间体2中加入4mol/L盐酸，再用氢氧化钠中和得到游离碱中间体3，中间体3与5-氯吡唑并[1,5-*a*]嘧啶在正丁醇溶液中反应得到中间体4，中间体4与硝酸反应得到中间体5，中间体5在甲醇、二氯甲烷溶液中和锌粉、氯化铵反应得到中间体6，中间体6在CDI存在下和(*S*)-吡咯烷-3-醇反应得拉罗替尼。

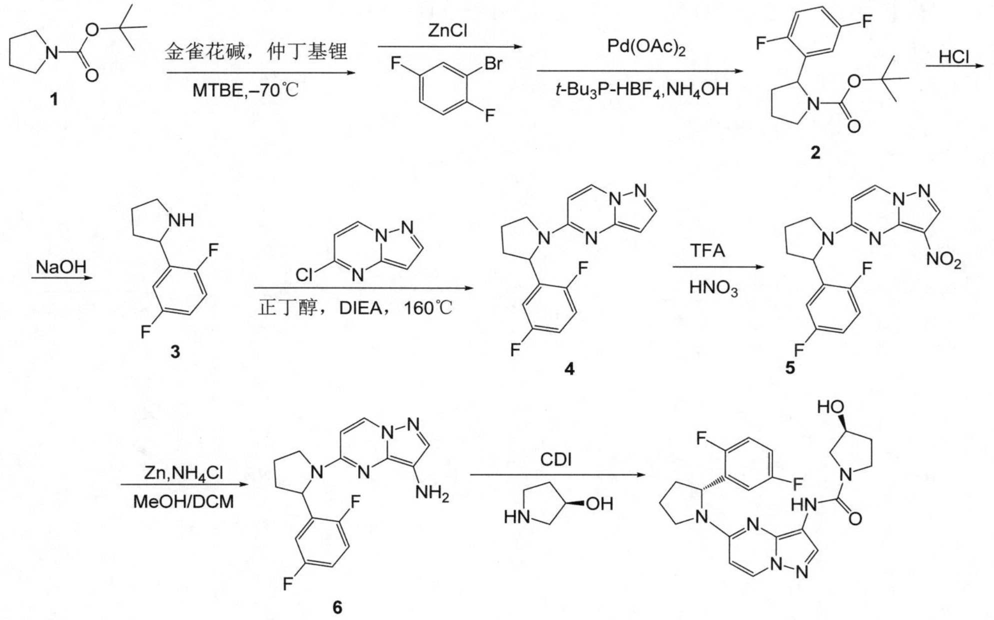

金雀花碱，仲丁基锂 / MTBE,−70℃；ZnCl；$Pd(OAc)_2$ / t-Bu_3P-HBF_4,NH_4OH；HCl；NaOH；正丁醇，DIEA，160℃；TFA / HNO_3；Zn,NH_4Cl / MeOH/DCM；CDI

【用　　途】 本品用于治疗患有NTRK基因融合的局部晚期或转移性实体瘤的成人和儿童患者。

【生产厂家】 Loxo Oncology、四川仁安药业有限责任公司。

【参考资料】

Haas J, Andrews S W, Jiang Y T,et al. Substituted pyrazolo[1,5-*a*]pyrimidine compounds as Trk kinase inhibitors and their preparation and use in the treatment of diseases: WO 2010048314[P]. 2010-4-29.

08033

瑞普替尼 Ripretinib [1442472-39-0]

【名　　称】 4-溴-5-(1-乙基-2-氧代-1,2-二氢-7-甲氨基-1,6-萘啶-3-基)-2-氟二苯基脲。

4-bromo-5-(1-ethyl-7-methylamino-2-oxo-1,2-dihydro-1,6-naphthyridin-3-yl)-2-fluoro diphenyl urea。

【结 构 式】

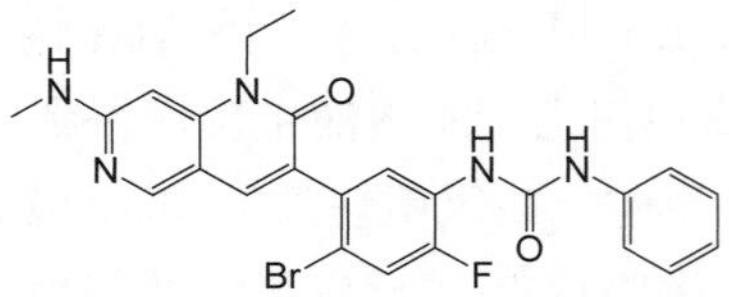
H
N
N
O
H
N
H
N
N
O
Br
F

分子式：$C_{24}H_{21}BrFN_5O_2$
分子量：510.37

【性　　状】沸点(568.6±50.0)℃，密度(1.544±0.06)g/cm³。

【制　　法】

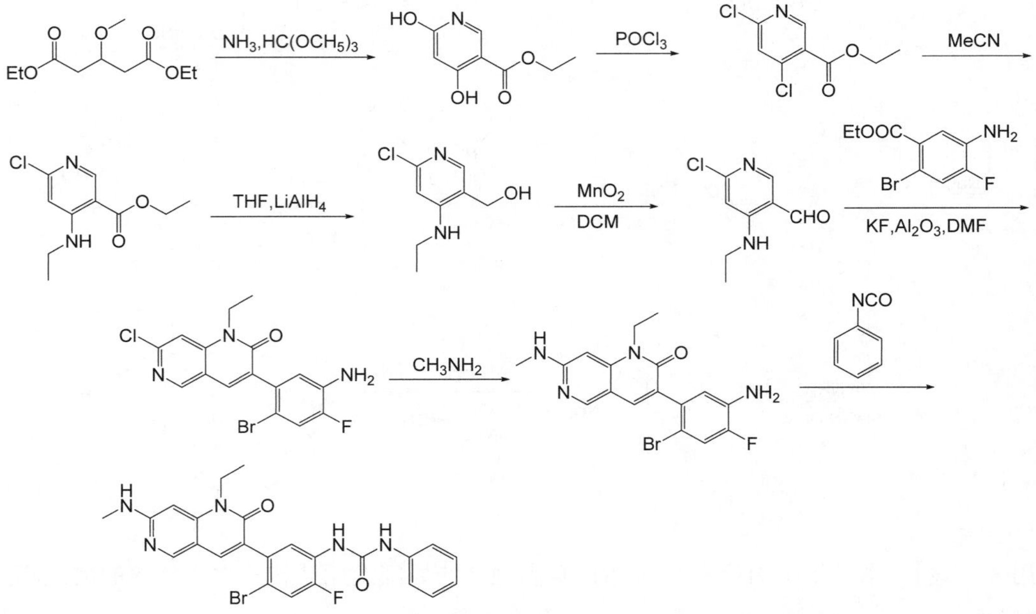
EtO
OEt
NH3,HC(OCH5)3
HO
N
OH
POCl3
Cl
N
Cl
MeCN
THF,LiAlH4
OH
NH
MnO2
DCM
CHO
EtOOC
NH2
Br
F
KF,Al2O3,DMF
CH3NH2
NCO

【用　　途】 本品用于治疗多形性胶质母细胞瘤和间变性星形细胞瘤。

【生产厂家】 Deciphera、再鼎医药(上海)有限公司。

【参考资料】

Flynn D L,Petillo P A,Kaufman M D, et al. Dihydropyridopyrimidinyl, dihydronaphthyidinyl and related compounds useful as kinase inhibitors for the treatment of proliferative diseases: US 8188113B2 [P]. 2012-05-29.

08034

依昔舒林 Exisulind [59973-80-7]

【名　　称】 5-氟-2-甲基-1-[(*Z*)-4-(甲基磺酰亚基)苄亚基]-1*H*-茚-3-乙酸。

5-fluoro-2-methyl-1-[(*Z*)-4-(methylsulfonyl)benzylidene]-1*H*-indene-3-acetic acid。

【结 构 式】

分子式：$C_{20}H_{17}FO_4S$
分子量：372.41

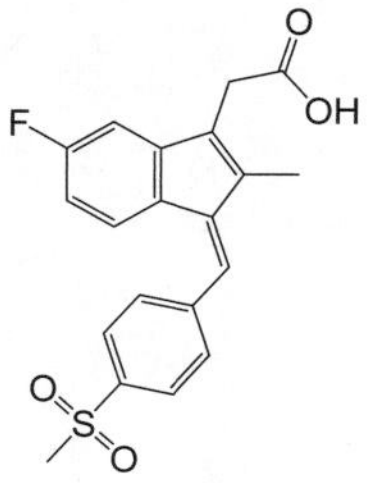

【制　　法】 将(*Z*)-2-(5-氟-2-甲基-1-(4-(甲基亚磺酰基)苄叉)-1*H*-茚-3-基)乙酸(3.08g, 5.0mmol)添加到含亚砜(356mg, 1.0mmol)的四氢呋喃∶MeOH∶水(3∶1∶1)的混合溶液中(20mL)。在室温下搅拌反应 1h。在减压下将悬浮液浓缩至其原始体积的一半。向混合物中加入水(50mL)，真空过滤收集沉淀，得到依昔舒林。

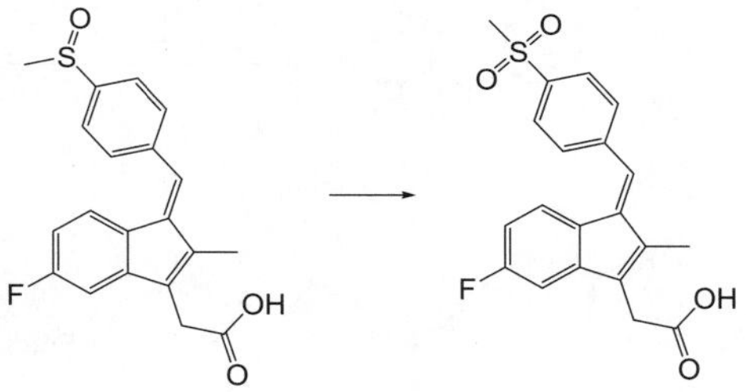

【用　　途】 显著促进散发性腺瘤性结肠息肉消退或缩小。

【参考资料】

Arber N, Kuwada S, Leshno M, 等. 依昔舒林治疗散发的腺瘤性息肉病时疗效与毒性并存：一项随机、双盲、安慰剂对照的剂量反应性研究[J]. 世界核心医学期刊文摘(胃肠病学分册), 2006(08): 38-39.

08035

卡马替尼 Capmatinib [1029712-80-8]

【名　　称】 2-氟-*N*-甲基-4-[7-[(喹啉-6-基)甲基]咪唑并[1,2-*b*][1,2,4]三嗪-2-基]苯甲酰胺。

2-fluoro-*N*-methyl-4-[7-[(quinolin-6-yl)methyl]imidazo[1,2-*b*][1,2,4] triazin-2-yl] benzamide。

【结 构 式】

分子式： $C_{23}H_{17}FN_6O$
分子量： 412.43

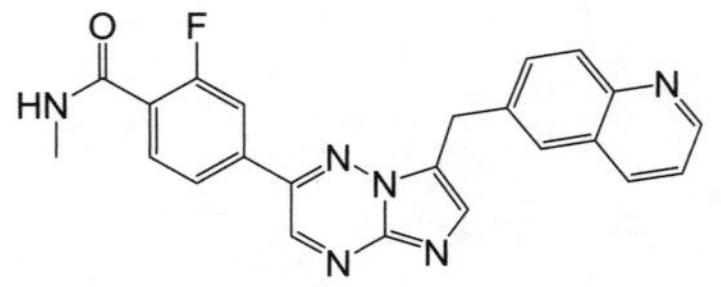

【性　　状】 密度 1.40g/cm^3。

【制　　法】

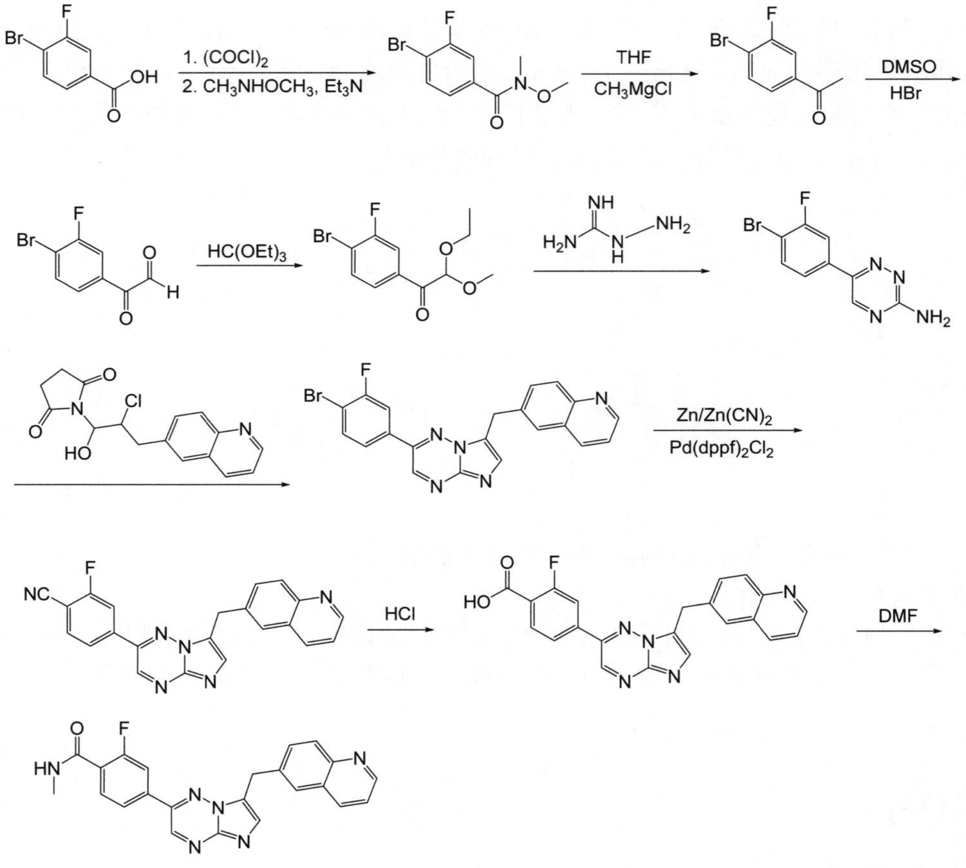

HCl

DMF

【用　　途】 本品用于治疗转移性非小细胞肺癌(NSCLC)的成年患者。

【生产厂家】 Incyte。

【参考资料】

Zhou J,Metcalf B,Xu M, et al. Imidazotriazines and imidazopyrimidines as kinase inhibitors: WO 2008064157Al [P]. 2008-05-29.

08036

培米替尼 Pemigatinib [1513857-77-6]

【名　　称】3-(2,6-二氟-3,5-二甲氧基苯基)-1-乙基-8-[(吗啉-4-基)甲基]-1,3,4,7-四氢-2*H*-吡咯并[3',2':5,6]吡啶[4,3-*d*]嘧啶-2-酮。

3-(2,6-difluoro-3,5-dimethoxyphenyl)-1-ethyl-8-[(morpholin-4-yl)methyl]-1,3,4,7-tetrahydro-2*H*-pyrrolo[3',2':5,6]pyrido[4,3-*d*]pyrimidin-2-one。

【结 构 式】

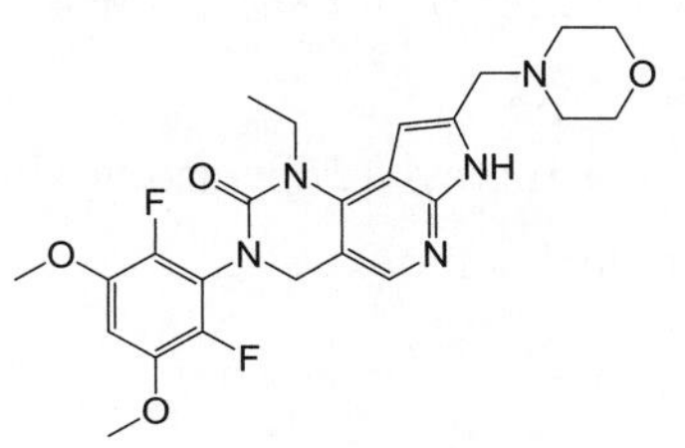

分子式：$C_{24}H_{27}F_2N_5O_4$

分子量：487.51

【性　　状】沸点(697.6±55.0)℃，密度(1.44±0.1)g/cm³。

【制　　法】

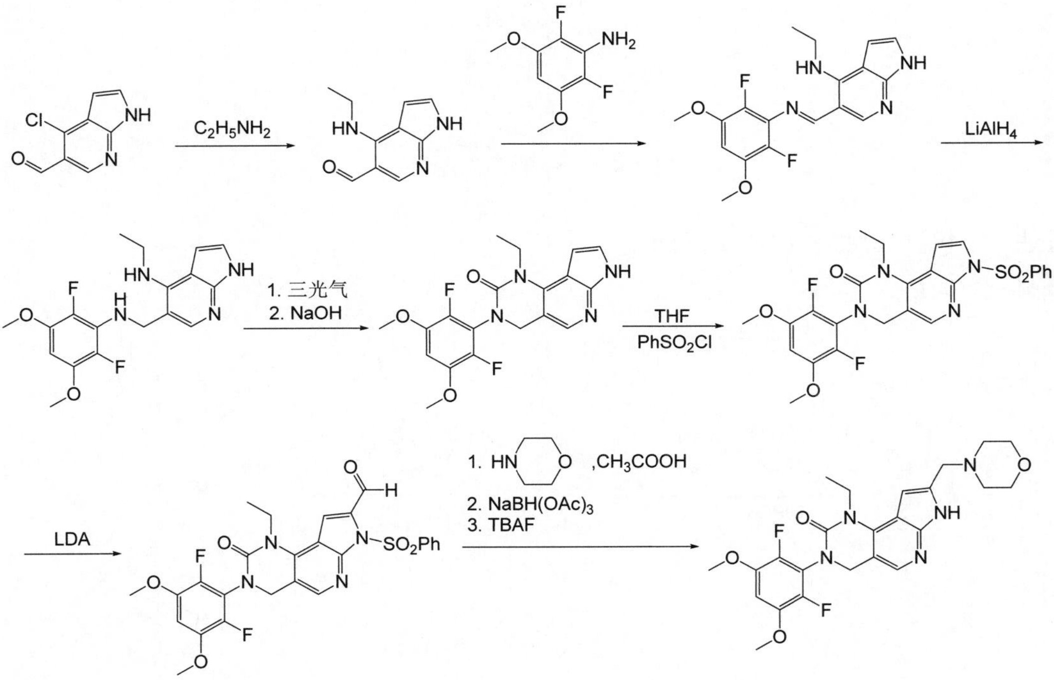

$C_2H_5NH_2$

$LiAlH_4$

1. 三光气
2. NaOH

THF
$PhSO_2Cl$

LDA

1. HN(吗啉) ,CH_3COOH
2. $NaBH(OAc)_3$
3. TBAF

【用　　途】 本品用于治疗胆管癌。

【生产厂家】 Incyte Corp。

【参考资料】

Wu L, Zhang C, He C et al. Substituted tricyclic compounds as FGFR inhibitors: US 20130338134Al [P]. 2013-10-19。

08037

阿伐普利尼 Avapritinib [1703793-34-3]

【名　　称】 (*S*)-1-(4-氟苯基)-1-(2-(4-(6-(1-甲基-1*H*-吡唑-4-基)吡咯并[2,1-*f*][1,2,4]三嗪-4-基)哌嗪-1-基)嘧啶-5-基)乙烷-1-胺。

(*S*)-1-(4-fluorophenyl)-1-(2-(4-(6-(1-methyl-1*H*-pyrazol-4-yl)pyrrolo[2,1-*f*][1,2,4]triazin-4-yl) piperazin-1-yl)pyrimidin-5-yl)ethan-1-amine。

【结 构 式】

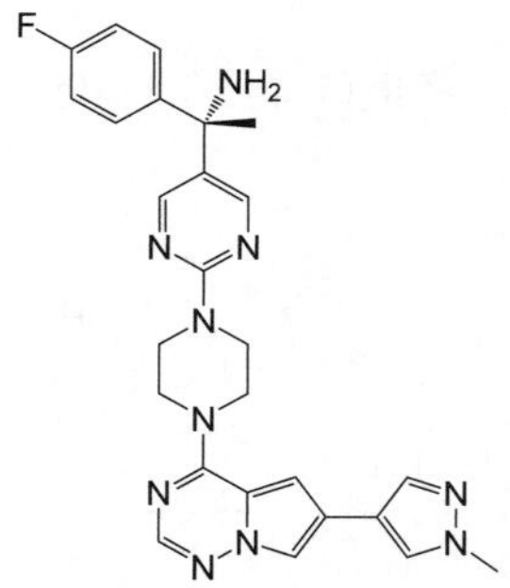

分子式：$C_{26}H_{27}FN_{10}$

分子量：498.57

【性　　状】 密度(1.42±0.1)g/cm^3。

【制　　法】

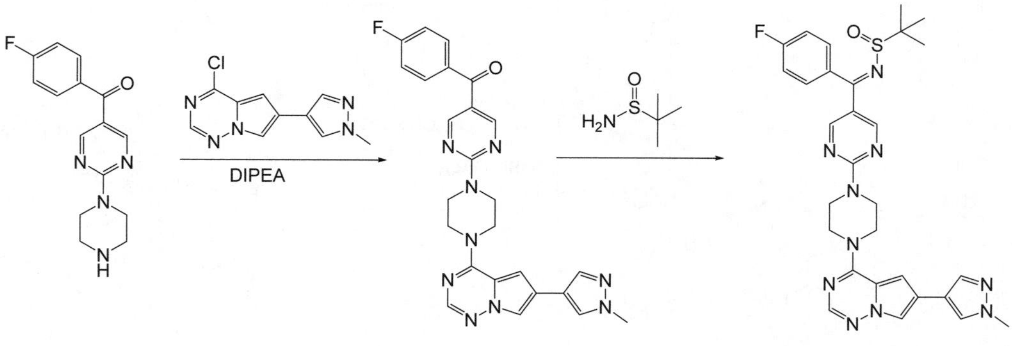

DIPEA

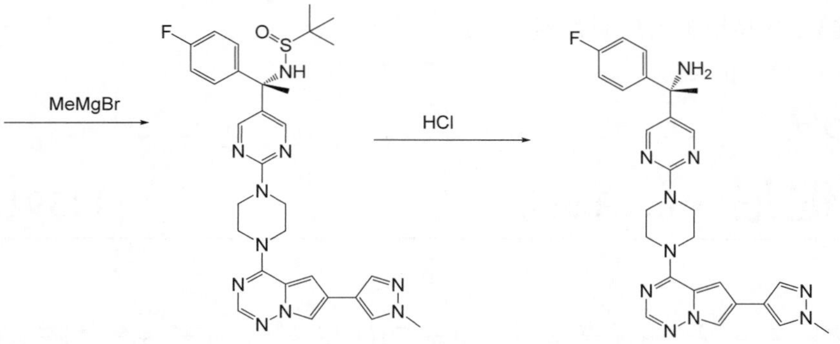

【用　　途】 本品用于治疗胃肠间质瘤。

【生产厂家】 BluePrint Medicine Corporation、基石药业(苏州)有限公司。

【参考资料】

Brian L H. Compositions useful for treating disorders related to KIT: US 20160031892Al [P]. 2016-02-04.

08038

艾氟替尼 Alflutinib Mesylate [2130958-55-1]

【名　　称】 *N*-[2-[(2-(二甲基氨基)乙基)(甲基)氨基]-5-[[4-(1-甲基-1*H*-吲哚-3-基)嘧啶-2-基]氨基]-6-(2,2,2-三氟乙氧基)-3-吡啶基]丙烯酰胺甲磺酸盐。

N-[2-[[2- (dimethylamino) ethyl)(methyl)amino)-5-[[4-(1-methyl-1*H*-indol-3-yl)pyrimidin-2-yl] amino]-4-(2,2,2-trifluoroethoxy)pheny]acrylamide。

【结 构 式】

分子式：$C_{30}H_{36}F_3N_7O_5S$

分子量：664.71

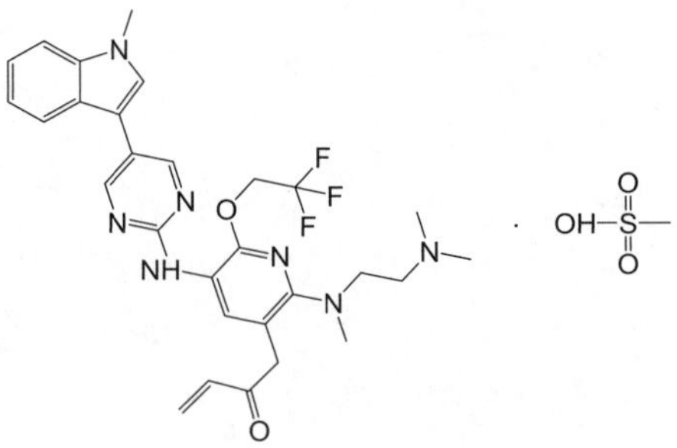

【用　　途】 本品用于治疗晚期非小细胞肺癌。

【生产厂家】 Shanghai Allist Pharmaceuticals、乳源东阳光药业有限公司、山东朗诺制药有限公司、山东科源制药股份有限公司、南京海润医药有限公司。

08039

凡德他尼 Vandetanib [443913-73-3]

【名　　称】 4-(4-溴-2-氟苯氨基)-6-甲氧基-7-[(1-甲基哌啶-4-基)甲氧基]喹唑啉。4-(4-bromo-2-fluoroanilino)-6-methoxy-7-[(1-methylpiperidin-4-yl)methoxy]quinazoline。

【结 构 式】

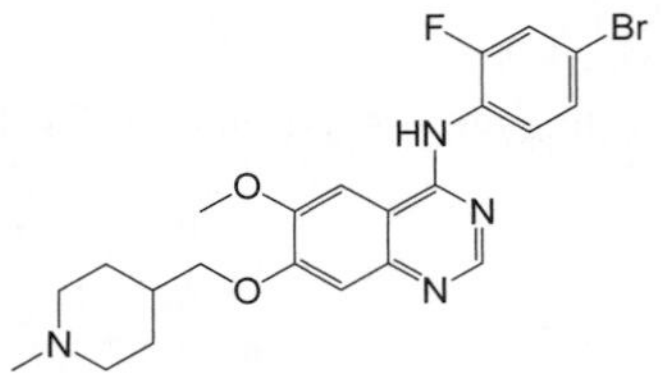

分子式： $C_{22}H_{24}BrFN_4O_2$
分子量： 475.35

【性　　状】 白色固体，熔点为 240～243℃，沸点为(538.2±50.0)℃，相对密度为 1.406。

【制　　法】 以 2-氨基-4-苯甲氧基-5-甲氧基苯酰胺(1)为起始原料，在二噁烷中和 Gold's reagent 回流，环合得到 7-苯甲氧基-6-甲氧基-3,4-二氢-4-喹啉酮(2)；用 2 与氯化亚砜在 DMF 中回流，氯化得 7-苯甲氧基-4-氯-6-苯甲氧基-3,4-二氢喹啉(3)；3 和 4-溴-2-氟苯胺(4)反应得化合物 5；5 和三氟乙酸反应脱苄基，得化合物到 6；6 和化合物 7 反应得化合物 8；然后脱保护基 Boc，得到化合物 9；最后，9 与甲醛、氰基硼氢化钠反应，得到目标产物凡德他尼。

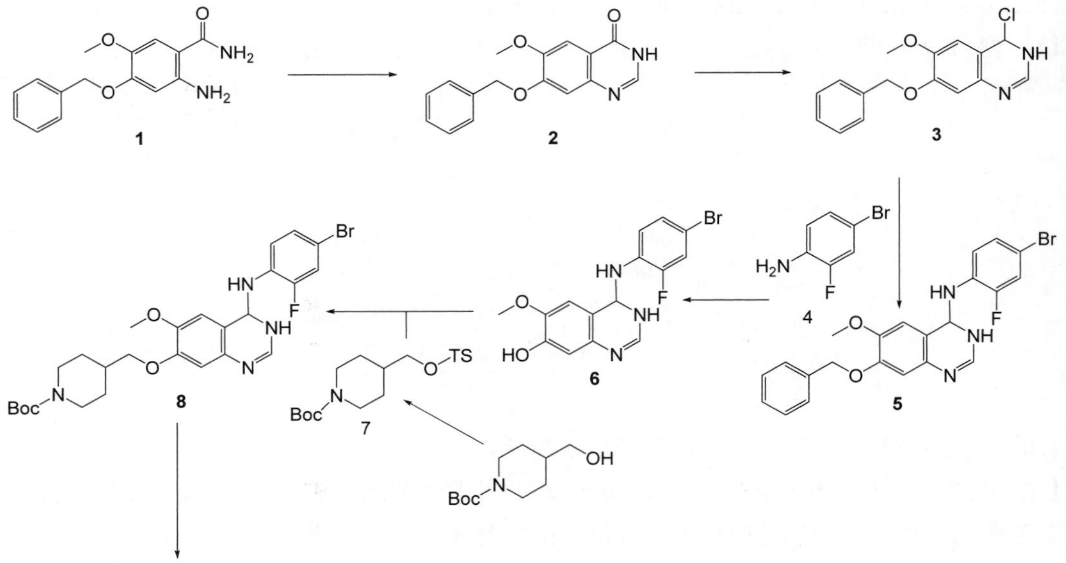

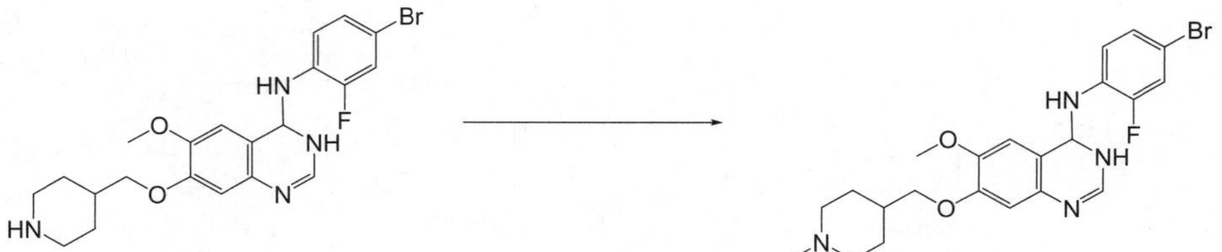

【用　　途】 本品是血管内皮生长因子受体2和表皮生长因子受体激酶活性的口服抑制剂，每日一次。

【生产厂家】 Astrazeneca、岳阳新华达制药有限公司。

【参考资料】

[1] Blixt J,Golden M D,Hogan P J,et a1.Chemical process：WO 2007036713A2[P].2005-09-30.

[2] Laurent F H, Elaine S E S, Andrew P T, et a1.Novel 4-anilinoquinazolines with C-7 basic side chains：Design and structure activity relationship of a series of potent, orally active, VEGF receptor tyrosine kinase inhibitors[J].J Med Chem,2002,45:1300-1312.

08040

舒尼替尼 Sunitinib [557795-19-4]

【名　　称】 *N*-[2-(二乙氨基)乙基]-5-[(*Z*)-(5-氟-1,2-二氢-2-氧代-3*H*-吲哚-3-亚基)甲基]-2,4-二甲基-1*H*-吡咯-3-甲酰胺。

N-[2-(diethylamino)ethyl]-5-[(*Z*)-(5-fluoro-2-oxo-3*H*-indol-3-ylidene)methyl]-2,4-dimethyl-1*H*-pyrrole-3-carboxamide。

【结 构 式】

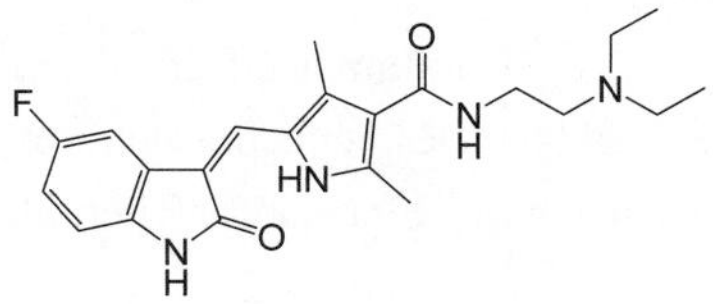

分子式：$C_{22}H_{27}FN_4O_2$

分子量：398.47

【性　　状】 黄色至橙色粉末，熔点189～191℃，沸点(572.1±50.0)℃，密度1.2g/mL。

【制　　法】 (1)主要是以乙酰乙酸叔丁酯为原料，经亚硝化锌粉还原得到四取代的吡咯，然后酸性水解掉叔丁酯并脱羧，利用Vilsmeier-Hacck反应在吡咯的5位上醛基，再碱性水解3位的酯基，然后将酸转变成酰胺，最后和5-氟吲哚酮反应得到舒尼替尼。

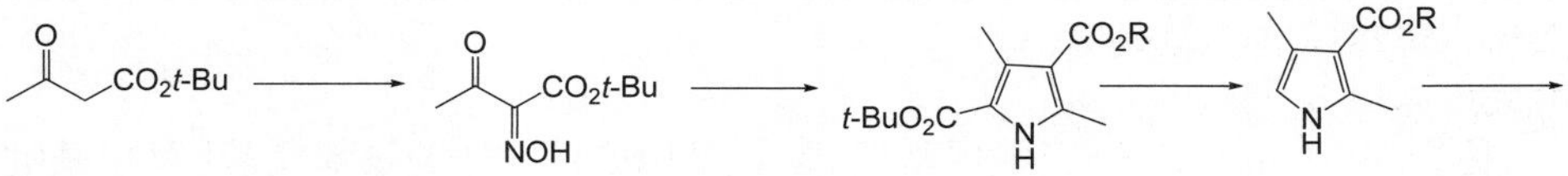

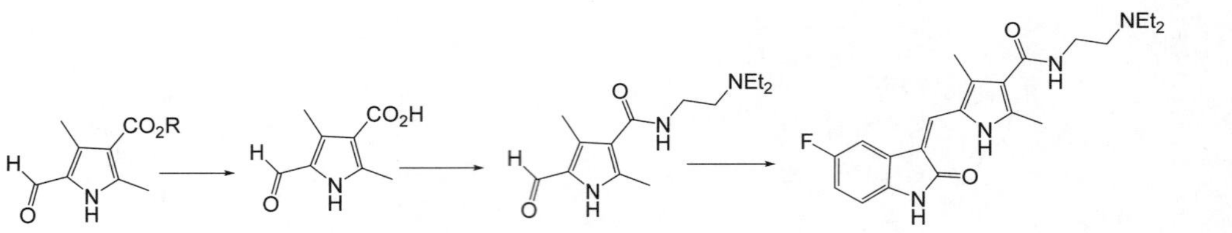

（2）该方法以四元环的丁内酯出发，先合成出酰胺，然后亚硝化锌粉或氢化还原得到四取代的吡咯，然后酸性水解掉叔丁酯并脱羧，利用 Vilsmeier-Hacck 反应在吡咯的 5 位上醛基，同时和 5-氟吲哚酮反应得到舒尼替尼。由于提前引入酰胺，中间体基本上都是液体，增加了纯化的难度。

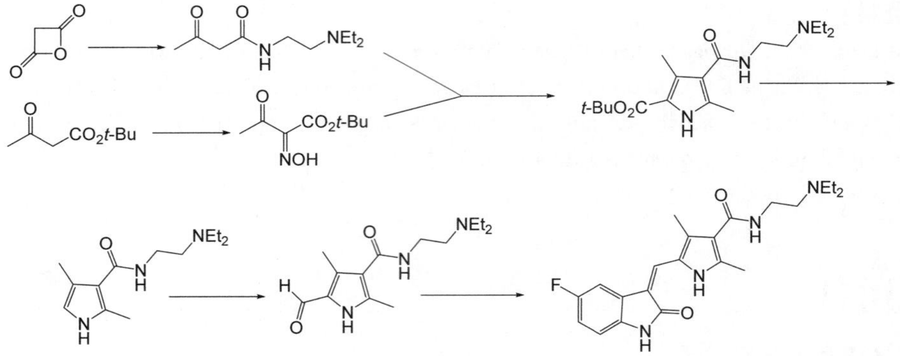

【用　　途】 本品主要用于治疗甲磺酸伊马替尼治疗失败或不能耐受的胃肠间质瘤(GIST)和不能手术的晚期肾细胞癌(RCC)。

【生产厂家】 Pfizer、盐城迪赛诺制药有限公司、河北道恩药业有限公司、江苏希迪制药有限公司、山东朗诺制药有限公司、四川新开元制药有限公司。

【参考资料】

[1] Sun Li, Liang C, Shirazian S, et al.Discovery of 5-[5-fluoro-2-oxo-12-dihydroindo1-(3*Z*)- ylidenemethy1]-2-4-dimethyl-1*H*-pyrrole-3-carboxylic acid (2-diethy-laminoethy1)amide, a novel tyrosine kinase inhibitor targeting vascular endothelial and platelet—derived growth factor receptor tyrosine kinase[J].J Med Chem, 2003, 46(7): 1116-1119.

[2] Ikezoe T,Nishloka C,Tasaka T, et al. The antitumor effects of sunitinib (formerly SU1 1248) against a variety of human hematologic malignancies: enhancement of growth inhibition d inhibition of mammalian target of rapamycin signaling[J]. Mol Cancer Ther, 2006, 5(10): 2522-2530.

08041

瑞戈非尼 Regorafenib [755037-03-7]

【名　　称】 4-[4-({[4-氯-3-(三氟甲基)苯基]氨基甲酰}氨基)-3-氟苯氧基]-*N*-甲基吡啶-2-

甲酰胺。

4-[4-({[4-chloro-3-(trifluoromethyl)phenyl]carbamoyl}amino)-3-fluorophenoxy]-*N*-methylpyridine-2-carboxamide。

【结 构 式】

分子式： $C_{21}H_{15}ClF_4N_4O_3$

分子量： 482.82

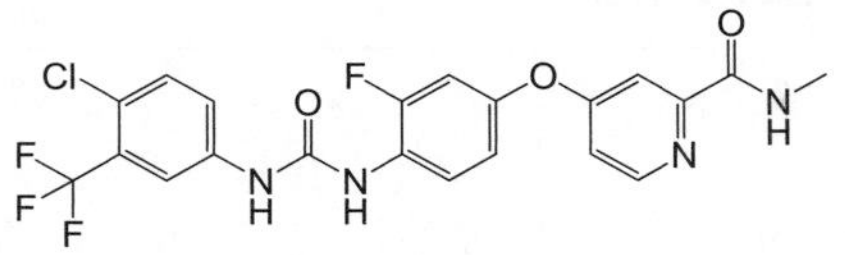

【性 状】 白色结晶性粉末，熔点 206.0～210.0℃，沸点(513.4±50.0)℃，密度(1.491±0.06)g/cm³。

【制 法】 以对氨基苯磺酸为起始原料，经重氮化、偶合、还原得到 3-氟-4-氨基苯酚，与 *N*-甲基-4-氯-2-吡啶甲酰胺发生亲核取代反应，得到 4-(4-氨基-3-氟苯氧基)-2-(甲基氨甲酰基)吡啶，再在 *N,N*-羰基二咪唑(CDI)作用下与 4-氯-3-(三氟甲基)苯胺缩合得瑞戈非尼。

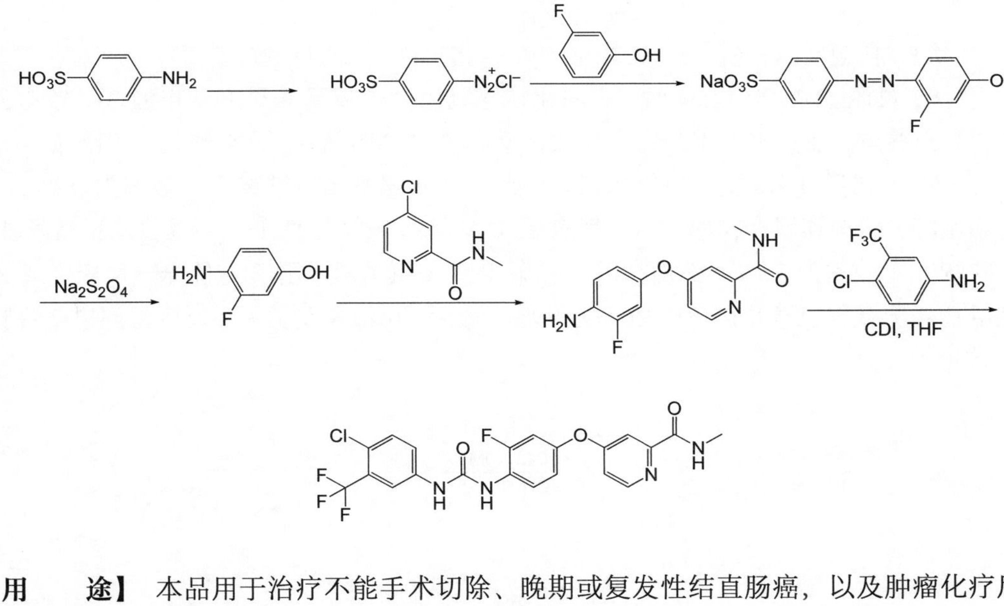

$Na_2S_2O_4$

CDI, THF

【用 途】 本品用于治疗不能手术切除、晚期或复发性结直肠癌，以及肿瘤化疗后加剧的胃肠道间质瘤。

【生产厂家】 Bayer、衡阳稼轩生物科技有限公司、湖北摩科化学有限公司。

【参考资料】

[1] Dmas J, Boyer S, Riedl B, et al. Fluoro substituted omega-carboxyaryl diphenyl urea for the treatment and prevention of diseases and conditions: WO2005009961 B1[P]. 2005-6-2.

[2] Christensen O, Kuss I. Drug combinations with fluorosubstituted omega-carboxyaryl diphenyl urea for the treatment and prevention of diseases and conditions: WO2012012404A1[P]. 2012-1-16.

08042

恩杂鲁胺 Enzalutamide [915087-33-1]

【名　　称】 4-[3-[4-氰基-3-(三氟甲基)苯基]-5,5-二甲基-4-氧代-2-硫代咪唑烷-1-基]-2-氟-*N*-甲基苯甲酰胺。

4-[3-[4-cyano-3-(trifluoromethyl)phenyl]-5,5-dimethyl-4-oxo-2-thioxoimidazolidin-1-yl]-2-fluoro-*N*-methylbenzamide。

【结 构 式】

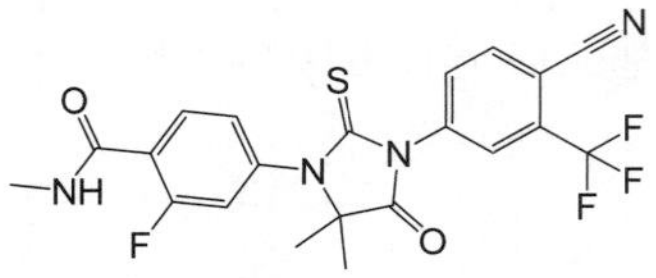

分子式：$C_{21}H_{16}F_4N_4O_2S$

分子量：464.44

【性　　状】 白色粉状，沸点(590.2±60.0)℃，密度(1.59±0.1)g/cm^3。

【制　　法】(1)化合物 2 经高碘酸、三氧化铬等氧化生成 2-氟-4-硝基苯甲酸(3)，收率为 81%；3 相继与二氯亚砜、甲胺发生酰胺化反应生成 *N*-甲基-2-氟-4-硝基苯甲酰胺(4)，收率为 85%；之后 4 经铁粉还原生成 *N*-甲基-2-氟-4-氨基苯甲酰胺(5)，收率为 92%；5 在丙酮氰醇、硫酸镁混合物的作用下反应生成 *N*-甲基-2-氟-4-(1,1-二甲基氰基甲基氨基)苯甲酰胺(6)，收率为 75%。然后，以 2-三氟甲基-4-氨基苯甲腈(7)与硫光气反应生成 2-三氟甲基-4-异硫氰基苯甲腈(8)，收率为 99%；最后，6 和 8 发生关环反应得到恩杂鲁胺(1)，收率为 25%。

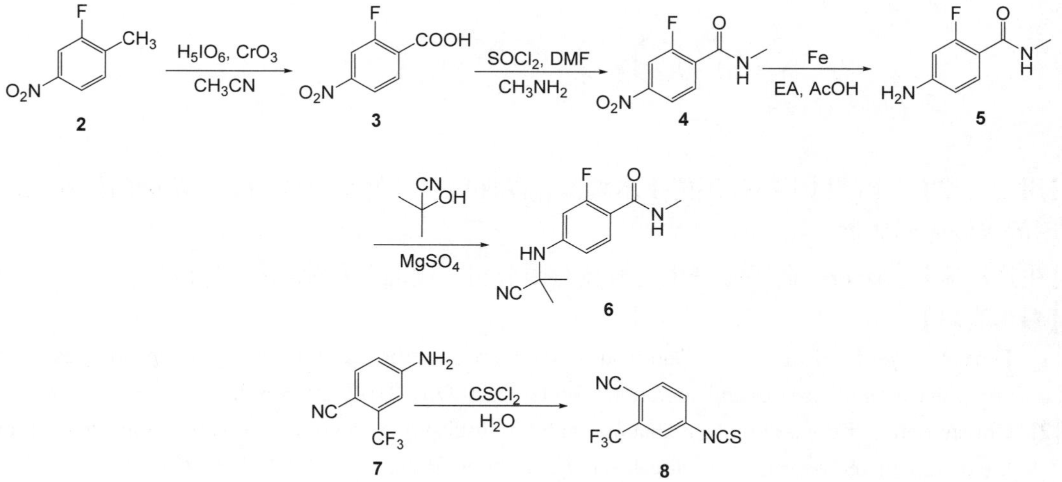

H_5IO_6, CrO_3 / CH_3CN; $SOCl_2$, DMF / CH_3NH_2; Fe / EA, AcOH; MgSO$_4$; $CSCl_2$ / H_2O

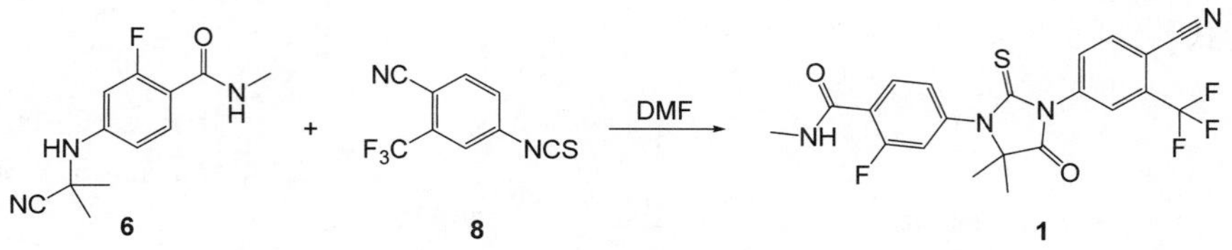

（2）9 经酰胺化反应生成 *N*-甲基-2-氟-4-溴苯甲酰胺(10)，收率 90%；10 与 2-氨基异丁酸在氯化亚铜的催化下反应生成 2-(3-氟-4-甲氨甲酰基)苯氨基异丁酸(11)，收率 76%；11 随后与碘甲烷反应生成 2-(3-氟-4-甲氨甲酰基)苯氨基异丁酸甲酯(12)，收率 95%；最后，8 与 12 进行环合反应最终得到产物恩杂鲁胺(1)，收率 78%。

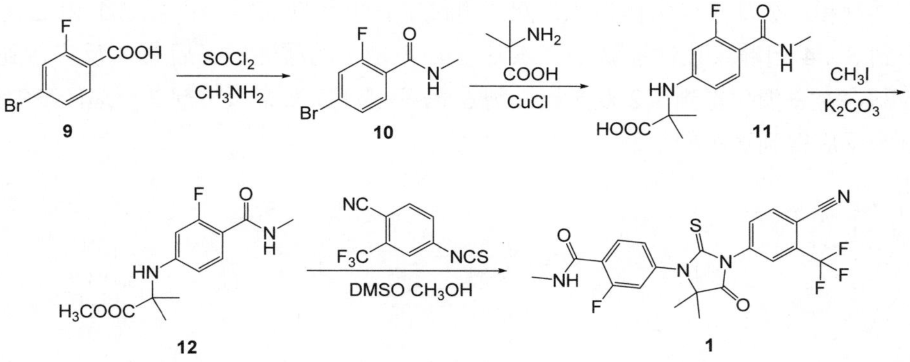

【用　　途】 本品用于治疗已扩散或复发的晚期男性去势耐受前列腺癌。

【生产厂家】 Medivation、钟祥市耀威生物科技有限公司、湖北摩科化学有限公司。

【参考资料】

[1] Wong R,Dolman S J. Isothiocyanates from tosyl. eholride mediated decomposition of in situ generated dithiocarbamic acid salts [J]. J Org Chem, 2007, 72 (10): 3969-3971.

[2] Thompson A,Lamberson C, Greenfield S, et al. Processes for the synthesis of diarylthiohydan and diarylhydantoin compounds: CN 103108549 [P]. 2011-09-01.

08043

达拉非尼 Dabrafenib [1195765-45-7]

【名　　称】 *N*-[3-[5-(2-氨基-4-嘧啶基)-2-(叔丁基)-4-噻唑基]-2-氟苯基]-2,6-二氟苯磺酰胺。

N-[3-[5-(2-amino-4-pyrimidinyl)-2-(*tert*-butyl)-4-thiazolyl]-2-fluorophenyl]-2,6-difluorobenzenesulfonamide。

【结 构 式】

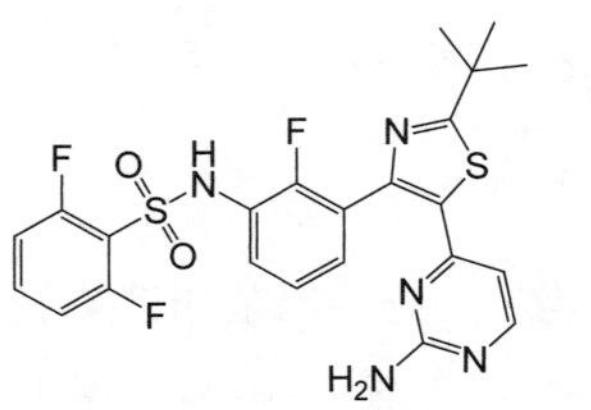

分子式：$C_{23}H_{20}F_3N_5O_2S_2$
分子量：519.56

【性　　状】 白色固体粉末，沸点(653.7±65.0)℃，密度 1.443g/cm³。

【制　　法】 达拉非尼合成的关键步骤是 1,3-噻唑环的构建，通常由硫代酰胺作为 1,3-双亲核试剂和α-羰基卤代物作为 1,2-双亲电试剂直接闭环而得。化合物 **1** 和 **2** 在碱性条件下得到 **3**。**4** 用非亲核性强碱 LiHMDS 去掉甲基上的酸性质子后与 **3** 反应得到 **5**，后者与 NBS 发生α-溴化得到 1,2-双亲电试剂 **6**，**6** 再与 1,3-双亲核试剂 **7** 反应闭环得到 **8**，**8** 再与氨水反应得到达拉非尼。

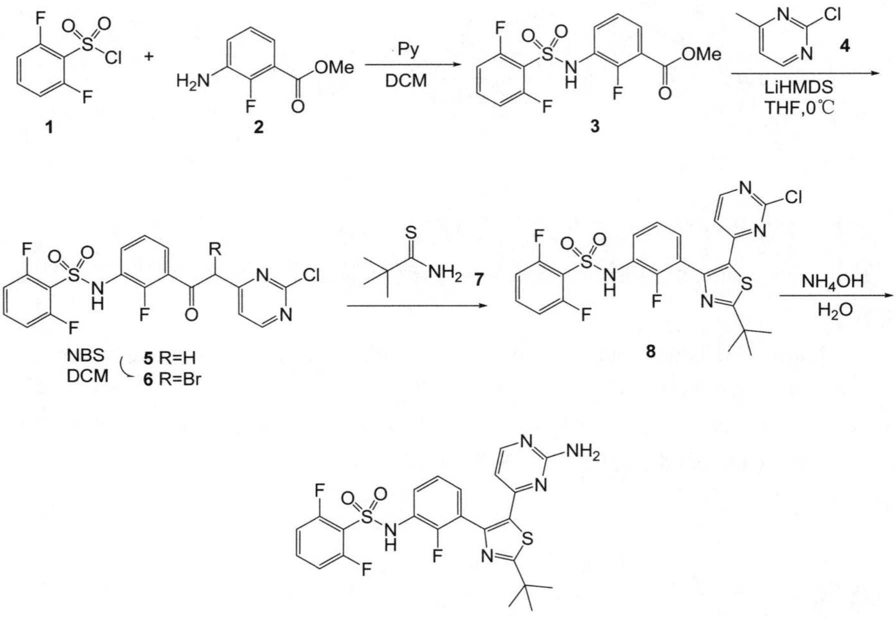

【用　　途】 本品为一种治疗转移性黑色素瘤药物，属 BRAF 抑制剂类抗癌药物。

【生产厂家】 Glaxosmithkline Plc、衡阳稼轩生物科技有限公司、湖北惠择普医药科技有限公司。

【参考资料】

[1] Ji D Y, Sun F S, Mi Q, et al. Synthesis method of fluticasone propionate as glucocorticoid drug: CN110698530A[P]. 2019-10-30.

[2] Li Y L, Qi H D, Han K Y. Method for preparing fluticasone propionate: CN110343143A[P]. 2018-04-01.

08044

曲美替尼 Trametinib [871700-17-3]

【名　　称】 *N*-[3-[3-环丙基-5-[(2-氟-4-碘苯基)氨基]-3,4,6,7-四氢-6,8-二甲基-2,4,7-三氧代吡啶并[4,3-*d*]嘧啶-1(2*H*)-基]苯基]乙酰胺。

N-[3-[3-cyclopropyl-5-[(2-fluoro-4-iodophenyl)amino]-3,4,6,7-tetrahydro-6,8-dimethyl-2,4,7-trioxopyrido[4,3-*d*]pyrimidin-1(2*H*)-yl]phenyl]acetamide。

【结 构 式】

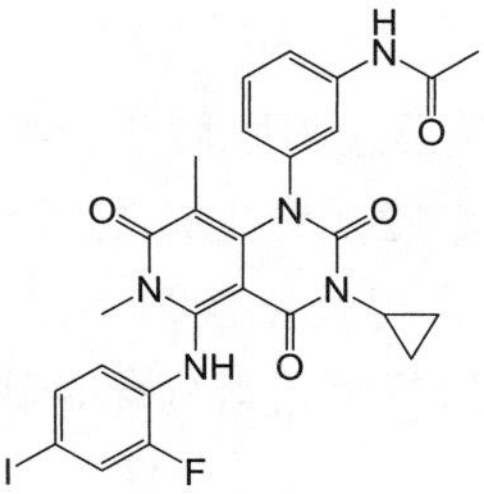

分子式： $C_{26}H_{23}FIN_5O_4$

分子量： 615.39

【性　　状】 白色固体粉末，熔点 300～301℃，密度 1.74g/cm³。

【制　　法】 (1)采用 2-氟-4-碘苯异氰酸酯和环丙基胺制备得到脲 **1**，再与丙二酸进行环合得嘧啶三酮化合物 **2**，嘧啶三酮化合物 **2** 与 $POCl_3$ 进行选择性氯代得到氯代物 **3**，**3** 与甲胺反应得到化合物 **4**，化合物 **4** 与 2-甲基丙二酸二乙酯缩合得到吡啶并嘧啶化合物 **5**，将吡啶并嘧啶化合物 **5** 中—OH 进行三氟甲磺酰化得化合物 **6** 后，**6** 与 3-氨基硝基苯发生取代反应得化合物 **7**，**7** 在碱性条件下发生酰胺交换反应得化合物 **8**，**8** 于 $Na_2S_2O_4$ 下硝基还原得氨基化合物 **9**，最后经过醋酐反应得到目标化合物曲美替尼。

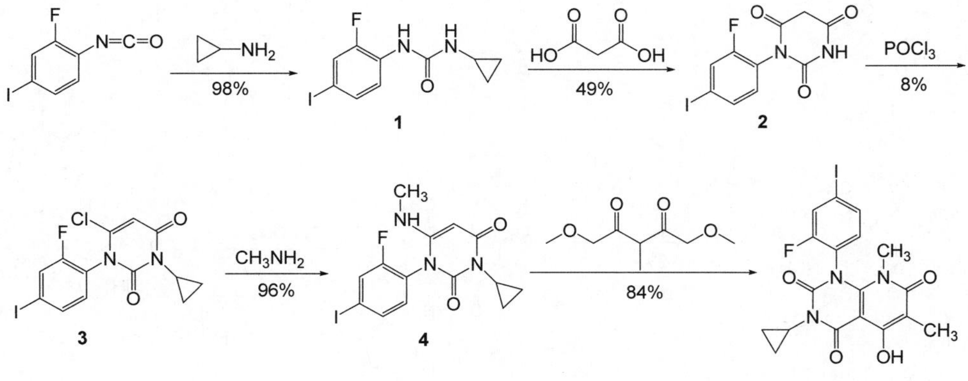

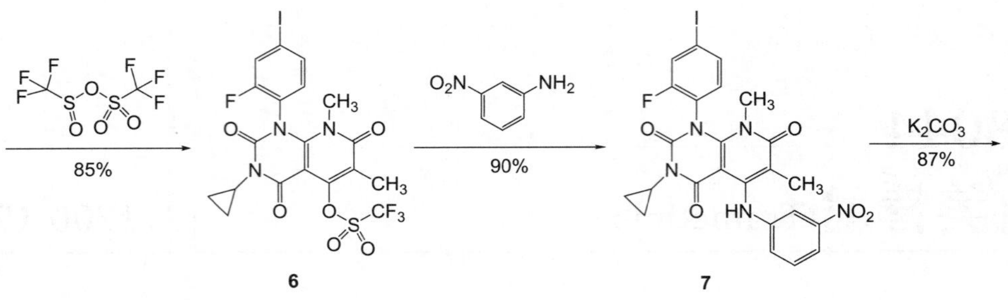

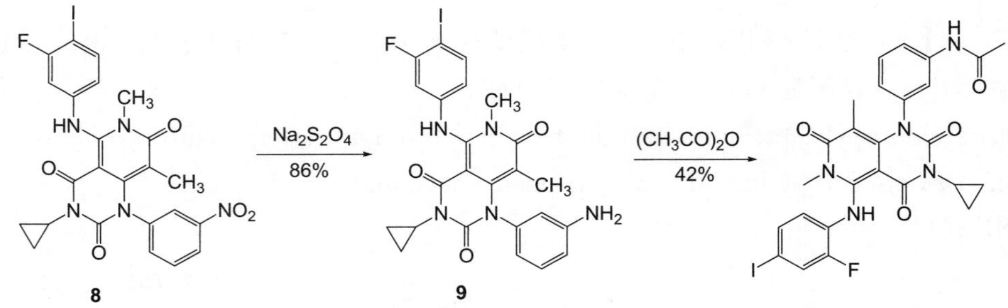

(2)采用脲类化合物 1 与氰基乙酸反应得酰胺化合物 10，碱性条件下进行环合得嘧啶二酮胺化合物 11，缩合后得席夫碱 12，席夫碱 12 经硼氢化钠还原得化合物 4，化合物 4 再与甲基丙二酸在醋酐环境下缩合得到化合物 5，采用上述类似的方法进行磺酸酯化，产物 13 直接与 3-乙酰氨基苯胺进行缩合得到化合物 14，最后在碱性条件下发生酰胺交换反应得目标物曲美替尼。

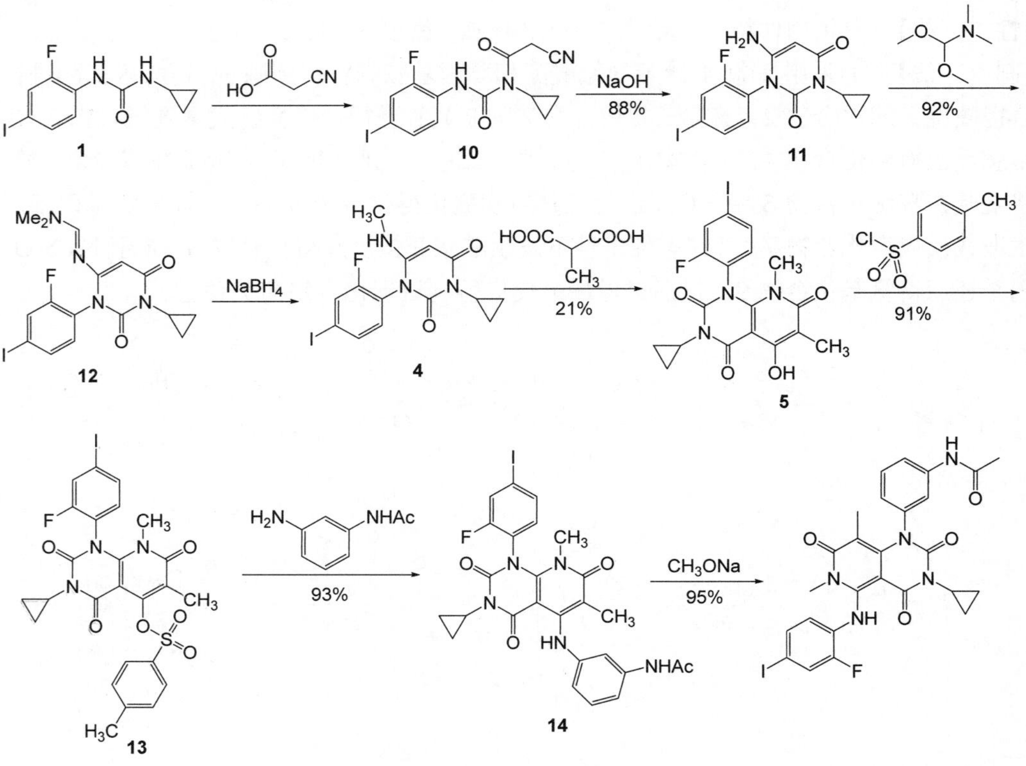

【用　　途】本品用于治疗黑色素瘤、小细胞肺癌和甲状腺癌。

【生产厂家】Noxartis、江苏希迪制药有限公司、山东立新制药有限公司、南京亚东启天药业有限公司、国药一心制药有限公司、山东安弘制药有限公司。

【参考资料】

[1] Abe H, Kikuchi S, Hayakawa Km, et al. Discovery of a highly potent and selective MEK inhibitor: GSK1120212 [J]. Medicinal Chemistry Letters, 2011, 2(4): 320-324.

[2] Sebolt-Leopold J S, Herrera R. Targeting the mitogen-activated protein kinase cascade to treat cancer[J]. Nat Rev Cancer, 2004, 4: 937–947.

08045

阿法替尼 Afatinib [850140-72-6]

【名　　称】(2*E*)-*N*-[4-[(3-氯-4-氟苯基)氨基]-7-[[(3*S*)-四氢-3-呋喃基]氧基]-6-喹唑啉基]-4-二甲氨基-2-丁烯酰胺。

(2*E*)-*N*-[4-[(3-chloro-4-fluorophenyl)amino]-7-[[(3*S*)-tetrahydrofuran-3-yl]oxy]quinazolin-6-yl]-4-(dimethylamino)but-2-enamide。

【结 构 式】

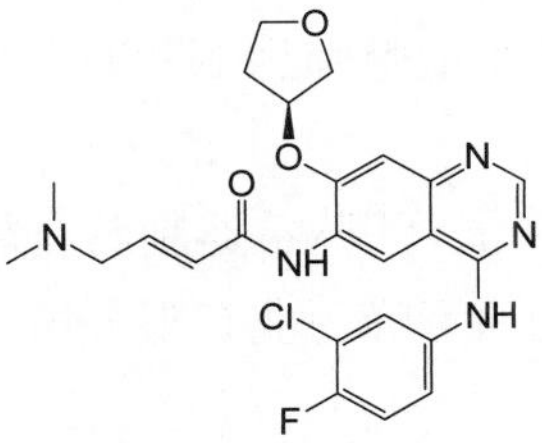

分子式：$C_{24}H_{25}ClFN_5O_3$

分子量：485.94

【性　　状】灰白色固体，熔点 100～102℃，沸点(676.9±55.0)℃，密度 1.380g/cm^3。

【制　　法】(1)以 6-硝基-7-氯-3,4-二氢喹唑啉-4-酮为起始原料，通过氯代、两次缩合、取代、硝基还原、酰胺化反应，最后烯烃化，制备得到阿法替尼。

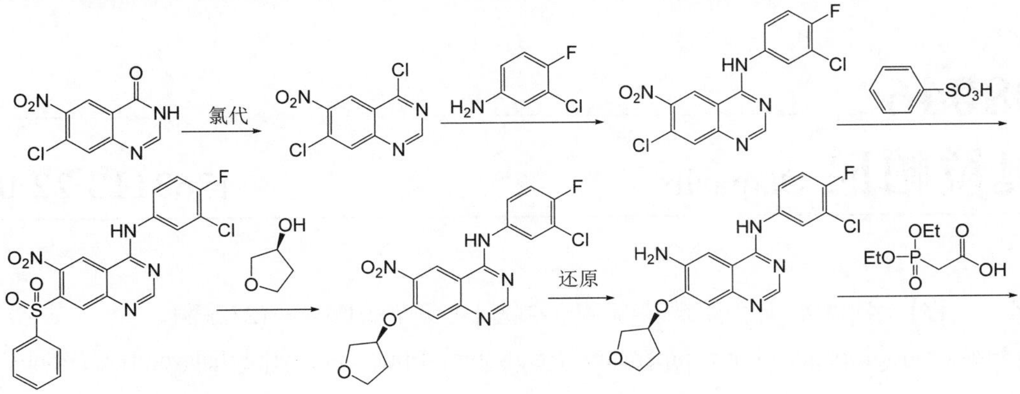

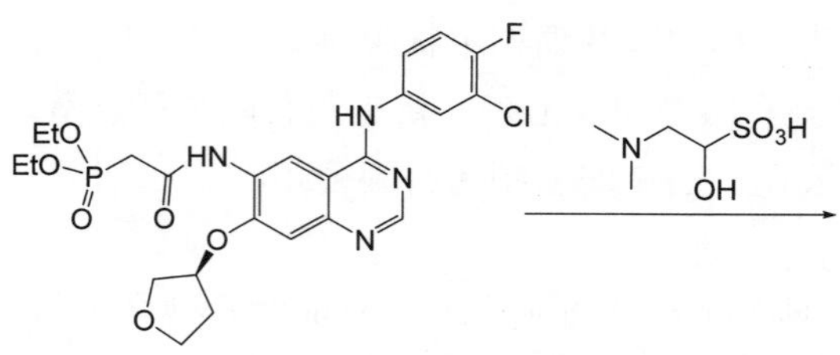

(2)以 4-氯-7-氟-6-硝基喹唑啉为起始原料，依次发生缩合、醚化、硝基还原和酰胺化反应，制备得到阿法替尼。

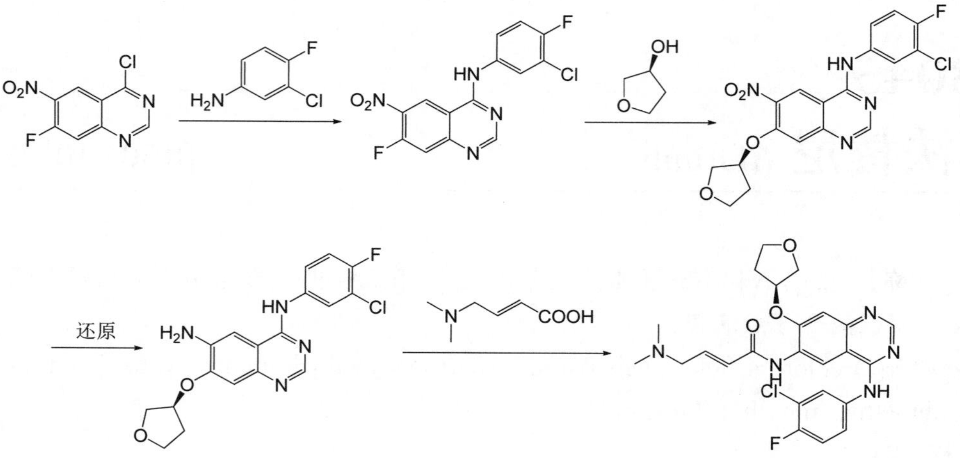

【用　　途】 本品适用于晚期非小细胞肺癌(NSCLC)的一线治疗及 HER2 阳性的晚期乳腺癌患者。

【生产厂家】 Boehringe Ingelheim、江苏希迪制药有限公司、山东孔府制药有限公司、南京臣功制药股份有限公司、江西青峰药业有限公司、连云港润众制药有限公司。

【参考资料】

[1] Ji D Y, Sun F S, Mi Q, et al. Synthesis method of Fluticasone propionate as glucocorticoid drug: CN110698530A[P]. 2019-10-30.

[2] Li Y L, Qi H D, Han K Y. Method for preparing fluticasone propionate: CN 110343143A[P]. 2018-04-01.

08046

奥拉帕尼 Olaparib　　[763113-22-0]

【名　　称】 4-[3-[4-(环丙烷羰基)哌嗪-1-羰基]-4-氟苄基]酞嗪-1(2*H*)-酮。

4-[3-[4- (cyclopropanecarbonyl)piperazine-1-carbonyl]-4-fluorobenzyl]phthalazin-1(2*H*)-one。

【结 构 式】

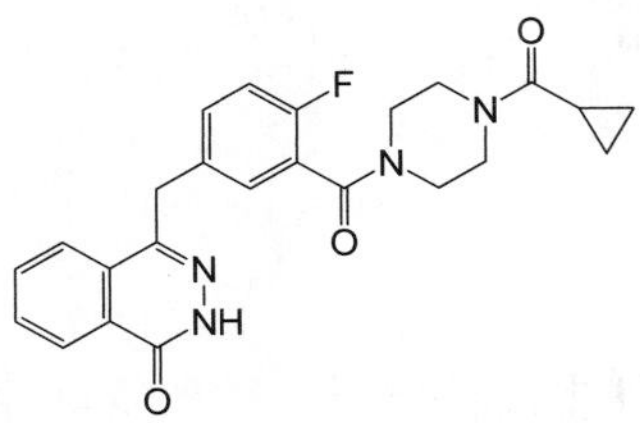

分子式：$C_{24}H_{23}FN_4O_3$
分子量：434.47

【性　　状】 白色粉末，酸度系数(pK_a)12.07±0.40，折射率 1.702，密度 1.43g/cm^3。

【制　　法】 （1）原研药专利 W2004080976A1 报道，奥拉帕尼的合成方法如下所示，路线总收率仅有 26.7%。

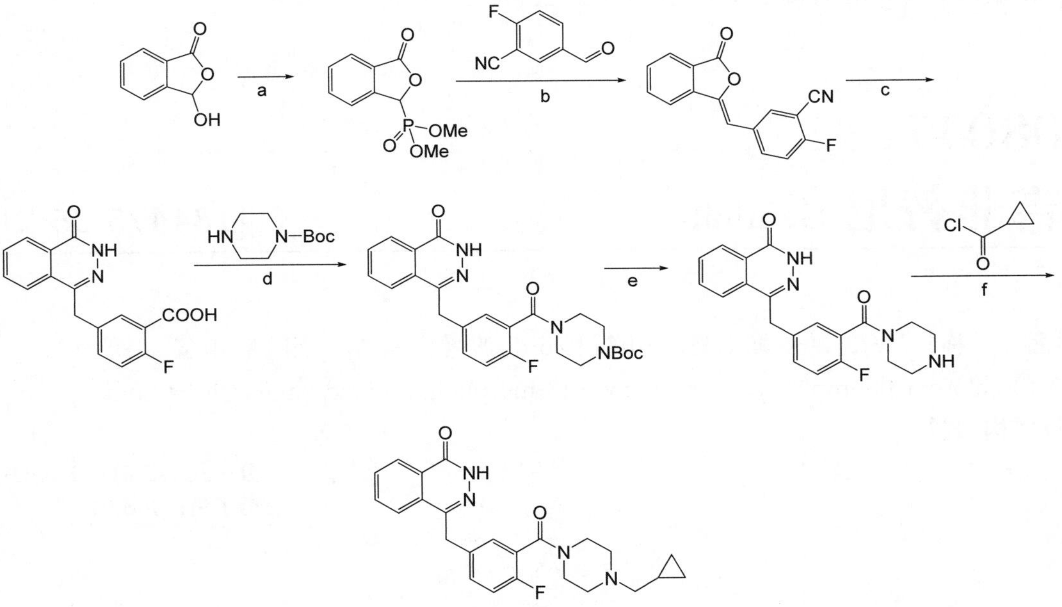

（2）以 3-羟基异苯并呋喃-1(3*H*)-酮(**2**)为原料，与亚磷酸二甲酯反应生成(3-氧代-1,3-二氢异苯并呋喃-1-基)磷酸二甲酯(**3**)，经 Wittig- Horner 反应、水解和环合，得到 2-氟-5-[(4-氧代-3,4-二氢二氮杂萘-1-基)甲基]苯甲酸(**5**)，**5** 氯代后生成 **6**，再与 4-环丙基羰基哌嗪缩合得到目标产物 **1**。

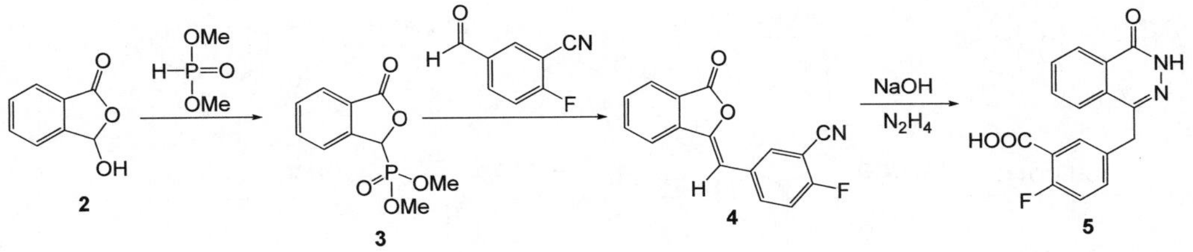

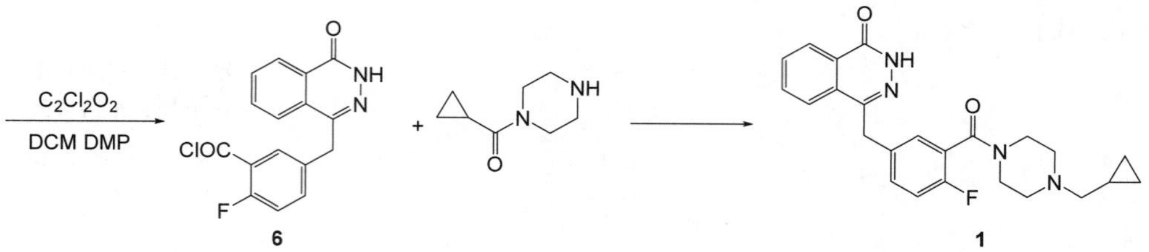

$$\xrightarrow[\text{DCM DMP}]{C_2Cl_2O_2}$$

O NH N ClOC F 6 + N NH O → O NH N O N N F 1

【用　　途】 本品用于复发性上皮性卵巢、输卵管或原发性腹膜癌患者进行维持治疗。

【生产厂家】 Astrazeneca Plc、湖北威德利化学科技有限公司、沧州恩科医药科技有限公司。

【参考资料】

Srivastava, B K. Preparation of 4-[4-fluoro-3-(piperazine-1-carbonyl)benzyl]phthalazin-1(2*H*)-one derivatives as poly(ADP-ribose)polymerase-1 inhibitors: WO 2012014221 [P]. 2012-02-02.

08047

吉非替尼 Gefitinib　　[184475-35-2]

【名　　称】 *N*-(3-氯-4-氟苯基)-7-甲氧基-6-(3-吗啉代丙氧基)喹唑啉-4-胺；易瑞沙®。*N*-(3-chloro-4-fluorophenyl)-7-methoxy-6-(3-morpholinpropoxy)quinazolin-4- amine。

【结 构 式】

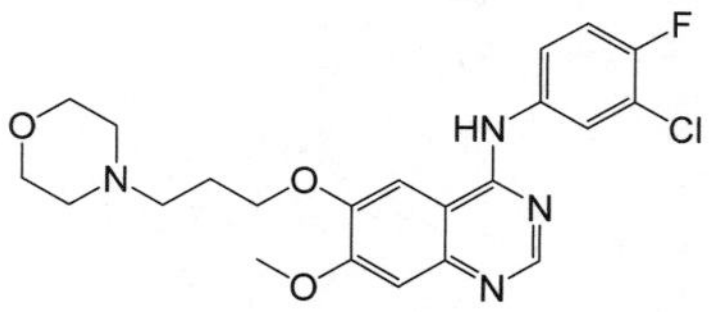

F HN Cl O N O N O N

分子式：$C_{22}H_{24}ClFN_4O_3$

分子量：446.91

【性　　状】 白色粉末,其完全溶于二甲亚砜和冰醋酸,可溶于嘧啶,微溶于四氢呋喃、乙醇、甲醇、乙酸乙酯和乙腈。

【制　　法】

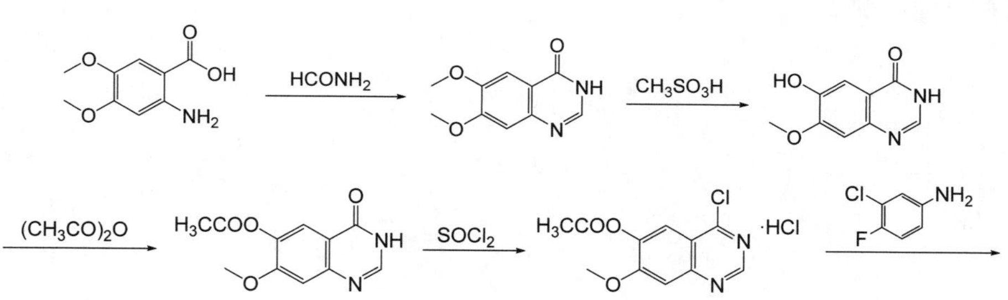

O O OH NH_2 O $\xrightarrow{HCONH_2}$ O O NH O N $\xrightarrow{CH_3SO_3H}$ HO O NH O N

$\xrightarrow{(CH_3CO)_2O}$ H_3CCOO O NH O N $\xrightarrow{SOCl_2}$ H_3CCOO Cl N O N $\cdot HCl$ Cl NH_2 F $\longrightarrow$

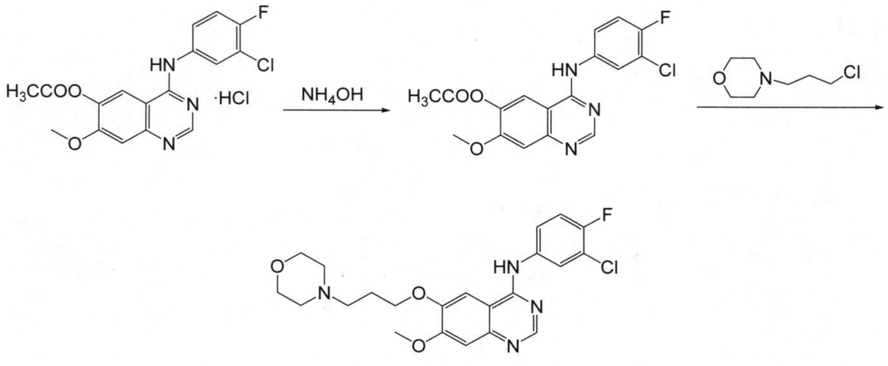

【用　　途】 本品为一种特异性较高的抗肿瘤靶向治疗药物，是第一个用于治疗非小细胞肺癌的分子靶向药物。

【生产厂家】 英国阿斯利康公司、湖南南新制药股份有限公司、大连珍奥药业股份有限公司、河北道恩药业有限公司、南京亚东启天药业有限公司、上海创诺制药有限公司。

【参考资料】

[1] Gibson K.Preparation of haloanilin quinazoline as class I receptor tyrosine kinase inhibitors: USW09633980[P]. 1996-04-23.

[2] Gilday J P. Process for the preparation of 4-(3'-chloro-4'-fluoroanilino)-7-methoxy-6-(3-morpholinopropoxy)quinazoline: CN 1733738[P]. 2004-3-25.

08048

氯法拉滨 Clofarabine [123318-82-1]

【名　　称】 2-氯-9-(2-脱氧-2-氟-*β*-D-呋喃阿拉伯糖基)-9*H*-嘌呤-6-胺；克罗拉滨；克罗他滨。

2-chloro-9-(2-deoxy-2-fluoro-*β*-D-arabinofuranosyl)-9*H*-purin-6-amine。

【结 构 式】

分子式：$C_{10}H_{11}ClFN_5O_3$

分子量：303.68

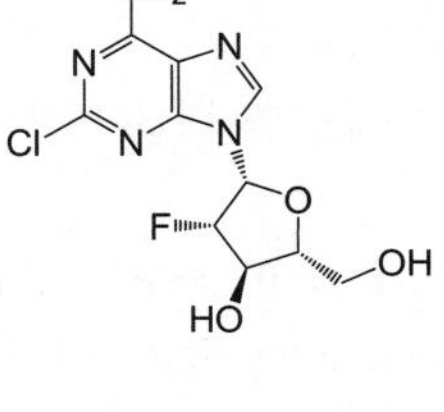

【性　　状】 白色固体，熔点为 228～231℃，沸点为(550.0±60.0)℃，密度为 1.4804g/cm^3，

溶于 DMSO。

【制　　法】

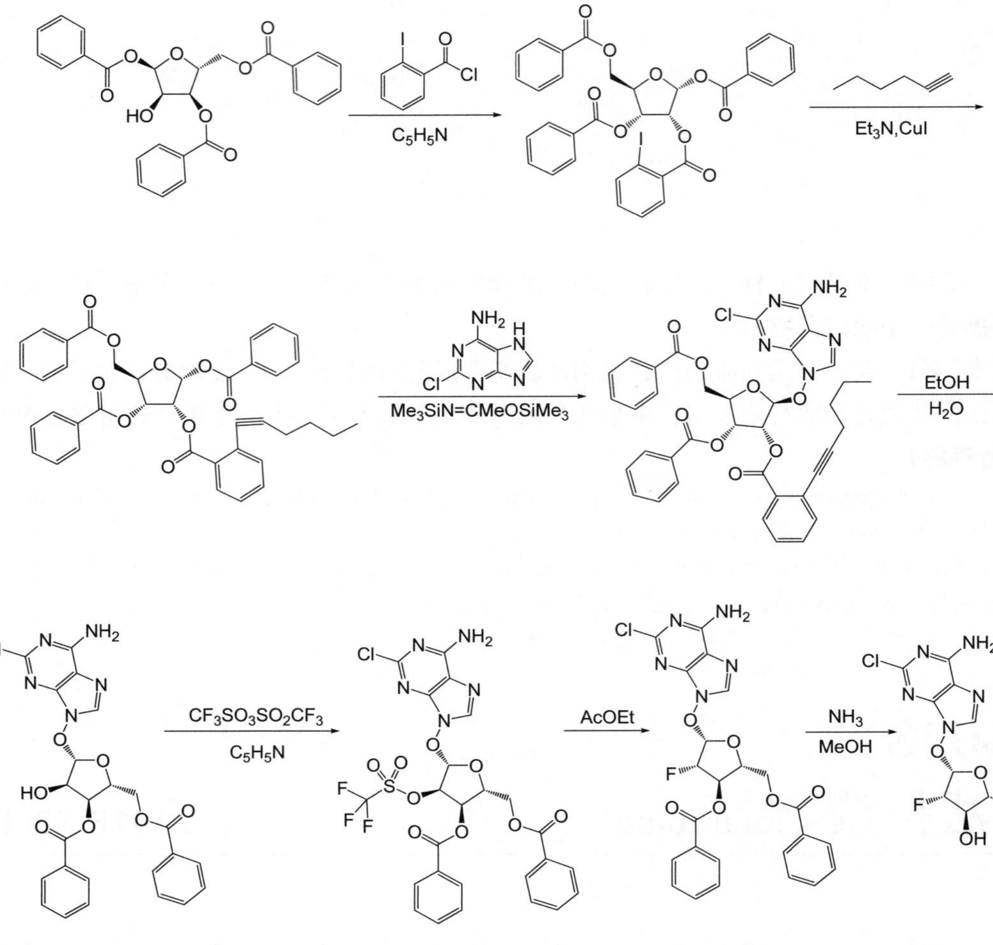

【用　　途】 本品用于儿童顽固性或复发性急性淋巴细胞白血病的治疗，是目前唯一可以特异性用于治疗儿童急性粒细胞性白血病(ALL)的药物；治疗白血病有效率高，并且很好耐受，没有不可预知的不良反应。既可以静脉给药，也可以口服。本品为十多年来首个获准专门用于儿童白血病治疗的新药。

【生产厂家】 美国健赞公司、吉林派高生物制药有限公司。

【参考资料】

Ding H X,Li C,Zhou Y R, et al.Stereoselective synthesis of 2'-modified nucleosides by using ortho-alkynyl benzoate as a gold(Ⅰ)-catalyzed removable neighboring participation group[J].RSC Advances,2017,7(4),1814-1817.

08049

尼洛替尼 Nilotinib [641571-10-0]

【名　　称】4-甲基-*N*-[3-(4-甲基-1*H*-咪唑-1-基)-5-(三氟甲基)苯基]-3-[[4-(3-吡啶基)-2-嘧啶基]氨基]苯甲酰胺；尼罗替尼。

AMN107；4-methyl-*N*-[3-(4-methyl-1*H*-imidazol-1-yl)-5-(trifluoromethyl)phenyl]-3-[[4-(3-pyridinyl)-2-pyrimidinyl]amino] benzamide。

【结 构 式】

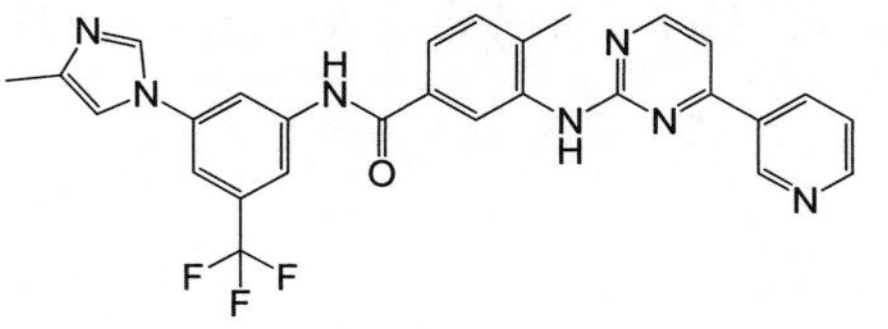

分子式：$C_{28}H_{22}F_3N_7O$
分子量：529.52

【性　　状】灰白色固体，熔点为 231～233℃，密度为 1.36g/cm³。

【制　　法】

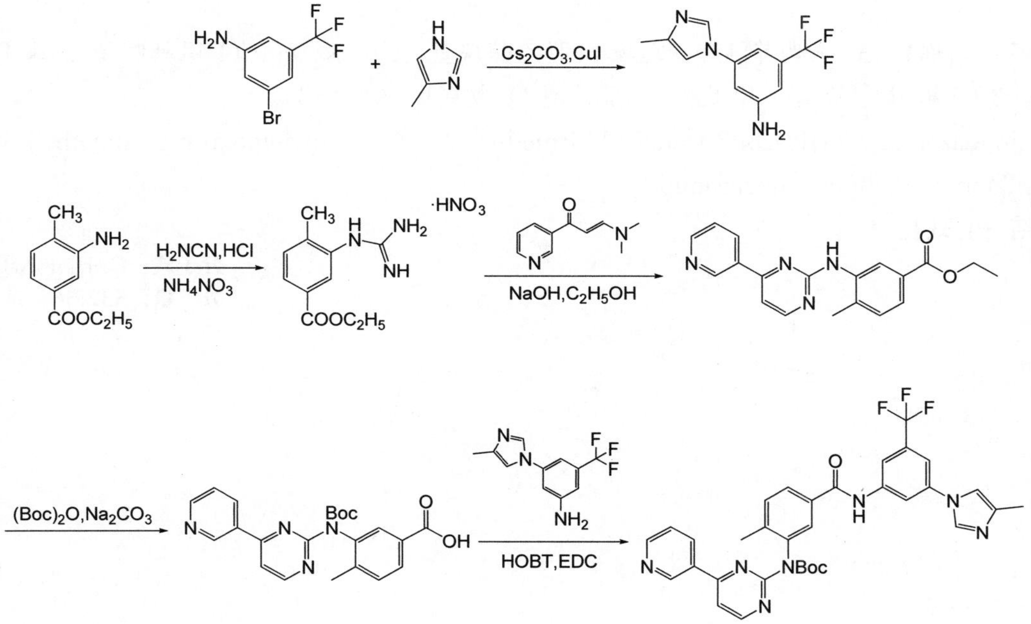

Cs_2CO_3,CuI

H_2NCN,HCl / NH_4NO_3 ; ·HNO_3 ; NaOH,C_2H_5OH

$(Boc)_2O$,Na_2CO_3 ; HOBT,EDC

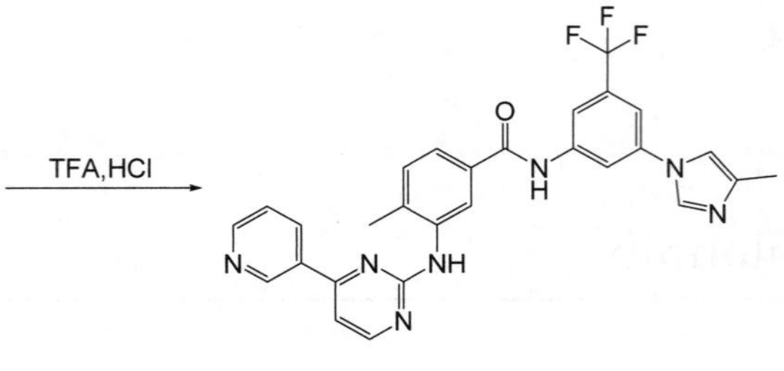

TFA,HCl

【用　　途】 本品是一种新型的靶向肿瘤治疗药物，属于酪氨酸激酶抑制剂，用于治疗对伊马替尼(格列卫®)耐药的慢性粒细胞性白血病(CML)患者，疗效显著。

【生产厂家】 诺华公司、江苏希迪制药有限公司。

【参考资料】

[1] Deininger M W. Nilotinib [J]. Clin Cancer Res, 2008, 14(13): 4027-4031.

[2] Jabbour E, Cortes J, Kantarjian H, et al. Drug evaluation: nilotinib—a novel Bcr-Abl tyrosine kinase inhibitor for the treatment of chronic myelocytic leukemia and beyond [J]. Drugs, 2007, 10(7): 468-479.

08050

帕纳替尼 Ponatinib　　[943319-70-8]

【名　　称】 3-(咪唑并[1,2-*b*]哒嗪-3-亚乙基炔基)-4-甲基-*N*-(4-((4-甲基哌嗪-1-基)甲基)-3-(三氟甲基)苯基)苯甲酰胺; 泊那替尼; 普纳替尼; AP24534。

3-(imidazo[1,2-*b*]pyridazin-3-ylethynyl)-4-methyl-*N*-(4-((4-methylpiperazin-1-yl)methyl)-3-(trifluoromethyl)phenyl)benzamide。

【结 构 式】

分子式： $C_{29}H_{27}F_3N_6O$

分子量： 532.56

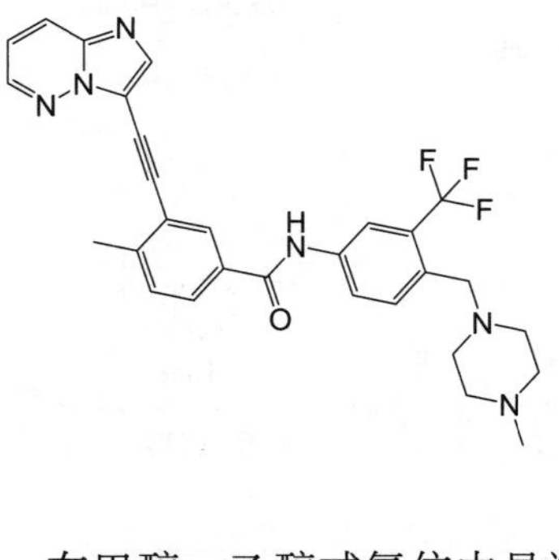

【性　　状】 白色结晶性粉末，在甲醇、乙醇或氯仿中易溶，在二甲基甲酰胺中微溶。

【制　　法】

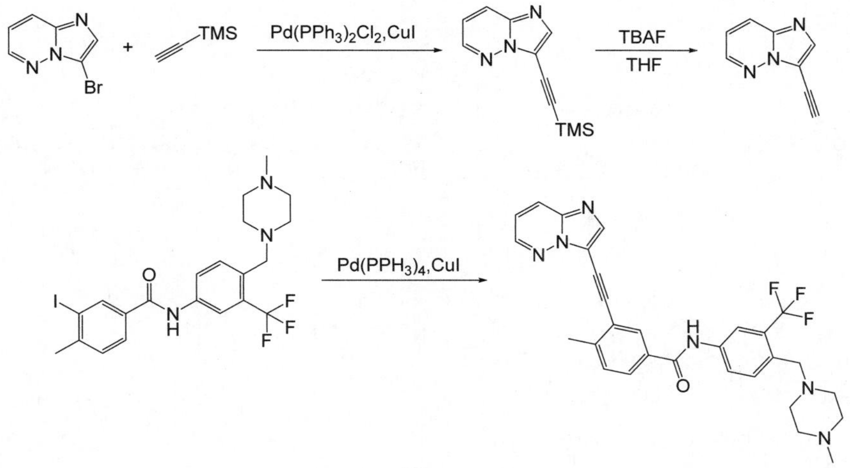

【用　　途】本品是一种抗癌药物。2012 年 12 月经美国 FDA 批准上市，用于治疗成人慢性粒细胞白血病(CML)、“费城染色体阳性”(Ph^+)急性淋巴细胞白血病(ALL)。主要用于治疗对达沙替尼或尼洛替尼治疗无效的患者，或不能耐受达沙替尼或尼洛替尼的患者，以及不适合伊马替尼后续治疗的患者。

【生产厂家】诺华公司。

【参考资料】

Huang W S, Shakespeare W C. An efficient synthesis of nilotinib (AMN107) [J]. Synthesis, 2007 (14): 2121-2124.

08051

拉多替尼 Radotinib　　[926037-48-1]

【名　　称】4-甲基-*N*-(3-(4-甲基-1*H*-咪唑-1-基)-5-(三氟甲基)苯基)-3-((4-(吡嗪-2-基)嘧啶-2-基)氨基)苯甲酰胺；雷度替尼；IY5511；Supect®；CS-1712。

4-methyl-*N*-(3-(4-methylimidazol-1-yl)-5-(trifluoromethyl)penyl)-3-((4-(pyrazin-2-yl)pyrimidin-2-yl)amino)benzamide。

【结 构 式】

分子式：$C_{27}H_{21}F_3N_8O$

分子量：530.52

【性　　状】 白色或灰白色固体。

【制　　法】

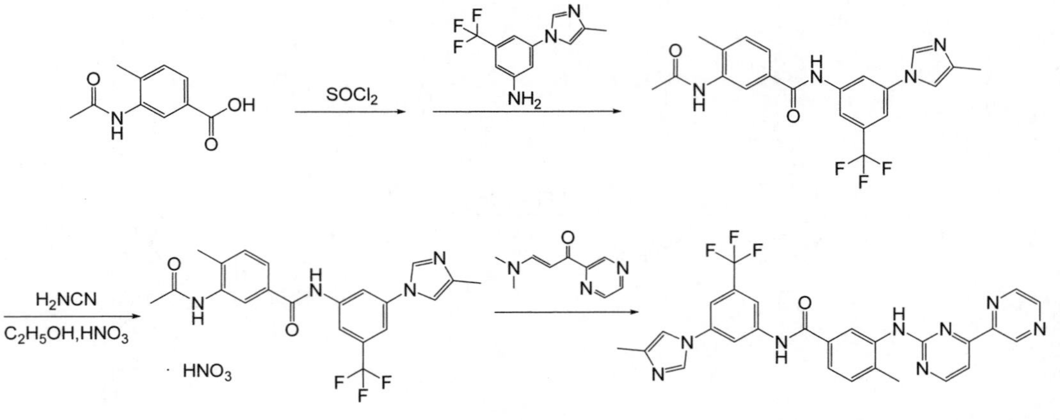

$SOCl_2$

H_2NCN

C_2H_5OH, HNO_3

$\cdot HNO_3$

【用　　途】 本品是一种选择性 BCR-ABL1 酪氨酸激酶抑制剂，IC_{50} 为 34nmol/L，用于治疗慢性粒细胞白血病。

【生产厂家】 阿斯利康公司。

【参考资料】

Dong L. High-yield synthesis method of radotinib: CN111039932[P]. 2020-04-21.

08052

考比替尼 Cobimetinib [934660-93-2]

【名　　称】 [3,4-二氟-2-[(2-氟-4-碘苯基)氨基]苯基][3-羟基-3-((2*S*)-2-哌啶基)-1-氮杂环丁基]甲酮；卡吡替尼；可美替尼；卡比替尼；克吡替尼；XL518；GDC-0973；RG7420。[3,4-difluoro-2-[(2-fluoro-4-iodophenyl)amino]phenyl][3-hydroxy-3-[(2*S*)-2-piperidinyl]-1-azetidinyl]methanone。

【结 构 式】

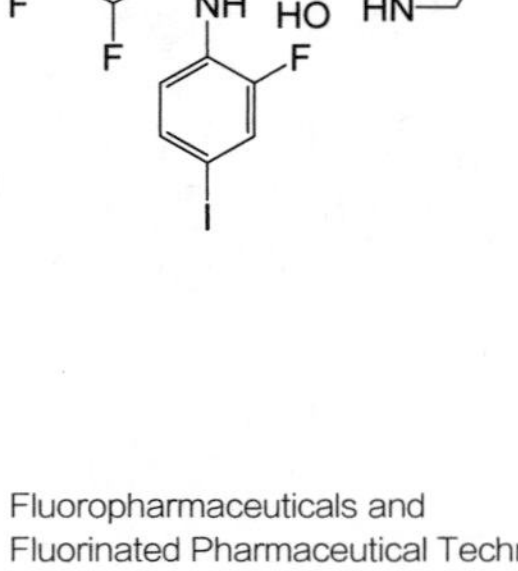

分子式：$C_{21}H_{21}F_3IN_3O_2$

分子量：531.31

【制　　法】

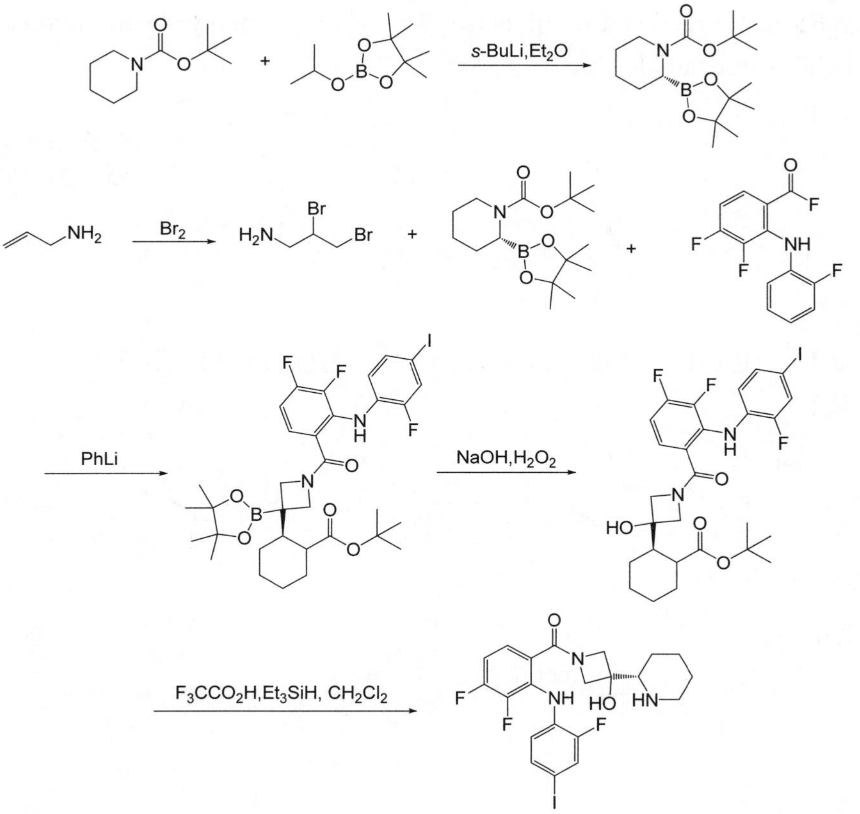

【用　　途】 考比替尼是一种口服小分子 MEK 抑制剂，MEK 是一种蛋白激酶，是 RAS-RAF-MEK-ERK 信号通路的一部分，该通路可促进细胞的分裂和存活，在人类癌细胞组织中往往处于激活状态，选择性阻断 MEK 蛋白的活性，从而阻断其下游的信号通路传导。但是考比替尼对于野生型 BRAF 黑色素瘤的治疗未显示出活性。

【生产厂家】 基因泰克公司。

【参考资料】

Fawcett A, Murtaza A, Gregson C H U. Strain-release-driven homologation of boronic esters: application to the modular synthesis of azetidines[J] Journal of the American Chemical Society, 2019,141(11): 4573-4578.

08053

索尼吉布 Sonidegib [956697-53-3]

【名　　称】 *N*-[6-[(2*R*,6*S*)-2,6-二甲基-4-吗啉基]-3-吡啶基]-2-甲基-4'-(三氟甲氧

基)-[1,1'-联苯]-3-甲酰胺；索尼地吉；索尼德吉；LDE225(NVP-LDE225)。

N-[6-[(2*R*,6*S*)-2,6-dimethyl-4-morpholinyl]-3-pyridinyl]-2-methyl-4'-(trifluoromethoxy)-[1,1'-biphenyl]-3-carboxamide。

【结 构 式】

分子式：$C_{26}H_{26}F_3N_3O_3$

分子量：485.50

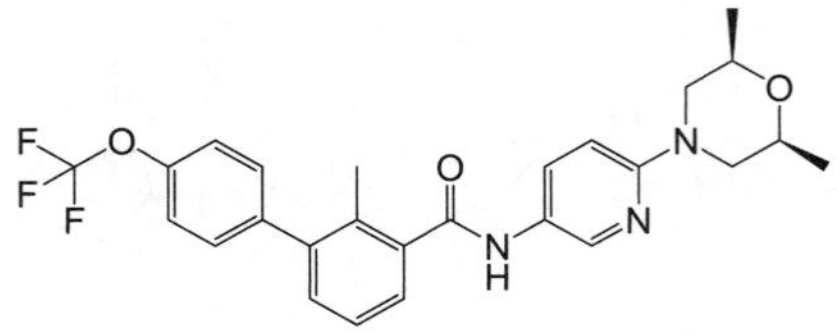

【性　　状】 白色固体，沸点为(544.5±50.0)℃，密度为 1.225g/cm³。

【制　　法】

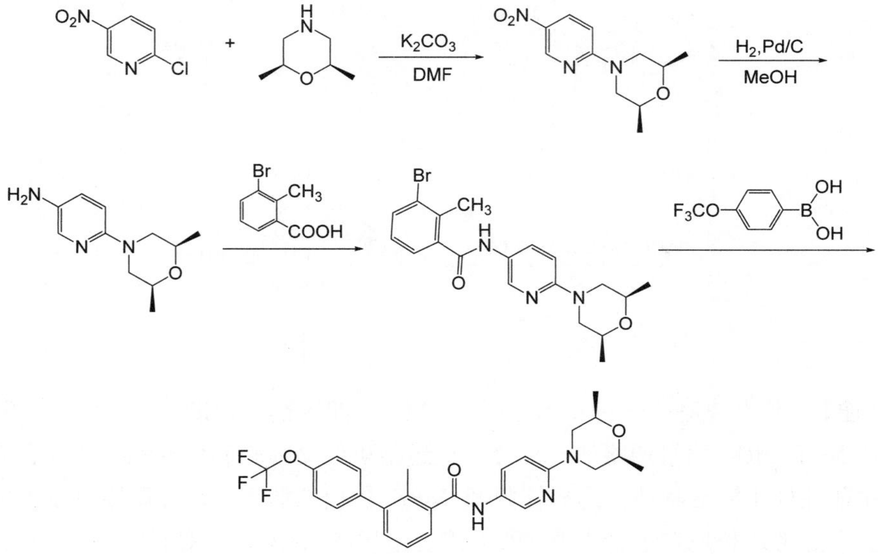

【用　　途】 索尼吉布是 Smoothened(SMO)蛋白质的药物靶向抑制剂，SMO 是细胞分泌的 Hedgehog 信号转导通路的一部分。人体细胞 Hedgehog 信号分子在指导胚胎生长和空间规划的发展以及之后的器官和肢体发育中起到关键作用，其所发生的缺失是一些癌症和先天缺陷的一个重要诱因。随着研究的深入，与癌有关的癌基因及抑癌基因不断被发现，这些都进一步阐明了癌的发生机制，也为癌的治疗提供新的靶向。研究人员发现在胚胎发育、组织分化过程中起调控作用的信号通路可能在肿瘤发生的过程中发挥着重要作用。

【生产厂家】 瑞士诺华公司。

【参考资料】

Ouyang J,Liu S,Pan B. A bulky and electron-rich *N*-heterocyclic carbene palladium complex (SIPr) ph₂Pd(cin)Cl: highly efficient and versatile for buchwald-hartwig amination of (hetero)aryl chlorides with (hetero)aryl amines at room temperature[J]. ACS Catalysis,2021, 11(15): 9252-9261.

08054

恩西地平 Enasidenib [1446502-11-9]

【名　　称】 2-甲基-1-((4-(6-(三氟甲基)吡啶-2-基)-6-((2-(三氟甲基)吡啶-4-基)氨基)-1,3,5-三嗪-2-基)氨基)丙-2-醇；依那替尼；AG-211。

2-methyl-1-((4-(6-(trifluoromethyl)pyridin-2-yl)-6-((2-(trifluoromethyl)pyridin-4-yl)amino)-1,3,5-triazin-2-yl)amino)propan-2-ol。

【结 构 式】

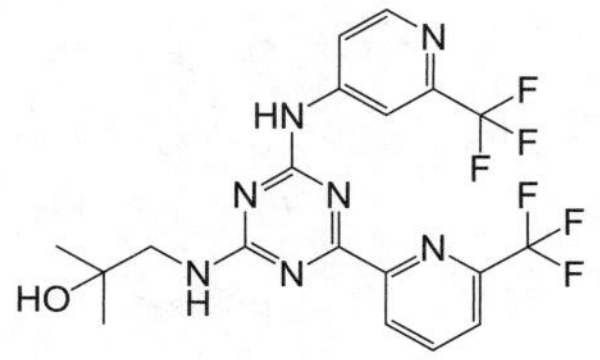

分子式：$C_{19}H_{17}F_6N_7O$

分子量：473.38

【性　　状】 白色粉末，沸点为(581.0±60.0)℃，密度为(1.477±0.06)g/cm^3。

【制　　法】

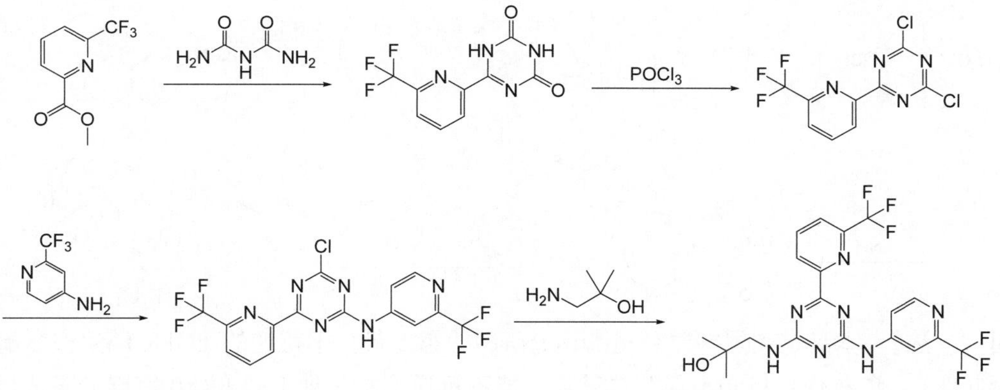

POCl$_3$

【用　　途】 本品是一种新型有效的、具有选择性的 IDH2 突变酶的可逆抑制剂，为第一个针对肿瘤代谢的抗肿瘤药物，用于治疗携带异柠檬酸脱氢酶 2 基因突变的成人复发或难治急性髓系白血病。

【生产厂家】 阿吉奥斯公司。

【参考资料】

Konteatis Z, Artin E, Nicolay B, et al. Vorasidenib (AG-881): a first-in-class, brain-penetrant dual inhibitor of mutant IDH1 and 2 for treatment of glioma[J]. ACS Medicinal Chemistry Letters, 2020, 11(2): 101-107.

08055

达可替尼 Dacomitinib [1110813-31-4]

【名　　称】 (*E*)-*N*-(4-((3-氯-4-氟苯基)氨基)-7-甲氧基喹唑啉-6-基)-4-(哌啶-1-基)-2-烯酰胺; 达克替尼; PF-00299804。

(*E*)-*N*-(4-((3-chloro-4-fluorophenyl)amino)-7-methoxyquinazolin-6-yl)-4-(piperidin-1-yl)but-2-enamide。

【结 构 式】

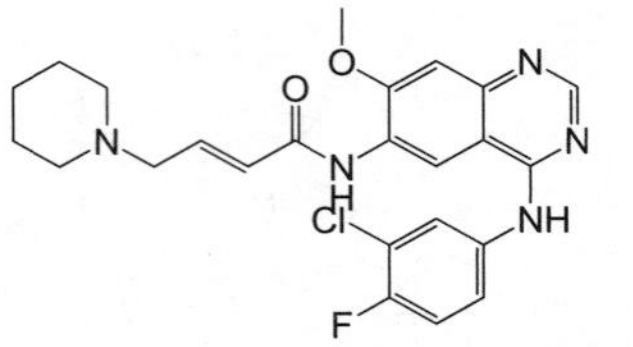

分子式：$C_{24}H_{25}ClFN_5O_2$

分子量：469.94

【性　　状】 白色固体，沸点为(665.7±55.0)℃，密度为 1.344g/cm^3。

【制　　法】

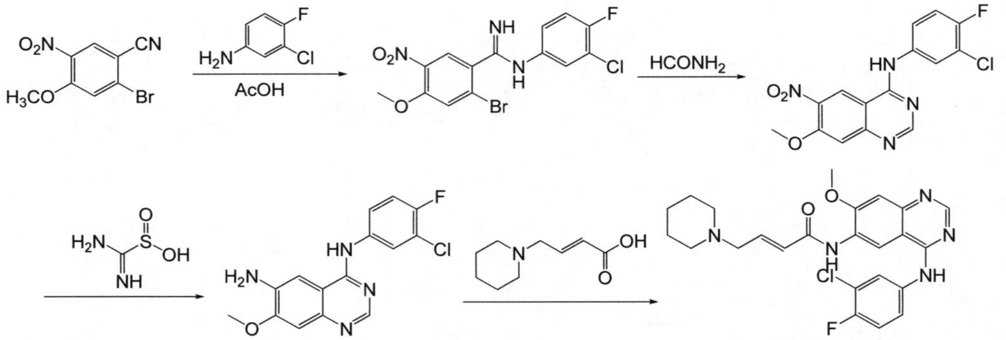

【用　　途】 本品是美国辉瑞公司(Pfizer)研制的第二代、不可逆的 EGFR 酪氨酸激酶抑制剂(TKI)，该药作用机制类似阿法替尼，能不可逆抑制三种不同 ERBB 家族分子成员，包括 HER1、HER2 和 HER4。可能因为它可以抑制多个 ERBB 家族的蛋白，所以展示出较好的疗效。治疗携带 EGFR 基因外显子 19 缺失或外显子 21 L858R 置换突变的转移性非小细胞肺癌(NSCLC)患者。

【生产厂家】 美国辉瑞公司。

【参考资料】

Yu S,Dirat O. Early and late stage process development for the manufacture of dacomitinib[J]. ACS Symposium Series, 2016, 1239: 235-252.

08056

恩曲替尼 Entrectinib [1108743-60-7]

【名　　称】*N*-(5-(3,5-二氟苄基)-1*H*-吲唑-3-基)-4-(4-甲基哌嗪-1-基)-2-[(四氢-2*H*-吡喃-4-基)氨基]苯甲酰胺; RXDX-101。

N-[5-[(3,5-difluorophenyl)methyl]-1*H*-indazol-3-yl]-4-(4-methyl-1-piperazinyl)-2-[(tetrahydro-2*H*-pyran-4-yl)amino]benzamide。

【结 构 式】

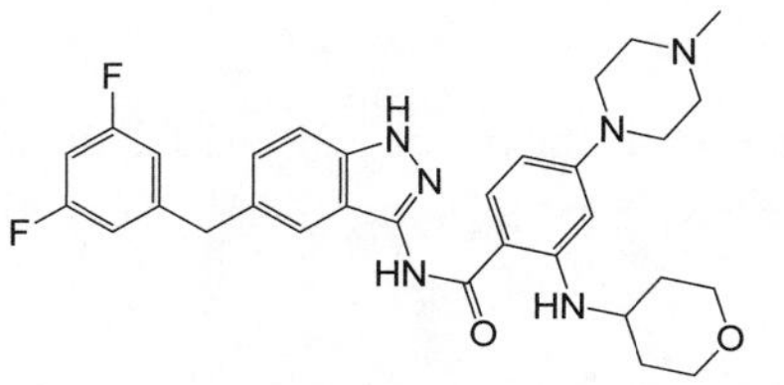

分子式：$C_{31}H_{34}F_2N_6O_2$

分子量：560.64

【性　　状】类白色粉末，沸点为(717.5±60.0)℃，密度为(1.340±0.06)g/cm^3。

【制　　法】

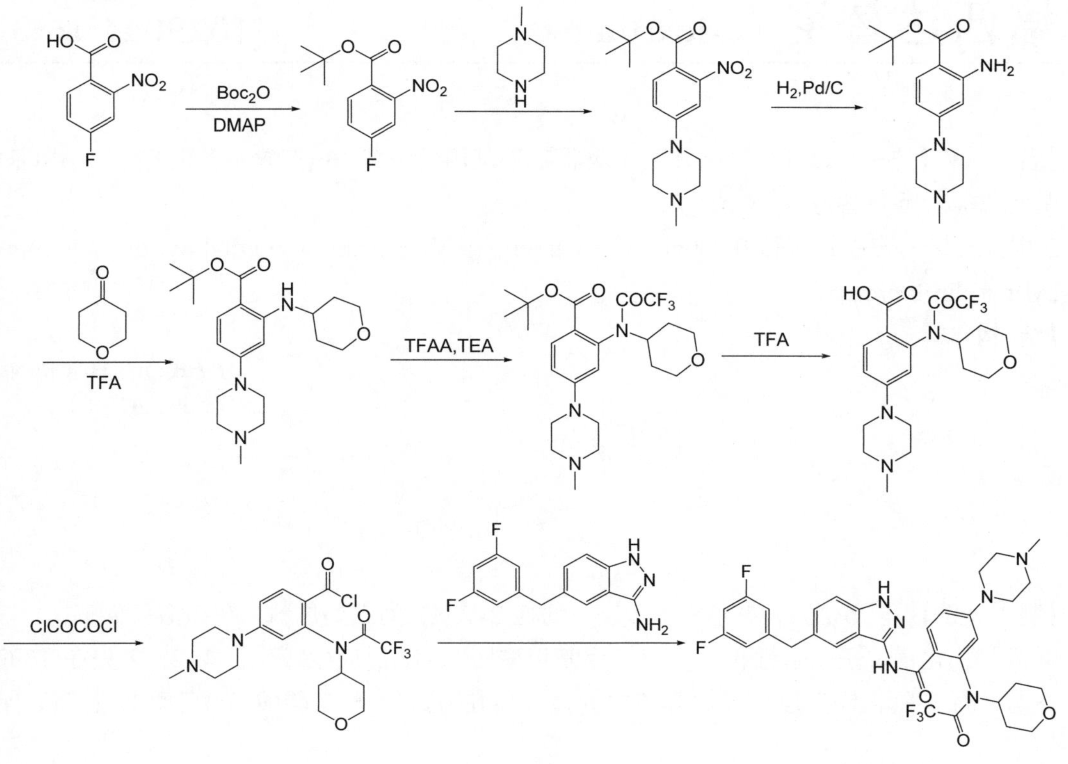

Boc$_2$O, DMAP; H$_2$,Pd/C; TFA; TFAA,TEA; TFA; ClCOCOCl

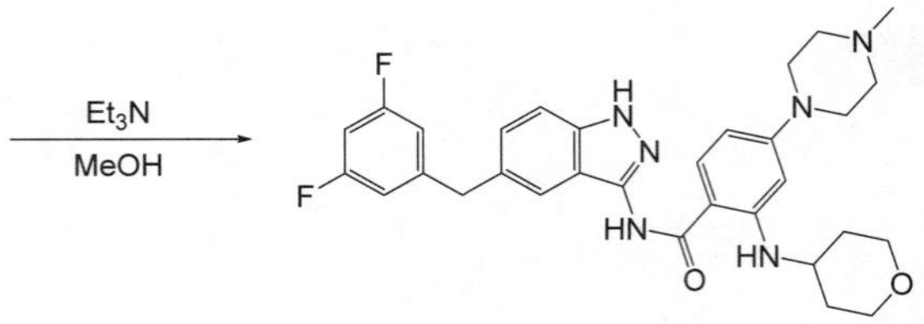

Et$_3$N
MeOH

【用　　途】 恩曲替尼是一种新型、可口服的、具有中枢神经系统活性的酪氨酸激酶抑制剂(TKI)，靶向治疗携带NTRK1/2/3、ROS1和ALK基因融合突变的实体肿瘤，是临床上唯一一种被证明针对原发性和转移性CNS疾病具有疗效的TRK抑制剂，并且没有不良的脱靶活性。恩曲替尼是第一个在日本被批准用于靶向NTRK基因融合肿瘤的药物，批准用在一系列难以治疗的实体肿瘤类型中，包括胰腺癌、甲状腺癌、唾液腺癌、乳腺癌、结肠直肠癌和肺癌等。

【生产厂家】 维亚诺制药研发公司。

【参考资料】

Ardini E, Menichincheri M, Banfi P, et al. Entrec-tinib, a Pan-TRK, ROS1, and ALK inhibitor with activity in multiple molecularly defined cancer indications[J]. Mol Cancer Ther, 2016, 15(4): 628-639.

08057

培西达替尼 Pexidartinib [1029044-16-3]

【名　　称】 5-((5-氯-1*H*-吡咯并[2,3-*b*]吡啶-3-基)甲基)-*N*-((6-(三氟甲基)吡啶-3-基)甲基)吡啶-2-胺；吡昔替尼；PLX-3397。

5-((5-chloro-1*H*-pyrrolo[2,3-*b*]pyridin-3-yl)methyl)-*N*-((6-(trifluoromethyl)pyridin-3-yl)methyl)pyridin-2-amine。

【结 构 式】

分子式： $C_{20}H_{15}ClF_3N_5$
分子量： 417.81

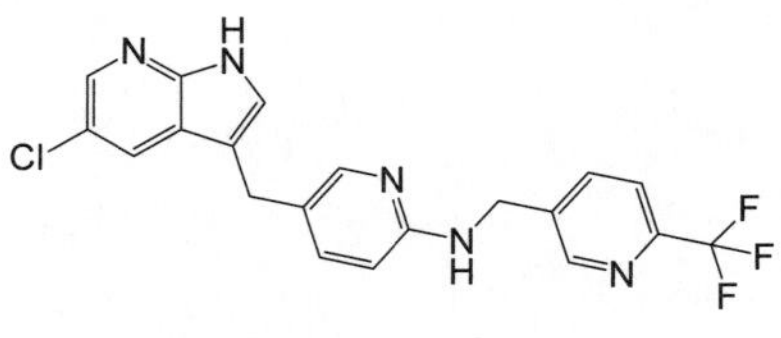

【制　　法】 以5-溴-*N*-(4-甲氧基苄基)-吡啶-2-胺(1)为起始原料，在冰浴条件下，1与异丙基氯化镁、正丁基锂和*N*, *N*-二甲基甲酰胺(DMF)反应生成化合物2，2先在15℃下与乙烯基氯化镁反应生成烯醇式中间体，再在0℃下与二碳酸二叔丁酯发生Boc保

护反应生成化合物 3。在 70～100℃条件下，3 经醋酸钯/三(邻甲基苯基)膦和碳酸银催化，发生 Tsuji-Trost 和 Heck 偶联反应生成化合物 4。在 70℃下，4 先在碱性条件下脱去对甲基苯磺酰基保护基，再在酸性条件下脱去 Boc 保护和 4-甲氧基苄基，在 65℃下，在三乙基硅烷和三氟乙酸作用下，发生还原胺化反应，生成终产物培西达替尼。该路线的综合收率为 35.9%，合成中使用格氏试剂和正丁基锂存在安全隐患，应用重金属钯易造成环境污染，但反应温度较温和且原料成本较低，稍加改进可以进行工业化生产。

i-PrMgCl, n-BuLi, DMF, THF
0℃, 2h, 73%

1. $CH_2CHMgCl$, THF, 15℃, 0.5h
2. Boc_2O, 0℃, 1h, 89%

$Pd(OAc)_2$, Ag_2CO_3, DIPEA, DMSO
70～100℃, 24h, 69%

1. KOH/MeOH, 70℃, 4h
2. HCl, 70℃, 8h, 91%

Et_3SiH, TFA, CH_3CN
65℃, 36h, 88%

【用　　途】 本品适用于治疗对手术治疗无效并伴有严重发病率或功能受限的症状性腱鞘巨细胞瘤(TGCT)成人患者。

【生产厂家】 Daiichi Sankyo。

【参考资料】

[1] 高磊, 杨德志. 培西达替尼合成路线图解[J]. 中国药物化学杂志, 2021, 31(02): 162-164, 80.

[2] 狄潘潘, 贾淑云, 梁海. 治疗腱鞘巨细胞瘤新药——培西达替尼[J]. 实用药物与临床, 2020, 23(08): 764-768.

[3] Chen D S,Zhang Y,Liu J Q, et al. Exploratory process development of pexidartinib through the tandem Tsuji-Trost reaction and Heck coupling [J]. Synthesis, 2019,51(12): 2564-2571.

[4] Chen D S, Chen Y Y, Ma Z L, et al. One-pot synthesis of indole-3-acetic acid derivatives through cascade Tsuji-Trost reaction and Heck coupling[J]. J Org Chem, 2018, 83(12): 6805-6814.

08058

瑞卢戈利 Relugolix [737789-87-6]

【名　　称】 1-[4-[1-[(2,6-二氟苯基)甲基]-5-(二甲氨基甲基)-3-(6-甲氧基-3-哒嗪基)-2,4-二氧代-6-噻吩并[4,5-*e*]嘧啶基]苯基]-3-甲氧基脲；雷卢戈利克斯；TAK-385；Altropane。1-[4-[1-[(2,6-difluorophenyl)methyl]-5-(dimethylaminomethyl)-3-(6-methoxy-3-pyridazinyl)-2,4-dioxo-6-thieno[4,5-*e*]pyrimidinyl]phenyl]-3-methoxyurea。

【结 构 式】

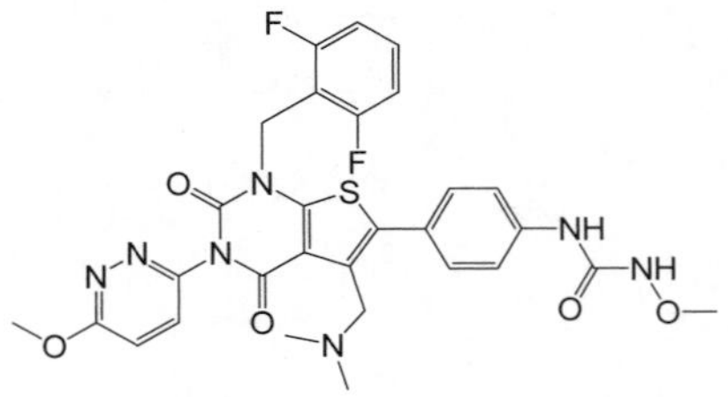

分子式：$C_{29}H_{27}F_2N_7O_5S$
分子量：623.63

【制　　法】 （1）步骤 1：2-氨基-4-甲基-5-(4-硝基苯基)-3-噻吩羧酸乙酯的合成。将4-硝基苯丙酮(30g，0.17mol)、氰乙酸乙酯(19.2g，0.17mol)和乙醇(200mL)加入反应瓶中，搅拌溶解，再加入三乙胺(17.2g，0.17mol)和硫粉(5.4g，0.17mol)，加热到 50℃反应 6h，TLC 监控反应完全。浓缩除去乙醇，剩余物中加入 300mL 乙酸乙酯，用 100mL 饱和食盐水萃取，浓缩有机相得到粗品。再用乙酸乙酯/正己烷(200mL/200mL)结晶纯化，过滤，干燥后得到 2-氨基-4-甲基-5-(4-硝基苯基)-3-噻吩羧酸乙酯(化合物 **1**)35.4g，收率 69%。

（2）步骤 2：2-氨基-4-甲基-5-(4-硝基苯基)-3-噻吩甲酸的合成。将步骤 1 制得的 2-氨基-4-甲基-5-(4-硝基苯基)-3-噻吩羧酸乙酯(153g，0.5mol)溶于乙醇(1200mL)，再加入 2mol/L 氢氧化钠溶液(1000mL)，回流反应 3.5h，TLC 监控反应完全。浓缩除去乙醇，用甲基叔丁基醚(300mL×2)萃取杂质，水层用 2mol/L 盐酸调 pH 为 3～4，析出固体，过滤，滤饼依次用水(500mL×2)、正己烷(500mL)洗涤，干燥后得到 2-氨基-4-甲基-5-(4-硝基苯基)-3-噻吩甲酸(化合物 **2**)132.2g，收率 95%。

（3）步骤 3：5-甲基-6-(4-硝基苯基)-1*H*-噻吩[2,3-*d*][1,3]噁嗪-2,4-二酮的合成。将步骤 2 制得的 2-氨基-4-甲基-5-(4-硝基苯基)-3-噻吩甲酸(55g，0.2mol)、*N,N'*-羰基二咪唑(65g，0.4moL)和四氢呋喃(440mL)加入反应瓶中，加热至 70℃反应 2h，TLC 监控反应完全。降温至室温，加入 400mL 乙酸乙酯和 400mL 蒸馏水，萃取分液，有机相依次用 1mol/L 盐酸(300mL)、饱和食盐水(300mL)洗涤，无水硫酸钠干燥。过滤，浓缩干后得到 5-甲基-

6-(4-硝基苯基)-1*H*-噻吩[2,3-*d*][1,3]噁嗪-2,4-二酮(化合物 **3**)53g，收率 87%。

(4) 步骤 4：1-(2,6-二氟苄基)-5-甲基-6-(4-硝基苯基)-1*H*-噻吩[2,3-*d*][1,3]噁嗪-2,4-二酮的合成。将步骤 3 制得的 5-甲基-6-(4-硝基苯基)-1*H*-噻吩[2,3-*d*][1,3]噁嗪-2,4-二酮(30g，0.1mol)、2,6-二氟氯苄(21.1g，0.13mol)、*N*,*N*-二异丙基乙胺(32.3g，0.25mol)和 *N*,*N*-二甲基甲酰胺(300mL)加入反应瓶中，加热到 100℃反应 5h，TLC 监控反应完全。降温至室温，加入 1000mL 蒸馏水，用乙酸乙酯(300mL×2)萃取，合并有机相，依次用 1mol/L 盐酸(200mL)、饱和食盐水(200mL)洗涤，无水硫酸钠干燥。过滤，浓缩干后得到粗品，再用乙醇/二氯甲烷(240mL/480mL)结晶纯化，过滤，干燥后得到 1-(2,6-二氟苄基)-5-甲基-6-(4-硝基苯基)-1*H*-噻吩[2,3-*d*][1,3]噁嗪-2,4-二酮(化合物 **4**)35g，收率 82%。

(5) 步骤 5：2-((2,6-二氟苄基)氨基)-*N*-(6-甲氧基哒嗪-3-基)-4-甲基-5-(4-硝基苯基)噻吩-3-甲酰胺的合成。将步骤 4 制得的 1-(2,6-二氟苯基)-5-甲基-6-(4-硝基苯基)-1*H*-噻吩[2,3-*d*][1,3]噁嗪-2,4-二酮(43g，0.1mol)、3-氨基-6-甲氧基哒嗪(15g，0.12mol)、碳酸钾(34.5g, 0.25mol)和 *N*,*N*-二甲基甲酰胺(500mL)加入反应瓶中，加热至 60℃反应 3h，TLC 监控反应完全。降温至室温，加入 1500mL 蒸馏水，用乙酸乙酯(400mL×3)萃取，合并有机相，依次用 1mol/L 盐酸(400mL)、饱和食盐水(400mL)洗涤，无水硫酸钠干燥。过滤，浓缩干后得到 2-((2,6-二氟苄基)氨基)-*N*-(6-甲氧基哒嗪-3-基)-4-甲基-5-(4-硝基苯基)噻吩-3-甲酰胺(化合物 **5**)48g，收率 94%。

(6) 步骤 6：1-(2,6-二氟苄基)-3-(6-甲氧基哒嗪-3-基)-5-甲基-6-(4-硝基苯基)噻吩[2,3-*d*]嘧啶-2,4(1*H*,3*H*)-二酮的合成。将步骤 5 制得的 2-((2,6-二氟苄基)氨基)-*N*-(6-甲氧基哒嗪-3-基)-4-甲基-5-(4-硝基苯基)噻吩-3-甲酰胺(48g，0.094mol)、*N*,*N*'-羰基二咪唑(30.5g，0.188mol)和四氢呋喃(500mL)加入反应瓶中，加热至 70℃反应 5h，TLC 监控反应完全。降温至室温，加入 500mL 乙酸乙酯和 300mL 蒸馏水，萃取分液，有机相依次用 1mol/L 盐酸(300mL)、饱和食盐水(300mL)洗涤，无水硫酸钠干燥。过滤，浓缩干后得到粗品，再用甲基叔丁基醚(1000mL)打浆纯化，过滤，干燥后得到 1-(2,6-二氟苄基)-3-(6-甲氧基哒嗪-3-基)-5-甲基-6-(4-硝基苯基)噻吩[2,3-*d*]嘧啶-2,4(1*H*,3*H*)-二酮(化合物 **6**)39g，收率 77%。

(7) 步骤 7：5-(溴甲基)-1-(2,6-二氟苄基)-3-(6-甲氧基哒嗪-3-基)-6-(4-硝基苯基)噻吩[2,3-*d*]嘧啶-2,4(1*H*,3*H*)-二酮的合成。将步骤 6 制得的 1-(2,6-二氟苄基)-3-(6-甲氧基哒嗪-3-基)-5-甲基-6-(4-硝基苯基)噻吩[2,3-*d*]嘧啶-2,4(1*H*,3*H*)-二酮(50g，0.093mol)和四氯化碳(600mL)加入反应瓶中，搅拌均匀后，再加入 *N*-溴代丁二酰亚胺(19.9g，0.11mol)和偶氮二异丁腈(1.53g，0.0093mol)，加热回流反应 4h，TLC 监控反应完全。降温至室温，用水(300mL×2)洗涤，有机相浓缩至干，乙醇/二氯甲烷(500mL/500mL)纯化，干燥后得到 5-(溴甲基)-1-(2,6-二氟苄基)-3-(6-甲氧基哒嗪-3-基)-6-(4-硝基苯基)噻吩[2,3-*d*]嘧啶-2,4(1*H*,3*H*)-二酮(化合物 **7**)48.7g，收率 85%。

(8) 步骤 8：1-(2,6-二氟苄基)-5-((二甲基氨基)甲基)-3-(6-甲氧基哒嗪-3-基)-6-(4-硝基苯基)-噻吩[2,3-*d*]嘧啶-2,4(1*H*,3*H*)-二酮的合成。将步骤 7 制得的 5-(溴甲基)-1-(2,6-二氟苄基)-3-(6-甲氧基哒嗪-3-基)-6-(4-硝基苯基)噻吩[2,3-*d*]嘧啶-2,4(1*H*,3*H*)-二酮(30.8g，

0.05mol)、二甲胺盐酸盐(6.1g，0.075mol)、碳酸钾(27.6g，0.2mol)和 *N,N*-二甲基甲酰胺(300mL)加入反应瓶中，加热至 80℃反应 5h，TLC 监控反应完全。降温至室温，加入 900mL 蒸馏水，用乙酸乙酯(300mL×3)萃取，合并有机相，用饱和食盐水(300mL)洗涤，无水硫酸钠干燥。过滤，浓缩干后得到 1-(2,6-二氟苄基)-5-((二甲基氨基)甲基)-3-(6-甲氧基哒嗪-3-基)-6-(4-硝基苯基)-噻吩[2,3-*d*]嘧啶-2,4(1*H*,3*H*)-二酮(化合物 **8**)26g，收率 90%。

(9) 步骤 9：1-(2,6-二氟苄基)-5-((二甲基氨基)甲基)-3-(6-甲氧基哒嗪-3-基)-6-(4-氨基苯基)-噻吩[2,3-*d*]嘧啶-2,4(1*H*,3*H*)-二酮的合成。将步骤 8 制得的 1-(2,6-二氟苄基)-5-((二甲基氨基)甲基)-3-(6-甲氧基哒嗪-3-基)-6-(4-硝基苯基)-噻吩[2,3-*d*]嘧啶-2,4(1*H*,3*H*)-二酮(58g，0.1mol)、10%Pd/C(5.8g)和乙醇(600mL)加入反应瓶中，通氢气常温常压反应 6h，TLC 监控反应完全。过滤，滤液浓缩至 300mL，加入 600mL 正己烷，搅拌析晶 2h。过滤，滤饼烘干后得到 1-(2,6-二氟苄基)-5-((二甲基氨基)甲基)-3-(6-甲氧基哒嗪-3-基)-6-(4-氨基苯基)-噻吩[2,3-*d*]嘧啶-2,4(1*H*,3*H*)-二酮(化合物 **9**)45g，收率 82%。

(10) 步骤 10：瑞卢戈利的合成。将步骤 9 制得的 1-(2,6-二氟苄基)-5-((二甲基氨基)甲基)-3-(6-甲氧基哒嗪-3-基)-6-(4-氨基苯基)-噻吩[2,3-*d*]嘧啶-2,4(1*H*,3*H*)-二酮(10g，0.018mol)、*N,N'*-羰基二咪唑(5.8g，0.036mol)、*N,N*-二异丙基乙胺(11.6g，0.09mol)和乙腈(50mL)加入反应瓶中，室温搅拌 30min 后，再加入甲氧基胺盐酸盐(7.5g，0.09mol)，加热至 50℃反应 4.5h，TLC 监控反应完全。降温至室温，加入 200mL 水，搅拌析晶 1h。过滤，滤饼再用乙醇/二氯甲烷(100mL/100mL)打浆纯化，烘干后得到瑞卢戈利 8.3g，收率 74%，纯度>98%。

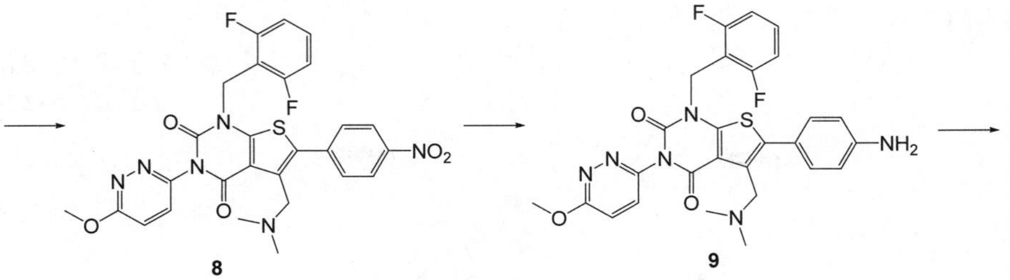

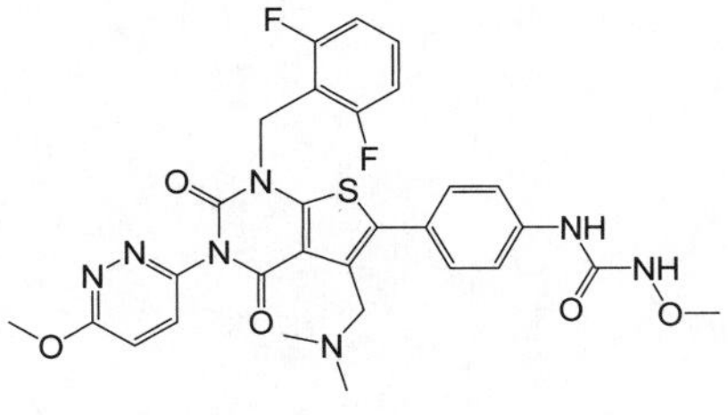

【用　　途】 本品用于子宫肌瘤相关症状的改善，如月经过多，下腹痛，下背部疼痛，贫血。

【生产厂家】 Takeda Yakuhin Kogyo Co.,Ltd。

【参考资料】

[1] MacLean D B,Shi H,Faessel H M, et al. Medical castration using the investigational oral GnRH antagonist TAK-385 (relugolix): phase 1 study in healthy males[J]. J Clin Endocrinol Metab, 2015, 100(12):4579-4587.

[2] Nakata D, Masaki T, Tanaka A, et al. Suppression of the hypothalamic-pituitary-gonadal axis by TAK-385 (relugolix), a novel, investigational, orally active, small molecule gonadotropin-releasing hormone (GnRH) antagonist: studies in human GnRH receptor knock-in mice[J]. European Journal of pharmacology, 2014, 723: 167-174.

[3] 陈本川. 靶向激素依赖性失衡所致晚期前列腺癌治疗新药——瑞卢戈利(relugolix)[J]. 医药导报, 2021, 40(07): 984-991.

[4] 夏训明. 美国 FDA 批准瑞卢戈利(relugolix)用于治疗晚期前列腺癌[J]. 广东药科大学学报, 2021, 37(01): 114.

08059

塞利尼索 Selinexor [1393477-72-9]

【名　　称】 (*Z*)-3-(3-(3,5-双(三氟甲基)苯基)-1*H*-1,2,4-三唑-1-基)-*N*'-(吡嗪-2-基)丙烯酰肼; KPT-330; Xpovio®。

(*Z*)-3-(3-(3,5-bis(trifluoromethyl)phenyl)-1*H*-1,2,4-triazol-1-yl)-*N*'-(pyrazin-2-yl)acrylohydrazide。

【结 构 式】

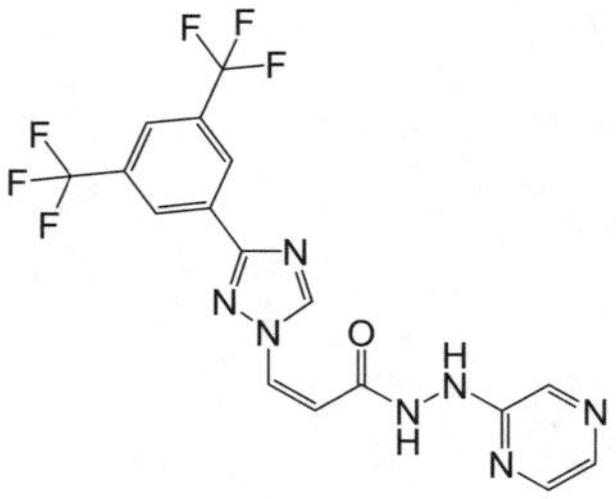

分子式：$C_{17}H_{11}F_6N_7O$
分子量：443.31

【制　　法】

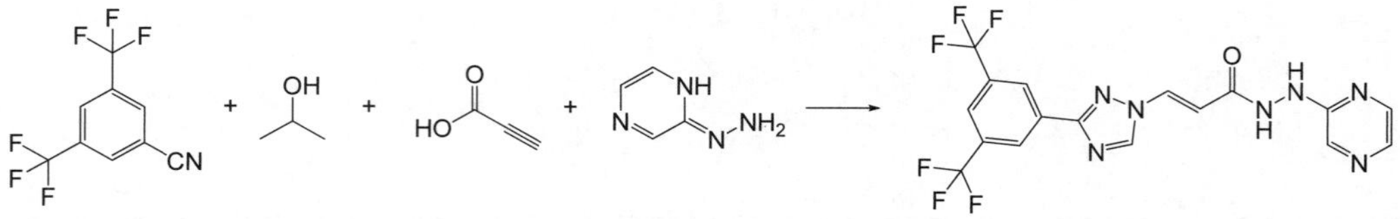

【用　　途】 本品用于治疗成人多发性骨髓瘤。其与低剂量地塞米松联合治疗难治复发性多发性骨髓瘤(RRMM)，也可用于治疗成人某些类型的弥漫性大 B 细胞淋巴瘤。

【生产厂家】 Karyopharm Therapeutics(美国)。

【参考资料】

[1] 王磊，尤启冬. 2019 年首创性小分子药物研究实例浅析[J]. 药学学报, 2020, 55(09): 1983-1994.
[2] 陈本川. 治疗复发或难治性多发性骨髓瘤新药——塞利尼索(selinexor)[J]. 医药导报, 2020, 39(02): 268-275.
[3] 狄潘潘，贾淑云. 一种治疗多发性骨髓瘤新药——核输出蛋白 XPO-1 抑制剂塞利尼索[J]. 肿瘤药学, 2019, 9(05): 705-709, 715.
[4] 孙友松. 2019 年 7 月美国和欧盟新批准药物概述[J]. 药学进展, 2019, 43(08): 640-642.

08060

特立氟胺 Teriflunomide [163451-81-8]

【名　　称】 (*Z*)-2-氰基-3-羟基-*N*-[4-(三氟甲基)苯基]-2-丁烯酰胺; *N*-(4-三氟甲基)-2-氰基-3-羟基巴豆酰胺; A771726。
Flucyamide;HMR1726;(*Z*)-2-cyano-3-hydroxy-*N*-[4-(trifluoromethyl)phenyl]-2-butenamide。

【结 构 式】

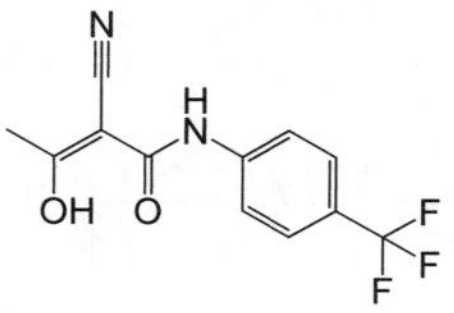

分子式：$C_{12}H_9F_3N_2O_2$
分子量：270.21

【制　　法】 以2-氰基乙酸和对三氟甲基苯胺为起始原料，先将2-氰基乙酸与二氯亚砜反应制备成酰氯，然后和对三氟甲基苯胺缩合制得中间体2-氰基-*N*-(4-三氟甲基苯基)乙酰胺,中间体在强碱作用下与乙酰氯作用制得特立氟胺。

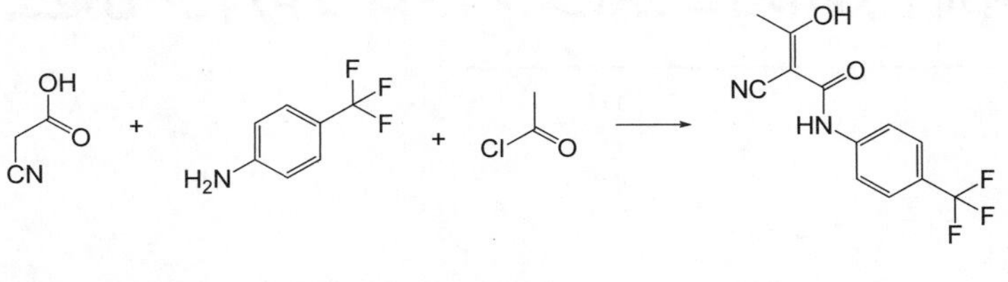

【用　　途】 本品适用于治疗复发型多发性硬化症。

【生产厂家】 Sanofi Winthrop Industrie、Sanofi-aventis U.S. LLC。

【参考资料】

[1] 胡学强, 许贤豪. 特立氟胺用于复发型多发性硬化患者的长期安全性和有效性: Ⅲ期TOWER延长试验解读[J]. 中国神经免疫学和神经病学杂志, 2021, 28(04): 280-282, 306.

[2] Nehzat N, Mirmosayyeb O, Barzegar M, et al. Comparable efficacy and safety of teriflunomide versus dimethyl fumarate for the treatment of relapsing-remitting multiple sclerosis[J]. Neurology Research International, 2021: 6679197.

[3] Wiese M D, Hopkins A M, King C, et al. Precision medicine with leflunomide: consideration of the DHODH haplotype and plasma teriflunomide concentration and modification of outcomes in patients with rheumatoid arthritis[J]. Arthritis Care & Research, 2021, 73(7): 983-989.

[4] 陈本川. 治疗复发型多发性硬化症疾病修饰治疗新药——庞西莫德 (ponesimod)[J]. 医药导报, 2021, 40(10): 1454-1463.

第 9 章
绿色氟代制药技术的研究进展

绿色化学是指利用化学的原理、技术和方法减少或消灭那些对人体健康、社会安全、生态环境有害的原料、催化剂、溶剂和试剂、产物及副产物等的使用和生产。1998 年，化学家 Paul Anastas 和 John C. Warner 共同提出了绿色化学的 12 条准则[1]，这 12 条准则为国际化学所公认，它反映了在绿色化学领域中所开展的多方面的研究工作内容，同时也指明了未来发展绿色化学的方向。

绿色氟代技术是指在绿色化学原则指导下，使反应过程的原子经济性达到最高，开发从源头上阻止环境污染的氟代技术。在保障技术安全环保问题的前提下，有效节约成本，优化合成工艺和装备，淘汰不符合要求的工艺、设备和产品使用等，综合利用与开发反应中的副产物，“三废”要资源化地处理与利用，打造绿色的氟化产品生产体系，使整个生产工艺和过程符合生态环境的要求。

9.1 含氟药物

由于氟原子具有半径小、电负性大、形成的 C—F 键稳定等[2-4]优势，化合物分子结构中引入氟原子或含氟基团常常会改变其物理性质、化学性质甚至生理活性。自 1957 年出现了第一个含氟抗癌药物 5-氟尿嘧啶以来，人们意识到将氟元素运用到药物研究中有重要的意义。含氟药物大多数为少氟化合物，由于具有优异的生物活性和生物体适应性，含氟药物的疗效比一般药物均强好几倍，作用持久、副作用降低。目前全球含氟药物市场规模达 400 亿美元，因此近年来其开发研究备受关注。据统计，每年上市的新药中大约有 15%～20%都是有机氟化合物，含氟品种在新药开发中有着相当高的地位，特别是含氟杂环化合物，更是新药开发的重点。目前，含氟药物主要有氟喹诺酮类、氟西汀、拉索拉唑、氟康唑、5-氟尿嘧啶类、氟苯水杨酸和三氟哌多等。在含氟药物研发方面，含氟基团、新型含氟基团（如三氟甲基、二氟亚甲基、三氟甲硫基）的引入已成为新药设计的重要手段，高选择性、低成本的引入方式是未来重要的研究方向，尤其是杂环含氟化合物，是新药研发的热点。2018—2019 年美国食品药品管理局（FDA）批准的 80 个新分子实体药物中，含氟小分子药物占被批准新药数目的 40%。2020 年，FDA 批准两个含氟新药，用于阿尔茨海默病的 Tau 放射性诊断剂——Tauvid(floortaucipir ^{18}F)，以及用于治疗 2 岁及 2 岁以上的 1 型神经纤维瘤病(NF1)儿童患者药物——Koselugo(selumetinib)，见图 9-1。

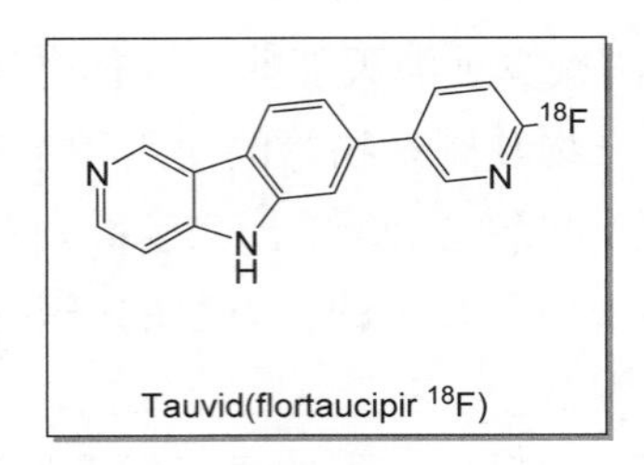

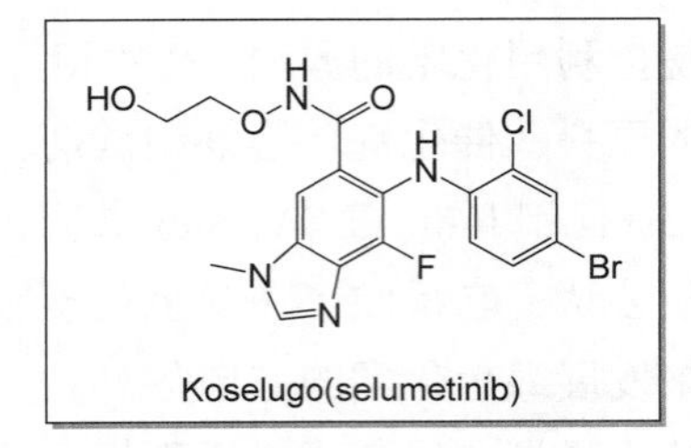

图 9-1 含氟药物

9.2 绿色氟代技术的应用

在氟代技术的发展中，合成含氟化合物的方法主要有直接氟化法和间接氟化法（含氟砌块法）。直接氟化法与氟化试剂的研究有着密不可分的联系，最初的氟化试剂是氟气，但它具有高反应活性、低选择性和毒性等导致其不能广泛使用，因此，新型氟化试剂的研究成为氟化工领域的重要研究方向。目前，应用最多的氟化试剂主要是 O-F 试剂和 N-F 试剂，O-F 试剂如 CF_3COOF 和 CF_3OF 等，N-F 试剂如 Selectfluor®[5-8]［1-氯甲基-4-氟-1,4-重氮化二环［2.2.2］辛烷双（四氟硼酸）盐］、NFSI[9-12]（*N*-氟代双苯磺酰胺）、DAST[13-15]（二乙胺三氟化硫）等。在直接氟化法中卤素交换氟化法[16]是目前工业上应用最为广泛的氟化方法，因为该方法区域选择性好，原料廉价易得，工艺简单，安全性可靠，取得了巨大的发展。催化剂在卤素交换氟化法中起着关键的作用，可以明显降低反应温度和缩短反应时间，增加氟盐的溶解度和反应活性，构建一个温和的均相反应环境。常用的催化剂有季铵盐[17-19]、季鏻盐[20]、冠醚、聚乙二醇[21]、吡啶盐[22]和含硼化合物[23]等。

相比直接氟化法，间接氟化法的反应一般不涉及 C—F 键的断裂与形成，反应条件温和易控制、选择性好，操作相对简便安全，符合未来“绿色发展”的趋势，在含氟药物及其中间体的合成中有着广泛应用[24,25]。

9.2.1 绿色氟代技术在重要含氟中间体合成中的应用

近年来，国内外含氟医药的生产和研发非常活跃，对含氟中间体的开发与生产提出了更高的要求。目前含氟中间体大致可以分为三类，即芳香族含氟中间体、脂肪族含氟中间体和杂环含氟中间体等[26]。在响应绿色发展的前提下，多样化的含氟中间体的合成工艺要不断优化，力求最安全、高效和环保，实现生态环境保护和制药行业发展的平衡。

（1）芳香族含氟中间体

芳香族氟化物由于引入了空间位阻小而亲电能力强的氟原子，大大提高了其生物活性，因而被用于生产有特殊疗效的含氟药物。芳香族含氟中间体产量占含氟中间体的90%以上，是未来发展的重点。

2,4-二氯氟苯是生产新型高效抗菌药物环丙沙星、诺氟沙星等氟喹诺酮类药物的重要原料。随着新型氟喹诺酮类药物的快速发展，重要中间体 2,4-二氯氟苯的需求量不断增加。2,4-二氯氟苯的合成方法有多种，其中可以以 2,4-二硝基氯苯[27]为原料，经过 KF 氟化得到 2,4-二硝基氟苯，再氯化制得。该方法原料易得，成本低，但反应过程不安全，易爆炸。以氟苯[28]为原料经硝化、氯化得到产品的方法成本高且易爆炸，不适合工业生产。

朱明华等[29]以邻二氯苯为原料合成 2,4-二氯氟苯，见图 9-2。此合成方法涉及硝化、氟化和氯化工艺，氟化反应是以二甲亚砜（DMSO）为溶剂，KF 为氟化试剂进行的。该路线反应条件温和，生产容易控制，过程安全，是较好的合成途径。该课题组对该方法的 3 个步骤进一步工艺优化，优化后产率明显提高。

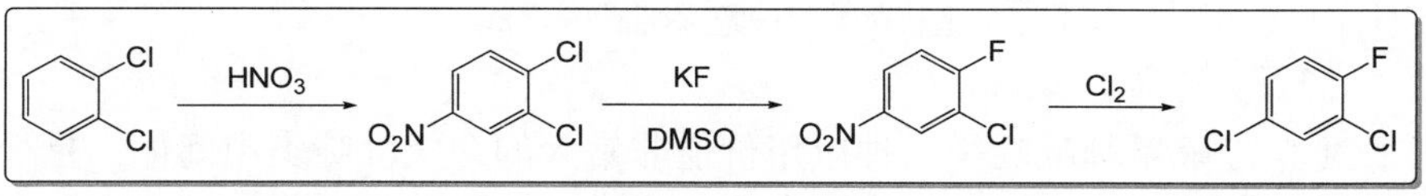

图 9-2　以邻二氯苯合成 2,4-二氯氟苯

3-氯-4-氟苯胺是重要的医药中间体，主要用于第 3 代喹诺酮药物氟哌酸的合成，并且它还是含氟农药除草剂、杀菌剂的合成原料。3-氯-4-氟苯胺的合成方法，根据原料易得、操作简便和效率高等原则，可以选择以邻二氯苯为原料，经硝化，然后通过 KF 氟化，再还原制得。但传统的还原步骤使用铁粉-盐酸，排放“三废”严重。李文骁等[30]研究了将 Pt-Cu-S/C 多组分催化剂用于加氢还原步骤，通过对溶剂、催化剂用量和压力等工艺优化，可使原料的转化率达到 100%，3-氯-4-氟苯胺的收率和选择性都大于 99%，见图 9-3。

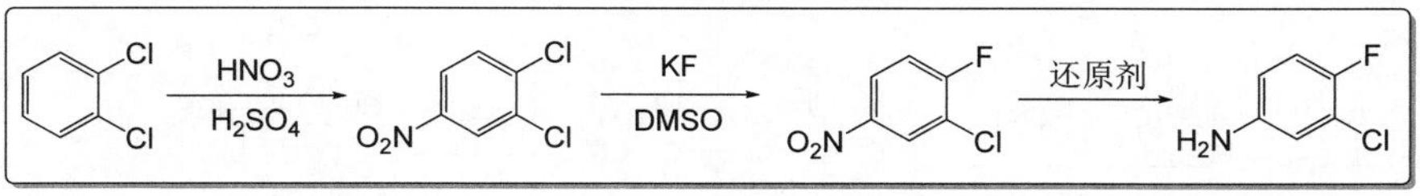

图 9-3　3-氯-4-氟苯胺的合成

（2）杂环含氟中间体

杂环化合物与氟原子的结合可以使杂环化合物的生物活性更强，应用领域主要是新型医药、农药中间体的开发。

氟尿嘧啶是一种重要的抗肿瘤药物，也是合成氟代嘧啶类抗肿瘤药物的关键中间体。5-氟尿嘧啶的合成方法主要有直接氟化法和缩合环化法。直接氟化法是以尿嘧啶等为原料，与氟气反应生成目标产物 5-氟尿嘧啶。该方法操作简单，收率高，但氟源价格昂贵且毒性大，很少使用。缩合环化法是用氟乙酸乙酯与甲酸乙酯缩合得氟代甲酰乙酸酯烯醇式钠盐，然后再与脲类或其衍生物成环，处理后得 5-氟尿嘧啶。此合成方法路线长、收率低，但原料易得、反应条件温和，应用普遍。近年来，有人研究用氟乙酸甲酯代替氟乙酸乙酯，其分子量小，更符合绿色化学的要求。吕早生等[31]用氟乙酸甲酯为原料，在甲醇钠的催化作用下，与甲酸乙酯反应，生成氟代甲酰乙酸酯烯醇式钠盐，该化合物直接与 *O*-甲基异脲硫酸盐环合得 2-甲氧基-5-氟尿嘧啶，再用盐酸水解得目标产物 5-氟尿嘧啶，见图 9-4。

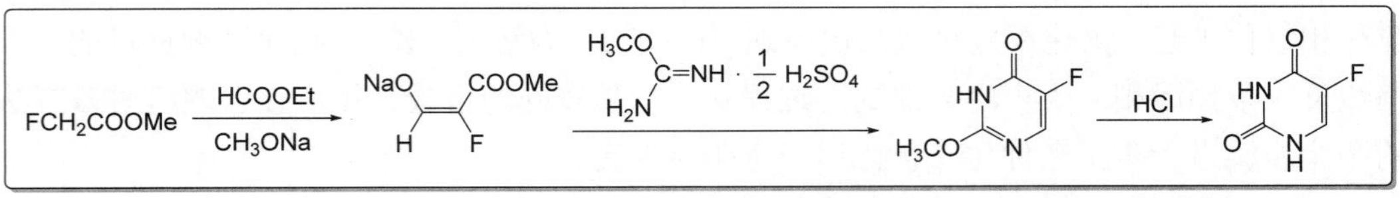

图 9-4　5-氟尿嘧啶的合成

2,3-二氯-5-三氟甲基吡啶是一种应用价值非常大的含氟吡啶类中间体，是生产高效杀虫剂、除草剂和杀菌剂的关键中间体。利用该中间体可以合成一系列新农药，市场前景非常广泛。因此，探索该中间体的合成工艺受到了研究者的广泛关注。传统的合成工艺多采用吡啶类衍生物为原料，如 2-氯-5-三氯甲基吡啶，进行氯化氟化得到目标产品。该方法原料成本高，反应条件苛刻，副产物多，分离困难，在工业生产中不适用。袁其亮等[32]研究了新的合成方法，以 1,1,1-三氟三氯乙烷为原料，经过闭环反应合成 2,3-二氯-5-三氟甲基吡啶，路线见图 9-5。这与吡啶类衍生物相比，原料成本低，操作简单，收率高，有较高的应用价值。

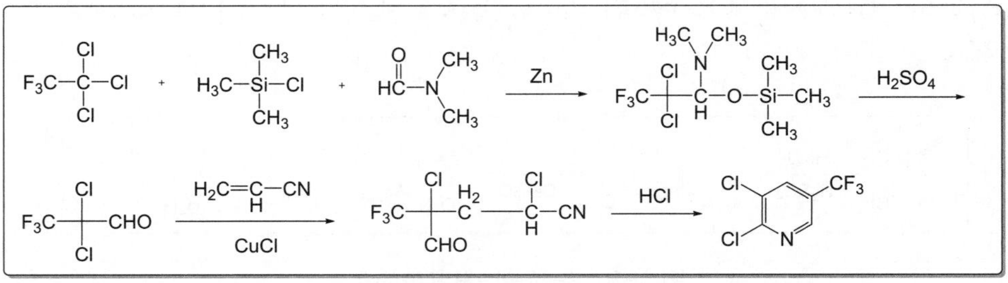

图 9-5　2,3-二氯-5-三氟甲基吡啶的合成

(3) 脂肪族含氟中间体

脂肪族含氟中间体主要应用于含氟药物、新型含氟材料和含氟表面活性剂等。随着

新型药物的合成和开发，研究人员发现较多由脂肪族含氟中间体合成的下游产品性能优异，倍受青睐，具有良好的发展前景。

二氟乙酸乙酯是用途广泛的含氟精细化学品，常作为新型医药、农药、功能材料合成的重要中间体，也是合成二氟乙醇及二氟乙酸的重要原料，同时也是某些链烷烃氯化或氧化烯聚合的溶剂。因为该化合物应用广泛、市场前景广阔且需求量大，有很大的开发价值。关于二氟乙酸乙酯的传统合成方法主要有以下几种：

① 以二氯乙酰氯[33]为原料，与二乙胺反应生成二氯乙酰二乙胺，经过氟化得到二氟乙酰二乙胺，然后再酸催化醇解得二氟乙酸乙酯。该合成方法氟化时采用环丁砜作为溶剂，会产生对环境不利的 SO_3 气体，同时原料二乙胺回收困难，成本高。

② 以 1,1,2,2-四氟乙基乙基醚[34]为原料，经过高温裂解得二氟乙酰氯，然后与乙醇发生酯化反应得到二氟乙酸乙酯。该合成采用裂解的方法，反应条件苛刻，并且副产物多、选择性差。

③ 用二氟乙酸与乙醇发生酯化[35]反应，制得二氟乙酸乙酯。该方法步骤多，工艺流程长，同时要使用特殊的反应设备。

为了克服这些传统的工艺中存在不足之处，刘波等[36]提出了一种较优的合成方法，以四氟乙烯为原料，与乙醇反应制备 1,1,2,2-四氟乙基乙基醚，然后在酸的催化下与二氧化硅反应，得到目标产物二氟乙酸乙酯，见图 9-6。

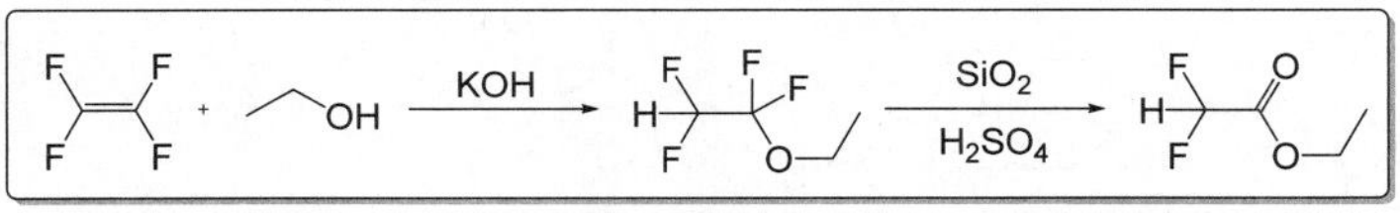

KOH
SiO_2
H_2SO_4

图 9-6　以四氟乙烯为原料合成二氟乙酸乙酯

该合成方法的工艺简单，反应原料便宜易得，条件温和容易控制，最终产率高，副产物少，适合工业化生产。

9.2.2　绿色氟代技术在重要含氟药物合成中的应用

绿色化学是当前化学学科发展的主要方向，利用绿色合成工艺制备药物，可以提高原子利用率，降低废弃物的产生，同时减轻药物合成对环境和人体的影响。药物合成的绿色化是一个持续改进的过程，需要科研人员和相关工作者不断引入新方法、新理论，对现有的传统方法进行创新和改进，以构建具有经济性和环保性的药物合成工艺。含氟药物由于具有优越的性能，成为目前研究和开发的热点，已经上市的含氟药物在药物发展中占很大的比例。将绿色制药技术应用在含氟药物的合成中，大幅提高制药行业现代化水平，同时实现环境可持续发展。

（1）含氟抗菌药物的绿色合成

氟喹诺酮类抗菌素是 20 世纪 70 年代初发展起来的一类新型抗感染药物。由于氟喹诺酮类抗菌素杀菌谱较广、毒副作用较小、结构简单、给药方便，且价格适中，已成为近年来发展较快的一类抗菌素和国内外竞相开发与应用的热点药物。环丙沙星（Ciprofloxacin）是含氟喹诺酮药物的一类，具有抗菌谱广、杀菌力强而迅速等优点。胡艾希等[37]在前人的研究基础上，以 2,4-二氯-5-氟苯乙酮为原料制得环丙沙星。其中对一些合成步骤进行改进，使反应更加环保、高效：第一步缩合反应采用甲醇钠代替易燃易爆的氢化钠作缩合剂；在乙氧亚甲基化中，用 *N,N*-二甲基甲酰胺二甲缩醛（DMFDMA）代替价格昂贵的原甲酸三乙酯。反应路线见图 9-7。

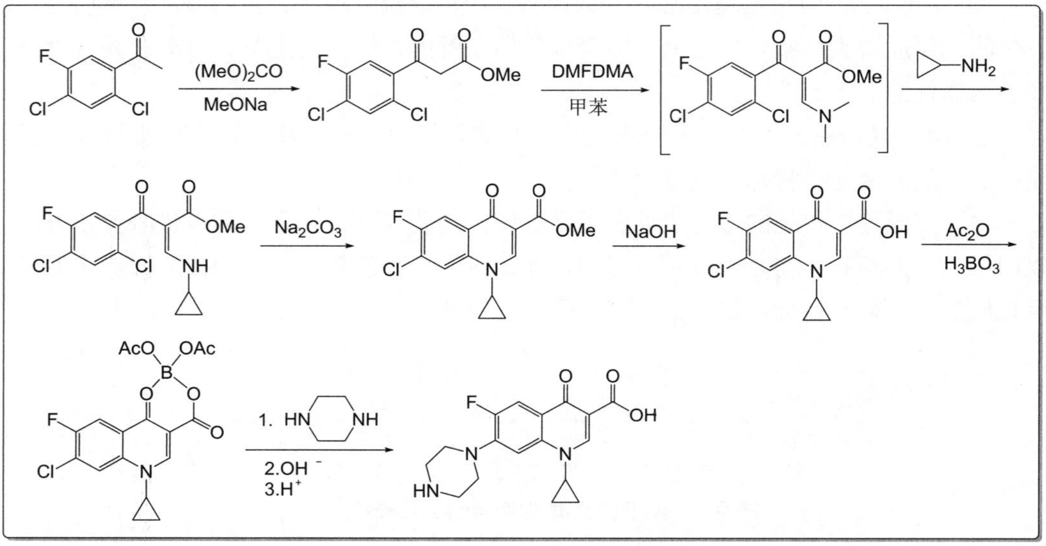

图 9-7 环丙沙星的合成 1

专利 CN109942489A[38]公开了一种新的环丙沙星的合成方法，以金属溴化物的路易斯酸为催化剂，水作为溶剂的条件下，将中间含氟化合物直接与哌嗪反应生成环丙沙星，路线见图 9-8。该反应缩短了反应步骤，并且金属溴化物路易斯酸为催化剂，收率高，6 位氟取代副产物少；采用水作溶剂，没有有机溶剂的参与，无需溶剂的回收，生产成本低，环境污染少；该方法减少催化剂的使用量，生成的粗品 pH 调至中性的时候，催化剂直接随母液到废水站处理；降低反应温度，减少反应时间，工业化成本降低。

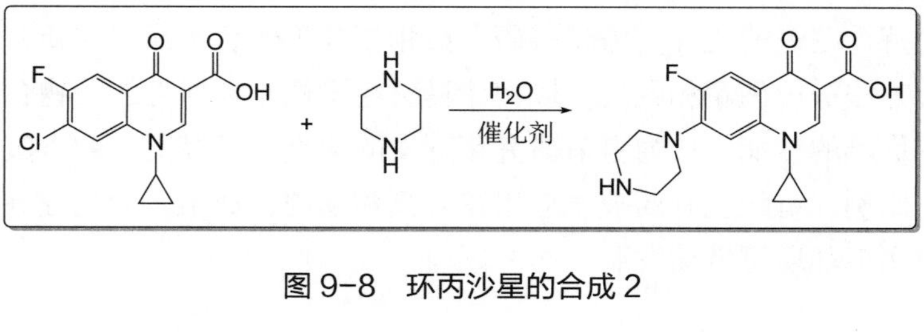

图 9-8 环丙沙星的合成 2

左氧氟沙星（Levofloxacin）是氟喹诺酮类抗菌药物的重要品种，原料药有半水合单体、盐酸左氧氟沙星盐、乳酸左氧氟沙星盐和甲磺酸左氧氟沙星盐等形式，以适应各种制剂剂型和医疗的需要。其自 1997 年上市以来，得到广泛应用，已成为临床上最常用的抗菌药物之一。左氧氟沙星的合成工艺报道中，要通过重要中间体环合酯进一步合成。通过探讨最终得到高效生产左氧氟沙星生产工艺路线[39]，见图 9-9。该路线简洁，条件温和，原子经济性好，以廉价、易得的手性试剂直接、专一地构建手性中心。该工艺中，环合酯的制备中二次环合采用“一锅煮”的方法，大大简化了生产工艺。

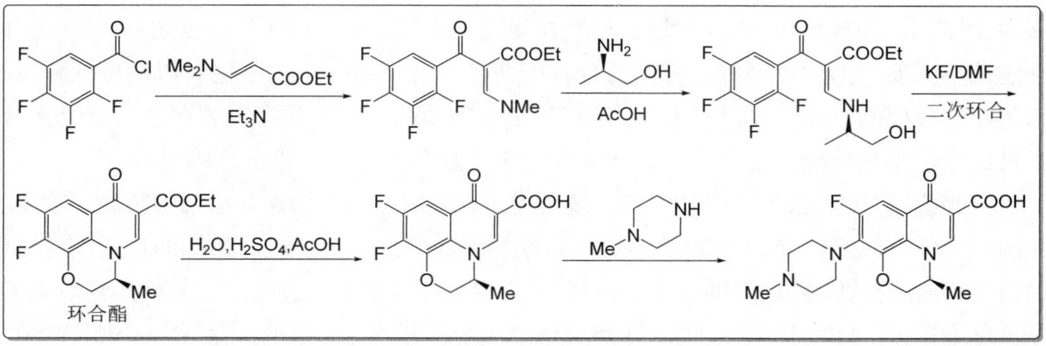

图 9-9 左氧氟沙星的合成路线

西他沙星（Sitafloxacin）用于治疗严重难治性细菌感染、复发性感染以及某些耐药菌感染，在革兰氏阴性菌、革兰氏阳性球菌以及厌氧菌的抗菌活性方面是左氧氟沙星的 4～32 倍，临床表现有宽抗菌谱，特别是对呼吸道的病菌有极强的抗菌活性。杨桂玲等[40]总结其合成路线见图 9-10，相较于传统路线，该路线节约成本，且得到的粗品易于提纯，可制得高纯度的西他沙星成品。

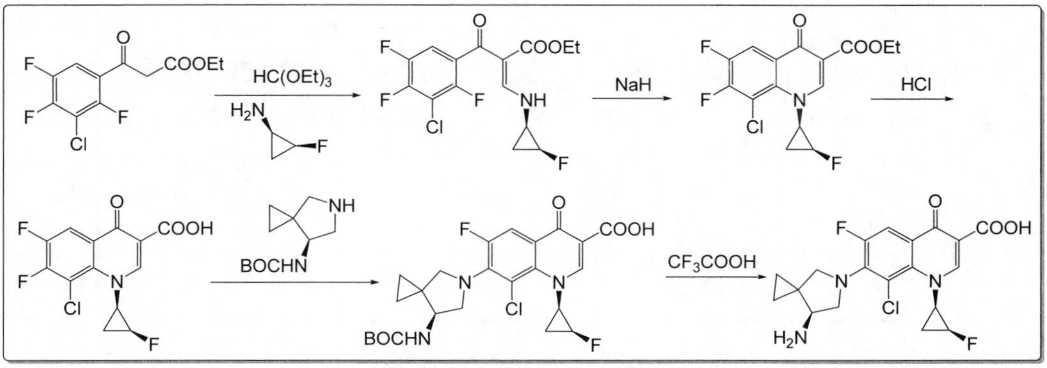

图 9-10 西他沙星的合成路线

如今，喹诺酮类药物的研究已经逐渐成熟，不断更新换代，凭借其特点，广泛应用于临床上，具有广阔的开发和应用前景。随着不断改良和发展，喹诺酮类药物凭借其优势，成为治疗临床上各种感染疾病的首选药物之一。

（2）含氟抗肿瘤药物的绿色合成

癌症是人类需要克服的重大医疗难题之一。近年来，受生活环境和压力等各种客观因素的影响，癌症的发病率不断上升，其用药需求也不断加大。而在此背景下，世界抗肿瘤药物市场急速增长。有统计数据显示（中金企信国际咨询），2016 年至 2020 年，全球抗肿瘤药物市场规模从 937 亿美元增长到 1503 亿美元，复合年增长率为 12.5%；预计到 2025 年，其市场规模将达到 3048 亿美元，2020 年至 2025 年的年复合年增长率为 15.2%，并预计以 9.6%的复合年增长率进一步增长至 2030 年的 4825 亿美元。抗肿瘤药物主要分为化疗药物、靶向药物、中药等。替尼类为小分子靶向药物是抗肿瘤临床用药中重要的一族，也是进入 21 世纪后上市的新品种。其具有高靶向性、疗效显著、不良反应较小等优点，现已成为临床用药的未来趋势及企业争相追逐的品种。

吉非替尼（Gefitinib），2003 年于我国上市，临床上用于治疗非小细胞肺癌。表皮生长因子受体（EGFR）是一种致癌基因，可能会引起肺部、脑部以及颈部的癌变。吉非替尼是一个高选择性的 EGFR 抑制剂，可与 EGFR 结合，抑制癌细胞生长，且作用靶点明确，不良反应较少，具有很大的医疗、市场价值。关于吉非替尼的合成，专利 WO9633980[41] 报道的路线是通过甲基化反应、乙酰化反应、氯代反应、缩合反应、水解反应、烃基化反应 6 步制得目标产物吉非替尼，合成步骤较长。该合成路线中存在所用试剂昂贵、有毒，反应产生二氧化硫、氯化氢废气等问题，环境污染严重，工业上不适用。

徐娟芳等[42]对吉非替尼的合成进行了研究，以 7-甲氧基喹唑啉-4-酮为起始原料，利用 6-羟基和 4-氯的反应活性差异，将两次侧链反应合并，采用“一锅法”成功合成了吉非替尼，路线见图 9-11，并优化了反应条件。该工艺具有路线短、操作简单、收率高、成本低等优点，可为该药的工业化生产提供参考。

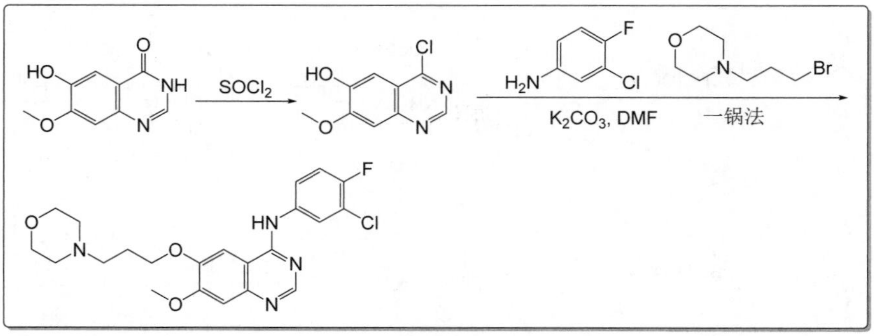

图 9-11　吉非替尼合成路线

苹果酸舒尼替尼（Sunitinib Malate）是由美国辉瑞公司研发的多靶点酪氨酸激酶抑制剂，具有抗血管生成和抑制肿瘤细胞增殖作用，在肾细胞癌及胃肠间质瘤治疗领域具有核心地位。该药物是首个被美国 FDA 批准能同时治疗两种疾病的抗癌药物。可以分别以双乙烯酮和 4-氟-2-碘苯胺为原料合成苹果酸舒尼替尼，但这两种合成方法原料价格昂贵，不易得，成本高，不利于工业大量生产。邱士泽等[43]研究以乙酰乙酸叔丁酯为原料的合成路线，见图 9-12，并对各个反应进行优化。研究发现，舒尼替尼的合成中，“一锅法”优于“分步法”，其中“一锅法”操作简便，反应条件温和，且产品收率高。

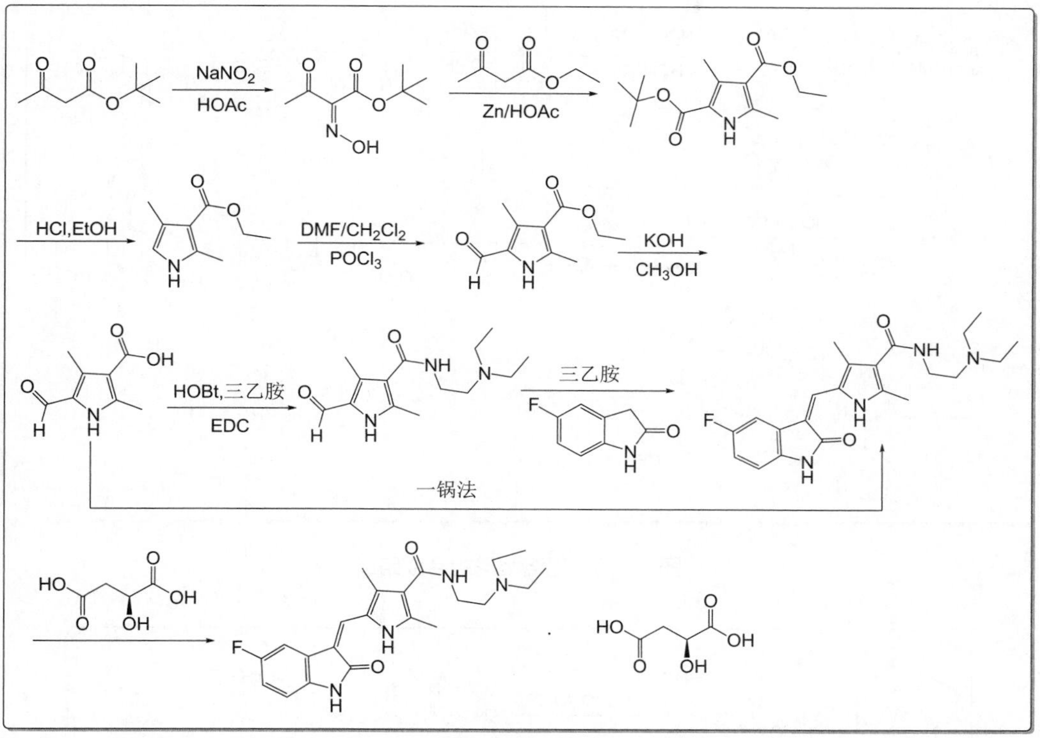

图 9-12　苹果酸舒尼替尼的合成路线

尼洛替尼（Nilotinib）是一种高效的酪氨酸激酶抑制剂，毒副作用小，其在慢性髓细胞白血病的治疗中有很好的疗效。2015 年，美国神经科学学会上有研究人员公布尼洛替尼能够改善帕金森综合征和路易体痴呆患者的认知和运动能力。诺华公司首次确定了尼洛替尼的合成路线和反应条件，之后有很多公司和实验室对该药物的合成路线进一步改进和优化，但这些路线有收率低、耗时长、试剂昂贵、后处理烦琐、生产成本高等一系列的问题，所以寻求一条绿色环保、操作简便、适合工业化生产的道路很重要。李会娜[44]在前人的合成路线基础上进行优化筛选，研究出新的尼洛替尼合成路线，见图 9-13，该反应原料廉价易得，条件温和，收率高，适用于工业化生产。

索拉非尼（Sorafenib）是由德国拜尔（Bayer）公司研发的口服抑制剂，可以同时作用于肿瘤细胞和肿瘤血管，有双重抗肿瘤作用。索拉非尼 2005 年被批准作为治疗晚期肾癌药物上市。2007 年又被批准用于不能切除的肝细胞癌治疗。关于索拉非尼的合成路线[45]见图 9-14，李伟林课题组还设计合成了索拉非尼在不同位置的氟取代产物，对其进行抗肿瘤活性评估，以发现活性更好的化合物。其中瑞格非尼是索拉非尼的氟取代产物，是由 Bayer 公司和 Onyx 公司共同研发的新型口服多激酶抑制剂。

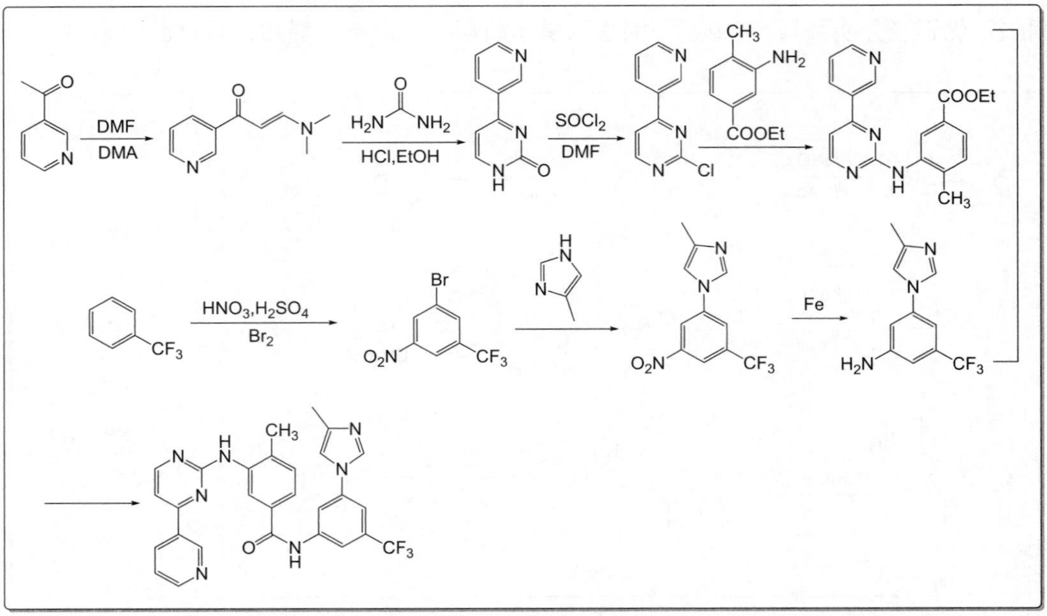

图 9-13 尼洛替尼的合成路线

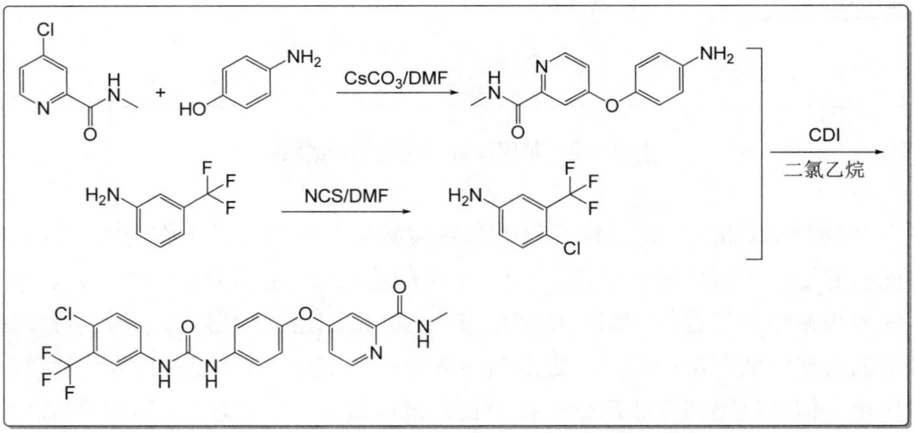

图 9-14 索拉非尼的合成路线

还有一些抗肿瘤药物，如治疗乳腺癌药物拉帕替尼、晚期胃腺癌药物盐酸安罗替尼等。随着未来全球老龄化程度日益加深及新增肿瘤发病例数的增加，抗肿瘤治疗的前景广阔，抗肿瘤药物研发作为其中的热门领域，投资效益高，其市场竞争越来越大。而选择合适的药物合成路线将成为药企发展的关键。

（3）含氟降血脂和降血糖药物的绿色合成

阿托伐他汀（Atorvastatin）是第三代他汀类血脂调节药物，在临床上适用于高胆固醇血症、高血压、冠心病和心绞痛等，能够促进人体代谢，保障身体处于健康水平，市场上销售很多，据统计，2019 年全球阿托伐他汀钙的市场总值达 11 亿元，预计未来还将继续增长。阿托伐他汀的合成方法有手性拆分法[46]、不对称合成法[47]和 Paal-Knorr 合成法[48]等。目前，主要使用的合成方法是 Paal-Knorr 合成法，见图 9-15，该方法的关键在于手性侧链 ATS 和中间体 M-4 的合成。因此，发展高效的构建 M-4 的合成方法以及手性侧链 ATS 的合成是研究的热点。

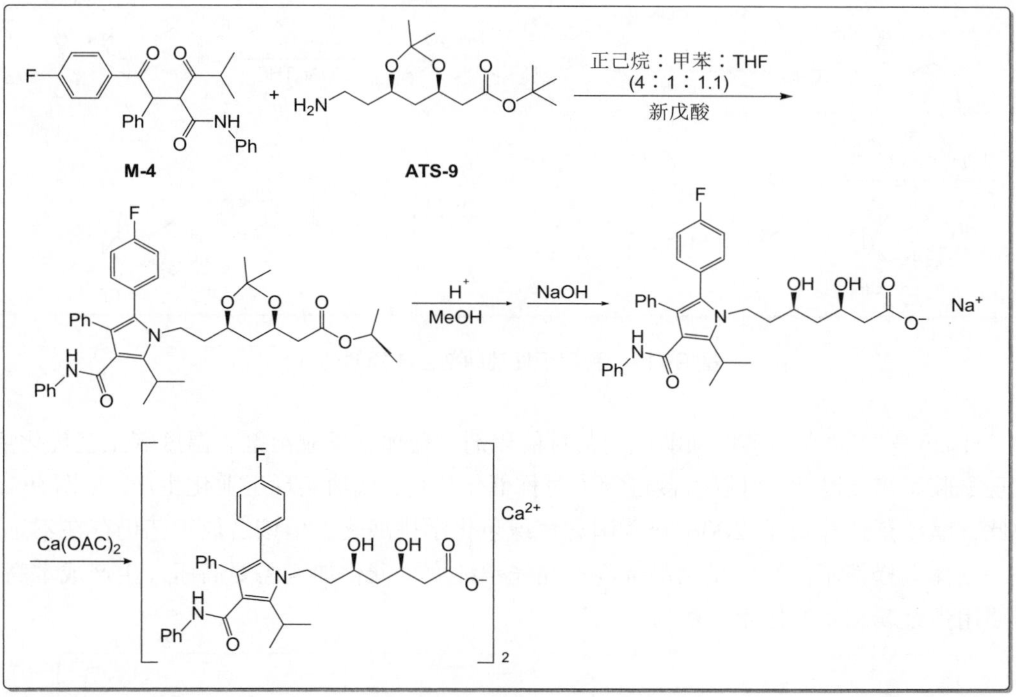

图 9-15　Paal-Knorr 合成阿托伐他汀

其中 M-4 的合成，2016 年专利 CN106397296 A[49]提出用沸石分子筛作为催化剂制备的方法，见图 9-16。这避免了催化剂与产物之间的络合反应，提高了产率，副反应较少，有利于提纯。

西他列汀（Sitagliptin）是默沙东研发的治疗糖尿病的药物，是第一个 DPP-4 抑制剂，通过保护内源性肠降血糖素和增强其作用而控制血糖。其合成工艺的改进堪称制药工艺优化的完美范例。首先是利用手性辅助剂合成，需要多步反应才能制备，其中包括基团的保护和脱保护，手性胺的使用，这都增加了试剂的使用量和种类，不符合绿色化学原则[50]，见图 9-17。

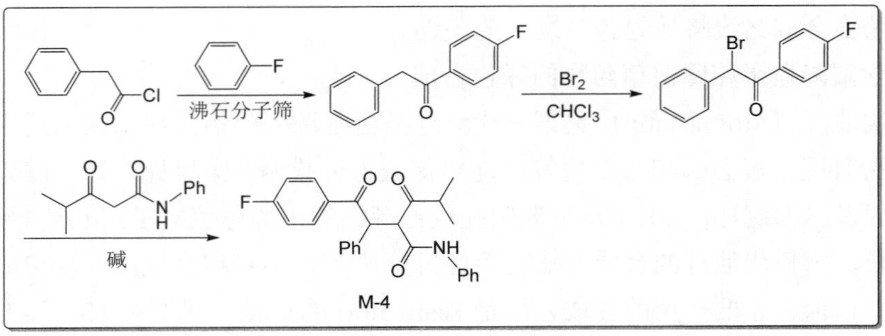

图 9-16 M-4 的合成

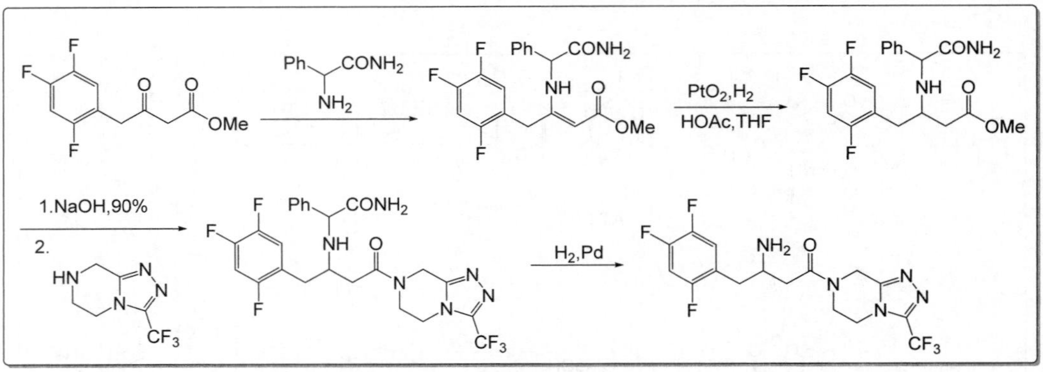

图 9-17 利用手性辅助剂合成西他列汀

Hsiao 等[51]抛弃了手性辅助试剂，对催化剂、配体、反应溶剂、温度等工艺优化后，发现酰胺不需要酰化，可以直接进行不对称催化氢化，成功实现工业化生产，见图 9-18。为此，默沙东还获得了 2006 年美国总统绿色化学挑战奖。但该合成工艺仍存在不足之处，立体选择性不高，需重结晶提高产品光学纯度；催化加氢需要高压，生产成本高；需要用贵金属和不稳定手性配体。

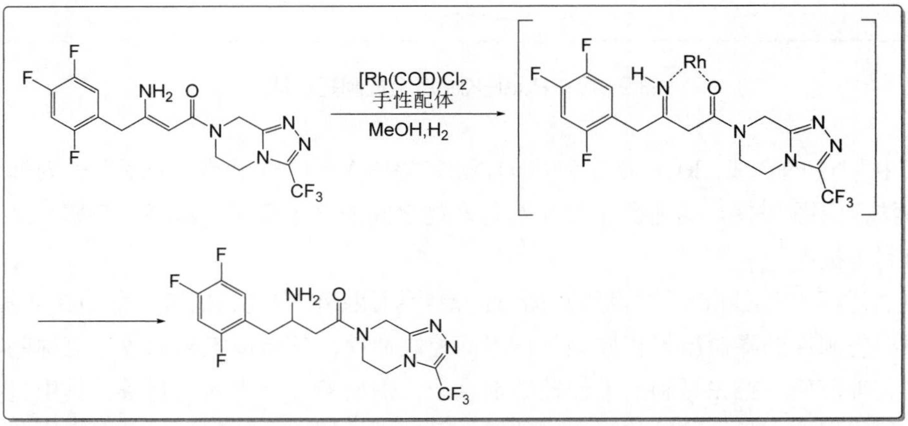

图 9-18 不对称催化氢化法合成西他列汀

默沙东[52]又研究了转氨酶 ATA-117 将中间体一步转换为手性胺，见图 9-19，经过改进后，转换率大大提高，在温和的条件下可进行还原胺化，具有高度立体选择性。相比二代技术，更符合安全、原子经济、防止废物产生和节省能源的绿色制造理念。这一生物酶催化技术避免了有毒金属铑的使用，取消了高压、高温氢化的需求，绿色化程度更高。该方法与不对称催化氢化法相比，收率提高了 10%～13%，同时减少了 19%的废物排放。所以生物酶法合成西他列汀的方法获得了 2010 年的美国总统绿色化学挑战奖。

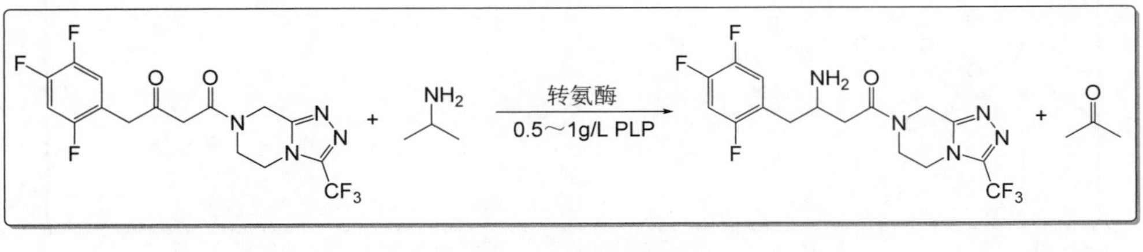

图 9-19　生物酶工艺合成西他列汀

(4) 其他含氟药物的绿色合成

索菲布韦（Sofosbuvir）是吉利德公司开发用于治疗慢性丙型肝炎的药物，于 2013 年经美国 FDA 批准在美国上市，并且是首个获批用于丙型肝炎治疗的全口服药物。它是一种丙型肝炎病毒（HCV）特异性 NS5B 聚合酶的核苷抑制剂，针对特定基因型丙肝治疗，脱离对干扰素的依赖，使丙肝患者的生活质量得到极大提高，是丙肝治疗药物领域的重大突破，具有广泛的市场应用前景。索菲布韦的合成工艺有很多：以天然胞苷为原料合成；以(3*aR*，6*aS*)-3*a*,5,6,6*a*-四氢呋喃并[2,3-*d*]噁唑取代物为原料合成；以尿苷为原料合成等。研究发现，这些合成工艺中，以尿苷[53]为原料合成目标产物的方法，原料廉价易得，中间体合成简便，没有苛刻的条件，反应周期短，容易操作，适合工业化生产，反应路线见图 9-20。由于索菲布韦对于丙型肝炎的治疗效果显著，市场需求巨大，因此进一步研究其合成方法，提高工业化生产能力，降低成本，具有重大社会和经济意义。

莱特莫韦（Letermovir）是默克公司研发的抗病毒药物，于 2014 年进入Ⅲ期临床试验。它是一种新颖的 CMV 抑制剂，以病毒末端酶为靶目标，抑制其活性。关于莱特莫韦的合成方法，默克公司开发出了一种简洁高效的不对称合成法[54]，见图 9-21，该研究团队用高通量的方法筛选出低价、稳定、易再生的催化剂（PTC）。该催化剂提高了产率，减少了 93%的原料成本、90%的用水和 89%的碳足迹，在环保和经济方面都有重大成就。此方法获得 2017 年美国总统绿色化学挑战奖的绿色合成路线奖，在制药行业中，该生产工艺代表了可持续的、产业化工艺的最先进水平。

他氟前列素（Tafluprost）是一种选择性的前列腺素受体激动剂，用于降低开角型青光眼或者高眼压患者升高的眼压。他氟前列素滴眼液是一种新型不含防腐剂的前列腺素类似物滴眼药，与其他含防腐剂的前列腺素类滴眼液一样，能有效降低患者的高眼压，且

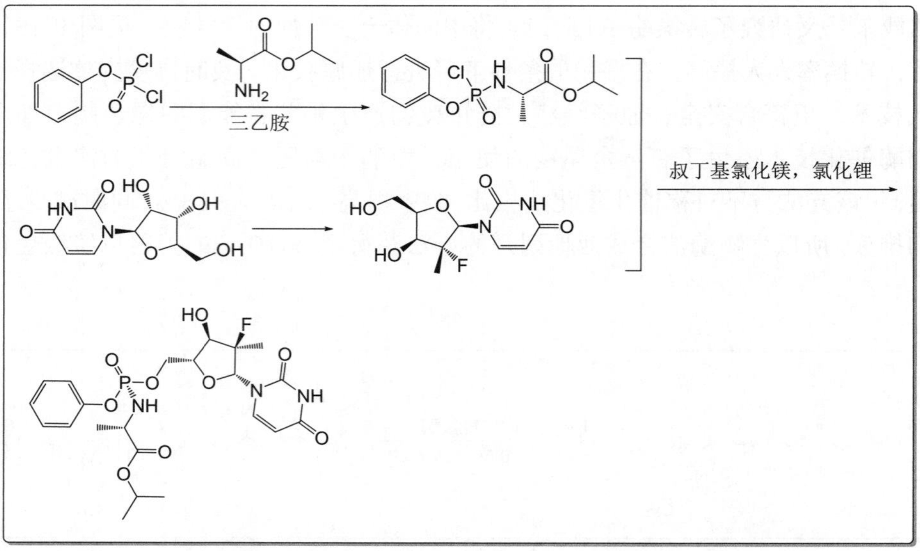

三乙胺

叔丁基氯化镁，氯化锂

图 9-20 索菲布韦的合成路线

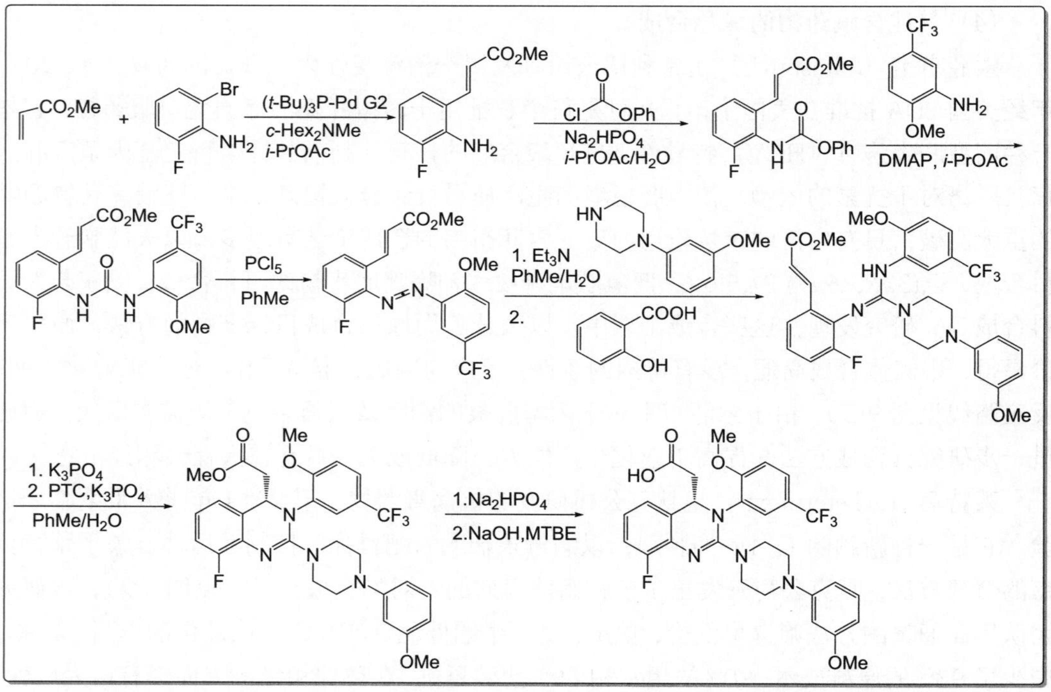

$(t\text{-Bu})_3P$-Pd G2

c-Hex_2NMe

i-PrOAc

Na_2HPO_4

i-PrOAc/H_2O

DMAP, i-PrOAc

PCl_5

PhMe

1. Et_3N

$PhMe/H_2O$

2.

1. K_3PO_4

2. PTC,K_3PO_4

$PhMe/H_2O$

1.Na_2HPO_4

2.NaOH,MTBE

图 9-21 莱特莫韦的合成路线

安全性高、耐受性好，成为临床上最有前景的治疗青光眼的药物。Masaaki Kageyama 等[55]首先公开了他氟前列素的合成方法专利（US5985920A），以科立醛为原料经过 Horner Wadsworth-Emmons 反应、氟代、水解、还原、Wittig 反应、酯化而得到目标化合物。

后人在该专利的基础上进行了工艺改进，但这些反应存在一些缺点，如使用的氧化试剂（Dess-Martin 高碘试剂）成本高，收率低；氟化反应过程中使用试剂三氟硫化吗啉，该试剂价格昂贵，反应有双键加成的副产物生成，且该步所用溶剂为氯仿，毒性大。陈刚等[56]研究改进后的合成工艺，路线如图 9-22 所示。以科立内酯为起始原料，用改进后的较温和的 Swem 氧化反应代替 Dess-Martin 氧化，提高反应收率至 92.1%，并且将氧化剂二甲亚砜改为 4,4-二甲苯亚砜，生成的副产物为固体，不易挥发，环境污染减轻。用二乙氨基三氟化硫代替三氟硫化吗啉，避免了双键加成副产物的生成，后处理提纯过程简单。最后一步反应采用类似“一锅煮”的方法，缩短了合成路线，降低了生产成本，并且改进后的工艺后处理减少了过柱提纯的步骤。

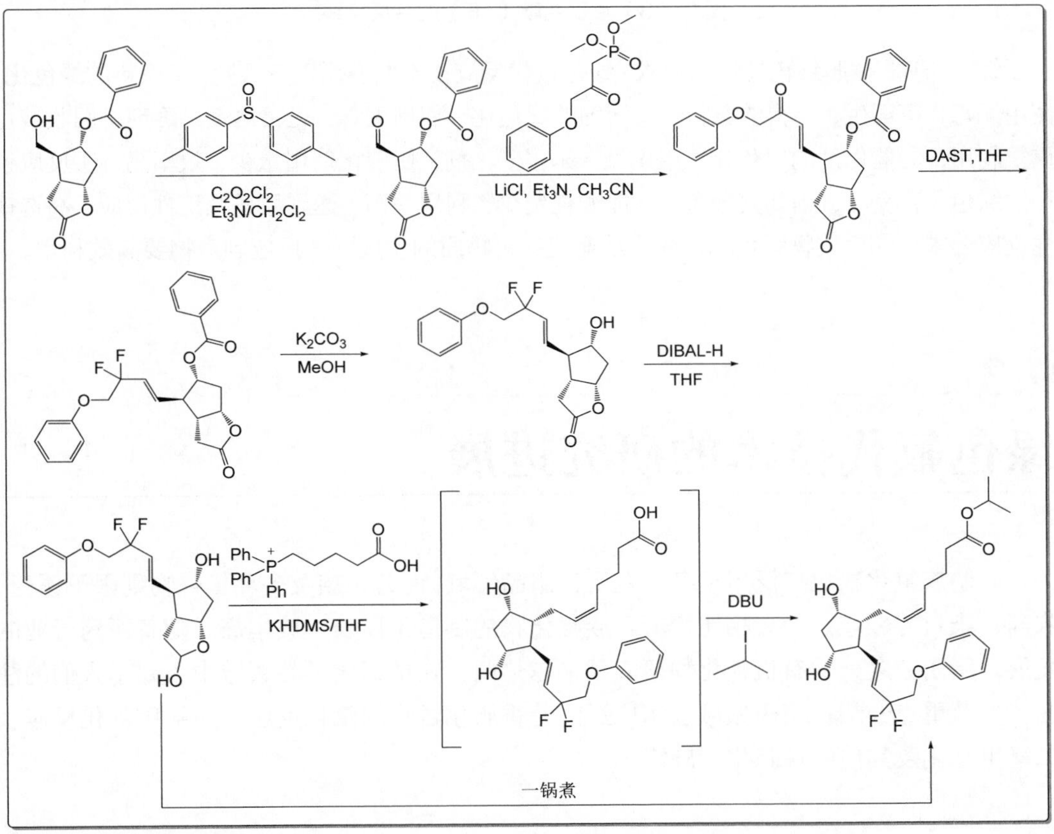

图 9-22　他氟前列素的合成路线

氟（^{18}F）取代吡啶化合物在正电子发射断层扫描（PET）示踪剂中应用广泛，Hui Xiong 等[57]探索了一种使用廉价试剂高效的、无金属的合成 2-氟吡啶的方法，并将该方法应用到氟妥西吡（^{18}F）的合成中，见图 9-23。氟妥西吡（^{18}F）是礼来公司研发的一种放射性诊断试剂，用于需要接受阿尔茨海默病评估的认知障碍成人患者，是帮助对大脑中的 tau 病理进行成像的药物。由于原料吡啶-*N*-氧化物的广泛可用性和氟吡啶在药物和 PET 示踪剂发现中的广泛应用潜力，这种氟化方法具有广泛的应用前景。

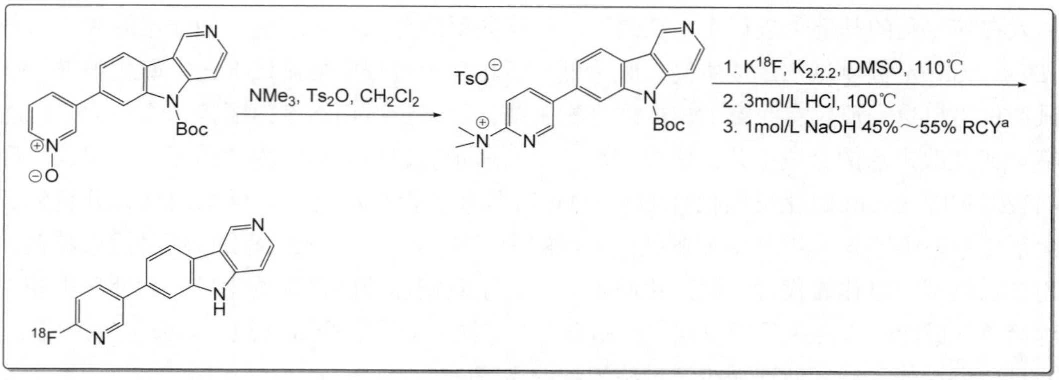

图 9-23　氟妥西吡（[18]F）的合成路线

综上所述，按照绿色环保的要求，绿色氟代反应技术要遵循以下原则：①原料的绿色化，使用无毒、可再生、易得的原料；②溶剂的绿色化，使用无毒、无害溶剂，溶剂可回收或可重复利用；③催化剂的绿色化，用无毒、无害催化剂，使催化剂用量少、效率高；④反应过程的绿色化，反应过程要安全可靠，能源耗费少、利用率高，达到原子经济性反应、高选择性反应要求；⑤生成物绿色化，减少或避免有害物质的生成；⑥反应副产物要高效利用。

9.3 绿色氟代技术的研究进展

脂肪族氟化物已广泛用于各工业及日用品领域，而芳香族及多环氟化物则限于医药、农药、染料等领域。两者相比，芳香族氟化物的制造工序长、成本高。随着医药行业的发展，脂肪族之外的有机氟化物研究越来越热门，在精细化学品领域中引起了人们的注意。本节重点介绍在医药领域应用广泛的芳香族化合物的氟化反应、三氟甲基化反应、二氟甲基化及其他氟烷基化反应等。

9.3.1 芳香族化合物的氟化反应

（1）芳环亲电氟化反应

富电子芳环与亲电氟化试剂可以发生芳香亲电取代反应得到相应的氟化物。常用的亲电氟化试剂为 SelectFluor 和 NFSI，由于 SelectFluor 具有较强氧化性，强富电子的芳环容易被氧化，因此这类底物常常使用更加温和的 NFSI。对于活性不高的底物，可以加入酸促进反应。特别富电子芳环（如苯酚或苯胺）与强氧化性 SelectFluor 反应常常得到去芳构化不饱和氟化酮，反应产物与底物、试剂和溶剂密切相关；使用温和氧化试剂 NFSI，则主要得到氟化产物（图 9-24）[58a-c]。

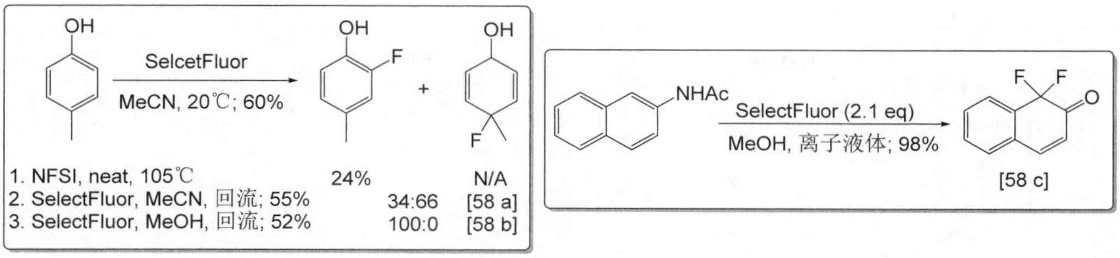

图 9-24 苯酚类富电子芳环氟化反应

富电子吲哚与 SelectFluor 反应一般得到去芳构化的氧化氟化产物，3 位烷基取代的吲哚得到 3-氟化酰胺（图 9-25）[59a-b]。

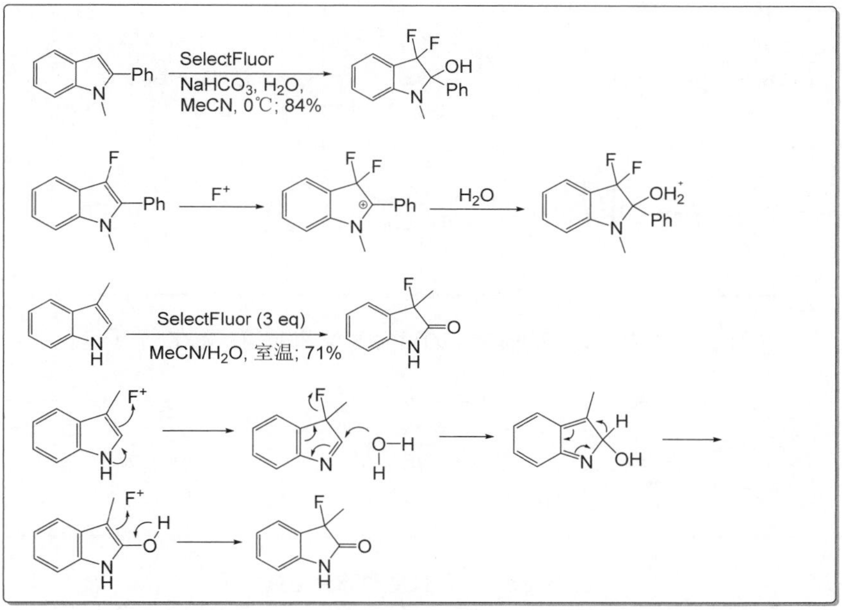

图 9-25 吲哚类富电子芳环的氟化反应

2-羟基或氨基的吡啶或哒嗪等与 SelectFluor 反应得到邻位或对位氟化产物，2-吡啶酮一般只得到邻位氟化产物，2-氨基芳杂环不同则得到产物选择性也不相同，这类反应一般为自由基反应机理（图 9-26）[60a-b]。

AgF_2 可广泛用于吡啶、哒嗪、嘧啶、吡嗪的 *N*-邻位直接氟化（图 9-27）[61]。

芳基负离子与亲电氟化试剂反应得到相应的氟化产物，最为常用的氟化试剂为 NFSI，芳基负离子可为芳基格氏试剂或锂试剂（图 9-28）[62a-b]。

（2）芳环亲核氟化反应

芳香卤化物 S_NAr 氟化反应常用的试剂为 KF、CsF、TBAF；反应一般需要在高温下进行，常用溶剂为干燥的 DMSO、DMF、环丁砜等。使用 KF 和 CsF 时，常常在反应体系中加入季鏻盐、季铵盐或冠醚以提高氟离子亲核性，加快反应速率。

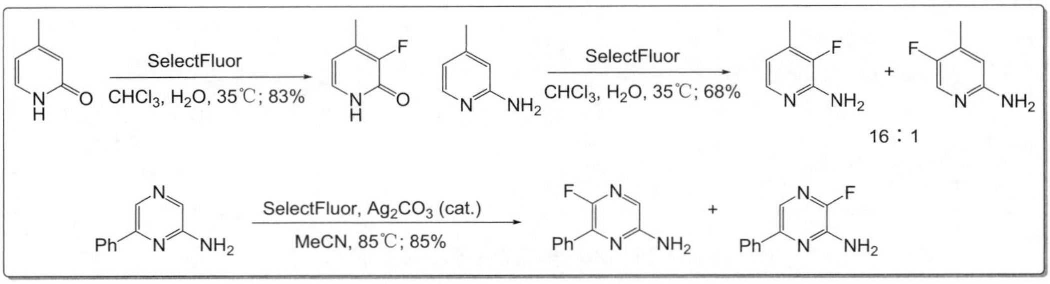

图 9-26　2-羟基或氨基的吡啶或哒嗪类氟化反应

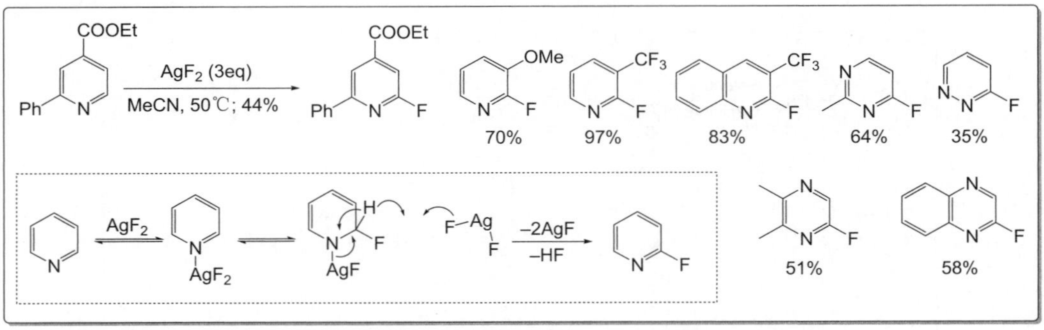

图 9-27　AgF_2参与的芳杂环 *N*-邻位直接氟化

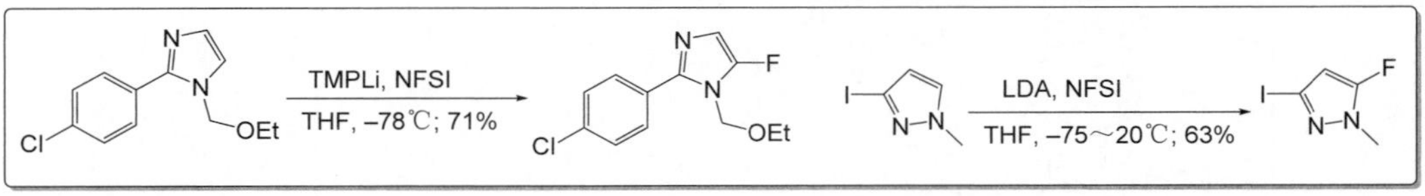

图 9-28　芳基负离子的亲电氟化

2006 年，DiMagon 课题组[63]报道了通过 $^nBu_4NCN$ 与六氟苯反应原位制备无水 TBAF，并发现其有很强亲核性，可在室温下进行 S_NAr 氟化反应（图 9-29）。但该方法原料毒性大，反应不易操作，实用性不强。

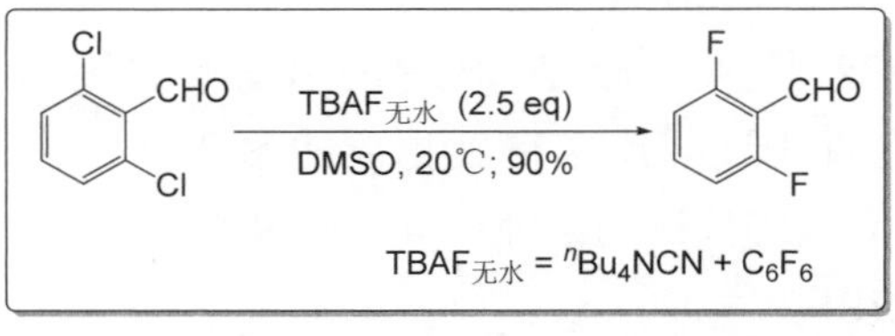

图 9-29　无水 TBAF 的亲核氟化

Sanford 课题组[64a-b]以无水四甲基铵、2,6-二甲基苯酚盐与硫酰氟原位制备无水四甲基氟化铵（TMAF）（图 9-30），另外 TMAF 是商业可得试剂，可以从含水的试剂高温干燥得到（TBAF 高温会分解），这就大大扩展了这类方法的实用性。

Me_4NX (2 eq), SO_2F_2 (3 eq)
DMF, 室温; 95%
Ph COO^{i}Pr
Me_4N^+ O^-
Me_4NX
CN F 94%
N F 92%
F F_3C N 79%
1. Me_4NF (无水), DMF, 室温; 82% → [64a]
2. $^nBu_4NCN$, C_6F_6, DMSO, 25℃; 91% →[64b]

图 9-30 TMAF 的制备与亲核氟化

发生 S_NAr 氟化反应的卤化物及其他取代芳香化合物的反应活性与底物及氧化试剂类型密切相关，并不是常规 Cl>Br>I。当使用金属氟化盐时，高温下 NO_2 和 OTf 更容易被取代；当使用无水 TMAF[四甲基氟化铵(Me_4NF)]时，依然是 NO_2 的反应活性最高，但 OTf 却很难被氟化；两种氟化条件下，氯化物并没有太大的优势（图 9-31）[65]。无水 TMAF 碱性比较强，裸露的氟亲核性强，在高温条件下可与溴化物经由苯炔历程先消除再氟化，反应常常会产生异构体。

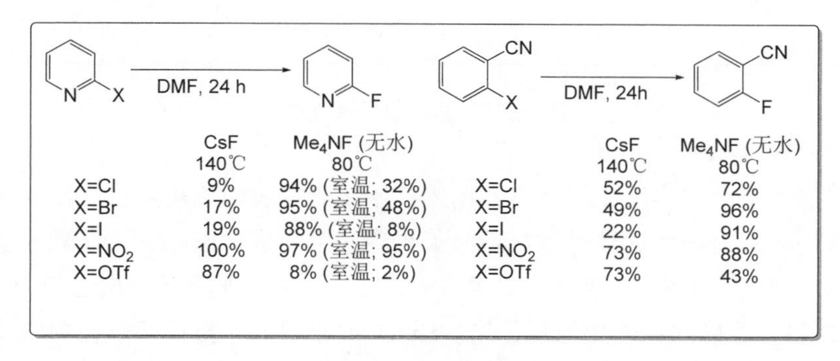

	CsF 140℃	Me_4NF (无水) 80℃
X=Cl	9%	94% (室温; 32%)
X=Br	17%	95% (室温; 48%)
X=I	19%	88% (室温; 8%)
X=NO_2	100%	97% (室温; 95%)
X=OTf	87%	8% (室温; 2%)

	CsF 140℃	Me_4NF (无水) 80℃
X=Cl	52%	72%
X=Br	49%	96%
X=I	22%	91%
X=NO_2	73%	88%
X=OTf	73%	43%

图 9-31 卤化物及其他取代芳香化合物的 S_NAr 氟化反应

2017 年，Sanford 课题组[66]报道了酚与硫酰氟形成的氟磺酸酯在 TMAF 存在下脱氧氟化（图 9-32）。相比 PhenoFluor 和 PhenoFluorMix，硫酰氟价格便宜，反应条件更加温和，但对于富电子的底物收率低；文献也给出了其与磺酸酯在无水 TMAF 作用下脱氧氟化结果的比较。

（3）过渡金属催化的芳基氟化反应

过渡金属钯、银和铜都被证实可以催化构建碳氟键。2009 年，Buchwald 课题组[67a-b]

首次开发了 Pd 催化芳基三氟甲磺酸酯的氟化反应（图 9-33），其采用大空间位阻富电子单膦配体 ^{t}BuBrettPhos 促进[Ar-Pd^{II}-F]复合物还原消除实现氟化反应。随后该课题组又通过对配体的改进和设计，相继开发了芳基卤化物的氟化反应。

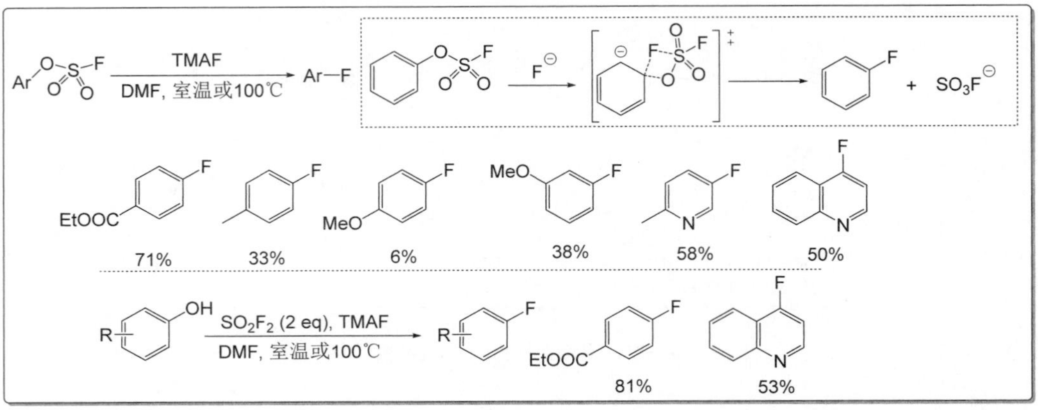

图 9-32　氟磺酸酯的脱氧氟化

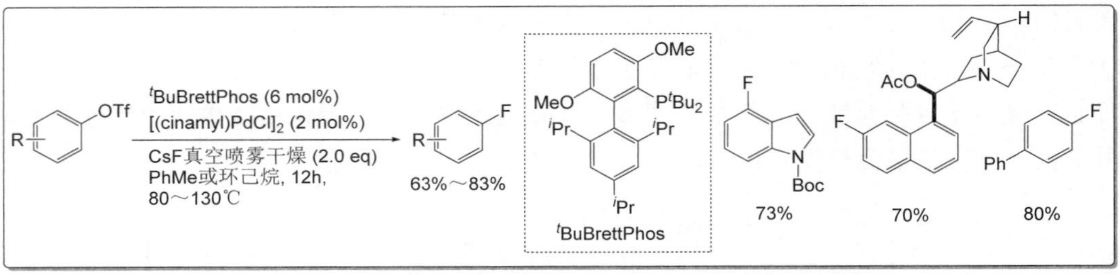

图 9-33　Pd 催化芳基三氟甲磺酸酯的氟化反应

钯催化下，氟卤交换反应常会有异构体产生，研究表明使用环己烷作为溶剂可抑制氟化时的异构化，但即使这样对甲氧基溴苯也会产生异构化底物。有文献报道使用十二烷基磺酸钠（SDS）可以促进芳香溴的氟化反应。Hartwig 课题组[68]报道使用 Cu 配合物和 AgF 可以将芳香碘代物转变为氟化物。Sanford 课题组[69]报道将碘化物转化成高价碘盐后，可在温和条件下实现氟化。

（4）芳环碳氢活化氟化反应

2006 年，Sanford 课题组[70]首次报道了 2-苯基吡啶碳氢键活化的氟化反应（图 9-34），机理研究认为氟化反应经由四价的 Pd 复合物[Ar-Pd^{IV}-F]，其相比二价钯更易消除。氟正试剂既作为反应的氟源，同时也是氧化剂，分子内导向基团含有可形成环钯过渡态的杂原子，一般为氮原子。

2009 年，余金权课题组[71]采用苄胺衍生物为导向基团实现了邻位的碳氢键活化反应；众多研究者开发报道了各种类型的导向基团碳氢活化的氟化反应，有杂环、苄胺、醛酮衍生物、羧酸等价物等[72-75]，NFSI为最为常用的氟化试剂。Daugulis课题组[76]通过铜催化实现8-氨基喹啉芳酰胺或2-吡啶羧酸酰胺邻位碳氢活化氟化，该反应也可应用邻位氨化与硫醚化，可以较好地控制单氟化选择性。

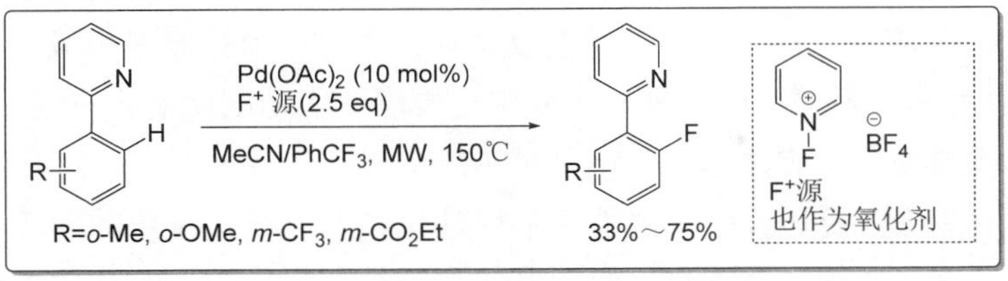

图9-34 2-苯基吡啶碳氢键活化的氟化反应

（5）脱官能团氟化反应

芳基硼酸及衍生物氟化方法主要有以下几种[77-79]：①使用适量的AgOTf、CuOTf、$Cu(OTf)_2$，先转金属再氟化；使用一价铜需要亲电氟化试剂；二价铜有氧化性，可以使用亲核氟化试剂。②钯催化氟化反应，使用亲电氟化试剂。③一些富电子的芳基硼酸或氟硼酸钾盐可直接使用亲电氟化试剂如SelectFluor氟化。

通过Ir催化剂可以在芳环位阻小的位置实现硼酯化、再进行一锅反应氟化，这样通过两步转化可以在芳环位阻小的位置引入氟原子（图9-35）[80]。与硼酸及衍生物的反应类似，芳基和烯基三烷基锡试剂也可通过Ag^{I}/F^{+}或$Cu(OTf)_2/F^{-}$进行氟化（当底物有游离胺或硫醚等易被氧化的官能团时，Ag^{I}/F^{+}条件常常得不到产物）[81-84]。

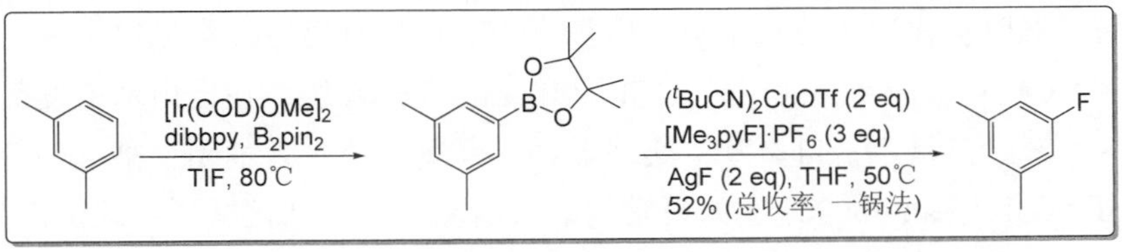

图9-35 Ir催化的芳环硼酯化氟化

芳香羧酸一般不能进行类似于Hunsdiecker反应的脱羧氟化，芳环脱羧氟化常常通过先脱羧成为硼酸酯或三丁基锡再进行氟化[85]。芳基重氮硼酸盐受热分解得到芳基氟[86]。使用亚硝酸烷基酯原位生成无水的重氮氟硼酸盐，再一锅反应加热分解可以高效地得到氟化产物[87]。

9.3.2 三氟甲基化反应

三氟甲基（—CF_3）在药物中应用十分广泛，如抗抑郁药Prozac®、止痛药Celebrex®、降糖药 Januvia®等都含有—CF_3 基团，—CF_3 基团的构建在氟化学合成中十分重要。

亲核三氟甲基化通过三氟甲基负离子（CF_3^-）进行反应；亲核三氟甲基化试剂主要有 FSO_2CF_2COMe、CF_3CO_2Na、CF_3H、CF_3X、$TMSCF_3$、$CF_3B(OMe)_3K$ 等；其中 $TMSCF_3$ 应用最广泛，也称为 Ruppert-Prakash 试剂；亲核三氟甲基化试剂可通过多种方式转化为亲核性的 CF_3^-；游离的 CF_3^-在−20℃以上会分解，失去一个氟原子生成二氟卡宾；由于 CF_3^-的不稳定性和弱亲核性，CF_3^-参与的反应一般需要借助配体稳定三氟甲基活性物种，常见的三氟甲基过渡金属前体为 CF_3Ag 和 CF_3Cu。

亲电三氟甲基化主要通过带正电性三氟甲基化试剂进行，常用的为 Umemoto 试剂和 Togni 试剂。这些试剂一般通过三氟甲基正离子进行反应，在合适的条件下也可以以自由基历程进行反应。图 9-36 所示为亲电三氟甲基化试剂的主要应用。

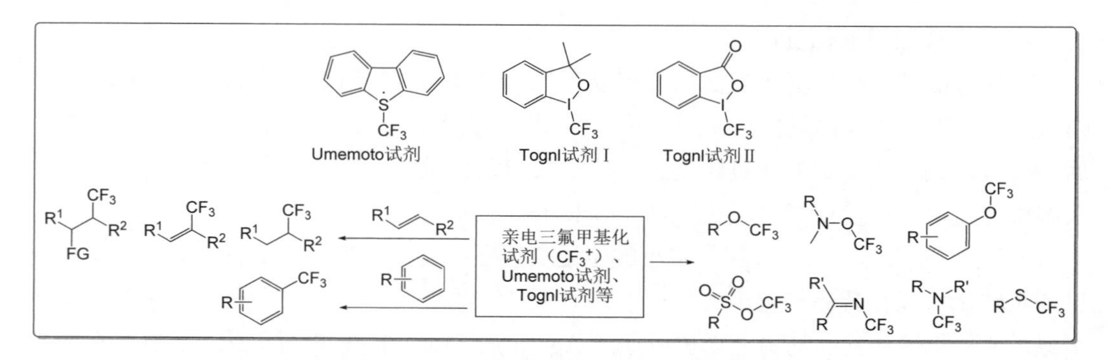

图 9-36　亲电三氟甲基化试剂的主要应用

自由基三氟甲基化通过三氟甲基自由基（$CF_3\cdot$）进行反应。常见自由基三氟甲基化试剂有 CF_3I、CF_3SO_2Cl、CF_3SO_2Na、$(CF_3SO_2)_2Zn$、TFAA 等，在自由基引发剂引发或光照等条件下，产生三氟甲基自由基，实现烯烃、醛酮 α 位、芳基硼、富电子芳环等三氟甲基化。CF_3SO_2Na(Langlois 试剂)为最常用的自由基三氟甲基化试剂，该试剂简单易得，易于操作，反应活性较高，可被多种引发剂引发，释放出三氟甲基自由基。

（1）不饱和烃的三氟甲基化反应

常规烯烃的三氟甲基化一般通过自由基历程进行，在不同反应条件下可得到不同类型的产物，如三氟甲基加成产物、三氟甲基化烯烃、β-官能团三氟甲基化产物等(图 9-37)。

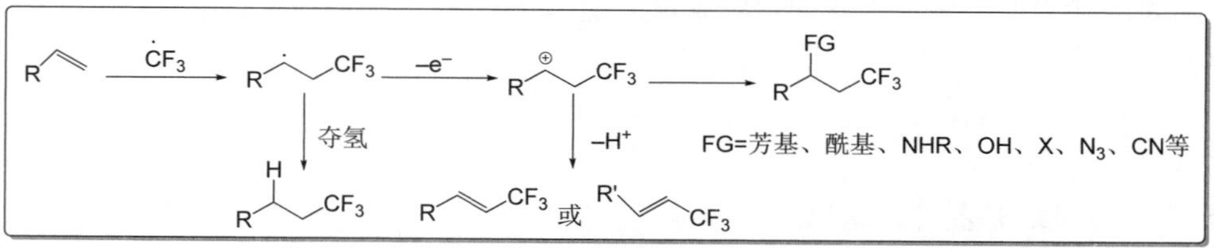

图 9-37　烯烃的三氟甲基化反应

烯烃底物分子内有自由基接受基团或产生自由基的基团时，常常会得到环化产物（图 9-38）[88]。

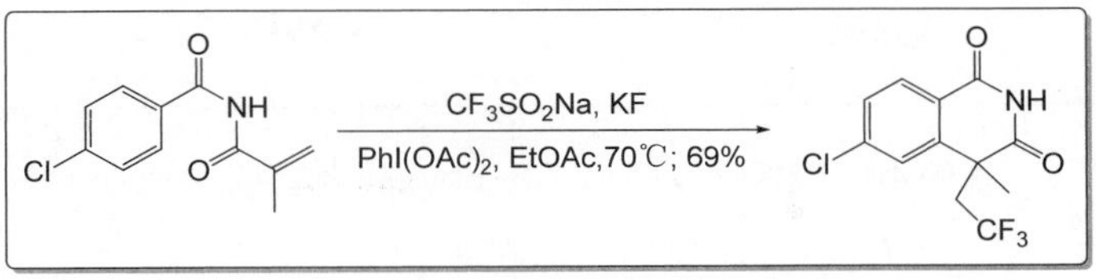

图 9-38　烯烃环化三氟甲基化反应

α,β-不饱和烯烃可与各类三氟甲基化试剂通过三氟甲基负离子或自由基发生加成反应[89-90]。末端炔烃在铜参与下既可与亲电三氟甲基化试剂反应，也可与 TMSCF$_3$ 进行氧化三氟甲基化[91-92]；也可通过 CF$_3$I/光照或 CF$_3$SO$_2$Na/TBHP 经自由基反应或者先将炔转化为硼酯再与 CuCF$_3$ 进行氧化三氟甲基化反应[93-95]。炔烃通过三氟甲基化可合成多种双官能团或者环化的三氟甲基衍生物。

（2）活性 C—H 的三氟甲基化反应

常规苄基和烷烃的三氟甲基化很少见，活泼亚甲基的三氟甲基化一般通过亲电三氟甲基化试剂在碱性条件下进行，也有文献报道使用 CF$_3$I 通过自由基反应机理进行[96]。醛的 α 位三氟甲基化一般通过烯胺进行,应用手性催化剂可不对称合成 α-三氟甲基醛[97-99]；酮的 α 位三氟甲基化更多是通过烯醇醚（酯）制备，反应一般为自由基反应机理。单吸电子基 α 位直接三氟甲基化一般难以进行，活化的酰亚胺和仲硝基的三氟甲基化反应相对较好，其中仲硝基化合物可以在 DBU 存在下与 Umemoto 试剂、Togni 试剂和 CF$_3$I 反应，与 Umemoto 试剂反应效果最好。

（3）活性基团取代三氟甲基化反应

烷基卤、硼酸、羧酸和重氮等活性基团在一定条件下可被三氟甲基取代。陈庆云课题组[100]首先报道了高活性苄卤和烯丙卤代烃在 ClCF$_2$CO$_2$Me/CuI/KF 反应体系下亲核三氟甲基化（图 9-39），TMSCF$_3$/MF 体系也可以用于这类反应。

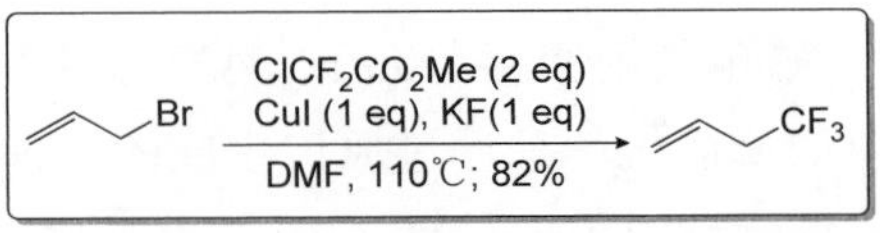

图 9-39　烯丙卤代烃的亲核三氟甲基化

李超忠课题组[101]通过溴或碘代物与 Cu(CF$_3$)$_3$(bpy)反应，在自由基引发条件下得到三氟甲基化产物，分子内有烯烃存在时，常常会得到自由基关环后三氟甲基化产物（图 9-40）。MacMillan 课题组[102]通过亲电三氟甲基化试剂(Mes)$_2$S$^+$CF$_3$·OTf 在光照条件下成功实现烷基溴代物三氟甲基化，反应有很好的普适性。

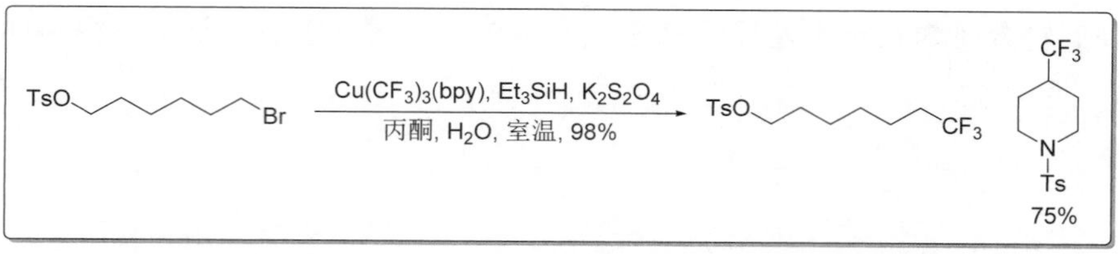

TsO~Br → TsO~CF_3
$Cu(CF_3)_3(bpy)$, Et_3SiH, $K_2S_2O_4$
丙酮, H_2O, 室温, 98%
CF_3-piperidine-N-Ts 75%

图 9-40　溴代物与 $Cu(CF_3)_3(bpy)$的三氟甲基化反应

常规羧酸在铜催化或光照条件下，通过 Togni Ⅱ试剂可脱羧酸三氟甲基化，单取代、双取代和三取代羧酸反应效果都很好；烯丙羧酸和 *β*-酮酸，在铜催化下，通过 Togni Ⅱ试剂，不用光照即可实现脱羧三氟甲基化。烷基硼酸在铜催化下可通过 $TMSCF_3$ 氧化三氟甲基化[103-105]；重氮化物与 $TMSCF_3$/CuI 反应得到相应的三氟甲基化产物[106]。

（4）杂原子上的三氟甲基化反应

亲核性强的硫醇或硫酚与亲电三氟甲基化试剂比较容易反应，但 *O*-和 *N*-的直接三氟甲基化，常常需要一定的活化条件。醇、酚以及酸的 *O*-三氟甲基化主要通过亲电氟化试剂、氧化三氟甲基化反应和三氟甲基磺酸酯进行。卿凤翎课题组[107-108]通过氧化三氟甲基化条件（$TMSCF_3$/AgOTf/SelectFluor）成功实现羟基三氟甲基化（图 9-41）。

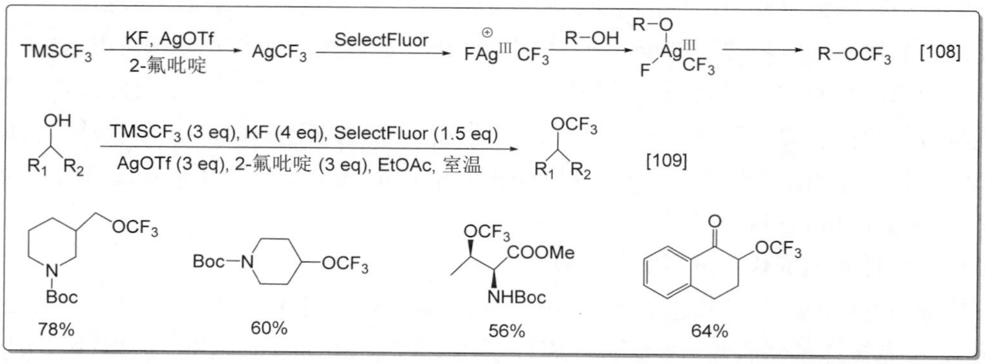

$TMSCF_3$ —KF, AgOTf / 2-氟吡啶→ $AgCF_3$ —SelectFluor→ $FAg^{III}CF_3$ —R−OH→ R−O−Ag^{III}(F)CF_3 → R−OCF_3 [108]
$R_1CH(OH)R_2$ —$TMSCF_3$ (3 eq), KF (4 eq), SelectFluor (1.5 eq) / AgOTf (3 eq), 2-氟吡啶 (3 eq), EtOAc, 室温→ $R_1CH(OCF_3)R_2$ [109]
Boc, OCF_3 78%　Boc−N, OCF_3 60%　OCF_3, COOMe, NHBoc 56%　O, OCF_3 64%

图 9-41　羟基氧化三氟甲基化

汤平平课题组[109]通过三氟甲基磺酸酯在 CsF、四甲基溴化铵（TMAB）存在下实现了醇的三氟甲基化，该反应的反应机理是通过原位生成的 CF_3O^-进行亲核取代。酚与亲电三氟甲基化试剂反应常常得到邻对位的芳环 *C*-三氟甲基化产物，这类反应有一定的底物依赖性，也有文献报道[110]在碱性条件下酚与亲电三氟甲基化试剂反应得到产物；酚的三氟甲基化也可通过氧化三氟甲基化进行，缺电子芳烃反应更有利于反应的进行[111]。$PhICF_3Cl$ 为很好的三氟甲基化试剂，三甲基苯酚也可以被三氟甲基化[112]；芳杂环氮原子邻对位的酚羟基可通过 Togni Ⅱ试剂进行 *O*-三氟甲基化，但产率普遍较低[113]。

鉴于三氟甲氧基在合成中的重要作用，越来越多的化学家们致力于开发 CF_3O^-的等价物制备三氟甲氧基化合物，虽然这类反应不属于 *O*-三氟甲基化范畴，但可暂且归为这一类。常用的 CF_3O^-的等价试剂为 TFMT，胡金波课题组[114]开发的苯甲酸三氟甲酯 TFBz 易于制备，图 9-42 所示为 TFBz 的一些典型应用。

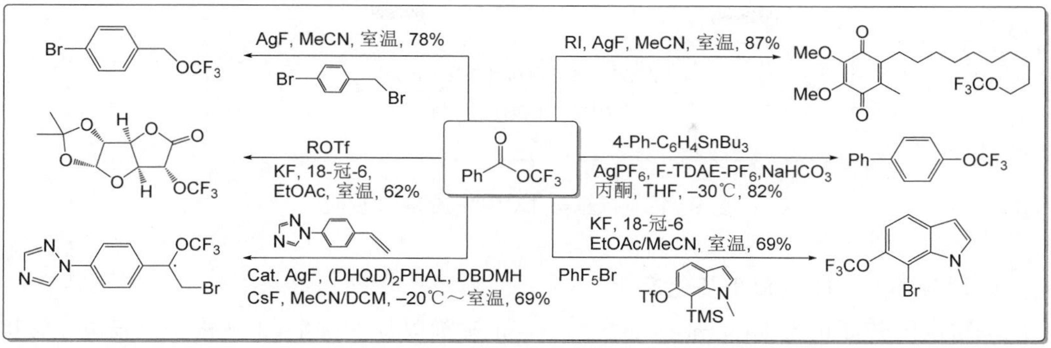

图 9-42　TFBz 的典型应用

酸的三氟甲基化在合成中应用极少，主要用于制备一些三氟甲基化试剂，TFBz 通过苯甲酰溴与 TFMT/TBAF（或 AgF）反应制备而来，芳基磺酸与 Togni 试剂或 $PhICF_3Cl$ 反应得到相应的芳基磺酸三氟甲酯（TFMS）[112]。

硫的亲核性强，硫酚在强碱作用下可以与 CF_3I 反应以较高的收率得到三氟甲基硫醚，该条件下脂肪硫醇的反应收率一般不高。通过 CF_3SO_2Na 氧化剂的自由基反应条件，硫酚和烷基硫醇都可以较好的反应。使用亲电的 Togni 试剂和 Umemoto 试剂在温和条件下可以实现巯基的三氟甲基化。烷基三氟甲硫醚的合成，比较实用的方法是把卤代物与 $NaSCN/TMSCF_3$ 一锅反应制备，反应经由 R-SCN 中间体。羟基可以通过过量 $AgSCF_3$ 直接转化成三氟甲硫醚；MOM 保护叔醇与 $PhthSCF_3$ 在光照下通过自由基反应可以得到相应三氟甲基叔烷基硫醚。芳基三氟甲硫醚制备方法比较多，可以从卤代烃、OTf、有机金属试剂、硼酸、胺、酸等官能团转化而来，也可通过傅克反应制备。

（5）羰基和亚胺的三氟甲基化反应

$TMSCF_3$ 与醛酮发生加成反应得到三氟甲基醇硅醚，常用 TBAF、CsF、$CsCO_3$ 等碱催化。对碱不稳定的醛，可以通过三甲胺氮氧化物催化反应。硅醚用适量的 TBAF 脱除 TMS 得到三氟甲基醇，反应若用适量的 TBAF 和 CsF 则直接得到三氟甲基醇。

酯或活性酰胺与 $TMSCF_3$ 在 TBAF、CsF 存在下反应生成三氟甲基酮；Mukaiyama 课题组[115]报道 LiOAc 或 $^{n}Bu_4NOAc$ 可催化羰基或活性亚胺与 $TMSCF_3$ 反应，条件温和，收率高，普适性强，使用 $^{n}Bu_4NOAc/PhMe$ 体系，酯可以被转化为相应三氟甲基酮（图 9-43）。

带有吸电子的稳定亚胺与 $TMSCF_3$ 在催化剂存在下反应得到相应的三氟甲基化产物[116]；使用酸性 KHF_2/TFA 条件，*N*-烷基取代亚胺与 $TMSCF_3$ 反应得到相应三氟甲基化产物；*N*-芳基取代亚胺需用更强的酸或 TBAT 和富电子三芳基膦才能反应[117]。仲胺与醛酮成的亚胺盐活性高，也可与 $TMSCF_3$ 反应发生三氟甲基化。

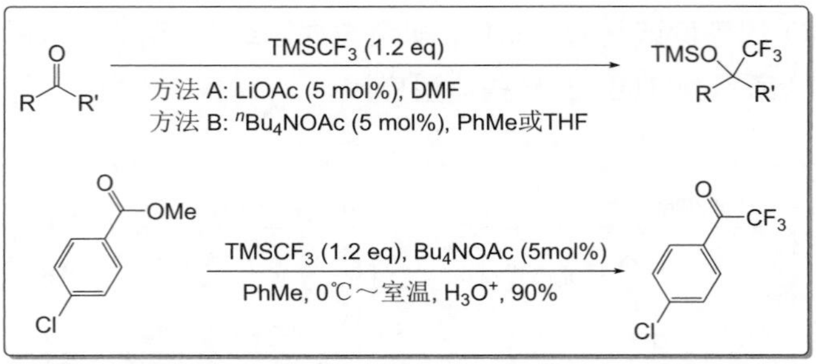

图 9-43　羰基与 $TMSCF_3$ 的催化反应

(6) 芳环 C—H 三氟甲基化反应

强富电子芳环可与 Umemoto 试剂、Togni 试剂以及 $PhICF_3Cl$ 直接发生亲电三氟甲基化反应；活性低的底物，加入 Lewis 酸如 $Zn(NTf_2)_2$、$(TMS)_3SiCl$、CuCl 可促进反应。有意思的是，缺电子吡啶也可与 Togni 试剂直接反应，芳杂环反应位点更倾向于 *N* 的邻位，反应一般通过自由基机理进行[118]。

富电子芳环三氟甲基化一般是通过 $TMSCF_3$、CF_3SO_2Na、CF_3X 在氧化剂、光照或过渡金属催化等条件下进行。对于这类自由基反应，一般区域选择性不太好。Ritter 课题组[119]使用 CF_3I 与 TMG 复合物，使用 $K_2S_2O_8/Cu(OAc)_2 \cdot H_2O$ 反应体系实现了富电子芳杂环的三氟甲基化。李朝军课题组[120]报道富电子芳环进行三氟甲基化 CF_3SO_2Na(Langlois 试剂)直接在紫外光下反应即可高效得到三氟甲基化产物（图 9-44）。

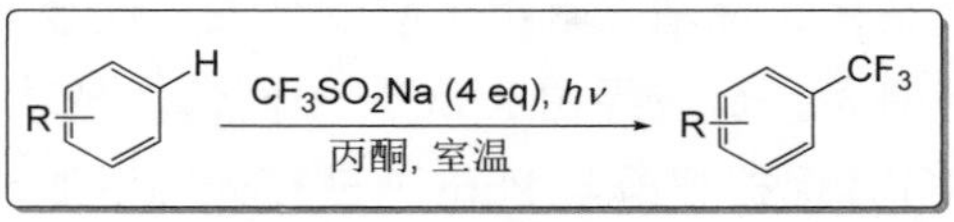

图 9-44　光催化富电子芳环三氟甲基化反应

2018 年，卿凤翎课题组[121]发展了使用 PIFA 作为三氟甲基源的光催化三氟甲基化反应，反应可用于各类缺电子底物；同时应用更加廉价的 Tf_2O 作为三氟甲基源的光催化三氟甲基化反应，反应也具有较好的广谱性[122]。2010 年余金权课题组[123]报道了钯催化的配体导向的芳环 C—H 活化的三氟甲基化反应，苯胺类衍生物、苯甲酸衍生物都可以进行邻基诱导的三氟甲基化。芳杂环氮氧化物可通过氮氧化物与 $TMSCF_3$ 在强碱 ^tBuOK 存在下三氟甲基化，该方法主要用于喹啉的底物，吡啶底物收率较低；或是通过 $NiCl_2$ 催化 Togni 试剂反应[124-125]。

(7) 取代芳环的三氟甲基化

芳香卤代烃的三氟甲基化反应主要以 $CuCF_3$ 作为三氟甲基源，$CuCF_3$ 不稳定，一般现制现用。制备 $CuCF_3$ 的方法很多，早期常使用陈庆云院士开发的 $FSO_2CF_2CO_2Me/CuI$、$ClCF_2COOMe/CuI$ 反应体系，近年来多采用 $TMSCF_3/CuI/Phen$、CF_3COONa/CuI 等体系（图 9-45）。

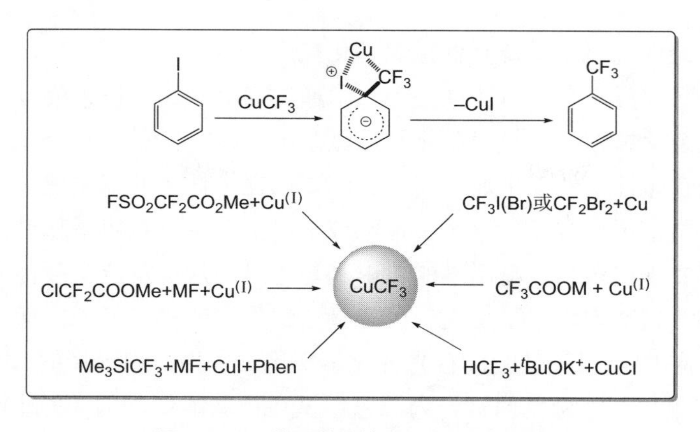

图 9-45 常用的制备 $CuCF_3$ 的体系

在通过 $CuCF_3$ 中间体三氟甲基化时，在反应体系里加入 HMPA 或 1,10-菲罗啉有助于稳定 $CuCF_3$ 中间体，促进反应进行。Goossen 课题组[126]发现 $B(OMe)_3$ 可以与 $TMSCF_3$ 反应得到相应的三氟甲基三甲基硼酸钾盐，其为稳定固体，使用方便，反应活性也不受影响；随后的研究发现，在反应体系中加入 $B(OMe)_3$ 效果也很好，反应只需催化量 CuI 即可。三氟乙酸盐作为三氟甲基源，通过 CuI 反应时，一般需要 NMP、DMAc 作为溶剂，在高温下进行；反应也可以通过催化量的 Ag_2O 和铜粉进行。使用 CF_3X 和 CF_2Br_2 时作为三氟甲基源一般使用铜粉，反应需要在高温下进行。

各类可稳定 $CuCF_3$ 的配体被开发出来，主要有氮杂卡宾、Phen、PPh_3 等。Hartwig 课题组[127]报道邻菲罗啉络合物(Phen)$CuCF_3$ 与杂环溴代物反应效果特别好。2010 年，Buchwald 课题组[128]采用大位阻配体首次实现钯催化芳氯的亲核三氟甲基化反应，利用 X-Ray 确认了(Brettphos)Pd^{II}(Aryl)(CF_3)络合物的结构，但反应体系使用极易吸潮的 KF，不易操作。Sanford 课题组[129]采用 Buchwald 课题组的条件以酰氯为起始原料实现三氟甲基化。Schoenebeck 课题组[130]则在类似条件下将酰氯成功转化为三氟甲基，反应不需要使用极易吸潮的氟化盐。芳基硼酸及其衍生物的三氟甲基化一般在铜催化下与 $\cdot CF_3$ 自由基反应，条件和铜催化芳卤三氟甲基化类似，常用的方法为 $TMSCF_3/Cu(OAc)_2/CsF$、(Phen)$CuCF_3$ 等；三氟甲基化试剂与芳香重氮盐反应可实现三氟甲基化。

9.3.3 二氟甲基化及其他氟烷基反应

鉴于氟在药物化学中的重要性，三氟甲基化以外的氟烷基化反应研究也越来越热门；其中比较重要的为二氟甲基化($R-CF_2H$)和二氟乙酸酯化($R-CF_2COOR$)，以及多氟烷基化[CFR：R=Me、CF_3、Ph、$PO(OR')_2$ 等]和单氟甲基化($R-CFH_2$)等。氟烷基化试剂可分为亲电、自由基和亲核氟烷基化试剂，其反应方式也可相应地分为亲电、自由基和亲核三种，以下主要介绍二氟甲基化反应。

(1) 不饱和烃的二氟甲基及其他氟烷基化反应

亲电二氟甲基化反应主要有两种途径：①通过二氟卡宾的插入反应；②通过亲电取代反应。大多数亲核试剂的二氟甲基化是通过亲电二氟卡宾进行，二氟卡宾来源试剂比较多，有的试剂在碱性条件下生成卡宾，有的试剂在中性条件下生成卡宾。二氟甲基化反应常常通过自由基历程进行，相对于亲电或者自由基型二氟甲基化试剂，亲核性二氟甲基化试剂种类要少得多。二氟甲基的自由基与烯烃的加成反应文献报道较多，多种二氟甲基自由基前体试剂均可用于反应：以二氟乙酸作为二氟甲基源，通过 $PhI(OAc)_2$ 在光催化条件下反应[131]；$ClSO_2CF_2H$ 在光催化下实现 *α,β*-不饱和烯烃的 Michael 加成二氟甲基化[132]；以二氟甲基三苯基膦盐作为二氟甲基自由基前体试剂，通过光催化可得到 *β*-溴二氟甲基化物[133]；通过过氧化正十二酸苷作为自由基引发剂使用 HCF_2HSO_2Cl 得到 *β*-氯二氟甲基化物，该方法也可用于其他氟烷基的自由基反应[134]；二氟甲基碘和碘乙酸乙酯可与烯烃反应得到 *β*-碘二氟甲基化物[135]。

烯烃的二氟甲基化反应也可得到其他双官能团二氟产物或关环产物。烯烃与很多氟烷基自由基都可发生加成反应，常见的自由基有 $\cdot CF_2COOEt$、$MeCF_2\cdot$、$PhCF_2\cdot$、$H_2CF\cdot$、${}^{n}C_4F_9\cdot$、$\cdot CFHCOOEt$ 等。以芳基三氟甲基为二氟芳基的自由基源在光催化下与烯烃反应得到相应的加成产物，该方法若是芳基上有卤素（Cl、Br、I）时，卤素优先反应；在还原条件下，三氟甲基也可被转化为二氟甲基。二氟卡宾与烯烃或炔烃反应得到二氟环丙烷或环丙烯，以 $TMSCF_3$ 为二氟甲基源，NaI 催化成功地实现烯烃和炔烃二氟环丙化[136]，该反应条件温和，普适性强，可用于各类烯烃。末端炔烃在强碱作用下可得到二氟甲基化产物，二取代炔烃的二氟甲基加成反应文献报道不多，相对来说，二氟乙酸酯的自由基与炔烃反应在合成中应用更为广泛。

(2) 活性 C—H 及杂原子上的二氟甲基化

活性 C—H 及杂原子上的二氟甲基化主要通过两种方法进行：①二氟卡宾中间体与亲核试剂发生 *α*-加成反应；②二氟烷基化试剂作为亲电试剂（EX）发生亲核取代反应。胡金波课题组[137]开发的 $BrCF_2TMS$ 可以较好地用于包括碳亲核试剂在内的各种亲核性底物的二氟烷基化反应。

醇二氟甲基化比较好的方法是通过 FSO_2CF_2COOH 在铜催化下进行，或使用 $BrCF_2TMS$ 在碱性或弱碱性条件下反应；$BrCF_2TMS$ 与大位阻叔醇的反应收率也比较好。酚的二氟甲基化方法较多，除了使用 FSO_2CF_2COOH 和 $BrCF_2TMS$ 外，其他常用的还有 $ClCF_2COONa$、HCF_2Cl、$ClCF_2P(O)(OEt)_2$ 等；酸也可与二氟卡宾反应实现二氟甲基化。

一般二氟甲基胺都不够稳定，容易水解。芳杂环的氮原子、芳氨酰胺、叔胺等可与二氟甲基化试剂反应得到稳定的 *N*-二氟甲基化产物，其反应与 *O*-二氟甲基化类似。*S*-二氟甲基化比 *O*-二氟甲基化更易进行，反应条件类似。硫氰酸酯可与 $TMSCF_2H$ 在铜催化下反应制备二氟甲基硫醚。亚磺酸盐与二氟甲基卡宾反应得到相应二氟甲基砜。

(3) 活性基团取代二氟甲基化及二氟甲基加成反应

将卤代烃转化为二氟甲基的常用策略是卤代烃或类卤与二氟甲基苯砜先进行烷基化

反应，得到的二甲基砜通过镁等还原剂还原脱除苯磺酰基得到二氟甲基。二氟碘乙酸乙酯可转化成酮或锌试剂与苄卤或烯丙基卤等活性卤代烃进行偶联反应；α,β-不饱和羧酸能够发生脱羧二氟甲基化或二氟乙酯化反应，反式的 α,β-不饱和羧酸在金属催化条件下一般得到反式产物。在 CsF 催化下，醛与 $TMSCF_2H$ 加成反应可顺利进行，但酮的反应则需要添加 HMPA 或冠醚，否则反应很慢，甚至不反应。使用叔丁醇钾作为碱双芳基酮也能进行反应。肖吉昌课题组[138]使用 HCF_2PPh_3Br 作为二氟甲基化试剂，通过 Cs_2CO_3 作为碱实现芳基醛和酮的二氟甲基亲核加成，当使用 DBU 作碱时，则发生 Wittig 反应生成烯烃。二氟磷酸酯在强碱条件下与醛酮加成产物发生 Phospha-Brook 重排得到相应的二氟甲基化的磷酸酯[139]。

Weinreb 酰胺与 $TMSCF_2H$ 反应得到相应的二氟甲基酮，反应条件温和，普适性强[140]；二氟磷酸酯在强碱条件下与酯反应得到二氟磷酸酯酮，碱处理后得到相应的二氟甲基酮。胡金波课题组[141]通过 $TMSCF_2H$ 与 Ellman 辅基活化亚胺在叔丁醇钾存在下反应得到手性二氟甲基胺，该反应立体选择性比相应 $TMSCF_3$ 的反应低。Dilman 课题组[142]通过 $Ph_3P{=}CF_2$ 的前体试剂 $Ph_3P^+ \cdot CF_2COO^-$ 在 TNSCl 存在下得到加成反应产物，而不是发生 Wittig 反应生成烯烃，反应也可通过 $Ph_3P/BrCF_2COOH$ 一锅煮进行。二氟甲基叶立德一般不稳定，常常通过原位生成直接反应，可将醛酮羰基转化为 1,1-偕二氟乙烯，比较常用的方法为 Ph_3P/CF_2Br_2、$P(NMe_2)_3/CF_2Br_2$、$Ph_3P/ClCF_2COONa$、$Ph_3P/TMSCF_3/LiI$、$Ph_3P/FSO_2CF_2CO_2Me$ 等。胡金波课题组[143]报道了二氟甲基-2-吡啶砜可与活性不高的二芳基酮等发生 Julia-Kocienski 类反应得到相应二氟烯烃。

(4）芳香化合物的氟烷基化反应

2012 年，Baran 课题组[144]制备出 $Zn(SO_2CF_2H)_2$(DFMS)，该试剂与 Langloi(CF_3SO_2Na) 试剂类似，在 TBHP 的引发下可释放二氟甲基自由基，实现对杂环芳环的直接二氟甲基化，该条件也可用于不饱和酮加成的二氟甲基化。二氟甲基自由基具有一定亲核性，优先与缺电子芳环反应，而亲电性的三氟甲基自由基则优先与富电子芳环反应。卿凤翎课题组[145]通过氧化二氟甲基化实现各类五元芳杂环的 C—H 二氟甲基化，其也可用于六元芳杂环，该方法在选择性上与 $Zn(SO_2CF_2H)_2$ 不同，五元环优先反应。Mikami 课题组[146]通过邻基导向的金属负离子与 $TMSCF_3$ 反应得到二氟甲基衍生物，该反应还可被用于炔烃和二苯甲醇的二氟甲基化。Hartwig 课题组[147]报道了铜参与的富电子芳环的二氟甲基化；而卿凤翎课题组[148]也报道了更适合于缺电子的芳基碘化物的二氟甲基化，与 Hartwig 课题组报道的方法正好互补。MacMillan 课题组通过 Ir 和 Ni 共同作为催化剂，通过 $BrCF_2H$ 实现芳基溴光催化二氟甲基化。

张新刚课题组[149]成功实现了镍催化下 $ClCF_2H$ 对芳基氯代物的二氟甲基化反应，反应通过二氟甲基自由基机理。沈其龙课题组[150]首次实现了钯催化芳卤的二氟甲基化反应。反应使用催化量[(SIPr)AgCl]生成[(SIPr)$AgCF_2H$]来稳定二氟甲基负离子 CF_2H^-。Sanford 课题组[151]以钯为催化剂，通过使用大位阻的膦配体实现富电子芳香氯和溴化物的二氟甲基化。

二氟甲基锌络合物$(DMPU)Zn(CF_2H)_2$在镍催化剂的作用下可在室温下实现芳基卤代物或类卤化物的二氟甲基化，但该反应不能用于富电子底物。而$(TMEDA)Zn(CF_2H)_2$，使用钯催化则可实现芳香溴代物和碘代物的二氟甲基化，富电子和缺电子底物均可反应。2018 年，胡金波课题组[152]首次报道铁催化下 2-$PySO_2CF_2H$ 与芳基锌发生交叉偶联实现芳环的二氟甲基化。反应通过自由基机理进行，普适性较好。Baran 课题组[153]报道使用 HCF_2SO_2PT 与锌试剂在镍催化下的反应，—SO_2PT 作为一个特别好的自由基等价基团，与其相连的各种烷基都可发生类似反应。

2016 年，张新刚课题组[154]和肖吉昌课题组[155]分别报道了钯催化的芳基和乙烯基硼酸的二氟甲基化。反应通过二氟卡宾进行，所用二氟卡宾前体分别为 $BrCF_2COOEt$ 和 $Ph_3P^+ \cdot CF_2COO^-$(PDFA)。2017 年张新刚课题组[156,157]利用易得的 $ClCF_2H$ 作为二氟卡宾前体，在钯催化下实现对芳基硼酸及其衍生物的二氟甲基化反应，反应具有非常广泛的底物适用性。2014 年，Goossen 课题组[158]报道了芳基重氮氟硼酸盐的二氟甲基化反应，反应通过 $TMSCF_2H/CuSCN/CsF$ 形成的 HCF_2Cu 进行，与 Sandmeyer 反应一样，该反应通过自由基机理进行。

芳香 C—H、芳卤和芳基硼酸与其他氟烷基化的一些反应，大多与三氟甲基化和二氟甲基化类似。

参 考 文 献

[1] Anastas P T, Warner J C. Green chemistry:theory and practice[M]. London: Oxford University Press, 1998: 11-56.

[2] Shimizu M, Hiyama T. Modern synthetic methods for fluorine-substituted target molecules[J]. Angew Chem Int Ed, 2005, 44: 214-231.

[3] 叶志翔. 中国含氟精细化学品的现状和发展对策[J]. 化工生产与技术, 2001(6): 3-6.

[4] Hagan D O. Understanding organofluorine chemistry-an introduction to the C—F bond[J]. Chem Soc Rev, 2008, 37: 308-319.

[5] Liu P, Gao Y, Gu W, et al. Regioselective fluorination of imidazo [1,2-*a*] pyridines with selectfiuor in aqueous condition[J]. J Org Chem, 2015, 80(22): 11559-11565.

[6] Zhang X, Guo S, Tang P. Transition-metal free oxidative aliphatic C—H fluorination[J]. Org Chem Front, 2015(2): 806-810.

[7] Yuan X, Fei J, Zhen Y, et al. Decarboxylative fluorination of electron-rich heteroaromatic carboxylic acids with selectfluor[J]. Org Lett, 2017, 19: 61410-61413.

[8] Egami H, Niwa T, Sato H. Dianionic phase-transfer catalyst for asymmetric fluoro-cyclization[J]. J Am Chem Soc, 2018, 140: 2785-2788.

[9] Lou S J, Chen Q, Wang Y F, et al. Selective C—H bond fluorination of phenols with a removable directing group: late-stage fluorination of 2-phenoxyl nicotinate derivative[J]. ACS Catal, 2015, 5: 2846-2849.

[10] Nodwell M B, Bagai A, Halperin S D, et al. Direct photocatalytic fluorination of benzylic C—H bonds with *N*-fluorobenzenesulfonimide[J]. Chem Commun, 2015, 51(59): 11783-11786.

[11] Nie J, Zhu H W, Cui H F, et al. Catalytic stereoselective synthesis of highly substituted indanones via tandem nazarov cyclization and electrophilic fluorination trapping[J]. Org Lett, 2007, 9: 3053-3056.

[12] Hamashima Y, Suzuki T, Takano H, et al. Catalytic enantioselective fluorination of oxindoles[J]. J Am Chem Soc, 2005, 127(29): 10164-10165.

[13] Chu W H, Tu Z D, McElveen E, et al. Synthesis and in vitro binding of *N*-phenyl piperazine analogs as potential dopamine D3 receptor ligands[J]. Bioorg Med Chem, 2005, 13: 77-87.

[14] Xu Y, Qian L, Pontsler A V, et al. Synthesis of difluoromethyl substituted lysophosphatidic acid analogues[J]. Tetrahedron, 2004, 60: 43-49.

[15] Lakshmipathi P, Gree D, Gree R. A facile C—C bond cleavage in the epoxides and its use for the synthesis of oxygenated heterocycles by a ring expansion strategy[J]. Org Lett, 2002, 04: 451-454.

[16] 吕早生，余腾飞，张琳涵，等. 卤素交换氟化技术研究进展[J]. 广州化工, 2011, 39(19): 21-24.

[17] White C R, Louis S T. Method for producing fluoronitrobenzene compounds: US4642399[P]. 1987-02-10.

[18] 陈宝明，王晋阳，张庆宝. 一种 3, 4-二氟苯腈的制备方法: CN108409605A[P]. 2018-08-17.

[19] Pleschke A, Marhold A, Schneider M, et al. Halex reactions of aromatic compounds catalysed by 2-azaallenium, carbophosphazenium, aminophosphonium and diphosphazenium salts: a comparative study[J]. J Fluorine Chem, 2004, 125: 1031-1038.

[20] Suzuki H, Yazawa N, Yoshida Y. General and highly efficient syntheses of m-fluoro arenes using potassium fluoride-exchange method[J]. Chem Soc Jpn, 1990, 63: 2010-2017.

[21] 罗军，蔡春，吕春绪. 微波促进聚乙二醇催化卤素交换氟化反应[J]. 精细化工, 2002, 10: 593-595.

[22] Cantrell C L. Catalytic method for producing fluoroaromatic compounds using branched alkyl pyridinium salts: WO8704148[P] 1987-07-16.

[23] 赵渭，黄瑞琦，王凤云，等. 一种含硼化合物及其在催化氟化反应中的应用: CN10869994[P]. 2017-12-20.

[24] Liang J Q, Han J, Wu J J, et al. Nickel-catalyzed coupling reaction of *α*-bromo-*α*-fluoroketones with arylboronic acids toward the synthesis of *α*-fluoroketones[J]. Org Lett, 2019, 21: 6844–6849.

[25] Ma G, Wan W, Hu Q Y, et al. Highly effective copper-mediated gem-difluoromethylenation of arylboronic acids[J]. J Chem Commun, 2014, 50: 7527-7530.

[26] 焦锋刚. 含氟中间体及精细化学品现状及发展分析[J]. 有机氟工业, 2017, 02: 54-57.

[27] 孟祥春，刘庆安,陈世华. 从 2,4-二硝基氟苯自由基氯化制备 2,4-二氯氟苯的研究[J]. 化学世界, 1999, 40(9): 473-475.

[28] 王为国，张所信，江龙法. 2, 4-二氯氟苯合成方法的改进[J]. 武汉化工学院学报, 1997, 19: 27-29.

[29] 朱明华，肖友军. 环丙沙星中间体 2,4-二氯氟苯的合成工艺研究[J]. 江西理工大学学报，2008, 29(3): 57-61.

[30] 李文骁，李付刚，宋丽凤，等. 催化加氢制备 3-氯-4-氟苯胺的研究[J]. 染料与染色，2014, 51: 35-39.

[31] 吕早生，赵金龙，黄吉林，等. 5-氟尿嘧啶合成工艺研究[J]. 化学与生物工程, 2013, 30(1): 54-56.

[32] 袁其亮. 农药中间体 2, 3-二氯-5-三氟甲基吡啶的合成工艺研究[D]. 杭州：浙江工业大学, 2006.

[33] 赵祥领，李桂萍，石卫兵. 一种二氟乙酸乙酯的生产工艺: CN102311343[P]. 2012-01-11.

[34] Oharu K, Kumai S. Preparation of difluoroacetic acid fluoride and difluoroacetic acid esters: EP0694523[P]. 1995-07-25.

[35] Nishimiya T, Fuku A, Okamoto S. Method for producing difluoroacetic acid ester: WO2008078479[P]. 2008-07-03.
[36] 刘波，吕太勇，罗源军，等. 二氟乙酸乙酯的合成研究[J]. 有机氟工业, 2017(1): 26-29.
[37] 胡艾希，游天彪，谭英，等. 环丙沙星的合成工艺改进[J]. 合成化学, 2006, 06: 640-642.
[38] 陈大弟. 一种诺氟沙星、环丙沙星和恩诺沙星的合成方法:CN109942489A[P]. 2019-06-28.
[39] 冀亚飞，刘宏伟，赵建宏，等. 化学制药工艺学[J]. 化工高等教育, 2018, 35: 72-78.
[40] 杨桂玲，吴小明. 西他沙星的合成及表征[J]. 安徽化工, 2016, 42: 54-55.
[41] Gibson K H. Quinazoline derivatives: WO9633980[P]. 1996-10-31.
[42] 徐娟芳，孔雅俊，刘燕，等. 抗癌药吉非替尼合成新工艺[J]. 西南科技大学学报, 2016, 31: 24-27.
[43] 邱士泽. 抗肿瘤药物苹果酸舒尼替尼的合成及提纯工艺改进[D]. 石家庄: 河北师范大学, 2016.
[44] 李会娜. 尼洛替尼的合成及工艺优化[D]. 北京:北京化工大学, 2016.
[45] 李伟林，郑学良，梁青，等. 氟代索拉非尼的合成及其抗肿瘤活性研究[J]. 化学研究与应用, 2020, 32: 134-138.
[46] Ye J, Liu Y, Li C L. Method for preparing atorvastatin calcium: CN101613312A[P]. 2009-12-30.
[47] Lee H T, Woo P W K. Atorvastatin, an HMG-CoA reductase inhibitor and effective lipid-regulating agent[J]. J Label Compd Radiopharm, 1999, 42: 129-133.
[48] Mothana B, Boyd R J. A density functional theory study of the mechanism of the Paal-Knorr pyrrole synthesis[J]. J Mol Struc Theochem, 2007, 811: 97-107.
[49] 石利平，叶银梅，漆志文，等. 一种阿托伐他汀的制备工艺: CN106397296A[P]. 2017-02-15.
[50] Hansen K B, Balsells J, Dreher S. First generation process for the preparation of the DPP-IV inhibitor sitagliptin[J]. Org Process Res Dev, 2005, 09: 5634-5639.
[51] Hsiao Y, Riverea N R, Rosner T. Highly efficient synthesis of *β*-amino acid derivatives via asymmetric hydrogenation of unprotected enamines[J]. J Am Chem Soc, 2004, 126: 9918-9919.
[52] Savile C K, Janey J M, Mundorff E C. Biocatalytic asymmetric synthesis of chiral amines from ketones applied to sitagliptin manufacture[J]. Science, 2010, 329: 305-309.
[53] 李冰，郝小燕，李佳博. 索菲布韦的合成研究进展. 生物化工, 2018, 04: 130-132.
[54] Guy R H, Stephen M D, Teresa A, et al. Asymmetric synthesis of letermovir using a novel phase-transfer catalyzed aza-michael reaction[J]. Org Process Res Dev, 2016, 20: 1097–1103.
[55] Shirasawa E, Kageyama M. Difluoroprostaglandin derivatives and their use: US5985920A[P]. 1999-11-16.
[56] 陈刚，曾令国，谢建勇，等. 他氟前列素的合成工艺改进[J]. 化学研究与应用, 2014, 26: 722-727.
[57] Xiong H, Hoye A T, Fan K H, et al. Facile route to 2-fluoropyridines via 2-pyridyltrialkylammonium salts prepared from pyridine N-Oxides and application to ^{18}F-labeling[J]. Org Lett, 2015, 17: 3726-3729.
[58] (a) Andreev R V, Borodkin G I, Shubin V G. Fluorination of aromatic compounds with *N*-fluorobenzenesulfonimide under solvent-free conditions[J]. Russian journal of organic chemistry, 2009, 45(10): 1468-1473. (b) Pravst I, Iskra M P, Jereb M, et al. The role of F–N reagent and reaction conditions on fluoro functionalisation of substituted phenols[J]. Tetrahedron, 2006, 62(18): 4474-4481. (c) Heravi M R P. Fluorination of activated aromatic systems with Selectfluor™ F-TEDA-BF4 in ionic liquids[J]. Journal of Fluorine Chemistry, 2008, 129(3): 217-221.
[59] (a) Lin R, Ding S, Shi Z, et al. An efficient difluorohydroxylation of indoles using Selectfluor as a fluorinating reagent[J]. Organic letters, 2011, 13(17): 4498-4501. (b) Takeuchi Y, Tarui T, Shibata N. A novel and efficient synthesis of 3-fluorooxindoles from indoles mediated by Selectfluor[J]. Organic

letters, 2000, 2(5): 639-642.

[60] (a) Zhou G, Tian Y, Zhao X, et al. Selective fluorination of 4-substituted 2-aminopyridines and pyridin-2 (1*H*)-ones in aqueous solution[J]. Organic letters, 2018, 20(16): 4858-4861. (b) Tian Y, Zhao M, Zhao X, et al. Ag-catalyzed selective fluorination of 6-substituted 2-amionpyrazines[J]. Journal of Fluorine Chemistry, 2019, 218: 111-115.

[61] Fier P S, Hartwig J F. Selective CH fluorination of pyridines and diazines inspired by a classic amination reaction[J]. Science, 2013, 342(6161): 956-960.

[62] (a) Albertshofer K, Mani N S. Regioselective electrophilic fluorination of rationally designed imidazole derivatives[J]. The Journal of Organic Chemistry, 2016, 81(3): 1269-1276. (b) Levchenko V, Dmytriv Y V, Tymtsunik A V, et al. Preparation of 5-fluoropyrazoles from pyrazoles and *N*-fluorobenzenesulfonimide (NFSI)[J]. The Journal of Organic Chemistry, 2018, 83(6): 3265-3274.

[63] Sun H, DiMagno S G. Room-temperature nucleophilic aromatic fluorination: experimental and theoretical studies[J]. Angewandte Chemie, 2006, 118(17): 2786-2791.

[64] (a) See Y Y, Morales-Colón M T, Bland D C, et al. Development of S_NAr nucleophilic fluorination: a fruitful academia-industry collaboration[J]. Accounts of Chemical Research, 2020, 53(10): 2372-2383. (b) Allen L J, Muhuhi J M, Bland D C, et al. Mild fluorination of chloropyridines with in situ generated anhydrous tetrabutylammonium fluoride[J]. The Journal of Organic Chemistry, 2014, 79(12): 5827-5833.

[65] Schimler S D, Ryan S J, Bland D C, et al. Anhydrous tetramethylammonium fluoride for room-temperature SNAr fluorination[J]. The Journal of Organic Chemistry, 2015, 80(24): 12137-12145.

[66] Schimler S D, Cismesia M A, Hanley P S, et al. Nucleophilic deoxyfluorination of phenols via aryl fluorosulfonate intermediates[J]. Journal of the American Chemical Society, 2017, 139(4): 1452-1455.

[67] (a) Watson D A, Su M, Teverovskiy G, et al. Formation of ArF from LPdAr (F): catalytic conversion of aryl triflates to aryl fluorides[J]. Science, 2009, 325(5948): 1661-1664. (b) Milner P J, Kinzel T, Zhang Y, et al. Studying regioisomer formation in the Pd-catalyzed fluorination of aryl triflates by deuterium labeling[J]. Journal of the American Chemical Society, 2014, 136(44): 15757-15766.

[68] Fier P S, Hartwig J F. Copper-mediated fluorination of aryl iodides[J]. Journal of the American Chemical Society, 2012, 134(26): 10795-10798.

[69] Ichiishi N, Canty A J, Yates B F, et al. Cu-catalyzed fluorination of diaryliodonium salts with KF[J]. Organic Letters, 2013, 15(19): 5134-5137.

[70] Hull K L, Anani W Q, Sanford M S. Palladium-catalyzed fluorination of carbon– hydrogen bonds[J]. Journal of the American Chemical Society, 2006, 128(22): 7134-7135.

[71] Wang X, Mei T S, Yu J Q. Versatile $Pd(OTf)_2 \cdot 2H_2O$-catalyzed ortho-fluorination using NMP as a promoter[J]. Journal of the American Chemical Society, 2009, 131(22): 7520-7521.

[72] Ding Q, Ye C, Pu S, et al. Pd (PPh_3) 4-catalyzed direct ortho-fluorination of 2-arylbenzothiazoles with an electrophilic fluoride *N*-fluorobenzenesulfonimide (NFSI)[J]. Tetrahedron, 2014, 70(2): 409-416.

[73] Lou S J, Xu D Q, Xia A B, et al. $Pd(OAc)_2$-catalyzed regioselective aromatic C—H bond fluorination[J]. Chemical Communications, 2013, 49(55): 6218-6220.

[74] Chen C, Wang C, Zhang J, et al. Palladium-catalyzed ortho-selective C—H fluorination of oxalyl amide-protected benzylamines[J]. The Journal of Organic Chemistry, 2015, 80(2): 942-949.

[75] Gutierrez D A, Lee W C C, Shen Y, et al. Palladium-catalyzed electrophilic C—H fluorination of arenes using oxazoline as a removable directing group[J]. Tetrahedron Letters, 2016, 57(48): 5372-5376.

[76] Truong T, Klimovica K, Daugulis O. Copper-catalyzed, directing group-assisted fluorination of arene and heteroarene C—H bonds[J]. Journal of the American Chemical Society, 2013, 135(25): 9342-9345.
[77] Ohmura T, Taniguchi H, Suginome M. Kinetic Resolution of Racemic 1-Alkyl-2-methylenecyclopropanes via palladium-catalyzed silaborative C—C cleavage[J]. Organic Letters, 2009, 11(13): 2880-2883.
[78] Mazzotti A R, Campbell M G, Tang P, et al. Palladium (Ⅲ)-catalyzed fluorination of arylboronic acid derivatives[J]. Journal of the American Chemical Society, 2013, 135(38): 14012-14015.
[79] Ye Y, Schimler S D, Hanley P S, et al. $Cu(OTf)_2$-mediated fluorination of aryltrifluoroborates with potassium fluoride[J]. Journal of the American Chemical Society, 2013, 135(44): 16292-16295.
[80] Fier P S, Luo J, Hartwig J F. Copper-mediated fluorination of arylboronate esters. Identification of a copper (Ⅲ) fluoride complex[J]. Journal of the American Chemical Society, 2013, 135(7): 2552-2559.
[81] Tang P, Furuya T, Ritter T. Silver-catalyzed late-stage fluorination[J]. Journal of the American Chemical Society, 2010, 132(34): 12150-12154.
[82] Gamache R F, Waldmann C, Murphy J M. Copper-mediated oxidative fluorination of aryl stannanes with fluoride[J]. Organic Letters, 2016, 18(18): 4522-4525.
[83] Sommer H, Fürstner A. Stereospecific synthesis of fluoroalkenes by silver-mediated fluorination of functionalized alkenylstannanes[J]. Chemistry–A European Journal, 2017, 23(3): 558-562.
[84] Matthews D P, Miller S C, Jarvi E T, et al. A new method for the electrophilic fluorination of vinyl stannanes[J]. Tetrahedron Letters, 1993, 34(19): 3057-3060.
[85] Wang D, Yuan Z, Liu Q, et al. Decarboxylative Fluorination of Arylcarboxylic Acids promoted by ortho-hydroxy and amino groups[J]. Chinese Journal of Chemistry, 2018, 36(6): 507-514.
[86] Xing B, Ni C, Hu J. Hypervalent iodine (Ⅲ)-catalyzed balz–schiemann fluorination under mild conditions[J]. Angewandte Chemie International Edition, 2018, 57(31): 9896-9900.
[87] Park N H, Senter T J, Buchwald S L. Rapid synthesis of aryl fluorides in continuous flow through the Balz–Schiemann reaction[J]. Angewandte Chemie International Edition, 2016, 128(39): 12086-12090.
[88] Li L, Deng M, Zheng S C, et al. Metal-free direct intramolecular carbotrifluoromethylation of alkenes to functionalized trifluoromethyl azaheterocycles[J]. Organic Letters, 2014, 16(2): 504-507.
[89] Wang H, Zhang J, Shi J, et al. Organic photoredox-catalyzed synthesis of δ-fluoromethylated alcohols and amines via 1,5-hydrogen-transfer radical relay[J]. Organic Letters, 2019, 21(13): 5116-5120.
[90] Beniazza R, Douarre M, Lastécouères D, et al. Metal-free and light-promoted radical iodotrifluoromethylation of alkenes with Togni reagent as the source of CF_3 and iodine[J]. Chemical Communications, 2017, 53(25): 3547-3550.
[91] Tresse C, Guissart C, Schweizer S, et al. Practical methods for the synthesis of trifluoromethylated alkynes: oxidative trifluoromethylation of copper acetylides and alkynes[J]. Advanced Synthesis & Catalysis, 2014, 356(9): 2051-2060.
[92] Guissart C, Dolbois A, Tresse C, et al. A straightforward entry to γ-trifluoromethylated allenamides and their synthetic applications[J]. Synlett, 2016, 27(18): 2575-2580.
[93] Kitazume T, Ishikawa N. Ultrasound-promoted hydroperfluoroalkylation of alkynes with perfluoroalkylzinc iodide and copper (Ⅰ) iodide[J]. Chemistry Letters, 1982, 11(9): 1453-1454.
[94] Matcha K, Antonchick A P. Transition-metal-free radical hydrotrifluoromethylation of alkynes[J]. European Journal of Organic Chemistry, 2019, 2019(2/3): 309-312.

[95] He L, Yang X, Tsui G C. Domino hydroboration/trifluoromethylation of alkynes using fluoroform-derived [$CuCF_3$][J]. The Journal of Organic Chemistry, 2017, 82(12): 6192-6201.

[96] Petrik V, Cahard D. Radical trifluoromethylation of ammonium enolates[J]. Tetrahedron Letters, 2007, 48(19): 3327-3330.

[97] Allen A E, MacMillan D W C. The productive merger of iodonium salts and organocatalysis: a non-photolytic approach to the enantioselective *α*-trifluoromethylation of aldehydes[J]. Journal of the American Chemical Society, 2010, 132(14): 4986-4987.

[98] Nagib D A, Scott M E, MacMillan D W C. Enantioselective *α*-trifluoromethylation of aldehydes via photoredox organocatalysis[J]. Journal of the American Chemical Society, 2009, 131(31): 10875-10877.

[99] Matsui H, Murase M, Yajima T. Metal-free visible-light synthesis of quaternary *α*-perfluoroalkyl aldehydes via an enamine intermediate[J]. Organic & Biomolecular Chemistry, 2018, 16(39): 7120-7123.

[100] De-Bao S, Jian-Xiang D, Qing-Yun C. Methyl chlorodifluoroacetate a convenient trifluoromethylating agent[J]. Tetrahedron Letters, 1991, 32(52): 7689-7690.

[101] Shen H, Liu Z, Zhang P, et al. Trifluoromethylation of alkyl radicals in aqueous solution[J]. Journal of the American Chemical Society, 2017, 139(29): 9843-9846.

[102] Kornfilt D J P, MacMillan D W C. Copper-catalyzed trifluoromethylation of alkyl bromides[J]. Journal of the American Chemical Society, 2019, 141(17): 6853-6858.

[103] Kautzky J A, Wang T, Evans R W, et al. Decarboxylative trifluoromethylation of aliphatic carboxylic acids[J]. Journal of the American Chemical Society, 2018, 140(21): 6522-6526.

[104] He Z, Tan P, Hu J. Copper-catalyzed trifluoromethylation of polysubstituted alkenes assisted by decarboxylation[J]. Organic Letters, 2016, 18(1): 72-75.

[105] Xu X, Chen H, He J, et al. Copper-catalysed decarboxylative trifluoromethylation of *β*-ketoacids[J]. Chinese Journal of Chemistry, 2017, 35(11): 1665-1668.

[106] Hu M, Ni C, Hu J. Copper-mediated trifluoromethylation of *α*-diazo esters with $TMSCF_3$: the important role of water as a promoter[J]. Journal of the American Chemical Society, 2012, 134(37): 15257-15260.

[107] Kondo H, Maeno M, Hirano K, et al. Asymmetric synthesis of *α*-trifluoromethoxy ketones with a tetrasubstituted α-stereogenic centre via the palladium-catalyzed decarboxylative allylic alkylation of allyl enol carbonates[J]. Chemical Communications, 2018, 54(44): 5522-5525.

[108] Liu J B, Xu X H, Qing F L. Silver-mediated oxidative trifluoromethylation of alcohols to alkyl trifluoromethyl ethers[J]. Organic Letters, 2015, 17(20): 5048-5051.

[109] Jiang X, Deng Z, Tang P P. Direct dehydroxytrifluoromethoxylation of alcohols[J]. Angewandte Chemie International Edition, 2018, 57(1): 292-295.

[110] Umemoto T, Adachi K, Ishihara S. CF_3 oxonium salts, *O*-(trifluoromethyl) dibenzofuranium salts: in situ synthesis, properties, and application as a real CF_3^+ species reagent[J]. The Journal of Organic Chemistry, 2007, 72(18): 6905-6917.

[111] Liu J B, Chen C, Chu L, et al. Silver-mediated oxidative trifluoromethylation of phenols: direct synthesis of aryl trifluoromethyl ethers[J]. Angewandte Chemie International Edition, 2015, 54(40): 11839-11842.

[112] Xu C, Song X, Guo J, et al. Synthesis of chloro (phenyl) trifluoromethyliodane and catalyst-free electrophilic trifluoromethylations[J]. Organic Letters, 2018, 20(13): 3933-3937.

[113] Liang A, Han S, Liu Z, et al. Regioselective synthesis of *N*-heteroaromatic trifluoromethoxy compounds by direct O—CF_3 bond formation[J]. Chem Eur J, 2016, 22: 5102-5106.
[114] Zhou M, Ni C, Zeng Y, et al. Trifluoromethyl benzoate: a versatile trifluoromethoxylation reagent[J]. Journal of the American Chemical Society, 2018, 140(22): 6801-6805.
[115] Kawano Y, Kaneko N, Mukaiyama T. Modern fluoroorganic chemistry modern fluoroorganic chemistry, 2004[J]. Bulletin of the Chemical Society of Japan, 2006, 79(7): 1133-1145.
[116] Xu W, Dolbier W R. nucleophilic trifluoromethylation of imines using the CF_3I/TDAE reagent[J]. The Journal of Organic Chemistry, 2005, 70(12): 3783-4745.
[117] Prakash G K S, Mogi R, Olah G A. Preparation of tri-and difluoromethylated amines from aldimines using (trifluoromethyl) trimethylsilane[J]. Organic Letters, 2006, 8(16): 3589-3592.
[118] Wiehn M S, Vinogradova E V, Togni A. Electrophilic trifluoromethylation of arenes and *N*-heteroarenes using hypervalent iodine reagents[J]. Journal of Fluorine Chemistry, 2010, 131(9): 951-957.
[119] Sladojevich F, McNeill E, Börgel J, et al. Condensed-phase, halogen-bonded CF_3I and C_2F_5I adducts for perfluoroalkylation reactions[J]. Angewandte Chemie International Edition, 2015, 127(12): 3783-3787.
[120] Li L, Mu X, Liu W, et al. Simple and clean photoinduced aromatic trifluoromethylation reaction[J]. Journal of the American Chemical Society, 2016, 138(18): 5809-5812.
[121] Yang B, Yu D, Xu X H, et al. Visible-light photoredox decarboxylation of perfluoroarene iodine (Ⅲ) trifluoroacetates for C–H trifluoromethylation of (hetero) arenes[J]. ACS Catalysis, 2018, 8(4): 2839-2843.
[122] Ouyang Y, Xu X H, Qing F L. Trifluoromethanesulfonic Anhydride as a low-cost and versatile trifluoromethylation reagent[J]. Angewandte Chemie International Edition, 2018, 57(23): 6926-6929.
[123] Wang X, Truesdale L, Yu J Q. Pd (Ⅱ)-catalyzed ortho-trifluoromethylation of arenes using TFA as a promoter[J]. Journal of the American Chemical Society, 2010, 132(11): 3648-3649.
[124] Stephens D E, Chavez G, Valdes M, et al. Synthetic and mechanistic aspects of the regioselective base-mediated reaction of perfluoroalkyl-and perfluoroarylsilanes with heterocyclic N-oxides[J]. Organic & Biomolecular Chemistry, 2014, 12(32): 6190-6199.
[125] Gao X, Geng Y, Han S, et al. Nickel-catalyzed CH trifluoromethylation of pyridine N-oxides with Togni's reagent[J]. Tetrahedron Letters, 2018, 59(16): 1551-1554.
[126] Knauber T, Arikan F, Röschenthaler G V, et al. Copper-Catalyzed Trifluoromethylation of Aryl Iodides with Potassium (Trifluoromethyl) trimethoxyborate[J]. Chemistry–A European Journal, 2011, 17(9): 2689-2697.
[127] Gonda Z, Kovacs S, Weber C, et al. Efficient copper-catalyzed trifluoromethylation of aromatic and heteroaromatic iodides: The beneficial anchoring effect of borates[J]. Organic Letters, 2014, 16(16): 4268-4271.
[128]Cho E J, Senecal T D, Kinzel T, et al. The palladium-catalyzed trifluoromethylation of aryl chlorides[J]. Science, 2010, 328(5986): 1679-1681.
[129] Malapit C A, Ichiishi N, Sanford M S. Pd-catalyzed decarbonylative cross-couplings of aroyl chlorides[J]. Organic Letters, 2017, 19(15): 4142-4145.
[130] Keaveney S T, Schoenebeck F. Palladium-catalyzed decarbonylative trifluoromethylation of acid fluorides[J]. Angewandte Chemie International Edition, 2018, 57(15): 4073-4077.

[131] Meyer C F, Hell S M, Misale A, et al. Hydrodifluoromethylation of alkenes with difluoroacetic acid[J]. Angewandte Chemie International Edition, 2019, 58(26): 8829-8833.
[132] Tang X J, Zhang Z, Dolbier Jr W R. Direct photoredox-catalyzed reductive difluoromethylation of electron-deficient alkenes[J]. Chemistry–A European Journal, 2015, 21(52): 18961-18965.
[133] Lin Q Y, Ran Y, Xu X H, et al. Photoredox-catalyzed bromodifluoromethylation of alkenes with (difluoromethyl) triphenylphosphonium bromide[J]. Organic Letters, 2016, 18(10): 2419-2422.
[134] Thomoson C S, Tang X J, Dolbier Jr W R. Chloro, difluoromethylation and chloro, carbomethoxydifluoromethylation: reaction of radicals derived from R_fSO_2Cl with unactivated alkenes under metal-free conditions[J]. The Journal of Organic Chemistry, 2015, 80(2): 1264-1268.
[135] Cao P, Duan J X, Chen Q Y. Difluoroiodomethane: practical synthesis and reaction with alkenes[J]. Journal of the Chemical Society, Chemical Communications, 1994 (6): 737-738.
[136] Wang F, Luo T, Hu J, et al. Synthesis of gem-difluorinated cyclopropanes and cyclopropenes: trifluoromethyltrimethylsilane as a difluorocarbene source[J]. Angewandte Chemie International Edition, 2011, 50(31): 7153-7157.
[137] Li L, Wang F, Ni C, et al. Synthesis of gem-difluorocyclopropa (e) nes and O-, S-, N-, and P-difluoromethylated compounds with $TMSCF_2Br$[J]. Angewandte Chemie International Edition, 2013, 125(47): 12616-12620.
[138] Deng Z, Lin J H, Cai J, et al. Direct nucleophilic difluoromethylation of carbonyl compounds[J]. Organic Letters, 2016, 18(13): 3206-3209.
[139] Piettre S R, Cabanas L. Reinvestigation of the Wadsworth-Emmons reaction involving lithium difluoromethylenephosphonate[J]. Tetrahedron Letters, 1996, 37(33): 5881-5884.
[140] Miele M, Citarella A, Micale N, et al. Direct and chemoselective synthesis of tertiary difluoroketones via weinreb amide homologation with a CHF_2-carbene equivalent[J]. Organic Letters, 2019, 21(20): 8261-8265.
[141] Zhao Y, Huang W, Zheng J, et al. Efficient and direct nucleophilic difluoromethylation of carbonyl compounds and imines with Me_3SiCF_2H at ambient or low temperature[J]. Organic Letters, 2011, 13(19): 5342-5345.
[142] Levin V V, Trifonov A L, Zemtsov A A, et al. Difluoromethylene phosphabetaine as an equivalent of difluoromethyl carbanion[J]. Organic Letters, 2014, 16(23): 6256-6259.
[143] Gao B, Zhao Y, Hu M, et al. Gem-difluoroolefination of diaryl ketones and enolizable aldehydes with difluoromethyl 2-pyridyl sulfone: new insights into the Julia–Kocienski reaction[J]. Chemistry–A European Journal, 2014, 20(25): 7803-7810.
[144] Fujiwara Y, Dixon J A, Rodriguez R A, et al. A new reagent for direct difluoromethylation[J]. Journal of the American Chemical Society, 2012, 134(3): 1494-1497.
[145] Zhu S Q, Liu Y L, Li H, et al. Direct and regioselective C–H oxidative difluoromethylation of heteroarenes[J]. Journal of the American Chemical Society, 2018, 140(37): 11613-11617.
[146] Aikawa K, Maruyama K, Nitta J, et al. Siladifluoromethylation and difluoromethylation onto C (sp^3), C (sp^2), and C (sp) centers using ruppert–prakash reagent and fluoroform[J]. Organic Letters, 2016, 18(14): 3354-3357.
[147] Fier P S, Hartwig J F. Copper-mediated difluoromethylation of aryl and vinyl iodides[J]. Journal of the American Chemical Society, 2012, 134(12): 5524-5527.
[148] Jiang X L, Chen Z H, Xu X H, et al. Copper-mediated difluoromethylation of electron-poor aryl iodides at room temperature[J]. Organic Chemistry Frontiers, 2014, 1(7): 774-776.

[149] Xu C, Guo W H, He X, et al. Difluoromethylation of (hetero) aryl chlorides with chlorodifluoromethane catalyzed by nickel[J]. Nature communications, 2018, 9(1): 1-10.
[150] Gu Y, Chang D, Leng X, et al. Well-defined, shelf-stable (NHC) Ag (CF_2H) complexes for difluoromethylation[J]. Organometallics, 2015, 34(12): 3065-3071.
[151] Ferguson D M, Malapit C A, Bour J R, et al. Palladium-catalyzed difluoromethylation of aryl chlorides and bromides with $TMSCF_2H$[J]. The Journal of Organic Chemistry, 2019, 84(6): 3735-3740.
[152] Miao W, Zhao Y, Ni C, et al. Iron-catalyzed difluoromethylation of arylzincs with difluoromethyl 2-pyridyl sulfone[J]. Journal of the American Chemical Society, 2018, 140(3): 880-883.
[153] Merchant R R, Edwards J T, Qin T, et al. Modular radical cross-coupling with sulfones enables access to sp^3-rich (fluoro) alkylated scaffolds[J]. Science, 2018, 360(6384): 75-80.
[154] Feng Z, Min Q Q, Zhang X G. Access to difluoromethylated arenes by Pd-catalyzed reaction of arylboronic acids with bromodifluoroacetate[J]. Organic letters, 2016, 18(1): 44-47.
[155] Deng X Y, Lin J H, Xiao J C. Pd-catalyzed transfer of difluorocarbene[J]. Organic Letters, 2016, 18(17): 4384-4387.
[156] Feng Z, Min Q Q, Fu X P, et al. Chlorodifluoromethane-triggered formation of difluoromethylated arenes catalysed by palladium[J]. Nature chemistry, 2017, 9(9): 918-923.
[157] Fu X P, Xue X S, Zhang X Y, et al. Controllable catalytic difluorocarbene transfer enables access to diversified fluoroalkylated arenes[J]. Nature Chemistry, 2019, 11(10): 948-956.
[158] Matheis C, Jouvin K, Goossen L J. Sandmeyer difluoromethylation of (hetero-) arenediazonium salts[J]. Organic Letters, 2014, 16(22): 5984-5987.